Das Ingenieurwissen: Technische Mechanik

Jens Wittenburg · Hans Albert Richard ·
Jürgen Zierep · Karl Bühler

Das Ingenieurwissen: Technische Mechanik

Springer Vieweg

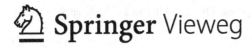

Hans Albert Richard
Universität Paderborn
Paderborn, Deutschland

Karl Bühler
Hochschule Offenburg
Offenburg, Deutschland

Jens Wittenburg, Jürgen Zierep
KIT Karlsruhe
Karlsruhe, Deutschland

ISBN 978-3-642-41121-2
ISBN 978-3-642-41122-9 (eBook)
DOI 10.1007/978-3-642-41122-9

Die Deutsche Nationalbibliothek verzeichnet diese Publikation in der Deutschen Nationalbibliografie; detaillierte bibliografische Daten sind im Internet über http://dnb.d-nb.de abrufbar.

Das vorliegende Buch ist Teil des ursprünglich erschienenen Werks „HÜTTE - Das Ingenieurwissen", 34. Auflage.

Gedruckt auf säurefreiem und chlorfrei gebleichtem Papier.

Springer Vieweg ist eine Marke von Springer DE. Springer DE ist Teil der Fachverlagsgruppe Springer Science+Business Media
www.springer-vieweg.de

Vorwort

Die HÜTTE Das Ingenieurwissen ist ein Kompendium und Nachschlagewerk für unterschiedliche Aufgabenstellungen und Verwendungen. Sie enthält in einem Band mit 17 Kapiteln alle Grundlagen des Ingenieurwissens:

- Mathematisch-naturwissenschaftliche Grundlagen
- Technologische Grundlagen
- Grundlagen für Produkte und Dienstleistungen
- Ökonomisch-rechtliche Grundlagen

Je nach ihrer Spezialisierung benötigen Ingenieure im Studium und für ihre beruflichen Aufgaben nicht alle Fachgebiete zur gleichen Zeit und in gleicher Tiefe. Beispielsweise werden Studierende der Eingangssemester, Wirtschaftsingenieure oder Mechatroniker in einer jeweils eigenen Auswahl von Kapiteln nachschlagen. Die elektronische Version der Hütte lässt das Herunterladen einzelner Kapitel bereits seit einiger Zeit zu und es wird davon in beträchtlichem Umfang Gebrauch gemacht.

Als Herausgeber begrüßen wir die Initiative des Verlages, nunmehr Einzelkapitel in Buchform anzubieten und so auf den Bedarf einzugehen. Das klassische Angebot der Gesamt-Hütte wird davon nicht betroffen sein und weiterhin bestehen bleiben. Wir wünschen uns, dass die Einzelbände als individuell wählbare Bestandteile des Ingenieurwissens ein eigenständiges, nützliches Angebot werden.

Unser herzlicher Dank gilt allen Kolleginnen und Kollegen für ihre Beiträge und den Mitarbeiterinnen und Mitarbeitern des Springer-Verlages für die sachkundige redaktionelle Betreuung sowie dem Verlag für die vorzügliche Ausstattung der Bände.

Berlin, August 2013

H. Czichos, M. Hennecke

Das vorliegende Buch ist dem Standardwerk *HÜTTE Das Ingenieurwissen 34. Auflage* entnommen. Es will einen erweiterten Leserkreis von Ingenieuren und Naturwissenschaftlern ansprechen, der nur einen Teil des gesamten Werkes für seine tägliche Arbeit braucht. Das Gesamtwerk ist im sog. Wissenskreis dargestellt.

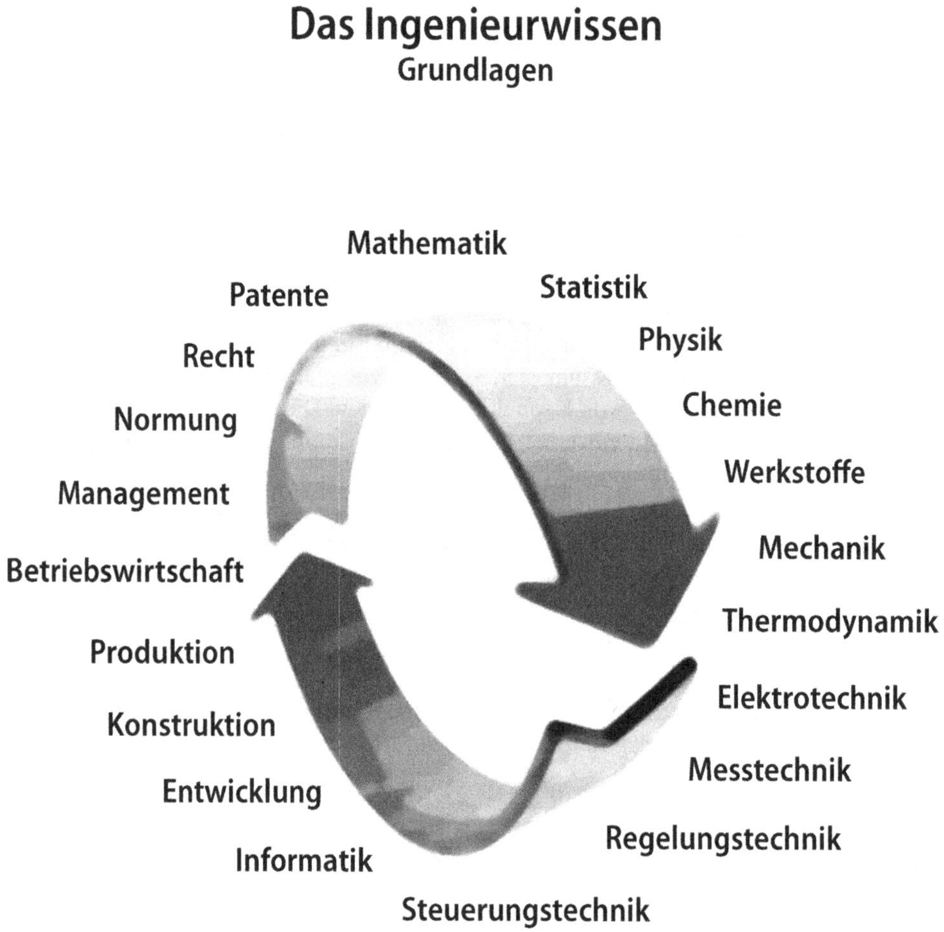

Inhaltsverzeichnis

TechnischeMechanik
J. Wittenburg, H.A. Richard, J. Zierep, K. Bühler

Mechanik fester Körper
J. Wittenburg, H.A. Richard

Strömungsmechanik

J. Zierep, K. Bühler

Technische Mechanik

J. Wittenburg
H.A. Richard
J. Zierep
K. Bühler

Mechanik fester Körper

J. Wittenburg, H.A. Richard

1 Kinematik

Gegenstand der Kinematik ist die Beschreibung der Lagen und Bewegungen von Punkten und Körpern mit Mitteln der analytischen Geometrie. Dabei spielen weder physikalische Körpereigenschaften noch Kräfte als Ursachen von Bewegungen eine Rolle. Infolgedessen tauchen die Begriffe Schwerpunkt, Trägheitshauptachsen, Inertialsystem und absolute Bewegung nicht auf. Betrachtet werden Lagen und Bewegungen relativ zu einem beliebig bewegten kartesischen Achsensystem mit dem Ursprung 0 und mit Achseneinheitsvektoren $\boldsymbol{e}_1^0$, $\boldsymbol{e}_2^0$, $\boldsymbol{e}_3^0$ (genannt Basis $\underline{\boldsymbol{e}}^0$ oder Körper Null)

1.1 Kinematik des Punktes

1.1.1 Lage. Lagekoordinaten

Die *Lage* eines Punktes P in der Basis $\underline{\boldsymbol{e}}^0$ wird durch den *Orts-* oder *Radiusvektor* $\boldsymbol{r}$ oder durch drei skalare *Lagekoordinaten* gekennzeichnet. Die am häufigsten verwendeten Lagekoordinaten sind nach Bild 1-1a *kartesische Koordinaten* x, y, z, *Zylinderkoordinaten* ϱ, φ, z mit $\varrho \geqq 0$ und *Kugelkoordinaten* r, ϑ, φ mit $r = |\boldsymbol{r}|$. Bei Lagen in der $(\boldsymbol{e}_1^0, \boldsymbol{e}_2^0)$-Ebene sind die Zylinderkoordinaten $z = 0$ und $\varrho = r$. Dann heißen r und φ *Polarkoordinaten* (Bild 1-1b). Bei Bewegungen des Punktes P längs einer Bahnkurve sind der Ortsvektor $\boldsymbol{r}$ und seine Lagekoordinaten Funktionen der Zeit. Nach Bild 1-1c wird die Lage von P auch durch die Form der Bahnkurve und durch die *Bogenlänge* s längs der Kurve von einem beliebig gewählten Punkt $s = 0$ aus gekennzeichnet. Allen Lagekoordinaten sind nach Bild 1-1a–c Tripel von zueinander orthogonalen Einheitsvektoren zugeordnet, und zwar $\boldsymbol{e}_1^0$, $\boldsymbol{e}_2^0$, $\boldsymbol{e}_3^0$ den kartesischen Koordinaten, $\boldsymbol{e}_\varrho$, $\boldsymbol{e}_\varphi$, $\boldsymbol{e}_z$ den Zylinderkoordinaten, $\boldsymbol{e}_r$, $\boldsymbol{e}_\vartheta$, $\boldsymbol{e}_\varphi$ den Kugelkoordinaten und $\boldsymbol{e}_\mathrm{t}$, $\boldsymbol{e}_\mathrm{n}$, $\boldsymbol{e}_\mathrm{b}$ (Tangenten-, Hauptnormalen- und Binormalenvektor der Bahnkurve) in Bild 1-1c. In der Ebene von $\boldsymbol{e}_\mathrm{t}$ und $\boldsymbol{e}_\mathrm{n}$ liegt der Krümmungskreis mit dem *Krümmungsradius* ϱ (nicht zu verwechseln mit der Zylinderkoordinate ϱ). Zur Bestimmung von $\boldsymbol{e}_\mathrm{t}$, $\boldsymbol{e}_\mathrm{n}$, $\boldsymbol{e}_\mathrm{b}$ und ϱ in jedem Punkt einer gegebenen Kurve siehe A 13.2 sowie [1]. Bei ebenen Kurven mit der Darstellung $y = f(x)$ ist

$$\frac{1}{\varrho(x)} = \frac{\mathrm{d}^2 f}{\mathrm{d}x^2}\left[1 + \left(\frac{\mathrm{d}f}{\mathrm{d}x}\right)^2\right]^{-3/2} .$$

Umrechnung zwischen kartesischen und Zylinderkoordinaten (bzw. Polarkoordinaten im Fall $z \equiv 0$, $r \equiv \varrho$):

$$\left.\begin{array}{l} \varrho = (x^2 + y^2)^{1/2}\,, \quad \tan\varphi = y/x\,, \\ x = \varrho\cos\varphi\,, \quad y = \varrho\sin\varphi\,, \quad z \equiv z\,. \end{array}\right\} \qquad (1\text{-}1)$$

Umrechnung zwischen kartesischen und Kugelkoordinaten:

$$\left.\begin{array}{l} r = (x^2 + y^2 + z^2)^{1/2}\,, \quad \tan\vartheta = (x^2 + y^2)^{1/2}/z\,, \\ \tan\varphi = y/x\,, \quad x = r\sin\vartheta\cos\varphi\,, \\ y = r\sin\vartheta\sin\varphi\,, \quad z = r\cos\vartheta\,. \end{array}\right\} \qquad (1\text{-}2)$$

Umrechnung zwischen Zylinder- und Kugelkoordinaten:

$$\left.\begin{array}{l} r = (\varrho^2 + z^2)^{1/2}\,, \quad \tan\vartheta = \varrho/z\,, \quad \varphi \equiv \varphi\,, \\ \varrho = r\sin\vartheta\,, \quad z = r\cos\vartheta\,. \end{array}\right\} \qquad (1\text{-}3)$$

J. Wittenburg, H.A. Richard, J. Zierep, K. Bühler, *Das Ingenieurwissen: Technische Mechanik*,
DOI 10.1007/978-3-642-41122-9_1,

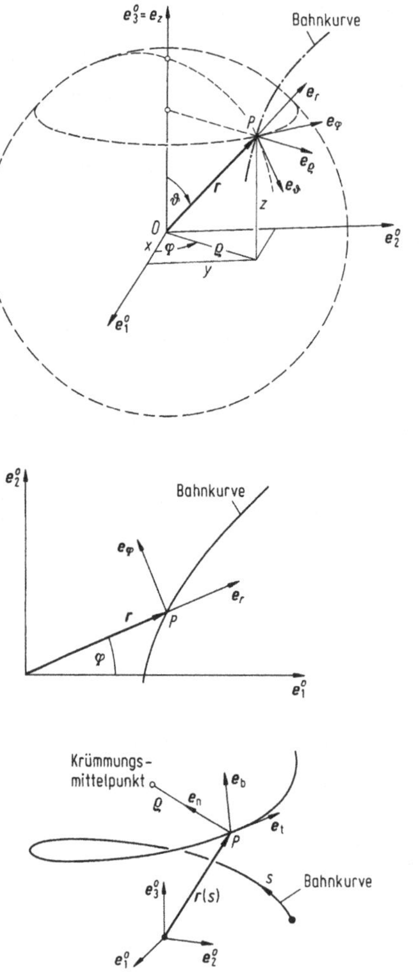

Bild 1-1. Ortsvektor $\boldsymbol{r}$ und Lagekoordinaten eines Punktes P. **a** Kartesische Koordinaten x, y, z, Zylinderkoordinaten ϱ, φ, z und Kugelkoordinaten r, ϑ, φ mit zugeordneten Tripeln von Einheitsvektoren. **b** Polarkoordinaten r, φ für ebene Bewegungen. **c** Bogenlänge s und Krümmungsradius ϱ einer Bahnkurve

1.1.2 Geschwindigkeit. Beschleunigung

Die *Geschwindigkeit* $\boldsymbol{v}(t)$ und die *Beschleunigung* $\boldsymbol{a}(t)$ des Punktes P relativ zu $\underline{e}^0$ sind die erste bzw. die zweite zeitliche Ableitung von $\boldsymbol{r}(t)$ in dieser Basis:

$$\boldsymbol{v}(t) = \frac{\mathrm{d}\boldsymbol{r}}{\mathrm{d}t}, \quad \boldsymbol{a}(t) = \frac{\mathrm{d}^2\boldsymbol{r}}{\mathrm{d}t^2} = \frac{\mathrm{d}\boldsymbol{v}}{\mathrm{d}t}. \tag{1-4}$$

Bei Vektoren kann durch die Schreibweise ${}^i\mathrm{d}/\mathrm{d}t$ darauf hingewiesen werden, dass in einer bestimmten Basis $\underline{e}^i$ nach t differenziert wird. Für einen Vektor $\boldsymbol{c}$ mit beliebiger physikalischer Dimension ist der Zusammenhang zwischen den Ableitungen in zwei Basen $\underline{e}^0$ und $\underline{e}^1$

$$\frac{{}^0\mathrm{d}\boldsymbol{c}}{\mathrm{d}t} = \frac{{}^1\mathrm{d}\boldsymbol{c}}{\mathrm{d}t} + \boldsymbol{\omega} \times \boldsymbol{c}, \tag{1-5}$$

$\boldsymbol{\omega}$ Winkelgeschwindigkeit von $\underline{e}^1$ relativ zu $\underline{e}^0$.

Komponentendarstellungen für $\boldsymbol{v}(t)$ und $\boldsymbol{a}(t)$

Ein Punkt über einer skalaren Größe bedeutet Ableitung nach der Zeit.
Kartesische Koordinaten:

$$\left.\begin{aligned} \boldsymbol{v}(t) &= \dot{x}\boldsymbol{e}_1^0 + \dot{y}\boldsymbol{e}_2^0 + \dot{z}\boldsymbol{e}_3^0, \\ \boldsymbol{a}(t) &= \ddot{x}\boldsymbol{e}_1^0 + \ddot{y}\boldsymbol{e}_2^0 + \ddot{z}\boldsymbol{e}_3^0. \end{aligned}\right\} \tag{1-6}$$

Zylinderkoordinaten (bzw. Polarkoordinaten im Fall $z \equiv 0, \varrho \equiv r$):

$$\begin{aligned} \boldsymbol{v}(t) &= \dot{\varrho}\boldsymbol{e}_\varrho + \varrho\dot{\varphi}\boldsymbol{e}_\varphi + \dot{z}\boldsymbol{e}_z, \\ \boldsymbol{a}(t) &= (\ddot{\varrho} - \varrho\dot{\varphi}^2)\boldsymbol{e}_\varrho + (\varrho\ddot{\varphi} + 2\dot{\varrho}\dot{\varphi})\boldsymbol{e}_\varphi + \ddot{z}\boldsymbol{e}_z. \end{aligned} \tag{1-7}$$

Kugelkoordinaten:

$$\left.\begin{aligned} \boldsymbol{v}(t) &= \dot{r}\boldsymbol{e}_r + r\dot{\vartheta}\boldsymbol{e}_\vartheta + r\dot{\varphi}\sin\vartheta\boldsymbol{e}_\varphi, \\ \boldsymbol{a}(t) &= [\ddot{r} - r(\dot{\varphi}^2\sin^2\vartheta + \dot{\vartheta}^2)]\boldsymbol{e}_r \\ &\quad + [r(\ddot{\vartheta} - \dot{\varphi}^2\sin\vartheta\cos\vartheta) + 2\dot{r}\dot{\vartheta}]\boldsymbol{e}_\vartheta \\ &\quad + [r(\ddot{\varphi}\sin\vartheta + 2\dot{\varphi}\dot{\vartheta}\cos\vartheta) + 2\dot{r}\dot{\varphi}\sin\vartheta]\boldsymbol{e}_\varphi. \end{aligned}\right\} \tag{1-8}$$

Bogenlänge (ϱ Krümmungsradius):

$$\boldsymbol{v}(t) = \dot{s}\boldsymbol{e}_\mathrm{t}, \quad \boldsymbol{a}(t) = \ddot{s}\boldsymbol{e}_\mathrm{t} + (\dot{s}^2/\varrho)\boldsymbol{e}_\mathrm{n}. \tag{1-9}$$

Aus (1-9) erkennt man, dass $\boldsymbol{v}$ stets tangential gerichtet ist, während $\boldsymbol{a}$ bei gekrümmten Bahnen eine Komponente normal zur Bahn, und zwar zur Innenseite der Kurve hin hat.
Zur Kinematik des Punktes mit Relativbewegung siehe 1.3.

1.2 Kinematik des starren Körpers

Sei $\underline{e}^1$ eine auf dem Körper feste Basis mit dem Ursprung A in einem beliebig gewählten Punkt des Körpers und mit Achseneinheitsvektoren $\boldsymbol{e}_1^1, \boldsymbol{e}_2^1, \boldsymbol{e}_3^1$ (Bild 1-2). Zur vollständigen Beschreibung von Lage

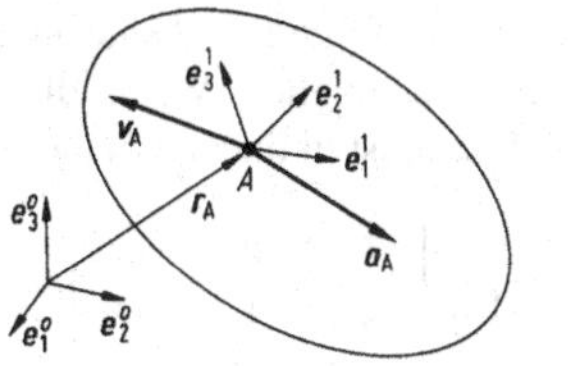

Bild 1-2. Starrer Körper mit körperfester Basis $\underline{e}^1$ und körperfestem Punkt A

und Bewegung des Körpers relativ zu $\underline{e}^0$ gehören drei translatorische und drei rotatorische Größen. Die translatorischen sind Lage $\boldsymbol{r}_A(t)$, Geschwindigkeit $\boldsymbol{v}_A(t)$ und Beschleunigung $\boldsymbol{a}_A(t)$ des Punktes A. Die rotatorischen sind Winkellage, Winkelgeschwindigkeit und Winkelbeschleunigung des Körpers.

1.2.1 Winkellage. Koordinatentransformation

Die *Winkellage* der Basis $\underline{e}^1$ in der Basis $\underline{e}^0$ wird durch die (3×3)-Matrix $\underline{A}$ der *Richtungscosinus*

$$A_{ij} = \cos \sphericalangle \left(\boldsymbol{e}_i^1, \boldsymbol{e}_j^0\right) = \boldsymbol{e}_i^1 \cdot \boldsymbol{e}_j^0 \quad (i,j = 1,2,3) \qquad (1\text{-}10)$$

beschrieben. Es gilt

$$\begin{bmatrix} \boldsymbol{e}_1^1 \\ \boldsymbol{e}_2^1 \\ \boldsymbol{e}_3^1 \end{bmatrix} = \begin{bmatrix} A_{11} & A_{12} & A_{13} \\ A_{21} & A_{22} & A_{23} \\ A_{31} & A_{32} & A_{33} \end{bmatrix} \begin{bmatrix} \boldsymbol{e}_1^0 \\ \boldsymbol{e}_2^0 \\ \boldsymbol{e}_3^0 \end{bmatrix} \qquad (1\text{-}11)$$

oder abgekürzt $\underline{e}^1 = \underline{A}\,\underline{e}^0$.

Eigenschaften von $\underline{A}$: In Zeile i stehen die Koordinaten des Vektors $\boldsymbol{e}_i^1$ in der Basis $\underline{e}^0$ und in Spalte j die Koordinaten des Vektors $\boldsymbol{e}_j^0$ in der Basis $\underline{e}^1$.

$$\sum_{k=1}^{3} A_{ik}A_{jk} = \delta_{ij}\,, \qquad \sum_{k=1}^{3} A_{ki}A_{kj} = \delta_{ij}$$

(δ_{ij} Kronecker-Symbol). Das sind für die neun Elemente von $\underline{A}$ insgesamt zwölf Bindungsgleichungen, von denen sechs unabhängig sind. $\det \underline{A} = \boldsymbol{e}_1^1 \cdot \boldsymbol{e}_2^1 \times \boldsymbol{e}_3^1 = 1$, $\underline{A}^{-1} = \underline{A}^{\mathrm{T}}$, $\underline{A}$ hat den Eigenwert $+1$.
Wenn $\underline{v}^0 = [v_1^0\ v_2^0\ v_3^0]^{\mathrm{T}}$ und $\underline{v}^1 = [v_1^1\ v_2^1\ v_3^1]^{\mathrm{T}}$ die Spaltenmatrizen der Koordinaten eines beliebigen Vektors $\boldsymbol{v}$ in $\underline{e}^0$ bzw. in $\underline{e}^1$ bezeichnen, dann gilt

$$\underline{v}^1 = \underline{A}\,\underline{v}^0\,, \qquad \underline{v}^0 = \underline{A}^{\mathrm{T}}\underline{v}^1\,. \qquad (1\text{-}12)$$

Deshalb heißt $\underline{A}$ auch *Transformationsmatrix*. Ein Körper hat zwischen 0 und 3 Freiheitsgraden der Rotation relativ zu $\underline{e}^0$. Von entsprechend vielen generalisierten Koordinaten der Winkellage ist $\underline{A}$ abhängig. Drehungen um eine feste Achse und ebene Bewegungen ohne feste Achse haben einen Freiheitsgrad der Rotation. Wenn dabei z. B. $\boldsymbol{e}_3^1$ und $\boldsymbol{e}_3^0$ ständig parallel sind, ist mit dem Winkel φ in Bild 1-3

$$\underline{A} = \begin{bmatrix} \cos\varphi & \sin\varphi & 0 \\ -\sin\varphi & \cos\varphi & 0 \\ 0 & 0 & 1 \end{bmatrix}. \qquad (1\text{-}13)$$

Für allgemeinere Fälle werden häufig *Eulerwinkel* ψ, ϑ, φ, *Kardanwinkel* $\varphi_1, \varphi_2, \varphi_3$ und *Eulerparameter* q_0, q_1, q_2, q_3 verwendet.

Eulerwinkel (Bild 1-4a). Die zunächst mit $\underline{e}^0$ achsenparallele Basis $\underline{e}^1$ erreicht ihre gezeichnete Winkellage durch drei aufeinander folgende Drehungen über die Zwischenlagen $\underline{e}^*$ und $\underline{e}^{**}$. Die Drehungen um die Winkel ψ, ϑ und φ werden in dieser Reihenfolge um die Achsen $\boldsymbol{e}_3^0, \boldsymbol{e}_1^*$ und $\boldsymbol{e}_3^{**}$ ausgeführt. Mit den Abkürzungen $s_\psi = \sin\psi$, $c_\psi = \cos\psi$ usw. ist

$$\underline{A} = \begin{bmatrix} c_\psi c_\varphi - s_\psi c_\vartheta s_\varphi & s_\psi c_\varphi + c_\psi c_\vartheta s_\varphi & s_\vartheta s_\varphi \\ -c_\psi s_\varphi - s_\psi c_\vartheta c_\varphi & -s_\psi s_\varphi + c_\psi c_\vartheta c_\varphi & s_\vartheta c_\varphi \\ s_\psi s_\vartheta & -c_\psi s_\vartheta & c_\vartheta \end{bmatrix}. \qquad (1\text{-}14)$$

Statt der Drehachsenfolge 3, 1, 3 sind auch die Folgen 1, 2, 1 und 2, 3, 2 möglich.

Kardanwinkel (Bild 1-4b). Die zunächst mit $\underline{e}^0$ achsenparallele Basis $\underline{e}^1$ erreicht ihre gezeichnete Winkellage durch drei aufeinander folgende Drehungen über die Zwischenlagen $\underline{e}^*$ und $\underline{e}^{**}$. Die Drehungen um die Winkel φ_1, φ_2 und φ_3 werden in dieser

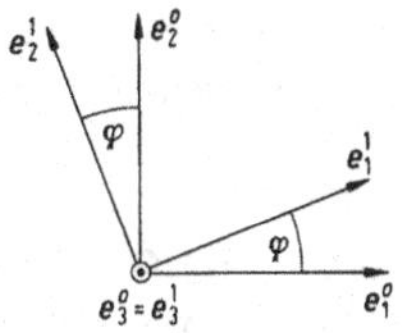

Bild 1-3. Zwei Basen $\underline{e}^0$ und $\underline{e}^1$ mit der Transformation (1-13)

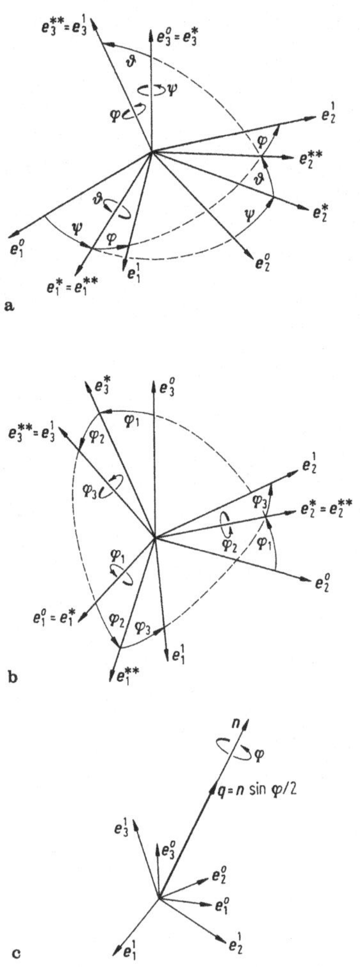

Bild 1-4. Zur Definition von Eulerwinkeln (Bild **a**), Kardanwinkeln (Bild **b**) und Eulerparametern (Bild **c**)

Reihenfolge um die Achsen $\boldsymbol{e}_1^0$, $\boldsymbol{e}_2^*$ und $\boldsymbol{e}_3^{**}$ ausgeführt. Mit den Abkürzungen $s_i = \sin\varphi_i$, $c_i = \cos\varphi_i$ ist

$$\underline{A} = \begin{bmatrix} c_2c_3 & c_1s_3 + s_1s_2c_3 & s_1s_3 - c_1s_2c_3 \\ -c_2s_3 & c_1c_3 - s_1s_2s_3 & s_1c_3 + c_1s_2s_3 \\ s_2 & -s_1c_2 & c_1c_2 \end{bmatrix} . \tag{1-15}$$

Statt der Drehachsenfolge 1, 2, 3 sind auch die Folgen 2, 3, 1 und 3, 1, 2 möglich. Wenn alle drei Winkel $\varphi_1, \varphi_2, \varphi_3 \ll 1$ sind, ist in linearer Näherung

$$\underline{A} = \begin{bmatrix} 1 & \varphi_3 & -\varphi_2 \\ -\varphi_3 & 1 & \varphi_1 \\ \varphi_2 & -\varphi_1 & 1 \end{bmatrix} . \tag{1-16}$$

Eulerparameter (Bild 1-4c)
Die zunächst mit $\underline{e}^0$ achsenparallele Basis $\underline{e}^1$ erreicht ihre gezeichnete Winkellage durch eine Drehung um eine in $\underline{e}^0$ und in $\underline{e}^1$ feste Achse mit dem Einheitsvektor $\boldsymbol{n}$. Der Drehwinkel ist φ im Rechtsschraubensinn um $\boldsymbol{n}$. Man definiert

$$q_0 = \cos(\varphi/2), \quad \boldsymbol{q} = \boldsymbol{n}\sin(\varphi/2) \tag{1-17}$$
$$\text{bzw. } q_i = n_i \sin(\varphi/2) \quad (i = 1, 2, 3) .$$

$\boldsymbol{q}$ hat in $\underline{e}^0$ und in $\underline{e}^1$ dieselben Koordinaten. $q_0, \ldots, q_3$ sind die *Eulerparameter*. Sie sind durch die Bindungsgleichung

$$q_0^2 + \boldsymbol{q}^2 = \sum_{i=0}^{3} q_i^2 = 1 \tag{1-18}$$

gekoppelt. Mit den Eulerparametern ist

$$\underline{A} = \begin{bmatrix} 2\left(q_0^2 + q_1^2\right) - 1 & 2(q_1q_2 + q_0q_3) & 2(q_1q_3 - q_0q_2) \\ 2(q_1q_2 - q_0q_3) & 2\left(q_0^2 + q_2^2\right) - 1 & 2(q_2q_3 + q_0q_1) \\ 2(q_1q_3 + q_0q_2) & 2(q_2q_3 - q_0q_1) & 2\left(q_0^2 + q_3^2\right) - 1 \end{bmatrix} . \tag{1-19}$$

$\boldsymbol{q}$ ist der Eigenvektor von $\underline{A}$ zum Eigenwert +1. Umrechnung von Richtungscosinus in Eulerwinkel :

$$\left.\begin{aligned} \cos\vartheta &= A_{33}, & \sin\vartheta &= (1 - \cos^2\vartheta)^{1/2} \\ \cos\psi &= -A_{32}/\sin\vartheta, & \sin\psi &= A_{31}/\sin\vartheta , \\ \cos\varphi &= A_{23}/\sin\vartheta, & \sin\varphi &= A_{13}/\sin\vartheta . \end{aligned}\right\} \tag{1-20}$$

Umrechnung von Richtungscosinus in Kardanwinkel:

$$\left.\begin{aligned} \sin\varphi_2 &= A_{31}, & \cos\varphi_2 &= (1 - \sin^2\varphi_2)^{1/2} , \\ \sin\varphi_1 &= -A_{32}/\cos\varphi_2, & \cos\varphi_1 &= A_{33}/\cos\varphi_2 , \\ \sin\varphi_3 &= -A_{21}/\cos\varphi_2, & \cos\varphi_3 &= A_{11}/\cos\varphi_2 . \end{aligned}\right\} \tag{1-21}$$

Umrechnung von Richtungscosinus in Eulerparameter:

$$q_0 = (1 + \mathrm{sp}\underline{A})^{1/2}/2\,, \quad q_i = (A_{jk} - A_{kj})/(4q_0) \qquad (i,j,k = 1,2,3 \text{ zyklisch})\,. \tag{1-22}$$

Umrechnung von Eulerwinkeln in Eulerparameter:

$$\left.\begin{aligned} q_0 &= \cos(\vartheta/2)\cos[(\psi+\varphi)/2]\,,\\ q_1 &= \sin(\vartheta/2)\cos[(\psi-\varphi)/2]\,,\\ q_2 &= \sin(\vartheta/2)\sin[(\psi-\varphi)/2]\,,\\ q_3 &= \cos(\vartheta/2)\sin[(\psi+\varphi)/2]\,. \end{aligned}\right\} \tag{1-23}$$

Euler- und Kardanwinkel enthalten als Sonderfälle die Drehung um eine Achse mit konstanter Richtung (zwei Winkel identisch null) und Drehungen, wie beim Kreuzgelenk, um zwei orthogonale Achsen (ein Winkel identisch null). Eulerwinkel eignen sich besonders für Präzessionsbewegungen, das sind Bewegungen mit $\vartheta = \text{const}$. Sie eignen sich nicht, wenn der kritische Fall $\sin\vartheta = 0$ eintreten kann. Abhilfe: Man arbeitet alternierend mit zwei Tripeln von Eulerwinkeln mit verschiedenen Drehachsenfolgen. Für Kardanwinkel ist $\cos\varphi_2 = 0$ der entsprechende kritische Fall. Kardanwinkel eignen sich gut für lineare Näherungen, wenn alle Winkel klein sind. Eulerparameter eignen sich besonders bei drei Freiheitsgraden der Rotation und bei Drehungen um eine feste Achse, die nicht die Richtung eines Basisvektors hat (n_1, n_2, n_3 konstant).

Schraubung. In Bild 1-5a ist die Lage der Basis $\underline{e}^1$ das Ergebnis einer Drehung $(q_0, \boldsymbol{q})$ und einer Translation $\boldsymbol{r}_0$ aus einer Anfangslage heraus, in der $\underline{e}^1$ mit $\underline{e}^0$ zusammenfiel. Den Übergang aus derselben Anfangs- in dieselbe Endlage bewirkt nach Bild 1-5b auch eine mit einem Drehschubgelenk erzeugbare *Schraubung* um eine zu $\boldsymbol{q}$ parallele Schraubachse mit demselben Drehwinkel φ und mit der Translation $s = \boldsymbol{q}\cdot\boldsymbol{r}_0/\sin(\varphi/2)$ in Richtung von $\boldsymbol{q}$. Die Schraubachse hat in $\underline{e}^0$ die Parameterdarstellung

$$\boldsymbol{r}(\lambda) = \lambda\boldsymbol{q} + \frac{q_0\boldsymbol{q}\times\boldsymbol{r}_0 - \boldsymbol{q}\times(\boldsymbol{q}\times\boldsymbol{r}_0)}{2\sin^2(\varphi/2)}\,. \tag{1-24}$$

Resultierende Drehung. Zu zwei nacheinander ausgeführten Drehungen um feste Achsen durch einen

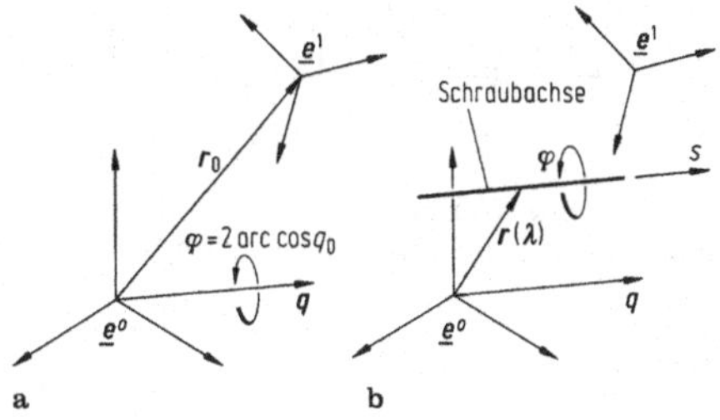

Bild 1-5. Die Überlagerung der Drehung $(q_0, \boldsymbol{q})$ und der Translation $\boldsymbol{r}_0$ in Bild **a** kann durch die Schraubung in Bild **b** mit der Schraubachse $\boldsymbol{r}(\lambda)$, (1-24), ersetzt werden

gemeinsamen Punkt gibt es eine *resultierende Drehung*, die den Körper aus derselben Ausgangslage in dieselbe Endlage bringt. Wenn Winkel und Drehachsen für beide Drehungen in $\underline{e}^0$ gegeben sind, die erste Drehung mit

$$(q_{01}, \boldsymbol{q}_1) = (\cos(\varphi_1/2), \boldsymbol{n}_1\sin(\varphi_1/2))$$

und die zweite mit

$$(q_{02}, \boldsymbol{q}_2) = (\cos(\varphi_2/2), \boldsymbol{n}_2\sin(\varphi_2/2))\,,$$

dann gilt für die resultierende Drehung

$$\left.\begin{aligned} q_{0\,\mathrm{res}} &= q_{02}q_{01} - \boldsymbol{q}_2\cdot\boldsymbol{q}_1\,,\\ \boldsymbol{q}_{\mathrm{res}} &= q_{02}\boldsymbol{q}_1 + q_{01}\boldsymbol{q}_2 + \boldsymbol{q}_2\times\boldsymbol{q}_1 \end{aligned}\right\} \tag{1-25a}$$

oder ausführlich

$$\left.\begin{aligned} \cos(\varphi_{\mathrm{res}}/2) &= \cos(\varphi_2/2)\cos(\varphi_1/2)\\ &\quad - \boldsymbol{n}_2\cdot\boldsymbol{n}_1\sin(\varphi_2/2)\sin(\varphi_1/2)\,,\\ \boldsymbol{n}_{\mathrm{res}}\sin(\varphi_{\mathrm{res}}/2) &= \boldsymbol{n}_1\cos(\varphi_2/2)\sin(\varphi_1/2)\\ &\quad + \boldsymbol{n}_2\cos(\varphi_1/2)\sin(\varphi_2/2)\\ &\quad + \boldsymbol{n}_2\times\boldsymbol{n}_1\sin(\varphi_2/2)\sin(\varphi_1/2)\,. \end{aligned}\right\} \tag{1-25b}$$

Die Schraubachse der resultierenden Drehung ist von der Reihenfolge der beiden Drehungen abhängig, der Drehwinkel nicht. Nur im Grenzfall infinitesimal kleiner Winkel gilt für Winkelvektoren $\boldsymbol{\varphi}_1 = \varphi_1\boldsymbol{n}_1$ und $\boldsymbol{\varphi}_2 = \varphi_2\boldsymbol{n}_2$ entlang den Drehachsen das Parallelogrammgesetz $\boldsymbol{\varphi}_{\mathrm{res}} = \varphi_{\mathrm{res}}\boldsymbol{n}_{\mathrm{res}} = \boldsymbol{\varphi}_1 + \boldsymbol{\varphi}_2$.

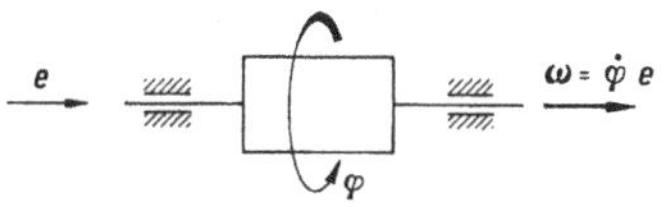

Bild 1-6. Für eine Winkelgeschwindigkeit mit konstanter Richtung gilt $\omega = \dot{\varphi}$ und Drehzahl $n = \omega/(2\pi)$

1.2.2 Winkelgeschwindigkeit

Die *Winkelgeschwindigkeit* $\boldsymbol{\omega}(t)$ des Körpers $\underline{e}^1$ relativ zu $\underline{e}^0$ ist ein Vektor, der an keinen Punkt gebunden ist, denn er kennzeichnet die zeitliche Änderung der Winkellage des Körpers. Bei einem einzigen Freiheitsgrad der Rotation mit einer Winkelkoordinate φ hat $\boldsymbol{\omega}$ konstante Richtung und die Größe $\omega(t) = \dot{\varphi}(t)$ (Bild 1-6). Bei zwei und drei Freiheitsgraden ist $\boldsymbol{\omega}$ nicht Ableitung einer anderen Größe. Seien ω_1, ω_2, ω_3 die Koordinaten von $\boldsymbol{\omega}$ bei Zerlegung in der körperfesten Basis $\underline{e}^1$. Zwischen ihnen und generalisierten Koordinaten der Winkellage bestehen die folgenden Beziehungen. Für Richtungscosinus in beliebiger Darstellung:

$$\underline{\tilde{\omega}} = \underline{\dot{A}}\,\underline{A}^{\mathrm{T}}, \quad \underline{\dot{A}} = -\underline{\tilde{\omega}}\,\underline{A} \tag{1-26}$$

mit der Matrix $\underline{\tilde{\omega}} = \begin{bmatrix} 0 & -\omega_3 & \omega_2 \\ \omega_3 & 0 & -\omega_1 \\ -\omega_2 & \omega_1 & 0 \end{bmatrix}$.

Für Eulerwinkel:

$$\begin{bmatrix} \omega_1 \\ \omega_2 \\ \omega_3 \end{bmatrix} = \begin{bmatrix} s_\vartheta s_\varphi & c_\varphi & 0 \\ s_\vartheta c_\varphi & -s_\varphi & 0 \\ c_\vartheta & 0 & 1 \end{bmatrix} \begin{bmatrix} \dot{\psi} \\ \dot{\vartheta} \\ \dot{\varphi} \end{bmatrix}, \tag{1-27a}$$

$$\begin{bmatrix} \dot{\psi} \\ \dot{\vartheta} \\ \dot{\varphi} \end{bmatrix} = \begin{bmatrix} s_\varphi/s_\vartheta & c_\varphi/s_\vartheta & 0 \\ c_\varphi & -s_\varphi & 0 \\ -s_\varphi c_\vartheta/s_\vartheta & -c_\varphi c_\vartheta/s_\vartheta & 1 \end{bmatrix} \begin{bmatrix} \omega_1 \\ \omega_2 \\ \omega_3 \end{bmatrix}. \tag{1-27b}$$

Für Kardanwinkel:

$$\begin{bmatrix} \omega_1 \\ \omega_2 \\ \omega_3 \end{bmatrix} \begin{bmatrix} c_2 c_3 & s_3 & 0 \\ -c_2 s_3 & c_3 & 0 \\ s_2 & 0 & 1 \end{bmatrix} \begin{bmatrix} \dot{\varphi}_1 \\ \dot{\varphi}_2 \\ \dot{\varphi}_3 \end{bmatrix}, \tag{1-28a}$$

$$\begin{bmatrix} \dot{\varphi}_1 \\ \dot{\varphi}_2 \\ \dot{\varphi}_3 \end{bmatrix} = \begin{bmatrix} c_3/c_2 & -s_3/c_2 & 0 \\ s_3 & c_3 & 0 \\ -c_3 s_2/c_2 & s_3 s_2/c_2 & 1 \end{bmatrix} \begin{bmatrix} \omega_1 \\ \omega_2 \\ \omega_3 \end{bmatrix}. \tag{1-28b}$$

Im Fall sehr kleiner Winkel gilt die Näherung $\dot{\varphi}_i \approx \omega_i$ $(i = 1, 2, 3)$.
Für Eulerparameter:

$$\begin{bmatrix} \omega_1 \\ \omega_2 \\ \omega_3 \end{bmatrix} = 2 \begin{bmatrix} -q_1 & q_0 & q_3 & -q_2 \\ -q_2 & -q_3 & q_0 & q_1 \\ -q_3 & q_2 & -q_1 & q_0 \end{bmatrix} \begin{bmatrix} \dot{q}_0 \\ \dot{q}_1 \\ \dot{q}_2 \\ \dot{q}_3 \end{bmatrix}, \tag{1-29a}$$

$$\begin{bmatrix} \dot{q}_0 \\ \dot{q}_1 \\ \dot{q}_2 \\ \dot{q}_3 \end{bmatrix} = \frac{1}{2} \begin{bmatrix} 0 & -\omega_1 & -\omega_2 & -\omega_3 \\ \omega_1 & 0 & \omega_3 & -\omega_2 \\ \omega_2 & -\omega_3 & 0 & \omega_1 \\ \omega_3 & \omega_2 & -\omega_1 & 0 \end{bmatrix} \begin{bmatrix} q_0 \\ q_1 \\ q_2 \\ q_3 \end{bmatrix}. \tag{1-29b}$$

Die jeweils zweite der Glen. (1-26) bis (1-29) stellt *kinematische Differenzialgleichungen* zur Berechnung der Winkellage aus vorher berechneten Funktionen $\omega_i(t)$ dar. Wenn die numerische Integration bei Eulerparametern Größen $q_i(t)$ liefert, die die Bindungsgleichung (1-18) nicht streng erfüllen, dann ersetze man die $q_i(t)$ durch die renormierten Größen

$$q_i^*(t) = q_i(t) \left[\sum_{j=0}^{3} q_j^2(t) \right]^{-1/2} \quad (i = 0, \ldots, 3)\,.$$

Geschwindigkeitsverteilung im starren Körper. $\boldsymbol{\omega}$ und die Geschwindigkeit $\boldsymbol{v}_{\mathrm{A}}$ eines körperfesten Punktes A bestimmen die Geschwindigkeit $\boldsymbol{v}_{\mathrm{P}}$ jedes anderen körperfesten Punktes P am Radiusvektor $\overrightarrow{AP} = \boldsymbol{\varrho}$:

$$\boldsymbol{v}_{\mathrm{P}} = \boldsymbol{v}_{\mathrm{A}} + \boldsymbol{\omega} \times \boldsymbol{\varrho}\,. \tag{1-30}$$

Ebene Bewegung. Polbahnen. Geschwindigkeitsplan. Bei der ebenen Bewegung eines Körpers hat $\boldsymbol{\omega}(t)$ konstante Richtung, und alle Körperpunkte bewegen sich in parallelen Ebenen. Nur eine Bewegungsebene wird betrachtet. In ihr hat der Körper in jedem Zeitpunkt dieselbe Geschwindigkeitsverteilung, wie bei einer Drehung um einen festen Punkt, $\boldsymbol{v} = \boldsymbol{\omega} \times \boldsymbol{r}$ (Bild 1-7). Dieser Punkt heißt *Momentanpol der Geschwindigkeit*, Geschwindigkeitspol, Drehpol oder Pol. Er liegt im Schnittpunkt aller Geschwindigkeitslote. Zwei Lote genügen zur Bestimmung. Im Sonderfall der reinen Translation liegt der Pol im Unendlichen und im Sonderfall der Drehung um eine feste Achse permanent auf der Achse.

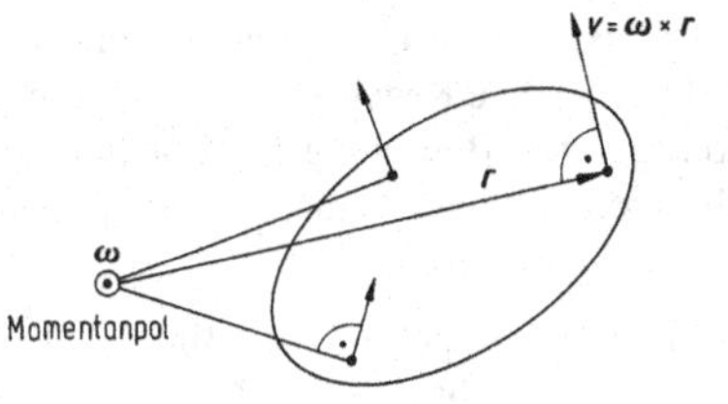

Bild 1-7. Die Richtungen der Geschwindigkeiten zweier Punkte bestimmen den Momentanpol

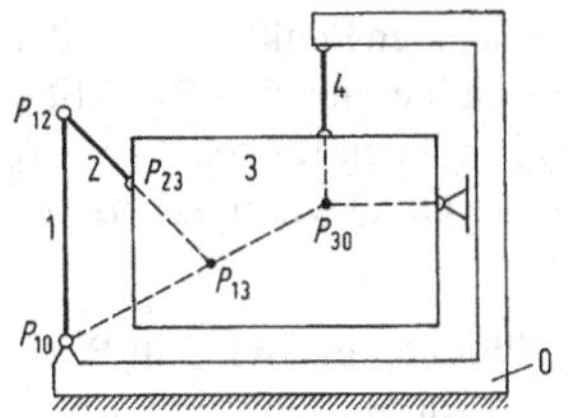

Bild 1-9. Zur Konstruktion des Pols P_{13}

Im Allgemeinen liegt er zu verschiedenen Zeiten an verschiedenen Orten. Seine Bahn in $\underline{e}^0$ heißt *Rastpolbahn* und seine Bahn in $\underline{e}^1$ *Gangpolbahn*. Die Bewegung des Körpers kann man durch Abrollen der Gangpolbahn auf der Rastpolbahn erzeugen.

Beispiel 1-1: In Bild 1-8a bewegt sich ein Stab der Länge l mit seinen Enden auf Führungsgeraden. Der Pol P hat von M und von der Stabmitte die konstanten Entfernungen l bzw. $l/2$. Also sind die Polbahnen die gezeichneten Kreise. Die Bewegung wird konstruktiv eleganter erzeugt, indem man den kleinen Kreis mit dem auf ihm festen Stab als Planetenrad im großen Kreis abrollt. Da sich jeder Punkt am Umfang des kleinen Rades auf einer Geraden durch M bewegt, können zwei Räder mit dem Radienverhältnis 2:1 auch die Bewegung einer Stange auf zwei Führungen unter einem beliebigen Winkel α erzeugen (Bild 1-8b). Der Radius des kleinen Rades ist $l/(2\sin\alpha)$.

Wenn sich mehrere Körper relativ zu $\underline{e}^0$ in derselben Ebene bewegen, dann hat jeder Körper i relativ zu jedem anderen Körper j einen Pol P_{ij} (gleich P_{ji}) der Relativbewegung und eine relative Winkelgeschwindigkeit ω_{ij}. Es gilt der *Satz von Kennedy und Aronhold*: Die Pole P_{ij}, P_{jk} und P_{ki} dreier Körper i, j und k liegen auf einer Geraden. Das Verhältnis der Winkelgeschwindigkeiten der Körper i und j relativ zu Körper k ist (plus bei gleicher Richtung der Vektoren, minus andernfalls)

$$\frac{\omega_{ik}}{\omega_{jk}} = \pm\frac{|\overrightarrow{P_{jk}P_{ij}}|}{|\overrightarrow{P_{ik}P_{ij}}|}\,.$$

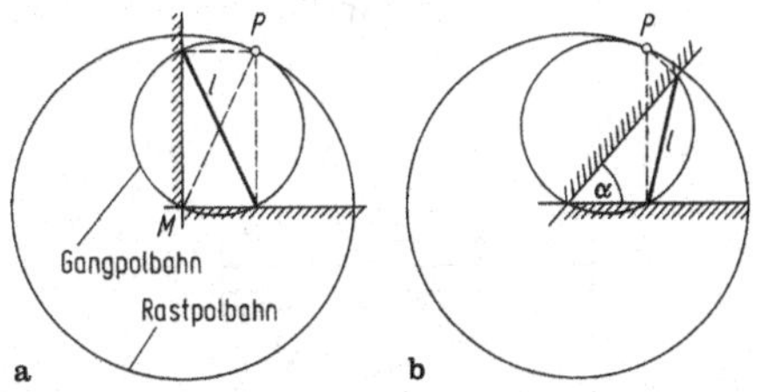

Bild 1-8. Polbahnen eines auf zwei Geraden geführten Stabes

Beispiel 1-2: Im Mechanismus von Bild 1-9 sind die Pole P_{10}, P_{12}, P_{23} und P_{30} ohne den Satz von Kennedy und Aronhold konstruierbar. Nach dem Satz liegt P_{13} im Schnittpunkt von $\overline{P_{10}P_{30}}$ und $\overline{P_{12}P_{23}}$.

Bei ebenen Getrieben genügt die Kenntnis der Pole zur Angabe aller Geschwindigkeitsverhältnisse.

Beispiel 1-3; Gliedergetriebe: In Bild 1-10 sei v_{rel} die Geschwindigkeit des Kolbens 2 relativ zum Zylinder 1. Sie ist zugleich die Geschwindigkeit relativ

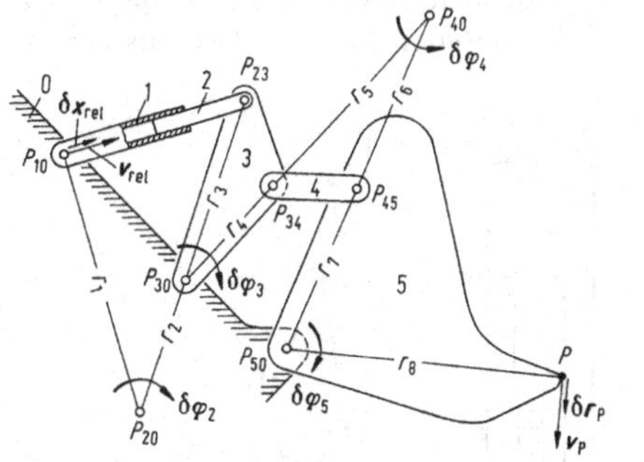

Bild 1-10. Polplan für einen Baggerschaufelmechanismus. Jeder Gelenkpunkt ist auf zwei Körpern fest und bewegt sich momentan auf Kreisen um die Pole beider Körper. Daraus ergibt sich $v_P : v_{rel} = (r_2r_4r_6r_8)/(r_1r_3r_5r_7)$ mit $r_2 = \overline{P_{20}P_{23}}$ und $r_3 = \overline{P_{30}P_{23}}$. Zu den virtuellen Verschiebungen siehe 1.5

zu Körper 0 desjenigen Punktes von 2, der mit P_{10} zusammenfällt. Damit ergibt sich P_{20}. Mit den gezeichneten Polen und mit den Radien $r_1, \dots, r_8$ erhält man für die Größe der Geschwindigkeit v_P den angegebenen Ausdruck.

Beispiel 1-4; Planetengetriebe (in Bild 1-11 links): Nach rechts herausgezogene Parallelen geben die Lage von Polen P_{ij} an. Im x, v-Diagramm in Bildmitte gibt die Gerade i ($i = 0, \dots, 4$) an, wie im Körper i die Geschwindigkeit v relativ zu Körper 0 vom Ort x abhängt. Je zwei Geraden i und j schneiden sich auf der Höhe von P_{ij} ($i, j = 0, \dots, 4$). Die Steigung der Geraden i ist proportional zur Winkelgeschwindigkeit ω_{i0} von Körper i relativ zu Körper 0. Für eine einzige Gerade wird die Steigung willkürlich vorgegeben (z. B. für Gerade 1 mit $v = 0$ in der Höhe von P_{10}). Alle anderen Geraden sind danach festgelegt. Im *Winkelgeschwindigkeitsplan* rechts im Bild sind Parallelen zu allen Geraden von einem Punkt aus angetragen. Die Abschnitte auf der Geraden senkrecht zur Geraden 0 sind proportional zu den Steigungen, d. h. zu den Winkelgeschwindigkeiten ω_{i0}. Als Differenzen sind auch alle relativen Winkelgeschwindigkeiten $\omega_{ij} = \omega_{i0} - \omega_{j0}$ ablesbar.

Mehr über Geschwindigkeitspläne ebener Getriebe in [2].

Räumliche Drehung um einen festen Punkt. Winkelgeschwindigkeitsplan. Der nach Größe und Richtung veränderliche Vektor $\omega(t)$ des Körpers 1 erzeugt, wenn man ihn vom festen Punkt 0 aus anträgt, sowohl in $\underline{e}^0$ als auch in $\underline{e}^1$ eine allgemeine Kegelfläche (Bild 1-12a). Die Kegel heißen Rastpolkegel bzw. Gangpolkegel. Die Bewegung des Körpers kann man dadurch erzeugen, dass man den Gangpolkegel auf dem Rastpolkegel abrollt.

Beispiel 1-5: Das Kegelrad *2* in Bild 1-12b ist sein eigener Gangpolkegel für die Drehung relativ zu Rad 1, und Rad 1 ist der Rastpolkegel.

In Kegelradgetrieben mit mehreren Körpern $i = 0, \dots, n$ bewegt sich jeder Körper relativ zu jedem anderen um einen allen gemeinsamen Punkt 0 (Bild 1-13). Sei ω_{ij} die Winkelgeschwindigkeit von Körper i relativ zu Körper j ($i, j = 0, \dots, n$), sodass gilt

$$\omega_{ji} = -\omega_{ij}\,, \quad \omega_{ik} - \omega_{jk} = \omega_{ij} \qquad (1\text{-}31)$$
$$(i, j, k = 0, \dots, n)\,.$$

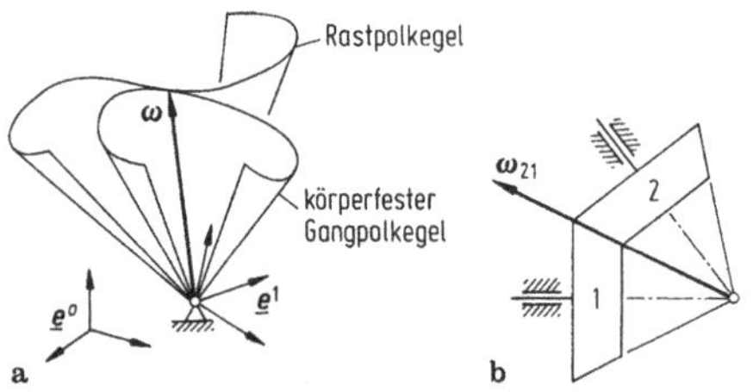

Bild 1-12. **a** Rastpolkegel und Gangpolkegel einer allgemeinen Starrkörperbewegung um einen festen Punkt. **b** Für die Bewegung des Kegelrades *2* relativ zu Rad *1* sind Rast- und Gangpolkegel mit den Wälzkegeln *1* bzw. *2* identisch

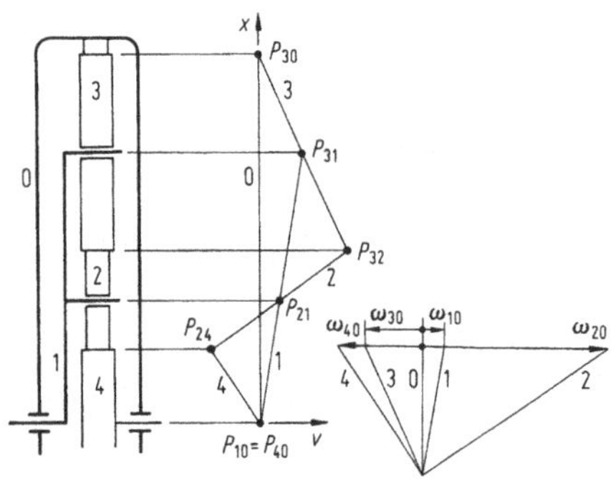

Bild 1-11. Bauplan eines Planetenradgetriebes (links) mit Geschwindigkeitsplan (Mitte) und Winkelgeschwindigkeitsplan (rechts) für stehendes Gehäuse 0

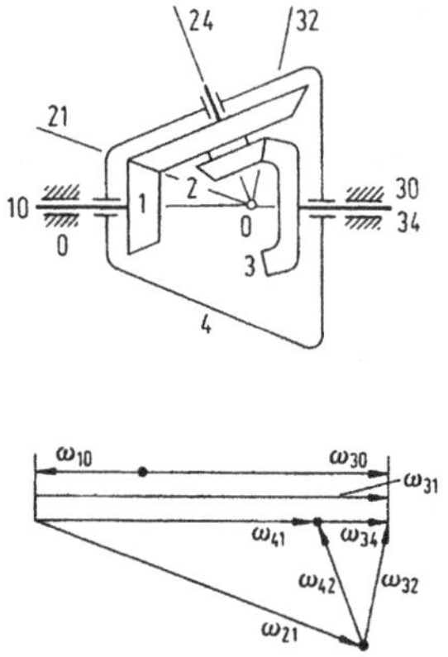

Bild 1-13. Bauplan und Winkelgeschwindigkeitsplan eines Differenzialgetriebes. ω_{10} und ω_{30} sind frei wählbar

Bei einem vorgegebenen Getriebe mit f Freiheitsgraden können die Größen von f relativen Winkelgeschwindigkeiten vorgegeben werden. Dann sind die Größen aller anderen und alle Winkelgeschwindigkeitsrichtungen durch die Richtungen der Radachsen und der Kegelberührungslinien sowie durch (1-31) festgelegt.

Beispiel 1-6: Das Differenzialgetriebe in Bild 1-13 hat Körper $0, \ldots, 4$ und $f = 2$ Freiheitsgrade. Im Bauplan oben geben Geraden mit Indizes ij die Richtungen von relativen Winkelgeschwindigkeiten ω_{ij} an. Darunter der Winkelgeschwindigkeitsplan.

1.2.3 Winkelbeschleunigung

Die *Winkelbeschleunigung* des Körpers $\underline{e}^1$ relativ zu $\underline{e}^0$ ist die zeitliche Ableitung von ω in der Basis $\underline{e}^0$. Sie ist wegen (1-5) auch gleich der Ableitung in $\underline{e}^1$. Wenn es keine Verwechslung geben kann, schreibt man $\dot{\omega}$. Aus (1-27) und (1-28) ergeben sich die Darstellungen für Eulerwinkel

$$\begin{bmatrix} \dot{\omega}_1 \\ \dot{\omega}_2 \\ \dot{\omega}_3 \end{bmatrix} = \begin{bmatrix} s_\vartheta s_\varphi & c_\varphi & 0 \\ s_\vartheta c_\varphi & -s_\varphi & 0 \\ c_\vartheta & 0 & 1 \end{bmatrix} \begin{bmatrix} \ddot{\psi} \\ \ddot{\vartheta} \\ \ddot{\varphi} \end{bmatrix} + \begin{bmatrix} c_\vartheta s_\varphi \dot{\psi}\dot{\vartheta} - s_\varphi \dot{\vartheta}\dot{\varphi} + s_\vartheta c_\varphi \dot{\varphi}\dot{\psi} \\ c_\vartheta c_\varphi \dot{\psi}\dot{\vartheta} - c_\varphi \dot{\vartheta}\dot{\varphi} - s_\vartheta s_\varphi \dot{\varphi}\dot{\psi} \\ -s_\vartheta \dot{\psi}\dot{\vartheta} \end{bmatrix} \tag{1-32}$$

und für Kardanwinkel

$$\begin{bmatrix} \dot{\omega}_1 \\ \dot{\omega}_2 \\ \dot{\omega}_3 \end{bmatrix} = \begin{bmatrix} c_2 c_3 & s_3 & 0 \\ -c_2 s_3 & c_3 & 0 \\ s_2 & 0 & 1 \end{bmatrix} \begin{bmatrix} \ddot{\varphi}_1 \\ \ddot{\varphi}_2 \\ \ddot{\varphi}_3 \end{bmatrix} + \begin{bmatrix} -s_2 c_3 \dot{\varphi}_1 \dot{\varphi}_2 + c_3 \dot{\varphi}_2 \dot{\varphi}_3 - c_2 s_3 \dot{\varphi}_3 \dot{\varphi}_1 \\ s_2 s_3 \dot{\varphi}_1 \dot{\varphi}_2 - s_3 \dot{\varphi}_2 \dot{\varphi}_3 - c_2 c_3 \dot{\varphi}_3 \dot{\varphi}_1 \\ c_2 \dot{\varphi}_1 \dot{\varphi}_2 \end{bmatrix} . \tag{1-33}$$

Beschleunigungsverteilung im starren Körper. $\omega, \dot{\omega}$ und die Beschleunigung $\boldsymbol{a}_\mathrm{A}$ des Punktes A bestimmen zusammen die Beschleunigung $\boldsymbol{a}_\mathrm{P}$ jedes anderen körperfesten Punktes P am Radiusvektor $\overrightarrow{AP} = \varrho$:

$$\begin{aligned} \boldsymbol{a}_\mathrm{P} &= \boldsymbol{a}_\mathrm{A} + \dot{\omega} \times \varrho + \omega \times (\omega \times \varrho) \\ &= \boldsymbol{a}_\mathrm{A} + \dot{\omega} \times \varrho + (\omega \cdot \varrho)\omega - \omega^2 \varrho \, . \end{aligned} \tag{1-34}$$

1.3 Kinematik des Punktes mit Relativbewegung

In Bild 1-14 bewegt sich Körper 1 mit der auf ihm festen Basis $\underline{e}^1$ relativ zu $\underline{e}^0$, und der Punkt P bewegt sich relativ zu $\underline{e}^1$. Der Bewegungszustand von Körper 1 relativ zu $\underline{e}^0$ wird nach 1.2 durch die sechs Größen $\boldsymbol{r}_\mathrm{A}$, $\boldsymbol{v}_\mathrm{A}$, $\boldsymbol{a}_\mathrm{A}$, $\underline{A}$, ω und $\dot{\omega}$ beschrieben. Wenn diese Bewegung $f_1 \leq 6$ Freiheitsgrade hat, dann können die sechs Größen als Funktionen von f_1 generalisierten Koordinaten q_i ($i = 1, \ldots, f_1$) und von deren Ableitungen dargestellt werden (siehe 1.1 und 1.2). Der Bewegungszustand von Punkt P relativ zu $\underline{e}^1$ wird durch den Ortsvektor ϱ, die Relativgeschwindigkeit $\boldsymbol{v}_\mathrm{rel}$ und die Relativbeschleunigung $\boldsymbol{a}_\mathrm{rel}$ beschrieben. Wenn diese Relativbewegung $f_2 \leq 3$ Freiheitsgrade hat, dann können die drei Größen als Funktionen von f_2 generalisierten Koordinaten q_i ($i = f_1 + 1, \ldots, f_1 + f_2$) und von deren Ableitungen dargestellt werden. Der Ortsvektor $\boldsymbol{r}_\mathrm{P}$, die Geschwindigkeit $\boldsymbol{v}_\mathrm{P}$ und die Beschleunigung $\boldsymbol{a}_\mathrm{P}$ von P relativ zu $\underline{e}^0$ sind die Größen (siehe (1-30) und (1-34) sowie (1-5))

$$\boldsymbol{r}_\mathrm{P} = \boldsymbol{r}_\mathrm{A} + \varrho \, , \quad \boldsymbol{v}_\mathrm{P} = \boldsymbol{v}_\mathrm{A} + \omega \times \varrho + \boldsymbol{v}_\mathrm{rel} \, , \tag{1-35a}$$

$$\begin{aligned} \boldsymbol{a}_\mathrm{P} = {} & \boldsymbol{a}_\mathrm{A} + \dot{\omega} \times \varrho + \omega \times (\omega \times \varrho) \\ & + 2\omega \times \boldsymbol{v}_\mathrm{rel} + \boldsymbol{a}_\mathrm{rel} \, . \end{aligned} \tag{1-35b}$$

Darin sind $\boldsymbol{v}_\mathrm{A} + \omega \times \varrho = \boldsymbol{v}_\mathrm{kP}$ und $\boldsymbol{a}_\mathrm{A} + \dot{\omega} \times \varrho + \omega \times (\omega \times \varrho) = \boldsymbol{a}_\mathrm{kP}$ die Geschwindigkeit bzw. die Beschleunigung des mit P zusammenfallenden körperfesten Punktes; $2\omega \times \boldsymbol{v}_\mathrm{rel}$ heißt *Coriolisbeschleunigung*. Welche Größen in (1-35a) und (1-35b) gegeben und welche unbekannt sind, hängt von der Problemstellung ab. Durch Zerlegung aller Vektoren in einer gemeinsamen Basis (z. B. in $\underline{e}^1$) werden skalare Gleichungen gebildet.

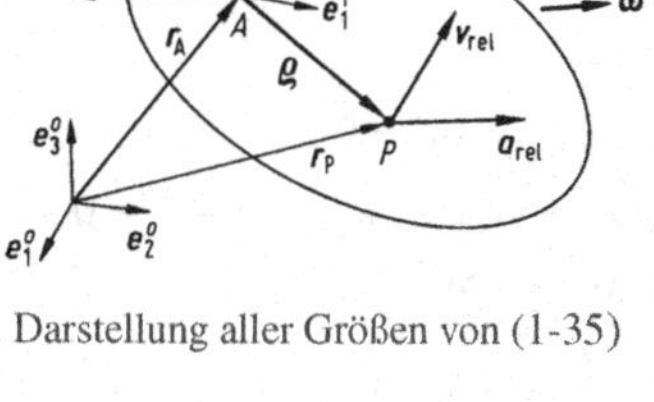

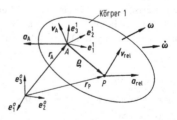

Bild 1-14. Darstellung aller Größen von (1-35)

1.4 Freiheitsgrade der Bewegung. Kinematische Bindungen

Die Anzahl f der *Freiheitsgrade* der Bewegung eines mechanischen Systems ist gleich der Anzahl unabhängiger generalisierter Lagekoordinaten $q_1, \ldots, q_f$, die zur eindeutigen Beschreibung der Lage des Systems nötig sind. Verwendet man $n > f$ Lagekoordinaten $q_1, \ldots, q_n$, dann wird die Abhängigkeit von $\nu = n - f$ überzähligen Koordinaten durch ν voneinander unabhängige, sog. *holonome Bindungsgleichungen*

$$f_i(q_1, \ldots, q_n, t) = 0 \quad (i = 1, \ldots, \nu) \tag{1-36}$$

ausgedrückt. Die Bindungen und das mechanische System heißen *holonom-skleronom*, wenn die Zeit t nicht explizit erscheint, sonst – bei Vorgabe von Systemparametern als Funktionen der Zeit – *holonom-rheonom*. Totale Differenziation von (1-36) nach t liefert lineare Bindungsgleichungen für generalisierte Geschwindigkeiten $\dot{q}_i$ und Beschleunigungen $\ddot{q}_i$. Mit $J_{ij} = \partial f_i / \partial q_j$ lauten sie

$$\left.\begin{aligned} &\sum_{j=1}^{n} J_{ij}\dot{q}_j + \frac{\partial f_i}{\partial t} = 0\,, \\ &\sum_{j=1}^{n} J_{ij}\ddot{q}_j + \sum_{j=1}^{n}\left[\sum_{k=1}^{n} \frac{\partial J_{ij}}{\partial q_k}\dot{q}_k + \frac{\partial J_{ij}}{\partial t} + \frac{\partial^2 f_i}{\partial t \partial q_j}\right]\dot{q}_j \\ &\qquad + \frac{\partial^2 f_i}{\partial t^2} = 0 \quad (i = 1, \ldots, \nu)\,. \end{aligned}\right\} \tag{1-37}$$

Für virtuelle Änderungen δq_j der Koordinaten gilt im skleronomen wie im rheonomen Fall

$$\sum_{j=1}^{n} J_{ij}\delta q_j = 0 \quad (i = 1, \ldots, \nu)\,. \tag{1-38}$$

Beispiel 1-7: Ein ebenes Punktpendel der vorgegebenen veränderlichen Länge $l(t)$ hat einen Freiheitsgrad. Die kartesischen Koordinaten x, y des Punktkörpers unterliegen der holonom-rheonomen Bindungsgleichung $x^2 + y^2 - l^2(t) = 0$. Daraus folgen für (1-37) und (1-38)

$$x\dot{x} + y\dot{y} - l\dot{l} = 0\,,$$
$$x\ddot{x} + y\ddot{y} + \dot{x}^2 + \dot{y}^2 - l\ddot{l} - \dot{l}^2 = 0\,,$$
$$x\delta x + y\delta y = 0\,.$$

Ein mechanisches System heißt *nichtholonom*, wenn seine generalisierten Geschwindigkeiten $\dot{q}_1, \ldots, \dot{q}_n$ Bindungsgleichungen unterliegen, die sich nicht durch Integration in die Form (1-36) überführen lassen. Nichtholonome Bindungen haben keinen Einfluss auf die Anzahl f der unabhängigen Lagekoordinaten, d. h. der Freiheitsgrade. Sie stellen aber Bindungen zwischen den virtuellen Verschiebungen $\delta q_1, \ldots, \delta q_n$ her, sodass im unendlich Kleinen die Anzahl der Freiheitsgrade mit jeder unabhängigen nichtholonomen Bindung um Eins abnimmt. Mechanisch verursachte nichtholonome Bindungsgleichungen sind linear in $\dot{q}_1, \ldots, \dot{q}_n$, also von der Form

$$\sum_{j=1}^{n} a_{ij}\dot{q}_j + a_{i0} = 0 \quad (i = 1, \ldots, \nu)\,. \tag{1-39}$$

Die a_{ij} $(j = 0, \ldots, n)$ sind Funktionen von $q_1, \ldots, q_n$ im skleronomen Fall und von $q_1, \ldots, q_n$ und t im rheonomen Fall. Differenziation nach t liefert für Beschleunigungen und für virtuelle Verschiebungen Bindungsgleichungen, die mit (1-37) bzw. (1-38) identisch sind, wenn man J_{ij} durch a_{ij} und $\partial f_i / \partial t$ durch a_{i0} ersetzt.

Beispiel 1-8: Der vertikal stehende Schlittschuh in Bild 1-15 mit punktueller Berührung der gekrümmten Kufe hat drei unabhängige Lagekoordinaten x, y und φ. Die nichtholonome Bindung „die Geschwindigkeit hat die Richtung der Kufe" wird durch $\dot{y} - \dot{x}\tan\varphi = 0$ ausgedrückt. Daraus folgt $\delta y - \delta x \tan\varphi = 0$, $\ddot{y} - \ddot{x}\tan\varphi - \dot{x}\dot{\varphi}/\cos^2\varphi = 0$.

1.5 Virtuelle Verschiebungen

Virtuelle Verschiebungen eines Systems sind infinitesimal kleine, mit allen Bindungen des Systems verträgliche, im Übrigen aber beliebige Verschiebungen.

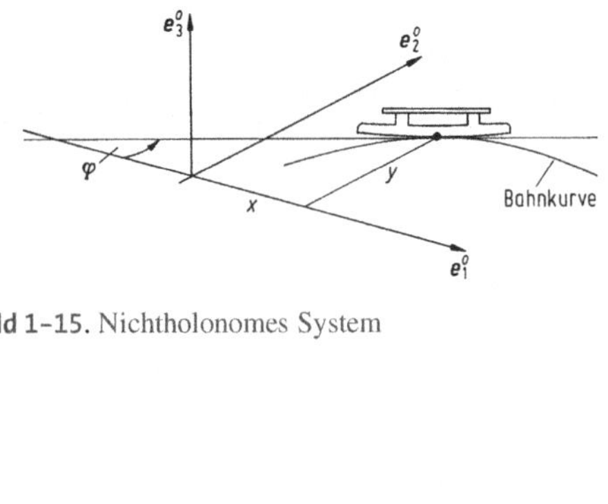

Bild 1-15. Nichtholonomes System

Die virtuelle Verschiebung eines Systempunktes mit dem Ortsvektor $\boldsymbol{r}$ wird mit $\delta\boldsymbol{r}$ bezeichnet. Die virtuelle Verschiebung eines starren Körpers setzt sich aus der virtuellen Verschiebung $\delta\boldsymbol{r}_A$ eines beliebigen Körperpunktes A und aus einer *virtuellen Drehung* des Körpers um A zusammen. Für diese wird der Drehvektor $\delta\boldsymbol{\pi}$ mit dem Betrag des infinitesimal kleinen Drehwinkels und mit der Richtung der Drehachse eingeführt. Dann ist die virtuelle Verschiebung eines anderen Körperpunkts P

$$\delta\boldsymbol{r}_P = \delta\boldsymbol{r}_A + \delta\boldsymbol{\pi} \times \boldsymbol{\varrho} \quad \text{mit} \quad \boldsymbol{\varrho} = \overrightarrow{AP} . \qquad (1\text{-}40)$$

In einem System mit f Freiheitsgraden und mit $f + v$ Lagekoordinaten $q_1, \ldots, q_{f+v}$ ist der Ortsvektor $\boldsymbol{r}$ jedes Punktes eine bekannte Funktion $\boldsymbol{r}(q_1, \ldots, q_{f+v})$. Virtuelle Änderungen δq_i der Koordinaten q_i verursachen eine virtuelle Verschiebung $\delta\boldsymbol{r}$. In ihr treten dieselben Koeffizienten auf, wie im Ausdruck für die Geschwindigkeit des Punktes:

$$\delta\boldsymbol{r} = \sum_{i=1}^{f+v} \frac{\partial \boldsymbol{r}}{\partial q_i}\delta q_i , \qquad \dot{\boldsymbol{r}} = \sum_{i=1}^{f+v} \frac{\partial \boldsymbol{r}}{\partial q_i}\dot{q}_i . \qquad (1\text{-}41)$$

Beispiel 1-9: In Bild 1-10 sei δx_{rel} die virtuelle Verschiebung des Kolbens 2 relativ zum Zylinder 1 und $\delta\boldsymbol{r}_P$ die virtuelle Verschiebung des Punktes P. Nach (1-41) ist

$$\delta r_P : \delta x_{\text{rel}} = v_P : v_{\text{rel}} = (r_2 r_4 r_6 r_8)/(r_1 r_3 r_5 r_7) .$$

Analog zu (1-41) gilt: Im Drehvektor $\delta\boldsymbol{\pi}$ eines starren Körpers treten dieselben Koeffizienten auf, wie in der Winkelgeschwindigkeit des Körpers:

$$\delta\boldsymbol{\pi} = \sum_{i=1}^{f+v} \boldsymbol{p}_i \delta q_i , \qquad \boldsymbol{\omega} = \sum_{i=1}^{f+v} \boldsymbol{p}_i \dot{q}_i . \qquad (1\text{-}42)$$

Beispiel 1-10: Virtuelle Änderungen $\delta\psi$, $\delta\vartheta$ und $\delta\varphi$ der Eulerwinkel eines Körpers verursachen nach (1-27a) einen Drehvektor $\delta\boldsymbol{\pi}$, der in der körperfesten Basis die Komponenten hat:

$$(\sin\vartheta \sin\varphi\delta\psi + \cos\varphi\delta\vartheta ,$$
$$\sin\vartheta\cos\varphi\delta\psi - \sin\varphi\delta\vartheta, \quad \cos\vartheta\delta\psi + \delta\varphi) .$$

Virtuelle Verschiebungen von Körpern in ebener Bewegung sind am einfachsten beschreibbar als virtuelle Drehungen der Körper um ihre Momentanpole.

Beispiel 1-11: In Bild 1-10 gilt für die virtuellen Drehwinkel der Körper $\delta\varphi_5 : \delta\varphi_4 = r_6 : r_7$, $\delta\varphi_4 : \delta\varphi_3 = r_4 : r_5$, $\delta\varphi_3 : \delta\varphi_2 = r_2 : r_3$.
Im Fall rheonomer (d. h. zeitabhängiger) Bindungen müssen virtuelle Verschiebungen bei t = const gebildet werden.

Beispiel 1-12: Wenn die Koordinate q_k eines Systems eine vorgeschriebene Funktion $q_k(t)$ der Zeit ist, muss in (1-41) und (1-42) $\delta q_k = 0$ gesetzt werden.

1.6 Kinematik offener Gliederketten

Bild 1-16a ist ein Beispiel für eine beliebig verzweigte ebene oder räumliche, offene Gliederkette mit Körpern $i = 1, \ldots, n$ und Gelenken $j = 1, \ldots, n$ auf einem ruhenden Trägerkörper 0. Die angedeuteten Gelenke dürfen bis zu sechs Freiheitsgrade haben. Die Körper und Gelenke sind regulär nummeriert (entlang jedem von Körper 0 ausgehenden Zweig monoton steigend; jedes Gelenk hat denselben Index, wie der nach außen folgende Körper). Sei $b(i)$ für $i = 1, \ldots, n$ der Index des inneren Nachbarkörpers von Körper i (Beispiel: In Bild 1-16a ist $b(5) = 3$, $b(1) = 0$).
Auf jedem Körper $i = 0, \ldots, n$ wird eine Basis $\underline{e}^i$ beliebig festgelegt. Für Gelenk j ($j = 1, \ldots, n$) wird auf Körper j ein Gelenkpunkt durch einen Vektor $\boldsymbol{c}_j$

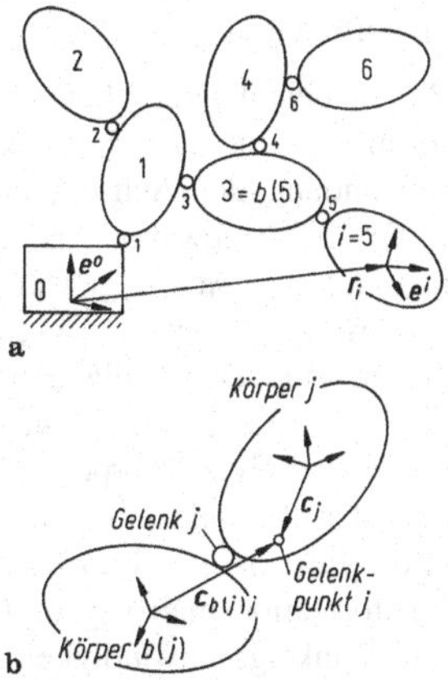

Bild 1-16. **a** Offene Gliederkette mit regulär nummerierten Körpern und Gelenken. Körper 0 ist in Ruhe. Das Symbol o kennzeichnet beliebige Gelenke mit 1 bis 6 Freiheitsgraden. **b** Kinematische Größen für das Gelenk j zwischen den Körpern j und $b(j)$

definiert (Bild 1-16b). In der Basis $\underline{e}^{b(j)}$ hat dieser Gelenkpunkt den i. Allg. nicht konstanten Ortsvektor $\boldsymbol{c}_{b(j)j}$. Der Vektor ist nach 1.2 eine von sechs Größen zur Beschreibung der Lage und Bewegung von Körper j relativ zu Körper $b(j)$. Die anderen sind die Geschwindigkeit $\boldsymbol{v}_j$ und die Beschleunigung $\boldsymbol{a}_j$ des Gelenkpunkts relativ zu Körper $b(j)$, die Transformationsmatrix $\underline{G}^j$ (definiert durch $\underline{e}^j = \underline{G}^j \underline{e}^{b(j)}$) sowie die Winkelgeschwindigkeit $\boldsymbol{\Omega}_j$ und die Winkelbeschleunigung $\boldsymbol{\varepsilon}_j$ von Körper j relativ zu Körper $b(j)$. Die sechs Größen werden durch generalisierte Gelenkkoordinaten ausgedrückt. Im Gelenk j werden bei $1 \leqq f_j \leqq 6$ Freiheitsgraden ebenso viele Gelenkkoordinaten geeignet gewählt. Das Gesamtsystem hat $f = \sum_{j=1}^{n} f_j$ Freiheitsgrade. Seine f Koordinaten bilden nach Gelenken geordnet die Spaltenmatrix $\underline{q} = [q_1, \ldots, q_f]^{\mathrm{T}}$. Die sechs Gelenkgrößen sind bekannte Funktionen der Form

$$\left.\begin{aligned} &\boldsymbol{c}_{b(j)j}(\underline{q}), \quad \boldsymbol{v}_j = \sum_{l=1}^{f} \boldsymbol{k}_{jl}\dot{q}_l, \quad \boldsymbol{a}_j = \sum_{l=1}^{f} \boldsymbol{k}_{jl}\ddot{q}_l + \boldsymbol{s}_j, \\ &\underline{G}^j(\underline{q}), \quad \boldsymbol{\Omega}_j = \sum_{l=1}^{f} \boldsymbol{p}_{jl}\dot{q}_l, \quad \boldsymbol{\varepsilon}_j = \sum_{l=1}^{f} \boldsymbol{p}_{jl}\ddot{q}_l + \boldsymbol{w}_j \\ &(j = 1, \ldots, n), \end{aligned}\right\} \tag{1-43}$$

wobei nur die f_j Koordinaten des jeweiligen Gelenks j explizit auftreten.

Beispiel 1-13: Bei einem Drehschubgelenk werden als Gelenkkoordinaten eine kartesische Koordinate x der Translation entlang der Achse und ein Drehwinkel φ um die Achse gewählt. Als Gelenkpunkt wird ein Punkt auf der Achse gewählt. Dann ist $\boldsymbol{v}_j = \dot{x}\boldsymbol{e}$, $\boldsymbol{a}_j = \ddot{x}\boldsymbol{e}$, $\boldsymbol{\Omega}_j = \dot{\varphi}\boldsymbol{e}$, $\boldsymbol{\varepsilon}_j = \ddot{\varphi}\boldsymbol{e}$ mit dem Achseneinheitsvektor $\boldsymbol{e}$. Durch die definierten Gelenkgrößen werden die Lagen und Bewegungen aller Körper $i = 1, \ldots, n$ relativ zu Körper 0 ausgedrückt, genauer gesagt, der Ortsvektor $\boldsymbol{r}_i$, die Geschwindigkeit $\dot{\boldsymbol{r}}_i$ und die Beschleunigung $\ddot{\boldsymbol{r}}_i$ des Ursprungs von $\underline{e}^i$, die Transformationsmatrix $\underline{A}^i$ (definiert durch $\underline{e}^i = \underline{A}^i \underline{e}^0$), die Winkelgeschwindigkeit $\boldsymbol{\omega}_i$ und die Winkelbeschleunigung $\dot{\boldsymbol{\omega}}_i$ (Bild 1-16). Für einen festen Wert von i sind alle sechs Größen außer $\underline{A}^i$ Summen von Gelenkgrößen über alle Gelenke zwischen Körper 0 und Körper i. Die Matrizen $\underline{A}^i$ sind entsprechende Produkte. Sei $T_{ji} = -1$, wenn Gelenk j zwischen Körper 0 und Körper i liegt und $T_{ji} = 0$ andernfalls $(j, i = 1, \ldots, n)$. Die folgenden Summen erstrecken sich über $j = 1, \ldots, n$, und überall ist $b = b(j)$.

$$\left.\begin{aligned} \boldsymbol{r}_i &= -\sum T_{ji}(\boldsymbol{c}_{bj} - \boldsymbol{c}_j), \\ \dot{\boldsymbol{r}}_i &= -\sum T_{ji}(\boldsymbol{v}_j + \boldsymbol{\omega}_b \times \boldsymbol{c}_{bj} - \boldsymbol{\omega}_j \times \boldsymbol{c}_j), \\ \ddot{\boldsymbol{r}}_i &= -\sum T_{ji}[\boldsymbol{a}_j + \dot{\boldsymbol{\omega}}_b \times \boldsymbol{c}_{bj} - \dot{\boldsymbol{\omega}}_j \times \boldsymbol{c}_j + \boldsymbol{\omega}_b \\ &\qquad \times(\boldsymbol{\omega}_b \times \boldsymbol{c}_{bj}) - \boldsymbol{\omega}_j \times (\boldsymbol{\omega}_j \times \boldsymbol{c}_j) + 2\boldsymbol{\omega}_b \times \boldsymbol{v}_j], \\ \boldsymbol{\omega}_i &= -\sum T_{ji}\boldsymbol{\Omega}_j, \\ \dot{\boldsymbol{\omega}}_i &= -\sum T_{ji}(\boldsymbol{\varepsilon}_j + \boldsymbol{\omega}_b \times \boldsymbol{\Omega}_j), \\ \underline{A}^i &= \prod_{j:T_{ji}\neq 0} \underline{G}^j \quad \text{(Indizes } j \text{ monoton fallend)} \\ &\qquad (i = 1, \ldots, n). \end{aligned}\right\} \tag{1-44}$$

Diese Gleichungen werden in der Reihenfolge $i = 1, \ldots, n$ rekursiv ausgewertet. Mit (1-43) ist wie folgt eine Darstellung durch Gelenkkoordinaten möglich. Man definiert die Spaltenmatrizen $\underline{v} = [\boldsymbol{v}_1 \ldots \boldsymbol{v}_n]^{\mathrm{T}}$, $\underline{a} = [\boldsymbol{a}_1 \ldots \boldsymbol{a}_n]^{\mathrm{T}}$, $\underline{\Omega} = [\boldsymbol{\Omega}_1 \ldots \boldsymbol{\Omega}_n]^{\mathrm{T}}$ und $\underline{\varepsilon} = [\boldsymbol{\varepsilon}_1 \ldots \boldsymbol{\varepsilon}_n]^{\mathrm{T}}$. Damit werden die je n Gleichungen (1-43) für $\boldsymbol{v}_j$, $\boldsymbol{a}_j$, $\boldsymbol{\Omega}_j$ und $\boldsymbol{\varepsilon}_j$ $(j = 1, \ldots, n)$ zusammengefasst zu

$$\begin{aligned} \underline{v} &= \underline{k}^{\mathrm{T}}\dot{\underline{q}}, \quad \underline{a} = \underline{k}^{\mathrm{T}}\ddot{\underline{q}} + \underline{s}, \\ \underline{\Omega} &= \underline{p}^{\mathrm{T}}\dot{\underline{q}}, \quad \underline{\varepsilon} = \underline{p}^{\mathrm{T}}\ddot{\underline{q}} + \underline{w} \end{aligned} \tag{1-45}$$

mit hierdurch definierten Matrizen $\underline{k}$, $\underline{p}$, $\underline{s}$ und $\underline{w}$. Seien weiterhin

$$\underline{r} = [\boldsymbol{r}_1 \ldots \boldsymbol{r}_n]^{\mathrm{T}} \quad \text{und} \quad \underline{\omega} = [\boldsymbol{\omega}_1 \ldots \boldsymbol{\omega}_n]^{\mathrm{T}}.$$

Dann liefert (1-44)

$$\left.\begin{aligned} \dot{\underline{r}} &= \underline{a}_1\dot{\underline{q}}, \quad \ddot{\underline{r}} = \underline{a}_1\ddot{\underline{q}} + \underline{b}_1, \\ \underline{\omega} &= \underline{a}_2\dot{\underline{q}}, \quad \dot{\underline{\omega}} = \underline{a}_2\ddot{\underline{q}} + \underline{b}_2 \end{aligned}\right\} \tag{1-46}$$

mit

$$\left.\begin{aligned} \underline{a}_1 &= (\underline{C}\,\underline{T})^{\mathrm{T}} \times \underline{a}_2 - (\underline{k}\,\underline{T})^{\mathrm{T}}, \quad \underline{a}_2 = -(\underline{p}\underline{T})^{\mathrm{T}}, \\ \underline{b}_1 &= (\underline{C}\,\underline{T})^{\mathrm{T}} \times \underline{b}_2 - \underline{T}^{\mathrm{T}}\underline{s}^*, \quad \underline{b}_2 = -\underline{T}^{\mathrm{T}}\underline{w}^*. \end{aligned}\right\} \tag{1-47}$$

Darin sind $\underline{T}$ die Matrix aller T_{ji} $(j, i = 1, \ldots, n)$ und $\underline{C}$ die Matrix mit den Elementen $\boldsymbol{C}_{ij} = \boldsymbol{c}_{b(j)j}$ für $i = b(j)$, $\boldsymbol{C}_{ij} = -\boldsymbol{c}_j$ für $i = j$ und $\boldsymbol{C}_{ij} = \boldsymbol{0}$ sonst $(i, j = 1, \ldots, n)$. $\underline{s}^*$ und $\underline{w}^*$ sind Spaltenmatrizen mit den Elementen

$$\left.\begin{aligned} \boldsymbol{s}_j^* &= \boldsymbol{s}_j + \boldsymbol{\omega}_b \times (\boldsymbol{\omega}_b \times \boldsymbol{c}_{bj}) \\ &\quad -\boldsymbol{\omega}_j \times (\boldsymbol{\omega}_j \times \boldsymbol{c}_j) + 2\boldsymbol{\omega}_b \times \mathfrak{v}_j , \\ \mathfrak{w}_j^* &= \mathfrak{w}_j + \boldsymbol{\omega}_b \times \boldsymbol{\Omega}_j \\ &\quad (j = 1, \ldots, n ; \quad b = b(j)) . \end{aligned}\right\} \qquad (1\text{-}48)$$

Weitere Einzelheiten und Verallgemeinerungen siehe in [3].

2 Statik starrer Körper

Gegenstand der Statik starrer Körper sind Gleichgewichtszustände von Systemen starrer Körper und Bedingungen für Kräfte an und in derartigen Systemen im Gleichgewichtszustand. Gleichgewicht bedeutet entweder den Zustand der Ruhe oder einen speziellen Bewegungszustand (siehe 2.1.11). Im Gleichgewichtszustand verhalten sich auch nichtstarre Systeme wie starre Körper, z. B. ein biegeschlaffes Seil und eine stationär rotierende elastische Scheibe. Die Statik starrer Körper ist auch auf derartige Zustände anwendbar.

2.1 Grundlagen

2.1.1 Kraft. Moment

Eine *Kraft* ist ein Vektor mit einem Angriffspunkt, einer Richtung und einem Betrag. Angriffspunkt und Richtung definieren die Wirkungslinie der Kraft (Bild 2-1). Die Dimension der Kraft ist Masse × Länge/Zeit^2, und die SI-Einheit ist das Newton: $1\,\text{N} = 1\,\text{kgm/s}^2$. Bei deformierbaren Körpern ändert sich die Wirkung einer Kraft, wenn eines ihrer Merkmale Angriffspunkt, Richtung und Betrag geändert wird. Die Wirkung auf einen starren Körper ändert sich nicht, wenn die Kraft entlang ihrer Wirkungslinie verschoben wird. Für Kräfte sind zwei verschiedene zeichnerische Darstellungen üblich. In

Bild 2-1. **a** Kennzeichnung einer Kraft durch den Vektor $\boldsymbol{F}$. **b** Kennzeichnung durch die Koordinate F entlang der gezeichneten Richtung

Bild 2-1a kennzeichnet das Symbol $\boldsymbol{F}$, ebenso wie in diesem Satz, die Kraft mitsamt ihren Merkmalen Angriffspunkt, Richtung und Betrag. Dagegen ist F in Bild 2-1b die Koordinate der Kraft in der mit dem Pfeil gekennzeichneten Richtung. Wenn sie positiv ist, dann hat die Kraft die Richtung des Pfeils, und wenn sie negativ ist, die Gegenrichtung.

Das *Moment* einer Kraft $\boldsymbol{F}$ bezüglich eines Punktes A (oder „um A") ist das Vektorprodukt $\boldsymbol{M}^{\text{A}} = \boldsymbol{r} \times \boldsymbol{F}$ mit dem Vektor $\boldsymbol{r}$ von A zu einem beliebigen Punkt der Wirkungslinie von $\boldsymbol{F}$ (Bild 2-2). Die SI-Einheit für Momente ist das Newtonmeter Nm.

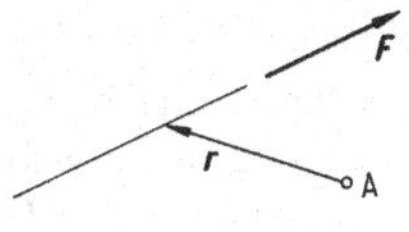

Bild 2-2. Das Moment von F um A ist $\boldsymbol{r} \times \boldsymbol{F}$

2.1.2 Äquivalenz von Kräftesystemen

Zwei ebene oder räumliche Kräftesysteme heißen einander *äquivalent*, wenn sie an einem einzelnen starren Körper dieselben Beschleunigungen verursachen.

Verschiebungsaxiom: Zwei Kräfte $\boldsymbol{F}_1$ und $\boldsymbol{F}_2$ sind einander äquivalent, wenn jede von beiden durch Verschiebung entlang ihrer Wirkungslinie in die andere überführt werden kann (Bild 2-3a).

Parallelogrammaxiom: Zwei Kräfte $\boldsymbol{F}_1$ und $\boldsymbol{F}_2$ mit gemeinsamem Angriffspunkt sind zusammen einer einzelnen Kraft $\boldsymbol{F}$ äquivalent, die nach Bild 2-3b die Diagonale des Kräfteparallelogramms bildet. $\boldsymbol{F}$ heißt *Resultierende* oder (Vektor-)Summe der beiden Kräfte: $\boldsymbol{F} = \boldsymbol{F}_1 + \boldsymbol{F}_2$.

Ein *Kräftepaar* besteht aus zwei Kräften mit gleichem Betrag und entgegengesetzten Richtungen auf zwei parallelen Wirkungslinien (Bild 2-4a). Zwei Kräftepaare sind einander äquivalent, wenn sie in parallelen

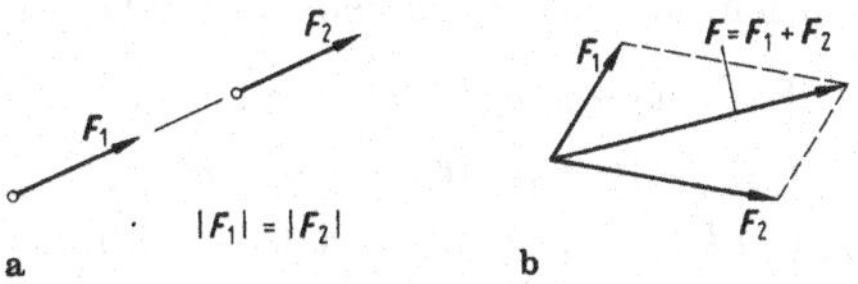

Bild 2-3. Zur Erläuterung des Verschiebungsaxioms **a** und des Parallelogrammaxioms **b**

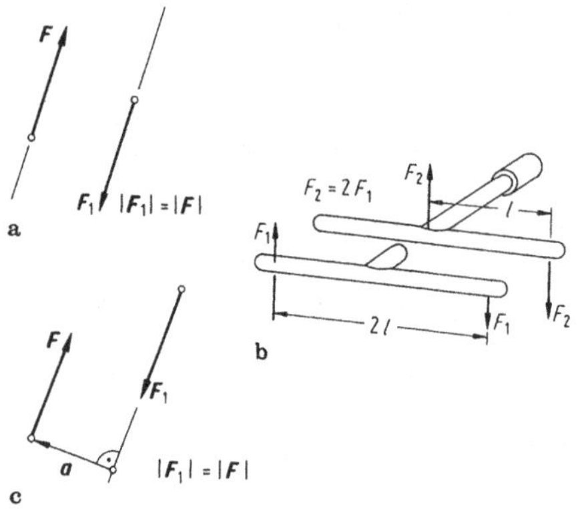

Bild 2-4. **a** Ein Kräftepaar. **b** Zwei einander äquivalente Kräftepaare an einem Schraubenschlüssel. **c** Das Moment $\boldsymbol{a} \times \boldsymbol{F}$ eines Kräftepaares

Ebenen liegen und denselben Drehsinn und dasselbe Produkt „Kraftbetrag × Abstand der Wirkungslinien" haben. Bild 2-4b zeigt zwei einander äquivalente Kräftepaare an einem Schraubenschlüssel. Ein Kräftepaar hat für jeden Bezugspunkt A dasselbe Moment, wie für den ausgezeichneten Punkt in Bild 2-4c, nämlich das Moment $\boldsymbol{a} \times \boldsymbol{F}$. Ein Kräftepaar und dieses frei verschiebbare Moment sind ein und dasselbe.

2.1.3 Zerlegung von Kräften

Eine Kraft $\boldsymbol{F}$ lässt sich in der Ebene eindeutig in zwei Kräfte $\boldsymbol{F}_1$ und $\boldsymbol{F}_2$ und im Raum eindeutig in drei Kräfte $\boldsymbol{F}_1$, $\boldsymbol{F}_2$ und $\boldsymbol{F}_3$ mit vorgegebenen Richtungen zerlegen. Bei Zerlegung in einem beliebigen kartesischen Koordinatensystem mit den Einheitsvektoren $\boldsymbol{e}_x, \boldsymbol{e}_y$ und $\boldsymbol{e}_z$ ist $\boldsymbol{F} = F_x\boldsymbol{e}_x + F_y\boldsymbol{e}_y + F_z\boldsymbol{e}_z$ mit

$$F_i = \boldsymbol{F} \cdot \boldsymbol{e}_i = |\boldsymbol{F}| \cos \sphericalangle(\boldsymbol{F}, \boldsymbol{e}_i) \quad (i = x, y, z)\,. \qquad \text{(2-1)}$$

Die vorzeichenbehafteten Skalare F_x, F_y und F_z heißen Koordinaten von $\boldsymbol{F}$, und die Vektoren $F_x\boldsymbol{e}_x$, $F_y\boldsymbol{e}_y$ und $F_z\boldsymbol{e}_z$ heißen Komponenten von $\boldsymbol{F}$. Bei Zerlegung einer Kraft $\boldsymbol{F}$ in drei nicht zueinander orthogonale Richtungen mit Einheitsvektoren $\boldsymbol{e}_1$, $\boldsymbol{e}_2$ und $\boldsymbol{e}_3$ ist

$$\begin{aligned} &\boldsymbol{F} = F_1\boldsymbol{e}_1 + F_2\boldsymbol{e}_2 + F_3\boldsymbol{e}_3 \quad \text{mit} \\ &F_i = \boldsymbol{F} \cdot (\boldsymbol{e}_j \times \boldsymbol{e}_k)/(\boldsymbol{e}_1 \cdot (\boldsymbol{e}_2 \times \boldsymbol{e}_3)) \\ &(i, j, k = 1, 2, 3 \text{ zyklisch vertauschbar})\,. \end{aligned}$$

Die ebene Zerlegung einer Kraft $\boldsymbol{F}$ in zwei Kräfte $\boldsymbol{F}_1$ und $\boldsymbol{F}_2$ ist auch grafisch nach Bild 2-3b möglich.

2.1.4 Resultierende von Kräften mit gemeinsamem Angriffspunkt

Die Resultierende $\boldsymbol{F}$ von mehreren in einem Punkt angreifenden Kräften $\boldsymbol{F}_1, \ldots, \boldsymbol{F}_n$ ist $\boldsymbol{F} = \boldsymbol{F}_1 + \ldots + \boldsymbol{F}_n$. Sie greift im selben Punkt an. In einem x, y, z-System hat sie die Koordinaten

$$F_x = \sum_{i=1}^{n} F_{ix}\,, \quad F_y = \sum_{i=1}^{n} F_{iy} \quad F_z = \sum_{i=1}^{n} F_{iz}\,. \qquad \text{(2-2)}$$

Bei einem ebenen Kräftesystem $\boldsymbol{F}_1, \ldots, \boldsymbol{F}_n$ (Bild 2-5a) kann man den Betrag und die Richtung der Resultierenden $\boldsymbol{F}$ grafisch nach Bild 2-5b konstruieren. Dabei werden Parallelen zu den Kräften $\boldsymbol{F}_1, \ldots, \boldsymbol{F}_n$ in beliebiger Reihenfolge mit einheitlichem Durchlaufsinn der Pfeile aneinandergereiht. Die Figur heißt *Kräftepolygon* oder *Krafteck.*

2.1.5 Reduktion von Kräftesystemen

Jedes ebene oder räumliche System von Kräften $\boldsymbol{F}_1, \ldots, \boldsymbol{F}_n$ lässt sich auf eine Einzelkraft und ein Kräftepaar reduzieren, die zusammen dem Kräftesystem äquivalent sind. Dabei ist der Angriffspunkt A der Einzelkraft beliebig wählbar. Bild 2-6 zeigt die Reduktion am Beispiel einer einzigen Kraft $\boldsymbol{F}_i$. Das System in Bild 2-6b ist dem System in Bild 2-6a äquivalent. Es besteht aus der in den Punkt A parallelverschobenen Einzelkraft $\boldsymbol{F}_i^*$ und dem Kräftepaar

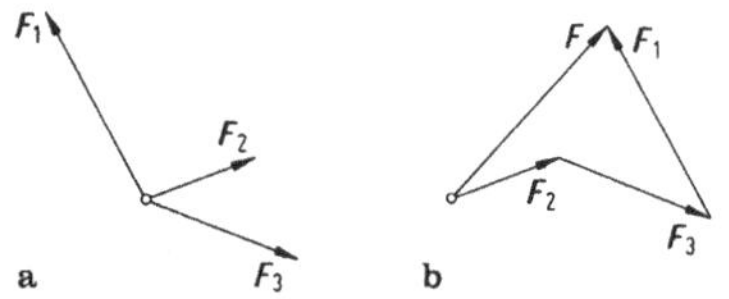

Bild 2-5. **a** Lageplan mit Kräften $\boldsymbol{F}_1, \boldsymbol{F}_2, \boldsymbol{F}_3$. **b** Kräfteplan zur Konstruktion der Resultierenden $\boldsymbol{F}$

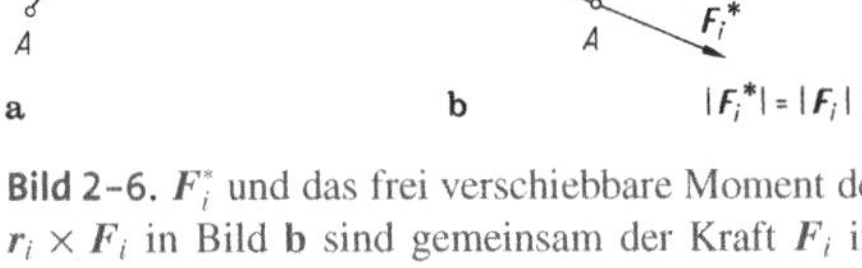

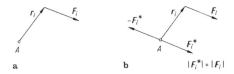

Bild 2-6. $\boldsymbol{F}_i^*$ und das frei verschiebbare Moment der Größe $\boldsymbol{r}_i \times \boldsymbol{F}_i$ in Bild **b** sind gemeinsam der Kraft $\boldsymbol{F}_i$ in Bild **a** äquivalent

$(\boldsymbol{F}_i, -\boldsymbol{F}_i^*)$. Das Kräftepaar ist ein frei verschiebbares Moment, das man in Bild 2-6a zu $\boldsymbol{M}^{\mathrm{A}} = \boldsymbol{r}_i \times \boldsymbol{F}_i$ berechnet. Für ein System von Kräften $\boldsymbol{F}_1, \ldots, \boldsymbol{F}_n$ sind die Einzelkraft und das Einzelmoment entsprechend

$$\boldsymbol{F} = \sum_{i=1}^{n} \boldsymbol{F}_i, \quad \boldsymbol{M}^{\mathrm{A}} = \sum_{i=1}^{n} \boldsymbol{M}_i^{\mathrm{A}} = \sum_{i=1}^{n} \boldsymbol{r}_i \times \boldsymbol{F}_i. \quad (2\text{-}3)$$

Man nennt sie unpräzise die resultierende Kraft bzw. das resultierende Moment um A des Kräftesystems. In Wirklichkeit ist $\boldsymbol{F}$ die Resultierende von parallel in den Punkt A verschobenen Kräften, und $\boldsymbol{M}^{\mathrm{A}}$ ist ein frei verschiebbarer, zwar von der Wahl von A abhängiger, aber nicht an A gebundener Momentenvektor. In einem x, y, z-System haben $\boldsymbol{F}$ und $\boldsymbol{M}^{\mathrm{A}}$ die Koordinaten (alle Summen über $i = 1, \ldots, n$)

$$\left.\begin{aligned} F_x &= \sum F_{ix}, & M_x^{\mathrm{A}} &= \sum M_{ix}^{\mathrm{A}} = \sum(-r_{iz}F_{iy} + r_{iy}F_{iz}), \\ F_y &= \sum F_{iy}, & M_y^{\mathrm{A}} &= \sum M_{iy}^{\mathrm{A}} = \sum(\ r_{iz}F_{ix} - r_{ix}F_{iz}), \\ F_z &= \sum F_{iz}, & M_z^{\mathrm{A}} &= \sum M_{iz}^{\mathrm{A}} = \sum(-r_{iy}F_{ix} + r_{ix}F_{iy}). \end{aligned}\right\} \quad (2\text{-}4)$$

Bei ebenen Kräftesystemen in der x, z-Ebene mit Bezugspunkten A in dieser Ebene sind alle r_{iy} und F_{iy} null und folglich nur F_x, F_z und M_y^{A} ungleich null. Bei stetig verteilten Kräften treten in (2-4) Integrale an die Stelle der Summen. Ein Beispiel ist eine Streckenlast $q_z(x)$ mit der Dimension Kraft / Länge (Bild 2-7). Sie erzeugt die resultierende Kraft $F_z = \int q_z(x)\,\mathrm{d}x$ und das resultierende Moment $-\int x q_z(x)\,\mathrm{d}x = -x_S F_z$ um die y-Achse. F_z wird durch den Inhalt der Fläche unter der Kurve $q_z(x)$ dargestellt, und x_S ist die x-Koordinate des Schwerpunkts S dieser Fläche.

Äquivalenzkriterien. Zwei ebene oder räumliche Kräftesysteme sind einander äquivalent, wenn sie nach (2-3) für jeden beliebig gewählten Bezugspunkt A gleiches $\boldsymbol{F}$ und gleiches $\boldsymbol{M}^{\mathrm{A}}$ haben. Sie sind auch dann äquivalent, wenn ihre Momente für drei beliebig gewählte, nicht in einer Geraden liegende Punkte jeweils gleich sind.

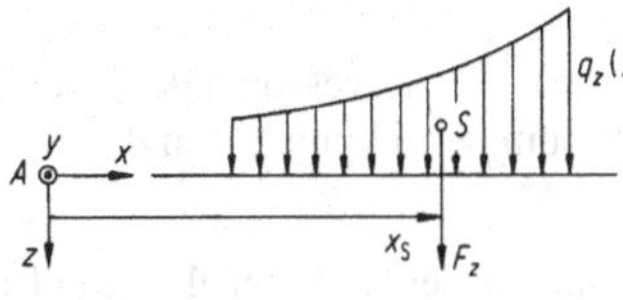

Bild 2-7. Streckenlast $q_z(x)$ und äquivalente Einzelkraft F_z

2.1.6 Ebene Kräftesysteme

Bei einem ebenen Kräftesystem, bei dem nach (2-3) $\boldsymbol{F} \neq \boldsymbol{0}$ ist, ist $\boldsymbol{M}^{\mathrm{A}} = \boldsymbol{0}$, wenn man den Angriffspunkt A von $\boldsymbol{F}$ auf einer bestimmten Geraden wählt. Die Kraft $\boldsymbol{F}$ auf dieser Wirkungslinie ist dem Kräftesystem äquivalent. Sie ist die Resultierende des Kräftesystems. In einem beliebigen x, z-System in der Kräfteebene mit vom Ursprung ausgehenden Vektoren $\boldsymbol{r}_i$ zu den Wirkungslinien der Kräfte ist die Geradengleichung der Wirkungslinie durch die Äquivalenzbedingung bestimmt:

$$\sum_{i=1}^{n}(r_{iz}F_{ix} - r_{ix}F_{iz}) = z\sum_{i=1}^{n} F_{ix} - x\sum_{i=1}^{n} F_{iz}. \quad (2\text{-}5)$$

Seileckverfahren. Grafisch wird die Wirkungslinie mit dem *Seileckverfahren* nach der folgenden Vorschrift konstruiert. Zum Lageplan der Kräfte in Bild 2-8a wird in Bild 2-8b das Kräftepolygon mit beliebiger Reihenfolge der Kräfte $\boldsymbol{F}_1, \ldots, \boldsymbol{F}_n$ gezeichnet. Es liefert Richtung und Größe der Resultierenden $\boldsymbol{F}$. Man wählt einen beliebigen Pol P und zeichnet die Polstrahlen. Jeder Kraftvektor wird von zwei Polstrahlen eingeschlossen. In der Reihenfolge der Kräfte in Bild 2-8b werden Parallelen zu den Polstrahlen so in den Lageplan übertragen, dass sich auf der Wirkungslinie jeder Kraft die Parallelen zu den beiden Polstrahlen dieser Kraft schneiden. Dabei wird der Anfangspunkt Q auf der Wirkungslinie der ersten Kraft beliebig gewählt. Die gesuchte Wirkungslinie von $\boldsymbol{F}$ liegt im Schnittpunkt S der Parallelen zu den beiden Polstrahlen von $\boldsymbol{F}$.

Das Polygon der Parallelen zu den Polstrahlen ist die Gleichgewichtsfigur eines an den Enden gelagerten

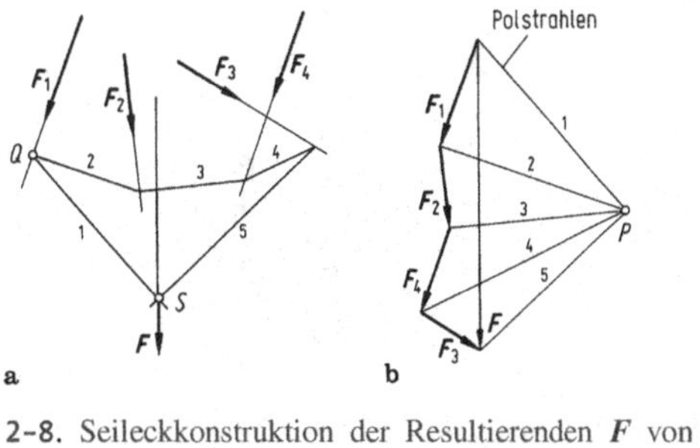

Bild 2-8. Seileckkonstruktion der Resultierenden $\boldsymbol{F}$ von Kräften $\boldsymbol{F}_1, \ldots, \boldsymbol{F}_n$

und durch $\boldsymbol{F}_1, \ldots, \boldsymbol{F}_n$ belasteten, gewichtslosen Seils (vgl. 2.4.1). Das erklärt die Bezeichnung Seileckverfahren.

2.1.7 Schwerpunkt. Massenmittelpunkt

Schwerpunkt und *Massenmittelpunkt* eines Körpers fallen im homogenen Schwerefeld zusammen. Der Schwerpunkt ist der Angriffspunkt der resultierenden Gewichtskraft $\boldsymbol{G}$ aller verteilt am Körper angreifenden Gewichtskräfte $\mathrm{d}\boldsymbol{G}$ (Bild 2-9). Ein im Schwerpunkt unterstützter, nur durch sein Gewicht belasteter Körper ist in jeder Stellung im Gleichgewicht. Die Koordinaten des Schwerpunkts in einem beliebigen körperfesten x, y, z-System werden aus der Äquivalenzbedingung bestimmt, dass das System der verteilten Kräfte und die Resultierende $\boldsymbol{G}$ bezüglich des Koordinatenursprungs gleiche Momente haben.

Bezeichnungen: Im x, y, z-System hat der Schwerpunkt S eines Körpers den Ortsvektor $\boldsymbol{r}_S$ mit den Koordinaten x_S, y_S und z_S. Der Körper hat das Gewicht $G = mg$, die Masse m, die eventuell örtlich unterschiedliche Dichte ϱ und das spezifische Gewicht $\gamma = \varrho g$, das Volumen V, im Fall flächenhafter (nicht notwendig ebener) Körper die Fläche A und im Fall linienförmiger (nicht notwendig geradliniger) Körper die Gesamtlänge l mit dem Bogenelement $\mathrm{d}s$. Für einen Teilkörper i sind die entsprechenden Größen $\boldsymbol{r}_{Si}$, x_{Si}, y_{Si}, z_{Si}, G_i, m_i, V_i, A_i und l_i. Alle nachfolgenden Integrale erstrecken sich über den gesamten Körper und alle Summen über $i = 1, \ldots, n$, wobei n die Anzahl der Teilkörper ist, in die der Körper gegliedert wird. Mit

$$G = \sum G_i\,, \quad m = \sum m_i\,, \quad V = \sum V_i\,,$$
$$A = \sum A_i\,, \quad l = \sum l_i$$

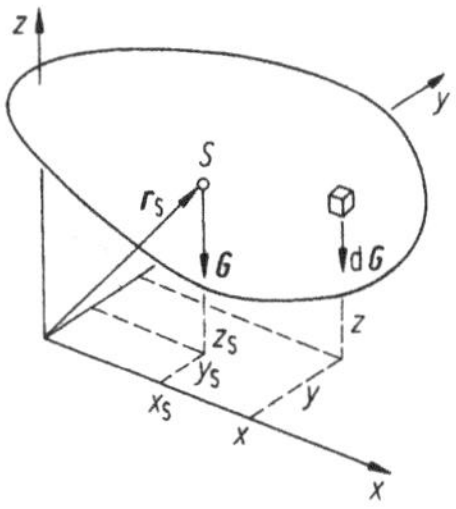

Bild 2-9. Verteilte Gewichtskräfte an einem Körper und resultierendes Gewicht im Schwerpunkt S

wird $\boldsymbol{r}_S$ durch jeden der folgenden Ausdrücke bestimmt:

$$\begin{aligned}\boldsymbol{r}_S &= \frac{1}{G}\int \boldsymbol{r}\,\mathrm{d}G = \frac{1}{G}\int \boldsymbol{r}\gamma\,\mathrm{d}V = \frac{1}{m}\int \boldsymbol{r}\,\mathrm{d}m \\ &= \frac{1}{m}\int \boldsymbol{r}\varrho\,\mathrm{d}V = \frac{1}{G}\sum \boldsymbol{r}_{Si}G_i = \frac{1}{m}\sum \boldsymbol{r}_{Si}m_i\,.\end{aligned} \tag{2-6}$$

Für x_S, y_S und z_S erhält man entsprechende Ausdrücke, wenn man überall $\boldsymbol{r}$ durch x bzw. y bzw. z ersetzt. Bei homogenen Körpern ($\varrho = \mathrm{const}$) gilt insbesondere

$$\boldsymbol{r}_S = \frac{1}{V}\int \boldsymbol{r}\,\mathrm{d}V = \frac{1}{V}\sum \boldsymbol{r}_{Si}V_i \tag{2-7}$$

(entsprechend für x_S, y_S, z_S),

bei homogenen flächenförmigen (nicht notwendig ebenen) Körpern

$$\boldsymbol{r}_S = \frac{1}{A}\int \boldsymbol{r}\,\mathrm{d}A = \frac{1}{A}\sum \boldsymbol{r}_{Si}A_i \tag{2-8}$$

(entsprechend für x_S, y_S, z_S),

bei homogenen linienförmigen (nicht notwendig geradlinigen) Körpern

$$\boldsymbol{r}_S = \frac{1}{l}\int \boldsymbol{r}\,\mathrm{d}s = \frac{1}{l}\sum \boldsymbol{r}_{Si}l_i \tag{2-9}$$

(entsprechend für x_S, y_S, z_S).

Bei einem Körper mit einem Ausschnitt kann man den Körper ohne Ausschnitt als Teilkörper 1 und den Ausschnitt mit negativer Masse (bzw. negativer Fläche oder Länge) als Teilkörper 2 auffassen (siehe Beispiel 2-1). Wenn ein homogener Körper eine Symmetrieachse oder eine Symmetrieebene besitzt, dann liegt der Schwerpunkt auf dieser Achse bzw. in dieser Ebene. Homogenität vorausgesetzt haben die gerade Linie, das ebene Dreieck und der Tetraeder ihren Schwerpunkt bei

$$\boldsymbol{r}_S = \frac{1}{n}\sum_{i=1}^{n} \boldsymbol{r}_i\,,$$

wobei $\boldsymbol{r}_1, \ldots, \boldsymbol{r}_n$ die Ortsvektoren der zwei bzw. drei bzw. vier Endpunkte (Eckpunkte) sind.

Beispiel 2-1:
Der Schwerpunkt S der Halbkreisfläche in Bild 2-10a liegt auf der Symmetrieachse bei

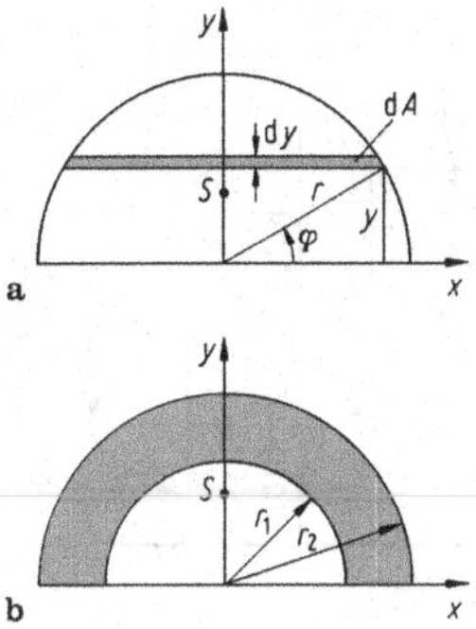

Bild 2-10. Schwerpunkt von Halbkreis **a** und Halbkreisring **b**

$$y_S = \frac{1}{A}\int y\,\mathrm{d}A$$

mit

$$A = \pi r^2/2\,, \qquad \mathrm{d}A = 2\,r\cos\varphi\,\mathrm{d}y\,,$$
$$y = r\sin\varphi\,, \qquad \mathrm{d}y = r\cos\varphi\,\mathrm{d}\varphi\,.$$

Also ist

$$y_S = \frac{2}{\pi r^2}\int_0^{\pi/2}(r\sin\varphi)2r\cos\varphi(r\cos\varphi\,\mathrm{d}\varphi)$$
$$= \frac{4r}{\pi}\int_0^{\pi/2}\cos^2\varphi\sin\varphi\,\mathrm{d}\varphi = \frac{-4r}{3\pi}\cos^3\varphi\Big|_0^{\pi/2} = \frac{4r}{3\pi}\,.$$

Zur Berechnung der Schwerpunktkoordinate y_S der Kreisringfläche in Bild 2-10b wird die Fläche als Differenz zweier Halbkreisflächen aufgefasst. Mit $y_{Si} = 4r_i/(3\pi)$ und $A_i = \pi r_i^2/2$ $(i = 1,2)$ ist

$$y_S = \frac{y_{S2}A_2 - y_{S1}A_1}{A_2 - A_1} = \frac{4}{3\pi}\cdot\frac{r_2^3 - r_1^3}{r_2^2 - r_1^2}$$
$$= \frac{4}{3\pi}\cdot\frac{r_1^2 + r_1 r_2 + r_2^2}{r_1 + r_2}\,.$$

Im Grenzfall $r_1 = r_2 = r$ stellt die Kreisringfläche eine Halbkreislinie dar. Für sie liefert die Formel $y_S = 2r/\pi$.

Die Tabellen 2-1 bis 2-3 geben Schwerpunktlagen von Körpern, Flächen und Linien an.

2.1.8 Das 3. Newton'sche Axiom „actio = reactio"

Das 3. *Newton'sche Axiom* sagt aus: Zu jeder Kraft, mit der ein Körper 1 auf einen Körper 2 wirkt, gehört eine entgegengesetzt gerichtete Kraft von gleichem Betrag, mit der Körper 2 auf Körper 1 wirkt (vgl. B 3.3). Das Axiom gilt sowohl für Kräfte aufgrund materiellen Kontakts als auch für fernwirkende Kräfte. Es gilt für starre und für nichtstarre Körper und sowohl in der Statik als auch in der Kinetik.

2.1.9 Innere Kräfte und äußere Kräfte

Alle Kräfte, mit denen Körper ein und desselben mechanischen Systems aufeinander wirken, heißen *innere Kräfte* des Systems. Nach dem Axiom actio = reactio treten sie paarweise an jeweils zwei Körpern des Systems auf. Alle Kräfte an Körpern eines mechanischen Systems, die von Körpern außerhalb des Systems ausgeübt werden, heißen *äußere Kräfte* des Systems. Ob eine Kraft eine innere oder äußere Kraft ist, hängt also nicht von Eigenschaften der Kraft, sondern nur von der Wahl der Systemgrenzen ab.

2.1.10 Eingeprägte Kräfte und Zwangskräfte

Nach den Eigenschaften von Kräften unterscheidet man eingeprägte Kräfte und Zwangskräfte. Alle inneren und äußeren Kräfte mit physikalischen Ursachen heißen *eingeprägte Kräfte*. Beispiele sind Gewichts-, Muskel-, Feder- und Dämpferkräfte, Coulomb'sche Gleitreibungskräfte, von Motoren erzeugte Antriebskräfte usw. *Zwangskräfte* sind dagegen alle inneren und äußeren Kräfte eines Systems, die von starren reibungsfreien Führungen in Lagern und Gelenken (also durch kinematische Bindungen) ausgeübt werden. Auch Coulomb'sche Ruhereibungskräfte sind Zwangskräfte. Für die Energiemethoden der Statik, Festigkeitslehre und Kinetik ist wesentlich, dass bei virtuellen Verschiebungen eines Systems Zwangskräfte keine Arbeit verrichten (siehe 3-34).

2.1.11 Gleichgewichtsbedingungen für einen starren Körper

Bei einem einzelnen starren Körper spricht man von Gleichgewicht, wenn für das Kräftesystem am Kör-

Tabelle 2-1. Schwerpunktlagen von Körpern und Körperoberflächen

Keil (stumpf) 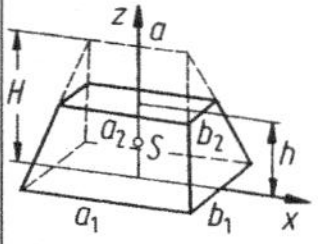 Keil, massiv: $z_S = \frac{H(a_1+a)}{2(2a_1+a)}$ Keilstumpf, massiv: $z_S = \frac{h}{2}\,\frac{(a_1+a_2)(b_1+b_2)+2a_2b_2}{(a_1+a_2)(b_1+b_2)+a_1b_1+a_2b_2}$	**Gerader Kreiskegel (stumpf)** 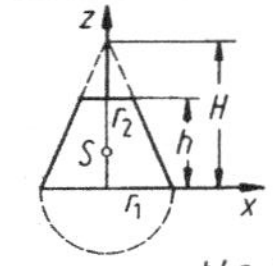 Stumpf, massiv: $z_S = \frac{h}{4}\,\frac{r_1^2+2r_1r_2+3r_2^2}{r_1^2+r_1r_2+r_2^2}$ Kegel, massiv: $z_S = \frac{H}{4}$ Mantelflächen: Stumpf: $z_S = \frac{h(r_1+2r_2)}{3(r_1+r_2)}$, Kegel: $z_S = \frac{H}{3}$	**Halbe Hohlkugel** 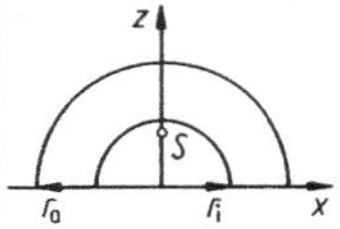 Dickwandig: $z_S = \frac{3(r_a^4-r_i^4)}{8(r_a^3-r_i^3)}$ Halbkugeloberfläche, Radius r: $z_S = \frac{r}{2}$	**Allgemeiner Rotationskörper** 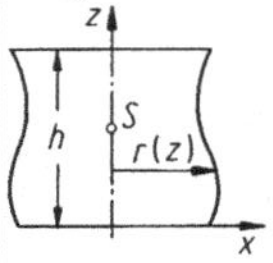 Massiv: $z_S = \frac{\int_0^h z r^2(z)\,dz}{\int_0^h r^2(z)\,dz}$ Mantelfläche: $z_S = \frac{\int_0^h z\, r(z)\sqrt{1+(dr/dz)^2}\,dz}{\int_0^h r(z)\sqrt{1+(dr/dz)^2}\,dz}$
Allg. schiefer Zylinder und Prisma  Beliebige Grundfläche mit Flächenschwerpunkt S_A Massiv und Mantelfläche: $z_S = \frac{h}{2}$	**Schiefer Kegel-(Pyramiden)-Stumpf** 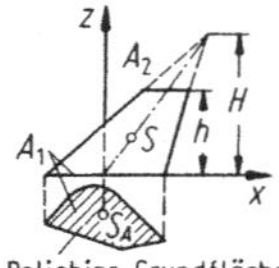 Beliebige Grundfläche A_1 mit Flächenschwerpunkt S_A Stumpf, massiv: $z_S = \frac{h}{4}\,\frac{A_1+2\sqrt{A_1A_2}+3A_2}{A_1+\sqrt{A_1A_2}+A_2}$ Kegel und Pyramide, massiv: $z_S = \frac{H}{4}$	**Kugelschicht** 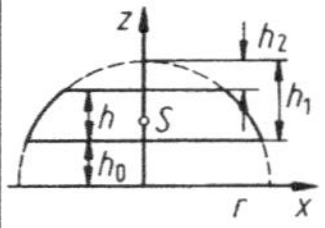 Massiv: $z_S = \frac{3}{4}\,\frac{h_1^2(2r-h_1)^2-h_2^2(2r-h_2)^2}{h_1^2(3r-h_1)-h_2^2(3r-h_2)}$ Mantelfläche: $z_S = h_0 + \frac{h}{2}$	**Dreiachsiges Halbellipsoid** 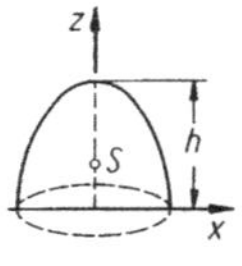 Massiv: $z_S = \frac{3}{8}h$
Abgeschrägter Kreiszylinder 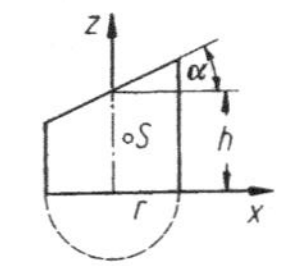 Massiv: $x_S = \frac{r^2\tan\alpha}{4h}$ $z_S = \frac{h}{2} + \frac{r^2\tan^2\alpha}{8h}$ Mantelfläche: $x_S = \frac{r^2\tan\alpha}{2h}$ $z_S = \frac{h}{2} + \frac{r^2\tan^2\alpha}{4h}$	**Zylinderhuf** 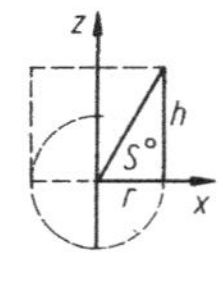 Massiv: $x_S = \frac{3\pi}{16}r$, $z_S = \frac{3\pi}{32}h$ Mantelfläche: $x_S = \frac{\pi}{4}r$, $z_S = \frac{\pi}{8}h$	**Kugelabschnitt** 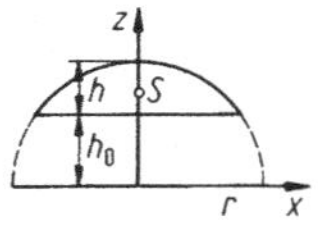 Massiv: $z_S = \frac{3(2r-h)^2}{4(3r-h)}$ Halbkugel, massiv: $z_S = \frac{3}{8}r$ Mantelflächen: Abschnitt: $z_S = h_0 + \frac{h}{2}$, Halbkugel: $z_S = \frac{r}{2}$	**Rotationsparaboloid** 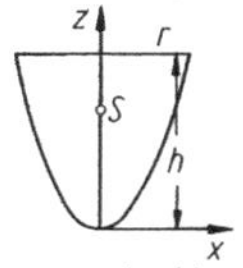 Massiv: $z_S = \frac{2}{3}h$ Mantelfläche: $z_S = \frac{h}{10c}\,\frac{(4c+1)^{3/2}(6c-1)+1}{(4c+1)^{3/2}-1}$, $c = \frac{h^2}{r^2}$
	Halbtorus 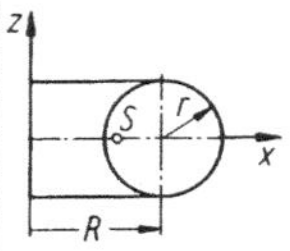 Massiv: $x_S = \frac{2}{\pi}R\left(1+\frac{r^2}{4R^2}\right)$ Mantelfläche: $x_S = \frac{2}{\pi}R\left(1+\frac{r^2}{2R^2}\right)$	**Kugelausschnitt** 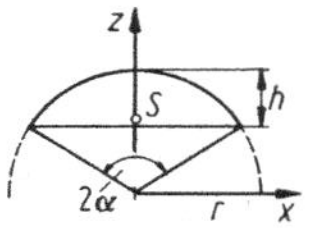 Massiv: $z_S = \frac{3}{8}r(1+\cos\alpha)$ $= \frac{3}{4}\left(r-\frac{h}{2}\right)$	**Rotationshyperboloid** 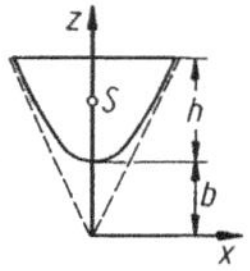 Massiv: $z_S = \frac{3h}{4}\,\frac{1+4(1+b/h)b/h}{1+3b/h}$

Tabelle 2-2. Schwerpunktlagen von ebenen Flächen

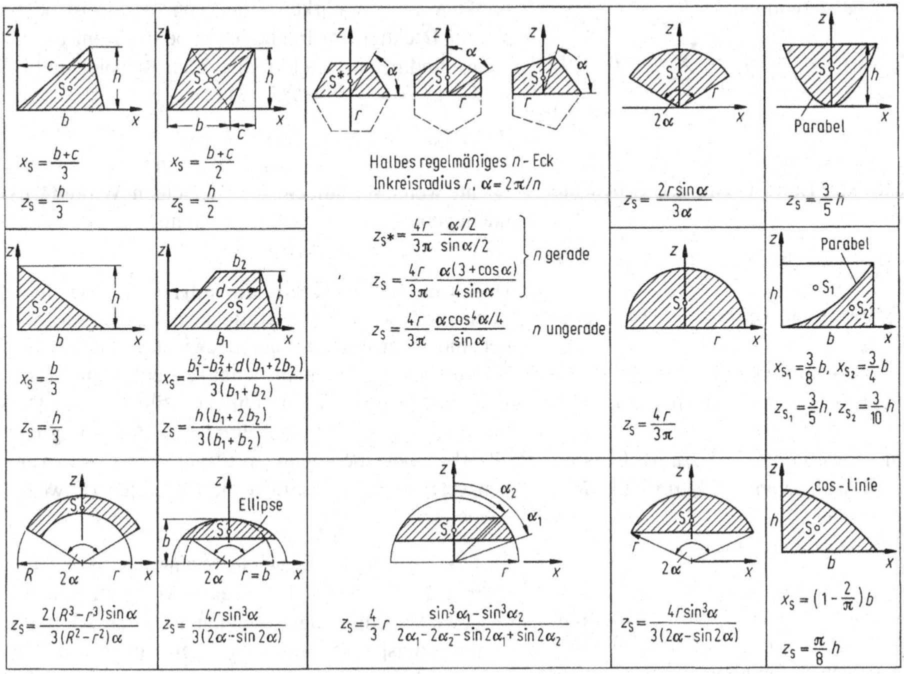

$x_S = \frac{b+c}{3}$ $z_S = \frac{h}{3}$	$x_S = \frac{b+c}{2}$ $z_S = \frac{h}{2}$	Halbes regelmäßiges n-Eck Inkreisradius r, $\alpha = 2\pi/n$ $z_{S^*} = \frac{4r}{3\pi}\,\frac{\alpha/2}{\sin\alpha/2}$, $z_S = \frac{4r}{3\pi}\,\frac{\alpha(3+\cos\alpha)}{4\sin\alpha}$ n gerade $z_S = \frac{4r}{3\pi}\,\frac{\alpha\cos^4\alpha/4}{\sin\alpha}$ n ungerade	$z_S = \frac{2r\sin\alpha}{3\alpha}$	Parabel $z_S = \frac{3}{5}h$
$x_S = \frac{b}{3}$ $z_S = \frac{h}{3}$	$x_S = \frac{b_1^2 - b_2^2 + d(b_1 + 2b_2)}{3(b_1 + b_2)}$ $z_S = \frac{h(b_1 + 2b_2)}{3(b_1 + b_2)}$		$z_S = \frac{4r}{3\pi}$	Parabel $x_{S_1} = \frac{3}{8}b$, $x_{S_2} = \frac{3}{4}b$ $z_{S_1} = \frac{3}{5}h$, $z_{S_2} = \frac{3}{10}h$
$z_S = \frac{2(R^3 - r^3)\sin\alpha}{3(R^2 - r^2)\alpha}$	Ellipse, $r = b$ $z_S = \frac{4r\sin^3\alpha}{3(2\alpha - \sin 2\alpha)}$	$z_S = \frac{4}{3}r\,\frac{\sin^3\alpha_1 - \sin^3\alpha_2}{2\alpha_1 - 2\alpha_2 - \sin 2\alpha_1 + \sin 2\alpha_2}$	$z_S = \frac{4r\sin^3\alpha}{3(2\alpha - \sin 2\alpha)}$	cos-Linie $x_S = \left(1 - \frac{2}{\pi}\right)b$ $z_S = \frac{\pi}{8}h$

Tabelle 2-3. Schwerpunktlagen von Linien

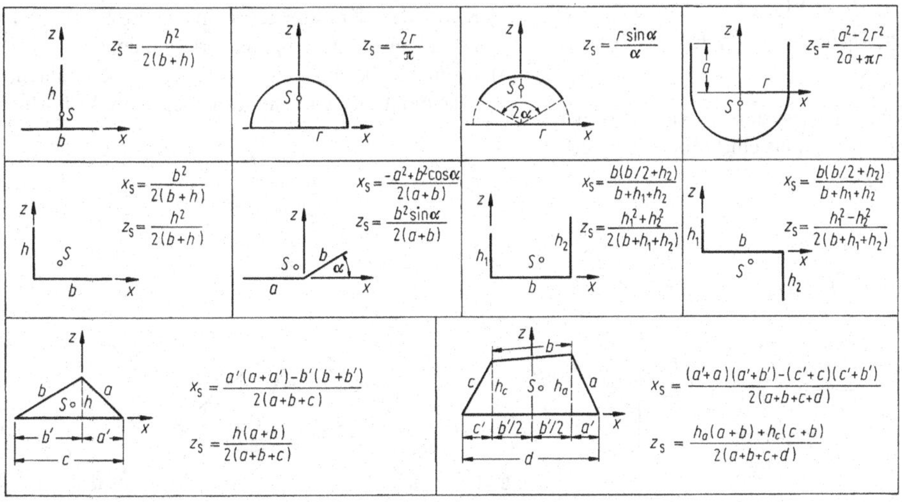

$z_S = \frac{h^2}{2(b+h)}$	$z_S = \frac{2r}{\pi}$	$z_S = \frac{r\sin\alpha}{\alpha}$	$z_S = \frac{a^2 - 2r^2}{2a + \pi r}$
$x_S = \frac{b^2}{2(b+h)}$ $z_S = \frac{h^2}{2(b+h)}$	$x_S = \frac{-a^2 + b^2\cos\alpha}{2(a+b)}$ $z_S = \frac{b^2\sin\alpha}{2(a+b)}$	$x_S = \frac{b(b/2 + h_2)}{b + h_1 + h_2}$ $z_S = \frac{h_1^2 + h_2^2}{2(b + h_1 + h_2)}$	$x_S = \frac{b(b/2 + h_2)}{b + h_1 + h_2}$ $z_S = \frac{h_1^2 - h_2^2}{2(b + h_1 + h_2)}$
$x_S = \frac{a'(a+a') - b'(b+b')}{2(a+b+c)}$ $z_S = \frac{h(a+b)}{2(a+b+c)}$		$x_S = \frac{(a'+a)(a'+b') - (c'+c)(c'+b')}{2(a+b+c+d)}$ $z_S = \frac{h_a(a+b) + h_c(c+b)}{2(a+b+c+d)}$	

per die nach (2-3) berechnete resultierende Kraft $\boldsymbol{F}$ und das resultierende Moment $\boldsymbol{M}^{\mathrm{A}}$ um jeden beliebig gewählten Punkt A verschwinden,

$$\boldsymbol{F} = \sum_i \boldsymbol{F}_i = \boldsymbol{0}\,, \quad \boldsymbol{M}^{\mathrm{A}} = \sum_i \boldsymbol{M}_i^{\mathrm{A}} = \sum_i \boldsymbol{r}_i \times \boldsymbol{F}_i = \boldsymbol{0}\,. \tag{2-10}$$

Nach dem 2. *Newton'schen Axiom* (siehe 3.1.3) und dem Drallsatz von Euler (siehe 3.1.8) bedeutet *Gleichgewicht* entweder

a) den Zustand der Ruhe im Inertialraum (Bild 2-11a) oder
b) eine gleichförmig-geradlinige Translation (Bild 2-11b) oder
c) bei ruhendem Schwerpunkt eine gleichförmige Rotation um eine Trägheitshauptachse (Bild 2-11 c) oder
d) bei ruhendem Schwerpunkt eine räumliche Drehbewegung, die Lösung von (3-23) im Fall $M_1 = M_2 = M_3 \equiv 0$ ist oder
e) eine Überlagerung von (b) und (c) oder von (b) und (d).

Bei der Zerlegung von (2-10 in einem x, y, z-System entstehen mit (2-4) die sechs skalaren Kräfte- und Momentengleichgewichtsbedingungen (Summation über alle Kräfte)

$$\left.\begin{array}{ll} \sum F_{ix} = 0\,, & \sum M_{ix}^{\mathrm{A}} = \sum(-r_{iz}F_{iy} + r_{iy}F_{iz}) = 0\,, \\ \sum F_{iy} = 0\,, & \sum M_{iy}^{\mathrm{A}} = \sum(\ r_{iz}F_{ix} - r_{ix}F_{iz}) = 0\,, \\ \sum F_{iz} = 0\,, & \sum M_{iz}^{\mathrm{A}} = \sum(-r_{iy}F_{ix} + r_{ix}F_{iy}) = 0\,. \end{array}\right\} \tag{2-11}$$

Bei einem ebenen Kräftesystem in der x, z-Ebene gibt es nur zwei Kräfte- und eine Momentengleichgewichtsbedingung:

$$\left.\begin{array}{l} \sum F_{ix} = 0\,, \\ \sum F_{iz} = 0\,, \\ \sum M_{iy}^{\mathrm{A}} = \sum(r_{iz}F_{ix} - r_{ix}F_{iz}) = \sum l_i|\boldsymbol{F}_i| = 0\,. \end{array}\right\} \tag{2-12}$$

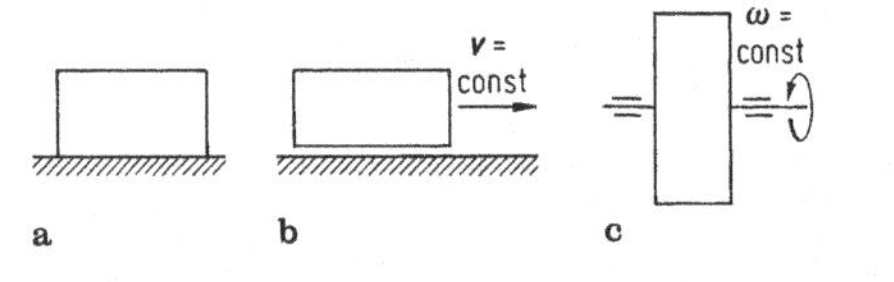

Bild 2-11. Gleichgewichtszustände eines starren Körpers

In der Momentengleichgewichtsbedingung ist l_i die vorzeichenbehaftete Länge des Lotes vom Bezugspunkt A auf die Wirkungslinie von $\boldsymbol{F}_i$. Sie ist positiv bei Drehung im Rechtsschraubensinn um die y-Achse und negativ andernfalls. Zum Beispiel sind in Bild 2-13 $l_1 = 0$, $l_2 = b/2$ und $l_3 = -b$.

Zwei Kräfte am starren Körper. Zwei Kräfte an einem starren Körper sind genau dann im Gleichgewicht, wenn sie auf ein und derselben Wirkungslinie liegen, entgegengesetzte Richtungen und den gleichen Betrag haben (Bild 2-12a).

Drei komplanare Kräfte am starren Körper. Drei in einer Ebene liegende Kräfte an einem starren Körper sind genau dann im Gleichgewicht, wenn sich ihre Wirkungslinien in einem Punkt schneiden und wenn sich das Kräftepolygon schließt (Bild 2-12b). Die Formulierung und die anschließende Auflösung der Gleichgewichtsbedingungen (2-11) oder (2-12) werden vereinfacht, wenn man die folgenden Hinweise beachtet.

a) Jede Kräftegleichgewichtsbedingung in (2-11) und (2-12) kann durch eine Momentengleichgewichtsbedingung für einen weiteren Momentenbezugspunkt ersetzt werden. Damit die 6 bzw. 3 Gleichgewichtsbedingungen voneinander unabhängig sind, dürfen keine 3 Bezugspunkte in einer Geraden und keine 4 Bezugspunkte in einer Ebene liegen. Außerdem muss jede Kraft des Kräftesystems in wenigstens einer Gleichgewichtsbedingung vorkommen.
b) Momentenbezugspunkte sollte man so wählen, dass möglichst viele unbekannte Kräfte kein Mo-

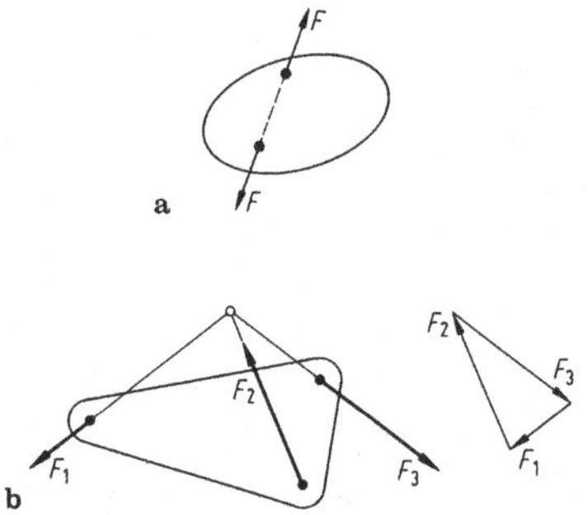

Bild 2-12. a Gleichgewicht zweier Kräfte. b Gleichgewicht dreier komplanarer Kräfte

ment haben. Schnittpunkte von Wirkungslinien unbekannter Kräfte sind besonders geeignete Bezugspunkte.

c) Die Richtungen der x-, y- und z-Achsen sollte man so wählen, dass die Zerlegung der Kräfte in diese Richtungen möglichst einfach wird.

Beispiel 2-2: Bei dem ebenen Kräftesystem am schraffierten Körper in Bild 2-13 sind F_1, F_2 und F_3 unbekannt und P sowie die Abmessungen gegeben. Die Gleichgewichtsbedingungen (2-12) nehmen im gezeichneten x, z-System die einfachste Form an, nämlich

$$F_1\sqrt{2}/2 - F_3 + P = 0\,,$$
$$-F_1\sqrt{2}/2 - F_2 = 0\,,$$
$$F_2 b/2 - F_3 b + Pb/2 = 0 \quad \text{(Bezugspunkt } A)\,.$$

Noch einfacher sind 3 Momentengleichgewichtsbedingungen bezüglich B, C und D:

$$-3F_3 b/2 + Pb = 0\,,$$
$$-3F_1 a/2 - Pb/2 = 0\,,$$
$$3F_2 b/2 - Pb/2 = 0\,.$$

In beiden Fällen ist die Lösung $F_1 = -P\sqrt{2}/3$, $F_2 = P/3$, $F_3 = 2P/3$. Die Gleichgewichtsbedingungen $\sum F_{iz} = 0$, $\sum M_{iy}^{\mathrm{C}} = 0$ und $\sum M_{iy}^{\mathrm{D}} = 0$ sind linear abhängig, weil F_3 nicht vorkommt.

2.1.12 Schnittprinzip

Das *Schnittprinzip* ist ein Verfahren, mit dem in der Statik Gleichgewichtsbedingungen für beliebige nichtstarre Systeme (gekoppelte Körper, Seile, elastische Körper, flüssige Körper usw.) durch Gleichgewichtsbedingungen für einzelne starre Körper ausgedrückt werden. Im Gleichgewichtszustand

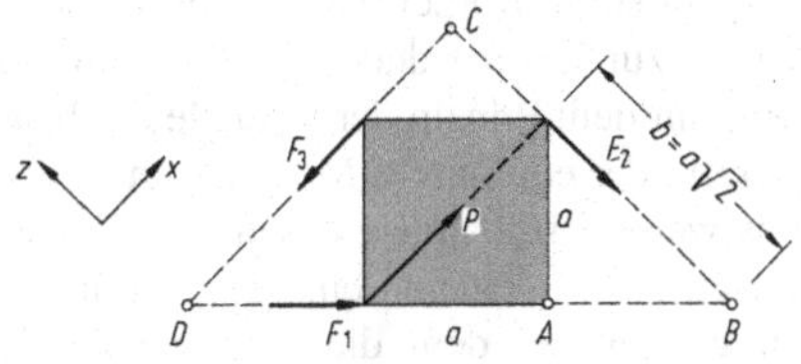

Bild 2-13. Kräfte und Momentenbezugspunkte an einem starren Körper

eines Systems verhält sich jeder Teil des Systems wie ein starrer Körper. Das Kräftesystem an diesem starren Körper erfüllt deshalb die Bedingungen (2-11). Es besteht aus denjenigen äußeren Kräften des Systems, die unmittelbar am betrachteten Körper angreifen. Der betrachtete Körper wird in Gedanken durch Schnitte vom Rest des Systems isoliert. Die inneren Kräfte an den Schnittstellen werden dadurch zu äußeren Kräften. Sie greifen wegen des Axioms actio = reactio mit entgegengesetzten Vorzeichen auch am Rest des Systems an. Die Gleichgewichtsbedingungen für den freigeschnittenen Körper sind Gleichungen für diese i. Allg. unbekannten Kräfte. Für die richtige Formulierung ist wesentlich, dass in Zeichnungen keine Kraftkomponenten vergessen werden. Bei Zwangskräften muss man die Vorzeichen nicht kennen. Sie ergeben sich aus der Rechnung. Bei eingeprägten Kräften (z. B. bei Gleitreibungskräften) sind die Vorzeichen bekannt. Freigeschnittene Körper können endlich groß oder infinitesimal klein sein. Welche Systemteile man freischneidet, hängt nur davon ab, welche Kräfte bestimmt werden sollen. Probleme, bei denen alle gesuchten Kräfte auf diese Weise bestimmbar sind, heißen *statisch bestimmte* Probleme.

Zum Schnittprinzip in der Kinetik siehe 3.1.3 und 3.3.1

2.1.13 Arbeit. Leistung

Der Begriff Arbeit wird bereits in der Statik benötigt und deshalb hier eingeführt. Eine Kraft $\boldsymbol{F}$ mit den Koordinaten F_x, F_y und F_z, deren Angriffspunkt eine infinitesimale Verschiebung $\mathrm{d}\boldsymbol{r}$ mit den Koordinaten $\mathrm{d}x$, $\mathrm{d}y$ und $\mathrm{d}z$ erfährt, verrichtet bei der Verschiebung die *Arbeit* $\mathrm{d}W = \boldsymbol{F} \cdot \mathrm{d}\boldsymbol{r} = F_x\mathrm{d}x + F_y\mathrm{d}y + F_z\mathrm{d}z$. Die SI-Einheit der Arbeit ist das Joule: $1\ \mathrm{J} = 1\ \mathrm{N\,m} = 1\ \mathrm{kg\,m^2/s^2}$.

Die *Leistung* einer Kraft ist definiert als

$$P = \frac{\mathrm{d}W}{\mathrm{d}t} = \boldsymbol{F} \cdot \frac{\mathrm{d}\boldsymbol{r}}{\mathrm{d}t} = \boldsymbol{F} \cdot \boldsymbol{v} = F_x v_x + F_y v_y + F_z v_z$$

mit der Geschwindigkeit $\boldsymbol{v}$ des Kraftangriffspunktes. Die SI-Einheit der Leistung ist das Watt: $1\ \mathrm{W} = 1\ \mathrm{J/s} = 1\ \mathrm{N\,m/s} = 1\ \mathrm{kg\,m^2/s^3}$. Bei einer endlich großen Verschiebung des Angriffspunktes längs einer Bahnkurve vom Punkt P_1 mit dem Ortsvektor $\boldsymbol{r}_1$ und den Koordinaten (x_1, y_1, z_1) zum Punkt P_2 mit dem Ortsvektor $\boldsymbol{r}_2$

und den Koordinaten (x_2, y_2, z_2) verrichtet die i. Allg. längs der Bahn veränderliche Kraft die Arbeit

$$W_{12} = \int_{\boldsymbol{r}_1}^{\boldsymbol{r}_2} \boldsymbol{F} \cdot \mathrm{d}\boldsymbol{r} = \left(\int F_x \mathrm{d}x + \int F_y \mathrm{d}y + \int F_z \mathrm{d}z \right) \Bigg|_{(x_1,y_1,z_1)}^{(x_2,y_2,z_2)} . \quad (2\text{-}13)$$

Die Arbeit eines Moments $\boldsymbol{M}$ bei einer infinitesimalen Winkeldrehung $\mathrm{d}\varphi$ ist $\mathrm{d}W = \boldsymbol{M} \cdot \mathrm{d}\varphi$, und die Leistung des Moments ist dabei

$$P = \frac{\mathrm{d}W}{\mathrm{d}t} = \boldsymbol{M} \cdot \frac{\mathrm{d}\varphi}{\mathrm{d}t} = \boldsymbol{M} \cdot \omega .$$

2.1.14 Potenzialkraft. Potenzielle Energie

Eine Kraft $\boldsymbol{F}$ heißt *Potenzialkraft*, wenn in einem beliebigen x, y, z-System ihre Koordinaten die Form haben

$$F_x = \frac{-\partial V}{\partial x}, \quad F_y = \frac{-\partial V}{\partial y}, \quad F_z = \frac{-\partial V}{\partial z}, \quad (2\text{-}14)$$

wobei $V(x, y, z)$ eine skalare Funktion der Koordinaten des Kraftangriffspunktes ist. V heißt *Potenzial* der Kraft. Die Arbeit (2-13) einer Potenzialkraft längs des Weges von P_1 nach P_2 ist

$$W_{12} = -\int_1^2 \mathrm{d}V = V(x_1, y_1, z_1) - V(x_2, y_2, z_2) = V_1 - V_2 . \quad (2\text{-}15)$$

Sie ist also unabhängig von der Form der Bahnkurve zwischen den beiden Punkten. Nur Potenzialkräfte haben diese Eigenschaft. Technisch wichtige Potenzialkräfte sind die Gewichtskraft im homogenen Schwerefeld, die Newton'sche Gravitationskraft (siehe 3.6) und elastische Rückstellkräfte (siehe 5.8.1). Das Gewicht eines Körpers der Masse m hat in einem x, y, z-System mit vertikal nach oben gerichteter z-Achse die Koordinaten $[0, 0, -mg]$. Das Potenzial dieser Kraft ist $V = mgz + \text{const}$ mit einer beliebigen Konstanten, die weder in (2-14) noch in (2-15) eine Rolle spielt. Das Potenzial der Gewichtskraft heißt auch *potenzielle Energie* (das heißt Arbeitsvermögen) des Körpers. Eine Federrückstellkraft der Form $F = -kx$ hat das Potenzial $V = kx^2/2$. Es heißt auch *potenzielle Energie* der Feder.

Ein System von Potenzialkräften mit den Potenzialen $V_1, \ldots, V_n$ hat das Gesamtpotenzial $V = V_1 + \ldots + V_n$. Ein mechanisches System, bei dem alle inneren und äußeren eingeprägten Kräfte Potenzialkräfte sind, heißt *konservatives System*.

2.1.15 Virtuelle Arbeit. Generalisierte Kräfte

Die virtuelle Arbeit δW einer Kraft $\boldsymbol{F}$ ist die Arbeit der Kraft bei einer virtuellen Verschiebung $\delta\boldsymbol{r}$ ihres Angriffspunktes, $\delta W = \boldsymbol{F} \cdot \delta\boldsymbol{r}$. Wenn der Ortsvektor $\boldsymbol{r}$ des Angriffspunktes als Funktion von n generalisierten Koordinaten $q_1, \ldots, q_n$ ausdrückbar ist, gilt (vgl. 1.5)

$$\delta\boldsymbol{r} = \sum_{i=1}^{n} \frac{\partial \boldsymbol{r}}{\partial q_i} \delta q_i ,$$

$$\delta W = \sum_{i=1}^{n} \left(\boldsymbol{F} \cdot \frac{\partial \boldsymbol{r}}{\partial q_i} \right) \delta q_i = \sum_{i=1}^{n} Q_i \delta q_i . \quad (2\text{-}16)$$

Diese Gleichung ist die Definition und zugleich die Berechnungsvorschrift für die Größen $Q_1, \ldots, Q_n$. Sie heißen die den Koordinaten zugeordneten generalisierten Kräfte infolge $\boldsymbol{F}$.

2.1.16 Prinzip der virtuellen Arbeit

Für Systeme starrer Körper lautet das Prinzip der virtuellen Arbeit: Bei einer virtuellen Verschiebung des Systems aus einer Gleichgewichtslage heraus ist die gesamte virtuelle Arbeit δW_a aller Kräfte am System null:

$$\delta W_\mathrm{a} = 0 . \quad (2\text{-}17)$$

Das Prinzip stellt eine Gleichgewichtsbedingung dar. Es ist der Kombination des Schnittprinzips mit den Kräfte- und Momentengleichgewichtsbedingungen (2-11) für starre Körper mathematisch äquivalent und folglich zur Lösung derselben Probleme geeignet. Wenn mit dem Prinzip der virtuellen Arbeit eine innere Kraft oder ein inneres Moment eines Systems bestimmt werden soll, muss das System zu einem Mechanismus mit einem einzigen Freiheitsgrad gemacht werden, an dem die gesuchte Größe als äußere Kraft bzw. als äußeres Moment angreift. Die Bilder 2-14a, b, c zeigen jeweils ein Ausgangssys-

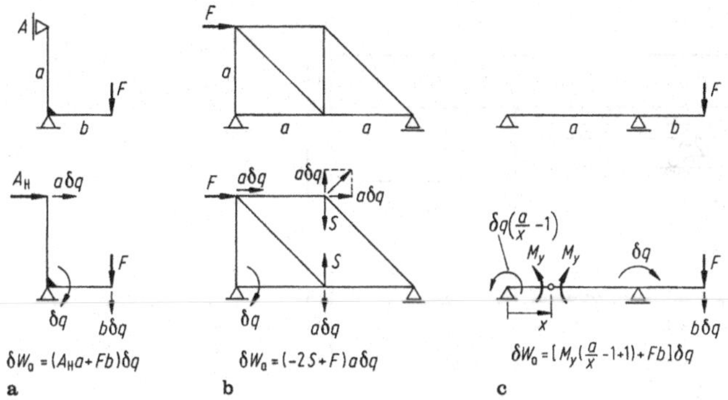

Bild 2-14. Statische Systeme (obere Reihe) und Mechanismen (untere Reihe) zur Bestimmung (**a**) einer Lagerreaktion A_H, (**b**) einer Stabkraft S bzw. (**c**) eines Biegemoments M_y aus der Bedingung $\delta W_a = 0$

tem und den daraus gebildeten Mechanismus für drei Fälle, in denen eine Lagerreaktion A_H, eine Fachwerkstabkraft S bzw. ein Biegemoment M_y die gesuchten Größen sind. Der Mechanismus wird virtuell verschoben. Die dabei auftretenden virtuellen Verschiebungen aller Kraftangriffspunkte und die virtuellen Drehwinkel an allen Momentenangriffspunkten werden durch die virtuelle Änderung δq einer einzigen geeignet gewählten Koordinate q ausgedrückt (siehe (1-41)). Mit diesen Verschiebungen wird die virtuelle Arbeit δW_a aller äußeren Kräfte und Momente einschließlich der gesuchten Größen in der Form $\delta W_a = (\ldots)\delta q$ ausgedrückt. Wegen (2-17) ist der Ausdruck in Klammern null. Das ist eine Bestimmungsgleichung für die gesuchte Größe.

Beispiel 2-3: In Bild 1-10 sei ΔpA die Druckkraft auf der Fläche A des Kolbens 2 und F die Kraft bei P in der Richtung entgegen v_P. Im Gleichgewicht ist $\Delta pA\delta x_{\text{rel}} - F\delta r_P = 0$ oder

$$\Delta pA = F\delta r_P : \delta x_{\text{rel}} = F(r_2 r_4 r_6 r_8)/(r_1 r_3 r_5 r_7)\,.$$

Zur Bedeutung von δr_P und δx_{rel} vgl. Beispiel 1-9. Für weitere Anwendungen siehe 2.2.3 und 2.3.5.

2.2 Lager. Gelenke

2.2.1 Lagerreaktionen. Lagerwertigkeit

Die Begriffe *Lager* und *Gelenk* bezeichnen dasselbe, nämlich ein Verbindungselement zweier Körper, an dem die Körper durch Berührung mit Kräften aufeinander wirken können. An jedem Lager denkt man sich die in Wirklichkeit flächenhaft verteilten Kräfte auf eine Einzelkraft in einem Lagerpunkt und auf ein Einzelmoment reduziert. Ein Schnitt durch das Lager macht Einzelkraft und Einzelmoment zu äußeren Kräften an den betrachteten Körpern. Ihre Komponenten heißen *Lagerreaktionen.*

Lager können Feder- und Dämpfereigenschaften haben, so z. B. Schwingmetalllager und hydrodynamische Gleitlager. Ihre Lagerreaktionen sind eingeprägte Kräfte. In Lagern mit starren, reibungsfreien Kontaktflächen sind die Lagerreaktionen Zwangskräfte. Lager dieser Art kennzeichnet man durch die Anzahl $0 \leqq f \leqq 5$ ihrer Freiheitsgrade oder durch ihre *Wertigkeit* $w = 6 - f$. Das ist die Anzahl der unabhängigen Lagerreaktionen. Im ebenen Fall ist $0 \leqq f \leqq 2$ und $w = 3 - f$. Tabelle 2-4 enthält Angaben über die wichtigsten Lagerarten für ebene Lastfälle.

2.2.2 Statisch bestimmte Lagerung

Ein ebenes oder räumliches System aus $n \geqq 1$ starren Körpern hat äußere Lager, mit denen es auf einem Fundament (Körper 0) gelagert ist und Zwischenlager oder Gelenke, mit denen Körper des Systems gegeneinander gelagert sind (Bilder 2-15, 2-17a). In den äußeren Lagern treten insgesamt a unbekannte äußere Lagerreaktionen auf und in den Zwischenlagern insgesamt z unbekannte Zwischenreaktionen. Jede Zwischenreaktion greift mit entgegengesetzten

Tabelle 2-4. Lager für ebene Lastfälle mit Wertigkeiten $1 \leqq w \leqq 3$

Lagerbezeichnung und Symbol	Konstruktive Gestaltungen	Lagerreaktionen	w
Verschiebbares Gelenklager 	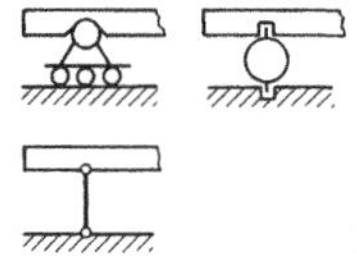	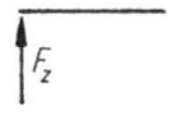	1
Festes Gelenklager 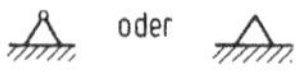	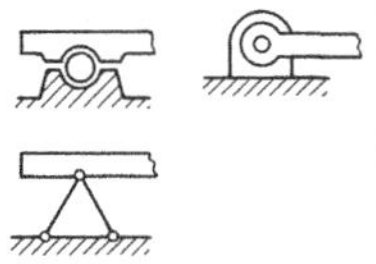	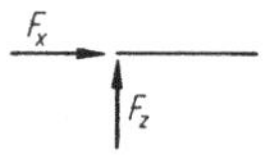	2
(feste) Einspannung 	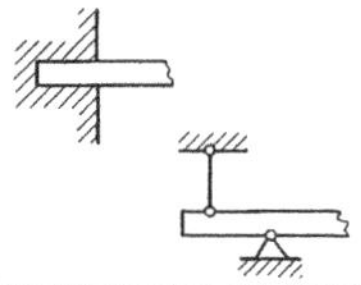	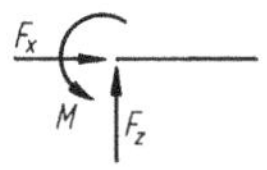	3
Schiebehülse; längskraftfreie Einspannung 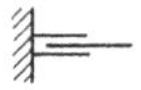	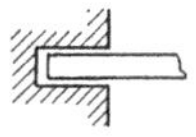	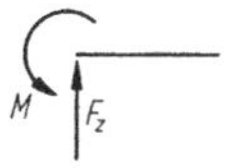	2
Schiebehülse; querkraftfreie Einspannung 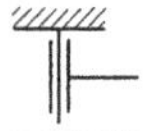	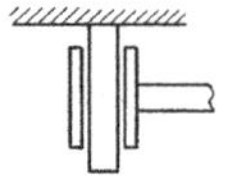	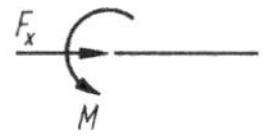	2
Kräftefreie Einspannung 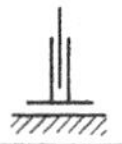	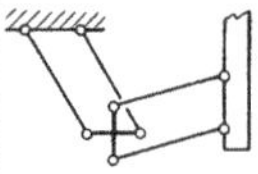		1

Vorzeichen an zwei Körpern des Systems an. Für die n ganz freigeschnittenen Einzelkörper können im räumlichen Fall $6n$ und im ebenen Fall $3n$ Gleichgewichtsbedingungen formuliert werden. Das System heißt *statisch bestimmt gelagert*, wenn sich alle Lagerreaktionen für beliebige eingeprägte Kräfte aus den Gleichgewichtsbedingungen bestimmen lassen. Notwendige und hinreichende Bedingungen dafür sind, dass (1) $a + z = 6n$ im räumlichen bzw. $a + z = 3n$ im ebenen Fall ist, und dass (2) die Koeffizientenmatrix der Unbekannten nicht singulär ist. Wenn (1) erfüllt ist, ist (2) genau dann erfüllt, wenn das System unbeweglich ist.

Ein ebenes System mit $a + z = 3n$ ist beweglich, wenn es zwischen zwei Körpern i und j $(i, j = 0, \ldots, n)$ eine Lagerreaktion gibt, deren Wirkungslinie durch den Geschwindigkeitspol P_{ij} geht, der bei Fehlen dieser Lagerreaktion vorhanden wäre.

Beispiel 2-4: In Bild 2-15 ist $n = 4$, $a = 5$, $z = 7$, also $a + z = 3n$. Wenn man die Lagerreaktion (d. h. das Lager) bei A entfernt, entsteht ein Mechanismus mit dem Pol P_{13} auf der Wirkungslinie dieser Lagerreaktion (vgl. Bild 1-9). Also ist das System statisch unbestimmt, denn eine Lagerreaktion auf dieser Linie kann eine Drehung der Körper 1 und 3 relativ zueinander nicht verhindern.

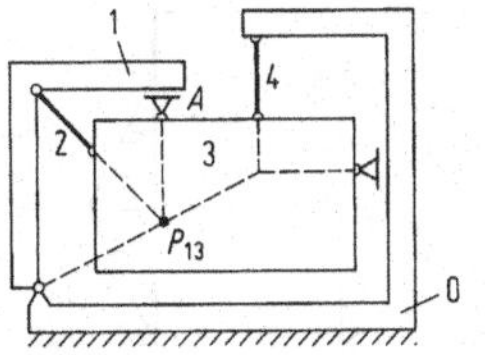

Bild 2-15. Statisch unbestimmtes System

2.2.3 Berechnung von Lagerreaktionen

Schnittprinzip. Im Allgemeinen sollen nicht alle Lagerreaktionen berechnet werden. Dann schneidet man auch nicht alle Körper frei.

Beispiel 2-5: Für die Schnittkraft S der Zange in Bild 2-17a liefert Bild 2-17b

$$S = P\frac{l_2 + l_3}{l_4} = F\frac{(l_2 + l_3)(l_1 + l_2)}{l_2 l_4}\ .$$

Beim Dreigelenkbogen in Bild 2-16 werden die Zwischenreaktionen C_1 und C_2 mit den gezeichneten Richtungen als Unbekannte eingeführt und mit je einer Momentengleichgewichtsbedingung mit dem Bezugspunkt A bzw. B berechnet.
Wenn an einem freigeschnittenen Körper genau zwei Kräfte angreifen, dann sind sie entgegengesetzt gleich. Wenn genau drei komplanare Kräfte angreifen, schneiden sich ihre Wirkungslinien in einem Punkt (siehe Bild 2-12b). Die Beachtung dieser Zusammenhänge vereinfacht rechnerische und grafische Lösungen der Gleichgewichtsbedingungen wesentlich.

Beispiel 2-6: In Bild 2-18 greifen am linken Teilsystem zwei und am rechten drei Kräfte an. Damit liegen die Richtungen aller Lagerreaktionen wie gezeichnet fest. Das Kräftedreieck liefert ihre Größen.

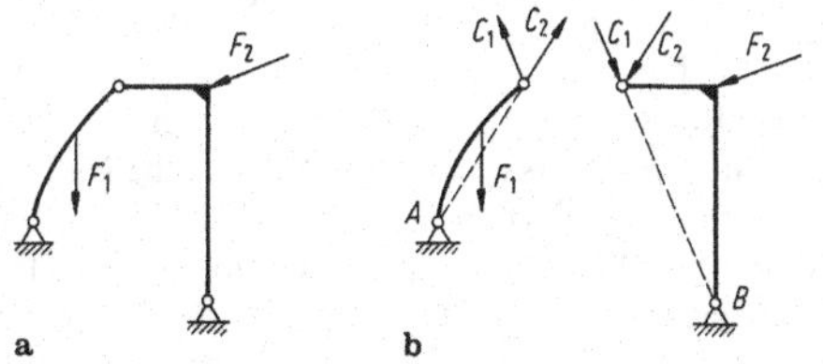

Bild 2-16. **a** Dreigelenkbogen. **b** Zugehörige Freikörperbilder

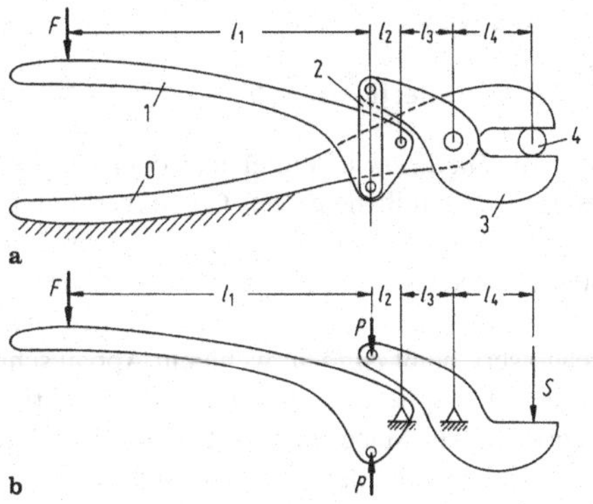

Bild 2-17. Zange (**a**) und freigeschnittene Körper (**b**) zur Bestimmung der Zangenkraft S

Prinzip der virtuellen Arbeit. Zur Durchführung der Methode siehe 2.1.16

Beispiel 2-7: Man berechne die Schnittkraft S der Zange in Bild 2-17. Aus der Zange entsteht ein im Gleichgewicht befindlicher Mechanismus mit einem Freiheitsgrad, wenn man den Körper 4 durch die von ihm auf die Backen 3 und 0 ausgeübten Schnittkräfte S ersetzt. Bei einer virtuellen Drehung von Körper 1 um $\delta\varphi_1$ im Gegenuhrzeigersinn verrichtet $\boldsymbol{F}$ die virtuelle Arbeit $F(l_1 + l_2)\delta\varphi_1$ und die Kraft S an Körper 3 die Arbeit $-S l_4 \delta\varphi_3$. Dabei ist $\delta\varphi_3$ der Drehwinkel von Körper 3 im Gegenuhrzeigersinn. Die kinematische Bindung durch Körper 2 bewirkt, dass $l_2\delta\varphi_1 = (l_2 + l_3)\delta\varphi_3$ ist. Die Kraft S an Körper 0 verrichtet keine Arbeit. Damit ist die gesamte virtuelle Arbeit aller äußeren Kräfte

$$\delta W_a = [F(l_1 + l_2) - S l_2 l_4/(l_2 + l_3)]\delta\varphi_1\ .$$

Aus $\delta W_a = 0$ folgt

$$S = F(l_1 + l_2)(l_2 + l_3)/(l_2 l_4)\ .$$

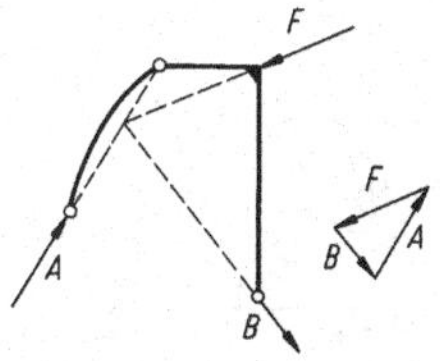

Bild 2-18. Grafische Konstruktion der Lagerreaktionen an einem einseitig belasteten Dreigelenkbogen

2.3 Fachwerke

2.3.1 Statische Bestimmtheit

Ein *ideales Fachwerk* ist ein ebenes oder räumliches Stabsystem mit reibungsfreien Gelenkverbindungen (Knoten) an den Stabenden. Alle Kräfte greifen an Knoten an, sodass die Stäbe nur durch Längskräfte belastet werden. Kräfte in Zugstäben zählen positiv. Ein Fachwerk heißt *einfach*, wenn ein Abbau schrittweise derart möglich ist, dass mit jedem Schritt im ebenen Fall zwei Stäbe und ein Knoten (im räumlichen drei nicht komplanare Stäbe und ein Knoten) abgebaut werden, bis im ebenen Fall ein einziger Stab (im räumlichen Fall ein Stabdreieck) übrigbleibt. Das Fachwerk in Bild 2-19 ist ein einfaches Fachwerk. Die Bilder 2-20, 2-21a und 2-22 zeigen nichteinfache Fachwerke.

Für ein Fachwerk mit k Knoten, s Stäben und insgesamt a Lagerreaktionen können für die k ganz freigeschnittenen Knoten im ebenen Fall $2k$ und im räumlichen Fall $3k$ Kräftegleichgewichtsbedingungen formuliert werden. Das Fachwerk heißt *innerlich statisch bestimmt*, wenn sich aus diesen Gleichgewichtsbedingungen alle Lagerreaktionen und alle Stabkräfte für beliebige eingeprägte Kräfte bestimmen lassen. Notwendige und hinreichende Bedingungen dafür sind, dass (1) $a+s = 2k$ im ebenen bzw. $a+s = 3k$ im räumlichen Fall ist, und dass (2) die Koeffizientenmatrix der Unbekannten nicht singulär ist. Wenn (1) erfüllt ist, ist (2) genau dann erfüllt, wenn das Fachwerk unbeweglich ist. Einfache Fachwerke sind innerlich statisch bestimmt, wenn sie statisch bestimmt gelagert sind.

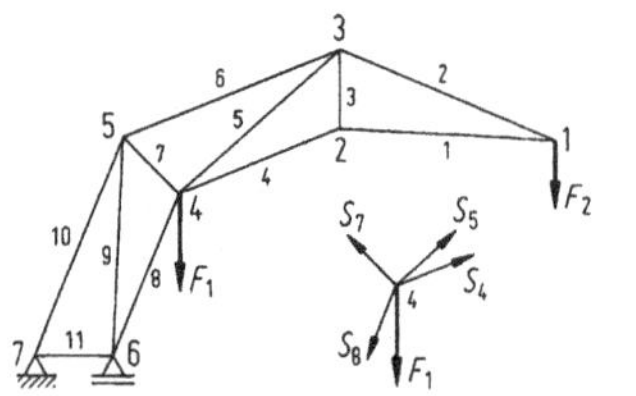

Bild 2-19. Einfaches Fachwerk mit freigeschnittenem Knoten 4

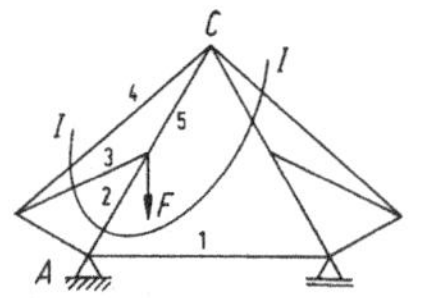

Bild 2-20. Nicht einfaches Fachwerk mit einem Ritterschnitt zur Berechnung von S_3

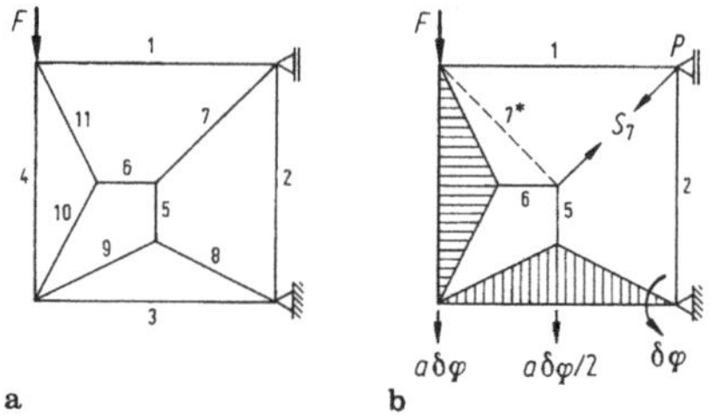

Bild 2-21. a Nicht einfaches Fachwerk. b Mechanismus mit virtuellen Verschiebungen nach Schnitt von Stab 7. Vertauschung von Stab 7 gegen Stab 7* erzeugt ein einfaches Fachwerk

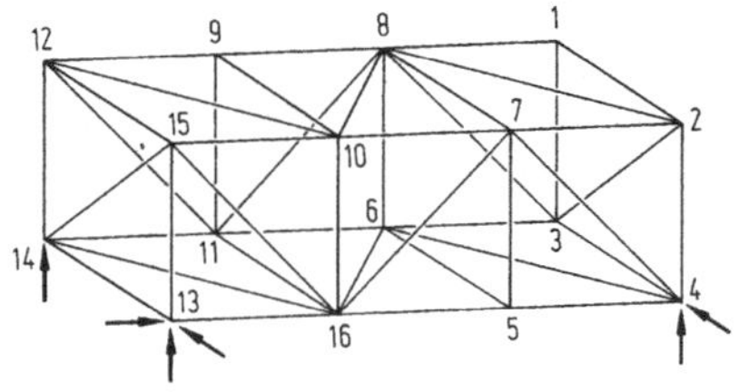

Bild 2-22. Nicht-einfaches Fachwerk. Pfeile an den Knoten 4, 13 und 14 kennzeichnen Lagerreaktionen

2.3.2 Nullstäbe

Nullstäbe (Stäbe mit der Stabkraft null) können häufig ohne Rechnung erkannt werden. Bild 2-23 zeigt einfache Kriterien.

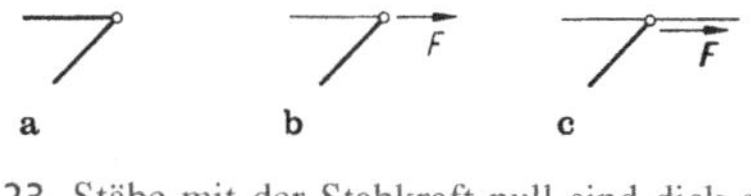

Bild 2-23. Stäbe mit der Stabkraft null sind dick gezeichnet. a Ein Knoten ohne Kräfte verbindet zwei nicht in einer Geraden liegende Stäbe. Dann sind beide Stäbe Nullstäbe. b Ein Knoten verbindet zwei Stäbe, und die resultierende Kraft am Knoten hat die Richtung des einen Stabes. Dann ist der andere Stab ein Nullstab. c Ein Knoten verbindet drei Stäbe, von denen zwei in einer Geraden liegen, und die resultierende Kraft am Knoten hat die Richtung dieser Geraden. Dann ist der dritte Stab ein Nullstab

2.3.3 Knotenschnittverfahren

Zuerst Lagerreaktionen bestimmen, dann alle Knoten freischneiden und für jeden Knoten im ebenen Fall zwei (im räumlichen drei) Gleichgewichtsbedingungen formulieren. Die Stabkraft S_i jedes Stabes i steht in den Gleichungen zweier Knoten. Bei einfachen Fachwerken werden die Knoten in einer Abbaureihenfolge bearbeitet. Die letzten beiden Knoten dienen zur Ergebniskontrolle. Die Kräftepolygone aller Knoten bilden den Cremonaplan.

Beispiel 2-8: In Bild 2-19 ist 1, 2, 3, 4, 5, 6, 7 eine Abbaureihenfolge. Knoten 1 liefert S_1 und S_2, Knoten 2 S_3 und S_4 usw. Die kleine Figur zeigt den Knoten 4 mit positiven Stabkräften.

2.3.4 Ritter'sches Schnittverfahren für ebene Fachwerke

Mit einem Schnitt durch geeignet gewählte Stäbe wird das Fachwerk in zwei Teile zerlegt. Für einen Teil werden Gleichgewichtsbedingungen formuliert und nach Kräften in den geschnittenen Stäben aufgelöst. Der Schnitt muss so geführt werden, dass Zahl und Anordnung der geschnittenen Stäbe die Auflösung zulassen.

Beispiel 2-9: Berechnung von S_3 in Bild 2-20 mit zwei Schnitten. Der erste Schnitt durch die Stäbe 1, 4 und 5 liefert S_4 (Momentengleichgewicht am linken Teil um A). Der zweite Schnitt durch die Stäbe 1, 2, 3 und 4 liefert S_3 (Momentengleichgewicht am linken Teil um A). S_3 kann auch unmittelbar mit dem Schnitt I-I aus einer Momentengleichgewichtsbedingung um C bestimmt werden.

Ritterschnitte sind nicht in allen Fachwerken möglich, z. B. nicht in Bild 2-21a.

2.3.5 Prinzip der virtuellen Arbeit

Zur Methodik siehe 2.1.16.

Beispiel 2-10: Berechnung von S_7 in Bild 2-21a. Der Mechanismus mit geschnittenem Stab 7 besteht aus den in Bild 2-21b schraffierten Dreiecken und den Stäben 1, 2, 5 und 6. Die Stäbe 1 und 2 drehen sich um P. Bei Drehung des rechten Dreiecks um $\delta\varphi$ verschiebt sich das linke Dreieck um $a\delta\varphi$ und Stab 5 um $a\delta\varphi/2$ translatorisch nach unten. Also ist $\delta W_a = (Fa - S_7 a\sqrt{2}/4)\delta\varphi$. Aus $\delta W_a = 0$ folgt $S_7 = 2F\sqrt{2}$.

Energiemethoden bei Fachwerken siehe auch in 5.8.1 und 5.8.3.

2.3.6 Methode der Stabvertauschung

Aus einem nicht einfachen Fachwerk wird ein einfaches erzeugt, indem man geeignet gewählte Stäbe eliminiert und gleich viele an anderen Stellen zwischen geeignet gewählten Knoten einsetzt.

Beispiel 2-11: In Bild 2-21a genügt es, den Stab 7 durch den in Bild 2-21b gestrichelt gezeichneten Stab 7* zu ersetzen. In Bild 2-22 genügt es, den Stab zwischen den Knoten 2 und 3 durch einen Stab zwischen den Knoten 12 und 16 zu ersetzen. Danach können die Knoten in der Reihenfolge $1, 2, \ldots, 16$ abgebaut werden.
Die Stabkraft S_i eines eliminierten Stabes wird nach Bild 2-21b als unbekannte äußere Kraft mit entgegengesetzten Vorzeichen an den beiden Knoten dieses Stabes angebracht. Die von S_i abhängende Stabkraft S_i^* im Ersatzstab wird berechnet und zu null gesetzt. Das liefert S_i. Damit sind alle äußeren Kräfte am einfachen Fachwerk bekannt. Alle weiteren Berechnungen werden an diesem Fachwerk vorgenommen.

2.4 Ebene Seil- und Kettenlinien

2.4.1 Gewichtsloses Seil mit Einzelgewichten

In Bild 2-24a sind gegeben: a, h, die gesamte Seillänge l, Gewichte $G_1, \ldots, G_n$ sowie entweder $l_0, \ldots, l_n$ (Fall I) oder $a_0, \ldots, a_n$ (Fall II). Gesucht sind das Seilpolygon und die Seilkräfte.

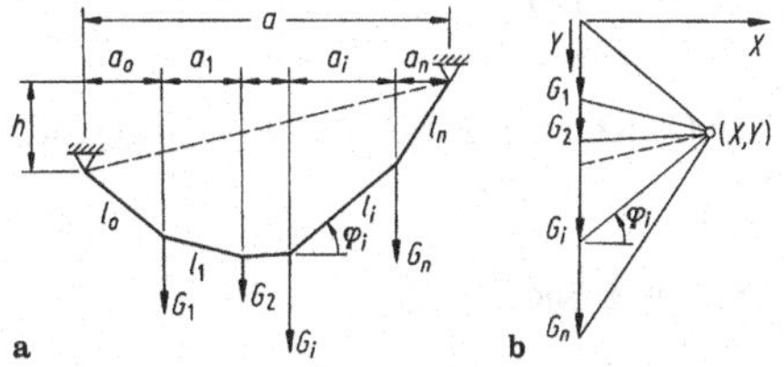

Bild 2-24. **a** Gewichtsloses Seil mit vertikalen Einzelkräften. **b** Zugehöriger Kräfteplan. Polstrahlen im Kräfteplan stellen die Seilkräfte dar. h ist negativ, wenn das rechte Lager tiefer liegt als das linke

Beides liefert der Kräfteplan in Bild 2-24b nach dem Seileckverfahren (siehe Bild 2-8), sobald die Koordinaten X, Y des Pols bekannt sind. Man definiert

$$P_0 = 0 \quad \text{und} \quad P_i = \sum_{j=1}^{i} G_j \quad (i = 1, \ldots, n)\,.$$

Damit ist

$$\tan\varphi_i = (P_i - Y)/X \quad (i = 0, \ldots, n)\,.$$

Fall I: Die Bedingungen

$$\sum_{i=0}^{n} l_i \cos\varphi_i = a \quad \text{und} \quad \sum_{i=0}^{n} l_i \sin\varphi_i = h$$

liefern für X und Y die Bestimmungsgleichungen

$$\left.\begin{aligned} X\sum_{i=0}^{n} \frac{l_i}{[X^2 + (P_i - Y)^2]^{1/2}} &= a\,, \\ \sum_{i=0}^{n} \frac{P_i l_i}{[X^2 + (P_i - Y)^2]^{1/2}} &= h + a\frac{Y}{X}\,. \end{aligned}\right\} \qquad (2\text{-}18)$$

Fall II: Die Bedingungen

$$\sum_{i=0}^{n} a_i \tan\varphi_i = h \quad \text{und} \quad \sum_{i=0}^{n} a_i (1 + \tan^2\varphi_i)^{1/2} = l$$

liefern für X und Y die Bestimmungsgleichungen

$$\left.\begin{aligned} Y &= P - Xh/a\,, \\ \sum_{i=0}^{n} a_i[X^2 + (P_i - P + Xh/a)^2]^{1/2} &= lX \end{aligned}\right\}$$

$$\text{mit } P = \sum_{i=1}^{n} P_i a_i / a\,. \qquad (2\text{-}19)$$

Die erste Gleichung legt die in Bild 2-24b gestrichelte Gerade fest.

2.4.2 Schwere Gliederkette

In Bild 2-25 sind gegeben: a, h und G_i, l_i, a_i, b_i für $i = 0, \ldots, n$. Der Schwerpunkt jedes Gliedes liegt auf der Verbindungslinie seiner Gelenkpunkte. Gesucht ist das Polygon der Gelenkpunkte. Lösung: Das Gewicht G_i jedes Gliedes wird durch die Kräfte $G_i b_i / l_i$ und $G_i a_i / l_i$ in seinem linken Gelenkpunkt i bzw. rechten Gelenkpunkt $i + 1$ ersetzt. Das gesuchte Polygon hat dann die Form eines gewichtslosen Seils mit den Einzelgewichten $G_i^* = G_{i-1} a_{i-1} / l_{i-1} + G_i b_i / l_i$ in den Gelenkpunkten $i = 1, \ldots, n$. Das ist Fall I in 2.4.1 mit G_i^* statt G_i.

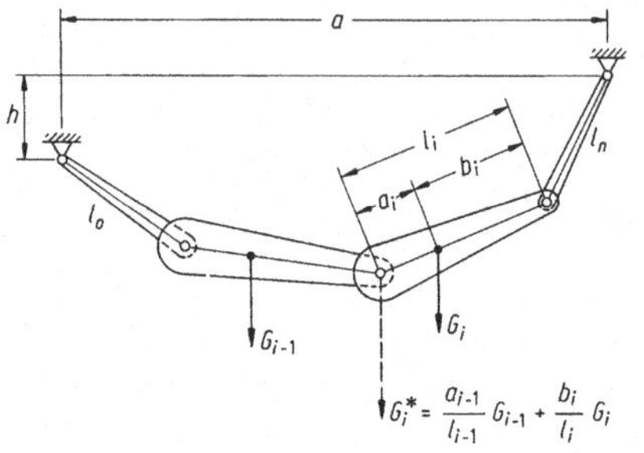

Bild 2-25. Schwere Gliederkette. Die Schwerpunkte der Glieder liegen auf den Verbindungsgeraden der Gelenke

2.4.3 Schweres Seil

Bei dem homogenen, biegeschlaffen Seil in Bild 2-26a und b mit q = Seilgewicht/Seillänge hängt es nur von l, a und h ab, ob der tiefste Punkt der Seillinie $y(x)$ zwischen den Lagern A und B liegt oder nicht. Die strenge Lösung für $y(x)$ und für die Seilkraft $F(x)$ mit der Horizontalkomponente H und der Vertikalkomponente V lautet

$$y(x) = \lambda[\cosh(x/\lambda) - 1]\,, \qquad (2\text{-}20)$$

$H = q\lambda = \text{const}$, $V(x) = q\lambda\sinh(x/\lambda)$ und $F(x) = q[y(x) - \lambda]$ $F(x)$ maximal im höchsten Punkt). Die Konstanten λ und x_A sind mit a, h und l verknüpft durch die Gleichungen

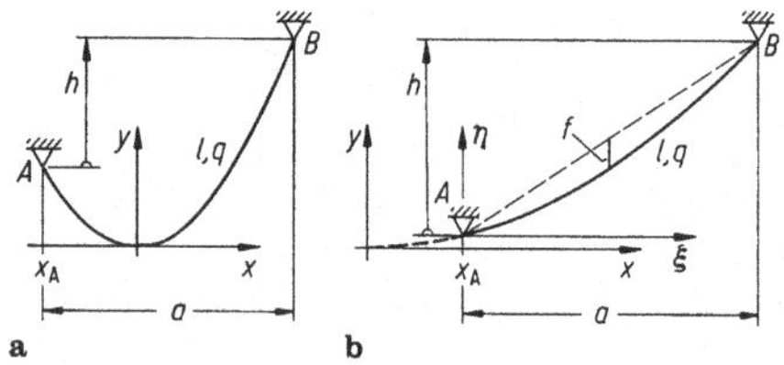

Bild 2-26. Seillinie eines schweren biegeschlaffen Seils bei großem Durchhang (**a**) und bei straffer Spannung (**b**)

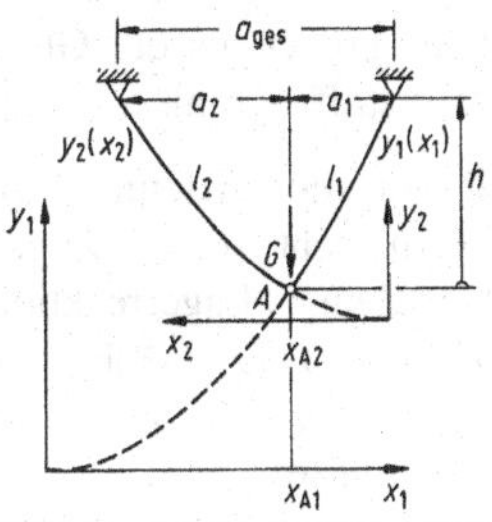

Bild 2-27. Schweres Seil mit Einzelgewicht G

$$\left.\begin{aligned} 2\lambda \sinh\frac{a}{2\lambda} &= (l^2-h^2)^{1/2}\,,\\ 2\lambda \sinh\frac{x_\mathrm{A}}{\lambda} &= -l + h\left(1+\frac{4\lambda^2}{l^2-h^2}\right)^{1/2}. \end{aligned}\right\} \quad (2\text{-}21)$$

Für fast geradlinig gestraffte Seile sind im ξ,η-System von Bild 2-26b die Näherungen gültig:

$$\left.\begin{aligned} H &\approx \frac{q^*a}{2(h/a-c)} = \text{const}\,,\\ V(\xi) &\approx q^*\xi + cH\,,\\ y(\xi) &\approx \frac{q^*\xi^2}{2H} + c\xi\,. \end{aligned}\right\} \quad (2\text{-}22)$$

Darin sind die Konstanten q^* und c mit l, a, h und dem bei $\xi = a/2$ größten Durchhang f unter der Sehne $\overline{AB}$ verknüpft durch

$$\left.\begin{aligned} q^* &= q(1+h^2/a^2)^{1/2}\,,\\ (h-ac)^2 &= 6\frac{(a^2+h^2)^2}{a^2}\left[\frac{l}{(a^2+h^2)^{1/2}}-1\right],\\ f &\approx \frac{1}{4}(h-ac)\,. \end{aligned}\right\} \quad (2\text{-}23)$$

2.4.4 Schweres Seil mit Einzelgewicht

In Bild 2-27 sind die Koordinatensysteme x_1, y_1 und x_2, y_2 und alle Bezeichnungen so gewählt, dass für beide Kurvenäste $y_1(x_1)$ und $y_2(x_2)$ Übereinstimmung mit Bild 2-26a besteht, wenn man dort überall den Index $i = 1$ bzw. 2 hinzufügt. Folglich gelten für jeden Kurvenast die drei Gleichungen (2-20) und (2-21) mit den entsprechenden Indizes. Die Aufgabenstellung schreibt $q_1 = q_2 = q$ und $h_1 = h_2 = h$ vor. Dann folgt aus dem Kräftegleichgewicht in horizontaler Richtung $\lambda_1 = \lambda_2 = \lambda$, d. h. beide Kurvenäste sind Abschnitte ein und derselben cosh-Kurve. Die vier Gleichungen (2-21) mit Indizes $i = 1$ bzw. 2, die Beziehung $a_1 + a_2 = a_\mathrm{ges}$ und die Kräftegleichgewichtsbedingung $G = q\lambda[\sinh(x_{\mathrm{A}1}/\lambda) + \sinh(x_{\mathrm{A}2}/\lambda)]$ bestimmen bei gegebenen a_ges, l_1, l_2, q und G die Unbekannten λ, h, a_1, a_2, $x_{\mathrm{A}1}$ und $x_{\mathrm{A}2}$. Für λ und h kann man die Gleichungen entkoppeln:

$$\left.\begin{aligned} &2G + q(l_1+l_2) = qh\sum_{i=1}^{2}\left[1+\frac{4\lambda^2}{l_i^2-h^2}\right]^{1/2},\\ &(l_1^2-h^2+4\lambda^2)^{1/2}\sinh[a_\mathrm{ges}/(2\lambda)]\\ &\quad -(l_1^2-h^2)^{1/2}\cosh[a_\mathrm{ges}/(2\lambda)] = (l_2^2-h^2)^{1/2}\,. \end{aligned}\right\} \quad (2\text{-}24)$$

Andere streng lösbare Aufgaben mit Seillinien siehe in [1]. Rechenverfahren bei Hängebrücken siehe in [2].

2.4.5 Rotierendes Seil

In Bild 2-28 wird an dem mit $\omega = \text{const}$ rotierenden homogenen Seil mit der Massenbelegung μ = Masse/Länge das Gewicht gegen die Fliehkraft vernachlässigt. Dann existiert im mitrotierenden x, y-System eine stationäre Seillinie $y(x)$ mit Seilkraftkomponenten H in x- und V in y-Richtung. Die strenge Lösung lautet

$$\begin{aligned} y(x) &= y_0\,\mathrm{sn}(bx/c^2+\mathrm{K}), \qquad H = c^2\mu\omega^2/2 = \text{const}\,,\\ V(x) &= H\mathrm{d}y/\mathrm{d}x\\ &= Hy_0b/c^2\,\mathrm{cn}(bx/c^2+\mathrm{K})\cdot\mathrm{dn}(bx/c^2+\mathrm{K}) \end{aligned}$$

mit $b = (y_0^2 + 2c^2)^{1/2}$, mit dem Modul $k = y_0/b$ und mit dem vollständigen elliptischen Integral K. sn, cn und dn sind die Jacobi'schen elliptischen Funktionen. Die Konstanten y_0, x_1 und c sind mit y_1, y_2, a und l durch die Gleichungen verknüpft (unvollstän-

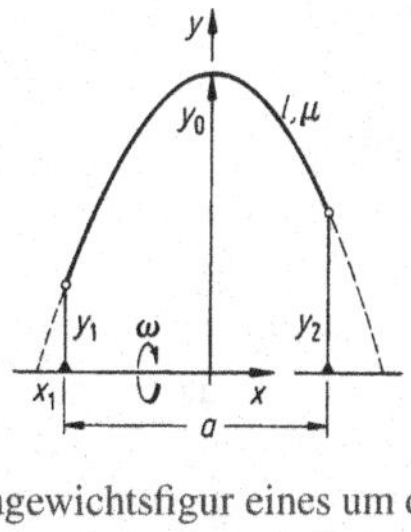

Bild 2-28. Gleichgewichtsfigur eines um die x-Achse rotierenden Seils im mitrotierenden x, y-System

diges elliptisches Integral $\mathrm{E}(\mathrm{am}\, u, k)$ mit $\mathrm{am}\, u = \arcsin \mathrm{sn}\, u$; $\mathrm{am}\, u > \pi/2$ für $u > \mathrm{K}$):

$$\left.\begin{aligned} &y(x_1) = y_1\,, \quad y(x_1 + a) = y_2\,, \\ &l = b[\mathrm{E}(\mathrm{am}(bx_1/c^2 + \mathrm{K}), k) \\ &\quad -\mathrm{E}(\mathrm{am}(b(x_1 + a)/c^2 + \mathrm{K}), k)] - a\,. \end{aligned}\right\} \tag{2-25}$$

2.5 Coulomb'sche Reibungskräfte

2.5.1 Ruhereibungskräfte

Berührungsflächen zwischen ruhenden Körpern sind Lagerstellen, an denen nicht nur normal zur Fläche eine Lagerreaktion N, sondern auch tangential eine Lagerreaktion H, eine sog. *Haftkraft* oder *Ruhereibungskraft* auftreten kann (Bild 2-29a, b). Beide Komponenten stehen mit den übrigen Kräften im Gleichgewicht. Im Fall statischer Bestimmtheit werden sie aus Gleichgewichtsbedingungen berechnet. Das Lager hält stand, d. h., die Körper gleiten nicht aufeinander, wenn

$$H/N \leqq \mu_0 = \tan \varrho_0 \tag{2-26}$$

ist, d. h., wenn die aus H und N resultierende Lagerreaktion innerhalb des Reibungskegels mit dem halben Öffnungswinkel ϱ_0 um die Flächennormale liegt (Bild 2-29b). ϱ_0 heißt *Ruhereibungswinkel*. Die *Ruhereibungszahl* μ_0 hängt von vielen Parametern ab, z. B. von der Werkstoffpaarung und der Oberflächenbeschaffenheit, aber in weiten Grenzen weder von der Größe der Berührungsfläche noch von N. Reibungszahlen sind tribologische Systemkenngrößen. Sie müssen experimentell bestimmt werden, siehe D 10.6.1 und D 11.7.3. Die Ruhereibungszahl ist im Allg. etwas größer als die Gleitreibungszahl bei derselben Werkstoffpaarung.

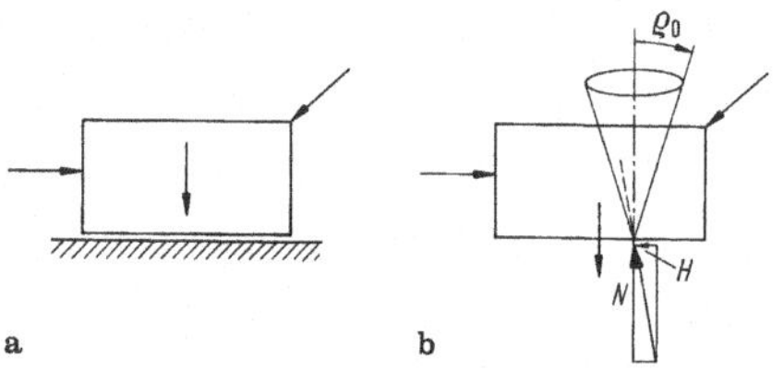

Bild 2-29. a Eingeprägte Kräfte an einem Körper auf rauer Unterlage. b Wenn die Resultierende aus Normalkraft N und Ruhereibungskraft H wie gezeichnet innerhalb des Ruhereibungskegels liegt, herrscht Gleichgewicht. Eine Resultierende außerhalb des Kegels ist unmöglich

Beispiel 2-12: In der Klemmvorrichtung von Bild 2-30a verursacht eine Zugkraft F im Fall der Ruhereibung Lagerreaktionen H_1, H_2, N_1 und N_2 am Keil (Bild 2-30b). Gleichgewicht verlangt $H_1 = H_2 \cos\alpha + N_2 \sin\alpha$ und $N_1 = N_2 \cos\alpha - H_2 \sin\alpha$, also

$$\frac{H_1}{N_1} = \frac{(H_2/N_2)\cos\alpha + \sin\alpha}{\cos\alpha - (H_2/N_2)\sin\alpha}\,.$$

Der Keil haftet an beiden Flächen, wenn $H_1/N_1 \leqq \tan\varrho_{01}$ und $H_2/N_2 \leqq \tan\varrho_{02}$ ist. Die erste Bedingung liefert

$$\tan\alpha \leqq \frac{\tan\varrho_{01} - H_2/N_2}{1 + \tan\varrho_{01}(H_2/N_2)}$$

und die zweite

$$\frac{\tan\varrho_{01} - H_2/N_2}{1 + \tan\varrho_{01}(H_2/N_2)} \geqq \frac{\tan\varrho_{01} - \tan\varrho_{02}}{1 + \tan\varrho_{01}\tan\varrho_{02}} = \tan(\varrho_{01} - \varrho_{02})\,.$$

Also ist $\alpha \leqq \varrho_{01} - \varrho_{02}$ unabhängig von μ_{03} eine hinreichende Bedingung für das Funktionieren der Vorrichtung. Die Ruhereibungskräfte sind statisch unbestimmt.

2.5.2 Gleitreibungskräfte

Wenn trockene Berührungsflächen zweier Körper beschleunigt oder unbeschleunigt aufeinander gleiten, dann üben die Körper aufeinander *Gleitreibungskräfte* tangential zur Berührungsfläche aus, siehe D 10.6.1. Gleitreibungskräfte sind eingeprägte Kräfte. An jedem Körper ist die Kraft der Relativgeschwindigkeit dieses Körpers entgegengerichtet und vom Betrag $\mu N = \tan\varrho \cdot N$. Darin ist N die Anpress-

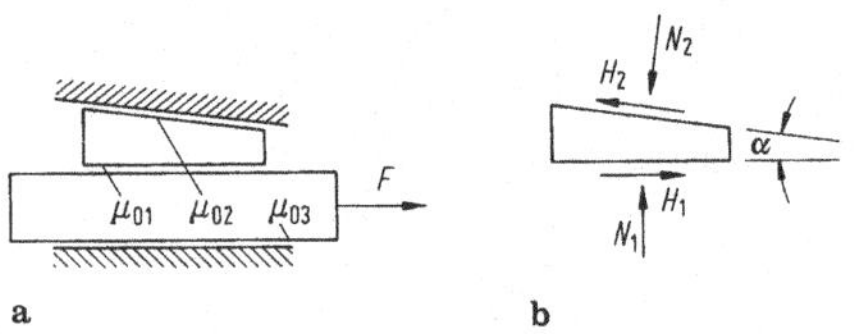

Bild 2-30. a Klemmvorrichtung. b Der freigeschnittene Keil

kraft der Körper normal zur Berührungsfläche, μ die *Gleitreibungszahl* und ϱ der *Gleitreibungswinkel* (Bild 2-31a, b).

Eine Umkehrung der Relativgeschwindigkeit wird formal durch Änderung des Vorzeichens von μ berücksichtigt. μ ist wie μ_0 eine tribologische Systemkenngröße, die von vielen Parametern abhängt, z. B. von der Werkstoffpaarung und der Oberflächenbeschaffenheit, aber in weiten Grenzen weder von der Größe der Berührungsfläche noch von N. Vom Betrag v_{rel} der Relativgeschwindigkeit ist μ nur wenig abhängig (Messergebnisse siehe in [6]). Eine schwache Abhängigkeit nach Bild 2-32 kann zu Ruckgleiten (stick-slip) führen und selbsterregte Schwingungen verursachen, z. B. das Rattern bei Drehmaschinen oder das Kreischen von Bremsen (vgl. Bild 4-15 und [7]).

Tabelle 2-5 gibt Gleitreibungszahlen für technisch trockene Oberflächen in Luft an. Messungen unter genormten Bedingungen (siehe D 10.6.1 und D 11.7.3) liefern die Näherungswerte der Spalten 2 und 3. Bei trockenen Oberflächen mit technisch üblichen, geringen Verunreinigungen liegen Gleitreibungszahlen in den Wertebereichen der Spalten 4 und 5. Bei Schmierung von Oberflächen ist μ wesentlich kleiner, z. B. $\mu \approx 0{,}1$ bei Stahl/Stahl und Stahl/Polyamid, $\mu \approx 0{,}02 \ldots 0{,}2$ bei Stahl/ Grauguss, $\mu \approx 0{,}02 \ldots 0{,}1$ bei Metall/Holz und $\mu \approx 0{,}05 \ldots 0{,}15$ bei Holz/Holz.

Für die Paarung Stahl/Eis (trocken) ist $\mu \approx 0{,}0015$. Ruhereibungszahlen μ_0 sind i. Allg. ca. 10% größer als die entsprechenden Gleitreibungszahlen.

Beispiel 2-13: Um eine Schraube mit Trapezgewinde nach Bild 2-33 unter einer Last F unbeschleunigt in Bewegung zu halten, muss man das Moment $M = Fr_{\mathrm{m}} \tan(\alpha \pm \varrho)$ aufbringen ($+\varrho$ bei Vorschub gegen F und $-\varrho$ bei Vorschub mit F; ϱ Gleitreibungswinkel, α Gewindesteigungswinkel). Bei Spitzgewinde mit dem Spitzenwinkel β tritt $\varrho' = \arctan[\mu/\cos(\beta/2)]$ an die Stelle von $\varrho = \arctan \mu$. Bei Befestigungsschrauben muss $\alpha < \varrho'$ sein.

Reibung an Seilen und Treibriemen. In einem biegeschlaffen Seil, das nach Bild 2-34a in der gezeichneten Richtung über eine Trommel gleitet, besteht zwischen den Seilkräften S_1 am Einlauf und S_2 am Auslauf die Beziehung $S_2 = S_1 \exp(\mu\alpha)$. Sie gilt auch für nicht kreisförmige Trommelquerschnitte (Bild 2-34b). Bei haftendem Seil ist $S_2 \leqq S_1 \exp(\mu_0\alpha)$. Ein laufender Treibriemen hat in einem Bereich $\beta \leqq \alpha$ des Umschlingungswinkels α wegen Änderung seiner Dehnung längs des Umfangs Schlupf. Auf dem Restbogen $\alpha - \beta$ haftet er. Bei Volllast ist $\beta = \alpha$. Dann ist $S_2 - m'v^2 = (S_1 - m'v^2)\exp(\mu\alpha)$, wobei die Massenbelegung m' = Masse/Länge und die

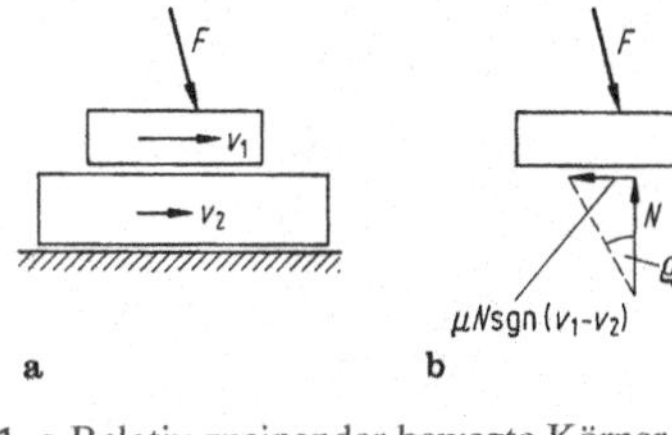

Bild 2-31. a Relativ zueinander bewegte Körper. b Freikörperbild mit Gleitreibungskräften

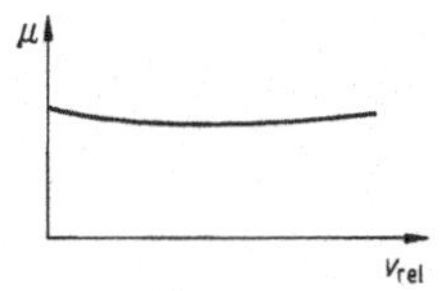

Bild 2-32. Die dargestellte Abhängigkeit der Gleitreibungszahl μ von der Relativgeschwindigkeit v_{rel} kann Ruckgleiten (stick-slip) verursachen

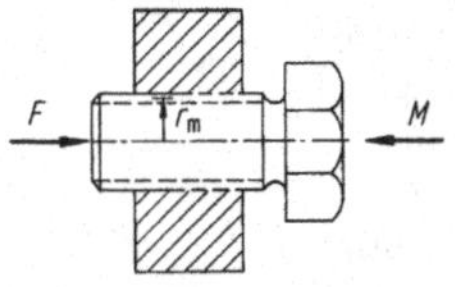

Bild 2-33. In den Gleichgewichtsbedingungen für die Schraube unter der Kraft F und dem Moment M spielen Normalkräfte und Gleitreibungskräfte an den Gewindeflanken eine Rolle

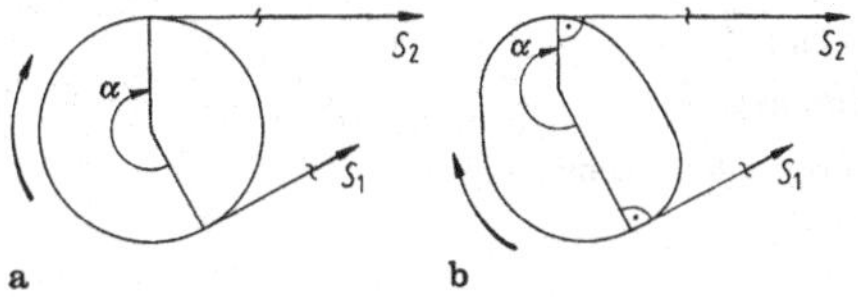

Bild 2-34. Für kreiszylindrische (Bild a) und nicht kreiszylindrische Seiltrommeln (Bild b) gilt $S_2 = S_1 \exp(\mu\alpha)$, wenn das Seil in Pfeilrichtung auf den Trommeln gleitet

Tabelle 2-5. Gleitreibungszahlen μ bei Festkörperreibung. Spalten 2 und 3 für technisch trockene Oberflächen in Luft (Messwerte nach [5] und [6]). Spalten 4 und 5 für technisch übliche, geringe Verunreinigungen (Wertebereiche sind Anhaltspunkte). Paarung mit jeweils gleichem Werkstoff (Spalten 2 und 4), mit Stahl 0,13% C; 3,4% Ni (Spalte 3) und mit Stahl (Spalte 5)

Werkstoff	trocken		verunreinigt	
	gleicher Werkst.	Stahl 0,13% C, 3,4% Ni	gleicher Werkst.	Stahl
Aluminium	1,3	0,5	0,95 ··· 1,3	
Blei	1,5	1,2		0,5 ··· 1,2
Chrom	0,4	0,5		
Eisen	1,0			
Kupfer	1,3	0,8	0,6 ··· 1,3	0,25 ··· 0,8
Nickel	0,7	0,5	0,4 ··· 0,7	
Silber	1,4	0,5		
Gusseisen	0,4	0,4	0,2 ··· 0,4	0,1 ··· 0,15
Stahl (austenitisch)	1,0			}
Stahl (0,13% C; 3,4% Ni)	0,8	0,8		} 0,4 ··· 1,0
Werkzeugstahl	0,4			}
Konstantan (54% Cu; 45% Ni)		0,4		
Lagermetall (Pb-Basis)		0,5		0,2 ··· 0,5
Lagermetall (Sn-Basis)		0,8		
Messing (70% Cu; 30% Zn)		0,5		
Phosphorbronze		0,3		
Gummi (Polyurethan)		1,6 }		
Gummi (Isopren)		3–10 }		
Polyamid (Nylon)	1,2	0,4 }		0,3 ··· 0,45
Polyethylen (PE-HD)	0,4	0,08 }		
Polymethylmethacrylat (PMMA, ‚Plexiglas')		0,5 } *)		
Polypropylen (PP)		0,3 }		
Polystyrol (PS)		0,5 }		
Polyvinylchlorid (PVC)		0,5 }		
Polytetrafluorethylen (PTFE, ‚Teflon')	0,12	0,05 }		0,04 ··· 0,22
Al_2O_3-Keramik	0,4	0,7		
Diamant	0,1			
Saphir	0,2			
Titankarbid	0,15			
Wolframkarbid	0,15			

*) niedrige Gleitgeschwindigkeit

Riemengeschwindigkeit v den Fliehkrafteinfluss berücksichtigen. $(S_1 + S_2)/2 = S_v$ ist die Kraft, mit der der ruhende Riemen gleichmäßig vorgespannt wird. Zur Erzeugung eines geforderten Reibmoments

$$M = r(S_2 - S_1) = r(S_1 - m'v^2)(\exp(\mu\alpha) - 1)$$

muss man S_v passend wählen. Bei Keilriemen mit dem Keilwinkel γ tritt $\mu/\sin(\gamma/2)$ an die Stelle von μ.

2.6 Stabilität von Gleichgewichtslagen

Zur Definition der *Stabilität* siehe 3.7. Bei einem konservativen System (siehe 2.1.14) hat die potenzielle Energie V des Systems in jeder Gleichgewichtslage einen stationären Wert. Das Gleichgewicht ist stabil bei Minima und instabil bei Maxima und Sattelpunkten. Bei einem System mit n Freiheitsgraden und mit n Koordinaten $q_1, \ldots, q_n$ ist V eine Funktion von $q_1, \ldots, q_n$. Ein Minimum liegt vor, wenn die symmetrische $(n \times n)$-Matrix aller zweiten partiellen Ableitungen $\partial^2 V/\partial q_i \partial q_j$ in der Gleichgewichtslage n positive Hauptminoren hat.

Beispiel 2-14: Der Körper in Bild 2-35 mit daranhängendem Pendel kann mit seiner zylindrischen Unterseite auf dem Boden rollen. Unter welchen Bedingungen ist die Gleichgewichtslage $\varphi_1 = \varphi_2 = 0$ stabil? Lösung: Die potenzielle Energie ist

$$V(\varphi_1, \varphi_2) = -m_1 g a \cos\varphi_1 - m_2 g[b\cos\varphi_1 + l\cos(\varphi_1 + \varphi_2)] .$$

Die Matrix der zweiten partiellen Ableitungen an der Stelle $\varphi_1 = \varphi_2 = 0$ ist

$$\begin{bmatrix} m_1 g a + m_2 g(b+l) & m_2 g l \\ m_2 g l & m_2 g l \end{bmatrix} .$$

Ihre Hauptminoren – das Element (1,1) und die Determinante – sind positiv, wenn $l > 0$ (hängendes Pendel) und $m_1 a + m_2 b > 0$ ist. $a < 0$ bedeutet, dass S_1 oberhalb von M liegt und $b < 0$, dass der Pendelaufhängepunkt oberhalb von M liegt.

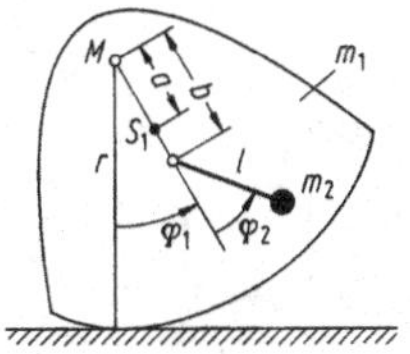

Bild 2-35. Ein Rollpendel (Masse m_1, Schwerpunkt S_1, Kreismittelpunkt M) mit daranhängendem Pendel (m_2, l) hat die stabile oder instabile Gleichgewichtslage $\varphi_1 = \varphi_2 = 0$

In der Statik spricht man von einer *indifferenten Gleichgewichtslage*, wenn es in jeder beliebig kleinen Umgebung der Lage Lagen mit gleicher potenzieller Energie, aber keine Lagen mit kleinerer potenzieller Energie gibt. Ein Beispiel ist eine Punktmasse in den tiefsten Lagen einer horizontal liegenden Zylinderschale. Indifferente Gleichgewichtslagen sind als instabil zu bezeichnen, wenn man als Störungen nicht nur Auslenkungen, sondern auch Anfangsgeschwindigkeiten berücksichtigt (siehe 3.7).

3 Kinetik starrer Körper

3.1 Grundlagen

3.1.1 Inertialsystem und absolute Beschleunigung

In der klassischen (nichtrelativistischen) Mechanik wird die Existenz von Bezugskoordinatensystemen vorausgesetzt, die sich ohne Beschleunigung bewegen. Sie heißen *Inertialsysteme* (vgl. B 2.3). Jedes Koordinatensystem, das sich relativ zu einem Inertialsystem rein translatorisch mit konstanter Geschwindigkeit bewegt, ist selbst ein Inertialsystem. Geschwindigkeiten und Beschleunigungen relativ zu einem Inertialsystem heißen *absolute Geschwindigkeiten* bzw. *Beschleunigungen*. Punkte und Koordinatensysteme, die im Inertialsystem fest sind, heißen auch *raumfest*. Erdfeste Bezugssysteme sind wegen der Erddrehung beschleunigt, allerdings so wenig, dass man sie beim Studium vieler Bewegungsvorgänge als Inertialsysteme ansehen kann.

3.1.2 Impuls

Für ein Massenelement dm mit der absoluten Geschwindigkeit $\boldsymbol{v}$ ist der *Impuls* oder die *Bewegungsgröße* $\boldsymbol{p}$ definiert als $\boldsymbol{p} = \boldsymbol{v}\mathrm{d}m$. Ein starrer oder nichtstarrer Körper (Masse m, absolute Schwerpunktsgeschwindigkeit $\boldsymbol{v}_S$) hat den Impuls $\boldsymbol{p} = \int \boldsymbol{v}\mathrm{d}m = \boldsymbol{v}_S m$, und für ein System aus n Körpern ist

$$\boldsymbol{p} = \int \boldsymbol{v}\mathrm{d}m = \sum_{i=1}^{n} \boldsymbol{v}_{Si} m_i = \boldsymbol{v}_S m_{\mathrm{ges}} \qquad (3\text{-}1)$$

(m_{ges} Masse und $\boldsymbol{v}_S$ Schwerpunktsgeschwindigkeit des Gesamtsystems).

3.1.3 Newton'sche Axiome

Für einen rein translatorisch bewegten starren Körper der konstanten Masse m gilt das 2. Newton'sche Axiom

$$m\boldsymbol{a} = \boldsymbol{F} \qquad (3\text{-}2)$$

($\boldsymbol{a} = \ddot{\boldsymbol{r}}$ absolute Beschleunigung, $\boldsymbol{F}$ resultierende äußere Kraft). Als Beispiele siehe den freien Fall und den schiefen Wurf in B 2.1.

Aus dem 2. und 3. *Newton'schen Axiom* (siehe B 3.2 und B 3.3) folgt für beliebige Systeme mit konstanter Masse für beliebige Bewegungen (auch bei Überlagerung von Drehbewegungen) die Verallgemeinerung von (3-2)

$$m_{\text{ges}}\boldsymbol{a}_S = \boldsymbol{F}_{\text{res}} \qquad (3\text{-}3)$$

(m_{ges} Masse des Gesamtsystems, $\boldsymbol{a}_S = \ddot{\boldsymbol{r}}_S$ absolute Beschleunigung des Systemschwerpunkts S, $\boldsymbol{F}_{\text{res}}$ Resultierende aller äußeren Kräfte).

(3-2) und (3-3) liefern in Verbindung mit dem Schnittprinzip (siehe 2.1.12) Differenzialgleichungen der Bewegung und Ausdrücke für Zwangskräfte.

Beispiel 3-1: Das Federpendel in Bild 3-1a hat im statischen Gleichgewicht die Länge l. Für die Verlängerung x und den Winkel φ sollen zwei Bewegungsgleichungen aufgestellt werden. Man schneidet die Punktmasse frei (Bild 3-1b). Die Federkraft ist $\boldsymbol{A} = -(mg + kx)\boldsymbol{e}_r$. In (3-2) ist $\boldsymbol{F} = \boldsymbol{A} + m\boldsymbol{g}$ und nach (1-7)

$$\boldsymbol{a} = [\ddot{x} - (l + x)\dot{\varphi}^2]\boldsymbol{e}_r + [(l + x)\ddot{\varphi} + 2\dot{x}\dot{\varphi}]\boldsymbol{e}_\varphi \,.$$

Zerlegung von (3-2) in die Richtungen $\boldsymbol{e}_r, \boldsymbol{e}_\varphi$ liefert die gesuchten Gleichungen

$$\ddot{x} - (l + x)\dot{\varphi}^2 + (k/m)x + g(1 - \cos\varphi) = 0 \,,$$
$$(l + x)\ddot{\varphi} + 2\dot{x}\dot{\varphi} + g\sin\varphi = 0 \,.$$

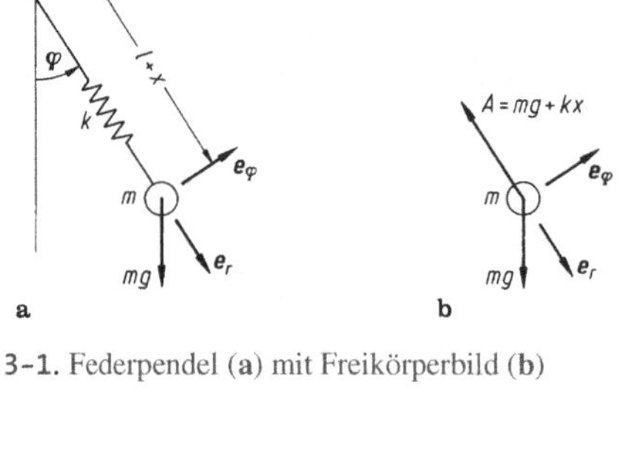

Bild 3-1. Federpendel (a) mit Freikörperbild (b)

Beispiel 3-2: Auf das Zweikörpersystem mit Feder auf reibungsfreier schiefer Ebene (Bild 3-2a) wirkt in x-Richtung die äußere Kraft $(m_1 + m_2)g\sin\alpha$. Nach (3-3) bewegt sich der Gesamtschwerpunkt S mit der konstanten Beschleunigung $\ddot{x}_S = g\sin\alpha$. Für die freigeschnittenen Körper in Bild 3-2b mit der Federkraft $k(x_2 - x_1 - l_0)$ lautet (3-2)

$$m_1\ddot{x}_1 = m_1 g\sin\alpha + k(x_2 - x_1 - l_0) \,,$$
$$m_2\ddot{x}_2 = m_2 g\sin\alpha - k(x_2 - x_1 - l_0) \,.$$

Multiplikation der ersten Gleichung mit m_2, der zweiten mit m_1 und Subtraktion liefern

$$m_1 m_2(\ddot{x}_2 - \ddot{x}_1) = -(m_1 + m_2)k(x_2 - x_1 - l_0)$$

oder mit der Federverlängerung $z = x_2 - x_1 - l_0$ und mit $\omega_0^2 = k(m_1 + m_2)/(m_1 m_2)$ die Schwingungsgleichung $\ddot{z} + \omega_0^2 z = 0$ mit der Lösung $z = A\cos(\omega_0 t - \varphi)$.

Beispiel 3-3: Die Beschleunigungen der Massen m_1 und m_2 in Bild 3-3a und die Normalkräfte N_1 und N_2 in den beiden reibungsbehafteten Berührungsflächen werden an den freigeschnittenen Körpern in Bild 3-3b ermittelt. (3-2) liefert

$$m_1\ddot{x}_1 = -N_1\sin\alpha + \mu_1 N_1\cos\alpha \,,$$
$$m_1\ddot{y}_1 = N_1\cos\alpha + \mu_1 N_1\sin\alpha - m_1 g \,,$$

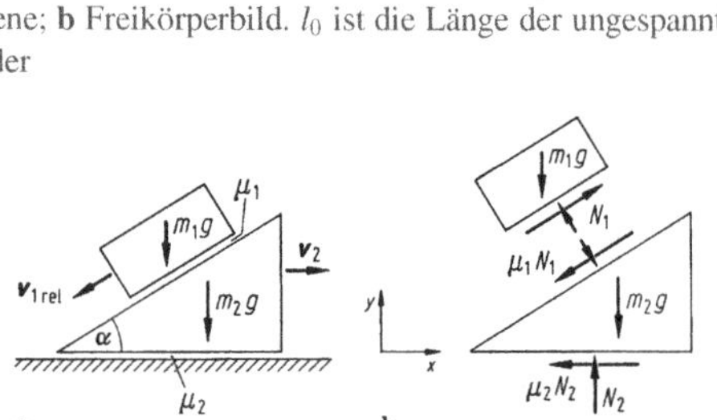

Bild 3-2. a Zweikörpersystem auf reibungsfreier schiefer Ebene; **b** Freikörperbild. l_0 ist die Länge der ungespannten Feder

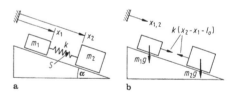

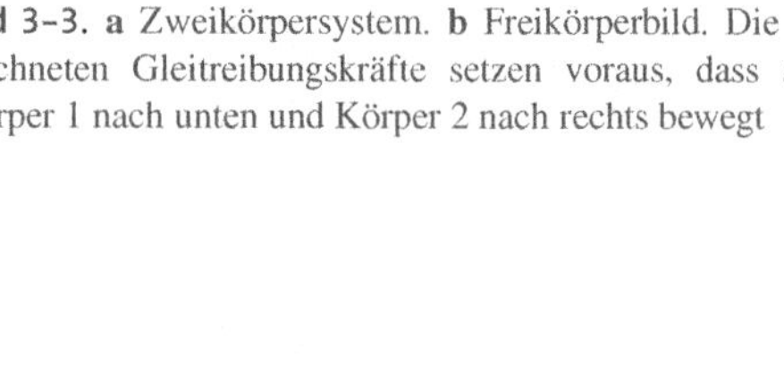

Bild 3-3. a Zweikörpersystem. **b** Freikörperbild. Die gezeichneten Gleitreibungskräfte setzen voraus, dass sich Körper 1 nach unten und Körper 2 nach rechts bewegt

$$m_2\ddot{x}_2 = N_1 \sin\alpha - \mu_1 N_1 \cos\alpha - \mu_2 N_2 ,$$
$$m_2\ddot{y}_2 = -N_1 \cos\alpha - \mu_1 N_1 \sin\alpha + N_2 - m_2 g = 0 .$$

Die Relativbeschleunigung $(\ddot{x}_1 - \ddot{x}_2, \ddot{y}_1)$ hat die Richtung der schiefen Ebene, sodass $\ddot{y}_1 = (\ddot{x}_1 - \ddot{x}_2)\tan\alpha$ ist. Das sind fünf Gleichungen für die Unbekannten $\ddot{x}_1, \ddot{x}_2, \ddot{y}_1, N_1$ und N_2.

3.1.4 Impulssatz. Impulserhaltungssatz

Integration von (3-3) über t in den Grenzen von t_0 bis t liefert den Impulssatz

$$m_{\text{ges}}[\boldsymbol{v}_S(t) - \boldsymbol{v}_S(t_0)] = \int_{t_0}^{t} \boldsymbol{F}_{\text{res}}\,\mathrm{d}t . \qquad (3\text{-}4)$$

Wenn $\boldsymbol{F}_{\text{res}}$ explizit als Funktion von t bekannt ist, ist das Integral berechenbar. Es liefert Größe und Richtung der Schwerpunktsgeschwindigkeit $\boldsymbol{v}_S(t)$. Wenn die resultierende äußere Kraft $\boldsymbol{F}_{\text{res}}$ am System insbesondere identisch null ist oder eine identisch verschwindende Komponente in einer Richtung $\boldsymbol{e}$ hat, dann ist die Geschwindigkeit $\boldsymbol{v}_S(t)$ bzw. die entsprechende Komponente von $\boldsymbol{v}_S(t)$ konstant, d. h. mit (3-1)

$$\sum_{i=1}^{n} \boldsymbol{v}_{Si} m_i = \text{const} \quad \text{bzw.} \quad \boldsymbol{e}\cdot\sum_{i=1}^{n} \boldsymbol{v}_{Si} m_i = \text{const} . \qquad (3\text{-}5)$$

Das ist der *Impulserhaltungssatz*.

Beispiel 3-4: Wenn in Bild 3-3a $\mu_2 = 0$ ist, dann ist $\boldsymbol{F}_{\text{res}}$ und damit $\boldsymbol{a}_S$ vertikal gerichtet. Wenn das System aus der Ruhe heraus losgelassen wird, bewegt sich sein Gesamtschwerpunkt S also vertikal nach unten ($m_1\dot{x}_1 + m_2\dot{x}_2 = 0$ und $m_1 x_1 + m_2 x_2 = \text{const}$).

3.1.5 Kinetik der Punktmasse im beschleunigten Bezugssystem

Relativ zu einem beschleunigt bewegten Bezugssystem bewegt sich eine Punktmasse m unter dem Einfluss einer Kraft $\boldsymbol{F}$ mit einer Beschleunigung $\boldsymbol{a}_{\text{rel}}$. Mit (3-2) und (1-35b) gilt

$$m\boldsymbol{a}_{\text{rel}} = \boldsymbol{F} + [-m\boldsymbol{a}_{\text{A}} - m\dot{\boldsymbol{\omega}}\times\boldsymbol{\varrho} - m\boldsymbol{\omega}\times(\boldsymbol{\omega}\times\boldsymbol{\varrho}) - 2m\boldsymbol{\omega}\times\boldsymbol{v}_{\text{rel}}] . \qquad (3\text{-}6)$$

Die Ausdrücke in Klammern heißen *Trägheitskräfte*. Insbesondere heißt $-m\boldsymbol{\omega}\times(\boldsymbol{\omega}\times\boldsymbol{\varrho}) = -m(\boldsymbol{\omega}\cdot\boldsymbol{\varrho})\boldsymbol{\omega} + m\omega^2\boldsymbol{\varrho}$ *Zentrifugalkraft* oder *Fliehkraft* und $-2m\boldsymbol{\omega}\times\boldsymbol{v}_{\text{rel}}$ *Corioliskraft*.

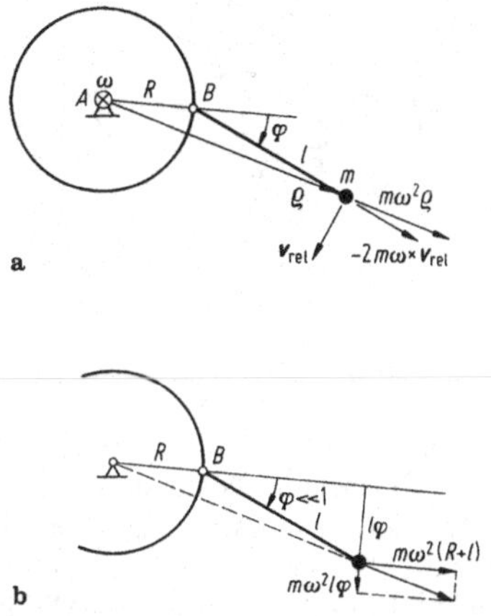

Bild 3-4. **a** Rotierende Scheibe mit Pendel bei B. Im rotierenden System treten die gezeichneten Zentrifugal- und Corioliskräfte auf. Nur die Zentrifugalkraft hat ein Moment um B. **b** Kräfte und Hebelarme im Fall $\varphi \ll 1$. Das Gewicht wird vernachlässigt

Beispiel 3-5: Das Fadenpendel in Bild 3-4a (Masse m, Länge l, Aufhängepunkt B) bewegt sich relativ zu der mit $\omega = \text{const}$ um A rotierenden Scheibe in der Scheibenebene. $\boldsymbol{a}_{\text{A}} = \boldsymbol{0}$, $\dot{\boldsymbol{\omega}} = \boldsymbol{0}$, $\boldsymbol{\omega}\cdot\boldsymbol{\varrho} = \boldsymbol{0}$. Die Fliehkraft $m\omega^2\boldsymbol{\varrho}$ und die Corioliskraft sind eingezeichnet. Die erstere hat im Fall $\varphi \ll 1$ den Betrag $m\omega^2(R + l)$ und die in Bild 3-4b angegebenen Koordinaten. Wenn man das Gewicht vernachlässigt, stellt in (3-6) $\boldsymbol{F}$ die Fadenkraft dar. $\boldsymbol{a}_{\text{rel}}$ hat die Umfangskoordinate $l\ddot{\varphi}$. Gleichheit der Momente beider Seiten von (3-6) bezüglich B bedeutet $ml^2\ddot{\varphi} = m\omega^2[-(R + l)l\varphi + l^2\varphi]$ oder $\ddot{\varphi} + \omega_0^2\varphi = 0$ mit der Pendeleigenkreisfrequenz $\omega_0 = \omega\sqrt{R/l}$.

3.1.6 Trägheitsmomente. Trägheitstensor

Für einen starren Körper sind bezüglich jeder körperfesten Basis $\underline{e}$ mit beliebigem Ursprung A (Bild 3-5) axiale *Trägheitsmomente* J_{ii}^{A} und *Deviationsmomente* (auch *zentrifugales Trägheitsmoment*) J_{ij}^{A} definiert (siehe auch B 7-2):

$$J_{ii}^{\text{A}} = \int_m (x_j^2 + x_k^2)\,\mathrm{d}m , \qquad J_{ij}^{\text{A}} = -\int_m x_i x_j\,\mathrm{d}m \qquad (3\text{-}7)$$

($i, j, k = 1, 2, 3$ verschieden)

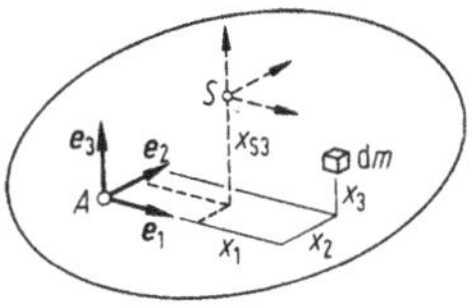

Bild 3-5. Größen zur Erklärung des Begriffs Trägheitsmoment

(Koordinaten x_1, x_2, x_3 von dm in $\underline{e}$, Integrationen über die gesamte Masse). $x_j^2 + x_k^2$ ist das Abstandsquadrat des Massenelements von der Achse $\boldsymbol{e}_i$. Zwischen diesen Trägheitsmomenten und den Trägheitsmomenten bezüglich einer zu $\underline{e}$ parallelen Basis im Schwerpunkt S (im Bild 3-5 gestrichelt) bestehen die Beziehungen von Huygens und Steiner

$$J_{ii}^{\mathrm{A}} = J_{ii}^{\mathrm{S}} + (x_{\mathrm{S}j}^2 + x_{\mathrm{S}k}^2)m, \quad J_{ij}^{\mathrm{A}} = J_{ij}^{\mathrm{S}} - x_{\mathrm{S}i}x_{\mathrm{S}j}m \quad (3\text{-}8)$$
$$(i, j, k = 1, 2, 3 \text{ verschieden}) .$$

Darin sind $x_{\mathrm{S}1}$, $x_{\mathrm{S}2}$ und $x_{\mathrm{S}3}$ die Koordinaten von S in $\underline{e}$. Die axialen und die zentrifugalen Trägheitsmomente bezüglich der Basis $\underline{e}$ in A bilden die symmetrische *Trägheitsmatrix*

$$\underline{J}^{\mathrm{A}} = \begin{bmatrix} J_{11}^{\mathrm{A}} & J_{12}^{\mathrm{A}} & J_{13}^{\mathrm{A}} \\ J_{12}^{\mathrm{A}} & J_{22}^{\mathrm{A}} & J_{23}^{\mathrm{A}} \\ J_{13}^{\mathrm{A}} & J_{23}^{\mathrm{A}} & J_{33}^{\mathrm{A}} \end{bmatrix} . \quad (3\text{-}9)$$

Sie ist die Koordinatenmatrix des *Trägheitstensors* $\boldsymbol{J}^{\mathrm{A}}$ in der Basis $\underline{e}$.
Für einen beliebigen Bezugspunkt A (der Index A wird im Folgenden weggelassen) gelten die Ungleichungen

$$J_{ii} + J_{jj} \geqq J_{kk} , \quad J_{ii} \geqq 2|J_{jk}| , \quad J_{ii}J_{jj} \geqq J_{ij}^2$$
$$(i, j, k = 1, 2, 3 \text{ verschieden}) .$$

Zwischen den Trägheitsmatrizen $\underline{J}^1$ und $\underline{J}^2$ bezüglich zweier gegeneinander gedrehter Basen $\underline{e}^1$ und $\underline{e}^2$ mit demselben Ursprung A besteht die Beziehung

$$\underline{J}^2 = \underline{A}\,\underline{J}^1\underline{A}^{\mathrm{T}} . \quad (3\text{-}10)$$

Darin ist $\underline{A}$ die Koordinatentransformationsmatrix aus der Beziehung $\underline{e}^2 = \underline{A}\,\underline{e}^1$ (vgl. 1.2.1). Tabelle 3-1 gibt Trägheitsmomente für massive Körper und für dünne Schalen an.

Der *Trägheitsradius* i eines Körpers bezüglich einer körperfesten Achse ist durch die Gleichung $J = mi^2$ definiert (m Masse des Körpers, J axiales Trägheitsmoment des Körpers bezüglich der Achse).

Hauptachsen. Hauptträgheitsmomente. Für jeden Bezugspunkt A gibt es ein *Hauptachsensystem*, in dem die Trägheitsmatrix nur Diagonalelemente, die sog. *Hauptträgheitsmomente* J_1, J_2 und J_3 hat. Wenn die Trägheitsmatrix $\underline{J}$ für eine Basis $\underline{e}$ mit dem Ursprung A bekannt ist, ergeben sich die Hauptträgheitsmomente J_i und die Einheitsvektoren $\boldsymbol{n}_i$ $(i = 1, 2, 3)$ in Richtung der Hauptachsen als Eigenwerte bzw. Eigenvektoren des Eigenwertproblems $(\underline{J} - J_i\underline{E})\underline{n}_i = \underline{0}$. Bei einem homogenen Körper ist jede Symmetrieachse eine Hauptträgheitsachse.

3.1.7 Drall

Der *Drall* $\boldsymbol{L}^0$ (auch *Drehimpuls* oder Impulsmoment) eines beliebigen Systems bezüglich eines raumfesten Punktes 0 ist das resultierende Moment der Bewegungsgrößen $\boldsymbol{v}\mathrm{d}m$ seiner Massenelemente bezüglich 0,

$$\boldsymbol{L}^0 = \int_m \boldsymbol{r} \times \boldsymbol{v}\mathrm{d}m . \quad (3\text{-}11)$$

Für eine Punktmasse m am Ortsvektor $\boldsymbol{r}$ ist $\boldsymbol{L}^0 = \boldsymbol{r} \times \boldsymbol{v}m$.
Für einen starren Körper mit der Masse m und dem Trägheitstensor $\boldsymbol{J}^{\mathrm{A}}$ bezüglich eines beliebigen körperfesten Punktes A ist (Bild 3-6)

$$\boldsymbol{L}^0 = \boldsymbol{J}^{\mathrm{A}} \cdot \boldsymbol{\omega} + (\boldsymbol{r}_{\mathrm{A}} \times \boldsymbol{v}_{\mathrm{S}} + \boldsymbol{\varrho}_{\mathrm{S}} \times \boldsymbol{v}_{\mathrm{A}})m \quad (3\text{-}12)$$

($\boldsymbol{\omega}$ absolute Winkelgeschwindigkeit, $\boldsymbol{v}_{\mathrm{A}} = \dot{\boldsymbol{r}}_{\mathrm{A}}$ und $\boldsymbol{v}_{\mathrm{S}} = \dot{\boldsymbol{r}}_{\mathrm{S}}$ absolute Geschwindigkeiten von A bzw. des Schwerpunkts S, $\boldsymbol{\varrho}_{\mathrm{S}} = \overrightarrow{AS}$). Sonderfälle: Wenn es

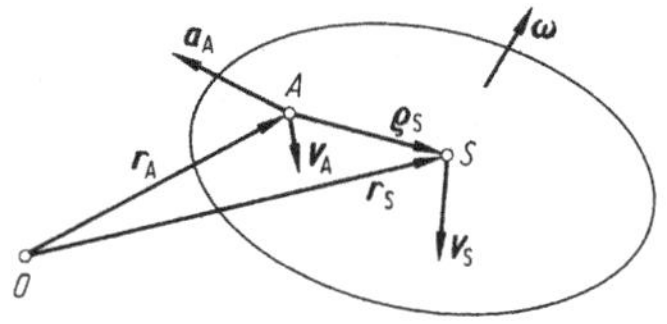

Bild 3-6. Kinematische Größen, die bei allgemeiner räumlicher Bewegung den Drall $\boldsymbol{L}^0$ eines Körpers bezüglich des raumfesten Punktes 0 bestimmen; siehe (3-12)

einen raumfesten Körperpunkt gibt, dann wählt man ihn als Punkt A und als Punkt 0, sodass $\boldsymbol{L}^0 = \boldsymbol{J}^0 \cdot \boldsymbol{\omega}$ ist. Wenn $A = S$ gewählt wird, dann ist bei beliebiger Bewegung $\boldsymbol{L}^0 = \boldsymbol{J}^S \cdot \boldsymbol{\omega} + \boldsymbol{r}_S \times \boldsymbol{v}_S m$. In einer Basis $\underline{e}$, in der $\boldsymbol{J}^A$ und $\boldsymbol{\omega}$ die Koordinatenmatrizen $\underline{J}^A$ bzw. $\underline{\omega}$ haben, hat $\boldsymbol{J}^A \cdot \boldsymbol{\omega}$ die Koordinatenmatrix $\underline{J}^A \underline{\omega}$ und speziell im Hauptachsensystem die Koordinaten $(J_1^A \omega_1, J_2^A \omega_2, J_3^A \omega_3)$. Bei n Freiheitsgraden der Rotation ($n = 1, 2$ oder 3) kann $\boldsymbol{\omega}$ durch n Winkelkoordinaten und deren Ableitungen ausgedrückt werden (siehe (1-27a), (1-28a)).

3.1.8 Drallsatz (Axiom von Euler)

Der *Drallsatz* sagt aus: Für jedes System ist die Zeitableitung des Dralls $\boldsymbol{L}^0$ im Inertialraum gleich dem resultierenden Moment aller am System angreifenden äußeren Kräfte bezüglich desselben Punktes 0,

$$\frac{\mathrm{d}\boldsymbol{L}^0}{\mathrm{d}t} = \boldsymbol{M}^0 . \qquad (3\text{-}13)$$

Für eine Punktmasse m am Ortsvektor $\boldsymbol{r}$ lautet der Satz

$$\frac{\mathrm{d}(\boldsymbol{r} \times \boldsymbol{v}m)}{\mathrm{d}t} = \boldsymbol{r} \times \boldsymbol{a}m = \boldsymbol{M}^0 \quad \text{mit} \quad \boldsymbol{a} = \dot{\boldsymbol{v}} = \ddot{\boldsymbol{r}} . \qquad (3\text{-}14)$$

Jeder sich nicht rein translatorisch bewegende starre Körper ist ein *Kreisel*. Für ihn entsteht aus (3-13), (3-12) und (1-5)

$$\boldsymbol{J}^A \cdot \dot{\boldsymbol{\omega}} + \boldsymbol{\omega} \times \boldsymbol{J}^A \cdot \boldsymbol{\omega} + \boldsymbol{\varrho}_S \times \boldsymbol{a}_A m = \boldsymbol{M}^A \qquad (3\text{-}15)$$

($\boldsymbol{a}_A = \ddot{\boldsymbol{r}}_A$ absolute Beschleunigung von A; siehe Bild 3-6). Die Gleichung wird z. B. auf ein Pendel angewendet, dessen Aufhängepunkt A eine vorgegebene Beschleunigung $\boldsymbol{a}_A(t)$ hat. Im Sonderfall $\boldsymbol{a}_A = \boldsymbol{0}$ und bei beliebigen Bewegungen im Fall $A = S$ lautet (3-15):

$$\boldsymbol{J}^A \cdot \dot{\boldsymbol{\omega}} + \boldsymbol{\omega} \times \boldsymbol{J}^A \cdot \boldsymbol{\omega} = \boldsymbol{M}^A . \qquad (3\text{-}16)$$

Drehung um eine feste Achse. Ebene Bewegung. In Bild 3-7a und b ist $\boldsymbol{\omega} = \dot{\varphi}\boldsymbol{e}_3$ bei konstanter Richtung von $\boldsymbol{e}_3$. Die $\boldsymbol{e}_3$-Koordinate von (3-16) lautet in beiden Fällen

$$J_{33}^A \ddot{\varphi} = M_3^A . \qquad (3\text{-}17)$$

Das ist eine Differenzialgleichung für $\varphi(t)$, wenn M_3^A bekannt ist.

Beispiel 3-6: Wenn Bild 3-7a ein Pendel mit dem Gewicht mg am Schwerpunkt S und mit der Gleichgewichtslage $\varphi = 0$ darstellt, ist $M_3^A = -mgl \sin \varphi$. Für Schwingungen im Bereich $\varphi \ll 1$ ($\sin\varphi \approx \varphi$) hat (3-17) angenähert die Form $\ddot{\varphi} + \omega_0^2 \varphi = 0$ mit $\omega_0^2 = mgl/J_{33}^A$ und die Lösung $\varphi(t) = \varphi_{\max} \cos(\omega_0 t - \alpha)$ mit Integrationskonstanten $\varphi_{\max}$ und α. Die Periodendauer ist

$$T = 2\pi/\omega_0 = 2\pi \left(\frac{J_{33}^S + ml^2}{mgl} \right)^{1/2} .$$

Für einen gegebenen Körper mit m und J_{33}^S ist T maximal, wenn A die Entfernung $\sqrt{J_{33}^S/m}$ von S hat.

Auswuchten

Für Bild 3-7a und b liefert (3-16) in körperfesten $\boldsymbol{e}_1$- und $\boldsymbol{e}_2$-Richtungen die Koordinatengleichungen

$$M_1^A = J_{13}^A \ddot{\varphi} - J_{23}^A \dot{\varphi}^2 , \quad M_2^A = J_{23}^A \ddot{\varphi} + J_{13}^A \dot{\varphi}^2 .$$

Diese Momente müssen von Lagerreaktionen auf den Körper ausgeübt werden, damit er seine ebene Bewegung ausführen kann. Die Gegenkräfte wirken auf die Lager. Im Fall $\dot{\varphi} = \text{const}$ sind die Kräfte in der körperfesten Basis konstant, im raumfesten System also mit $\dot{\varphi}$ umlaufend. Wegen immer vorhandener Elastizitäten erregen sie Schwingungen. Deshalb soll $J_{13}^A = J_{23}^A = 0$ sein, $\boldsymbol{e}_3$ also Hauptachse bezüglich A sein. Kleine Abweichungen der Hauptachse werden durch dynamisches Auswuchten korrigiert, indem man an geeigneten Stellen des Körpers Massen hinzufügt oder wegnimmt. Zur Theorie des Auswuchtens siehe [1,2]. In Bild 3-7a verursacht die sog. statische Unwucht ml

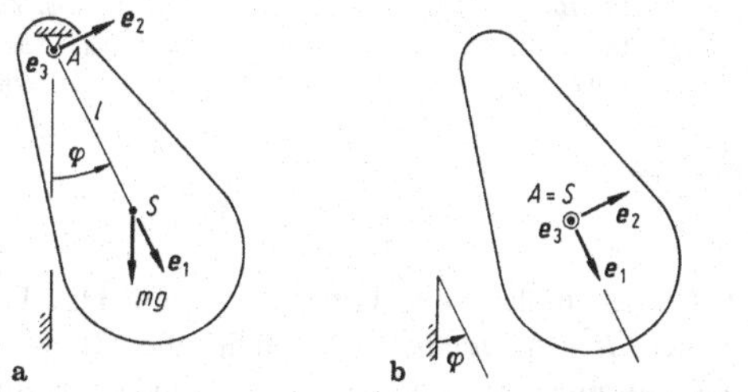

Bild 3-7. **a** Ebene Bewegung um einen festen Punkt. **b** Ebene Bewegung ohne festen Punkt. In beiden Fällen ist $\boldsymbol{\omega} = \dot{\varphi}\boldsymbol{e}_3$

Tabelle 3-1. Massen und Trägheitsmomente homogener, massiver Körper und dünner Schalen. Dünne Schalen haben die konstante Wanddicke $t \ll r$. Sie haben an den Enden (z. B. bei Zylindern und Kegeln) keine Deckel

Quader	Prisma und Stab	Rechteckpyramide	Kreiskegelstumpf
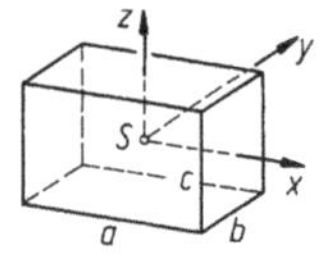	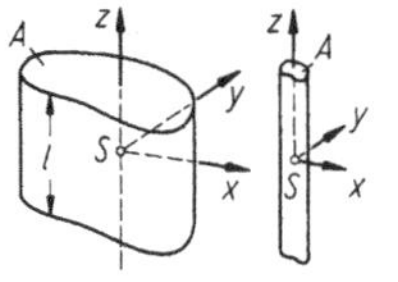	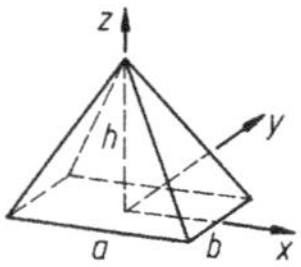	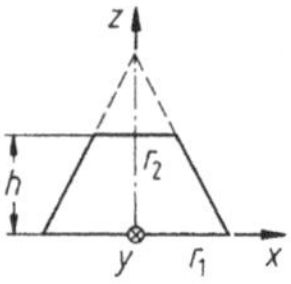
$m = \varrho abc$ $J_x = m(b^2+c^2)/12$ $J_y = m(c^2+a^2)/12$ $J_z = m(a^2+b^2)/12$	$m = \varrho Al$ $J_x = J_y = ml^2/12$ (nur für dünne Stäbe) $J_z = \varrho l(I_x+I_y)$ (Flächenmomente 2. Grades I_x, I_y des Querschnitts)	$m = \varrho abh/3$ $J_x = m(b^2+2h^2)/20$ $J_y = m(a^2+2h^2)/20$ $J_z = m(a^2+b^2)/20$	$m = \varrho \pi h(r_1^2+r_1 r_2+r_2^2)/3$ $J_z = (3m/10)(r_2^5-r_1^5)/(r_2^3-r_1^3)$
Kreistorus	**(Hohl-) Kugel**	**(Hohl-) Zylinder**	**Kreiskegel**
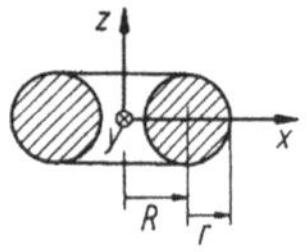	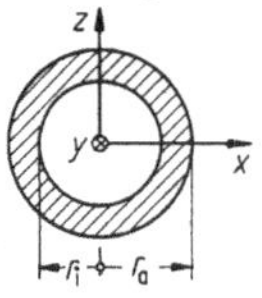	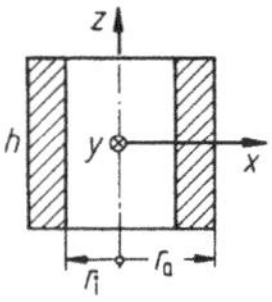	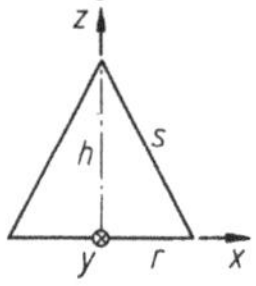
Massiv: $m = \varrho 2\pi^2 Rr^2$ $J_x = J_y = m(4R^2+5r^2)/8$ $J_z = m(4R^2+3r^2)/4$ Dünne Schale: $m = \varrho 4\pi^2 Rrt$ $J_x = J_y = m(2R^2+5r^2)/4$ $J_z = m(R^2+6r^2)/4$	Massiv: $m = (4/3)\varrho\pi(r_a^3-r_i^3)$ $J_x = J_y = J_z =$ $= (2/5)m(r_a^5-r_i^5)/(r_a^3-r_i^3)$ Dünne Schale: $m = \varrho 4\pi r^2 t$ $J_x = J_y = J_z = 2mr^2/3$	Massiv: $m = \varrho\pi(r_a^2-r_i^2)h$ $J_x = J_y = m(r_a^2+r_i^2+h^2/3)/4$ $J_z = m(r_a^2+r_i^2)/2$ Dünne Schale: $m = \varrho 2\pi rht$ $J_x = J_y = m(6r^2+h^2)/12$ $J_z = mr^2$	Massiv: $m = \varrho\pi r^2 h/3$ $J_x = J_y = m(3r^2+2h^2)/20$ $J_z = 3mr^2/10$ Dünne Schale: $m = \varrho\pi rst$ $J_x = J_y = m(3r^2+2h^2)/12$ $J_z = mr^2/2$

Kugelschicht	Rotationsparaboloid	Allgemeiner Rotationskörper
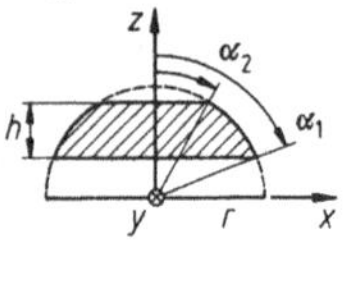 $0 \le \alpha_2 < \alpha_1 \le \pi$ $c_1 = \cos\alpha_1$ $c_2 = \cos\alpha_2$	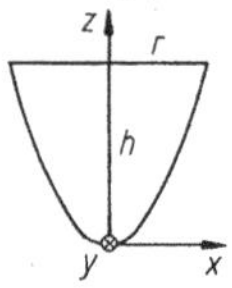	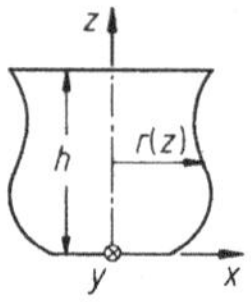
Massiv: $m = \varrho\pi r^3[c_2-c_1-(c_2^3-c_1^3)/3]$ $J_x = J_y = (\pi/2)\varrho r^5[(c_2-c_1)/2-(c_2^3-c_1^3)/3-3(c_2^5-c_1^5)/10]$ $J_z = (\pi/2)\varrho r^5[c_2-c_1-2(c_2^3-c_1^3)/3+(c_2^5-c_1^5)/5]$ Dünne Schale: $m = \varrho 2\pi hrt$ $J_x = J_y = (1/2)mr^2[1+(r/h)(c_2^3-c_1^3)/3]$ $J_z = mr^2[1-(r/h)(c_2^3-c_1^3)/3]$	Massiv: $m = \varrho\pi r^2 h/2$ $J_z = mr^2/3$ Dünne Schale: $m = (\varrho\pi/6)(tr^4/h^2)[(1+4h^2/r^2)^{3/2}-1]$ $J_z = mr^2 z_S/h$ (z_S siehe Tabelle 2-2)	Massiv: $m = \varrho\pi\int_0^h r^2(z)\,dz$ $J_z = (\varrho\pi/2)\int_0^h r^4(z)\,dz$ Dünne Schale: $m = \varrho 2\pi t\int_0^h r(z)\sqrt{1+(dr/dz)^2}\,dz$ $J_z = \varrho 2\pi t\int_0^h r^3(z)\sqrt{1+(dr/dz)^2}\,dz$

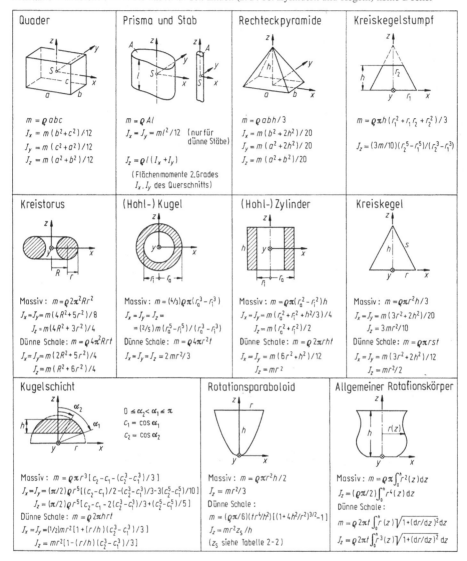

zusätzlich umlaufende Lagerreaktionen. Das Fachgebiet *Rotordynamik* untersucht die Bewegung des Gesamtsystems Rotor–Lager–Fundament unter Berücksichtigung von Elastizität und Trägheit aller Teile [3, 4], vgl. Beispiel 3-11 in 3.2.3.

3.1.9 Drallerhaltungssatz

Wenn in (3-13) $\boldsymbol{M}^0$ oder eine raumfeste Komponente von $\boldsymbol{M}^0$ dauernd null ist, dann ist $\boldsymbol{L}^0$ bzw. die entsprechende Komponente von $\boldsymbol{L}^0$ konstant.

Beispiel 3-7: Die Bewegung einer Punktmasse unter einer resultierenden Kraft beliebiger Größe, deren Wirkungslinie dauernd durch einen raumfesten Punkt 0 weist (sog. Zentralkraft; Beispiele sind die Gravitationskraft und die Kraft einer Feder, die die Punktmasse mit einem festen Punkt 0 verbindet). In (3-14) ist $\boldsymbol{M}^0 \equiv \boldsymbol{0}$, $\boldsymbol{r} \times \boldsymbol{v}m = \text{const}$. Daraus folgt, dass die Bewegung in der durch Anfangsbedingungen $\boldsymbol{r}_0$ und $\boldsymbol{v}_0$ festgelegten Ebene abläuft, und dass $\boldsymbol{r}$ in gleichen Zeitintervallen gleich große Flächen überstreicht (1. und 2. *Kepler'sches Gesetz*).

Beispiel 3-8: Das Gewicht eines räumlichen Pendels hat um die Vertikale durch den Aufhängepunkt A kein Moment. Folglich ist die Vertikalkomponente des Dralls $\boldsymbol{J}^{\mathrm{A}} \cdot \boldsymbol{\omega}$ konstant.

3.1.10 Kinetische Energie

Die *kinetische Energie* T (auch E_{kin}, E_{k}) eines beliebigen Systems der Gesamtmasse m ist definiert als

$$T = \frac{1}{2} \int_m v^2 \mathrm{d}m \qquad (3\text{-}18)$$

($\boldsymbol{v} = \dot{\boldsymbol{r}}$ absolute Geschwindigkeit von dm). Für einen starren Körper ist

$$T = \frac{1}{2} m v_S^2 + \frac{1}{2}\left(J_1\omega_1^2 + J_2\omega_2^2 + J_3\omega_3^2\right) \qquad (3\text{-}19)$$

(m Masse, v_S Schwerpunktgeschwindigkeit, Trägheitsmomente und Winkelgeschwindigkeitskomponenten im Hauptachsensystem bezüglich S). Wenn es einen körperfesten Punkt A gibt, der auch raumfest ist, dann gilt auch

$$T = \frac{1}{2}\left(J_1\omega_1^2 + J_2\omega_2^2 + J_3\omega_3^2\right) \qquad (3\text{-}20)$$

(Trägheitsmomente und Winkelgeschwindigkeitskomponenten im Hauptachsensystem bezüglich A).

3.1.11 Energieerhaltungssatz

Zu den Begriffen Potenzialkraft, potenzielle Energie und konservatives System siehe 2.1.14. In einem konservativen System ist die Summe aus kinetischer Energie T und potenzieller Energie V konstant,

$$T + V = \text{const}\,. \qquad (3\text{-}21)$$

Das ist der *Energieerhaltungssatz*. Bei einem konservativen System mit einem Freiheitsgrad kann man mit ihm berechnen, mit welcher Geschwindigkeit das System eine gegebene Lage passiert, wenn man die Geschwindigkeit in einer anderen Lage kennt.

Beispiel 3-9: Bei der antriebslosen und reibungsfreien Hebebühne in Bild 3-8 mit vier gleichen Stangen (Länge l, Masse m, zentrales Trägheitsmoment J^{S}, Feder entspannt bei $\varphi = \varphi_0$) und mit der Masse M ist

$$T = \frac{1}{2}4J^{\mathrm{S}}\dot{\varphi}^2 + \frac{1}{2}4m\dot{x}^2 + 2\left[\frac{1}{2}m\dot{y}^2 + \frac{1}{2}m(3\dot{y})^2\right] + \frac{1}{2}M(4\dot{y})^2$$

$$= \dot{\varphi}^2\left[2J^{\mathrm{S}} + \frac{m}{2}l^2\sin^2\varphi + \left(\frac{5m}{2} + 2M\right)l^2\cos^2\varphi\right],$$

$$V = 2(mgy + mg\cdot 3y) + Mg\cdot 4y + \frac{1}{2}k(2x - 2x_0)^2$$

$$= 2(2m + M)gl\sin\varphi + \frac{1}{2}kl^2(\cos\varphi - \cos\varphi_0)^2\,.$$

Zu gegebenen φ_1 und $\dot{\varphi}_1$ in einer Lage 1 lässt sich $\dot{\varphi}_2$ in einer anderen gegebenen Lage 2 aus $T_2 + V_2 = T_1 + V_1$ berechnen.

3.1.12 Arbeitssatz

Die Begriffe Arbeit und Leistung sind in 2.1.13 erklärt. Für Systeme, in denen sowohl Potenzialkräfte als auch Nichtpotenzialkräfte wirken, gilt statt (3-21) der *Arbeitssatz*

$$T_2 + V_2 = T_1 + V_1 + W_{12}\,. \qquad (3\text{-}22)$$

Darin sind T_1, T_2 und V_1, V_2 die kinetischen bzw. die potenziellen Energien des Systems in zwei Zuständen 1 und 2 einer Bewegung und W_{12} die Arbeit aller

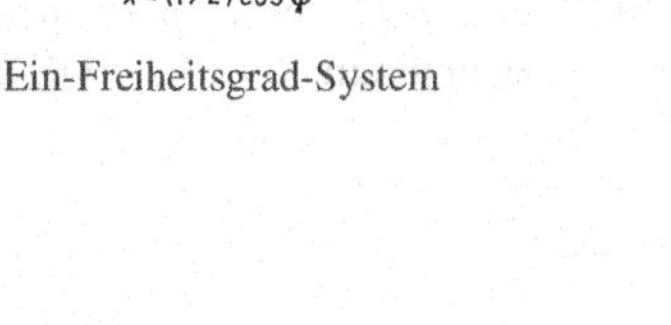

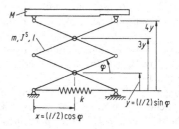

Bild 3-8. Ein-Freiheitsgrad-System

Nichtpotenzialkräfte bei der Bewegung vom Zustand 1 in den Zustand 2. Jede Nichtpotenzialkraft $\boldsymbol{F}$ leistet zu W_{12} den in (2.1.13) erklärten Beitrag $\int \boldsymbol{F} \cdot d\boldsymbol{r}$. Ein Moment der Größe M leistet bei einer Drehung um den Winkel φ den Beitrag $\int M d\varphi$. Die Integrale lassen sich i. Allg. selbst dann nicht exakt angeben, wenn die Bahnform und die Anfangs- und Endpunkte 1 bzw. 2 der Bahn bekannt sind, weil $\boldsymbol{F}$ und $\boldsymbol{M}$ nicht nur vom Ort, sondern z. B. von der Geschwindigkeit abhängen. Eine Ausnahme: Auf einer schiefen Ebene (Neigungswinkel α) wirkt an einem Körper der Masse m die Coulomb'sche Reibungskraft $\mu mg \cos\alpha$ = const entgegen dem Wegelement ds, sodass

$$W_{12} = -\mu mg \cos\alpha \int_{s_1}^{s_2} |\mathrm{d}s|$$

ist. Das Integral ist $s_2 - s_1$, wenn der Weg von s_1 nach s_2 ohne Richtungsumkehr zurückgelegt wird. Bei einer gekrümmten Bahn ist die Reibkraft über die Fliehkraft vom Geschwindigkeitsquadrat abhängig. Wenn man (3-22) nur zu Abschätzungen von Geschwindigkeitsverläufen braucht, genügt eine Näherung für W_{12}.

3.2 Kreiselmechanik

Viele technische Gebilde können als einzelner starrer Körper, d. h. als Kreisel, angesehen werden. Wenn er drei Freiheitsgrade der Rotation hat, wird (3-16) im Hauptachsensystem bezüglich A zerlegt (der Index A wird im Folgenden weggelassen). Das ergibt die *Euler'schen Kreiselgleichungen*

$$J_i\dot{\omega}_i - (J_j - J_k)\omega_j\omega_k = M_i \qquad (3\text{-}23)$$
$$(i, j, k = 1, 2, 3 \text{ zyklisch vertauschbar}) .$$

Für die Translationsbewegung gilt (3-2). Die äußere Kraft und das äußere Moment sind i. Allg. von Ort, Translationsgeschwindigkeit, Winkellage und Winkelgeschwindigkeit abhängig, sodass (3-2) und (3-23) miteinander und mit kinematischen Differenzialgleichungen (z. B. (1-27b), (1-28b) oder (1-29b)) gekoppelt sind.

Zur Lösung von (3-23) in speziellen Fällen siehe [15]. Beim momentenfreien Kreisel ($M_1 = M_2 = M_3 \equiv 0$) existieren als spezielle Lösungen *permanente Drehungen* um die Hauptträgheitsachsen (ω_i = const, $\omega_j = \omega_k \equiv 0$; $i, j, k = 1, 2, 3$ verschieden). Nur die Drehungen um die Achsen des größten und des kleinsten Hauptträgheitsmoments sind stabil.

Ein Kreisel mit zwei gleichen Hauptträgheitsmomenten $J_1 = J_2$ heißt *symmetrisch*. Bei ihm liegen $\boldsymbol{\omega}$, $\boldsymbol{J}^{\mathrm{A}} \cdot \boldsymbol{\omega}$ und die Figurenachse (Symmetrieachse) immer in einer Ebene (Bild 3-9a). Die Figurenachse denkt man sich in einem masselosen Käfig gelagert (Bild 3-9b). Seine absolute Winkelgeschwindigkeit $\boldsymbol{\Omega}$ beschreibt Drehbewegungen der Figurenachse, wobei der Kreisel sich relativ zum Käfig drehen kann. Wegen der Symmetrie hat $\boldsymbol{J}^{\mathrm{A}}$ auch in einer käfigfesten Basis konstante Trägheitsmomente. Deshalb gilt nicht nur (3-16), sondern allgemeiner

$$\boldsymbol{J}^{\mathrm{A}} \cdot \overset{\circ}{\boldsymbol{\omega}} + \boldsymbol{\Omega} \times \boldsymbol{J}^{\mathrm{A}} \cdot \boldsymbol{\omega} = \boldsymbol{M}^{\mathrm{A}} . \qquad (3\text{-}24)$$

A ist entweder der Schwerpunkt oder, falls vorhanden, ein Punkt der Figurenachse mit der Beschleunigung $\boldsymbol{a}_{\mathrm{A}} \equiv \boldsymbol{0}$. $\overset{\circ}{\boldsymbol{\omega}}$ ist die Ableitung von $\boldsymbol{\omega}$ in der käfigfesten Basis. Wenn die Bewegung des symmetrischen Kreisels (d. h. $\boldsymbol{\omega}$ und $\boldsymbol{\Omega}$) vorgeschrieben ist, wird aus (3-24) das Moment $\boldsymbol{M}^{\mathrm{A}}$ berechnet, das zur Erzeugung der Bewegung nötig ist. Bei gegebenem Moment ist (3-24) eine Differenzialgleichung der gesuchten Bewegung.

Beispiel 3-10: In der Kollermühle in Bild 3-10 legen die Antriebswinkelgeschwindigkeit ω_0 und die angenommene Lage des Abrollpunktes P die Bewegung fest, denn $\boldsymbol{\omega}$ hat die Richtung der Momentanachse $\overrightarrow{AP}$ und die schiefwinklige Komponente ω_0. Als Käfig für die Figurenachse wird die gezeichnete Basis $\underline{\boldsymbol{e}}$ mit der Winkelgeschwindigkeit $\boldsymbol{\Omega} = \omega_0$ gewählt. In ihr ist $\boldsymbol{\omega}$

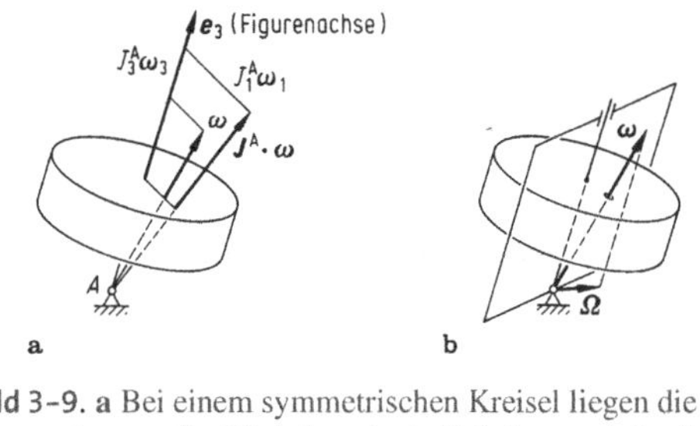

Bild 3-9. a Bei einem symmetrischen Kreisel liegen die Figurenachse e_3, die Winkelgeschwindigkeit ω und der Drall $J^{\mathrm{A}} \cdot \omega$ in einer Ebene. **b** Kreisel in einem gedachten Bezugssystem (Käfig) mit anderer Winkelgeschwindigkeit $\boldsymbol{\Omega}$.

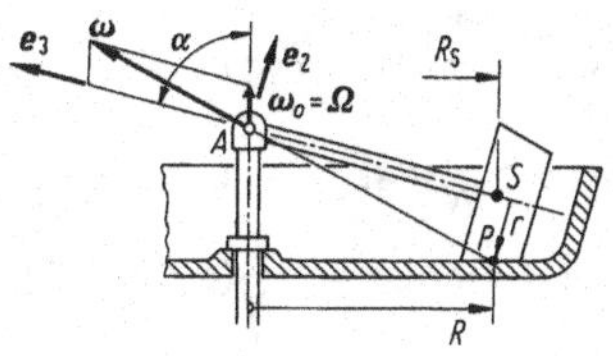

Bild 3-10. Kollermühle

konstant, also $\overset{\circ}{\omega} \equiv \mathbf{0}$. Das Moment $\boldsymbol{M}^{\mathrm{A}}$ ist die Summe aus dem Gewichtsmoment $-mgR_{\mathrm{S}}\boldsymbol{e}_1$ und dem Moment $M\boldsymbol{e}_1$ der Anpresskraft gegen die Lauffläche. Das Bild liefert

$$\begin{aligned}\boldsymbol{\Omega} &= \omega_0 \sin\alpha\, \boldsymbol{e}_2 + \omega_0 \cos\alpha\, \boldsymbol{e}_3\,,\\ \boldsymbol{\omega} &= \omega_0 \sin\alpha\, \boldsymbol{e}_2 + \omega_0(\cos\alpha + R/r)\, \boldsymbol{e}_3\,,\\ \boldsymbol{J}^{\mathrm{A}} \cdot \boldsymbol{\omega} &= J_1^{\mathrm{A}}\omega_0 \sin\alpha\, \boldsymbol{e}_2 + J_3^{\mathrm{A}}\omega_0(\cos\alpha + R/r)\, \boldsymbol{e}_3\,.\end{aligned}$$

Einsetzen in (3-24) ergibt

$$M = mgR_{\mathrm{S}} + \omega_0^2 \sin\alpha[(J_3^{\mathrm{A}} - J_1^{\mathrm{A}})\cos\alpha + J_3^{\mathrm{A}}R/r]\,.$$

Bei geeigneter Parameterwahl kann man erreichen, dass die Anpresskraft M/R wesentlich größer als das Gewicht ist.

3.2.1 Reguläre Präzession

Bewegungen des symmetrischen Kreisels, bei denen die Figurenachse sich mit $\boldsymbol{\Omega} = \text{const}$ dreht, während $\boldsymbol{M}^{\mathrm{A}}$ und $\boldsymbol{L}^{\mathrm{A}} = \boldsymbol{J}^{\mathrm{A}} \cdot \boldsymbol{\omega}$ dem Betrag nach konstant und dauernd orthogonal zueinander sind, heißen *reguläre Präzessionen*. Für sie ist in (3-24) $\overset{\circ}{\omega} = \mathbf{0}$, also

$$\boldsymbol{\Omega} \times \boldsymbol{J}^{\mathrm{A}} \cdot \boldsymbol{\omega} = \boldsymbol{M}^{\mathrm{A}}\,. \tag{3-25}$$

$\boldsymbol{\Omega}$ heißt Präzessionswinkelgeschwindigkeit. Die Bewegung in Bild 3-10 ist eine reguläre Präzession. Literatur siehe [5, 15].

3.2.2 Nutation

Die Bewegung, die ein symmetrischer Kreisel ausführt, wenn er im Schwerpunkt unterstützt oder frei fliegend keinem äußeren Moment unterliegt, heißt *Nutation*. In diesem Fall hat (3-23) mit $J_1 = J_2 \neq J_3$ (bezüglich S) und mit $\boldsymbol{M}^{\mathrm{S}} = \mathbf{0}$ die Lösung $\omega_1 = C\cos\nu t$, $\omega_2 = C\sin\nu t$, $\omega_3 \equiv \omega_{30} = \text{const}$ mit Konstanten C und ω_{30} aus Anfangsbedingungen und mit $\nu = \omega_{30}(J_1 - J_3)/J_1$. Die Figurenachse umfährt mit einer konstanten Nutationswinkelgeschwindigkeit $\dot\psi$ einen Kreiskegel (*Nutationskegel*) vom halben Öffnungswinkel ϑ, dessen Achse der raumfeste Drallvektor $\boldsymbol{L} = \boldsymbol{J}^{\mathrm{S}} \cdot \boldsymbol{\omega}$ ist (Bild 3-11).

$$\begin{aligned}L^2 &= J_1^2C^2 + J_3^2\omega_{30}^2\,, \qquad \cos\vartheta = J_3\omega_{30}/L\,,\\ \dot\psi &= \frac{\omega_{30}J_3}{J_1\cos\vartheta} \qquad (\approx \omega_{30}J_3/J_1 \quad \text{für} \quad \vartheta \ll 1)\,.\end{aligned} \tag{3-26}$$

3.2.3 Linearisierte Kreiselgleichungen

Bei vielen symmetrischen Kreiseln macht die Figurenachse nur kleine Winkelausschläge φ_1 und φ_2 um raumfeste Achsen. Typische Beispiele sind Rotoren mit elastischer Lagerung (Bild 3-12a) und in Kardanrahmen gelagerte Kreisel in Messgeräten (Bild 3-13). Bei stationärem Betrieb ist das Moment M_3 entlang der Figurenachse Null, sodass wegen (3-23) ω_3 konstant ist. In der raumfesten Basis $\underline{\boldsymbol{e}}^0$ von Bild 3-12a hat der Drall $\boldsymbol{J}^{\mathrm{A}} \cdot \boldsymbol{\omega}$ angenähert die Komponenten $(J_1\dot\varphi_1 + J_3\omega_3\varphi_2,\ J_1\dot\varphi_2 - J_3\omega_3\varphi_1,$

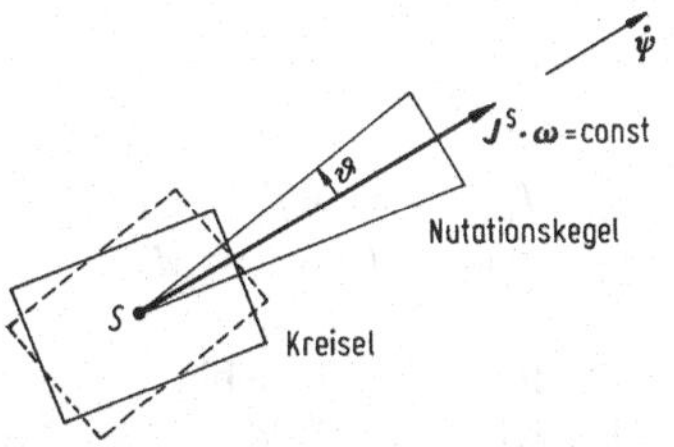

Bild 3-11. Nutation eines symmetrischen Kreisels

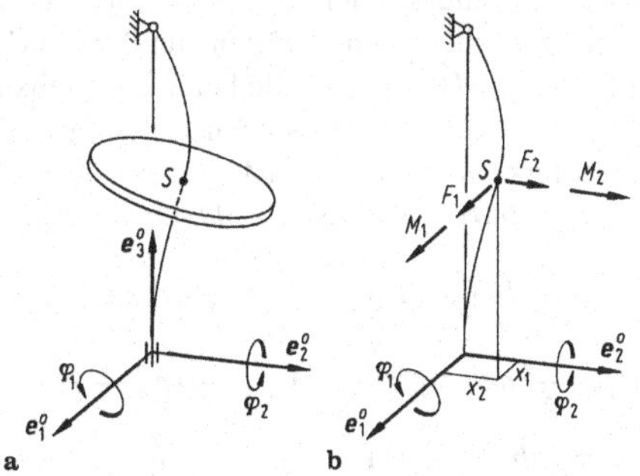

Bild 3-12. **a** Scheibe auf rotierender, elastischer Welle. **b** Freikörperbild der Welle

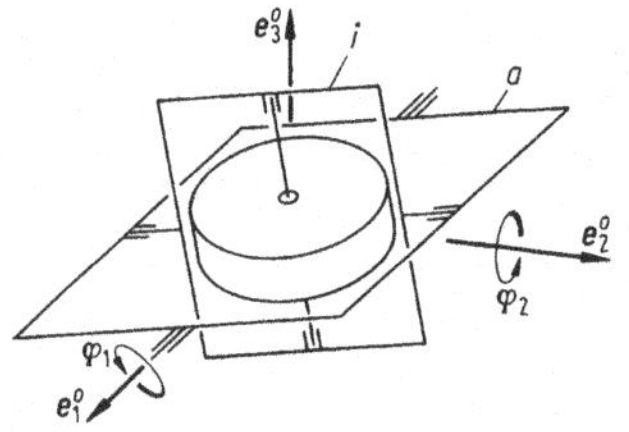

Bild 3-13. Symmetrischer Kreisel in Kardanrahmen (i innen, a außen). Bei kleinen Drehwinkeln φ_1 und φ_2 der Rahmen um ihre Achsen ist φ_2 angenähert auch Drehwinkel des Innenrahmens um die Achse e_2^0

$J_3\omega_3$). In Bild 3-13 hat der Gesamtdrall von Rotor, Außenrahmen (oberer Index a) und Innenrahmen (oberer Index i) in $\underline{e}^0$ angenähert die Komponenten

$$[(J_1 + J_1^{\mathrm{a}} + J_1^{\mathrm{i}})\dot{\varphi}_1 + J_3\omega_3\varphi_2\,,$$
$$(J_1 + J_2^{\mathrm{i}})\dot{\varphi}_2 - J_3\omega_3\varphi_1,\ \ J_3\omega_3]\,.$$

Diese Näherungen sind umso besser, je größer die dritte gegen die beiden anderen Komponenten ist. Direkte Anwendung von (3-13) liefert für φ_1 und φ_2 die linearisierten Kreiselgleichungen

$$J_1\ddot{\varphi}_1 + J_3\omega_3\dot{\varphi}_2 = M_1\,,\quad J_1\ddot{\varphi}_2 - J_3\omega_3\dot{\varphi}_1 = M_2 \tag{3-27a}$$

bzw.

$$\left.\begin{aligned}(J_1 + J_1^{\mathrm{a}} + J_1^{\mathrm{i}})\ddot{\varphi}_1 + J_3\omega_3\dot{\varphi}_2 &= M_1\,,\\ (J_1 + J_2^{\mathrm{i}})\ddot{\varphi}_2 - J_3\omega_3\dot{\varphi}_1 &= M_2\,.\end{aligned}\right\} \tag{3-27b}$$

Beispiel 3-11: Rotor auf beliebig gelagerter elastischer Welle, z. B. nach Bild 3-12a. Die Festigkeitslehre liefert für die freigeschnittene Welle in Bild 3-12b Einflusszahlen a, b, c für den Zusammenhang zwischen den Kräften und Momenten F_1, F_2, M_1 und M_2 an der Welle bei S einerseits und den Auslenkungen und Neigungen x_1, x_2, φ_1 und φ_2 bei S andererseits: $x_1 = aF_1 + cM_2$, $x_2 = aF_2 - cM_1$, $\varphi_1 = -cF_2 + bM_1$, $\varphi_2 = cF_1 + bM_2$. Daraus folgt

$$F_1 = \frac{1}{N}(bx_1 - c\varphi_2)\,,\quad F_2 = \frac{1}{N}(bx_2 + c\varphi_1)\,,$$
$$M_1 = \frac{1}{N}(a\varphi_1 + cx_2)\,,\quad M_2 = \frac{1}{N}(a\varphi_2 - cx_1)$$

mit $N = ab - c^2$. Da am Rotor $-F_1$, $-F_2$, $-M_1$ und $-M_2$ angreifen, lauten die Newton'sche Gleichung (3-2) und der Drallsatz (3-27a) für ihn

$$m\ddot{x}_1 = -\frac{1}{N}(bx_1 - c\varphi_2)\,,$$
$$m\ddot{x}_2 = -\frac{1}{N}(bx_2 + c\varphi_1)\,,$$
$$J_1\ddot{\varphi}_1 + J_3\omega_3\dot{\varphi}_2 = -\frac{1}{N}(a\varphi_1 + cx_2)\,,$$
$$J_1\ddot{\varphi}_2 - J_3\omega_3\dot{\varphi}_1 = -\frac{1}{N}(a\varphi_2 - cx_1)\,.$$

Das sind homogene lineare Differenzialgleichungen für x_1, x_2, φ_1 und φ_2. Mit den komplexen Variablen $z_1 = x_1 + \mathrm{j}x_2$, $z_2 = \varphi_1 - \mathrm{j}\varphi_2$ werden sie paarweise zusammengefasst zu

$$Nm\ddot{z}_1 + bz_1 - cz_2 = 0\,,$$
$$NJ_1\ddot{z}_2 - \mathrm{j}NJ_3\omega_3\dot{z}_2 + az_2 - cz_1 = 0\,.$$

Der Ansatz $z_i = Z_i\exp(\mathrm{j}\omega_0 t)$ für $i = 1, 2$ liefert eine charakteristische Gleichung für die Eigenkreisfrequenzen ω_0. Kleinste Exzentrizitäten des Schwerpunkts verursachen eine periodische Erregung mit der Kreisfrequenz ω_3, sodass Resonanz im Fall $\omega_0 = \omega_3$ eintritt. In diesem Fall lautet die charakteristische Gleichung

$$\det\begin{bmatrix} -Nm\omega_3^2 + b & -c \\ -c & N(J_3 - J_1)\omega_3^2 + a\end{bmatrix} = 0\,.$$

Sie liefert die kritischen Winkelgeschwindigkeiten ω_3 des Rotors (eine im Fall $J_3 > J_1$, zwei im Fall $J_3 < J_1$). Wellen mit mehreren Scheiben siehe in [5, 14].

3.2.4 Präzessionsgleichungen

Gleichungen (3-25) und (3-26) zeigen, dass bei Kreiseln mit großem $J_3\omega_3$ die Präzessionswinkelgeschwindigkeit und die Nutationsfrequenz um viele Größenordnungen voneinander verschieden sind, wenn das Moment M^{A} hinreichend klein ist. In solchen Fällen ist die Lösung von linearisierten Kreiselgleichungen (3-27a) oder (3-27b) in guter Näherung die Summe zweier Bewegungen. Die eine ist eine i. Allg. vernachlässigbare, sehr schnelle Nutation mit sehr kleinen Amplituden von φ_1 und φ_2. Sie ist Lösung der Gleichungen für $M_1 = M_2 \equiv 0$. Die andere, technisch wichtigere Bewegung ist die Lösung der sog. *technischen Kreiselgleichungen* oder *Präzessionsgleichungen*

$$J_3\omega_3\dot{\varphi}_2 = M_1\,,\quad -J_3\omega_3\dot{\varphi}_1 = M_2\,, \tag{3-28}$$

in denen die Trägheitsglieder mit $\ddot{\varphi}_1$ und $\ddot{\varphi}_2$ von (3-27a) und (3-27b) vernachlässigbar sind. Diese Bewegung ist ein langsames Auswandern (eine Präzession) der Figurenachse. In Bild 3-13 können M_1 und M_2 z. B. durch ein Gewicht am Außenrahmen oder durch Federn und Dämpfer zwischen Rahmen und Lagerung verursacht werden. Gleichung (3-28) beschreibt daher die Wirkungsweise vieler Kreiselgeräte.

3.3 Bewegungsgleichungen für holonome Mehrkörpersysteme

Für ein System mit f Freiheitsgraden werden f generalisierte Lagekoordinaten $q_1, \ldots, q_f$ gebraucht. Es kann nützlich sein, ν *überzählige Koordinaten* zu verwenden, also $q_1, \ldots, q_{f+\nu}$. Dann gibt es ν Bindungsgleichungen der Form (1-36). Aus ihnen folgen die linearen Beziehungen (1-37) und (1-38) für die generalisierten Geschwindigkeiten $\dot{q}_i$, Beschleunigungen $\ddot{q}_i$ und virtuellen Änderungen δq_i $(i = 1, \ldots, f + \nu)$. Man kommt mit f Differenzialgleichungen der Bewegung aus, wenn überzählige Koordinaten entweder gar nicht verwendet oder mithilfe von (1-36) und (1-37) wieder eliminiert werden. Die Ableitungen von überzähligen Koordinaten lassen sich immer eliminieren. Die Koordinaten selbst nur dann, wenn (1-36) explizit nach ν Koordinaten auflösbar ist (siehe Beispiel 3-12). Zur Formulierung von Differenzialgleichungen und Bindungsgleichungen werden drei Methoden angegeben.

3.3.1 Synthetische Methode

Alle Körper werden durch Schnitte isoliert. An den Schnittstellen werden paarweise entgegengesetzt gleich große Schnittkräfte eingezeichnet (eingeprägte Kräfte und unbekannte Zwangskräfte). Mit passend gewählten Koordinaten werden das Newton'sche Gesetz (3-2) für jeden translatorisch bewegten Körper und eine geeignete Form des Drallsatzes für jeden sich drehenden Körper formuliert. Wenn dabei ν überzählige Koordinaten verwendet werden, werden am nicht geschnittenen System ν Bindungsgleichungen (1-36) und deren Ableitungen (1-37) formuliert.

Beispiel 3-12: Das System in Bild 3-14a. Bild 3-14b zeigt die freigeschnittenen Körper. Für sie liefern (3-2) und (3-17) mit den Koordinaten x, φ, x_S und y_S (davon sind zwei überzählig) die Gleichungen

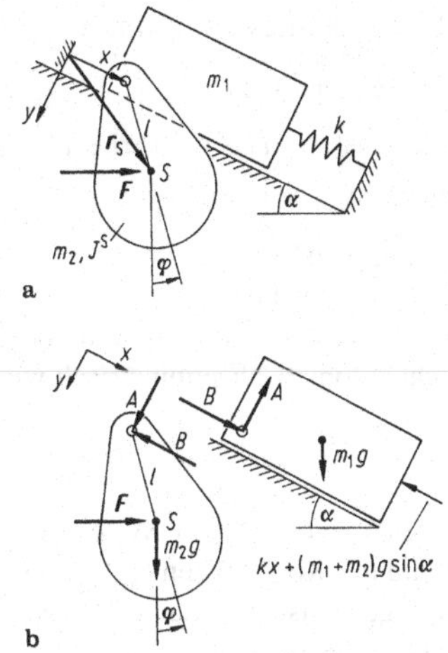

Bild 3-14. **a** Zwei-Freiheitsgrad-System mit Koordinaten x und φ. **b** Freikörperbilder. Im Fall $F = 0$ ist $x = \varphi = 0$ die Gleichgewichtslage

$$\begin{aligned} m_1\ddot{x} &= B - m_2 g \sin\alpha - kx\,, \\ m_2\ddot{x}_S &= -B + m_2 g \sin\alpha + F\cos\alpha\,, \\ m_2\ddot{y}_S &= A + m_2 g\cos\alpha - F\sin\alpha\,, \\ J^S\ddot{\varphi} &= l[A\sin(\varphi+\alpha) + B\cos(\varphi+\alpha)]\,. \end{aligned}$$

Aus Bild 3-14a werden die Bindungsgleichungen und deren Ableitungen gewonnen

$$\left.\begin{aligned} x_S &= x + l\sin(\varphi+\alpha)\,, \\ y_S &= l\cos(\varphi+\alpha)\,, \end{aligned}\right\} \qquad (3\text{-}29)$$

$$\left.\begin{aligned} \ddot{x}_S &= \ddot{x} + l\ddot{\varphi}\cos(\varphi+\alpha) - l\dot{\varphi}^2\sin(\varphi+\alpha)\,, \\ \ddot{y}_S &= \quad -l\ddot{\varphi}\sin(\varphi+\alpha) - l\dot{\varphi}^2\cos(\varphi+\alpha)\,. \end{aligned}\right\} \qquad (3\text{-}30)$$

Die Zwangskräfte A und B werden eliminiert (durch Addition der ersten und zweiten Bewegungsgleichung und durch Einsetzen der zweiten und dritten in die vierte). Dann werden mit (3-30) $\ddot{x}_S$ und $\ddot{y}_S$ eliminiert. Das liefert für x und φ die Bewegungsgleichungen

$$\begin{bmatrix} m_1 + m_2 & m_2 l\cos(\varphi+\alpha) \\ m_2 l\cos(\varphi+\alpha) & J^S + m_2 l^2 \end{bmatrix} \begin{bmatrix} \ddot{x} \\ \ddot{\varphi} \end{bmatrix} + \begin{bmatrix} kx - m_2 l\dot{\varphi}^2\sin(\varphi+\alpha) \\ m_2 g l\sin\varphi - Fl\cos\varphi \end{bmatrix} = \begin{bmatrix} F\cos\alpha \\ 0 \end{bmatrix} \qquad (3\text{-}31)$$

und für die Zwangskräfte die Ausdrücke

$$\begin{aligned} A &= -m_2[l\ddot{\varphi}\sin(\varphi+\alpha) \\ &\quad + l\dot{\varphi}^2\cos(\varphi+\alpha) + g\cos\alpha] + F\sin\alpha\,, \\ B &= m_1\ddot{x} + kx + m_2 g\sin\alpha\,. \end{aligned}$$

Statt (3-31) kann man bei dieser Methode irgendeine Linearkombination der Gleichungen (3-31) erhalten, sodass die Koeffizientenmatrix vor den höchsten Ableitungen nicht automatisch symmetrisch wird.

3.3.2 Lagrange'sche Gleichung

Bewegungsgleichungen für ein System mit f Freiheitsgraden und mit Koordinaten $q_1,\ldots,q_{f+\nu}$ (darunter ν überzählige) entstehen durch Auswertung der *Lagrange'schen Gleichung*

$$\frac{\mathrm{d}}{\mathrm{d}t}\left(\frac{\partial L}{\partial\dot{q}_k}\right) - \frac{\partial L}{\partial q_k} = Q_k + \sum_{i=1}^{\nu}\lambda_i\frac{\partial f_i}{\partial q_k} \qquad (3\text{-}32)$$

$$(k = 1,\ldots,f+\nu)\,.$$

Die sog. *Lagrange'sche Funktion* $L = T - V$ ist die Differenz aus der kinetischen Energie T und der potenziellen Energie V des Systems. Die f_i sind die Funktionen in den Bindungsgleichungen (1-36), und λ_i sind unbekannte *Lagrange'sche Multiplikatoren* (Funktionen der Zeit). Zur Berechnung der nichtkonservativen generalisierten Kräfte Q_k siehe 2.1.15. Gleichung (3-32) und die Bindungsgleichungen reichen zur Bestimmung der Unbekannten $q_1,\ldots,q_{f+\nu}$ und $\lambda_1\ldots\lambda_\nu$ aus.

Beispiel 3-13: In Bild 3-14a ist

$$\begin{aligned} T &= \frac{1}{2}\left[m_1\dot{x}^2 + m_2\left(\dot{x}_S^2 + \dot{y}_S^2\right) + J^S\dot{\varphi}^2\right]\,, \\ V &= \frac{1}{2}k\left[x + \frac{1}{k}(m_1+m_2)g\sin\alpha\right]^2 \\ &\quad - m_1 g x\sin\alpha - m_2 g(x_S\sin\alpha + y_S\cos\alpha)\,. \end{aligned}$$

Die überzähligen Koordinaten x_S und y_S werden mithilfe der Bindungsgleichungen (3-29) und ihrer ersten Ableitung eliminiert. Das liefert

$$\left.\begin{aligned} T &= \frac{1}{2}(m_1+m_2)\dot{x}^2 + \frac{1}{2}(J^S + m_2 l^2)\dot{\varphi}^2 \\ &\quad + m_2 l\dot{x}\dot{\varphi}\cos(\varphi+\alpha)\,, \\ V &= \frac{1}{2}kx^2 - m_2 g l\cos\varphi + \text{const}\,. \end{aligned}\right\} \qquad (3\text{-}33)$$

Die einzige nichtkonservative eingeprägte Kraft ist $\boldsymbol{F}$. Bei einer virtuellen Verschiebung δx_S, δy_S ist ihre virtuelle Arbeit $\delta W = F(\delta x_S\cos\alpha - \delta y_S\sin\alpha)$ oder mit (3-29)

$$\begin{aligned} \delta W &= F[(\delta x + l\delta\varphi\cos(\varphi+\alpha))\cos\alpha \\ &\quad - (-l\delta\varphi\sin(\varphi+\alpha))\sin\alpha] \\ &= F(\cos\alpha\,\delta x + l\cos\varphi\,\delta\varphi)\,. \end{aligned}$$

Daraus folgt $Q_1 = F\cos\alpha$ für $q_1 = x$ und $Q_2 = Fl\cos\varphi$ für $q_2 = \varphi$. Damit und mit (3-33) und mit $f = 2$, $\nu = 0$ liefert (3-32) wieder die Gleichung (3-31). Die Koeffizientenmatrix der höchsten Ableitungen in den Bewegungsgleichungen wird bei dieser Methode immer symmetrisch.

3.3.3 D'Alembert'sches Prinzip

Die allgemeine Form des *d'Alembert'schen Prinzips* für beliebige Systeme lautet in der Lagrange'schen Fassung

$$\int \delta\boldsymbol{r}\cdot(\ddot{\boldsymbol{r}}\mathrm{d}m - \boldsymbol{F}) = 0 \qquad (3\text{-}34)$$

($\boldsymbol{r}$ Ortsvektor, $\ddot{\boldsymbol{r}}$ absolute Beschleunigung und $\delta\boldsymbol{r}$ virtuelle Verschiebung des Massenelements $\mathrm{d}m$; $\boldsymbol{F}$ resultierende eingeprägte Kraft an $\mathrm{d}m$; Integration über die gesamte Systemmasse). Zwangskräfte leisten zu (3-34) keinen Beitrag (siehe 2.1.10). Für ein System aus n starren Körpern lautet das Prinzip

$$\begin{aligned} &\sum_{i=1}^{n}[\delta\boldsymbol{r}_i\cdot(m_i\ddot{\boldsymbol{r}}_i - \boldsymbol{F}_i) \\ &\quad + \delta\boldsymbol{\pi}_i\cdot(\boldsymbol{J}_i^S\cdot\dot{\boldsymbol{\omega}}_i + \boldsymbol{\omega}_i\times\boldsymbol{J}_i^S\cdot\boldsymbol{\omega}_i - \boldsymbol{M}_i^S)] = 0 \end{aligned} \qquad (3\text{-}35)$$

(m_i Masse, $\boldsymbol{J}_i^S$ auf den Schwerpunkt bezogener Trägheitstensor, $\boldsymbol{r}_i$ Schwerpunktortsvektor, $\boldsymbol{\omega}_i$ absolute Winkelgeschwindigkeit, $\delta\boldsymbol{r}_i$ virtuelle Schwerpunktsverschiebung, $\delta\boldsymbol{\pi}_i$ virtuelle Drehung (siehe 1.5), $\boldsymbol{F}_i$ resultierende eingeprägte Kraft und $\boldsymbol{M}_i^S$ resultierendes eingeprägtes Moment um den Schwerpunkt; alles für Körper i). Im Sonderfall der ebenen Bewegung lautet die Gleichung

$$\sum_{i=1}^{n}\left[\delta\boldsymbol{r}_i\cdot(m_i\ddot{\boldsymbol{r}}_i - \boldsymbol{F}_i) + \delta\varphi_i\left(J_i^S\ddot{\varphi}_i - M_i^S\right)\right] = 0 \qquad (3\text{-}36)$$

(J_i^S Trägheitsmoment um die Achse durch den Schwerpunkt und normal zur Bewegungsebene, M_i^S Moment und φ_i absoluter Drehwinkel um dieselbe Achse). Gleichung (3-35) lautet in Matrixschreibweise

$$\delta\underline{r}^{\mathrm{T}} \cdot (\underline{m}\,\ddot{\underline{r}} - \underline{F}) + \delta\underline{\pi}^{\mathrm{T}} \cdot (\underline{J} \cdot \dot{\underline{\omega}} - \underline{M}^*) = 0 \quad (3\text{-}37)$$

($\delta\underline{r}$, $\ddot{\underline{r}}$, $\underline{F}$, $\delta\underline{\pi}$, $\dot{\underline{\omega}}$ und $\underline{M}^*$ Spaltenmatrizen mit je n Vektoren $\delta\boldsymbol{r}_i$ bzw. $\ddot{\boldsymbol{r}}_i$ usw. bis $\boldsymbol{M}_i^* = \boldsymbol{M}_i^S - \omega_i \times \boldsymbol{J}_i^S \cdot \omega_i$ ($i = 1, \ldots, n$); $\underline{m}$ und $\underline{J}$ Diagonalmatrizen der Massen bzw. Trägheitstensoren; T kennzeichnet die transponierte Matrix).

Beispiel 3-14: In Bild 3-14a ist $\ddot{\boldsymbol{r}}_1 = \ddot{x}\boldsymbol{e}_x$, $\delta\boldsymbol{r}_1 = \delta x\boldsymbol{e}_x$, $\ddot{\varphi}_1 = 0$, $\delta\varphi_1 = 0$, $\ddot{\varphi}_2 = \ddot{\varphi}$, $\delta\varphi_2 = \delta\varphi$ und mit (3-30)

$$\begin{aligned}\ddot{\boldsymbol{r}}_2 &= [\ddot{x} + l\ddot{\varphi}\cos(\varphi+\alpha) - l\dot{\varphi}^2\sin(\varphi+\alpha)]\boldsymbol{e}_x \\ &\quad + [-l\ddot{\varphi}\sin(\varphi+\alpha) - l\dot{\varphi}^2\cos(\varphi+\alpha)]\boldsymbol{e}_y \\ \delta\boldsymbol{r}_2 &= [\delta x + l\delta\varphi\cos(\varphi+\alpha)]\boldsymbol{e}_x \\ &\quad - l\delta\varphi\sin(\varphi+\alpha)\boldsymbol{e}_y\,.\end{aligned}$$

Die eingeprägte Kraft $\boldsymbol{F}_1$ an Körper 1 ist die Resultierende aus $m_1\boldsymbol{g}$ und der Federkraft $[-kx - (m_1 + m_2)g\sin\alpha]\boldsymbol{e}_x$. Sie hat die x-Komponente $F_{1x} = -(kx + m_2 g\sin\alpha)$ (nur diese interessiert hier); an Körper 2 ist

$$\begin{aligned}\boldsymbol{F}_2 &= (m_2 g\sin\alpha + F\cos\alpha)\boldsymbol{e}_x \\ &\quad + (m_2 g\cos\alpha - F\sin\alpha)\boldsymbol{e}_y\,.\end{aligned}$$

Substitution aller Ausdrücke in (3-35) ergibt

$$\begin{aligned}&\delta x[(m_1+m_2)\ddot{x} + m_2 l\ddot{\varphi}\cos(\varphi+\alpha) \\ &\quad - m_2 l\dot{\varphi}^2\sin(\varphi+\alpha) + kx - F\cos\alpha] \\ &+\delta\varphi[m_2 l\ddot{x}\cos(\varphi+\alpha) + (J^S + m_2 l^2)\ddot{\varphi} \\ &\quad + m_2 gl\sin\varphi - Fl\cos\varphi] = 0\,.\end{aligned}$$

Da δx und $\delta\varphi$ voneinander unabhängig beliebig sind, sind beide Klammerausdrücke null. Das sind wieder die Bewegungsgleichungen (3-31). Die Koeffizientenmatrix der höchsten Ableitungen wird bei diesem Verfahren immer symmetrisch.

Bei komplizierten Systemen wird (3-37) verwendet. Nach Wahl von generalisierten Koordinaten $\underline{q} = [q_1 \ldots q_{f+\nu}]^{\mathrm{T}}$ (ohne oder mit ν überzähligen Koordinaten) liefert die Kinematik Beziehungen der Form

$$\left.\begin{aligned}\ddot{\underline{r}} &= \underline{a}_1\ddot{\underline{q}} + \underline{b}_1\,, \quad & \delta\underline{r} &= \underline{a}_1\delta\underline{q}\,, \\ \dot{\underline{\omega}} &= \underline{a}_2\ddot{\underline{q}} + \underline{b}_2\,, \quad & \delta\underline{\pi} &= \underline{a}_2\delta\underline{q}\,,\end{aligned}\right\} \quad (3\text{-}38)$$

wobei $\underline{a}_1$ und $\underline{a}_2$ von $\underline{q}$ und $\underline{b}_1$, $\underline{b}_2$ von $\underline{q}$ und $\dot{\underline{q}}$ abhängen. Als Beispiel siehe (1-46) und (1-47) für beliebige offene Gliederketten. Mit (3-38) liefert (3-37) die Gleichung

$$\delta\underline{q}^{\mathrm{T}}(\underline{A}\,\ddot{\underline{q}} - \underline{B}) = 0 \quad (3\text{-}39a)$$

mit

$$\left.\begin{aligned}\underline{A} &= \underline{a}_1^{\mathrm{T}} \cdot \underline{m}\,\underline{a}_1 + \underline{a}_2^{\mathrm{T}} \cdot \underline{J} \cdot \underline{a}_2\,, \\ \underline{B} &= \underline{a}_1^{\mathrm{T}} \cdot (\underline{F} - \underline{m}\,\underline{b}_1) + \underline{a}_2^{\mathrm{T}} \cdot (\underline{M}^* - \underline{J} \cdot \underline{b}_2)\,.\end{aligned}\right\} \quad (3\text{-}39b)$$

Wenn $\underline{q}$ keine überzähligen Koordinaten enthält, folgen daraus die Bewegungsgleichungen

$$\underline{A}\,\ddot{\underline{q}} = \underline{B}\,. \quad (3\text{-}40)$$

Diese Formulierung ist leicht programmierbar. Bevor die Produkte gebildet werden, müssen alle Vektoren und Tensoren mithilfe der Matrizen $\underline{A}^i$ von (1-44) und mithilfe von (1-12) in ein gemeinsames Koordinatensystem transformiert werden.

Wenn in (3-38) ν Koordinaten überzählig sind, werden ν Bindungsgleichungen (1-36) und deren Ableitungen (1-37) gebildet. Diese Ableitungen sind lineare Beziehungen. Sie werden nach ν von den $f+\nu$ Größen $\dot{q}_i$ bzw. δq_i und $\ddot{q}_i$ aufgelöst. Damit entstehen Beziehungen der Form

$$\dot{\underline{q}} = \underline{J}^*\dot{\underline{q}}^*, \quad \delta\underline{q} = \underline{J}^*\delta\underline{q}^*, \quad \ddot{\underline{q}} = \underline{J}^*\ddot{\underline{q}}^* + \underline{h}^*$$

mit der Spaltenmatrix $\underline{q}^* = [q_1 \ldots q_f]^{\mathrm{T}}$ der f unabhängigen Koordinaten, mit einer $((f+\nu)\times f)$-Matrix $\underline{J}^*$ und einer $((f+\nu)\times 1)$-Matrix $\underline{h}^*$. Einsetzen in (3-39) liefert die f Bewegungsgleichungen

$$(\underline{J}^{*\mathrm{T}}\underline{A}\,\underline{J}^*)\ddot{\underline{q}}^* = \underline{J}^{*\mathrm{T}}(\underline{B} - \underline{A}\,\underline{h}^*)\,.$$

Weitere Einzelheiten siehe in [15].

3.4 Stöße

3.4.1 Vereinfachende Annahmen über Stoßvorgänge

Bei einem *Stoß* wirken an der Stoßstelle und in Lagern und Gelenken eines Systems kurzzeitig große Kräfte. Idealisierend wird vorausgesetzt, daß der endlich große *Kraftstoß* $\hat{\boldsymbol{F}} = \int \boldsymbol{F}(t)\,\mathrm{d}t$

einer solchen Kraft während einer infinitesimal kurzen Stoßdauer $\Delta t \to 0$ ausgeübt wird. Das bedeutet eine unendlich große Kraft $\boldsymbol{F}$. Dennoch wird vorausgesetzt, dass sich die Körper sowie Führungen in (reibungsfrei vorausgesetzten) Lagern und Gelenken starr verhalten. Endlich große Kräfte (z. B. Gewichtskräfte, Federkräfte, Zentrifugalkräfte) haben keinen Einfluss auf den Stoßvorgang, weil ihr Kraftstoß in der Zeitspanne $\Delta t \to 0$ gleich null ist. Eine Coulomb'sche Reibungskraft $R = \mu N$ hat nur dann Einfluss, wenn N selbst einen endlichen Kraftstoß $\hat{N}$ bewirkt. Dann wirkt auch ein Reibkraftstoß $\hat{R} = \mu\hat{N}$. Während der Stoßdauer ist die Lage der Körper konstant, und ihre Geschwindigkeiten machen endlich große Sprünge.

In einer kleinen Umgebung der Stoßstelle (nicht in Lagern und Gelenken) wird während der Stoßdauer mit einer Kompressionsphase und einer Dekompressionsphase des Werkstoffs gerechnet. Durch die Einführung der sog. *Stoßzahl* e als Verhältnis des Kraftstoßes in der Dekompressionsphase zu dem in der Kompressionsphase werden vollelastische Stöße ($e = 1$), vollplastische Stöße ($e = 0$) und teilplastische Stöße ($0 < e < 1$) unterschieden.

3.4.2 Stöße an Mehrkörpersystemen

Der Kraftstoß $\hat{\boldsymbol{F}} = \int \boldsymbol{F}\,\mathrm{d}t$ an der Stoßstelle und die durch ihn verursachten Geschwindigkeitssprünge werden wie folgt berechnet. Man formuliert zunächst Bewegungsgleichungen des Gesamtsystems für stetige Bewegungen mit Kräften $\boldsymbol{F}$ und $-\boldsymbol{F}$ an den Stoßpunkten beider Körper. Sie haben bei f Freiheitsgraden und f generalisierten Koordinaten die Form $\underline{A}\underline{\ddot{q}} = \underline{Q} + \ldots$ (siehe 3.3). Die generalisierten Kräfte $\underline{Q}$ berücksichtigen nur die Kräfte $\boldsymbol{F}$ und $-\boldsymbol{F}$ an den beiden zusammenstoßenden Körperpunkten. Alle anderen Kräfte sind endlich groß und in der Gleichung oben durch drei Punkte angedeutet. Integration über die unendlich kurze Stoßdauer liefert

$$\underline{A}\Delta\underline{\dot{q}} = \underline{\hat{Q}}\,. \tag{3-41}$$

Das sind f Gleichungen für $f + 3$ Unbekannte, nämlich für $\Delta\dot{q}_1, \ldots, \Delta\dot{q}_f$ und für drei in $\underline{\hat{Q}}$ enthaltene Komponenten von $\hat{\boldsymbol{F}}$. Die drei fehlenden Gleichungen werden wie folgt formuliert.

Fall I: Bei Stößen ohne Reibung an der Stoßstelle hat $\boldsymbol{F}$ die bekannte Richtung der Stoßnormale $\boldsymbol{e}_\mathrm{n}$ (Einheitsvektor normal zur Berührungsebene im Stoßpunkt), sodass $\hat{\boldsymbol{F}} = \hat{F}\boldsymbol{e}_\mathrm{n}$ ist und nur eine Gleichung für den Betrag $\hat{F}$ fehlt. Sie lautet

$$(\boldsymbol{c}_1 - \boldsymbol{c}_2)\cdot\boldsymbol{e}_\mathrm{n} = -e(\boldsymbol{v}_1 - \boldsymbol{v}_2)\cdot\boldsymbol{e}_\mathrm{n}\,. \tag{3-42}$$

Darin sind $\boldsymbol{v}_i$ und $\boldsymbol{c}_i = \boldsymbol{v}_i + \Delta\boldsymbol{v}_i$ ($i = 1, 2$) die Geschwindigkeiten der zusammenstoßenden Körperpunkte vor bzw. nach dem Stoß. Sie sind durch $\underline{\dot{q}}$ und $\underline{\dot{q}} + \Delta\underline{\dot{q}}$ vor bzw. nach dem Stoß ausdrückbar. Einzelheiten siehe in [15].

Fall II: Die zusammenstoßenden Körperpunkte haben unmittelbar nach dem Zusammenstoß gleiche Geschwindigkeiten, $\boldsymbol{c}_1 - \boldsymbol{c}_2 = \boldsymbol{0}$. Das liefert die fehlenden skalaren Gleichungen.

Beispiel 3-15: Auf das zu Beginn ruhende, reibungsfreie Zweikörpersystem in Bild 3-15 trifft eine Punktmasse m mit der Geschwindigkeit $\boldsymbol{v}$ in vollelastischem Stoß (Fall I mit $e = 1$). Bewegungsgleichungen für stetige Bewegungen unter einer horizontal durch S gerichteten Kraft $\boldsymbol{F}$ werden aus (3-31) übernommen. Bei Beachtung von $\varphi = 0$ ergibt sich (3-41) in der Form der ersten beiden Zeilen der Gleichung

$$\begin{bmatrix} m_1 + m_2 & m_2 l\cos\alpha & 0 \\ m_2 l\cos\alpha & J^\mathrm{S} + m_2 l^2 & 0 \\ 0 & 0 & m \end{bmatrix}\begin{bmatrix} \Delta\dot{x} \\ \Delta\dot{\varphi} \\ \Delta v \end{bmatrix} = \begin{bmatrix} \hat{F}\cos\alpha \\ \hat{F}l \\ -\hat{F} \end{bmatrix}.$$

Die dritte Zeile beschreibt den Stoß auf die Punktmasse. Gleichung (3-42) lautet

$$\Delta\dot{x}\cos\alpha + l\Delta\dot{\varphi} - (v + \Delta v) = v\,.$$

Das sind insgesamt vier Gleichungen für $\Delta\dot{x}$, $\Delta\dot{\varphi}$, Δv und $\hat{F}$.

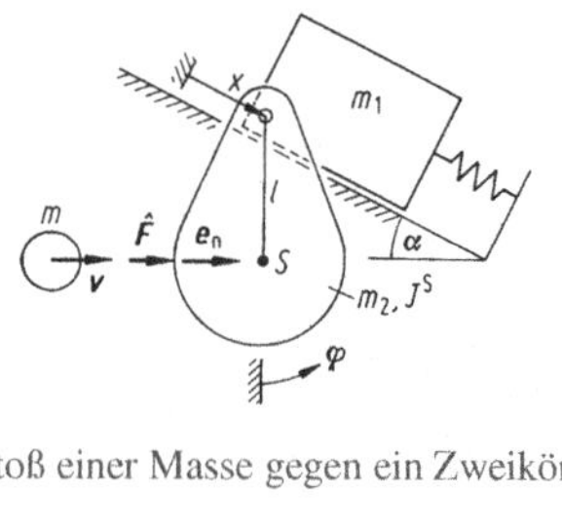

Bild 3-15. Stoß einer Masse gegen ein Zweikörpersystem

3.4.3 Der schiefe exzentrische Stoß

Beim Stoß zweier Körper nach Bild 3-16 bei ebener Bewegung lauten die integrierten Bewegungsgleichungen

$$\left.\begin{aligned} \Delta\dot{\boldsymbol{r}}_1 &= -\hat{\boldsymbol{F}}/m_1\,, & \Delta\dot{\boldsymbol{r}}_2 &= \hat{\boldsymbol{F}}/m_2\,,\\ \Delta\boldsymbol{\omega}_1 &= -\boldsymbol{\varrho}_1\times\hat{\boldsymbol{F}}/J_1^{\mathrm{S}}\,, & \Delta\boldsymbol{\omega}_2 &= \boldsymbol{\varrho}_2\times\hat{\boldsymbol{F}}/J_2^{\mathrm{S}}\,. \end{aligned}\right\}\quad(3\text{-}43)$$

Die Geschwindigkeiten der Stoßpunkte vor und nach dem Stoß sind

$$\left.\begin{aligned} \boldsymbol{v}_i &= \dot{\boldsymbol{r}}_i + \boldsymbol{\omega}_i\times\boldsymbol{\varrho}_i\\ \boldsymbol{c}_i &= \dot{\boldsymbol{r}}_i + \Delta\dot{\boldsymbol{r}}_i + (\boldsymbol{\omega}_i + \Delta\boldsymbol{\omega}_i)\times\boldsymbol{\varrho}_i \end{aligned}\right\}(i = 1, 2)\,.\quad(3\text{-}44)$$

Im Fall I liefert Substitution in (3-42) die Gleichung

$$\hat{F}\{1/m_1 + 1/m_2 + [(\boldsymbol{\varrho}_1\times\boldsymbol{e}_{\mathrm{n}})\times\boldsymbol{\varrho}_1/J_1^{\mathrm{S}} + (\boldsymbol{\varrho}_2\times\boldsymbol{e}_{\mathrm{n}})\times\boldsymbol{\varrho}_2/J_2^{\mathrm{S}}]\cdot\boldsymbol{e}_{\mathrm{n}}\} = (1+e)(\boldsymbol{v}_1 - \boldsymbol{v}_2)\cdot\boldsymbol{e}_{\mathrm{n}}\,.$$

Mit ihrer Lösung für $\hat{F}$ erhält man aus (3-43) $\Delta\dot{\boldsymbol{r}}_i$ und $\Delta\boldsymbol{\omega}_i$ $(i = 1, 2)$.

3.4.4 Gerader zentraler Stoß

Der Stoß zweier rein translatorisch bewegter Körper heißt *gerade*, wenn ihre Geschwindigkeiten $\boldsymbol{v}_1$ und $\boldsymbol{v}_2$ die Richtung der Stoßnormale haben (Bild 3-17). Er heißt *zentral*, wenn die Schwerpunkte auf der Stoßnormale liegen. Die Geschwindigkeiten c_1 und c_2 unmittelbar nach dem Stoß und der Kraftstoß $\hat{F}$ an m_2 (alles positiv in positiver x-Richtung) sowie der Verlust ΔT an kinetischer Energie sind.

$$\left.\begin{aligned} c_1 &= v_1 - \frac{m_2}{m_1+m_2}(1+e)(v_1 - v_2)\,,\\ c_2 &= v_2 + \frac{m_1}{m_1+m_2}(1+e)(v_1 - v_2)\,,\\ \hat{F} &= \frac{m_1 m_2}{m_1+m_2}(1+e)(v_1 - v_2)\,,\\ \Delta T &= \frac{1}{2}\frac{m_1 m_2}{m_1+m_2}(1-e^2)(v_1 - v_2)^2. \end{aligned}\right\}\quad(3\text{-}45)$$

Zur Messung der Stoßzahl e lässt man den einen Körper in geradem, zentralem Stoß aus einer Höhe h auf den anderen, unbeweglich gelagerten Körper fallen. Aus der Rücksprunghöhe h^* ergibt sich $e^2 = h^*/h$.

3.4.5 Gerader Stoß gegen ein Pendel

In Bild 3-18 seien v_2 und c_2 die Geschwindigkeiten des Punktes P vor bzw. nach dem Stoß, sodass $\dot{\varphi} = v_2/l$ und $\dot{\varphi} + \Delta\dot{\varphi} = c_2/l$ die Winkelgeschwindigkeiten des Pendels vor bzw. nach dem Stoß sind. Für $c_1, c_2, \hat{F}$ und ΔT gilt auch hier (3-45), wenn man überall m_2 durch J^{A}/l^2 ersetzt. Der Kraftstoß im Lager ist $\hat{A} = \hat{F}(m_2 l l_{\mathrm{S}}/J^{\mathrm{A}} - 1)$. Das Lager ist stoßfrei bei der Abstimmung $m_2 l l_{\mathrm{S}} = J^{\mathrm{A}} = J^{\mathrm{S}} + m_2 l_{\mathrm{S}}^2$. Dann heißt A *Stoßmittelpunkt*. Um diesen Punkt als Pol dreht sich der Körper unmittelbar nach dem Stoß auch dann, wenn das Lager fehlt.

Zur Messung hoher Geschwindigkeiten v_1 lässt man m_1 vollplastisch in ein ruhendes Pendel einschlagen. Der maximale Pendelwinkel $\varphi_{\max}$ nach dem Stoß wird gemessen. Er liefert

$$v_1 = 2\sin(\varphi_{\max}/2)[(1 + J^{\mathrm{A}}/(m_1 l^2)) \times (l + l_{\mathrm{S}} m_2/m_1)g]^{1/2}\,.$$

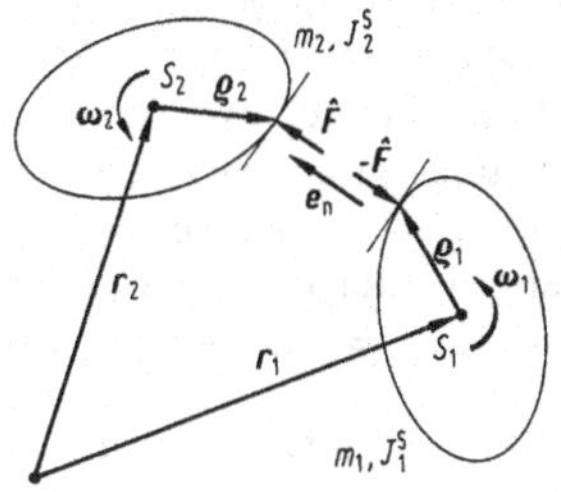

Bild 3-16. Stoß zweier Körper bei allgemeiner ebener Bewegung

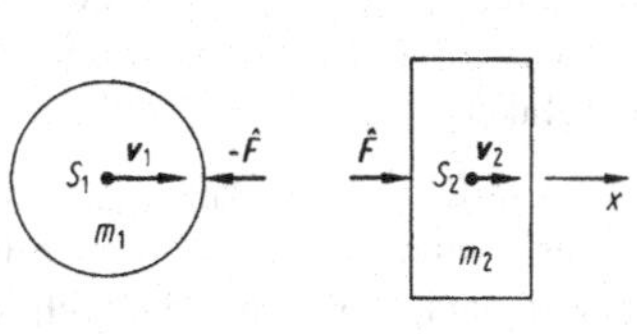

Bild 3-17. Gerader zentraler Stoß

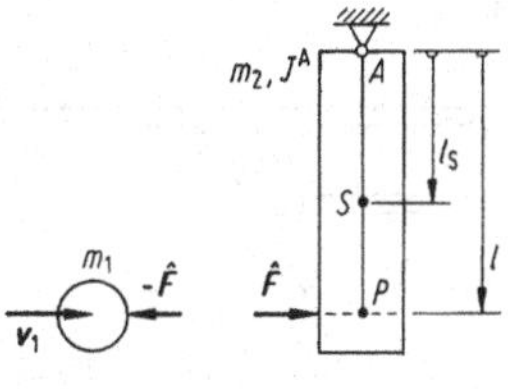

Bild 3-18. Stoß gegen ein Pendel

3.5 Körper mit veränderlicher Masse

Die Bilder 3-19a und b zeigen starre Körper, die aus einem unveränderlichen starren Träger und einer ebenfalls starren, aber veränderlichen Teilmasse bestehen. Die Gesamtmasse ist $m(t)$. Der Punkt A ist auf dem Träger an beliebiger Stelle fest. Der Ortsvektor $\boldsymbol{\varrho}_S$ des Gesamtschwerpunkts und der Trägheitstensor $\boldsymbol{J}^A$ des gesamten Körpers bezüglich A sind variabel. Bewegungsgleichungen werden für den Punkt A des Trägers und für die Rotation des Trägers angegeben. Sei P der Punkt, an dem Masse in den Körper eintritt oder aus ihm austritt. Austretende Masse ändert ihre Geschwindigkeit relativ zum starren Körper von $\boldsymbol{v}_{\text{rel}\,1} = \boldsymbol{0}$ auf $\boldsymbol{v}_{\text{rel}\,2} \neq \boldsymbol{0}$, eintretende Masse dagegen von $\boldsymbol{v}_{\text{rel}\,1} \neq \boldsymbol{0}$ auf $\boldsymbol{v}_{\text{rel}\,2} = \boldsymbol{0}$. Sei $\Delta\boldsymbol{v}_{\text{rel}} = \boldsymbol{v}_{\text{rel}\,2}$, wenn Masse austritt und $\Delta\boldsymbol{v}_{\text{rel}} = \boldsymbol{v}_{\text{rel}\,1}$, wenn Masse eintritt. Zwei Fälle werden untersucht.

Fall I: $\Delta\boldsymbol{v}_{\text{rel}}$ tritt während einer unendlich kurzen Zeitdauer auf (Bilder 3-19a und 3-20).

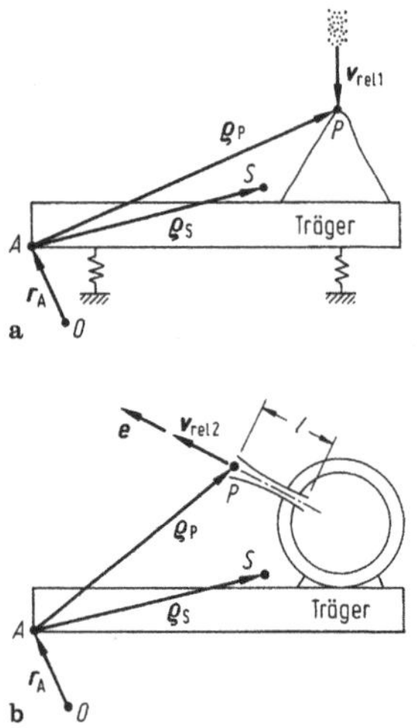

Bild 3-19. **a** Körper mit zunehmender Masse. **b** Körper mit abnehmender Masse

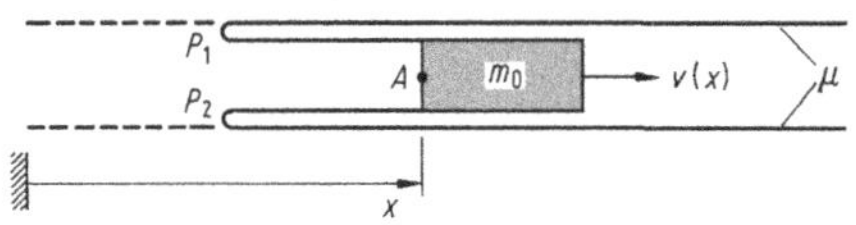

Bild 3-20. Abbremsung eines Körpers der Masse m_0 durch Mitziehen zweier neben der Bahn ausgelegter Ketten

Fall II: $\Delta\boldsymbol{v}_{\text{rel}}$ entwickelt sich stetig in einer stationären, inkompressiblen Strömung durch einen geradlinigen Kanal der Länge l (Bild 3-19b; der Einheitsvektor $\boldsymbol{e}$ hat die Richtung der Strömung). In beiden Fällen werden Bewegungsgleichungen an einem Zweikörpersystem mit konstanter Masse entwickelt. Es besteht aus dem starren Körper der Masse $m(t)$ und einem relativ zu diesem bewegten Massenelement Δm. Einzelheiten siehe in [8]. Die Gleichungen für die Translation und die Rotation lauten im Fall II

$$m[\ddot{\boldsymbol{r}}_A + \dot{\boldsymbol{\omega}} \times \boldsymbol{\varrho}_S + \boldsymbol{\omega} \times (\boldsymbol{\omega} \times \boldsymbol{\varrho}_S)] \\ = \boldsymbol{F} + \dot{m}(\Delta\boldsymbol{v}_{\text{rel}} + 2\boldsymbol{\omega} l \times \boldsymbol{e}) \,, \tag{3-46}$$

$$\boldsymbol{J}^A \cdot \dot{\boldsymbol{\omega}} + \boldsymbol{\omega} \times \boldsymbol{J}^A \cdot \boldsymbol{\omega} + m\boldsymbol{\varrho}_S \times \ddot{\boldsymbol{r}}_A \\ = \boldsymbol{M}^A + \dot{m}[\boldsymbol{\varrho}_P \times \Delta\boldsymbol{v}_{\text{rel}} + (\boldsymbol{\varrho}_P - l\boldsymbol{e}/2) \times (2\boldsymbol{\omega} l \times \boldsymbol{e})] \,. \tag{3-47}$$

Die Gleichungen für Fall I sind hierin als der Sonderfall $l = 0$ enthalten. $\boldsymbol{F}$ und $\boldsymbol{M}^A$ sind die äußere eingeprägte Kraft (bzw. das Moment) am augenblicklich vorhandenen Körper. $\dot{m} = \mathrm{d}m/\mathrm{d}t$ kann positiv oder negativ sein. Alle anderen Bezeichnungen sind wie in (3-15) und Bild 3-6. Wenn verschiedene Massenstöme $\dot{m}_i$ an mehreren Stellen P_i $(i = 1, 2, \ldots)$ auftreten, muss man die Glieder mit $\dot{m}$ in (3-46) und (3-47) durch entsprechende Summen über i ersetzen (siehe Bild 3-20).

Beispiel 3-16: Translatorischer Aufstieg einer Rakete mit der Startmasse m_0 in vertikaler z-Richtung. Annahmen: Konstante relative Ausströmgeschwindigkeit vom Betrag v_{rel} und $\dot{m} \equiv -a = \text{const}$. Damit ist $m = m_0 - at$, $\boldsymbol{F} = -mg\boldsymbol{e}_z$, $\Delta\boldsymbol{v}_{\text{rel}} = -v_{\text{rel}}\boldsymbol{e}_z$. Für die Beschleunigung der Raketenhülle liefert (3-46) die Gleichung $(m_0 - at)\ddot{z} = -(m_0 - at)g + av_{\text{rel}}$, also

$$\ddot{z} = -g + av_{\text{rel}}/(m_0 - at) \,.$$

Integration mit den Anfangsbedingungen $z(0) = \dot{z}(0) = 0$ ergibt die Geschwindigkeit $\dot{z}(t) = -gt + v_{\text{rel}} \ln(m_0/m(t))$ und die Flughöhe $z(t) = -gt^2/2 + v_{\text{rel}}t - (m(t)v_{\text{rel}}/a)\ln(m_0/m(t))$. Probleme bei Raketen mit Rotation siehe in [8].

Beispiel 3-17: Ein Körper der Anfangsmasse m_0 und der Anfangsgeschwindigkeit v_0 wird nach Bild 3-20 entlang der horizontalen x-Achse dadurch gebremst, dass er zunehmend größere Teile von zwei anfangs ruhenden Ketten (Masse/Länge = μ) hinter sich herzieht. In (3-46) ist $m = m_0 + 2(\mu x/2) = m_0 + \mu x$, $\dot{m} = \mu\dot{x}$, $v_{\text{rel}\,1} = -\dot{x}$, $v_{\text{rel}\,2} = 0$, also $\Delta v_{\text{rel}} = -\dot{x}$. Also lautet (3-46) bei Vernachlässigung von Reibung $(m_0 + \mu x)\ddot{x} = -\mu\dot{x}^2$. Man setzt $\ddot{x} = (\mathrm{d}\dot{x}/\mathrm{d}x)\dot{x}$ und erhält $\mathrm{d}\dot{x}/\dot{x} = -\mu\mathrm{d}x/(m_0 + \mu x)$. Integration liefert die Geschwindigkeit

$$v(x) = \dot{x}(x) = v_0/(1 + \mu x/m_0) = v_0 m_0/m(x)\ .$$

Dieses Ergebnis drückt die Impulserhaltung $m(x)v(x) = m_0 v_0$ aus. Eine weitere Integration nach Trennung der Veränderlichen führt mit der Anfangsbedingung $x(0) = 0$ auf

$$x(t) = (m_0/\mu)[(1 + 2\mu v_0 t/m_0)^{1/2} - 1]\ .$$

3.6 Gravitation. Satellitenbahnen

Gravitationskraft. Gravitationsmoment. Gewichtskraft

Zwei Punktmassen M und m in der Entfernung r ziehen einander mit *Gravitationskräften* $\boldsymbol{F}$ und $-\boldsymbol{F}$ an. Mit $\boldsymbol{e}_r$ nach Bild 3-21 ist

$$\left.\begin{aligned} \boldsymbol{F} &= -(GMm/r^2)\boldsymbol{e}_r\ , \\ G &= 6,67428 \cdot 10^{-11}\,\mathrm{N\,m^2/kg^2}\ . \end{aligned}\right\} \qquad (3\text{-}48)$$

G ist die *Gravitationskonstante*. $\boldsymbol{F}$ hat das Potenzial $V = -GMm/r$. (3-48) gilt auch dann, wenn M und m die Massen zweier sich nicht durchdringender, beliebig großer homogener Kugeln oder Kugelschalen mit der Mittelpunktsentfernung r sind. Sie gilt auch dann, wenn M die Erdmasse M_E und m die Masse eines beliebig geformten, im Vergleich zur Erde sehr kleinen Körpers ist, der sich außerhalb der Erdkugel befindet. Auf den Körper wirkt dann um seinen Massenmittelpunkt das *Gravitationsmoment*

$$\boldsymbol{M}_\mathrm{g} = 3\omega_0^2 \boldsymbol{e_r} \times \boldsymbol{J}^\mathrm{S} \cdot \boldsymbol{e_r}\ , \quad \omega_0^2 = \frac{GM_\mathrm{E}}{r^3} \qquad (3\text{-}49)$$

($\boldsymbol{J}^\mathrm{S}$ zentraler Trägheitstensor des Körpers, ω_0 Umlaufwinkelgeschwindigkeit eines Satelliten auf der Kreisbahn mit Radius r).

Bild 3-21. Gravitationskräfte zwischen zwei Massen

Die Gravitationskraft (3-48) der Erde auf einen Körper an der Erdoberfläche ($r = R \approx 6370\,\mathrm{km}$) heißt Gewichtskraft $\boldsymbol{G}$ des Körpers: $\boldsymbol{G} = m(-\boldsymbol{e}_r GM_\mathrm{E}/R^2) = m\boldsymbol{g}$. $\boldsymbol{g}$ heißt *Fallbeschleunigung*. Ihre Größe ist in der Nähe der Erdoberfläche wenig vom Ort abhängig und hat den Normwert $g_\mathrm{n} = 9,80665\,\mathrm{m/s^2}$.

Satellitenbahnen

Zwei einander mit Gravitationskräften (3-48) anziehende Himmelskörper der Massen M und m bewegen sich so, dass der gemeinsame Schwerpunkt in Ruhe bleibt. Im Fall $M \gg m$ (Beispiel Sonne und Planet oder Planet und Raumfahrzeug) bleibt die große Masse M praktisch in Ruhe. Die Bewegungsgleichungen (3-2) und (3-14) für m lauten dann (Bild 3-22a)

$$\ddot{\boldsymbol{r}} = (-GM/r^2)\boldsymbol{e}_r \quad \text{und} \quad \boldsymbol{L} = \boldsymbol{r} \times \dot{\boldsymbol{r}}m = \text{const}\ . \qquad (3\text{-}50)$$

Im Folgenden ist $K = GM = gR^2$ (Fallbeschleunigung g und Erdradius R bzw. entsprechende Größen bei anderen Gravitationszentren). Durch Polarkoordinaten r, φ ausgedrückt liefert (3-50) mit (1-7) die Gleichungen

$$\ddot{r} - r\dot{\varphi}^2 = -K/r^2 \quad \text{und} \quad \dot{\varphi} = h/r^2 \qquad (3\text{-}51)$$
$$\text{mit} \quad h = L/m = \text{const}\ .$$

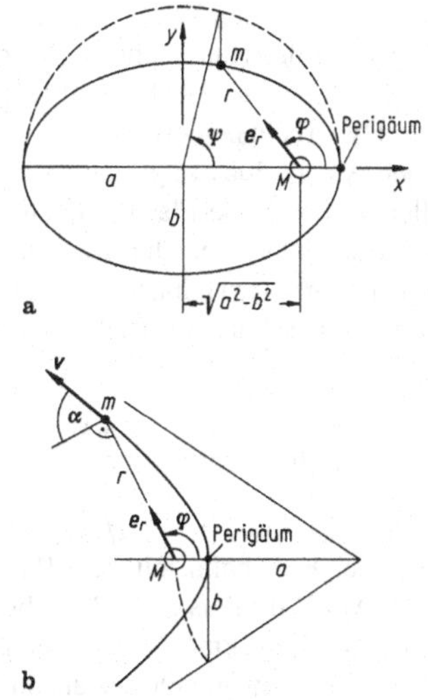

Bild 3-22. Geometrische Größen für elliptische (**a**) und für hyperbolische Satellitenbahnen (**b**)

Mit der zweiten Gleichung ist

$$\dot{r} = \frac{\mathrm{d}r}{\mathrm{d}\varphi}\dot{\varphi} = \frac{\mathrm{d}r}{\mathrm{d}\varphi} \cdot \frac{h}{r^2} = -h\frac{\mathrm{d}(1/r)}{\mathrm{d}\varphi}$$

oder mit $u = 1/r$ auch $\dot{r} = -h\mathrm{d}u/\mathrm{d}\varphi$ und nach Differenziation

$$\ddot{r} = -h\frac{\mathrm{d}^2u}{\mathrm{d}\varphi^2}\dot{\varphi} = -h^2u^2\frac{\mathrm{d}^2u}{\mathrm{d}\varphi^2} \, .$$

Damit ergibt die erste Gleichung (3-51) $\mathrm{d}^2u/\mathrm{d}\varphi^2 + u = K/h^2$ und die Lösung $u = [1 + \varepsilon\cos(\varphi - \delta)]K/h^2$ mit Integrationskonstanten ε und δ. Willkürlich sei $\varphi = 0$ bei $u = u_{\max}$ (d. h. bei $r = r_{\min}$, also im sog. Perigäum der Bahn). Im Fall $\varepsilon > 0$ ist dann $\delta = 0$, also

$$r(\varphi) = \frac{h^2/K}{1 + \varepsilon\cos\varphi} \, . \qquad (3\text{-}52)$$

Das sind Kreise ($\varepsilon = 0$) oder Ellipsen ($0 < \varepsilon < 1$) oder Parabeln ($\varepsilon = 1$) oder Hyperbeln ($\varepsilon > 1$) mit der numerischen Exzentrizität ε und dem Gravitationszentrum in einem Brennpunkt (Bild 3-22a, b). h und ε hängen von den Anfangsbedingungen $r = r(t_0)$, $v_0 = v(t_0)$ (Bahngeschwindigkeit) und $\alpha_0 = \alpha(t_0)$ (zur Bedeutung von α siehe Bild 3-22b) wie folgt ab:

$$\left.\begin{aligned} h &= r_0v_0\cos\alpha_0 \, , \\ \varepsilon &= \left[\left(r_0v_0^2/K - 1\right)^2\cos^2\alpha_0 + \sin^2\alpha_0\right]^{1/2} \, . \end{aligned}\right\} \qquad (3\text{-}53)$$

Gleichung (3-52) liefert den Winkel $\varphi = \varphi_0$ zu $r = r_0$ und damit die Lage der Hauptachsen. Für die Halbachsen a und b gilt $a = h^2/[K(1 - \varepsilon^2)]$ (hier und im Folgenden für Hyperbeln negativ) und $b^2 = a^2|1 - \varepsilon^2|$, $h^2/K = b^2/|a|$. Aus (3-50b) folgt, dass r in gleichen Zeitintervallen gleich große Flächen überstreicht (2. *Kepler'sches Gesetz*). Die Beziehung zwischen Bahngeschwindigkeit v, großer Halbachse a und r ist $v^2 = K(2/r - 1/a)$ für alle Bahntypen. Damit ist die gesamte Energie

$$E = \frac{1}{2}mv^2 - \frac{mK}{r} = \frac{-mK}{2a} \, .$$

Bei Ellipsen ist $v_{\max}/v_{\min} = r_{\max}/r_{\min} = (1 + \varepsilon)/(1 - \varepsilon)$. Auf einer Kreisbahn mit dem Radius r_0 ist $v = (K/r_0)^{1/2}$. Am Erdradius $r_0 = R$ ergibt sich daraus $v = \sqrt{gR} = 7{,}904\,\mathrm{km/s}$. Auf einer geostationären Kreisbahn ist v/r_0 gleich der absoluten Winkelgeschwindigkeit Ω der Erde, woraus sich für diese Bahn $r_0 = (gR^2/\Omega^2)^{1/3} = 6{,}627\,R \approx 42\,222\,\mathrm{km}$ und damit die Bahnhöhe über der Erdoberfläche zu 35 851 km ergibt.

In der Entfernung $r = r_0$ ist $v_\mathrm{f} = (2K/r_0)^{1/2}$ die minimale Geschwindigkeit, die sog. *Fluchtgeschwindigkeit*, mit der bei beliebiger Richtung von $\boldsymbol{v}_\mathrm{f}$ $r \to \infty$ erreicht wird. Am Erdradius R ist $v_\mathrm{f} \approx 11{,}2\,\mathrm{km/s}$.

Die *Umlaufzeit* für geschlossene Bahnen ist $T = 2\pi(a^3/K)^{1/2}$ (3. *Kepler'sches Gesetz*). Der Zusammenhang zwischen φ und der Zeit t mit $t = 0$ für $\varphi = 0$ ist

$$t(\varphi) = a\left(\frac{|a|}{K}\right)^{1/2}\left[2f\left(\sqrt{\frac{|1-\varepsilon|}{1+\varepsilon}}\tan\frac{\varphi}{2}\right) - \varepsilon\sqrt{|1-\varepsilon^2|}\,\frac{\sin\varphi}{1+\varepsilon\cos\varphi}\right] \qquad (3\text{-}54)$$

mit $f = \arctan$ für elliptische und $f = \operatorname{artanh}$ für hyperbolische Bahnen. Bei Ellipsen gilt auch $t(\psi) = (\psi - \varepsilon\sin\psi)(a^3/K)^{1/2}$ mit ψ nach Bild 3-22a. Mit ψ hat die Ellipse die Parameterdarstellung $x = a\cos\psi$, $y = b\sin\psi$. Weitere Einzelheiten zu Satellitenbahnen siehe in [8, 9].

Bei elliptischen Bahnen nach Bild 3-23 (*Ballistik* ohne Luftwiderstand) sind die Reichweite β, die Flughöhe H und die Flugdauer t_F von den Anfangsbedingungen v_0 und α wie folgt abhängig:

$$\left.\begin{aligned} \tan(\beta/2) &= \frac{\left(Rv_0^2/K\right)\sin\alpha\cos\alpha}{1 - \left(Rv_0^2/K\right)\cos^2\alpha} \, , \\ Rv_0^2/K &= v_0^2/(Rg) \, , \\ H &= R\left(1 - \cos(\beta/2)\right)\varepsilon/(1 - \varepsilon) \, , \\ t_\mathrm{F} &= 2\pi(a^3/K)^{1/2} - 2t(\varphi) \end{aligned}\right\} \qquad (3\text{-}55)$$

mit ε, a, $\varphi = \pi - \beta/2$ und $t(\varphi)$ wie oben. β ist bei gegebenem v_0 maximal für $\cos^2\alpha = (2 - Rv_0^2/K)^{-1}$.

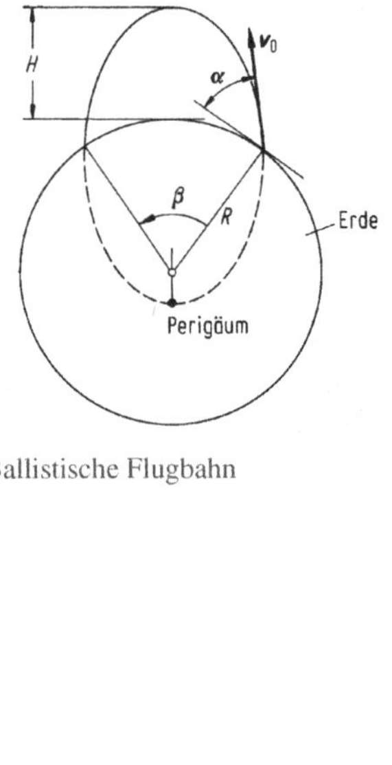

Bild 3-23. Ballistische Flugbahn

3.7 Stabilität

Zur Stabilität von Gleichgewichtslagen bei konservativen Systemen siehe 2.6. Die Stabilität von Gleichgewichtslagen und von Bewegungen wird in gleicher Weise definiert und mit denselben Methoden untersucht. Begriffe: Bei einem System mit n Freiheitsgraden mit generalisierten Koordinaten $\underline{q} = [q_1 \dots q_n]$ sei $\underline{q}^*(t)$ eine Bewegung zu bestimmten Anfangsbedingungen $\underline{q}^*(0)$ und $\underline{\dot{q}}^*(0)$ und im Sonderfall $\underline{q}^*(t) \equiv \underline{q}^*(0) = \underline{0}$ eine Gleichgewichtslage. Zu gestörten Anfangsbedingungen $\underline{q}(0)$ und $\underline{\dot{q}}(0)$ gehört eine gestörte Bewegung $\underline{q}(t)$. Die Abweichungen

$$\underline{y}(t) = \underline{q}(t) - \underline{q}^*(t) \quad \text{und} \quad \underline{\dot{y}}(t) = \underline{\dot{q}}(t) - \underline{\dot{q}}^*(t) \qquad (3\text{-}56)$$

heißen Störungen der Bewegung bzw. der Gleichgewichtslage $\underline{q}^*(t)$. Ein Maß für die Störungen ist

$$r(t) = \left[\sum_{i=1}^{n} \left(y_i^2(t) + \dot{y}_i^2(t)\right)\right]^{1/2} .$$

Damit ist insbesondere $r(0)$ das Maß für die Störungen der Anfangsbedingungen.

Definition: Eine Bewegung oder Gleichgewichtslage $\underline{q}^*(t)$ heißt *Ljapunow-stabil*, wenn für jedes beliebig kleine $\varepsilon > 0$ ein $\delta > 0$ existiert, sodass für alle Bewegungen mit $r(0) < \delta$ dauernd $r(t) < \varepsilon$ ist. Andernfalls heißt die Bewegung *instabil*. Sie heißt insbesondere *asymptotisch stabil*, wenn sie stabil ist, und wenn außerdem $r(t)$ für $t \to \infty$ asymptotisch gegen null strebt.

Beispiel 3-18: Die untere Gleichgewichtslage eines Pendels ist stabil, weil die potenzielle Energie dort minimal ist (vgl. 2.6). Dagegen sind Eigenschwingungen des Pendels instabil, weil die Periodendauer vom Maximalausschlag $\varphi_{\max}$ abhängt (siehe 4.6). Man kann nämlich selbst mit einem beliebig kleinen $\delta > 0$ nicht verhindern, dass die gestörte und die ungestörte Bewegung nach endlicher Zeit ungefähr in Gegenphase sind, d. h., dass die Störung $r \approx 2\varphi_{\max}$ ist.

In den Bewegungsgleichungen des betrachteten mechanischen Systems wird für $\underline{q}$ nach (3-56) der Ausdruck $\underline{q}^* + \underline{y}$ eingesetzt. Wenn $\underline{q}^*(t)$ bekannt ist, erzeugt das neue Differenzialgleichungen für die Störungen $\underline{y}(t)$. Diese Differenzialgleichungen haben die spezielle Lösung $\underline{y}(t) \equiv \underline{0}$, d. h. eine Gleichgewichtslage. Die Stabilität der Bewegung $\underline{q}^*(t)$ mit den ursprünglichen Differenzialgleichungen untersuchen heißt also, die Stabilität der Gleichgewichtslage für die Differenzialgleichungen der Störungen untersuchen.

Sonderfall. Die ursprünglichen Differenzialgleichungen für $\underline{q}$ sind linear mit konstanten Koeffizienten. Dann sind die Differenzialgleichungen für die Störungen mit den ursprünglichen identisch. Daraus folgt: Jede Bewegung $\underline{q}^*(t)$ des Systems hat dasselbe Stabilitätsverhalten, wie die Gleichgewichtslage $\underline{q}^* \equiv 0$. Zur Bestimmung des Stabilitätsverhaltens überführt man die n Bewegungsgleichungen in ein System von $2n$ Differenzialgleichungen erster Ordnung der Form $\underline{A}\,\underline{\dot{x}} = \underline{0}$. Die Realteile der Eigenwerte der Matrix $\underline{A}$ entscheiden. Asymptotische Stabilität liegt vor, wenn alle Realteile negativ sind. Instabilität liegt vor, wenn wenigstens ein Realteil positiv ist oder wenn im Fall ausschließlich nicht-positiver Realteile ein mehrfacher Eigenwert λ mit dem Realteil Null existiert, für den der Rangabfall der Matrix $\underline{A} - \lambda\underline{E}$ kleiner ist als die Vielfachheit von λ. Stabilität liegt vor, wenn weder asymptotische Stabilität noch Instabilität vorliegt. Da $\underline{A}$ für mechanische Systeme besondere Strukturen hat, gibt es spezielle Stabilitätssätze [13].

Eine Stabilitätsuntersuchung nichtlinearer Systeme anhand linearisierter Differenzialgleichungen ist nur zulässig, wenn sie entweder zu dem Ergebnis „asymptotisch stabil" oder zu dem Ergebnis „instabil" führt. Das Ergebnis "stabil" erlaubt keine Aussage über das nichtlineare System! Für Kriterien bei nichtlinearen Systemen siehe die *direkte Methode von Ljapunow* (A 32.2, I 9.5 und [11, 12]) und die Methode der *Zentrumsmannigfaltigkeit* [13].

4 Schwingungen

Unter *Schwingungen* versteht man Vorgänge, bei denen physikalische Größen mehr oder weniger regelmäßig abwechselnd zu- und abnehmen. Ein schwingungsfähiges System heißt *Schwinger*. Mechanische Schwingungen werden durch Differenzialgleichungen der Bewegung beschrieben. Methoden zu deren Formulierung siehe in 3.1.3, 3.1.8 und 3.3.

Klassifikation von Schwingungen. *Freie Schwingungen* (auch *Eigenschwingungen* genannt) sind solche, bei denen dem Schwinger keine Energie zugeführt wird. Von *selbsterregten Schwingungen* spricht man, wenn sich ein Schwinger im Takt seiner Eigenschwingungen Energie aus einer Energiequelle (z. B. einem Energiespeicher) zuführt. Ein einfaches Beispiel ist die elektrische Klingel, bei der der Klöppel, von einem Elektromagneten angezogen, gegen die Glocke schlägt, durch diese Bewegung einen Stromkreis unterbricht und den Magneten abschaltet, sodass der Klöppel zurückschwingt und den Stromkreis wieder schließt. Die Energiequelle ist in diesem Fall das elektrische Netz. Eigenschwingungen und selbsterregte Schwingungen werden *autonome Schwingungen* genannt. Den Gegensatz zu autonomen Schwingungen bilden *fremderregte Schwingungen*. Bei ihnen existiert ein Erregermechanismus, in dem eine fest vorgegebene Funktion der Zeit eine Rolle spielt. Wenn diese Funktion in den Differenzialgleichungen der Bewegung in einem freien Störglied auftritt, spricht man von *erzwungenen Schwingungen* (z. B. im Fall $m\ddot{q} + kq = F\cos\Omega t$). Wenn sie nur in den physikalischen Parametern auftritt, spricht man von *parametererregten Schwingungen* (z. B. im Fall $m(t)\,\ddot{q} + k(t)\,q = 0$). Je nachdem, ob die zu beschreibenden Differenzialgleichungen linear oder nichtlinear sind, spricht man von *linearen* oder *nichtlinearen Schwingungen*. Nur freie, erzwungene und parametererregte Schwingungen können linear sein. Schwingungen von Systemen mit mehr als einem Freiheitsgrad werden *Koppelschwingungen* genannt.

Phasenkurven. Phasenporträt. Die Differenzialgleichung eines Schwingers mit einem Freiheitsgrad und mit der Koordinate q hat zu gegebenen Anfangsbedingungen $q(t_0)$ und $\dot{q}(t_0)$ eine eindeutige Lösung $q(t), \dot{q}(t)$. Ihre Darstellung in einem $q, \dot{q}$-Diagramm heißt *Phasenkurve*, und die Gesamtheit aller Phasenkurven eines Schwingers für verschiedene Anfangsbedingungen heißt *Phasenporträt* des Schwingers (Bilder 4-1, 4-14, 4-15). Oberhalb der q-Achse werden Phasenkurven von links nach rechts und unterhalb von rechts nach links durchlaufen. Bei autonomen Schwingungen ist das Phasenporträt mit Ausnahme singulärer Punkte auf der q-Achse schnittpunktfrei. Die singulären Punkte gehören zu Gleichgewichtslagen. Bild 4-1 zeigt Phasenkurven in der Umgebung von stabilen, asymptotisch stabilen und instabilen Gleichgewichtslagen. *Periodische Schwingungen* haben eine Periodendauer T derart, dass

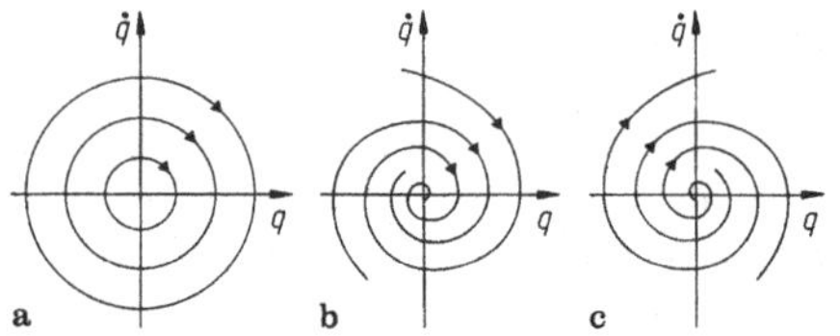

Bild 4-1. Phasenkurven mit einer stabilen (**a**), einer asymptotisch stabilen (**b**) und einer instabilen Gleichgewichtslage (**c**)

$$q(t + T) \equiv q(t) \quad \text{für alle } t$$

gilt. Ihre Phasenkurven sind geschlossen. Alle Phasenkurven mit Ausnahme von sog. *Separatrizen* schneiden die q-Achse rechtwinklig (Bild 4-14).

4.1 Lineare Eigenschwingungen

4.1.1 Systeme mit einem Freiheitsgrad

Die Differenzialgleichung für die schwingende Größe q lautet

$$m\ddot{q} + b\dot{q} + kq = 0 \qquad (4\text{-}1)$$

mit konstanten Trägheits-, Dämpfungs- und Steifigkeitsparametern m, b bzw. k. Bei freien *Schwingungen ohne Dämpfung* ist

$$\ddot{q} + \omega_0^2 q = 0 \quad \text{mit} \quad \omega_0^2 = k/m\,. \qquad (4\text{-}2)$$

ω_0 heißt *Eigenkreisfrequenz* des Schwingers. Die Lösung von (4-2) ist eine harmonische Schwingung. Sie kann in jeder der folgenden drei Formen angegeben werden:

$$\left.\begin{aligned} q(t) &= A_1\exp(\mathrm{j}\omega_0 t) + B_1\exp(-\mathrm{j}\omega_0 t) \\ &= A\cos\omega_0 t + B\sin\omega_0 t \\ &= C\cos(\omega_0 t - \varphi)\,. \end{aligned}\right\} \qquad (4\text{-}3)$$

Die Integrationskonstanten C und φ heißen *Amplitude* bzw. *Nullphasenwinkel* oder kurz *Phase*. Zwischen den Integrationskonstanten der drei Formen gelten die Beziehungen

$$\left.\begin{array}{l} A = A_1 + B_1\,, \quad B = \mathrm{j}(A_1 - B_1)\,, \quad C^2 = A^2 + B^2\,, \\ \tan\varphi = B/A\,, \quad A = C\cos\varphi\,, \quad B = C\sin\varphi\,. \end{array}\right\} \tag{4-4}$$

Die Periodendauer $T = 2\pi/\omega_0$ ist unabhängig von der Amplitude C. Phasenkurven sind die Ellipsen $q^2 + \dot{q}^2/\omega_0^2 = C^2$ bzw. bei geeigneter Maßstabswahl die Kreise in Bild 4-1a.

Im Fall mit *Dämpfung* wird in (4-1) die normierte Zeit $\tau = \omega_0 t$ eingeführt. Für $\mathrm{d}q/\mathrm{d}\tau$ wird q' geschrieben. Mit den Beziehungen

$$\left.\begin{array}{l} \omega_0^2 = k/m\,, \quad \tau = \omega_0 t\,, \\ \dot{q} = (\mathrm{d}q/\mathrm{d}\tau)(\mathrm{d}\tau/\mathrm{d}t) = \omega_0 q'\,, \quad \ddot{q} = \omega_0^2 q'' \end{array}\right\} \tag{4-5}$$

und mit dem dimensionslosen *Dämpfungsgrad* (auch *Lehr'sches Dämpfungsmaß*)

$$D = \frac{b}{2m\omega_0} = \frac{b}{2\sqrt{mk}} \tag{4-6}$$

entsteht aus (4-1) die Gleichung

$$q'' + 2Dq' + q = 0\,. \tag{4-7}$$

Sie hat die Lösungen (siehe auch B 5)

$$q(\tau) = \begin{cases} \exp(-D\tau)(A\cos\nu\tau + B\sin\nu\tau) \\ \qquad (\nu = (1 - D^2)^{1/2}\,, |D| < 1)\,, \\ A\exp(\lambda_1\tau) + B\exp(\lambda_2\tau) \\ \qquad (\lambda_{1,2} = -D \pm (D^2 - 1)^{1/2}\,, |D| > 1)\,, \\ \exp(D\tau)(A + B\tau) \quad (|D| = 1)\,. \end{cases} \tag{4-8}$$

Die Bilder 4-2 zeigen alle Lösungstypen außer für $|D| = 1$. Im Fall $0 < D < 1$ liegen aufeinander folgende gleichsinnige Maxima q_i und q_{i+1} im selben zeitlichen Abstand $\Delta t = \Delta\tau/\omega_0 = 2\pi/(\nu\omega_0)$, wie gleichsinnig durchlaufene Nullstellen. Wenn ein Meßschrieb in Form von Bild 4-2d vorliegt, können ω_0 und D aus Messwerten für Δt und q_i/q_{i+n} (bei fehlender Nulllinie wird L_i/L_{i+n} abgelesen) aus den Gleichungen berechnet werden:

$$\left.\begin{array}{l} \dfrac{D}{(1 - D^2)^{1/2}} = \dfrac{\ln(q_i/q_{i+n})}{2\pi n} = \dfrac{\ln(L_i/L_{i+n})}{2\pi n}\,, \\ \omega_0 = 2\pi/[\Delta t(1 - D^2)^{1/2}]\,. \end{array}\right\} \tag{4-9}$$

$\Lambda = \ln(q_i/q_{i+1})$ heißt *logarithmisches Dekrement*. Zu den Zahlenwerten $q_i/q_{i+1} = 2$, 4, 8 und 16 gehören die Dämpfungsgrade $D \approx 0{,}11$ bzw. $0{,}22$ bzw. $0{,}31$ bzw. $0{,}40$.

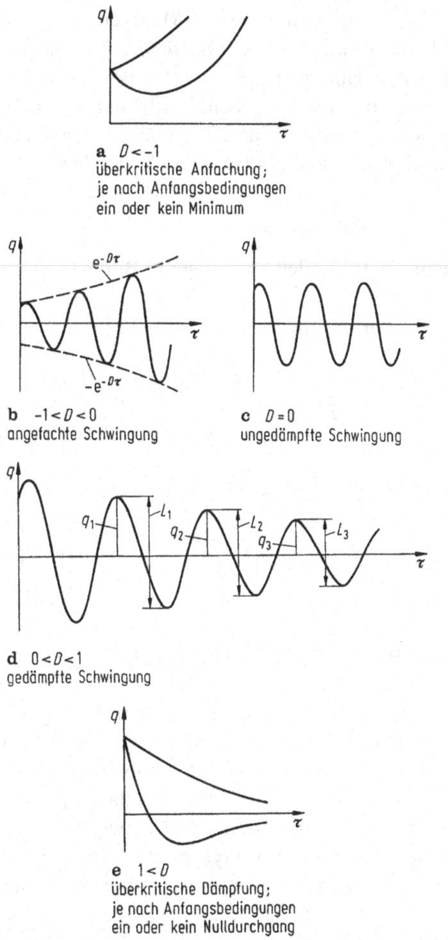

Bild 4-2. Ausschlag-Zeit-Diagramme für Schwinger mit der Bewegungsgleichung (4-7); siehe (4-8)

4.1.2 Eigenschwingungen bei endlich vielen Freiheitsgraden

Hierzu siehe auch 5.14 Übertragungsmatrizen.

Aufstellung von Bewegungsgleichungen

Eigenschwingungen eines ungedämpften Systems mit n Freiheitsgraden haben Differenzialgleichungen der Form

$$\underline{M}\,\underline{\ddot{q}} + \underline{K}\,\underline{q} = \underline{0} \tag{4-10}$$

mit symmetrischen $(n \times n)$-Matrizen $\underline{M}$ und $\underline{K}$ ($\underline{M}$ *Massenmatrix*, $\underline{K}$ *Steifigkeitsmatrix*). $\underline{M}$ ist positiv definit und damit nichtsingulär. Zur Bestimmung von $\underline{M}$ und $\underline{K}$ für einen gegebenen Schwinger formuliert man seine kinetische Energie T und seine potenzielle Energie V und schreibt sie in der Form $T = \frac{1}{2}\underline{\dot{q}}^{\mathrm{T}}\underline{M}\,\underline{\dot{q}}$ bzw. $V = \frac{1}{2}\underline{q}^{\mathrm{T}}\underline{K}\,\underline{q}$ mit symmetrischen Matrizen $\underline{M}$ und $\underline{K}$. Diese sind die gesuchten Matrizen.

Beispiel 4-1: Für den Schwinger in Bild 4-3 ist

$$T = \frac{1}{2}\left[m_1\dot{q}_1^2 + m_2(\dot{q}_1 + \dot{q}_2)^2 + m_3\,\dot{q}_3^2\right]$$

$$= \frac{1}{2}[\dot{q}_1 \quad \dot{q}_2 \quad \dot{q}_3]\begin{bmatrix} m_1 + m_2 & m_2 & 0 \\ m_2 & m_2 & 0 \\ 0 & 0 & m_3 \end{bmatrix}\begin{bmatrix} \dot{q}_1 \\ \dot{q}_2 \\ \dot{q}_3 \end{bmatrix},$$

$$V = \frac{1}{2}[k_1 q_1^2 + k_2 q_2^2 + k_3(q_3 - q_1)^2]$$

$$= \frac{1}{2}[q_1 \quad q_2 \quad q_3]\begin{bmatrix} k_1 + k_3 & 0 & -k_3 \\ 0 & k_2 & 0 \\ -k_3 & 0 & k_3 \end{bmatrix}\begin{bmatrix} q_1 \\ q_2 \\ q_3 \end{bmatrix}.$$

Wenn der Schwinger nichtlinear ist, dann ist $T = \frac{1}{2}\underline{\dot{q}}^{\mathrm{T}}\underline{M}(q_1, \ldots, q_n)\,\underline{\dot{q}}$, und $V(q_1, \ldots, q_n)$ hat nicht die Form $\frac{1}{2}\underline{q}^{\mathrm{T}}\underline{K}\underline{q}$. In diesem Fall gewinnt man linearisierte Bewegungsgleichungen wie folgt. Man bestimmt zunächst aus $\partial V/\partial q_i = 0$ $(i = 1, \ldots, n)$ die Gleichgewichtslage $q_i = q_{i0}$ $(i = 1, \ldots, n)$ des Systems und entwickelt dann V um diese Lage in eine Taylorreihe nach den Variablen $q_i^* = q_i - q_{i0}$, d. h. nach den Abweichungen von der Gleichgewichtslage. Die Reihe beginnt mit Gliedern 2. Grades in q_i^*. Diese Glieder werden in die Form $\frac{1}{2}\underline{q}^{*T}\,\underline{K}\underline{q}^*$ mit symmetrischem $\underline{K}$ gebracht. Außerdem wird $\underline{M}(q_{10}, \ldots, q_{n0})$ gebildet. $\underline{K}$ und diese Matrix $\underline{M}$ sind die gesuchten Matrizen.

Beispiel 4-2: Das System von Bild 3-14a ohne die Kraft F ist konservativ, hat die Gleichgewichtslage $x = \varphi = 0$ (voraussetzungsgemäß) und hat die Energien T und V nach (3-33). Die Taylorreihe für V ist

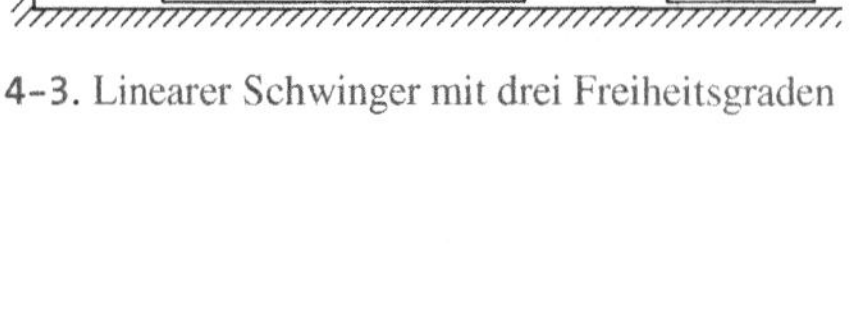

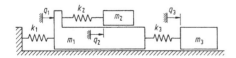

Bild 4-3. Linearer Schwinger mit drei Freiheitsgraden

$$V = \frac{1}{2}kx^2 - m_2gl\left(1 - \frac{1}{2}\varphi^2\right) + \ldots .$$

Damit ist

$$\underline{M} = \begin{bmatrix} m_1 + m_2 & m_2 l\cos\alpha \\ m_2 l\cos\alpha & J^{\mathrm{S}} + m_2 l^2 \end{bmatrix},$$

$$\underline{K} = \begin{bmatrix} k & 0 \\ 0 & m_2 gl \end{bmatrix}.$$

Lösung der Bewegungsgleichungen

Man löst das Eigenwertproblem

$$(\underline{K} - \lambda\underline{M})\underline{Q} = \underline{0}. \qquad (4\text{-}11)$$

Alle Eigenwerte λ_i und alle Eigenvektoren $\underline{Q}_i$ $(i = 1, \ldots, n)$ sind reell. Bei einfachen und bei mehrfachen Eigenwerten gibt es n Eigenvektoren mit den Orthogonalitätseigenschaften $\underline{Q}_i^{\mathrm{T}}\underline{M}\underline{Q}_j = \underline{Q}_i^{\mathrm{T}}\underline{K}\underline{Q}_j = 0$ $(i, j = 1, \ldots, n; i \neq j)$. Die Eigenvektoren werden so normiert, dass $\underline{Q}_i^{\mathrm{T}}\underline{M}\underline{Q}_i = c^2$ $(i = 1, \ldots, n)$ ist. c^2 ist willkürlich wählbar. Man bildet die $(n \times n)$-Modalmatrix $\underline{\Phi}$ mit den Spalten $\underline{Q}_1, \ldots, \underline{Q}_n$. Sie hat die Eigenschaften ($\underline{E}$ Einheitsmatrix, diag Diagonalmatrix)

$$\left.\begin{aligned} &\underline{\Phi}^{\mathrm{T}}\underline{M}\,\underline{\Phi} = c^2\underline{E}, \quad \underline{\Phi}^{\mathrm{T}}\underline{K}\,\underline{\Phi} = c^2\mathrm{diag}(\lambda_i), \\ &\underline{\Phi}^{-1} = (1/c^2)\underline{\Phi}^{\mathrm{T}}\underline{M}. \end{aligned}\right\} \qquad (4\text{-}12)$$

Man definiert Hauptkoordinaten $\underline{x}$ durch die Gleichung $\underline{q} = \underline{\Phi}\,\underline{x}$. Einsetzen in (4-10) und Linksmultiplikation mit $\underline{\Phi}^{\mathrm{T}}$ erzeugt die entkoppelten Gleichungen

$$\ddot{x}_i + \lambda_i x_i = 0 \quad (i = 1, \ldots, n). \qquad (4\text{-}13)$$

Wenn $\underline{K}$ positiv definit ist, dann ist die Gleichgewichtslage $\underline{q} = 0$, $\underline{x} = \underline{0}$ stabil und $\lambda_i = \omega_{0i}^2 > 0$ $(i = 1, \ldots, n)$. Zu (4-13) gehören die Anfangsbedingungen $\underline{x}(0) = \underline{\Phi}^{-1}\underline{q}(0)$ und $\underline{\dot{x}}(0) = \underline{\Phi}^{-1}\underline{\dot{q}}(0)$. Aus der Lösung $\underline{x}(t)$ ergibt sich $\underline{q}(t) = \underline{\Phi}\,\underline{x}(t)$.

4.2 Erzwungene lineare Schwingungen

4.2.1 Systeme mit einem Freiheitsgrad

Harmonische Erregung

Vergrößerungsfunktionen. Bild 4-4 zeigt einige Beispiele für Schwinger, die durch eine vorgegebene

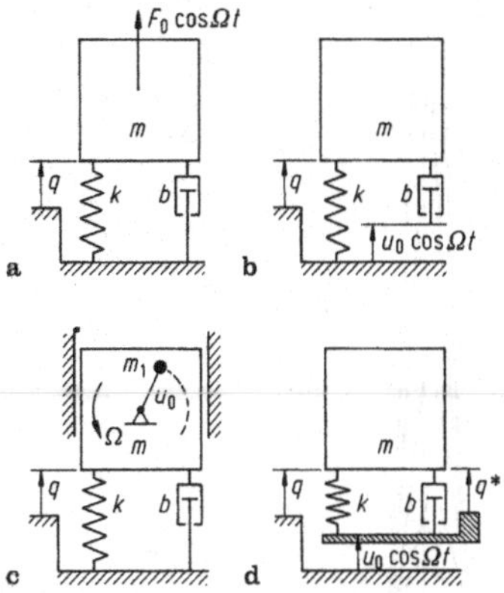

Bild 4-4. Schwinger mit harmonischer Erregung **a** durch eine äußere Kraft, **b** und **d** durch Fußpunktbewegungen und **c** durch einen umlaufenden, unwuchtigen Rotor (m_1 Rotormasse, u_0 Schwerpunktabstand von der Drehachse)

Bewegung $u(t) = u_0 \cos\Omega t$ eines Systempunktes oder durch eine vorgegebene Kraft $F(t) = F_0 \cos\Omega t$ zwangserregt werden. Diese Form der Erregung heißt *harmonische Erregung*. u_0 bzw. F_0 heißen Erregeramplitude und Ω Erregerkreisfrequenz. Die Bewegungsgleichung für die Koordinate q lautet für Bild 4-4a

$$m\ddot{q} + b\dot{q} + kq = F(t)\,. \qquad (4\text{-}14)$$

Für alle linearen Ein-Freiheitsgrad-Schwinger (z. B. auch bei erzwungenen Torsionsschwingungen) ist sie von diesem Typ. Die Gleichung wird durch Einführung der normierten Zeit $\tau = \omega_0 t$ mithilfe von (4-5) umgeformt. Das Ergebnis ist

$$q'' + 2Dq' + q = q_0 f_i(\eta, D)\cos(\eta\tau - \psi) \qquad (4\text{-}15)$$
$$\text{mit} \quad \eta = \Omega/\omega_0\,.$$

Die Konstanten D, q_0 und ψ und die Funktion $f_i(\eta, D)$ sind von Fall zu Fall verschieden. Tabelle 4-1 gibt sie für die Schwinger von Bild 4-4 an.

Die vollständige Lösung $q(\tau)$ von (4-15) ist die Summe aus der Lösung (4-8) der homogenen Gleichung und einer speziellen Lösung der inhomogenen. Im Fall $D > 0$ klingt $q(t)$ in (4-8) ab, sodass die spezielle Lösung das stationäre Verhalten beschreibt. Sie lautet

$$q(\tau) = q_0 V_i(\eta, D)\cos(\eta\tau - \psi - \varphi) \qquad (4\text{-}16)$$

mit der sog. Vergrößerungsfunktion

$$V_i(\eta, D) = \frac{f_i(\eta, D)}{[(1-\eta^2)^2 + 4D^2\eta^2]^{1/2}} \quad (i = 1, \ldots, 4)\,. \qquad (4\text{-}17)$$

Für den Phasenwinkel $\varphi(\eta, D)$ gilt stets $\tan\varphi = 2D\eta/(1-\eta^2)$. Die Vergrößerungsfunktionen V_2, V_3 und V_4 zu f_2, f_3 und f_4 von Tabelle 4-1 sowie $\varphi(\eta, D)$ sind in Bild 4-5 dargestellt. Für V_1 gilt $V_1(\eta, D) \equiv V_3(1/\eta, D)$.

Man sagt, dass q in *Resonanz* mit der Erregung ist, wenn $\eta = 1$ ist. Die Maxima der Vergrößerungsfunktionen bei gegebenem Dämpfungsgrad D liegen für V_1 bei

$$\eta = (1 - 2D^2)^{1/2}\,,$$

für V_2 bei $\eta = 1$, für V_3 bei $\eta = (1 - 2D^2)^{-1/2}$ und für V_4 bei $\eta = [(1 + 8D^2)^{1/2} - 1]^{1/2}/(2D)$. Die Maxima sind

$$V_{1\,\max} = V_{3\,\max} = (1 - D^2)^{-1/2}/(2D)\,,$$
$$V_{2\,\max} = 1\,,$$
$$V_{4\,\max} = \left[1 - \left(\frac{\sqrt{1+8D^2} - 1}{4D^2}\right)^2\right]^{-1/2}.$$

Tabelle 4-1. Bedeutung der Größen ω_0, D, q_0, ψ und $f_i(\eta, D)$ in (4-15) für die Schwinger von Bild 4-4. Für Bild 4-4d liefert die obere Zeile die Gleichung für die Koordinate q und die untere die Gleichung für die Koordinate q^*

Bild 4-4	ω_0^2	$2D$	q_0	ψ	$f_i(\eta, D)$
a	k/m	$b/\sqrt{mk}$	F_0/k	0	$f_1 = 1$
b	k/m	$b/\sqrt{mk}$	u_0	$-\pi/2$	$f_2 = 2D\eta$
c	$k/(m+m_1)$	$b/\sqrt{(m+m_1)k}$	$u_0 m_1/(m+m_1)$	0	$f_3 = \eta^2$
d {	k/m	$b/\sqrt{mk}$	u_0	$-\arctan(2D\eta)$	$f_4 = \sqrt{1+4D^2\eta^2}$
	k/m	$b/\sqrt{mk}$	u_0	0	$f_3 = \eta^2$

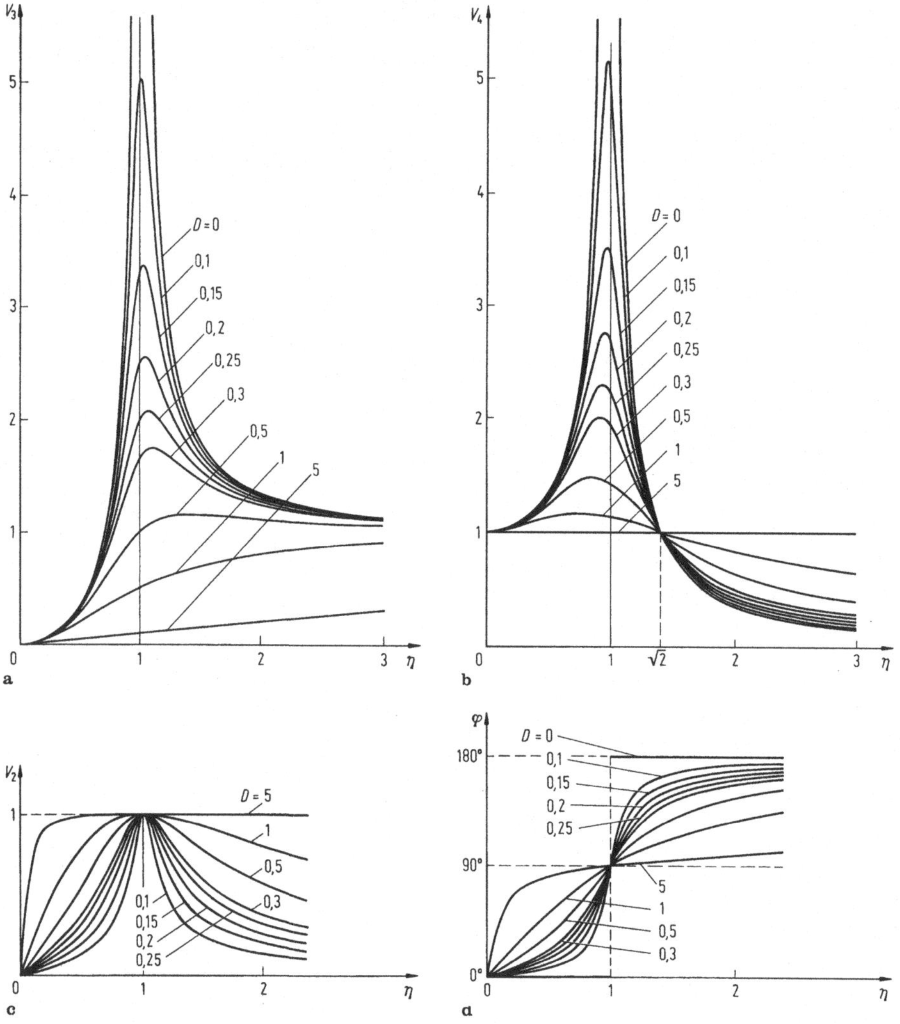

Bild 4-5. **a–c** Vergrößerungsfunktionen V_3, V_4 und V_2 für die Schwinger von Bild **4-4**. **d** Phasenwinkel $\varphi(\eta, D)$ in (4-16) für alle Schwinger von Bild **4-4**

Im Fall $D \ll 1$ treten die Maxima aller vier Funktionen bei $\eta \approx 1$ auf, und alle außer $V_{2\,\max}$ haben angenähert den Wert $1/(2D)$.

Periodische Erregung

Wenn die Erregerfunktion (z. B. $u(t)$ in Bild 4-4) nichtharmonisch periodisch mit der Periodendauer T ist, definiert man $\Omega = 2\pi/T$ und $\eta = \Omega/\omega_0$ und entwickelt die Störfunktion der Differenzialgleichung in eine Fourierreihe. An die Stelle der rechten Seite von (4-15) tritt dann der Ausdruck

$$\sum_{k=1}^{\infty}[a_k \cos(k\eta\tau) + b_k \sin(k\eta\tau)] = \sum_{k=1}^{\infty} c_k \cos(k\eta\tau - \psi_k) \qquad (4\text{-}18)$$

mit $c_k^2 = a_k^2 + b_k^2$ und $\tan\psi_k = b_k/a_k$, wobei die c_k und ψ_k i. Allg. von η und D abhängen. Die Lösung $q(\tau)$ der Differenzialgleichung ergibt sich aus (4-16) nach dem Superpositionsprinzip zu

$$\left.\begin{aligned} q(\tau) &= \sum_{k=1}^{\infty} c_k V_1(k\eta, D)\cos(k\eta\tau - \psi_k - \varphi_k)\,, \\ \tan\varphi_k &= 2Dk\eta/(1-k^2\eta^2)\,. \end{aligned}\right\} \tag{4-19}$$

Das k-te Glied dieser Reihe ist mit der Erregung in Resonanz, wenn $k\eta = 1$ ist.

Nichtperiodische Erregung

Bei Anlaufvorgängen und anderen nichtperiodischen Erregungen tritt an die Stelle von (4-15) $q'' + 2Dq' + q = f(\tau)$ mit einer nichtperiodischen Störfunktion $f(\tau)$. Die vollständige Lösung $q(\tau)$ ist die Summe aus der Lösung (4-8) der homogenen Gleichung und einer partikulären Lösung zur Störfunktion $f(\tau)$. Die partikuläre Lösung zur Störfunktion $f(\tau) = (a_m\tau^m + a_{m-1}\tau^{m-1} + \ldots + a_1\tau + a_0)\cos\beta\tau$ mit beliebigen Konstanten $m \geq 0$, $a_m, \ldots, a_0$ und β (statt $\cos\beta\tau$ kann auch $\sin\beta\tau$ stehen) ist

$$\begin{aligned} q_{\text{part}}(\tau) &= \left(b_m\tau^m + b_{m-1}\tau^{m-1} + \ldots + b_1\tau + b_0\right)\cos\beta\tau \\ &\quad + \left(c_m\tau^m + c_{m-1}\tau^{m-1} + \ldots + c_1\tau + c_0\right)\sin\beta\tau\,. \end{aligned}$$

Im Sonderfall $D = 0, \beta = 1$ muss der gesamte Ausdruck mit τ multipliziert werden. Die Konstanten b_i, c_i $(i = 0, \ldots, m)$ werden bestimmt, indem man q_{part} in die Dgl. einsetzt und einen Koeffizientenvergleich vornimmt. Bei komplizierten Störfunktionen $f(\tau)$ berechnet man die vollständige Lösung $q(\tau)$ zu Anfangswerten $q_0 = q(0)$, $q_0' = q'(0)$ mit dem Faltungsintegral

$$\begin{aligned} q(\tau) &= \frac{1}{\nu}\int_0^{\tau} f(\bar\tau)\mathrm{e}^{-D(\tau-\bar\tau)}\sin\nu(\tau-\bar\tau)\,\mathrm{d}\bar\tau \\ &\quad + \mathrm{e}^{-D\tau}[q_0\cos\nu\tau + (1/\nu)(q_0' + Dq_0)\sin\nu\tau] \end{aligned}$$

mit $\nu = (1 - D^2)^{1/2}$. Das Integral ist entweder in geschlossener Form oder numerisch auswertbar (siehe A 36.3).

Periodische Erregung durch Stöße

Bei einem Stoß wirkt auf den Schwinger kurzzeitig eine große Kraft $F(t)$. Das Integral $\hat{F} = \int F(t)\,\mathrm{d}t$ über die Stoßdauer heißt *Kraftstoß*. Ein einzelner, infinitesimal kurzzeitig wirkender Kraftstoß $\hat{F}$ auf einen anfangs ruhenden, gedämpften Schwinger mit der Differenzialgleichung $m\ddot{q} + b\dot{q} + kq = 0$ verursacht die Schwingung $q(\tau) = B\exp(-D\tau)\sin\nu\tau$ mit $B = \hat{F}/(\nu m\omega_0)$. Zur Bedeutung der Symbole siehe (4-5) bis (4-8). Wenn auf denselben Schwinger gleichgerichtete und gleich große Kraftstöße $\hat{F}$ periodisch im zeitlichen Abstand T_s wirken, stellt sich asymptotisch eine stationäre Schwingung ein, bei der sich zwischen je zwei Stößen periodisch der Verlauf $q(\tau) = V_{\text{I}}(\eta, D) \times B\exp(-D\tau)\sin(\nu\tau + \psi)$ wiederholt $(0 \leqq \tau \leqq \Delta\tau = \omega_0 T_s)$. Darin ist B dieselbe Größe wie oben, $\eta = T_s\omega_0/(2\pi)$ das Verhältnis aus Stoßzeitintervall und Periodendauer der freien ungedämpften Schwingung, ψ ein von η und D abhängiger Nullphasenwinkel und $V_{\text{I}}(\eta, D)$ die *Vergrößerungsfunktion* (siehe [1])

$$V_{\text{I}}(\eta, D) = \frac{\exp(\pi D\eta)}{\{2[\cosh(2\pi D\eta) - \cos(2\pi\nu\eta)]\}^{1/2}}\,. \tag{4-20}$$

Sie ist in Bild 4-6 dargestellt. Die Resonanzspitzen bei $\eta = n$ (ganzzahlig) sind im Fall $D \ll 1$

$$V_{\text{I}}(\eta, D) \approx [1 - \exp(-2\pi nD)]^{-1}\,.$$

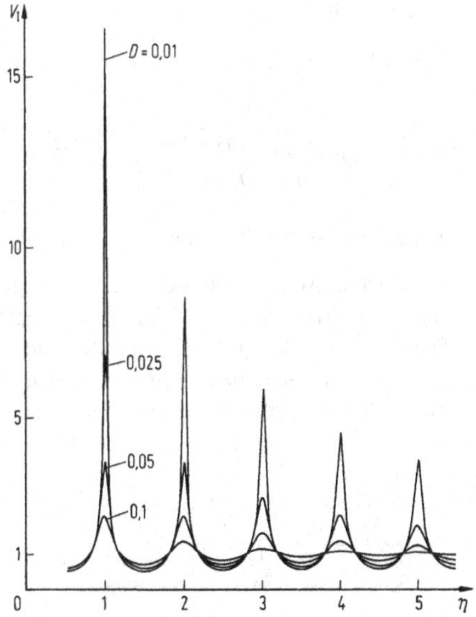

Bild 4-6. Vergrößerungsfunktion V_I nach (4-20) für Schwingungserregung durch periodische Kraftstöße

4.2.2 Erzwungene Schwingungen bei endlich vielen Freiheitsgraden

Hierzu siehe auch 5.14 Übertragungsmatrizen.
Im Fall ohne Dämpfung tritt an die Stelle von (4-10) die Differenzialgleichung

$$\underline{M}\,\ddot{\underline{q}} + \underline{K}\,\underline{q} = \underline{F}(t) \quad (4\text{-}21)$$

mit einer Spaltenmatrix $\underline{F}(t)$ von Erregerfunktionen. Bei harmonischer Erregung $\underline{F}(t) = \underline{F}_0 \cos \Omega t$ mit einer einzigen Erregerkreisfrequenz Ω und mit $\underline{F}_0 = \text{const}$ ist die stationäre Lösung $\underline{q}(t) = \underline{A} \cos \Omega t$. Die konstante Spaltenmatrix $\underline{A}$ ist die Lösung des inhomogenen Gleichungssystems

$$(\underline{K} - \Omega^2 \underline{M})\underline{A} = \underline{F}_0 \,. \quad (4\text{-}22)$$

Resonanz tritt ein, wenn Ω mit einer Eigenkreisfrequenz ω_i des Systems, d. h. einer Lösung der Gleichung $\det(\underline{K} - \omega^2 \underline{M}) = 0$, übereinstimmt (das ist (4-11) mit $\lambda = \omega^2$).
Durch geeignete Parameterabstimmung kann man u. U. erreichen, dass die aus (4-22) berechnete Amplitude A_i einer Koordinate q_i oder einiger Koordinaten bei einer bestimmten, im Normalbetrieb des Systems auftretenden Erregerkreisfrequenz Ω gleich null ist. Dieser Effekt heißt *Schwingungstilgung*.

Beispiel 4-3: Für das System in Bild 4-7 hat (4-22) die Form

$$\left(\begin{bmatrix} k_1 & 0 \\ 0 & k_2 \end{bmatrix} - \Omega^2 \begin{bmatrix} m_{\text{ges}} & m_2 \\ m_2 & m_2 \end{bmatrix}\right)\begin{bmatrix} A_1 \\ A_2 \end{bmatrix} = \begin{bmatrix} m\Omega^2 r \\ 0 \end{bmatrix}.$$

$A_1 = 0$ bei der Parameterabstimmung $\Omega^2 = k_2/m_2$.

Bei nichtharmonischer periodischer Erregung in (4-21) wird $\underline{F}(t)$ in eine Fourierreihe entwickelt. Die Lösung von (4-21) ist die Summe der Lösungen zu den einzelnen Reihengliedern. Bei nichtperiodischer Erregung wird das Eigenwertproblem (4-11) gelöst. Das Ergebnis sind die Eigenwerte λ_i $(i = 1, \ldots, n)$, die Modalmatrix $\underline{\Phi}$ und die Hauptkoordinaten $\underline{x}$. Einsetzen von $\underline{q} = \underline{\Phi}\,\underline{x}$ in (4-21) und Linksmultiplikation mit $\underline{\Phi}^{\mathrm{T}}$ erzeugt die entkoppelten Gleichungen

$$\ddot{x}_i + \lambda_i x_i = (1/c^2)[\underline{\Phi}^{\mathrm{T}}\underline{F}(t)]_i \quad (i = 1, \ldots, n)\,. \quad (4\text{-}23)$$

Für die Eigenwerte λ_i und die Anfangsbedingungen gelten die Aussagen im Anschluss an (4-13). Die Gleichungen (4-23) werden mit den Methoden von 4.2.1 gelöst. Aus $\underline{x}(t)$ ergibt sich $\underline{q}(t) = \underline{\Phi}\,\underline{x}(t)$.
Schwingungen mit Dämpfung: Zum Thema Dämpfung siehe [2–4]. Bei linearer Dämpfung tritt an die Stelle von (4-21) die Gleichung

$$\underline{M}\,\ddot{\underline{q}} + \underline{D}\,\dot{\underline{q}} + \underline{K}\,\underline{q} = \underline{F}(t) \quad (4\text{-}24)$$

mit einer symmetrischen Dämpfungsmatrix $\underline{D}$. Bei harmonischer Erregung $\underline{F}(t) = \underline{F}_0 \cos \Omega t$ mit einer einzigen Erregerkreisfrequenz Ω und mit $\underline{F}_0 = \text{const}$ ist die stationäre Lösung $\underline{q}(t) = \underline{A} \cos \Omega t + \underline{B} \sin \Omega t$. Die konstanten Spaltenmatrizen $\underline{A}$ und $\underline{B}$ sind die Lösungen des inhomogenen Gleichungssystems

$$\begin{bmatrix} \underline{K} - \Omega^2 \underline{M} & \Omega \underline{D} \\ -\Omega \underline{D} & \underline{K} - \Omega^2 \underline{M} \end{bmatrix}\begin{bmatrix} \underline{A} \\ \underline{B} \end{bmatrix} = \begin{bmatrix} \underline{F}_0 \\ \underline{0} \end{bmatrix}.$$

Wenn $\underline{F}(t)$ eine Summe periodischer Funktionen ist, wird das Superpositionsprinzip angewandt.
Bei nichtperiodischer Erregung ist $\underline{F}(t)$ als Summe von höchstens n Ausdrücken der Form $\underline{F}_0 f(t)$ mit $\underline{F}_0 = \text{const}$ darstellbar. Da das Superpositionsprinzip gilt, wird die Lösung nur für diese Form angegeben. Die folgenden Rechenschritte liefern die Lösung für $\underline{z}(t) = [q_1(t) \ldots q_n(t) \dot{q}_1(t) \ldots \dot{q}_n(t)]^{\mathrm{T}}$ zu gegebenen Anfangswerten $\underline{z}(0)$ (siehe[1]).

1. Schritt: Man bildet eine konstante Spaltenmatrix $\underline{B}$ mit $2n$ Elementen, in der oben n Nullelemente und darunter das Produkt $\underline{M}^{-1}\underline{F}_0$ stehen.

2. Schritt: Man berechnet die $2n$ Eigenwerte λ_i und Eigenvektoren $\underline{Q}_i$ $(i = 1, \ldots, 2n)$ des Eigenwertproblems $(\lambda^2 \underline{M} + \lambda \underline{D} + \underline{K})\underline{Q} = \underline{0}$. Die Normierung der Eigenwerte ist beliebig. Das Ergebnis sind $p \leq n$ Paare konjugiert komplexer Eigenwerte $\lambda_i = \varrho_i \pm \mathrm{j}\sigma_i$ und Eigenvektoren $\underline{Q}_i = \underline{u}_i \pm \mathrm{j}\underline{v}_i$ $(i = 1, \ldots, p)$ sowie $2n - 2p$ reelle Eigenwerte λ_i und Eigenvektoren $\underline{Q}_i$

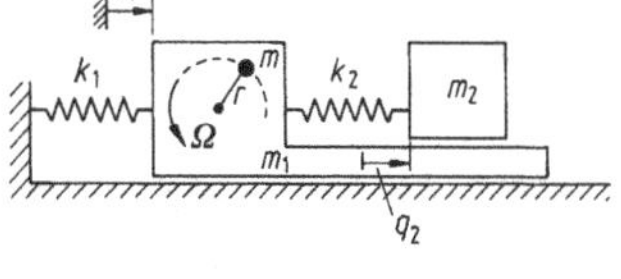

Bild 4-7. Schwingungstilger. Bei geeigneter Parameterwahl m_2, k_2 bleibt m_1 in Ruhe

($i = 2p+1, \ldots, 2n$). Zu jedem Paar komplexer Eigenvektoren werden $\underline{u}_i^* = \varrho_i \underline{u}_i - \sigma_i \underline{v}_i$ und $\underline{v}_i^* = \sigma_i \underline{u}_i + \varrho_i \underline{v}_i$ ($i = 1, \ldots, p$) und zu jedem reellen Eigenvektor $\underline{Q}_i$ wird $\underline{Q}_i^* = \lambda_i \underline{Q}_i$ ($i = 2p+1, \ldots, 2n$) berechnet. Dann bildet man die reelle ($2n \times 2n$)-Matrix

$$\underline{\Psi} = \begin{bmatrix} \underline{u}_1 & \underline{v}_1 & \cdots & \underline{u}_p & \underline{v}_p & \underline{Q}_{2p+1} & \cdots & \underline{Q}_{2n} \\ \underline{u}_1^* & \underline{v}_1^* & \cdots & \underline{u}_p^* & \underline{v}_p^* & \underline{Q}_{2p+1}^* & \cdots & \underline{Q}_{2n}^* \end{bmatrix} .$$

3. Schritt: Man löst das Gleichungssystem $\underline{\Psi}\,\underline{Y} = \underline{B}$ nach $\underline{Y}$ auf.

4. Schritt: Man löst (mit einem der Verfahren von 4.2.1) die p Differenzialgleichungen 2. Ordnung

$$\ddot{x}_i - 2\varrho_i \dot{x}_i + \left(\varrho_i^2 + \sigma_i^2\right) x_i = f(t) \quad (i = 1, \ldots, p) \tag{4-25}$$

und die $2n - 2p$ Differenzialgleichungen 1. Ordnung

$$\dot{y}_i - \lambda_i y_i = Y_i f(t) \quad (i = 2p+1, \ldots, 2n) .$$

Anfangswerte $x_i(0)$, $\dot{x}_i(0)$ und $y_i(0)$ siehe unten. Zu jeder Lösung $x_i(t)$ berechnet man $\dot{x}_i(t)$.

5. Schritt: Zu jedem Paar $x_i(t)$, $\dot{x}_i(t)$ berechnet man Funktionen $y_{2i-1}(t)$ und $y_{2i}(t)$ aus der Gleichung

$$\begin{bmatrix} y_{2i-1}(t) \\ y_{2i}(t) \end{bmatrix} = \begin{bmatrix} -\varrho_i Y_{2i-1} + \sigma_i Y_{2i} & Y_{2i-1} \\ -\sigma_i Y_{2i-1} - \varrho_i Y_{2i} & Y_{2i} \end{bmatrix} \times \begin{bmatrix} x_i(t) \\ \dot{x}_i(t) \end{bmatrix} \quad (i = 1, \ldots, p) . \tag{4-26}$$

Im Fall $f(t) \equiv 0$ setze man in (4-26) $Y_{2i-1} = 1, Y_{2i} = 0$. Im Sonderfall $f(t) \neq 0$, $Y_{2i-1} = Y_{2i} = 0$ setze man in (4-25) $f(t) \equiv 0$ und in (4-26) $Y_{2i-1} = 1, Y_{2i} = 0$. Anfangswerte $\underline{y}(0)$ werden aus dem Gleichungssystem $\underline{\Psi}\,\underline{y}(0) = \underline{z}(0)$ berechnet. Anfangswerte für (4-25) werden mit $\underline{y}(0)$ aus (4-26) berechnet.

6. Schritt: Man bildet die Spaltenmatrix $\underline{y}(t) = [y_1(t) \ldots y_{2p}(t)\, y_{2p+1}(t) \ldots y_{2n}(t)]^{\mathrm{T}}$. Die gesuchte Lösung ist $\underline{z}(t) = \underline{\Psi}\,\underline{y}(t)$.

4.3 Lineare parametererregte Schwingungen

Lineare parametererregte Schwingungen eines Systems mit einem Freiheitsgrad werden durch die Differenzialgleichung

$$\ddot{q} + p_1(t)\dot{q} + p_2(t)q = 0 \tag{4-27}$$

beschrieben. Sie besitzt die spezielle Lösung $q(t) \equiv 0$. Die Koeffizienten $p_1(t)$ und $p_2(t)$ entscheiden darüber, ob die allgemeine Lösung $q(t)$ asymptotisch stabil, grenzstabil oder instabil ist.

Beispiel 4-4: Das Pendel mit linear von t abhängiger Länge $l(t) = l_0 + vt$ (z. B. ein Förderkorb am Seil mit konstanter Geschwindigkeit $v > 0$ oder $v < 0$). Die horizontale Auslenkung q des Pendelkörpers aus der Vertikalen (nicht der Pendelwinkel) wird durch (4-27) mit $p_1(t) \equiv 0$ und $p_2(t) = g/(l_0 + vt)$ beschrieben. Im Fall $v > 0$ schwingt $q(t)$ angefacht und im Fall $v < 0$ gedämpft. Der Pendelwinkel schwingt dagegen im Fall $v > 0$ gedämpft und im Fall $v < 0$ angefacht.

Von besonderer technischer Bedeutung sind parametererregte Schwingungen, bei denen die Koeffizienten $p_1(t)$ und $p_2(t)$ in (4-27) periodische Funktionen gleicher Periode T sind. Nach dem Satz von Floquet hat die allgemeine Lösung $q(t)$ in diesem Fall die Form

$$q(t) = \begin{cases} C_1 u_1(t) e^{\mu_1 t} + C_2 u_2(t) e^{\mu_2 t} & \text{(allg. Fall)} \\ [C_1 (t/T) u_1(t) + C_2 u_2(t)] e^{\mu t} & \text{(Sonderfall)} \end{cases}$$

(C_1, C_2 Integrationskonstanten, u_1, u_2 sind T-periodische Funktionen, μ_1, μ_2 und μ Konstanten). Die Größen $\exp(\mu_i T) = s_i$ ($i = 1, 2$) und $\exp(\mu T) = s$ sind die Wurzeln bzw. die Doppelwurzel der charakteristischen quadratischen Gleichung, die (4-27) zugeordnet ist. Sie bestimmen das Stabilitätsverhalten der Lösung. Sie werden durch numerische Integration von (4-27) über eine einzige Periode T berechnet, und zwar in den folgenden Schritten.

1. Schritt: Man führt die normierte Zeit $\tau = 2\pi t/T$ und die normierte Variable $y = q/q_0$ ein, wobei q_0 eine beliebige konstante Bezugsgröße der Dimension von q ist. Dann nimmt (4-27) die normierte Form

$$y'' + p_1^*(\tau) y' + p_2^*(\tau) y = 0 \tag{4-28}$$

mit $' = \mathrm{d}/d\tau$ und mit 2π-periodischen Funktionen $p_1^*(\tau)$ und $p_2^*(\tau)$ an.

2. Schritt: Die normierte Differenzialgleichung wird numerisch von $\tau = 0$ bis $\tau = 2\pi$ integriert, und zwar einmal mit den Anfangsbedingungen $y(0) = 1$, $y'(0) = 0$ und einmal mit den Anfangsbedingungen $y(0) = 0$, $y'(0) = 1$. Für $y(2\pi)$ und $y'(2\pi)$ ergeben sich im 1. Fall bestimmte Zahlen y_1 und y_1' und im 2. Fall

bestimmte Zahlen y_2 und y'_2. Mit diesen erhält man die charakteristische quadratische Gleichung

$$s^2 - (y_1 + y'_2)\,s + (y_1 y'_2 - y_2 y'_1) = 0\,. \qquad (4\text{-}29)$$

Die Beträge ihrer (reellen oder konjugiert komplexen) Wurzeln s_1 und s_2 entscheiden nach Tabelle 4-2, ob die allgemeine Lösung $y(\tau)$ und damit auch die allgemeine Lösung $q(t)$ von (4-27) asymptotisch stabil, grenzstabil oder instabil ist.

Stabilitätskarten. Die Koeffizienten $p_1^*(\tau)$ und $p_2^*(\tau)$ in (4-28) hängen i. Allg. von Parametern ab. Eine Stabilitätskarte entsteht, wenn man zwei Parameter P_1 und P_2 auswählt und in einem Koordinatensystem mit den Achsen P_1 und P_2 die Grenze zwischen Gebieten mit stabilen Lösungen und Gebieten mit instabilen Lösungen einzeichnet.

Beispiel 4-5: Sei (4-28) die Gleichung $y'' + 2cy' + (\lambda + \gamma \cos \tau)y = 0$. Im Fall $c = 0$ heißt sie *Mathieu'sche Differenzialgleichung* (siehe A 28). Die beiden Parameter seien λ und γ. Bild 4-8 zeigt die Stabilitätskarten für $c = 0$ und für verschiedene Dämpfungskonstanten $c > 0$.

Ein System mit Parametererregung kann zusätzlich fremderregt sein. Dann tritt an die Stelle von (4-27) die Gleichung $\ddot{q} + p_1(t)\dot{q} + p_2(t)q = F(t)$. Bei periodischer Fremderregung kann man sich auf den Sonderfall $F(t) = F_0 \cos \Omega t$ (ein einzelnes Glied der Fourierreihe) beschränken, weil das Superpositionsprinzip gilt. Wenn das System ohne Fremderregung stabil ist, gibt es Erregerkreisfrequenzen Ω, bei denen Resonanz auftritt. Systeme mit mehreren Freiheitsgraden werden durch Differenzialgleichungssysteme mit von t abhängigen Koeffizienten beschrieben. Ausführliche Darstellungen vieler Probleme mit Beispielen siehe in [5].

Tabelle 4-2. Stabilitätskriterien für Gl. (4-28) mit periodischen Koeffizienten $p_1^*(\tau)$ und $p_2^*(\tau)$. s_1 und s_2 sind die Wurzeln von (4-29).

	$\lvert s_2\rvert < 1$	$\lvert s_2\rvert = 1$	$\lvert s_2\rvert > 1$
$\lvert s_1\rvert < 1$	asympt. stabil	grenzstabil	instabil
$\lvert s_1\rvert = 1$	grenzstabil	$y'_1 = y_2 = 0$? ja: grenzstabil nein: instabil	instabil
$\lvert s_1\rvert > 1$	instabil	instabil	instabil

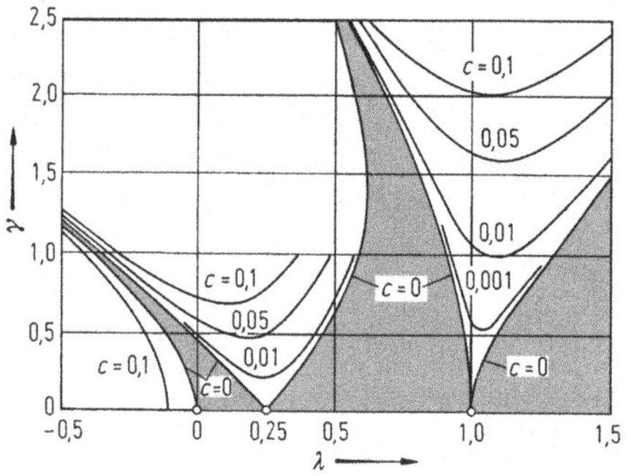

Bild 4-8. Stabilitätskarten für die Differenzialgleichung $y'' + 2cy' + (\lambda + \gamma \cos \tau)y = 0$ für verschiedene Werte von c. Für $c = 0$ (Mathieu-Gleichung) sind die Lösungen $q(t)$ für Parameterkombinationen λ, γ im schattierten Bereich stabil. Mit zunehmender Dämpfung c werden die Stabilitätsbereiche größer

4.4 Freie Schwingungen eindimensionaler Kontinua

4.4.1 Saite. Zugstab. Torsionsstab

Freie *Transversalschwingungen* $u(x, t)$ einer gespannten Saite (Bild 4-9a; u Auslenkung, S Vorspannkraft, μ lineare Massenbelegung), freie *Longitudinalschwingungen* $u(x, t)$ eines geraden Stabes (Bild 4-9b; u Längsverschiebung, EA Längssteifigkeit, ϱ Dichte) und freie *Torsionsschwingungen* $u(x, t)$ eines Stabes (Bild 4-9c; u Drehwinkel, GI_T Torsi-

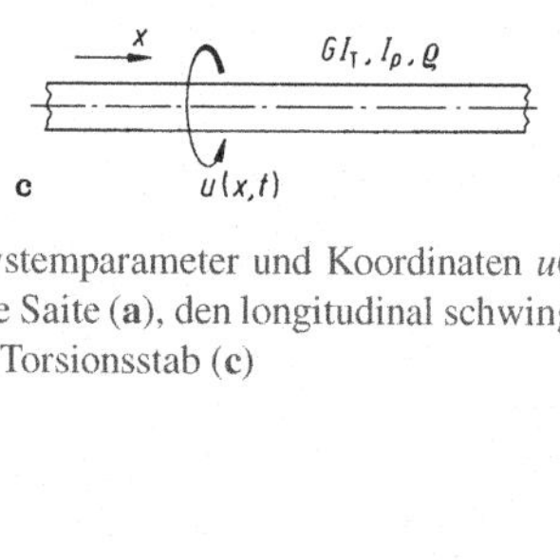

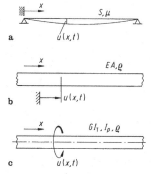

Bild 4-9. Systemparameter und Koordinaten $u(x, t)$ für die schwingende Saite (**a**), den longitudinal schwingenden Stab (**b**) und den Torsionsstab (**c**)

onssteifigkeit, I_p polares Flächenmoment, ϱ Dichte) werden durch die *Wellengleichung* beschrieben:

$$\frac{\partial^2 u}{\partial t^2} = c^2 \frac{\partial^2 u}{\partial x^2} \tag{4-30}$$

mit $c^2 = S/\mu$ bzw. $c^2 = E/\varrho$ bzw. $c^2 = GI_T/(\varrho I_p)$. c heißt *Ausbreitungsgeschwindigkeit der Welle*. Werte von $\sqrt{E/\varrho}$ sind $\approx 5100\,\mathrm{m/s}$ in Stahl, Aluminium und Glas (fast gleich), $\approx 4000\,\mathrm{m/s}$ in Beton, $\approx 1450\,\mathrm{m/s}$ in Wasser und $\approx 350\,\mathrm{m/s}$ in Kork.

Zu (4-30) gehören Anfangsbedingungen für $u(x, t_0)$ und für $[\partial u/\partial t]_{(x,t_0)}$. Außerdem müssen Randbedingungen formuliert werden, und zwar für Lagerpunkte, für Endpunkte und für Punkte, in denen andere Systeme (Stäbe, Saiten oder anderes) angekoppelt sind. Beispiel: Zwei longitudinal schwingende Stäbe 1 und 2 sind mit ihren Enden bei $x = 0$ zu einem durchgehenden Stab verbunden. Randbedingungen schreiben vor, dass die Verschiebungen und die Längskräfte beider Stäbe bei $x = 0$ jeweils gleich sind:

$$(u_1 - u_2)|_{(0,t)} \equiv 0\,,$$
$$\left(E_1 A_1 \frac{\partial u_1}{\partial x} - E_2 A_2 \frac{\partial u_2}{\partial x}\right)\bigg|_{(0,t)} \equiv 0\,. \tag{4-31}$$

Wellen. Reflexion. Transmission

Jede Funktion $u(x, t) = f(x - ct) + g(x + ct)$ mit beliebigen stückweise zweimal differenzierbaren Funktionen f und g ist Lösung von (4-30). $f(x - ct)$ stellt eine in positiver x-Richtung mit der Geschwindigkeit c fortlaufende Welle gleichbleibenden Profils dar und $g(x + ct)$ eine andere in negativer Richtung laufende Welle (Bild 4-10a). Die spezielle Funktion

$$f(x - ct) = A\cos\left[\frac{2\pi}{\lambda}(x - ct)\right] = A\cos\left(\frac{2\pi x}{\lambda} - \omega t\right)$$

mit $\omega = 2\pi c/\lambda$ ist für $t = \text{const}$ eine harmonische Funktion von x mit der Wellenlänge λ und bei $x = \text{const}$ eine harmonische Funktion von t mit der Kreisfrequenz ω, wobei $\omega\lambda = 2\pi c = \text{const}$ ist (Bild 4-10b). Diese Welle heißt *harmonische Welle*.

Eine Welle, die einen Punkt mit Randbedingungen erreicht, löst dort i. Allg. eine *reflektierte Welle* aus,

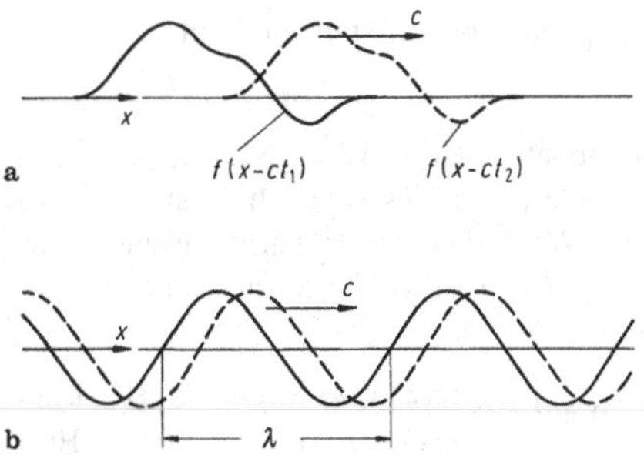

Bild 4-10. (a) Nichtharmonische Welle und (b) harmonische Welle mit der Wellenlänge λ

die mit derselben Ausbreitungsgeschwindigkeit in die Gegenrichtung läuft. Wenn die Randbedingungen die Kopplung mit einem anderen Stab (einer anderen Saite) ausdrücken, dann löst die ankommende Welle in diesem (in dieser) eine *transmittierte Welle* aus. Für Wellen gilt das Superpositionsprinzip. Daraus folgt, dass reflektierte und transmittierte Wellen, die durch eine Summe von ankommenden Wellen ausgelöst werden, so berechnet werden, dass man zu jeder einzelnen ankommenden Welle die reflektierte und die transmittierte Welle berechnet und diese dann summiert. Reflektierte und transmittierte Wellen sind durch Randbedingungen eindeutig bestimmt, wenn die ankommende Welle gegeben ist.

Beispiel: Zwei longitudinal schwingende Stäbe 1 und 2 sind mit ihren Enden bei $x = 0$ so gekoppelt, dass die Randbedingungen (4-31) gelten. Stab 1 ist der Stab im Bereich $x < 0$. In Stab 1 läuft die gegebene Welle $f(x - c_1 t)$ auf die Koppelstelle zu. Sie löst in Stab 1 die unbekannte reflektierte Welle $g_r(x + c_1 t)$ und in Stab 2 die unbekannte transmittierte Welle $f_t(x - c_2 t)$ aus. Mit dem Ansatz $u_1(x, t) = f + g_r$, $u_2(x, t) = f_t$ ergeben sich aus (4-31) die Wellen

$$g_r = \frac{1-\alpha}{1+\alpha} f(-x - c_1 t)\,, \quad f_t = \frac{2}{1+\alpha} f\left[\frac{c_1}{c_2}(x - c_2 t)\right]$$

mit

$$\alpha = (A_2/A_1)[E_2\varrho_2/(E_1\varrho_1)]^{1/2}\,.$$

Dieselben Gleichungen gelten mit

$$\alpha = [G_2\varrho_2 I_{T2} I_{p\,2}/(G_1\varrho_1 I_{T1} I_{p\,1})]^{1/2}$$

für gekoppelte Torsionsstäbe und mit

$$\alpha = c_1/c_2 = (\mu_2/\mu_1)^{1/2}$$

für gekoppelte Saiten. Wenn Stab 1 bei $x = 0$ ein festes Ende (ein freies Ende) hat, ist $\alpha = \infty$ (bzw. $\alpha = 0$). Wenn dann f die harmonische Welle $f = A\cos[2\pi/\lambda(x - c_1 t)]$ ist, bildet sich die stehende Welle aus (Bild 4-11):

$$u(x,t) = \begin{cases} 2A\sin(2\pi x/\lambda)\sin\omega t & \text{(festes Ende)} \\ 2A\cos(2\pi x/\lambda)\cos\omega t & \text{(freies Ende)} \end{cases} \tag{4-32}$$

$$\text{mit} \quad \omega = 2\pi c_1/\lambda\,.$$

Erzwungene Schwingungen von Stäben und Saiten sind die Folge von Fremderregung. Sie kann die Form von zusätzlichen Erregerfunktionen in (4-30) haben (z. B. im Fall von zeitlich vorgeschriebenen Streckenlasten an den Systemen in Bild 4-9). Sie kann auch die Form von gegebenen Erregerfunktionen in Randbedingungen haben (z. B. bei zeitlich vorgeschriebenen Lagerbewegungen). Wenn sie nur diese letztere Form hat, dann ist der Lösungsansatz für (4-30) $u(x,t) = f(x - ct) + g(x + ct)$. Für die Wellen f und g ergibt sich aus den Randbedingungen ein System von linearen, inhomogenen, gewöhnlichen Differenzialgleichungen.
Weiteres zur Wellenausbreitung siehe in [9–13].

Eigenkreisfrequenzen. Eigenformen

Auch der *Bernoulli'sche Separationsansatz*

$$u(x,t) = f(t) \cdot g(x)$$

$$\text{mit} \quad f(t) = A\cos\omega t + B\sin\omega t\,, \tag{4-33}$$

$$g(x) = a\cos(\omega x/c) + b\sin(\omega x/c) \tag{4-34}$$

löst die Wellengleichung (4-30). $g(x)$ heißt *Eigenform* und ω *Eigenkreisfrequenz*. Die Konstanten A, B, a, b und ω werden wie folgt bestimmt. Randbedingungen für u und für $\partial u/\partial x$ liefern ein System homogener linearer Gleichungen für die Koeffizienten a und b (bei mehrfeldrigen Problemen zwei Koeffizienten je Feld). Das System hat nur für die abzählbar unendlich vielen Eigenwerte ω_k ($k = 1, 2, \ldots$) seiner transzendenten charakteristischen *Frequenzgleichung* (das ist die Gleichung: Koeffizientendeterminante = 0) nichttriviale Lösungen a_k, b_k und damit Eigenformen

$$g_k(x) = a_k\cos(\omega_k x/c) + b_k\sin(\omega_k x/c)\,.$$

Die Eigenformen erfüllen die *Orthogonalitätsbeziehungen* (Integration über den ganzen Bereich)

$$\int g_i(x) g_j(x)\,\mathrm{d}x = 0 \quad (i \neq j)\,. \tag{4-35}$$

Beispiel 4-6: Für den Torsionsstab mit Endscheibe in Bild 4-12a liest man aus Bild 4-12b die Randbedingungen $g(0) = 0$ und $GI_\mathrm{T}(\partial u/\partial x)|_{(l,t)} = -J(\partial^2 u/\partial t^2)|_{(l,t)}$ oder $GI_\mathrm{T}(\mathrm{d}g/\mathrm{d}x)|_l - \omega^2 J g(l) = 0$ ab. Daraus folgt mit (4-34) $a = 0$ und

$$b\left(\frac{GI_\mathrm{T}\omega}{c}\cos\frac{\omega l}{c} - \omega^2 J\sin\frac{\omega l}{c}\right) = 0\,.$$

Das liefert die Frequenzgleichung

$$\frac{\omega l}{c}\tan\frac{\omega l}{c} = \frac{GI_\mathrm{T} l}{Jc^2} = \frac{\varrho l I_\mathrm{p}}{J}\,.$$

Sie hat unendlich viele Eigenwerte ω_k ($k = 1, 2, \ldots$). Zu ω_k gehören die Konstanten $a_k = 0$ und $b_k = 1$

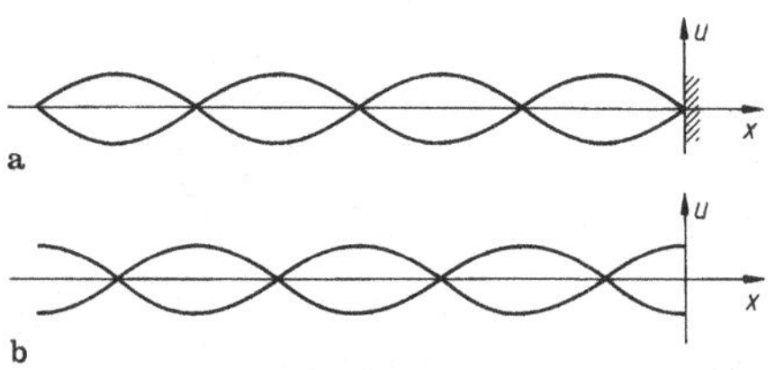

Bild 4-11. Hüllkurven von stehenden Wellen bei festem Ende (**a**) und bei freiem Ende (**b**) an der Stelle $x = 0$

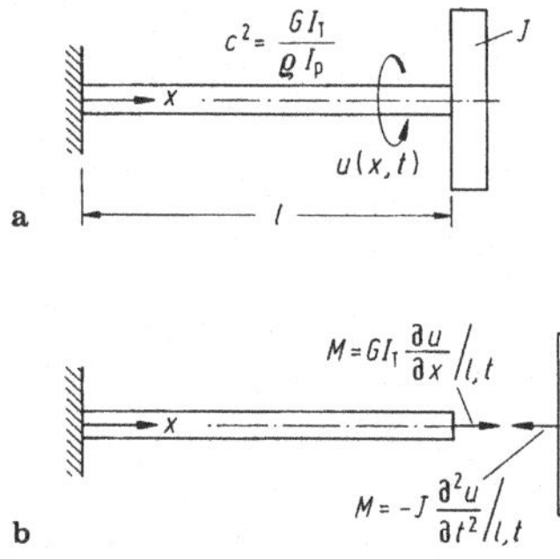

Bild 4-12. a Massebehafteter Torsionsstab mit Endscheibe. **b** Die Schnittmomente an der Verbindungsstelle von Stab und Scheibe sind mithilfe von (5-68) und (3-17) durch den Drehwinkel u ausgedrückt

(willkürliche Normierung) und damit die Eigenform $g_k(x) = \sin(\omega_k x/c)$.
In der allgemeinen Lösung (4-33)

$$u(x,t) = \sum_{k=1}^{\infty} (A_k \cos \omega_k t + B_k \sin \omega_k t) g_k(x) \quad (4\text{-}36)$$

werden die A_k und B_k zu gegebenen Anfangsbedingungen $u(x,0) = U(x)$ und $\partial u/\partial t|_{(x,0)} = V(x)$ mithilfe von (4-35) ermittelt (Integrationen über den ganzen Bereich):

$$\int U(x) g_i(x)\,\mathrm{d}x = A_i \int g_i^2(x)\,\mathrm{d}x\,,$$

$$\int V(x) g_i(x)\,\mathrm{d}x = \omega_i B_i \int g_i^2(x)\,\mathrm{d}x \quad (i = 1,2,\ldots)\,. \quad (4\text{-}37)$$

4.4.2 Biegeschwingungen von Stäben

Hierzu siehe auch 5.13 Finite Elemente und 5.14 Übertragungsmatrizen.
Bei Vernachlässigung von Schubverformung und Drehträgheit der Stabelemente lautet die Differenzialgleichung der Biegeschwingung

$$\frac{\partial^2 [EI_y \partial^2 w/\partial x^2]}{\partial x^2} + \varrho A \frac{\partial^2 w}{\partial t^2} = q(x,t) \quad (4\text{-}38)$$

($w(x,t)$ Durchbiegung, $EI_y(x)$ Biegesteifigkeit, $A(x)$ Querschnittsfläche, ϱ Dichte, $q(x,t)$ Streckenlast). Sobald $w(x,t)$ bekannt ist, ergibt sich das Biegemoment $M_y(x,t) = -EI_y \partial^2 w/\partial x^2$. Bei konstantem Stabquerschnitt mit $q \equiv 0$ vereinfacht sich (4-38) zu

$$\frac{\partial^2 w}{\partial t^2} = -C^2 \frac{\partial^4 w}{\partial x^4} \quad \text{mit} \quad C^2 = \frac{EI_y}{\varrho A}\,. \quad (4\text{-}39)$$

Diese Gleichung wird durch *Bernoullis Separationsansatz* gelöst:

$$w(x,t) = f(t) \cdot g(x) \quad (4\text{-}40)$$

$$\text{mit} \quad f(t) = A \cos \omega t + B \sin \omega t\,,$$

$$g(x) = a \cosh(x/\lambda) + b \sinh(x/\lambda) + c \cos(x/\lambda) + d \sin(x/\lambda)\,, \quad (\lambda = (C/\omega)^{1/2})\,. \quad (4\text{-}41)$$

$g(x)$ heißt *Eigenform* und ω *Eigenkreisfrequenz* des Stabes. Die Konstanten A, B, a, b, c, d und λ werden wie folgt bestimmt. Randbedingungen für w, $\partial w/\partial x$, das Biegemoment $M_y \sim \partial^2 w/\partial x^2$ und die Querkraft $Q_z \sim \partial^3 w/\partial x^3$ liefern ein System homogener linearer Gleichungen für die Koeffizienten von $g(x)$ ($4n$ Gleichungen und Koeffizienten bei einem n-feldrigen Stab). Es hat nur für die abzählbar unendlich vielen Eigenwerte (Eigenkreisfrequenzen) ω_k ($k = 1,2,\ldots$) seiner transzendenten charakteristischen *Frequenzgleichung* (Koeffizientendeterminante = 0) nichttriviale Lösungen a_k, b_k, c_k, d_k und damit Eigenformen $g_k(x)$. Die Eigenformen erfüllen die *Orthogonalitätsbeziehungen* (Integration über den ganzen Stab)

$$\int g_i(x) g_j(x)\,\mathrm{d}x = 0 \quad (i \neq j)\,. \quad (4\text{-}42)$$

Tabelle 4-3 gibt Eigenkreisfrequenzen und Eigenformen für verschieden gelagerte Stäbe an. In der allgemeinen Lösung (4-40)

$$w(x,t) = \sum_{k=1}^{\infty} (A_k \cos \omega_k t + B_k \sin \omega_k t) g_k(x) \quad (4\text{-}43)$$

mit beliebig normierten Eigenformen $g_k(x)$ werden die A_k und B_k zu gegebenen Anfangsbedingungen $w(x,0) = W(x)$, $\partial w/\partial t|_{(x,0)} = V(x)$ mithilfe von (4-42) ermittelt (Integrationen über den ganzen Stab):

$$\int W(x) g_i(x)\,\mathrm{d}x = A_i \int g_i^2(x)\,\mathrm{d}x\,, \quad (4\text{-}44)$$

$$\int V(x) g_i(x)\,\mathrm{d}x = \omega_i B_i \int g_i^2(x)\,\mathrm{d}x \quad (i = 1,2,\ldots)\,.$$

Bei Biegeschwingungen von Laufradturbinenschaufeln wirkt sich die Fliehkraft versteifend aus (vgl. das Beispiel zu Bild 3-4). Die Abhängigkeit einer Eigenkreisfrequenz ω_i von der Winkelgeschwindigkeit Ω des Laufrades hat die Form $\omega_i(\Omega) = \omega_{i0}(1 + a_i \Omega^2)^{1/2}$ mit $\omega_{i0} = \omega_i(0)$ und $a_i = \text{const}$. Einzelheiten siehe in [14,15].

4.5 Näherungsverfahren zur Bestimmung von Eigenkreisfrequenzen

4.5.1 Rayleigh-Quotient

Wenn ein aus Punktmassen, starren Körpern, masselosen Federn und massebehafteten Kontinua bestehendes konservatives System in einer Eigenform mit

Tabelle 4-3. Eigenkreisfrequenzen $\omega_k = C/\lambda_k^2$ und Eigenformen $g_k(x)$ von Biegestäben. Bezeichnungen wie im Text. g_k ist so normiert, dass $\int_0^l g_k^2(x/\lambda_k)\mathrm{d}x = l$

Biegestab mit drei Eigenformen	Frequenzgleichung für l/λ	Lösungen der Frequenzgleichung; $l/\lambda_k =$	Eigenform $g_k(\xi)$ mit $\xi = x/\lambda_k$	$a = a_k$ für $g_k(\xi)$ mit $\lambda = \lambda_k$
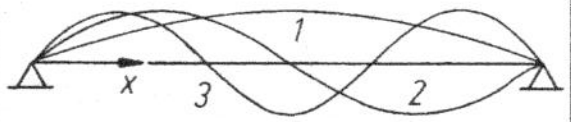	$\sin(l/\lambda) = 0$	$k\pi \quad (k = 1, 2 \ldots)$	$\sqrt{2}\,\sin\xi$	
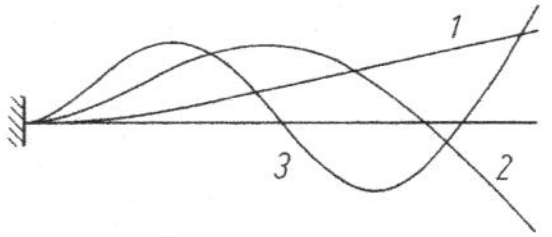	$\cos(l/\lambda)\cosh(l/\lambda) = -1$	$\approx 1{,}88\ (k = 1), \quad \approx 4{,}69\ (k = 2)$ $\approx \pi(k - 1/2)\ (k > 2)$	$\cosh\xi - \cos\xi - a(\sinh\xi - \sin\xi)$	$\dfrac{\sinh(l/\lambda) - \sin(l/\lambda)}{\cosh(l/\lambda) + \cos(l/\lambda)}$
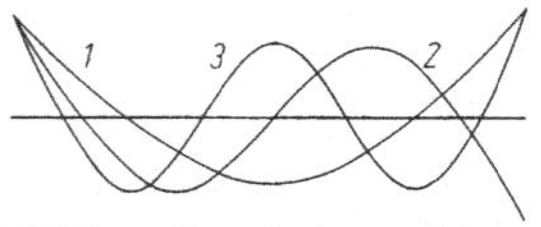	$\cos(l/\lambda)\cosh(l/\lambda) = 1$	$\approx 4{,}73\ (k = 1)$ $\approx \pi(k + 1/2)\ (k > 1)$	$\cosh\xi + \cos\xi - a(\sinh\xi + \sin\xi)$	$\dfrac{\cosh(l/\lambda) - \cos(l/\lambda)}{\sinh(l/\lambda) - \sin(l/\lambda)}$
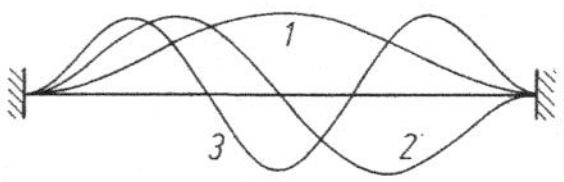			$\cosh\xi - \cos\xi - a(\sinh\xi - \sin\xi)$	
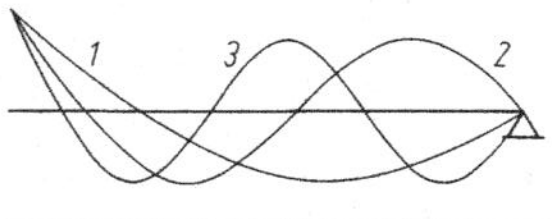	$\tan(l/\lambda) = \tanh(l/\lambda)$	$\approx 3{,}93\ (k = 1)$ $\approx \pi(k + 1/4)\ (k > 1)$	$\cosh\xi + \cos\xi - a(\sinh\xi + \sin\xi)$	$\cot(l/\lambda)$
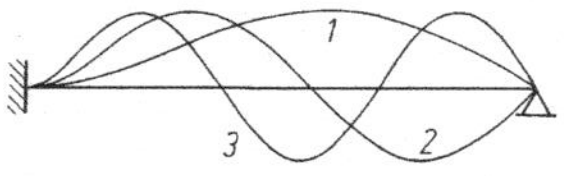			$\cosh\xi - \cos\xi - a(\sinh\xi - \sin\xi)$	

der Eigenkreisfrequenz ω schwingt, sind die maximale potenzielle Energie $V_{\max}$ bei Richtungsumkehr und die maximale kinetische Energie $T_{\max}$ beim Durchgang durch die Ruhelage gleich, und $T_{\max}$ ist proportional zu ω^2. Also ist mit $T_{\max} = \omega^2 T^*_{\max}$

$$\omega^2 = V_{\max}/T^*_{\max}\,. \tag{4-45}$$

$V_{\max}$ und $T^*_{\max}$ sind nur von der Eigenform abhängig. Tabelle 4-4 gibt Formeln zur Berechnung für einige Systeme bzw. Systemkomponenten an. Für ein System aus mehreren Komponenten sind $V_{\max}$ und $T^*_{\max}$ jeweils die Summen der Ausdrücke für die einzelnen Komponenten. Seien $\tilde{V}_{\max}$ und $\tilde{T}^*_{\max}$ Näherungen für $V_{\max}$ bzw. $T^*_{\max}$, die aus Näherungen für die Eigenform zur kleinsten Eigenkreisfrequenz ω_1 berechnet werden. Dann gilt

$$\omega_1^2 \leqq R \quad \text{mit} \quad R = \tilde{V}_{\max}/\tilde{T}^*_{\max}\,. \tag{4-46}$$

R heißt *Rayleigh-Quotient* (vgl. A 27). Das Gleichheitszeichen gilt nur, wenn R mit der tatsächlichen Eigenform berechnet wird. Näherungen für Eigenformen müssen alle geometrischen Randbedingungen (für Randverschiebungen und Neigungen) erfüllen.

Beispiel 4-7: Für den Biegestab mit Starrkörper und Feder in Bild 4-13 liefert Tabelle 4-4 als Summen von Größen für die drei Komponenten Stab, Körper und Feder

$$\left.\begin{aligned} 2\tilde{V}_{\max} &= EI_y \int_0^l w''^2(x)\,\mathrm{d}x + kw^2(l)\,, \\ 2\tilde{T}^*_{\max} &= \varrho A \int_0^l w^2(x)\,\mathrm{d}x + mw^2(l) + Jw'^2(l)\,. \end{aligned}\right\} \tag{4-47}$$

Als Näherungen für die erste Eigenform werden die Biegelinien des Kragträgers mit Einzellast am Ende, $w_1(x) = 3(x/l)^2 - (x/l)^3$, und mit konstanter Streckenlast, $w_2(x) = 6(x/l)^2 - 4(x/l)^3 + (x/l)^4$, verwendet. w_1 und w_2 liefern die Rayleigh-Quotienten $R_1 = 9{,}30 EI_y/(\varrho A l^4)$ bzw. $R_2 = 9{,}32 EI_y/(\varrho A l^4)$. Der kleinere ist die bessere Näherung für ω_1^2.

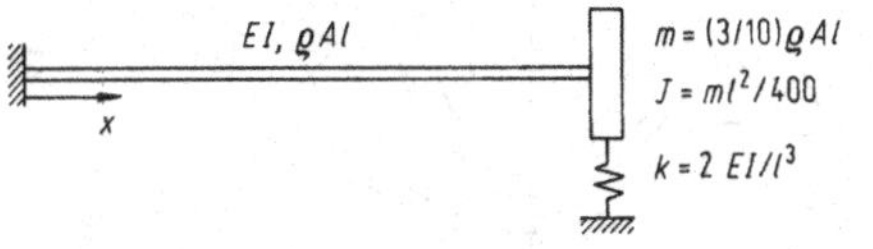

Bild 4-13. Massebehafteter Biegestab mit Endscheibe und Feder

Tabelle 4-4. Energieausdrücke zur Berechnung von Eigenkreisfrequenzen mit dem Rayleigh-Quotienten (4-46) und dem Ritz-Verfahren (4-48)

Schwingendes System und Näherung für Eigenform		$2\tilde{V}_{\max}$	$2\tilde{T}^*_{\max}$	Hinweise
n-Freiheitsgrad-System;	$\underline{q} = [q_1 \ldots q_n]^T$	$\underline{q}^T \underline{K}\underline{q}$	$\underline{q}^T \underline{M}\underline{q}$	4.1.2
Stab bei Longitudinalschwingung;	$u(x)$	$\int EA(x)u'^2(x)\,\mathrm{d}x$	$\int \varrho A(x)u^2(x)\,\mathrm{d}x$	
Stab bei Torsionsschwingung;	$\varphi(x)$	$\int GI_T(x)\varphi'^2(x)\,\mathrm{d}x$	$\int \varrho I_p(x)\varphi^2(x)\,\mathrm{d}x$	
Stab bei Biegeschwingung;	$w(x)$	$\int EI_y(x)w''^2(x)\,\mathrm{d}x$	$\int \varrho A(x)w^2(x)\,\mathrm{d}x$	(5-83)
Platte kartesisch;	$w(x,y)$	$D\int\int\left[\left(\frac{\partial w}{\partial x^2}+\frac{\partial^2 w}{\partial y^2}\right)^2 - 2(1-\nu)\left(\frac{\partial^2 w}{\partial x^2}\cdot\frac{\partial^2 w}{\partial y^2}-\left(\frac{\partial^2 w}{\partial x\partial y}\right)^2\right)\right]\mathrm{d}x\,\mathrm{d}y$	$\varrho h\int\int w^2(x,y)\,\mathrm{d}x\,\mathrm{d}y$	(5-103)
Platte rotationssymmetrisch;	$w(r)$	$\pi D\int\left[r\left(\frac{\mathrm{d}^2 w}{\mathrm{d}r^2}+\frac{1}{r}\cdot\frac{\mathrm{d}w}{\mathrm{d}r}\right)^2 - 2(1-\nu)\frac{\mathrm{d}w}{\mathrm{d}r}\cdot\frac{\mathrm{d}^2 w}{\mathrm{d}r^2}\right]\mathrm{d}r$	$\pi\varrho h\int w^2(r)\,\mathrm{d}r$	(5-104)
masselose (Dreh-)Feder; Auslenkung x bzw. φ		kx^2 bzw. $k\varphi^2$	–	
Starrkörper; Translation x, y, z; Drehwinkel φ		–	$m(x^2+y^2+z^2)+J\varphi^2$	(3-19)

4.5.2 Ritz-Verfahren

Wenn die erste Eigenform für den Rayleigh-Quotienten nicht gut geschätzt werden kann, wird sie als Linearkombination $w(x) = c_1 w_1(x) + \ldots + c_n w_n(x)$ von n sinnvoll erscheinenden, alle geometrischen Randbedingungen erfüllenden Näherungen $w_1(x), \ldots, w_n(x)$ mit unbekannten Koeffizienten $c_1, \ldots, c_n$ angesetzt. Häufig genügt $n = 2$. Mit diesem Ansatz ist R in (4-46) eine homogenquadratische Funktion von $c_1, \ldots, c_n$. Das kleinste R (die beste Näherung für ω_1^2) ist der kleinste Eigenwert R des homogenen linearen Gleichungssystems für $c_1, \ldots, c_n$

$$\frac{\partial \tilde{V}_{\max}}{\partial c_i} - R \frac{\partial \tilde{T}^*_{\max}}{\partial c_i} = 0 \quad (i = 1, \ldots, n) . \qquad (4\text{-}48)$$

Beispiel 4-8: Für Bild 4-13 wird $w(x) = c_1 w_1(x) + c_2 w_2(x)$ mit den Funktionen w_1 und w_2 von Beispiel 4-7 angesetzt. Mit denselben Ausdrücken $\tilde{V}_{\max}$ und $\tilde{T}^*_{\max}$ wie dort ergibt sich für (4-48)

$$\begin{bmatrix} 20\,EI_y/(\varrho A l^4) - 2{,}15\,R & 18 EI_y/(\varrho A l^4) - 3{,}28\,R \\ 18\,EI_y/(\varrho A l^4) - 3{,}28\,R & 46{,}8\,EI_y/(\varrho A l^4) - 5{,}02\,R \end{bmatrix} \times \begin{bmatrix} c_1 \\ c_2 \end{bmatrix} = \underline{0} .$$

Die Bedingung „Koeffizientendeterminante = 0" liefert als kleineren von zwei Eigenwerten $R = 9{,}24\,EI_y/(\varrho A l^4)$. Diese Näherung für ω_1^2 ist wesentlich besser als die in Beispiel 4-7.

4.6 Autonome nichtlineare Schwingungen mit einem Freiheitsgrad

Sie werden durch eine Differenzialgleichung

$$\ddot{q} + g(q, \dot{q}) = 0 \qquad (4\text{-}49)$$

beschrieben. Wenn es zu (4-49) einen Energieerhaltungssatz $T + V = E = \text{const}$ mit einer kinetischen Energie $T = m(q)\dot{q}^2/2$ und einer potenziellen Energie $V(q)$ gibt, dann beschreibt (4-49) freie Schwingungen eines konservativen Systems (Beispiel: Das System von Bild 3-8). Wenn $g(q, \dot{q})$ nur von q abhängt, dann lautet der Energieerhaltungssatz

$$\dot{q}^2/2 + \int g(q)\,\mathrm{d}q = \text{const} .$$

Aus $T + V = E$ folgt stets die Gleichung der Phasenkurven

$$\dot{q} = \pm[2(E - V(q))/m(q)]^{1/2}$$

und bei weiterer Integration

$$t - t_0 = \int \left[\frac{2(E - V(q))}{m(q)}\right]^{-1/2} \mathrm{d}q .$$

Beispiel 4-9: Beim ebenen Pendel ist $g(q, \dot{q}) = \omega_0^2 \sin q$. Die Gleichung der Phasenkurve der freien Schwingung mit der Amplitude A ist

$$\dot{q} = \pm\omega_0[2(\cos q - \cos A)]^{1/2} .$$

Im Phasenporträt von Bild 4-14 sind die geschlossenen Kurven zu periodischen Schwingungen um die stabilen Gleichgewichtslagen $q = 0, \pm 2\pi$ usw. von den offenen Kurven zu Bewegungen mit Überschlag durch eine *Separatrix* getrennt. Sie gehört zur Bewegung aus der Ruhe heraus aus der instabilen Gleichgewichtslage $q = \pi$ und hat die Gleichung

$$\dot{q} = \pm\omega_0[2(1 + \cos q)]^{1/2} = \pm 2\omega_0 \cos(q/2) .$$

Die Periodendauer der freien Schwingung mit der Amplitude A ist

$$T = \frac{4\mathsf{K}(k)}{\omega_0} \approx \left(\frac{2\pi}{\omega_0}\right)\left(1 + \frac{A^2}{16} + \frac{11A^4}{3\,072} + \ldots\right)$$

mit dem vollständigen elliptischen Integral K und dem Modul $k = \sin(A/2)$. Die exakte Lösung $q(t)$ der Differenzialgleichung ist

$$\sin(q/2) = k\,\mathrm{sn}(\omega_0 t, k) .$$

Wenn es zu (4-49) keinen Energieerhaltungssatz gibt, dann bedeutet das Auftreten von $\dot{q}$ Dämpfung oder

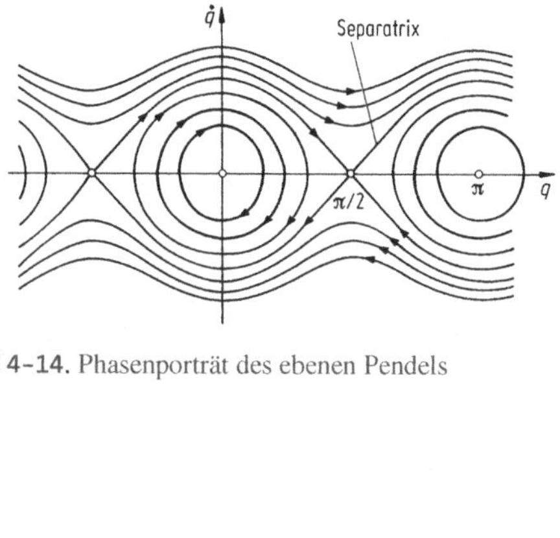

Bild 4-14. Phasenporträt des ebenen Pendels

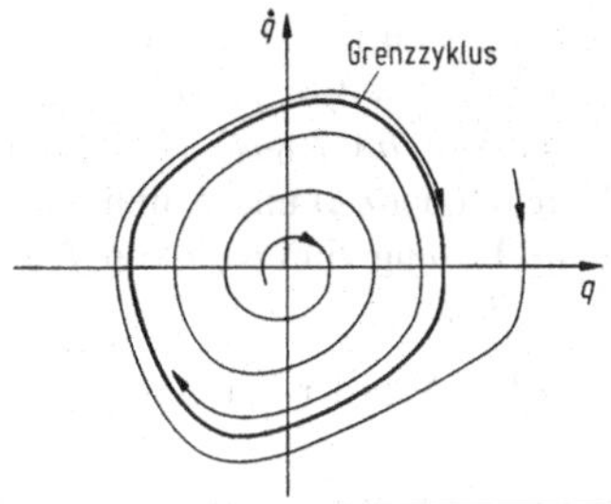

Bild 4-15. Phasenporträt eines Van-der-Pol-Schwingers

Anfachung oder eine Kombination von beidem. Bei einer Klasse von Schwingern, den sog. selbsterregten, kann es dennoch periodische Lösungen geben. Sie erscheinen im Phasenporträt (Bild 4-15) als einzelne geschlossene Kurven, sog. *Grenzzyklen*, in die andere Phasenkurven entweder asymptotisch einmünden oder aus denen sie herauslaufen. Beispiele für selbsterregte Schwingungen sind das Flattern von Flugzeugkonstruktionen, Brücken, Türmen und Wasserbaukonstruktionen in Luft- bzw. Wasserströmungen und das Rattern von Werkzeugen in Drehmaschinen (vgl. den Text zu Bild 2-32).
Die im Folgenden geschilderten Näherungsmethoden setzen voraus, dass (4-49) die Form

$$\ddot q + \omega_0^2 q + \varepsilon f(q, \dot q) = 0 \qquad (4\text{-}50)$$

hat. Dabei soll $f(q, \dot q)$ eine nichtlineare Funktion mit $f(0, 0) = 0$ sein, deren Taylorentwicklung um den Punkt $q = 0$, $\dot q = 0$ kein lineares Glied mit q enthält. ε ist ein kleiner dimensionsloser Parameter, der ggf. künstlich eingeführt wird. Beispiele für (4-50) sind der *Duffing-Schwinger* mit

$$\ddot q + \omega_0^2 q + \varepsilon\mu q^3 = 0 \qquad (4\text{-}51)$$

(konservatives System; Feder-Masse-Schwinger mit je nach Vorzeichen von $\varepsilon\mu$ progressiver oder degressiver Federkennlinie) und der *Van-der-Pol-Schwinger* (ein selbsterregter Schwinger) mit

$$\ddot q + \omega_0^2 q - \varepsilon\mu(\alpha^2 - q^2)\dot q = 0\,. \qquad (4\text{-}52)$$

4.6.1 Methode der kleinen Schwingungen

Die Taylorentwicklung von $f(q, \dot q)$ in (4-50) um den Punkt (0,0) hat die Form $b\dot q$ + Glieder höherer Ordnung in q und $\dot q$. Also ist $\ddot q + \varepsilon b\dot q + \omega_0^2 q = 0$ eine Näherung für (4-50). Das ist die Form von (4-1) mit dem Dämpfungsgrad $D = \varepsilon b/(2\omega_0)$ nach (4-6) und mit der Lösung (4-8). Diese Näherung ist nur brauchbar, wenn q und $\dot q$ dauernd so klein sind, dass der Abbruch der Taylorreihe sinnvoll ist. Sie liefert z. B. keine Aussagen über Grenzzyklen.

4.6.2 Harmonische Balance

Diese Methode liefert Näherungen für periodische Lösungen von (4-50) bei konservativen und bei selbsterregten Schwingern. Für die periodische Lösung wird der Ansatz $q = A\cos\omega t$ mit Konstanten A und ω gemacht. A muss nicht klein sein. Die Funktion

$$f(q, \dot q) = f(A\cos\omega t, -\omega A\sin\omega t) = F(t)$$

ist periodisch in t und hat folglich eine Fourierreihe

$$F(t) = a_0 + a_1(A)\cos\omega t + b_1(A)\sin\omega t + \ldots$$
$$= a_0 + a^* q + b^* \dot q + \ldots$$

mit $a^*(A) = a_1/A$ und $b^*(A) = -b_1/(A\omega)$. Sei $a_0 = 0$. Das ist bei gewissen Symmetrieeigenschaften von $f(q, \dot q)$ erfüllt, z. B. wenn f nur von q abhängt und $f(-q) = -f(q)$ gilt. Dann lautet (4-50) näherungsweise $\ddot q + \varepsilon b^* \dot q + (\omega_0^2 + \varepsilon a^*)q = 0$. Beim konservativen Schwinger ist $b^* = 0$, und

$$\omega(A) = \left[\omega_0^2 + \varepsilon a^*(A)\right]^{1/2} \approx \omega_0 + \varepsilon\frac{a^*(A)}{2\omega_0}$$

ist die vom Maximalausschlag A abhängige Kreisfrequenz.

Beispiel 4-10: Beim Duffing-Schwinger (4-51) ist

$$F(t) = \mu A^3\cos^3\omega t = \frac{3\mu A^3}{4}\cos\omega t + \frac{\mu A^3}{4}\cos 3\,\omega t\,.$$

Das ist bereits die Fourierreihe mit $b^* = 0$ und $a^* = 3\,\mu A^2/4$. Man erhält

$$\omega(A) = \omega_0 + \frac{3\,\varepsilon\mu A^2}{8\omega_0}\,.$$

Beim Schwinger mit Selbsterregung liefert die Bedingung $b^*(A) = 0$ die Maximalausschläge von Grenzzyklen.

Beispiel 4-11: Van-der-Pol-Schwinger (4-52). Die Fourierreihe liefert $a_0 = 0$, $a^* = 0$, $b^* = \mu(A^2/4 - \alpha^2)$ und damit einen Grenzzyklus mit dem Maximalausschlag $A = 2\alpha$ und mit der Kreisfrequenz ω_0.

4.6.3 Störungsrechnung nach Lindstedt

Die *Störungsrechnung nach Lindstedt* liefert Näherungen für periodische Lösungen von (4-50) bei konservativen und bei selbsterregten Schwingern. Der Lösungsansatz ist

$$q(t) = A\cos\omega t + \varepsilon q_1(t) + \varepsilon^2 q_2(t) + \ldots \quad (4\text{-}53)$$

mit unbekannten periodischen Funktionen $q_i(t)$ und mit einer von A abhängigen Kreisfrequenz

$$\omega = \omega_0 + \varepsilon\omega_1 + \varepsilon^2\omega_2 + \ldots \quad (4\text{-}54)$$

mit unbekannten $\omega_i(A)$ für $i = 1, 2, \ldots$ Einsetzen von (4-53) und von ω_0 aus (4-54) in (4-50), Ordnen nach Potenzen von ε und Nullsetzen der Koeffizienten aller Potenzen liefert

$$\ddot{q}_i + \omega^2 q_i = f_i(A\cos\omega t, q_1(t), \ldots, q_{i-1}(t), \omega_1, \ldots, \omega_i)$$
$$(i = 1, 2, \ldots) \quad (4\text{-}55)$$

mit Funktionen f_i, die sich dabei aus $f(q, \dot{q})$ ergeben. Insbesondere ist

$$f_1 = 2\omega_0\omega_1 A\cos\omega t - f(A\cos\omega t, -A\omega\sin\omega t)\,. \quad (4\text{-}56)$$

Die Gleichungen (4-55) werden nacheinander in jeweils drei Schritten gelöst. 1. Schritt: Entwicklung von f_i in eine Fourierreihe; sie enthält Glieder mit $\cos\omega t$ und bei selbsterregten Schwingern auch mit $\sin\omega t$, die zu säkularen Gliedern der Form $t\cos\omega t$ und $t\sin\omega t$ in der Lösung $q_i(t)$ führen. 2. Schritt: Bei konservativen Systemen wird aus der Bedingung, dass der Koeffizient von $\cos\omega t$ verschwindet, ω_i bestimmt; bei selbsterregten Schwingern werden aus der Bedingung, dass die Koeffizienten von $\cos\omega t$ und von $\sin\omega t$ verschwinden, ω_i und A bestimmt. 3. Schritt: Zum verbleibenden Rest von f_i wird die partikuläre Lösung $q_i(t)$ bestimmt.

Beispiel 4-12: Duffing-Schwinger (4-51): Mit (4-56) ist

$$\begin{aligned} f_1 &= 2\omega_0\omega_1 A\cos\omega t - \mu A^3\cos^3\omega t \\ &= \left(2\omega_0\omega_1 A - \frac{3\mu A^3}{4}\right)\cos\omega t - \frac{\mu A^3}{4}\cos 3\,\omega t\,. \end{aligned}$$

Das ist bereits die Fourierreihe. Der Koeffizient von $\cos\omega t$ ist null für $\omega_1 = 3\mu A^2/(8\omega_0)$, sodass in erster Näherung $\omega = \omega_0 + 3\varepsilon\mu A^2/(8\omega_0)$ den Zusammenhang zwischen Kreisfrequenz ω und Amplitude A angibt. Die partikuläre Lösung zum Rest von f_1 ist $q_1(t) = \mu A^3/(32\omega^2)\cos 3\omega t$.

Beispiel 4-13: Van-der-Pol-Schwinger (4-52): Mit (4-56) ist

$$\begin{aligned} f_1 &= 2\omega_0\omega_1 A\cos\omega t \\ &\quad + \mu(\alpha^2 - A^2\cos^2\omega t)(-A\omega\sin\omega t) \\ &= 2\omega_0\omega_1 A\cos\omega t - \mu\left(\alpha^2 - \frac{A^2}{4}\right)A\omega\sin\omega t \\ &\quad + \frac{\mu A^3\omega}{4}\sin 3\,\omega t\,. \end{aligned}$$

Die Koeffizienten von $\cos\omega t$ und von $\sin\omega t$ sind null für $\omega_1 = 0$, $A = 2\alpha$, und die partikuläre Lösung von (4-55) zum Rest von f_1 ist

$$q_1(t) = -\mu A^3/(32\omega)\sin 3\omega t\,.$$

Damit ist

$$q(t) = 2\alpha\cos\omega_0 t - \frac{\varepsilon\mu\alpha^3}{4\omega_0}\sin 3\omega_0 t$$

die erste Näherung für den Grenzzyklus in Bild 4-15.

4.6.4 Methode der multiplen Skalen

Die *Methode der multiplen Skalen* ist eine Form der Störungsrechnung, die Näherungen für periodische und für nichtperiodische Lösungen von (4-50) bei konservativen und bei nichtkonservativen Schwingern liefert. Einzelheiten siehe in [17]. Die Größen $t_i = \varepsilon^i t$ $(i = 0, 1, \ldots, n)$ werden als voneinander unabhängige, im Fall $\varepsilon \ll 1$ sehr verschieden schnell ablaufende Zeitvariablen eingeführt (daher die Bezeichnung multiple Skalen). Der Ansatz für die n-te Näherung der Lösung von (4-50) ist

$$\begin{aligned} q(t) &= q_0(t_0, \ldots, t_n) + \varepsilon q_1(t_0, \ldots, t_n) + \ldots \\ &\quad + \varepsilon^n q_n(t_0, \ldots, t_n) \end{aligned} \quad (4\text{-}57)$$

mit

$$q_0 = A(t_1, \ldots, t_n)\cos[\omega_0 t_0 + \varphi(t_1, \ldots, t_n)] \quad (4\text{-}58)$$

mit unbekannten Funktionen $q_1, \ldots, q_n$, A und φ. Amplitude A und Phase φ sind als von t_0 unabhängig, d. h. als allenfalls langsam veränderlich vorausgesetzt. Für die absoluten Zeitableitungen von q_i erhält man

$$\left.\begin{aligned} \dot{q}_i &= \sum_{k=0}^{n} \frac{\partial q_i}{\partial t_k} \cdot \frac{\mathrm{d}t_k}{\mathrm{d}t} = \sum_{k=0}^{n} \varepsilon^k \frac{\partial q_i}{\partial t_k}, \\ \ddot{q}_i &= \sum_{k=0}^{n} \sum_{j=0}^{n} \varepsilon^{k+j} \frac{\partial^2 q_i}{\partial t_k \partial t_j}. \end{aligned}\right\} \qquad (4\text{-}59)$$

Einsetzen von (4-57) bis (4-59) in (4-50), Ordnen nach Potenzen von ε und Nullsetzen der Koeffizienten aller Potenzen liefert

$$\frac{\partial^2 q_i}{\partial t_0^2} + \omega_0^2 q_i = f_i(q_0, \ldots, q_{i-1}) \quad (i = 1, \ldots, n) \qquad (4\text{-}60)$$

mit Funktionen f_i, die sich dabei aus $f(q, \dot{q})$ ergeben. Insbesondere ist

$$f_1 = -2\frac{\partial^2 q_0}{\partial t_0 \partial t_1} - f\left(q_0, \frac{\partial q_0}{\partial t_0}\right). \qquad (4\text{-}61)$$

Die Gleichungen (4-60) werden nacheinander in jeweils drei Schritten gelöst. 1. Schritt: Entwicklung von f_i in eine Fourierreihe; sie enthält $\cos(\omega_0 t_0 + \varphi)$ und bei nichtkonservativen Schwingern auch $\sin(\omega_0 t_0 + \varphi)$. 2. Schritt: Bei konservativen Schwingern wird aus der Bedingung, dass der Koeffizient von $\cos(\omega_0 t_0 + \varphi)$ verschwindet, eine Differenzialgleichung für φ als Funktion von $t_i = \varepsilon^i t$ gewonnen; bei nichtkonservativen Schwingern werden aus der Bedingung, dass die Koeffizienten von $\cos(\omega_0 t_0 + \varphi)$ und von $\sin(\omega_0 t_0 + \varphi)$ verschwinden, zwei Differenzialgleichungen für A und φ in Abhängigkeit von t_i gewonnen. 3. Schritt: Zum verbleibenden Rest von f_i wird die partikuläre Lösung q_i in Abhängigkeit von t_0 bestimmt.

Beispiel 4-14: Van-der-Pol-Schwinger (4-52) in der Näherung $n = 1$: Mit (4-61) ist

$$\begin{aligned} f_1 &= 2\omega_0(\partial A/\partial t_1)\sin(\omega_0 t_0 + \varphi) \\ &\quad + 2A\omega_0(\partial\varphi/\partial t_1)\cos(\omega_0 t_0 + \varphi) \\ &\quad + \mu[\alpha^2 - A^2\cos^2(\omega_0 t_0 + \varphi)][-A\omega_0\sin(\omega_0 t_0 + \varphi)] \\ &= 2A\omega_0(\partial\varphi/\partial t_1)\cos(\omega_0 t_0 + \varphi) \\ &\quad + [2\omega_0(\partial A/\partial t_1) - \mu(\alpha^2 - A^2/4)A\omega_0] \\ &\quad \times \sin(\omega_0 t_0 + \varphi) + (\mu A^3\omega_0/4)\sin[3(\omega_0 t_0 + \varphi)]. \end{aligned}$$

Die Koeffizienten von $\cos(\omega_0 t_0 + \varphi)$ und von $\sin(\omega_0 t_0 + \varphi)$ sind null, wenn $\partial\varphi/\partial t_1 = 0$, $\partial A/\partial t_1 = \mu A(\alpha^2 - A^2/4)/2$ ist. Aus der ersten Gleichung folgt, dass φ allenfalls von t_2, t_3 usw. abhängig sein kann, in erster Näherung also konstant und willkürlich gleich null ist. Die zweite Gleichung hat die stationäre Lösung $A = 2\alpha$ (Grenzzyklus) und instationäre Lösungen

$$\begin{aligned} A(t_1) &= A(\varepsilon t) \\ &= 2\alpha\left[1 - \left(1 - 4\alpha^2/A_0^2\right)\exp(-\varepsilon\mu\alpha^2 t)\right]^{-1/2}, \end{aligned}$$

die für jeden Anfangswert $A_0 = A(0)$ asymptotisch gegen $A = 2\alpha$ streben. Für die stationäre Lösung $A = 2\alpha$ liefert (4-61) mit dem Rest von f_1 die partikuläre Lösung

$$\begin{aligned} q_1(t_0, t_1) &= -\mu A^3/(32\omega_0)\sin 3\omega_0 t, \quad \text{sodass} \\ q(t) &= 2\alpha\cos\omega_0 t - \varepsilon\mu\alpha^3/(4\omega_0)\sin 3\,\omega_0 t \end{aligned}$$

eine Näherung für den Grenzzyklus ist. Bild 4-15 zeigt das Phasenporträt eines Van-der-Pol-Schwingers mit dem Grenzzyklus und mit asymptotisch in ihn einlaufenden Phasenkurven.

4.7 Erzwungene nichtlineare Schwingungen

Ein schwach nichtlinearer Schwinger mit Dämpfung hat bei harmonischer Zwangserregung die Differenzialgleichung

$$\ddot{q} + 2D\omega_0\dot{q} + \omega_0^2 q + \varepsilon f(q, \dot{q}) = K\cos\Omega t \qquad (4\text{-}62)$$

(D Dämpfungsgrad, K Erregeramplitude, Ω Erregerkreisfrequenz). Näherungslösungen für stationäre Bewegungen im eingeschwungenen Zustand können mit folgenden Verfahren bestimmt werden.

4.7.1 Harmonische Balance

Für die stationäre Lösung wird der Ansatz

$$q(t) = A\cos(\Omega t - \varphi) \qquad (4\text{-}63)$$

gemacht. Mit derselben Begründung wie bei autonomen Schwingungen (siehe 4.6.2) und mit denselben Größen $a^*(A)$ und $b^*(A)$ gilt dann die Näherung

$f(q, \dot{q}) \approx a^*(A)q + b^*(A)\dot{q}$, sodass die Näherung für (4-62) lautet:

$$\ddot{q} + (2D\omega_0 + \varepsilon b^*)\dot{q} + \left(\omega_0^2 + \varepsilon a^*\right) q = K \cos \Omega t \tag{4-64}$$

oder nach der Umformung mithilfe von (4-5)

$$q'' + 2D_A q' + \eta_A^2 q = q_0 \cos \eta\tau \tag{4-65}$$

mit $\tau = \omega_0 t$, $\eta = \Omega/\omega_0$, $\eta_A^2 = 1 + \varepsilon a^*/\omega_0^2$, $2D_A = 2D + \varepsilon b^*/\omega_0$, $q_0 = K/\omega_0^2$. Die stationäre Lösung hat (vgl. (4-17)) die Form (4-63) mit

$$\left.\begin{aligned} A &= q_0 / \left[\left(\eta_A^2 - \eta^2\right)^2 + 4D_A^2\eta^2\right]^{1/2}, \\ \tan\varphi &= 2D_A\eta / \left(\eta_A^2 - \eta^2\right). \end{aligned}\right\} \tag{4-66}$$

Darin sind mit a^* und b^* auch η_A und D_A von A abhängig, sodass die Resonanzkurven $A(\eta, D)$ nur implizit vorliegen.

Beispiel 4-15: Beim gedämpften Duffing-Schwinger ist in (4-62) $f(q, \dot{q}) = \mu q^3$. Man erhält $b^* = 0$, $a^* = 3\mu A^2/4$ (vgl. 4.6.2). Bild 4-16 zeigt die Abhängigkeit $A(\eta, D)$ für $\varepsilon\mu < 0$ und für $\varepsilon\mu > 0$. Bei quasistatischem Hoch- bzw. Herunterfahren von Ω tritt das Sprungphänomen auf. Die Kurvenäste werden in der Richtung der eingezeichneten Pfeile mit den gestrichelten Sprüngen durchlaufen. Im Fall $\varepsilon\mu < 0$ treten bei hinreichend kleinen $D > 0$ weitere, in Bild 4-16a nicht dargestellte Phänomene auf (siehe [16]).

4.7.2 Methode der multiplen Skalen

Dieselben Rechenschritte wie bei autonomen Schwingungen (vgl. 4.6.4) sind auch auf (4-62) anwendbar.

Beispiel 4-16: Wenn man das Resonanzverhalten des Schwingers mit der Differenzialgleichung (4-62) im Fall $\Omega \approx \omega_0$ und bei schwacher Dämpfung untersuchen will, setzt man $\Omega = \omega_0 + \varepsilon\sigma$, $\Omega t = \omega_0 t_0 + \sigma t_1$, $D = \varepsilon d$ und $K = \varepsilon k$ (kleine Verstimmung $\varepsilon\sigma$, kleine Dämpfung εd, kleine Erregeramplitude εk) und definiert

$$f^* = f(q, \dot{q}) + 2d\omega_0\dot{q} - k\cos(\omega_0 t_0 + \sigma t_1).$$

Mit f^* anstelle von $f(q, \dot{q})$ sind (4-62) und (4-50) formal gleich. Alle Rechenschritte im Anschluss an (4-57) werden mit f^* anstelle von f durchgeführt. Einzelheiten siehe in [17].

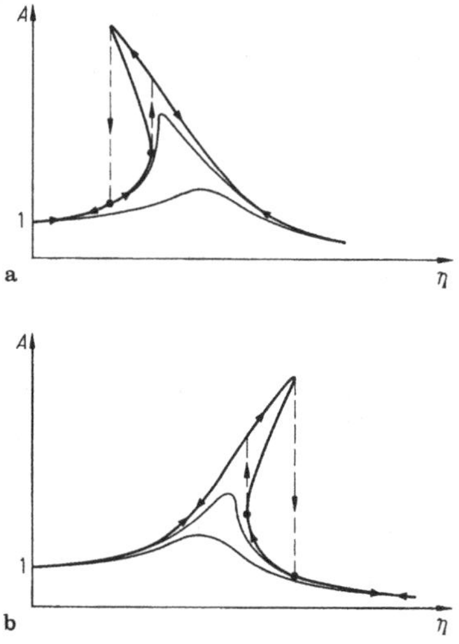

Bild 4-16. Die stationäre Amplitude A eines Duffing-Schwingers (vgl. (4-51)) bei harmonischer Erregung in Abhängigkeit von der Erregerkreisfrequenz ($\eta = \Omega/\omega_0$) für $\varepsilon\mu < 0$ (**a**) und für $\varepsilon\mu > 0$ (**b**). Pfeile bezeichnen den Verlauf der Amplitude, wenn die Erregerkreisfrequenz quasistatisch zu- bzw. abnimmt

4.7.3 Subharmonische, superharmonische und Kombinationsresonanzen

Die Nichtlinearität $f(q, \dot{q})$ in (4-62) kann bewirken, dass sog. subharmonische Resonanzen, superharmonische Resonanzen und Kombinationsresonanzen auftreten. Von *subharmonischen Resonanzen* oder *Untertönen* spricht man, wenn die stationäre Antwort des Schwingers auf eine Erregerkreisfrequenz Ω Schwingungen mit Kreisfrequenzen Ω/n ($n > 1$ ganzzahlig) enthält. Von *superharmonischen Resonanzen* oder *Obertönen* spricht man, wenn sie Schwingungen mit Kreisfrequenzen $n\Omega$ ($n > 1$ ganzzahlig) enthält. Von *Kombinationsresonanzen* spricht man, wenn bei gleichzeitiger Erregung mit mehreren Kreisfrequenzen $\Omega_1, \Omega_2, \ldots$ die stationäre Antwort Schwingungen mit Kreisfrequenzen $n_1\Omega_1 + n_2\Omega_2 + \ldots$ enthält ($n_1, n_2, \ldots$ ganzzahlig). Mit der Methode der multiplen Skalen können sowohl Bedingungen für das Auftreten derartiger Resonanzen als auch deren Amplituden bestimmt werden (siehe [17]). Die Amplituden können so groß werden, dass Schäden an technischen Systemen auftreten.

Beispiel 4-17: Beim Duffing-Schwinger und beim Van-der-Pol-Schwinger treten ein Unterton mit $\Omega/3$ und ein Oberton mit 3Ω auf, wenn $\Omega \approx 3\omega_0$ bzw. $\Omega \approx \omega_0/3$ ist. Bei zwei gleichzeitig vorhandenen Erregerkreisfrequenzen Ω_1 und Ω_2 treten Kombinationsresonanzen mit den Kreisfrequenzen $(\pm\Omega_i \pm \Omega_j)$ und $(\pm 2\Omega_i \pm \Omega_j)$ für $i, j = 1, 2$ auf, wenn $|\pm\Omega_i \pm \Omega_j| \approx \omega_0$ bzw. $|\pm 2\Omega_i \pm \Omega_j| \approx \omega_0$ ist.

5 Festigkeitslehre. Elastizitätstheorie

Körper und Bauteile sind unterschiedlichen äußeren Beanspruchungen ausgesetzt (vgl. D 8). Ihr Verhalten bei Beanspruchungen wird durch mechanische Werkstoffeigenschaften gekennzeichnet (vgl. D 9.2). Gegenstand der Festigkeitslehre und der Elastizitätstheorie sind Spannungen, Verzerrungen und Verschiebungen von ein-, zwei- und dreidimensionalen, linear elastischen Körpern im statischen Gleichgewicht unter Kräften und Temperatureinflüssen.

5.1 Kinematik des deformierbaren Körpers

5.1.1 Verschiebungen. Verzerrungen. Verzerrungstensor

Verschiebungen und Verzerrungen eines Körpers werden nach Bild 5-1 in einem raumfesten x, y, z-System beschrieben. Ein materieller Punkt des Körpers befindet sich vor der Verschiebung und Verzerrung am Ort $\boldsymbol{r}$ mit den Koordinaten x, y, z. Der Punkt wird um den Vektor $\boldsymbol{u} = \boldsymbol{u}(x, y, z)$ oder $\boldsymbol{u}(\boldsymbol{r})$ verschoben. Die von x, y und z abhängigen Koordinaten von $\boldsymbol{u}$ im

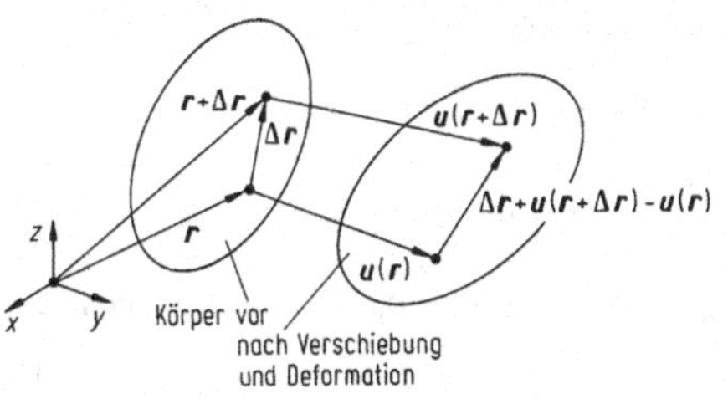

Bild 5-1. Körper vor und nach beliebig großer Verschiebung, Drehung und Deformation. Ursprüngliche Ortsvektoren $\boldsymbol{r}$ und Verschiebungen $\boldsymbol{u}$ zweier Körperpunkte

x, y, z-System heißen u, v und w. In Bild 5-1 sind $\boldsymbol{u}(\boldsymbol{r})$ und $\boldsymbol{u}(\boldsymbol{r} + \Delta\boldsymbol{r})$ die Verschiebungen zweier materieller Punkte des Körpers als Resultat einer beliebig großen *Starrkörperverschiebung* (Translation und Rotation) und einer beliebig großen Deformation. Auf die Differenz der Abstandsquadrate beider Punkte in der End- bzw. Anfangslage,

$$[\Delta\boldsymbol{r} + \boldsymbol{u}(\boldsymbol{r} + \Delta\boldsymbol{r}) - \boldsymbol{u}(\boldsymbol{r})]^2 - (\Delta\boldsymbol{r})^2 ,$$

hat nur die Deformation Einfluss. Taylorentwicklung, Grenzübergang von $\Delta\boldsymbol{r}$ zu $\mathrm{d}\boldsymbol{r}$ und Zerlegung der Vektoren im x, y, z-System liefern für die Differenz den Ausdruck $2\mathrm{d}\underline{r}^{\mathrm{T}}\underline{\varepsilon}\mathrm{d}\underline{r}$ mit einer dimensionslosen, symmetrischen Matrix $\underline{\varepsilon}$, die in der Form

$$\underline{\varepsilon} = \frac{1}{2}(\underline{F} + \underline{F}^{\mathrm{T}} + \underline{F}\,\underline{F}^{\mathrm{T}}) \tag{5-1}$$

mit einer anderen Matrix $\underline{F}$ gebildet wird. Deren Element $F_{ij}\,(i, j = 1, 2, 3)$ ist die partielle Ableitung der i-ten Koordinate von $\boldsymbol{u}$ nach der j-ten Ortskoordinate, z. B. $F_{13} = \partial u/\partial z$ und $F_{21} = \partial v/\partial x$. $\underline{\varepsilon}$ heißt Koordinatenmatrix des *Euler'schen Deformations-* oder *Verzerrungstensors* im Punkt (x, y, z). Das nichtlineare Glied $\underline{F}\,\underline{F}^{\mathrm{T}}$ in (5-1) ist vernachlässigbar, wenn die Deformation des Körpers klein, die Starrkörperdrehung gleich null und die Starrkörpertranslation beliebig groß ist. Dann ist

$$\left.\begin{aligned}
&\underline{\varepsilon} = \begin{bmatrix} \varepsilon_x & \frac{1}{2}\gamma_{xy} & \frac{1}{2}\gamma_{xz} \\ \frac{1}{2}\gamma_{xy} & \varepsilon_y & \frac{1}{2}\gamma_{yz} \\ \frac{1}{2}\gamma_{xz} & \frac{1}{2}\gamma_{yz} & \varepsilon_z \end{bmatrix}, \\
&\varepsilon_x = \frac{\partial u}{\partial x}, \quad \gamma_{xy} = \gamma_{yx} = \frac{\partial u}{\partial y} + \frac{\partial v}{\partial x} \\
&\varepsilon_y = \frac{\partial v}{\partial y}, \quad \gamma_{yz} = \gamma_{zy} = \frac{\partial v}{\partial z} + \frac{\partial w}{\partial y} \\
&\varepsilon_z = \frac{\partial w}{\partial z}, \quad \gamma_{zx} = \gamma_{xz} = \frac{\partial w}{\partial x} + \frac{\partial u}{\partial z}.
\end{aligned}\right\} \tag{5-2}$$

ε_x, ε_y und ε_z heißen *Dehnungen*, und γ_{xy}, γ_{yz} und γ_{zx} heißen *Scherungen* des Körpers im betrachteten Punkt und im x, y, z-System. Sowohl Dehnungen als auch Scherungen werden *Verzerrungen* genannt. Die symmetrische Matrix $\underline{\varepsilon}$ beschreibt den *Verzerrungszustand* im betrachteten Körperpunkt vollständig.

Verschiebungs-Verzerrungs-Beziehungen in Polarkoordinaten siehe in (5-95).

Geometrische Bedeutung von Dehnungen und Scherungen. Ein infinitesimales Körperelement um den betrachteten Punkt, das in der Ausgangslage ein Würfel mit Kanten parallel zu den x-, y- und z-Achsen ist, ist nach Verschiebung und Deformation des Körpers ein Parallelepiped (Bild 5-2). ε_x ist das Verhältnis Verlängerung/Ausgangslänge der Würfelkante parallel zur x-Achse, und γ_{xy} ist die Abnahme des ursprünglich rechten Winkels zwischen den Würfelkanten in Richtung der positiven x- und der positiven y-Achse. Entsprechendes gilt nach Buchstabenvertauschung für die anderen Dehnungen und Scherungen.

5.1.2 Kompatibilitätsbedingungen

Die sechs Verzerrungen ε_x, ε_y, ε_z, γ_{xy}, γ_{yz} und γ_{zx} können nicht willkürlich als Funktionen von x, y, z vorgegeben werden, weil sie aus nur drei stetigen Funktionen $u(x, y, z)$, $v(x, y, z)$ und $w(x, y, z)$ ableitbar sein müssen. Sie müssen sechs *Kompatibilitäts-* oder *Verträglichkeitsbedingungen* erfüllen. Zwei von ihnen lauten:

$$\frac{\partial^2 \varepsilon_x}{\partial y^2} + \frac{\partial^2 \varepsilon_y}{\partial x^2} - \frac{\partial^2 \gamma_{xy}}{\partial x \partial y} = 0\,, \quad \text{(5-3a)}$$

$$-2\frac{\partial^2 \varepsilon_x}{\partial y \partial z} + \frac{\partial}{\partial x}\left(-\frac{\partial \gamma_{yz}}{\partial x} + \frac{\partial \gamma_{zx}}{\partial y} + \frac{\partial \gamma_{xy}}{\partial z}\right) = 0\,. \quad \text{(5-3b)}$$

Zu jeder von ihnen gehören zwei weitere, die man erhält, wenn man alle Indizes (x, y, z) zyklisch, d. h. durch (y, z, x) und durch (z, x, y) ersetzt. Die Minuszeichen in (3b) stehen immer bei ε und bei dem γ, das zweimal nach derselben Koordinate abgeleitet wird. Im Sonderfall des ebenen Verzerrungszustands existieren nur die von z unabhängigen Funktionen u, v, ε_x, ε_y und γ_{xy}. Dann gibt es nur eine Bedingung, und zwar (3a).

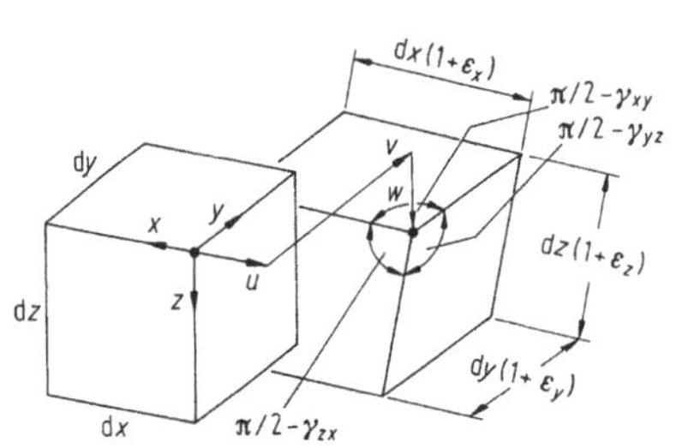

Bild 5-2. Verschiebungen u, v, w und Verzerrungen ε und γ eines Würfels im Punkt $x = y = z = 0$. Vorn der unverzerrte Würfel

5.1.3 Koordinatentransformation

Sei die Koordinatenmatrix $\underline{\varepsilon}^1$ des Verzerrungstensors in (5-2) in einem Körperpunkt in einer Basis $\underline{e}^1$ (einem x, y, z-System) gegeben, und sei $\underline{e}^2 = \underline{A}\,\underline{e}^1$ eine gegen $\underline{e}^1$ gedrehte Basis im selben Punkt (zur Bedeutung von $\underline{A}$ siehe 1.2.1). Die Koordinatenmatrix $\underline{\varepsilon}^2$ des Verzerrungstensors im Achsensystem $\underline{e}^2$ ist

$$\underline{\varepsilon}^2 = \underline{A}\,\underline{\varepsilon}^1 \underline{A}^{\mathrm{T}}\,. \quad \text{(5-4)}$$

5.1.4 Hauptdehnungen. Dehnungshauptachsen

Die Eigenwerte ε_1, ε_2 und ε_3 und die orthogonalen Eigenvektoren der Matrix $\underline{\varepsilon}$ heißen *Hauptdehnungen* bzw. *Dehnungshauptachsen* im betrachteten Körperpunkt. Im Hauptachsensystem sind alle Scherungen null. Das bedeutet, dass sich der Würfel in Bild 5-2 zu einem Quader verformt, wenn seine Kanten parallel zu den Hauptachsen sind.

5.1.5 Mohr'scher Dehnungskreis

Sei die z-Achse eine Dehnungshauptachse, sodass in (5-2) γ_{xz} und γ_{yz} null sind. Das ist z. B. in einer in der x, y-Ebene liegenden und nur in dieser Ebene belasteten, dünnen Scheibe der Fall. Es ist auch an jeder freien Körperoberfläche mit z als Normalenrichtung der Fall. Im ξ, η-System nach Bild 5-3 (φ ist positiv bei Drehung im Rechtsschraubensinn um die z-Achse) sind

$$\varepsilon_\xi(\varphi) = \frac{1}{2}(\varepsilon_x + \varepsilon_y) + \frac{1}{2}(\varepsilon_x - \varepsilon_y)\cos 2\varphi + \frac{1}{2}\gamma_{xy}\sin 2\varphi\,, \quad \text{(5-5a)}$$

$$\frac{1}{2}\gamma_{\xi\eta}(\varphi) = -\frac{1}{2}(\varepsilon_x - \varepsilon_y)\sin 2\varphi + \frac{1}{2}\gamma_{xy}\cos 2\varphi\,. \quad \text{(5-5b)}$$

Die Hauptdehnungen ε_1, ε_2 und die Winkel φ_1, φ_2 der Dehnungshauptachsen gegen die x-Achse werden durch die Gleichungen bestimmt:

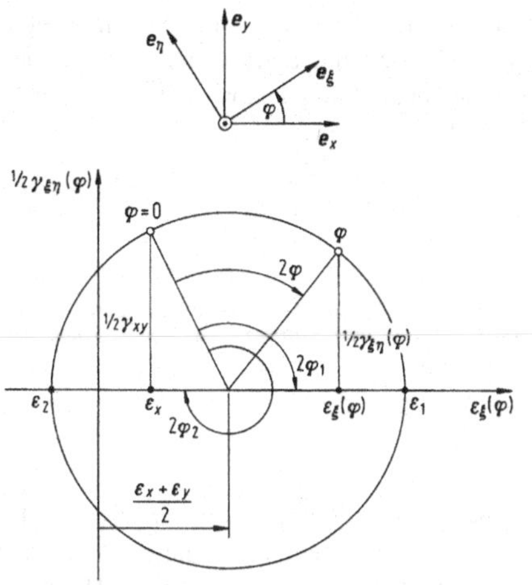

Bild 5-3. Mohr'scher Dehnungskreis

$$\left.\begin{aligned} \varepsilon_{1,2} &= \frac{1}{2}\left\{\varepsilon_x + \varepsilon_y \pm \left[(\varepsilon_x - \varepsilon_y)^2 + \gamma_{xy}^2\right]^{1/2}\right\}, \\ \tan 2\varphi_{1,2} &= \gamma_{xy}/(\varepsilon_x - \varepsilon_y)\,. \end{aligned}\right\} \quad (5\text{-}6)$$

Welcher Winkel zu welcher Hauptdehnung gehört, wird dadurch festgestellt, dass man einen der beiden Winkel in (5a) einsetzt.

Im Achsensystem von Bild 5-3 liegt der Punkt mit den Koordinaten $\varepsilon_\xi(\varphi)$ und $(1/2)\ \gamma_{\xi\eta}(\varphi)$ auf dem gezeichneten sog. *Mohr'schen Dehnungskreis*. Der Mittelpunkt bei $(\varepsilon_x + \varepsilon_y)/2$ und der Kreispunkt $(\varepsilon_x, \gamma_{xy}/2)$ für $\varphi = 0$ bestimmen den Kreis. Der Kreispunkt unter dem Winkel 2φ (von $\varphi = 0$ positiv im Uhrzeigersinn angetragen) hat die Koordinaten $\varepsilon_\xi(\varphi)$, $\gamma_{\xi\eta}(\varphi)/2$.

Dehnungsmessstreifenrosette. Mit einer Dehnungsmessstreifenrosette (Bild 5-4) werden drei Dehnungen $\varepsilon_{-\alpha}$, ε_0 und $\varepsilon_{+\alpha}$ in drei Messachsen unter dem bekannten Winkel α gemessen (Bild 5-4), vgl. H 3.3.3. Daraus werden die Hauptdehnungen ε_1 und ε_2 und der Winkel φ zwischen der Hauptachse mit der Hauptdehnung ε_1 und der mittleren Messachse aus den folgenden Gleichungen berechnet:

$$\left.\begin{aligned} \tan 2\varphi &= \frac{(1-\cos 2\alpha)(\varepsilon_{-\alpha} - \varepsilon_{+\alpha})}{(2\varepsilon_0 - \varepsilon_{-\alpha} - \varepsilon_{+\alpha})\sin 2\alpha}, \\ 2\varepsilon_{1,2} &= \frac{\varepsilon_{-\alpha} + \varepsilon_{+\alpha} - 2\varepsilon_0 \cos 2\alpha}{1 - \cos 2\alpha} \pm \frac{\varepsilon_{-\alpha} - \varepsilon_{+\alpha}}{\sin 2\alpha \sin 2\varphi}\,. \end{aligned}\right\} \quad (5\text{-}7)$$

Von den zwei Lösungen für φ wird eine beliebig gewählt. Das positive Vorzeichen in der zweiten Gleichung gehört zu ε_1.

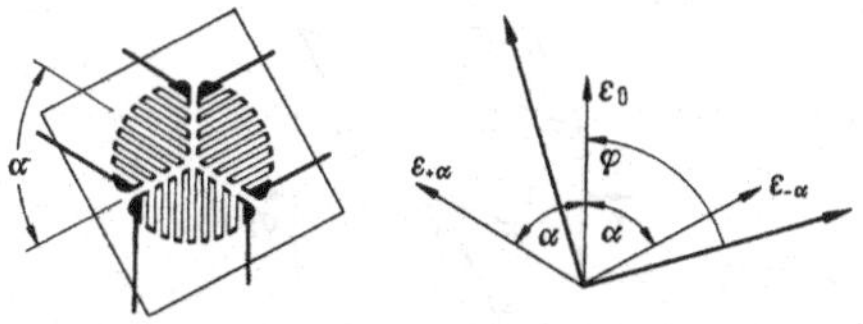

Bild 5-4. Dehnungsmessstreifenrosette. Rechts im Bild die gemessenen Dehnungen $\varepsilon_{-\alpha}$, ε_0, $\varepsilon_{+\alpha}$ entlang den Messachsen und der gesuchte Winkel φ der dick gezeichneten Dehnungshauptachsen gegen die mittlere Messachse

5.2 Spannungen

5.2.1 Normal- und Schubspannungen. Spannungstensor

Jedem Punkt P eines Körpers und jeder ebenen oder gekrümmten Schnittfläche oder Oberfläche durch den Punkt ist ein Spannungsvektor $\boldsymbol{\sigma}_i$ zugeordnet, wobei i der Index des Normaleneinheitsvektors $\boldsymbol{e}_i$ ist, der die Orientierung der Fläche in dem Punkt kennzeichnet (Bild 5-5). Zur Definition von $\boldsymbol{\sigma}_i$ in P werden ein Flächenelement ΔA um P und die Schnittkraft $\Delta \boldsymbol{F}$ betrachtet, die an ΔA angreift. $\boldsymbol{\sigma}_i$ ist der Grenzwert von $\Delta \boldsymbol{F}/\Delta A$ im Fall, dass ΔA auf den Punkt P zusammenschrumpft. Die Dimension von $\boldsymbol{\sigma}_i$ ist Kraft/Fläche, die SI-Einheit ist das Pascal: $1\ \mathrm{Pa} = 1\ \mathrm{N/m^2}$. Die Koordinate von $\boldsymbol{\sigma}_i$ in der Richtung von $\boldsymbol{e}_i$ heißt *Normalspannung* σ_i, und die Koordinate in der Richtung eines beliebigen Einheitsvektors $\boldsymbol{e}_j$ in der Tangentialebene heißt *Schubspannung* τ_{ij}. σ_i und τ_{ij} sind positiv, wenn sie

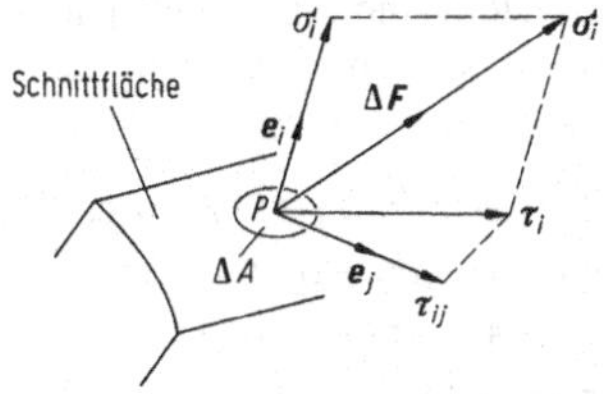

Bild 5-5. Spannungsvektor $\boldsymbol{\sigma}_i$, Normalspannung σ_i, resultierende Schubspannung τ_i und Schubspannungskoordinate τ_{ij} im Punkt P einer Fläche mit dem Normalenvektor $\boldsymbol{e}_i$

am positiven Schnittufer die Richtung von $\boldsymbol{e}_i$ bzw. von $\boldsymbol{e}_j$ haben. Das positive Schnittufer ist dasjenige, aus dem $\boldsymbol{e}_i$ herausweist.

Die Schubspannungen in einem Punkt in drei Ebenen normal zu den Basisvektoren $\boldsymbol{e}_x$, $\boldsymbol{e}_y$ und $\boldsymbol{e}_z$ eines kartesischen x, y, z-Systems (einer Basis) haben aus Gleichgewichtsgründen die Eigenschaft

$$\tau_{ij} = \tau_{ji} \quad (i, j = x, y, z) \tag{5-8}$$

(Gleichheit zugeordneter Schubspannungen). Die Matrix aller neun Normal- und Schubspannungen in diesen Ebenen ist deshalb symmetrisch:

$$\underline{\sigma} = \begin{bmatrix} \sigma_x & \tau_{xy} & \tau_{xz} \\ \tau_{xy} & \sigma_y & \tau_{yz} \\ \tau_{xz} & \tau_{yz} & \sigma_z \end{bmatrix} . \tag{5-9}$$

Sie heißt *Koordinatenmatrix* des Spannungstensors. Sie bestimmt den Spannungszustand im betrachteten Punkt vollständig.

5.2.2 Koordinatentransformation

Sei die Koordinatenmatrix $\underline{\sigma}^1$ des Spannungstensors in einem Körperpunkt in einer Basis $\underline{e}^1$ (einem x, y, z-System) gegeben, und sei $\underline{e}^2 = \underline{A}\,\underline{e}^1$ eine gegen $\underline{e}^1$ gedrehte Basis im selben Punkt (zur Bedeutung von $\underline{A}$ siehe 1.2.1). Die Koordinatenmatrix $\underline{\sigma}^2$ des Spannungstensors in $\underline{e}^2$, d. h. die Matrix der Spannungen in den drei Ebenen normal zu ihren Basisvektoren, ist

$$\underline{\sigma}^2 = \underline{A}\,\underline{\sigma}^1\underline{A}^{\mathrm{T}} . \tag{5-10}$$

5.2.3 Hauptnormalspannungen. Spannungshauptachsen

Die Eigenwerte σ_1, σ_2 und σ_3 und die orthogonalen Eigenvektoren der Matrix $\underline{\sigma}$ heißen *Hauptnormalspannungen* bzw. *Spannungshauptachsen*. Im Hauptachsensystem sind alle Schubspannungen null. Die Eigenwerte sind die Wurzeln des Polynoms $-\sigma^3 + I_1\sigma^2 + I_2\sigma + I_3 = 0$ mit

$$\left.\begin{aligned} I_1 &= \sigma_x + \sigma_y + \sigma_z = \sigma_1 + \sigma_2 + \sigma_3 , \\ I_2 &= -(\sigma_x\sigma_y + \sigma_y\sigma_z + \sigma_z\sigma_x) + \tau_{xy}^2 + \tau_{yz}^2 + \tau_{zx}^2 \\ &= -(\sigma_1\sigma_2 + \sigma_2\sigma_3 + \sigma_3\sigma_1) , \\ I_3 &= \sigma_x\sigma_y\sigma_z + 2\tau_{xy}\tau_{yz}\tau_{zx} \\ &\quad - \left(\sigma_x\tau_{yz}^2 + \sigma_y\tau_{zx}^2 + \sigma_z\tau_{xy}^2\right) = \sigma_1\sigma_2\sigma_3 . \end{aligned}\right\} \tag{5-11}$$

I_1, I_2 und I_3 sind *Invarianten* des Spannungstensors, d. h. sie sind für ein und denselben Körperpunkt unabhängig von der Richtung des x, y, z-Systems, in dem $\underline{\sigma}$ gegeben ist.

5.2.4 Hauptschubspannungen

In einem Punkt mit den Hauptnormalspannungen σ_1, σ_2 und σ_3 sind die Schubspannungen extremalen Betrages

$$\left.\begin{aligned} \tau_1 &= |\sigma_2 - \sigma_3|/2 , \quad \tau_2 = |\sigma_3 - \sigma_1|/2 , \\ \tau_3 &= |\sigma_1 - \sigma_2|/2 . \end{aligned}\right\} \tag{5-12}$$

Sie heißen *Hauptschubspannungen*. $\tau_i\,(i = 1, 2, 3)$ tritt in den beiden Ebenen auf, die die Hauptachse i enthalten und gegen die beiden anderen Hauptachsen um 45° geneigt sind. Bild 5-6 zeigt als Beispiel τ_3.

5.2.5 Kugeltensor. Spannungsdeviator

Die Matrix $\underline{\sigma}$ in (5-9) wird in die Koordinatenmatrizen $\underline{\sigma}_{\mathrm{m}}$ und $\underline{\sigma}^*$ eines *Kugeltensors bzw. eines Spannungsdeviators* aufgespalten:

$$\begin{aligned} \underline{\sigma} &= \underline{\sigma}_{\mathrm{m}} + \underline{\sigma}^* \\ &= \begin{bmatrix} \sigma_{\mathrm{m}} & 0 & 0 \\ 0 & \sigma_{\mathrm{m}} & 0 \\ 0 & 0 & \sigma_{\mathrm{m}} \end{bmatrix} \\ &\quad + \begin{bmatrix} \sigma_x - \sigma_{\mathrm{m}} & \tau_{xy} & \tau_{xz} \\ \tau_{xy} & \sigma_y - \sigma_{\mathrm{m}} & \tau_{yz} \\ \tau_{xz} & \tau_{yz} & \sigma_z - \sigma_{\mathrm{m}} \end{bmatrix} \\ \text{mit } \sigma_{\mathrm{m}} &= \frac{1}{3}(\sigma_x + \sigma_y + \sigma_z) = \frac{1}{3}(\sigma_1 + \sigma_2 + \sigma_3) . \end{aligned} \tag{5-13}$$

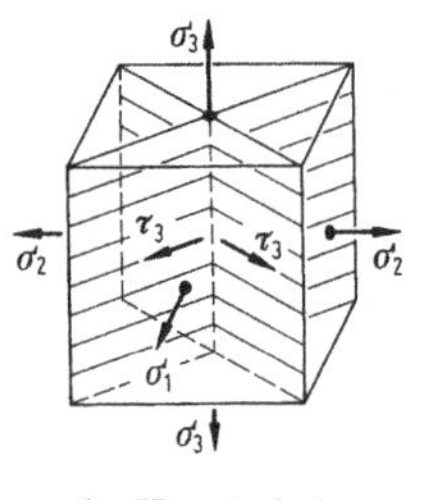

Bild 5-6. Richtungen der Hauptschubspannung τ_3 relativ zu den Spannungshauptachsen

$\underline{\sigma}_m$ beschreibt einen hydrostatischen Spannungszustand. $\underline{\sigma}^*$ hat dieselben Hauptachsen wie $\underline{\sigma}$ und um σ_m kleinere Hauptnormalspannungen.

5.2.6 Ebener Spannungszustand. Mohr'scher Spannungskreis

Seien in (5-9) alle Spannungen außer σ_x, σ_y und τ_{xy} null, wie das z. B. in einer in der x, y-Ebene liegenden und nur in dieser Ebene belasteten Scheibe der Fall ist. In einer Schnittebene normal zu einer ξ-Achse (Bild 5-7; φ ist positiv bei Drehung im Rechtsschraubensinn um die z-Achse) sind

$$\sigma_\xi(\varphi) = \frac{1}{2}(\sigma_x + \sigma_y) + \frac{1}{2}(\sigma_x - \sigma_y)\cos 2\varphi + \tau_{xy}\sin 2\varphi\,, \quad (5\text{-}14a)$$

$$\tau_{\xi\eta}(\varphi) = -\frac{1}{2}(\sigma_x - \sigma_y)\sin 2\varphi + \tau_{xy}\cos 2\varphi\,. \quad (5\text{-}14b)$$

Die Hauptnormalspannungen σ_1, σ_2 und die Winkel φ_1, φ_2 der Spannungshauptachsen gegen die x-Achse werden durch die Gleichungen bestimmt:

$$\left.\begin{aligned} \sigma_{1,2} &= \frac{1}{2}\left\{\sigma_x + \sigma_y \pm \left[(\sigma_x - \sigma_y)^2 + 4\tau_{xy}^2\right]^{1/2}\right\}, \\ \tan 2\varphi_{1,2} &= 2\tau_{xy}/(\sigma_x - \sigma_y)\,. \end{aligned}\right\} \quad (5\text{-}15)$$

Welcher Winkel zu welcher Hauptspannung gehört, wird dadurch festgestellt, dass man einen der beiden Winkel in (5-14a) einsetzt.
Im Achsensystem von Bild 5-7 liegt der Punkt mit den Koordinaten $\sigma_\xi(\varphi)$ und $\tau_{\xi\eta}(\varphi)$ auf dem gezeichneten sog. *Mohr'schen Spannungskreis*. Der Mittelpunkt bei $(\sigma_x + \sigma_y)/2$ und der Kreispunkt (σ_x, τ_{xy}) für $\varphi = 0$ bestimmen den Kreis. Der Kreispunkt unter dem Winkel 2φ (von $\varphi = 0$ positiv im Uhrzeigersinn angetragen) hat die Koordinaten $\sigma_\xi(\varphi), \tau_{\xi\eta}(\varphi)$.

5.2.7 Volumenkraft. Gleichgewichtsbedingungen

Das Gewicht, die Zentrifugalkraft und einige andere eingeprägte Kräfte sind stetig auf das gesamte Volumen eines Körpers verteilt. Die auf das Volumen bezogene Kraftdichte $\Delta \boldsymbol{F}/\Delta V$ bzw. ihr Grenzwert für $\Delta V \to 0$ hat die irreführende Bezeichnung *Volumenkraft*. Zum Beispiel ist die Volumenkraft zum

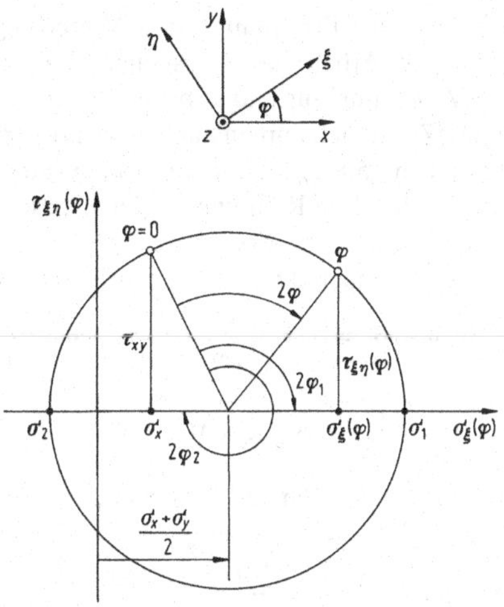

Bild 5-7. Mohr'scher Spannungskreis

Gewicht das spezifische Gewicht ϱg multipliziert mit dem Einheitsvektor in vertikaler Richtung. Seien $X(x, y, z)$, $Y(x, y, z)$ und $Z(x, y, z)$ ganz allgemein die ortsabhängigen Koordinaten der Volumenkraft in einem x, y, z-System. Damit ein Körper im Gleichgewicht ist, müssen die Spannungen in jedem Körperpunkt die Gleichgewichtsbedingungen erfüllen:

$$\left.\begin{aligned} \frac{\partial\sigma_x}{\partial x} + \frac{\partial\tau_{xy}}{\partial y} + \frac{\partial\tau_{xz}}{\partial z} + X = 0\,, \\ \frac{\partial\tau_{xy}}{\partial x} + \frac{\partial\sigma_y}{\partial y} + \frac{\partial\tau_{yz}}{\partial z} + Y = 0\,, \\ \frac{\partial\tau_{xz}}{\partial x} + \frac{\partial\tau_{yz}}{\partial y} + \frac{\partial\sigma_z}{\partial z} + Z = 0\,. \end{aligned}\right\} \quad (5\text{-}16)$$

Im Sonderfall des ebenen Spannungszustandes in der x, y-Ebene lauten sie

$$\frac{\partial\sigma_x}{\partial x} + \frac{\partial\tau_{xy}}{\partial y} + X = 0\,, \quad \frac{\partial\tau_{xy}}{\partial x} + \frac{\partial\sigma_y}{\partial y} + Y = 0\,. \quad (5\text{-}17)$$

Die entsprechenden Gleichungen in Polarkoordinaten siehe in (5-94).

5.3 Hooke'sches Gesetz

Die lineare Elastizitätstheorie behandelt Werkstoffe mit linearen Spannungs-Verzerrungs-Beziehungen, bei denen die zur Erzeugung eines Verzerrungszustandes nötige Arbeit (bei konstanter Temperatur) nur vom Verzerrungszustand selbst und nicht von der Art seines Zustandekommens abhängt (Potenzialeigenschaft; siehe 5.8.1). Wenn der Körper außerdem isotrop, d.h. in allen Richtungen gleich beschaffen ist, bestehen zwischen Spannungen, Verzerrungen und Temperaturänderung ΔT die sechs Beziehungen

$$\varepsilon_i = \frac{\sigma_i - \nu(\sigma_j + \sigma_k)}{E} + \alpha\Delta T, \quad \gamma_{ij} = \frac{\tau_{ij}}{G} \qquad (i, j, k = x, y, z \text{ verschieden}), \tag{5-18}$$

bzw. bei Auflösung nach den Spannungen

$$\left.\begin{aligned} \sigma_i &= \frac{E}{1+\nu}\left[\varepsilon_i + \frac{\nu}{1-2\nu}(\varepsilon_x + \varepsilon_y + \varepsilon_z)\right] \\ &\quad - \frac{E}{1-2\nu}\alpha\Delta T \quad (i = x, y, z), \\ \tau_{ij} &= G\gamma_{ij} \quad (i, j = x, y, z;\ i \neq j). \end{aligned}\right\} \tag{5-19}$$

Diese Beziehungen heißen *Hooke'sches Gesetz*. Zur werkstoffmechanischen Bedeutung siehe D 9.2.1. Zur Formulierung mit Deviatorspannungen und Deviatorverzerrungen siehe (6-2). Im Hooke'schen Gesetz treten der *Elastizitätsmodul* E, der *Schubmodul* G (E und G haben die Dimension einer Spannung), die *Poisson-Zahl* ν und der *thermische Längenausdehnungskoeffizient* α (Dimension einer Temperatur^{-1}) auf. ν liegt im Bereich $0 \leqq \nu \leqq 1/2$. Zwischen E, G und ν besteht die Beziehung

$$E = 2(1+\nu)G\,, \tag{5-20}$$

sodass außer α nur zwei unabhängige Werkstoffkonstanten auftreten. Werte von E, ν und α siehe in Tabelle 5-1, Werte von E und α auch in Tabelle D 9-2 bzw. Tabelle D 9-6. Aus (5-19) folgt, dass Dehnungshauptachsen und Spannungshauptachsen zusammenfallen.

In einem Körperpunkt mit beliebigen Scherungen und mit den Dehnungen ε_x, ε_y und ε_z ist die *Volumendilatation* e, das ist der Quotient Volumenzunahme/Ausgangsvolumen,

$$\begin{aligned} e &= \varepsilon_x + \varepsilon_y + \varepsilon_z \\ &= (1-2\nu)(\sigma_x + \sigma_y + \sigma_z)/E + 3\alpha\Delta T\,. \end{aligned} \tag{5-21}$$

Der einachsige Spannungszustand mit $\sigma_x \neq 0$, $\sigma_y = \sigma_z = \tau_{xy} = \tau_{yz} = \tau_{zx} = 0$ verursacht nach (5-18) den dreiachsigen Verzerrungszustand

$$\left.\begin{aligned} &\varepsilon_x = \frac{\sigma_x}{E} + \alpha\Delta T\,, \quad \varepsilon_y = \varepsilon_z = -\nu\frac{\sigma_x}{E} + \alpha\Delta T\,, \\ &\gamma_{xy} = \gamma_{yz} = \gamma_{zx} = 0\,. \end{aligned}\right\} \tag{5-22}$$

Der *ebene Spannungszustand* mit $\sigma_x \neq 0$, $\sigma_y \neq 0$, $\tau_{xy} \neq 0$ und $\sigma_z = \tau_{xz} = \tau_{yz} = 0$ verursacht nach (5-18) den dreiachsigen Verzerrungszustand

$$\left.\begin{aligned} \varepsilon_x &= \frac{\sigma_x - \nu\sigma_y}{E} + \alpha\Delta T\,, \\ \varepsilon_y &= \frac{\sigma_y - \nu\sigma_x}{E} + \alpha\Delta T\,, \quad \gamma_{xy} = \frac{\tau_{xy}}{G}, \end{aligned}\right\} \tag{5-23a}$$

$$\varepsilon_z = -\frac{\nu}{E}(\sigma_x + \sigma_y) + \alpha\Delta T\,, \quad \gamma_{yz} = \gamma_{zx} = 0\,. \tag{5-23b}$$

Die Darstellung der Spannungen durch ε_x und ε_y ist in diesem Fall

$$\left.\begin{aligned} \sigma_x &= \frac{E}{1-\nu^2}[\varepsilon_x + \nu\varepsilon_y - (1+\nu)\alpha\Delta T]\,, \\ \sigma_y &= \frac{E}{1-\nu^2}[\varepsilon_y + \nu\varepsilon_x - (1+\nu)\alpha\Delta T]\,, \\ \tau_{xy} &= G\gamma_{xy}, \quad \sigma_z = \tau_{xz} = \tau_{yz} = 0\,. \end{aligned}\right\} \tag{5-24}$$

5.4 Geometrische Größen für Stab- und Balkenquerschnitte

Im Zusammenhang mit der Biegung und Torsion von Stäben und Balken spielen außer der Querschnittsfläche A und dem Flächenschwerpunkt S die folgenden geometrischen Querschnittsgrößen eine Rolle.

5.4.1 Flächenmomente 2. Grades

In einem y, z-System mit beliebigem Ursprung in der Querschnittsfläche sind die *axialen Flächenmomente* 2. *Grades* I_y und I_z und das *biaxiale Flächenmoment* 2. *Grades* (*Deviationsmoment*) I_{yz} der Querschnittsfläche definiert (vgl. B 7.2):

$$I_y = \int_A z^2\,\mathrm{d}A\,, \quad I_z = \int_A y^2\,\mathrm{d}A\,, \quad I_{yz} = -\int_A yz\,\mathrm{d}A\,. \tag{5-25}$$

Tabelle 5-1. Elastizitätsmodul E, Poisson-Zahl ν und thermischer Längenausdehnungskoeffizient α von Werkstoffen. (Siehe auch die Tabellen D 9-2 für E und D 9-6 für α)

Werkstoff	E kN/mm^2	ν	α 10^{-6}/K	Werkstoff	E kN/mm^2	ν	α 10^{-6}/K
Metalle:				*Anorganisch-nicht-*			
Aluminium	71	0,34	23,9	*metallische Werk-*			
Aluminiumlegierungen	59···78		18,5···24,0	*stoffe – Forts.*			
Bronze	108···124	0,35	16,8···18,8	Kalkstein	40···90	0,28	
Blei	19	0,44	29	Marmor	60···90	0,25···0,30	5···16
Duralumin 681B	74	0,34	23	Porzellan	60···90		3···6,5
Eisen	206	0,28	11,7	Ziegelstein	10···40	0,20···0,35	8···10
Gusseisen	64···181		9···12	Al_2O_3 (hochdicht)	380	0,23	8
Kupfer	125	0,34	16,8	ZrO_2 (hochdicht)	220	0,23	10
Magnesium	44		26	SiC (hochdicht)	440	0,16	5
Messing	78···123		17,5···19,1	Si_3N_4 (dicht)	320	0,3	3,3
Messing (CuZn40)	100	0,36	18	Si_3N_4 (20% Poren)	180	0,23	3
Nickel	206	0,31	13,3				
Nickellegierungen	158···213		11···14	*Organische Werkstoffe:*			
Silber	80	0,38	19,7	Epoxidharz			
Silicium	100	0,45	7,8	(EP, ‚Araldit‘)	3,2	0,33	50···70
Stahl legiert (s. [1])	186···216	0,2···0,3	9···19	glasfaserverstärkte			
Baustahl	215	0,28	12	Kunststoffe (GFK)	7···45		25
V2A-Stahl	190	0,27	16	Holz (s. [3,4]):			
Titan	108	0,36	8,5	faserparallel: Buche	14		
Zink	128	0,29	30	Eiche	13		4,9
Zinn	44	0,33	23	Fichte	10		5,4
				Kiefer	11		
				radial: Buche	2,3		
				Eiche	1,6		54,4
Anorganisch-nicht-				Fichte	0,8		34,1
metallische Werkstoffe:				Kiefer	1,0		
Beton (s. [2], DIN 1045)	22···39	0,15···0,22	5,4···14,2	kohlenstofffaserverstärkte			
Eis (s. [5])				Kunststoffe (CFK)	70···200		
−4°C, polykristallin	9,8	0,33		Polymethylmethacrylat			
Glas, allgemein	39···98	0,10···0,28	3,5···5,5	(PMMA, ‚Plexiglas‘)	2,7···3,2	0,35	70···100
Bau-, Sicherheitsglas	62···86	0,25	9	Polyamid(‚Nylon‘)	2···4		70···100
Quarzglas	62···75	0,17···0,25	0,5···0,6	Polyethylen (PE-HD)	0,15···1,65		150···200
Granit	50···60	0,13···0,26	3···8	Polyvinylchlorid (PVC)	1···3		70···100

Wenn Missverständnisse ausgeschlossen sind, wird vom Flächenmoment statt vom Flächenmoment 2. Grades gesprochen. Eine andere, noch gebräuchliche Bezeichnung ist *Flächenträgheitsmoment.* Flächenmomente 2. Grades haben die Dimension Länge^4. I_y, I_z und I_{yz} sind mit den Flächenmomenten $I_{y'}$, $I_{z'}$ und $I_{y'z'}$ im parallel ausgerichteten y', z'-System mit dem Ursprung im Schwerpunkt S durch die Formeln von Huygens und Steiner verknüpft (Bild 5-8):

$$\left.\begin{aligned} I_y &= I_{y'} + z_S^2 A\,, \quad I_z = I_{z'} + y_S^2 A\,,\\ I_{yz} &= I_{y'z'} - y_S z_S A\,. \end{aligned}\right\} \qquad (5\text{-}26)$$

In einem η, ζ-System, das nach Bild 5-8 gegen das y, z-System um den Winkel φ gedreht ist (φ ist positiv bei Drehung im Rechtsschraubensinn um die x-Achse) ist

$$\begin{aligned} I_\eta(\varphi) &= \frac{1}{2}(I_y + I_z) + \frac{1}{2}(I_y - I_z)\cos 2\varphi \\ &\quad + I_{yz}\sin 2\varphi\,, \qquad (5\text{-}27\text{a}) \end{aligned}$$

$$I_{\eta\zeta}(\varphi) = -\frac{1}{2}(I_y - I_z)\sin 2\varphi + I_{yz}\cos 2\varphi\,. \qquad (5\text{-}27\text{b})$$

Diese Beziehungen werden im $(I_\eta(\varphi), I_{\eta\zeta}(\varphi))$-Achsensystem von Bild 5-9 durch den *Mohr'schen Kreis* abgebildet. Der Mittelpunkt bei $(I_y + I_z)/2$ und

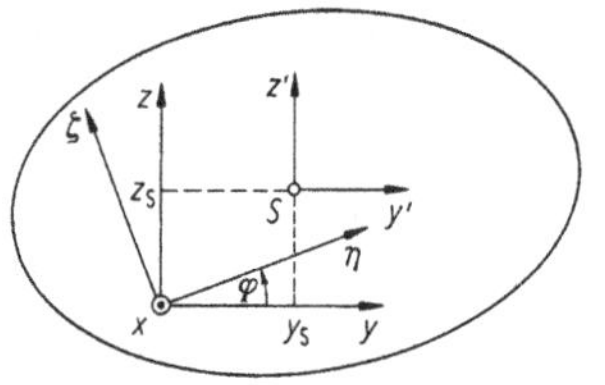

Bild 5-8. Zur Definition von Flächenmomenten 2. Grades

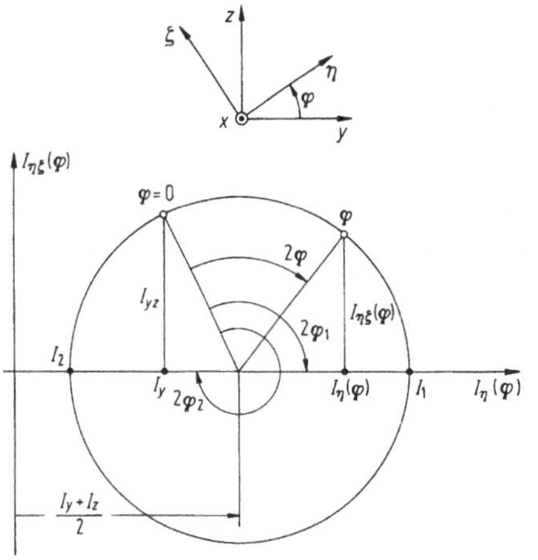

Bild 5-9. Mohr'scher Kreis für Flächenmomente 2. Grades

der Kreispunkt (I_y, I_{yz}) für $\varphi = 0$ bestimmen den Kreis. Der Kreispunkt unter dem Winkel 2φ (von $\varphi = 0$ positiv im Uhrzeigersinn angetragen) hat die Koordinaten $I_\eta(\varphi)$ und $I_{\eta\zeta}(\varphi)$.

Hauptflächenmomente. Hauptachsen

Der Mohr'sche Kreis liefert zwei orthogonale Hauptachsen der Fläche unter Winkeln φ_1 und φ_2 mit zugehörigen extremalen *Hauptflächenmomenten* I_1 und I_2 und mit dem biaxialen Flächenmoment $I_{12} = 0$. Die ablesbaren Formeln

$$\left.\begin{aligned} I_{1,2} &= \frac{1}{2}\left\{I_y + I_z \pm \left[(I_y - I_z)^2 + 4I_{yz}^2\right]^{1/2}\right\}, \\ \tan 2\varphi_{1,2} &= 2I_{yz}/(I_y - I_z) \end{aligned}\right\} \quad (5\text{-}28)$$

lassen die Zuordnung zwischen den Winkeln und den Hauptflächenmomenten erst erkennen, wenn man einen der beiden Winkel wieder in (5-27a) einsetzt. Die Achse des kleineren Hauptflächenmoments liegt so, dass sich die Querschnittsfläche möglichst eng um sie lagert. Wegen dieser Eigenschaft kann man die Lage der Achse i. Allg. gut schätzen. Symmetrieachsen sind zentrale, d. h. auf den Schwerpunkt als Ursprung bezogene Hauptachsen. Wenn die axialen Flächenmomente für zwei oder mehr Achsen durch S gleich sind, dann sind sie für alle Achsen durch S gleich. Das ist z. B. der Fall, wenn mehr als zwei Symmetrieachsen existieren (z. B. beim regelmäßigen n-Eck).

Flächenmomente für zusammengesetzte Querschnitte

Für einen aus Teilflächen zusammengesetzten Querschnitt sollen die Flächenmomente I_η, I_ζ und $I_{\eta\zeta}$ in einem η, ζ-System mit dem Gesamtschwerpunkt S als Ursprung berechnet werden. Bild 5-10a zeigt nur eine Teilfläche A_i mit ihrem eigenen Schwerpunkt S_i und ihre Lage im η, ζ-System. Für die Teilfläche werden die Flächenmomente für irgendein y, z-System aus Tabellen entnommen und mit (5-26) und (5-27) in drei Schritten in Flächenmomente im y', z'-System (1. Schritt), im η', ζ'-System oder im y'', z''-System (2. Schritt) und im η, ζ-System (3. Schritt) umgerechnet. Die letzteren seien $I_{\eta i}$, $I_{\zeta i}$ und $I_{\eta\zeta i}$ für die Teilfläche i ($i = 1, \ldots, n$). Die drei Summen dieser Größen über $i = 1, \ldots, n$ liefern I_η, I_ζ und $I_{\eta\zeta}$ für den gesamten Querschnitt. Ausschnitte und Löcher können als Teilflächen mit negativem Flächeninhalt behandelt werden, was eine Umkehrung der Vorzeichen aller ihrer Flächenmomente bedeutet. Der Querschnitt in Bild 5-10b kann z. B. als Summe zweier Rechtecke und eines Dreiecks mit negativer Fläche behandelt werden. Für Flächenmomente einfacher Flächen siehe Tabelle 5-2. Flächenmomente genormter Walzprofile siehe in [1, 2]

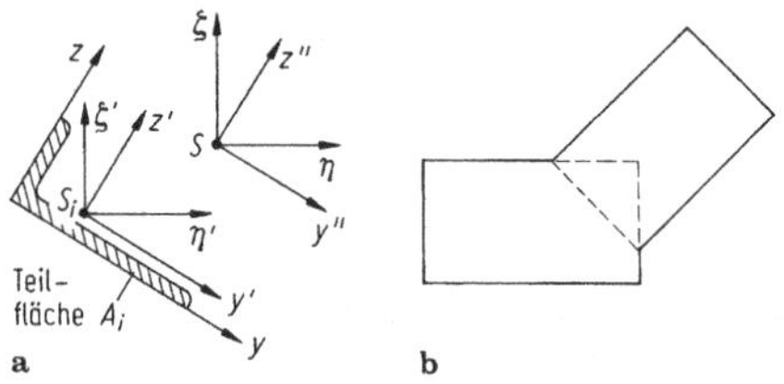

Bild 5-10. a Teilfläche A_i eines zusammengesetzten Querschnitts mit dem Gesamtschwerpunkt S. **b** Aus zwei Rechtecken und einem Dreieck mit negativer Fläche zusammengesetzter Querschnitt

5.4.2 Statische Flächenmomente

Im Folgenden sind die y- und z-Achsen zentrale Hauptachsen. Bei einfach berandeten Querschnitten mit einem oder mehreren Stegen (Bild 5-11) ist s die Bogenlänge von einem beliebig gewählten Stegende $s = 0$ entlang Stegmittellinien zu einem Punkt mit der Koordinate s. $A_0(s)$ und $A_1(s)$ sind die einander zu A ergänzenden Teilflächen, die durch einen Schnitt bei s quer zur Stegmittellinie entstehen, wobei $A_0(s)$ den Punkt $s = 0$ enthält. $z_{S_0}(s)$ und $z_{S_1}(s)$ sind die z-Koordinaten der Flächenschwerpunkte S_0 von $A_0(s)$ bzw. S_1 von $A_1(s)$. Das *statische Flächenmoment* $S_y(s)$ hat die Dimension Länge^3. Es wird nach einer der folgenden Formeln berechnet:

$$S_y(s) = -\int_{A_0(s)} z\mathrm{d}A = -z_{S_0}(s)A_0(s)$$
$$= \int_{A_1(s)} z\mathrm{d}A = z_{S_1}(s)A_1(s)\,. \qquad (5\text{-}29)$$

Entsprechend ergibt sich, wenn man überall z und y vertauscht:

$$S_z(s) = -\int_{A_0(s)} y\,\mathrm{d}A = -y_{S_0}(s)A_0(s)$$
$$= \int_{A_1(s)} y\,\mathrm{d}A = y_{S_1}(s)A_1(s)\,. \qquad (5\text{-}30)$$

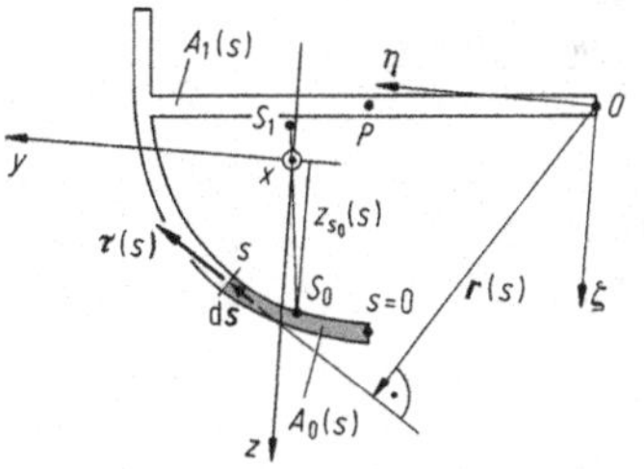

Bild 5-11. Einfach berandeter Querschnitt mit dünnen Stegen. Die Teilflächen $A_0(s)$ und $A_1(s)$ mit ihren Schwerpunkten S_0 bzw. S_1 beziehen sich auf (5-29) und (5-30). Die y- und z-Achsen sind zentrale Hauptachsen. Die dazu parallelen η- und ζ-Achsen und die Lotlänge $r(s)$ beziehen sich auf (5-33) und (5-37) und $\tau(s)$ auf (5-56). P ist der Mittelpunkt des Viertelkreisbogens

Beispiel 5-1: Für den Stabquerschnitt in Bild 5-12a ist im Bereich $0 \leqq s \leqq b$ $z_{S_0}(s) = -h/2$, $A_0(s) = ts$, also $S_y(s) = hts/2$. Bei einem Schnitt durch den vertikalen Steg an einer Stelle z besteht A_0 aus der Fläche bt des horizontalen Stegs mit der Schwerpunktkoordinate $-h/2$ und der Fläche $(h/2 + z)t$ mit der Schwerpunktkoordinate

$$-\frac{1}{2}h + \frac{1}{2}\left(\frac{1}{2}h + z\right) = \frac{1}{2}\left(-\frac{1}{2}h + z\right).$$

Damit ist

$$S_y(z) = \frac{1}{2}htb - \left(\frac{1}{2}h + z\right)t \cdot \frac{1}{2}\left(-\frac{1}{2}h + z\right)$$
$$= \frac{1}{2}\left(hb + \frac{1}{4}h^2 - z^2\right)t\,.$$

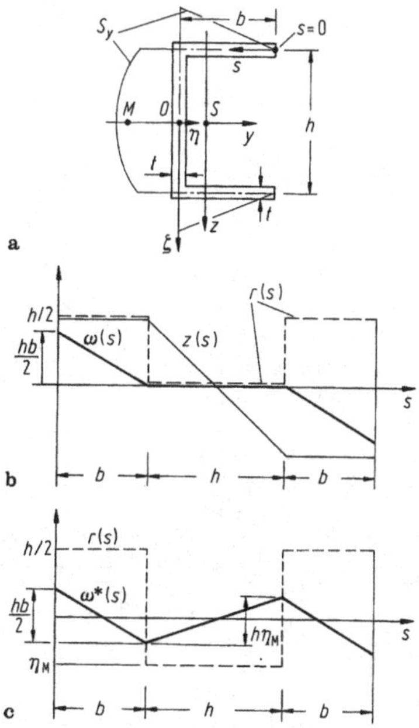

Bild 5-12. a ⊏-Profil. Quer zur Wandmittellinie ist $S_y(s)$ aufgetragen. Zur Bedeutung des η,ζ-Systems und des Schubmittelpunkts M siehe 5.4.4 **b** Hilfsfunktionen $r(s)$, $\omega(s)$ und $z(s)$ des Profils von **a** für (5-32) und (5-33). **c** Hilfsfunktionen $r(s)$ und $\omega^*(s)$ desselben Profils für (5-37)

Tabelle 5-2. Flächenmomente 2. Grades I_y, I_z, I_{yz} und Biegewiderstandsmomente W_y. Der Ursprung des y, z-Systems ist der Flächenschwerpunkt. Seine Lage ist in Tabelle **2-2** angegeben. Wenn I_{yz} nicht angegeben ist, sind die y- und z-Achsen Hauptachsen

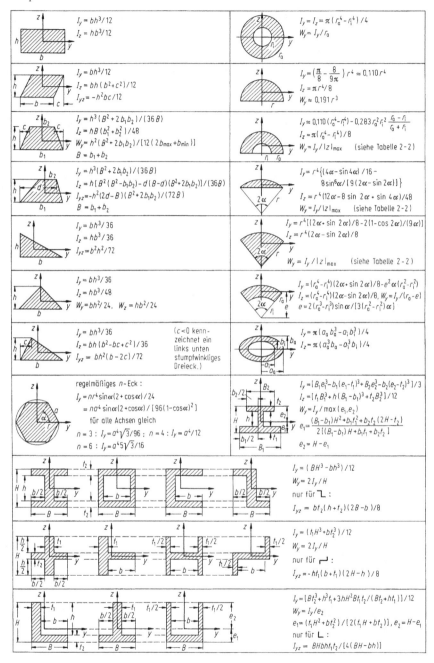

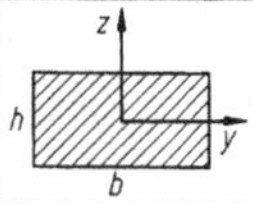 $I_y = bh^3/12$ $I_z = hb^3/12$	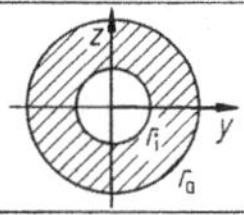 $I_y = I_z = \pi(r_a^4 - r_i^4)/4$ $W_y = I_y/r_a$
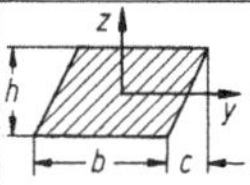 $I_y = bh^3/12$ $I_z = bh(b^2+c^2)/12$ $I_{yz} = -h^2bc/12$	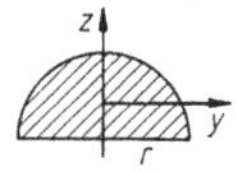 $I_y = \left(\frac{\pi}{8} - \frac{8}{9\pi}\right) r^4 \approx 0{,}110\, r^4$ $I_z = \pi r^4/8$ $W_y \approx 0{,}191\, r^3$
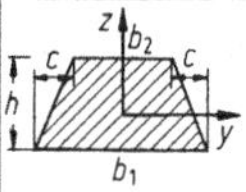 $I_y = h^3(B^2+2b_1b_2)/(36B)$ $I_z = hB(b_1^2+b_2^2)/48$ $W_y = h^2(B^2+2b_1b_2)/[12(2b_{max}+b_{min})]$ $B = b_1+b_2$	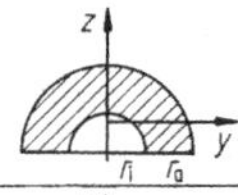 $I_y \approx 0{,}110(r_a^4-r_i^4) - 0{,}283\, r_a^2 r_i^2 \frac{r_a - r_i}{r_a + r_i}$ $I_z = \pi(r_a^4 - r_i^4)/8$ $W_y = I_y/\lvert z\rvert_{max}$ (siehe Tabelle 2-2)
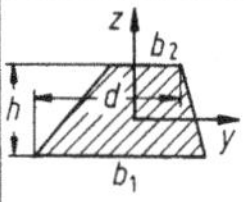 $I_y = h^3(B^2+2b_1b_2)/(36B)$ $I_z = h[B^2(B^2-b_1b_2) - d(B-d)(B^2+2b_1b_2)]/(36B)$ $I_{yz} = -h^2(2d-B)(B^2+2b_1b_2)/(72B)$ $B = b_1+b_2$	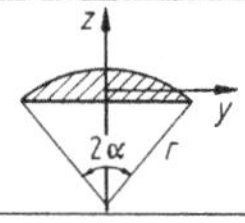 $I_y = r^4\{(4\alpha - \sin 4\alpha)/16 - 8\sin^6\alpha/[9(2\alpha - \sin 2\alpha)]\}$ $I_z = r^4(12\alpha - 8\sin 2\alpha + \sin 4\alpha)/48$ $W_y = I_y/\lvert z\rvert_{max}$ (siehe Tabelle 2-2)
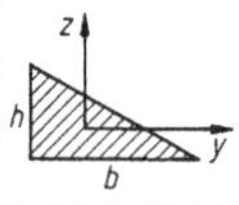 $I_y = bh^3/36$ $I_z = hb^3/36$ $I_{yz} = b^2h^2/72$	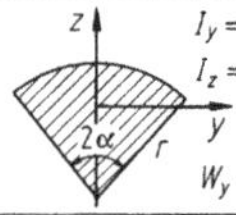 $I_y = r^4[(2\alpha + \sin 2\alpha)/8 - 2(1-\cos 2\alpha)/(9\alpha)]$ $I_z = r^4(2\alpha - \sin 2\alpha)/8$ $W_y = I_y/\lvert z\rvert_{max}$ (siehe Tabelle 2-2)
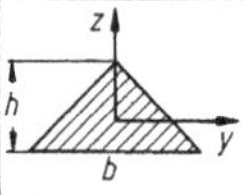 $I_y = bh^3/36$ $I_z = hb^3/48$ $W_y = bh^2/24, \quad W_z = hb^2/24$	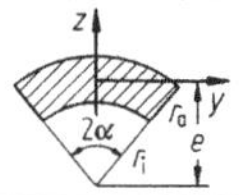 $I_y = (r_a^4 - r_i^4)(2\alpha + \sin 2\alpha)/8 - e^2\alpha(r_a^2 - r_i^2)$ $I_z = (r_a^4 - r_i^4)(2\alpha - \sin 2\alpha)/8, \; W_y = I_y/(r_a - e)$ $e = 2(r_a^3 - r_i^3)\sin\alpha/[3(r_a^2 - r_i^2)\alpha]$
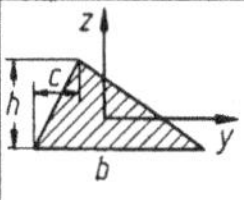 $I_y = bh^3/36$ $I_z = bh(b^2-bc+c^2)/36$ $I_{yz} = bh^2(b-2c)/72$ ($c<0$ kennzeichnet ein links unten stumpfwinkliges Dreieck.)	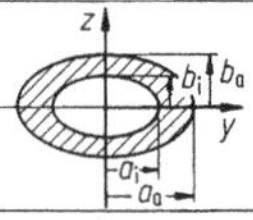 $I_y = \pi(a_a b_a^3 - a_i b_i^3)/4$ $I_z = \pi(a_a^3 b_a - a_i^3 b_i)/4$
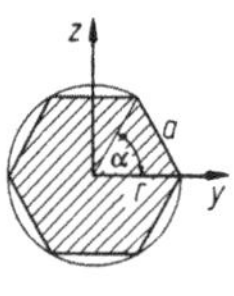 regelmäßiges n-Eck: $I_y = nr^4 \sin\alpha(2+\cos\alpha)/24$ $= na^4 \sin\alpha(2+\cos\alpha)/[96(1-\cos\alpha)^2]$ für alle Achsen gleich $n=3: I_y = a^4\sqrt{3}/96;\; n=4: I_y = a^4/12$ $n=6: I_y = a^4 5\sqrt{3}/16$	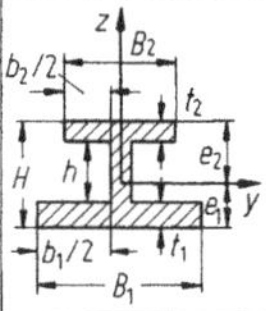 $I_y = [B_1e_1^3 - b_1(e_1-t_1)^3 + B_2e_2^3 - b_2(e_2-t_2)^3]/3$ $I_z = [t_1B_1^3 + h(B_1-b_1)^3 + t_2B_2^3]/12$ $W_y = I_y/\max(e_1, e_2)$ $e_1 = \frac{(B_1-b_1)H^2 + b_1t_1^2 + b_2t_2(2H-t_2)}{2[(B_1-b_1)H + b_1t_1 + b_2t_2]}$ $e_2 = H - e_1$
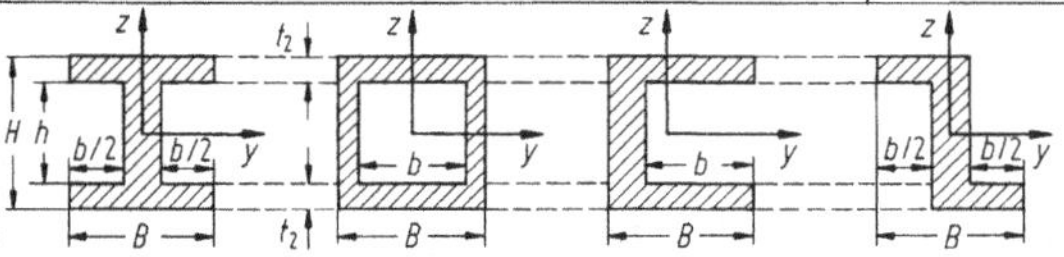	$I_y = (BH^3 - bh^3)/12$ $W_y = 2I_y/H$ nur für Z : $I_{yz} = bt_2(h+t_2)(2B-b)/8$
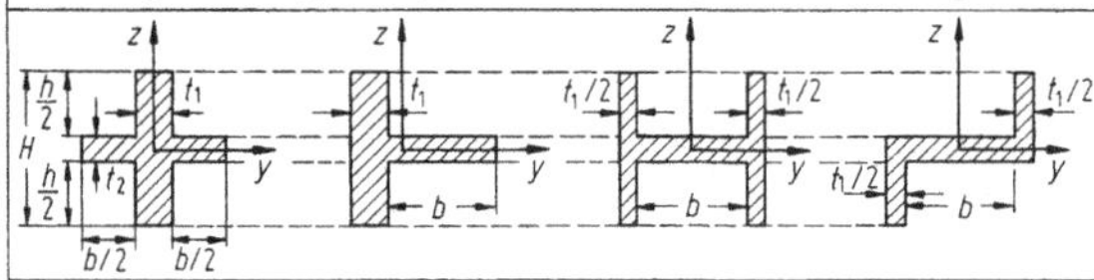	$I_y = (t_1H^3 + bt_2^3)/12$ $W_y = 2I_y/H$ nur für ┌┘ : $I_{yz} = -ht_1(b+t_1)(2H-h)/8$
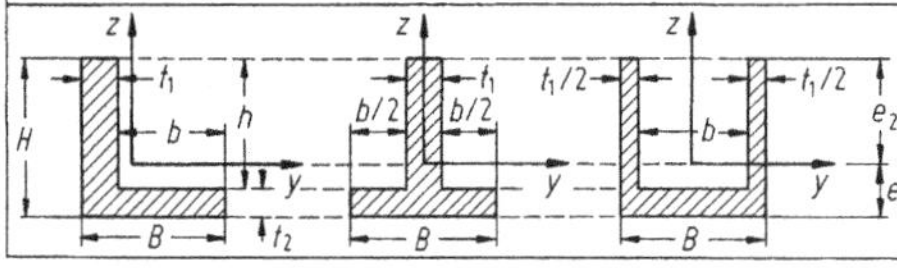	$I_y = [Bt_2^3 + h^3t_1 + 3hH^2Bt_1t_2/(Bt_2 + ht_1)]/12$ $W_y = I_y/e_2$ $e_1 = (t_1H^2 + bt_2^2)/[2(t_1H + bt_2)],\; e_2 = H - e_1$ nur für L : $I_{yz} = BHbht_1t_2/[4(BH-bh)]$

5.4.3 Querschubzahlen

Für einfach berandete Querschnitte aus dünnen Stegen der Breite $t(s)$ sind die dimensionslosen *Querschubzahlen* $\varkappa_y$ und $\varkappa_z$ wie folgt definiert (Integration über alle Stege):

$$\varkappa_y = \frac{A}{I_z^2}\int\frac{S_z^2(s)}{t(s)}\,\mathrm{d}s\,, \quad \varkappa_z = \frac{A}{I_y^2}\int\frac{S_y^2(s)}{t(s)}\,\mathrm{d}s\,. \tag{5-31}$$

Zahlenwerte siehe in Tabelle 5-3.

5.4.4 Schubmittelpunkt oder Querkraftmittelpunkt

Wenn der Stabquerschnitt Symmetrieachsen besitzt, dann liegt der *Schubmittelpunkt* M auf diesen. Bei **L**- und **T**-Profilen und allgemeiner bei Querschnitten aus geraden, dünnen Stegen, die alle von einem Punkt ausgehen, liegt M in diesem Punkt. Bei beliebigen einfach berandeten Querschnitten aus dünnen Stegen (Bild 5-11) hat M in einem beliebig gewählten, zum y,z-System parallelen η,ζ-System die Koordinaten (Integration über alle Stege)

$$\left.\begin{aligned}\eta_\mathrm{M} &= -(1/I_y)\int\omega(s)z(s)t(s)\,\mathrm{d}s\,,\\ \zeta_\mathrm{M} &= (1/I_z)\int\omega(s)y(s)t(s)\,\mathrm{d}s\,.\end{aligned}\right\} \tag{5-32}$$

Darin sind $y(s)$ und $z(s)$ die y- und z-Koordinaten des Punktes an der Stelle s und

$$\omega(s) = -\int r(\bar{s})\,\mathrm{d}\bar{s} + \omega_0 \tag{5-33}$$

(Integration über alle Stege von $A_0(s)$). $r(s)$ ist die vorzeichenbehaftete Länge des Lotvektors $\boldsymbol{r}(s)$ vom Ursprung 0 des η,ζ-Systems auf die Tangente an die Stegmittellinie an der Stelle s. $r(s)$ ist positiv (negativ), wenn $\boldsymbol{r}\times\mathrm{d}\boldsymbol{s}$ die Richtung der positiven (der negativen) x-Achse hat. Die Konstante ω_0 kann beliebig gewählt werden. Eine zweckmäßige Wahl von 0 und von ω_0 vereinfacht die Rechnung.

Beispiel 5-2: In Bild 5-11 ist der Punkt P die beste Wahl, weil dann $r(s)$ für den horizontalen Steg null und für alle anderen Stege konstant ist. Für den Stabquerschnitt in Bild 5-12a und den gewählten Punkt 0 haben $r(s)$ und $z(s)$ die in Bild 5-12b gezeichneten Verläufe. ω_0 wurde so gewählt, dass $\omega(s)$ im Mittelteil null ist. Damit liefert (5-32)

$$\eta_\mathrm{M} = -\frac{h^2b^2t}{4I_y} = -\frac{3b^2}{6b+h}\,, \qquad \text{falls } t \ll b,h \text{ gilt}\,.$$

Tabelle 5-4 gibt für einige Querschnitte die Lage des Schubmittelpunkts an.

Tabelle 5-3. Querschubzahlen $\varkappa_z$ für Stabquerschnitte

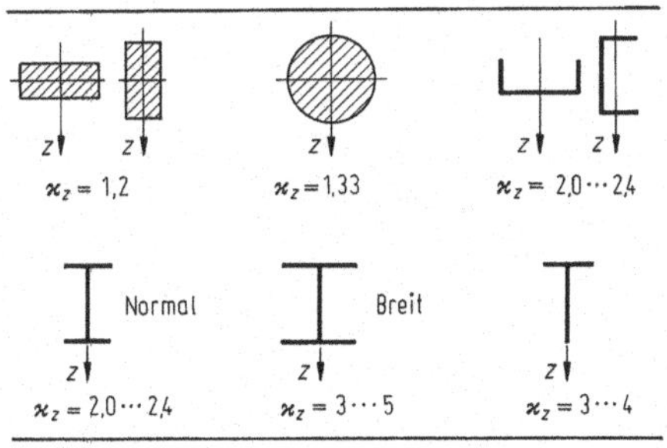

5.4.5 Torsionsflächenmoment

Die Dimension des *Torsionsflächenmoments* I_T ist Länge^4. Für Kreis- und Kreisringquerschnitte vom Innenradius R_i und Außenradius R_a ist I_T das *polare Flächenmoment* 2. *Grades* $I_\mathrm{p} = \int_A r^2\mathrm{d}A = \frac{\pi}{2}(R_\mathrm{a}^4 - R_\mathrm{i}^4)$.

Für einfach berandete Querschnitte beliebiger Form ist $I_\mathrm{T} = 2\int\Phi(y,z)\,\mathrm{d}A$ (Integration über die gesamte Querschnittsfläche), wobei $\Phi(y,z)$ die Lösung des Randwertproblems

$$\frac{\partial^2\Phi}{\partial y^2} + \frac{\partial^2\Phi}{\partial z^2} = -2\,, \quad \Phi \equiv 0 \quad \text{am ganzen Rand}\,, \tag{5-34}$$

ist. Tabelle 5-5 gibt Lösungen an. Weitere Lösungsformeln siehe in [5-6]. Zahlenwerte für genormte Walzprofile siehe in [7, 8]. Für einfach berandete Querschnitte kann I_T experimentell wie folgt bestimmt werden. Nach *Prandtls Membrananalogie* [5-6] hat eine Seifenhaut über einer Öffnung von der Form des Stabquerschnitts bei kleiner Druckdifferenz die Höhenverteilung $\mathrm{const}\times\Phi(y,z)$ mit der Lösung $\Phi(y,z)$ von (5-34). Man erzeugt bei gleicher Druckdifferenz zwei Seifenhäute, eine über dem zu untersuchenden Querschnitt und die andere über einem Kreis vom Radius R. Aus Messwerten für die Volumina V und V_Kreis der Seifenhauthügel ergibt sich für den untersuchten Querschnitt $I_\mathrm{T} = (V/V_\mathrm{Kreis})\pi R^4/2$.

Tabelle 5-4. Schubmittelpunktkoordinaten d und Wölbwiderstände C_M für symmetrische Stabprofile mit dünnen Stegen

Profil	d	C_M
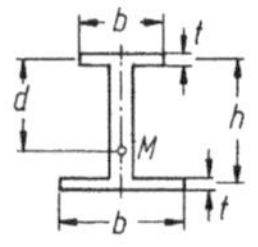	$\frac{h b_2^3}{b_1^3 + b_2^3}$	$\frac{t h^2}{12} \frac{b_1^3 b_2^3}{b_1^3 + b_2^3}$
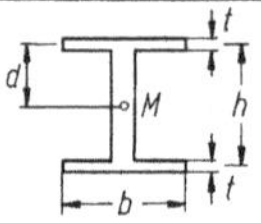	$\frac{h}{2}$	$\frac{t b^3 h^2}{24}$
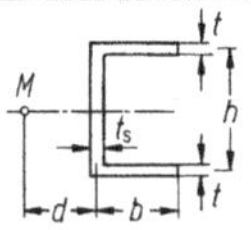	$\frac{3 t b^2}{h t_s + 6 b t}$	$\frac{t b^3 h^2}{12} \frac{2 h t_s + 3 b t}{h t_s + 6 b t}$
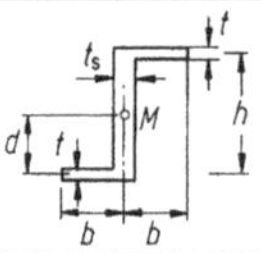	$\frac{h}{2}$	$\frac{t b^3 h^2}{12 (2b + h)^2} [2 (b+h)^2 - b h (2 - \frac{t_s}{t})]$
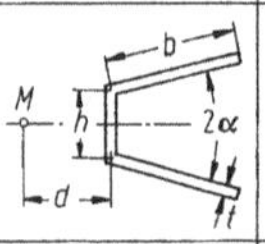	$\frac{b^2 h (3h + 4 b \sin\alpha) \cos\alpha}{h^3 + 2 b^3 \sin^2\alpha + 6 b (h + b \sin\alpha)^2}$	
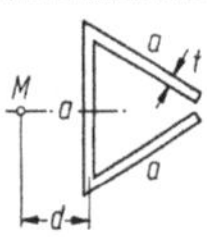	$\frac{a\sqrt{3}}{6}$	$\frac{5 t a^5}{48}$
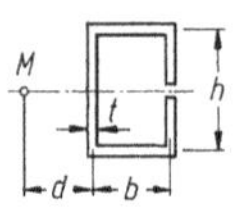	$\frac{b}{2} \frac{3b + 2h}{3b + h}$	$\frac{t b^2 h^2}{24} \frac{3b^2 + 34 b h + 10 h^2}{3b + h}$
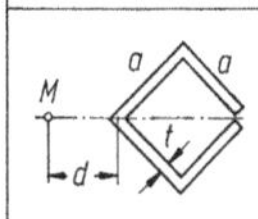	$\frac{a\sqrt{2}}{4}$	$\frac{7 t a^5}{12}$
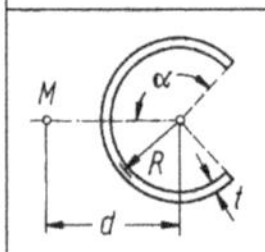	$2R \frac{\sin\alpha - \alpha\cos\alpha}{\alpha - \sin\alpha\cos\alpha}$	$2tR^5\{\frac{\alpha^3}{3} - \frac{d}{R}[\sin\alpha(2 + \cos\alpha) - \alpha(1 + 2\cos\alpha)]\}$
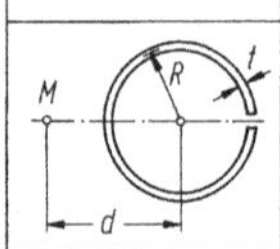	$2R$	$2\pi(\frac{\pi^2}{3} - 2) t R^5$

Tabelle 5-5. Torsionsflächenmomente I_T und Torsionswiderstandsmomente W_T; $\tau_{max} = M_T/W_T$

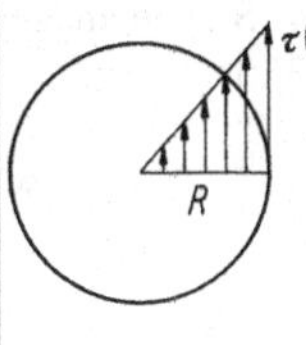

$I_T = \pi R^4/2$

$W_T = \pi R^3/2$

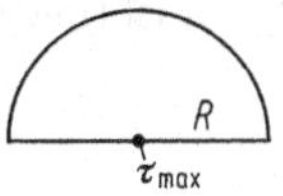

$I_T = 0{,}296\,R^4$

$W_T = 0{,}348\,R^3$

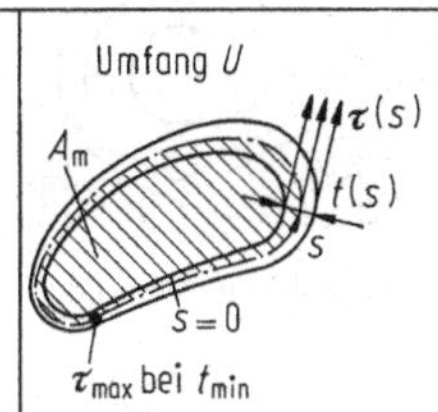

$I_T = 4A_m^2 / \int_0^U \frac{ds}{t(s)}$

$W_T = 2A_m t_{min}$

$t = \text{const}: I_T = \frac{4A_m^2 t}{U}$

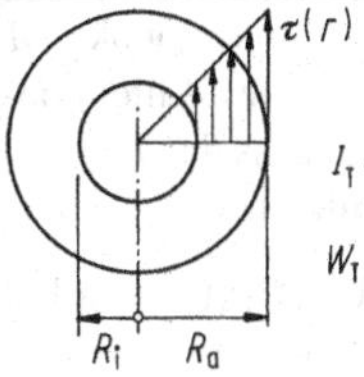

$I_T = \frac{\pi(R_a^4 - R_i^4)}{2}$

$W_T = \frac{\pi(R_a^4 - R_i^4)}{2R_a}$

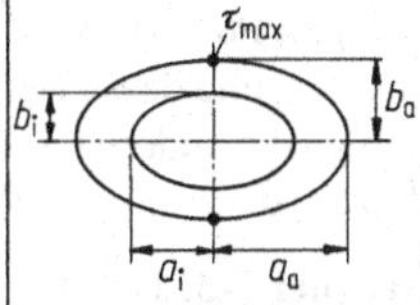

$I_T = \frac{\pi c^3 (b_a^4 - b_i^4)}{1+c^2}$

$W_T = \frac{\pi c (b_a^4 - b_i^4)}{2b_a}$

$a_a : b_a = a_i : b_i = c$

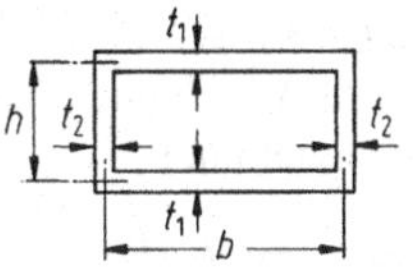

$I_T = \frac{2b^2h^2}{b/t_1 + h/t_2}$

$W_T = 2bht_{min}$

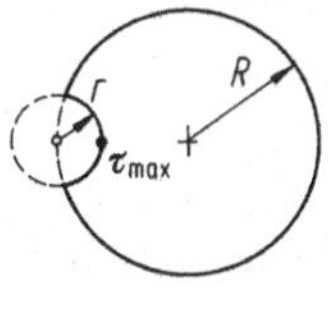

$I_T = c_1 \pi R^4/2$

$W_T = c_2 \pi R^3/2$

$r/(2R)$	→0	0,05	0,1	0,2	0,3	0,4	0,5
c_1	1	0,98	0,93	0,78	0,59	0,40	0,24
c_2	0,5	0,52	0,52	0,49	0,42	0,33	0,24

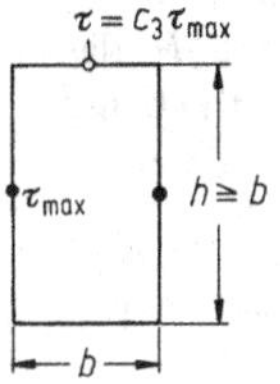

$I_T = c_1 h b^3$

$W_T = c_2 h b^2$

h/b	1	1,5	2	3	4	6	8	10	∞
c_1	0,141	0,196	0,229	0,263	0,281	0,298	0,307	0,312	0,333
c_2	0,208	0,231	0,246	0,267	0,282	0,299	0,307	0,312	0,333
c_3	1	0,858	0,796	0,753	0,745	0,743	0,743	0,743	0,743

Regelmäßiges n-Eck $\quad I_T = c_1 a^4 = c_2 r^4$

a Seitenlänge $\quad W_T = c_3 a^3 = c_4 r^3$

r Inkreisradius

τ_{max} in Seitenmitte

n	c_1	c_2	c_3	c_4
3	0,0216	3,12	0,050	2,08
4	0,141	2,26	0,208	1,66
6	1,04	1,84	0,977	1,50
8	3,67	1,73	2,60	1,48

Dünnstegige Profile

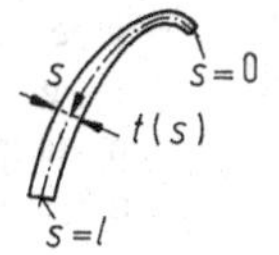

$I_T = \frac{1}{3}\int_0^l t^3(s)\,ds$

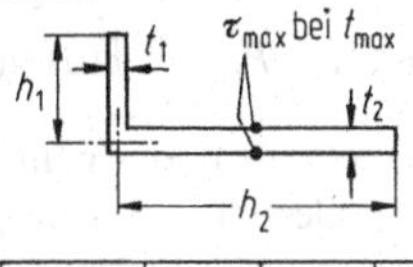

$I_T = \frac{c}{3}\sum_i h_i t_i^3$

$W_T = I_T / t_{max}$

Profil	L	[	T	I	I PB	+
c	0,99	1,12	1,12	1,31	1,29	1,17

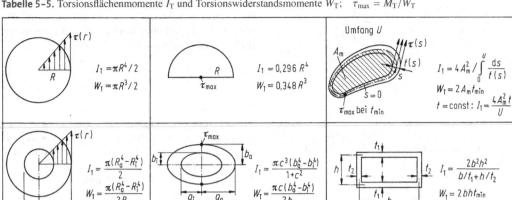

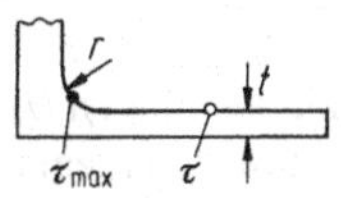

Spannungsmaximum am Anschluss eines dünnen Steges mit Schubspannung τ:

$\tau_{max} = \tau[c + (1+c^2)^{1/2}]$

$c = t/(4r)$

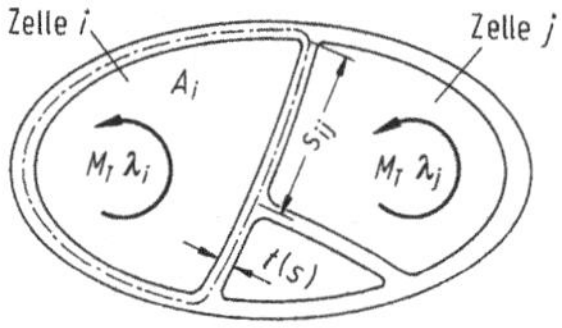

Bild 5-13. Dünnwandiger Hohlquerschnitt mit $n = 3$ Zellen. Zu den umlaufenden Pfeilen siehe 5.6.8

Für einzellige, dünnwandige Hohlquerschnitte gilt die *zweite Bredt'sche Formel* (siehe Tabelle 5-5; Fläche A_m innerhalb der Wandmittellinie; Integration über die ganze Wandmittellinie)

$$I_T = 4A_m^2 \Big/ \int \frac{ds}{t(s)} \,. \tag{5-35}$$

Bei n-zelligen, dünnwandigen Hohlquerschnitten nach Bild 5-13 muss zur Berechnung von I_T das lineare Gleichungssystem für $\lambda_1, \ldots, \lambda_n$ und $1/I_T$ mit symmetrischer Koeffizientenmatrix gelöst werden:

$$\left.\begin{aligned} &P_{ii}\lambda_i - \sum_{\substack{j=1\\ \neq i}}^{n} P_{ij}\lambda_j - 2A_i/I_T = 0 \quad (i = 1, \ldots, n) \\ &-\sum_{i=1}^{n} 2A_i\lambda_i = -1 \,. \end{aligned}\right\} \tag{5-36}$$

Zur Bedeutung von $\lambda_1, \ldots, \lambda_n$ siehe 5.6.8; A_i Fläche innerhalb der Wandmittellinie von Zelle i; $P_{ii} = \int (ds/t(s))$ bei Integration über die geschlossene Wandmittellinie von Zelle i; $P_{ij} = \int_{s_{ij}} (ds/t(s))$ bei Integration über die den Zellen i und j gemeinsame Wandmittellinie s_{ij}. Im Sonderfall $n = 2$ mit überall gleicher Wanddicke t ist

$$I_T = \frac{4t\left(A_1^2 U_2 + A_2^2 U_1 + 2A_1A_2s_{12}\right)}{U_1U_2 - s_{12}^2}$$

mit den Teilflächen A_1, A_2 und Umfängen U_1, U_2 der Zellen 1 bzw. 2 und der gemeinsamen Steglänge s_{12}.

5.4.6 Wölbwiderstand

Die Dimension des Wölbwiderstandes C_M ist Länge^6. Für **L**- und **T**-Profile und allgemeiner für alle Querschnitte aus geraden, dünnen Stegen, die von einem Punkt ausgehen, ist $C_M = 0$. Für beliebige einfach berandete Querschnitte aus dünnen Stegen nach Bild 5-11 ist (Integration über alle Stege)

$$C_M = \int \omega^{*2}(s)t(s)\,ds \,. \tag{5-37}$$

Für $\omega^*(s)$ gilt (5-33) mit der Besonderheit, dass erstens der Vektor $\boldsymbol{r}(s)$ in Bild 5-11 nicht von einem beliebigen Punkt 0, sondern vom Schubmittelpunkt M ausgeht, und dass zweitens die Konstante ω_0^* nicht beliebig ist, sondern so bestimmt wird, dass das Integral $\int \omega^*(s)\,ds$ über alle Stege gleich null ist.

Beispiel 5-3: Für den Querschnitt in Bild 5-12a hat $r(s)$ den in Bild 5-12c gestrichelten und $\omega^*(s)$ den durchgezogenen Verlauf. Mit $\eta_M = -3b^2/(6b + h)$ ergibt sich mithilfe von Tabelle 5-8

$$C_M = tb^3h^2 \frac{3b + 2h}{12(6b + h)} \,.$$

Tabelle 5-4 gibt Formeln für C_M für einige Querschnitte an. Zahlenwerte für genormte Walzprofile siehe in [7, 8].

5.5 Schnittgrößen in Stäben und Balken

5.5.1 Definition der Schnittgrößen für gerade Stäbe

Schnittgrößen eines geraden Stabes werden im x, y, z-System von Bild 5-14 beschrieben. Im unverformten Stab fällt die x-Achse mit der Verbindungslinie der Flächenschwerpunkte aller Stabquerschnitte (das ist die sog. *Stabachse*) und die y- sowie die z-Achse mit den Hauptachsen der Querschnittsfläche zusammen. Ein Schnitt quer zur x-Achse an der Stelle x erzeugt

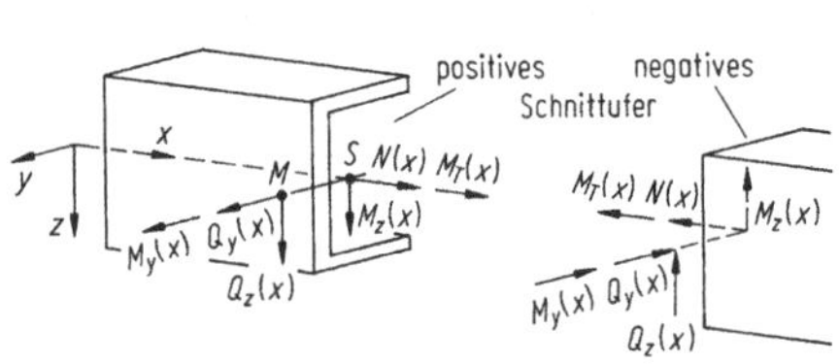

Bild 5-14. Schnittufer und Schnittgrößen eines Stabes oder Balkens

zwei Stabteile mit je einem *Schnittufer*. Das positive Schnittufer ist dasjenige, aus dem die x-Achse herausweist.

Über den Querschnitt verteilte Schnittkräfte werden nach Bild 5-14 zu einem äquivalenten Kräftesystem zusammengefasst, das aus einer *Längskraft* $N(x)$ im Flächenschwerpunkt, *Querkräften* $Q_y(x)$ und $Q_z(x)$ im Schubmittelpunkt M, *Biegemomenten* $M_y(x)$ und $M_z(x)$ und einem *Torsionsmoment* $M_T(x)$ besteht. Diese sechs Kraft- und Momentenkomponenten sind die sog. *Schnittgrößen* des Stabes. Sie greifen mit entgegengesetzten Richtungen an beiden Schnittufern an. Eine Schnittgröße ist positiv, wenn sie am positiven Schnittufer die Richtung der positiven Koordinatenachse hat. Im Sonderfall der ebenen Belastung in der zur x,z-Ebene parallelen Ebene durch den Schubmittelpunkt M sind nur $N(x)$, $Q_z(x)$ und $M_y(x)$ vorhanden.

Zu den Spannungen $\sigma(x,y,z)$, $\tau_{xy}(x,y,z)$ und $\tau_{xz}(x,y,z)$ im Querschnitt bei x (σ steht für σ_x) bestehen die Beziehungen (alle Integrationen über die gesamte Querschnittfläche):

$$\left.\begin{aligned} N(x) &= \int \sigma \,\mathrm{d}A\,, \quad Q_y(x) = \int \tau_{xy}\,\mathrm{d}A\,,\\ &\qquad\qquad Q_z(x) = \int \tau_{xz}\,\mathrm{d}A\,,\\ M_T(x) &= \int [-(z-z_M)\tau_{xy} + (y-y_M)\tau_{xz}]\,\mathrm{d}A\\ &= \int (-z\tau_{xy} + y\tau_{xz})\,\mathrm{d}A\\ &\quad + z_M Q_y(x) - y_M Q_z(x)\,,\\ M_y(x) &= \int z\sigma\,\mathrm{d}A\,, \quad M_z(x) = -\int y\sigma\,\mathrm{d}A\,. \end{aligned}\right\} \quad (5\text{-}38)$$

5.5.2 Berechnung von Schnittgrößen für gerade Stäbe

Gleichgewichtsbedingungen an freigeschnittenen Stabteilen liefern Beziehungen zwischen den Schnittgrößen eines Stabes und den äußeren eingeprägten Kräften und Momenten am Stab. Für die hier behandelte sog. Theorie 1. Ordnung werden Gleichgewichtsbedingungen am unverformten Stab formuliert. Ein Stab heißt *statisch bestimmt*, wenn die Gleichgewichtsbedingungen ausreichen, um alle Schnittgrößen explizit durch eingeprägte äußere Kräfte und Momente auszudrücken. Statisch unbestimmte Stäbe siehe in 5.8.6. Die Abhängigkeit der Schnittgrößen von der Koordinate x wird nach Bild 5-16 in Diagrammen unter dem Stab dargestellt. Die Kurven in den Diagrammen nennt man *Querkraftlinie, Biegemomentenlinie* usw.

Gleichgewichtsbedingungen. Um Schnittgrößen an einer Stelle x zu berechnen, wird der Stab bei x in zwei Stücke geschnitten. Das einfacher zu untersuchende Stück wird an allen Lagern freigeschnitten. An den Schnittstellen werden die unbekannten Schnittgrößen und die (vorher berechneten) Lagerreaktionen angebracht. Gleichgewichtsbedingungen (sechs im räumlichen, drei im ebenen Fall) liefern die Schnittgrößen. Schnittstellen beiderseits des Angriffspunktes einer Einzelkraft oder eines Einzelmoments liefern unterschiedliche Schnittgrößenfunktionen. Man muss also beiderseits jedes derartigen Punktes einen Schnitt untersuchen.

Prinzip der virtuellen Arbeit. Statt Gleichgewichtsbedingungen kann das Prinzip der virtuellen Arbeit verwendet werden, und zwar besonders vorteilhaft, wenn nur eine einzige Schnittgröße als Funktion von x gesucht wird. Im Fall einer Kraftschnittgröße wird bei x eine Schiebehülse in Richtung der gesuchten Schnittgröße eingeführt. Im Fall einer Momentenschnittgröße wird bei x ein Gelenk mit der Achse in Richtung der gesuchten Schnittgröße eingeführt. Beiderseits der Schiebehülse bzw. des Gelenks wird die betreffende Schnittgröße mit entgegengesetzten Vorzeichen als äußere Last angebracht. An dem so gewonnenen Ein-Freiheitsgrad-Mechanismus wird die in 2.1.16 geschilderte Rechnung durchgeführt. Als Beispiel siehe Bild 2-14c.

Hilfssätze. Die Anwendung der Gleichgewichtsbedingungen und des Prinzips der virtuellen Arbeit wird teilweise oder ganz überflüssig, wenn man die folgenden Hilfsmittel einsetzt.

a) Das Superpositionsprinzip. Es sagt aus, dass eine Schnittgröße, z. B. $M_y(x)$, für eine Kombination von Lasten gleich der Summe der Schnittgrößen $M_y(x)$ für die einzelnen Lasten ist.

b) Am Angriffspunkt einer Einzelkraft F (eines Einzelmoments M) in x- oder y- oder z-Richtung macht die entsprechende Kraft- bzw. Momentenschnittgröße gleicher Richtung einen Sprung. Der Sprung hat die Größe $-F$ bzw. $-M$, wenn man die x-Achse in positiver Richtung durchläuft.

c) Zwischen Streckenlast $q_z(x)$, Querkraft $Q_z(x)$ und Biegemoment $M_y(x)$ gilt überall außer an Angriffspunkten von Einzelkräften in z-Richtung

$$\left.\begin{aligned} \frac{\mathrm{d}Q_z}{\mathrm{d}x} &= -q_z(x)\,, \quad \frac{\mathrm{d}M_y}{\mathrm{d}x} = Q_z(x)\,, \\ \frac{\mathrm{d}^2M_y}{\mathrm{d}x^2} &= -q_z(x)\,. \end{aligned}\right\} \tag{5-39}$$

Entsprechend gilt

$$\left.\begin{aligned} \frac{\mathrm{d}Q_y}{\mathrm{d}x} &= -q_y(x)\,, \quad \frac{\mathrm{d}M_z}{\mathrm{d}x} = Q_y(x)\,, \\ \frac{\mathrm{d}^2M_z}{\mathrm{d}x^2} &= -q_y(x)\,. \end{aligned}\right\} \tag{5-40}$$

Hieraus folgt: In Bereichen ohne Streckenlast q_z ist $Q_z(x)$ konstant und $M_y(x)$ linear mit x veränderlich. In Bereichen mit konstanter Streckenlast $q_z(x) = \text{const} \neq 0$ ist $Q_z(x)$ linear und $M_y(x)$ quadratisch von x abhängig. Die Biegemomentenlinie $M_y(x)$ hat Knicke an den Angriffspunkten von Einzelkräften mit z-Richtung. Das Biegemoment $M_y(x)$ hat stationäre Werte (Maxima, Minima oder Sattelpunkte) an allen Stellen, an denen $Q_z(x) = 0$ ist. Für Extrema von M_y kommen nur diese Stellen und die Angriffspunkte von Einzelkräften und Einzelmomenten in Betracht.
Stückweise konstante Streckenlasten werden häufig nach Bild 5-15 durch äquivalente Einzelkräfte ersetzt. Die Biegemomentenlinie für die Streckenlasten (gekrümmte Linie) und die Biegemomentenlinie für die Einzelkräfte (Polygonzug) haben an den Rändern der durch Einzelkräfte ersetzten Streckenlastabschnitte gleiche Funktionswerte und gleiche Steigungen.
d) Randbedingungen: An einem freien Stabende ohne Einzelkraft (bzw. ohne Einzelmoment) in x- oder y- oder z-Richtung ist die Kraftschnittgröße (bzw. Momentenschnittgröße) gleicher Richtung null. An der Stelle einer Schiebehülse in x- oder y- oder z-Richtung ist die Kraftschnittgröße gleicher Richtung null. An der Stelle eines Gelenks um die x- oder y- oder z-Achse ist die Momentenschnittgröße gleicher Richtung null.

Beispiel 5-4: Bild 5-16 demonstriert, wie man allein mit den Hilfsmitteln (a) bis (d) Querkraft- und Biegemomentenlinien bestimmt. Die Kraft F an der Stütze hat auf den horizontalen Stab dieselbe Wirkung, wie F und das Moment Fh im Diagramm darunter. Die Lagerreaktion $D_v = 3ql/2$ wird zuerst berechnet (Momentengleichgewicht um C für die bei C und D freigeschnittene rechte Stabhälfte). $Q_z(x)$ ist durch die Randbedingung bei E, durch die Steigung $-q$ zwischen D und E, durch die Steigung null zwischen A und D und durch den Sprung bei D um $-D_v = -3ql/2$ festgelegt. $M_y(x)$ ist zwischen A und D durch die Randbedingung am Gelenk C, durch die konstante Steigung $Q_z = -ql/2$ und durch den Sprung um Fh bei B festgelegt.

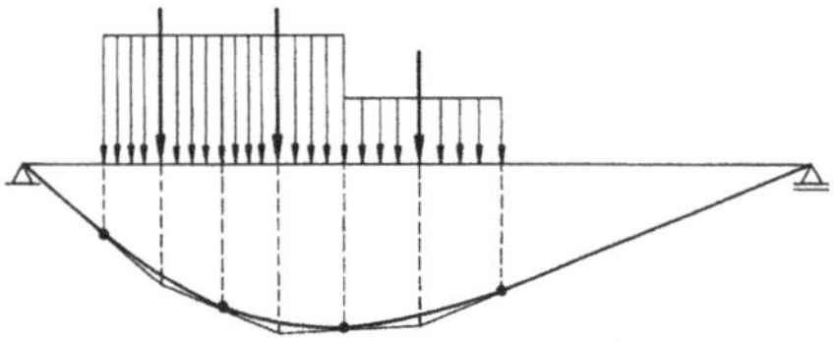

Bild 5-15. Biegemomentenlinien für eine Streckenlast (gekrümmte Linie) und für äquivalente Einzelkräfte (Polygonzug)

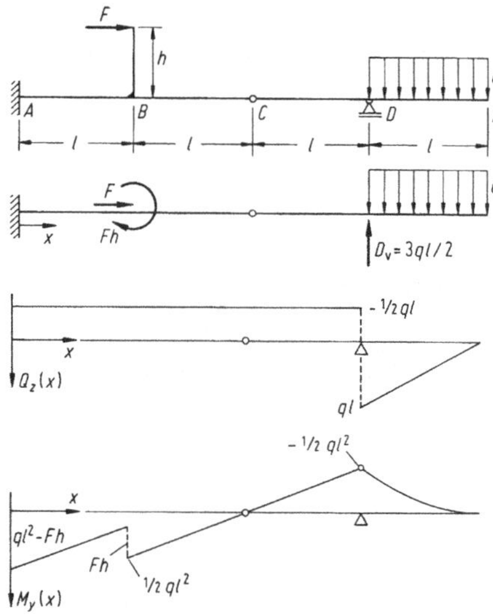

Bild 5-16. Statisch bestimmter Träger (oben), der horizontale Teil des Trägers mit derselben Belastung (darunter) und die Funktionsverläufe von Querkraft $Q_z(x)$ und Biegemoment $M_y(x)$ (darunter)

Zwischen D und E gilt $\mathrm{d}M_y/\mathrm{d}x = Q_z = q(4l - x)$, also $M_y(x) = -q(4l - x)^2/2 + \text{const}$. Die Konstante ist wegen der Randbedingung bei E gleich null.

Schnittgrößen in abgewinkelten Stäben. Bild 5-17 ist ein Beispiel für stückweise gerade Stäbe, die abgewinkelt miteinander verbunden sind. Für jedes einzelne gerade Stabstück mit der Nummer i werden Schnittgrößen wie in Bild 5-14 in einem individuellen x_i, y_i, z_i-System des betreffenden Stabes definiert und berechnet.

Schnittgrößen in gekrümmten Stäben. Der Kreisring in Bild 5-18a und die Wendel einer Schraubenfeder sind Beispiele für Stäbe, die schon im unbelasteten Zustand eben oder räumlich gekrümmt sind. Die Schnittgrößen an einer Stelle des Stabes sind wie beim geraden Stab und mit denselben Definitionen eine Längskraft, Querkräfte, Biegemomente und ein Torsionsmoment. Ihre Richtungen sind die der Tangente an die Stabachse bzw. der Hauptachsen im Querschnitt an der betrachteten Stelle.

Beispiel 5-5: In Bild 5-18a sind nur die Längskraft $N(\varphi)$, die Querkraft $Q_r(\varphi)$ und das Biegemoment $M_z(\varphi)$ vorhanden (Bild 5-18b). Kräftegleichgewichtsbedingungen in radialer und in tangentialer Richtung und eine Momentengleichgewichtsbedingung um die Schnittstelle ergeben

$$Q_r(\varphi) = -F\sin\varphi\,, \quad N(\varphi) = -F\cos\varphi\,,$$
$$M_z(\varphi) = Fr(1-\cos\varphi)\,.$$

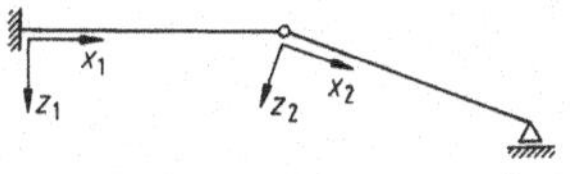

Bild 5-17. Abgewinkelter Stab mit individuellen Koordinatensystemen für alle Abschnitte

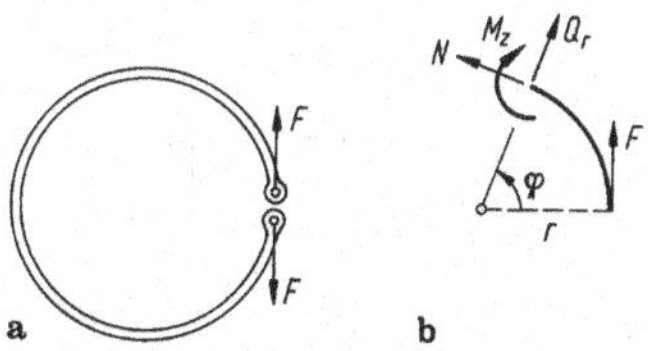

Bild 5-18. Gekrümmter Stab (**a**) und seine Schnittgrößen (**b**)

5.6 Spannungen in Stäben und Balken

Für Spannungen gilt im Gültigkeitsbereich des Hooke'schen Gesetzes das Superpositionsprinzip. Es macht die Aussage: Zwei Lastfälle 1 und 2, die jeder für sich in einem Körperpunkt die Spannungen σ_{x1}, σ_{y1}, τ_{xy1} usw. bzw. σ_{x2}, σ_{y2}, τ_{xy2} usw. verursachen, verursachen gemeinsam die Spannungen $\sigma_{x1} + \sigma_{x2}$, $\sigma_{y1} + \sigma_{y2}$, $\tau_{xy1} + \tau_{xy2}$ usw.

5.6.1 Zug und Druck

Im Querschnitt an der Stelle x tritt nur die *Längsspannung* (Normalspannung) auf

$$\sigma(x) = \frac{N(x)}{A(x)}\,. \tag{5-41}$$

5.6.2 Gerade Biegung

Von *gerader Biegung* spricht man, wenn nur Schnittgrößen $Q_z(x)$ und $M_y(x)$ oder nur $Q_y(x)$ und $M_z(x)$ vorhanden sind. Ein Biegemoment $M_y(x)$ verursacht im Querschnitt bei x die Längsspannung (Normalspannung)

$$\sigma(x,z) = \frac{M_y(x)}{I_y(x)}z\,. \tag{5-42}$$

Sie ist nach Bild 5-19 linear über den Querschnitt verteilt. Sie hat bei $z = 0$ den Wert null (spannungslose oder neutrale Fasern) und im größten Abstand $|z|_{\max}$ von der neutralen Faser das Betragsmaximum

$$|\sigma|_{\max} = \frac{|M_y(x)|}{W_y(x)} \quad \text{mit} \quad W_y(x) = \frac{I_y(x)}{|z|_{\max}}\,. \tag{5-43}$$

W_y heißt *Biegewiderstandsmoment*. Bei Biegung um die z-Achse durch ein Biegemoment $M_z(x)$ tritt an die

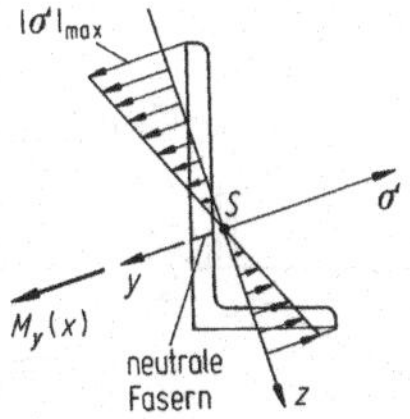

Bild 5-19. Spannungsverlauf $\sigma(z)$ in einem Stabquerschnitt bei gerader Biegung um die y-Hauptachse

Stelle von (5-42) $\sigma(x,y) = -yM_z(x)/I_z(x)$. Im Fall $M_y(x) = \text{const}$ bzw. $M_z(x) = \text{const}$ spricht man von *reiner Biegung*, weil dann $Q_z(x) \equiv 0$ bzw. $Q_y(x) \equiv 0$ ist. Tabelle 5-2 gibt Biegewiderstandsmomente W_y für zahlreiche Querschnitte an.

5.6.3 Schiefe Biegung

Bei gemeinsamer Wirkung von Biegemomenten $M_y(x)$ und $M_z(x)$ spricht man von schiefer Biegung. Sie erzeugt die Längsspannung

$$\sigma(x,y,z) = \frac{M_y(x)}{I_y(x)}z - \frac{M_z(x)}{I_z(x)}y\,. \tag{5-44}$$

Linien gleicher Spannung im Querschnitt an der Stelle x sind Parallelen zur *Spannungsnulllinie* $\sigma = 0$, die die Gleichung

$$z = \frac{M_z(x)I_y(x)}{M_y(x)I_z(x)}y \tag{5-45}$$

hat (Bild 5-20). Die betragsgrößte Spannung $|\sigma|_{\max}$ im Querschnitt tritt im Punkt oder in den Punkten mit dem größten Abstand von der Spannungsnulllinie auf. Man zeichnet die Spannungsnulllinie, liest die Koordinaten des Punktes bzw. der Punkte ab und berechnet mit ihnen die Spannung aus (5-44).

5.6.4 Druck und Biegung. Kern eines Querschnitts

Eine auf der Stirnseite des Stabes im Punkt (y_0, z_0) eingeprägte Kraft F parallel zur Stabachse verursacht nach Bild 5-21 die Schnittgrößen $N = F/A$, $M_y = Fz_0$ und $M_z = -Fy_0$ und damit nach (5-41) und (5-44) Längsspannungen

$$\sigma(y,z) = \frac{F}{A} + \frac{zz_0F}{I_y} + \frac{yy_0F}{I_z}\,.$$

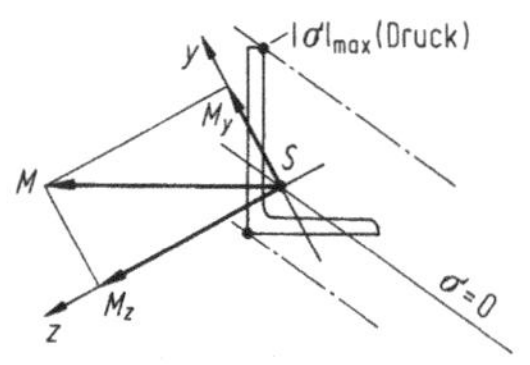

Bild 5-20. Spannungsverlauf $\sigma(y,z)$ in einem Stabquerschnitt bei schiefer Biegung. Spannungsnulllinie $\sigma = 0$

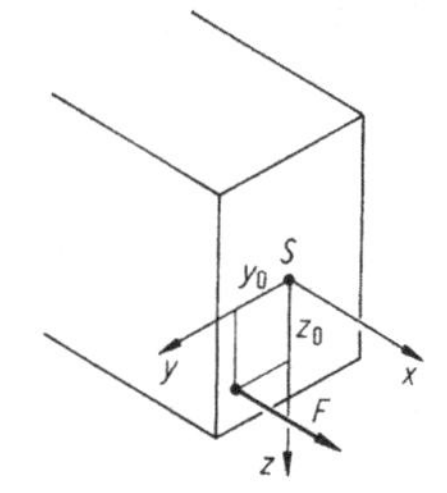

Bild 5-21. Die Kraft F verursacht eine Längskraft N und Biegemomente M_y und M_z im Stab

Die Spannungsnulllinie im Querschnitt hat die Gleichung

$$z = -y\frac{y_0}{z_0}\cdot\frac{I_y}{I_z} - \frac{I_y}{Az_0}\,. \tag{5-46}$$

Der *Kern eines Querschnitts* ist derjenige Bereich des Querschnitts, in dem der Kraftangriffspunkt (y_0, z_0) liegen muss, damit im gesamten Querschnitt nur Spannungen eines Vorzeichens auftreten. Zulässige Spannungsnulllinien sind also Geraden $z = my + n$, die die Querschnittskontur berühren (Bild 5-22). Der Koeffizientenvergleich mit (5-46) liefert für jede Gerade einen Punkt der Kernkontur mit den Koordinaten

$$y_0 = \frac{mI_z}{nA}\,, \quad z_0 = \frac{-I_y}{nA}\,. \tag{5-47}$$

Wenn ein Querschnitt durch ein Polygon eingehüllt wird (Bild 5-22), dann ist die Kernkontur das Polygon mit den Ecken (y_0, z_0) zu den Seiten des einhüllenden Polygons.

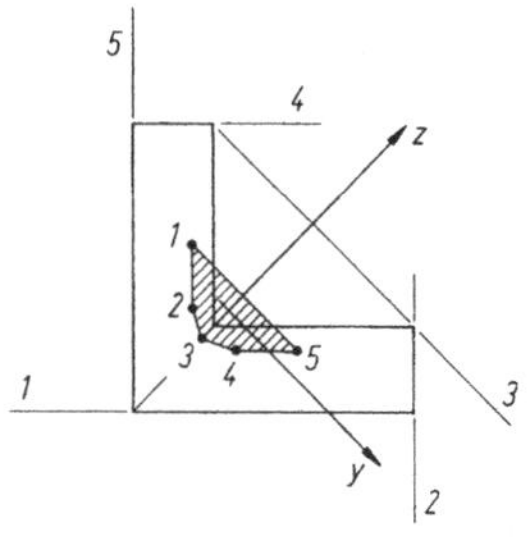

Bild 5-22. Der Stabquerschnitt wird von den Geraden $1, \ldots, 5$ eingehüllt. Jede Gerade bestimmt einen Eckpunkt des schraffierten Kernquerschnitts

Der Kern eines Rechteckquerschnitts ist ein Rhombus mit den y- und z-Achsen als Diagonalen. Jede Diagonale ist ein Drittel so lang wie die gleichgerichtete Rechteckseite. Der Kern eines Kreis- oder Kreisringquerschnitts vom Innenradius R_i und Außenradius R_a ist der Kreis mit dem Radius $R = \frac{1}{4}R_a[1 + (R_i/R_a)^2]$.

5.6.5 Biegung von Stäben aus Verbundwerkstoff

Betrachtet werden Stabquerschnitte, die aus n zur z-Achse symmetrischen Teilquerschnitten mit verschiedenen Werkstoffen zusammengesetzt sind (Bild 5-23a). Der Flächenschwerpunkt des Gesamtquerschnitts ist Ursprung des x, y, z-Systems. Ein Biegemoment $M_y(x)$ verursacht Längsspannungen

$$\sigma(x,y,z) = E(y,z)\frac{z - z_0(x)}{\varrho(x)} \qquad (5\text{-}48)$$

mit

$$\frac{1}{\varrho(x)} = \frac{M_y(x)\Sigma E_i A_i}{(\Sigma E_i I_{yi})(\Sigma E_i A_i) - (\Sigma E_i z_{Si} A_i)^2}\,, \qquad (5\text{-}49)$$

$$z_0(x) = \frac{\Sigma E_i z_{Si} A_i}{\Sigma E_i A_i}\,. \qquad (5\text{-}50)$$

Darin bezeichnet $E(y,z)$ den ortsabhängigen E-Modul. E_i, A_i, I_{yi}, z_{Si} sind für den i-ten Teilquerschnitt der E-Modul, die Querschnittsfläche, das Flächenmoment 2. Grades um die y-Achse bzw. die z-Koordinate des Flächenschwerpunkts. Alle Summen erstrecken sich über $i = 1, \ldots, n$. Bei $z = z_0$ liegt die neutrale Faser mit der Krümmung $1/\varrho(x)$. Bild 5-23b zeigt qualitativ den Spannungsverlauf im Querschnitt mit Sprüngen an den Werkstoffgrenzen und mit der Möglichkeit von Maxima im Stabinneren.

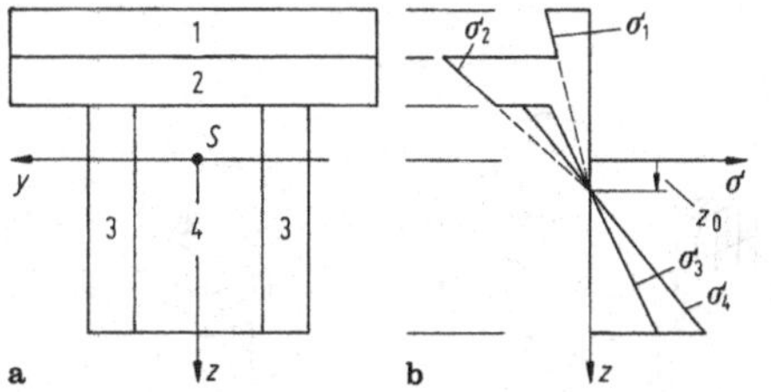

Bild 5-23. Ein Verbundquerschnitt mit zur z-Achse symmetrischen Teilquerschnitten (**a**) und ein möglicher Spannungsverlauf bei Biegung um die y-Achse (**b**)

Spannbeton mit Verbund

Zur Herstellung eines Stabes aus Spannbeton mit Verbund wird Beton in eine Form um Stähle gegossen, die in ein Spannbett eingespannt sind (Bild 5-24a). Nach dem Aushärten des Betons werden die Stähle aus dem Spannbett befreit. Danach hat der Spannbetonstab einen Eigenspannungszustand und eine Krümmung (Bild 5-24b). Wenn zusätzlich das Biegemoment $M_y(x)$ infolge einer äußeren Last wirkt, ist die Längsspannung

$$\sigma(x,y,z) = E(y,z)\frac{z - z_0(x)}{\varrho(x)} + \sigma_0(y,z) \text{ mit} \qquad (5\text{-}51)$$

$$\frac{1}{\varrho(x)} = \frac{\Delta}{(\Sigma E_i I_{yi})(\Sigma E_i A_i) - (\Sigma E_i z_{Si} A_i)^2}\,, \qquad (5\text{-}52)$$

$$z_0(x) = \frac{1}{\Delta}[(M_y(x) - \Sigma\sigma_{0i} z_{Si} A_i)(\Sigma E_i z_{Si} A_i) + (\Sigma\sigma_{0i} A_i)(\Sigma E_i I_{yi})]\,, \qquad (5\text{-}53)$$

$$\Delta = (M_y(x) - \Sigma\sigma_{0i} z_{Si} A_i)(\Sigma E_i A_i) + (\Sigma\sigma_{0i} A_i)(\Sigma E_i z_{Si} A_i)\,. \qquad (5\text{-}54)$$

Alle Summen erstrecken sich über $i = 1, \ldots, n$. Die Formeln setzen n zur z-Achse symmetrische Teilquerschnitte $i = 1, \ldots, n$ voraus, und zwar Beton ($i = 1$, $\sigma_{01} = 0$) und $n - 1$ Gruppen von Spannstählen mit den Vorspannungen σ_{0i}. Alle anderen Bezeichnungen sind wie in (5-48) bis (5-50) definiert. Bei $z = z_0$ liegt die Spannungsnulllinie mit der Krümmung $1/\varrho(x)$. Im Fall $M_y = 0$ ergibt sich der Eigenspannungszustand von Bild 5-24b.

5.6.6 Biegung vorgekrümmter Stäbe

Der Stab in Bild 5-25 hat an der betrachteten Stelle im unbelasteten Zustand den Krümmungsradius ϱ_0 der Schwerpunktachse. $\varrho_0 < 0$ bedeutet Krümmung nach der anderen Seite. Die y- und z-Achsen sind Haupt-

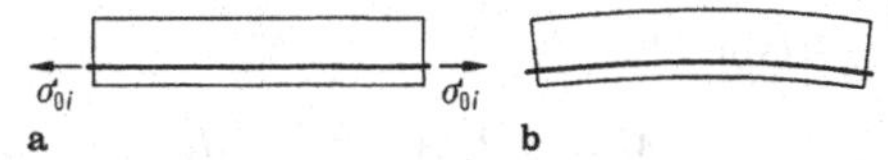

Bild 5-24. Stab aus Spannbeton mit Verbund während der Herstellung (**a**) und im Eigenspannungszustand ohne äußere Belastung (**b**)

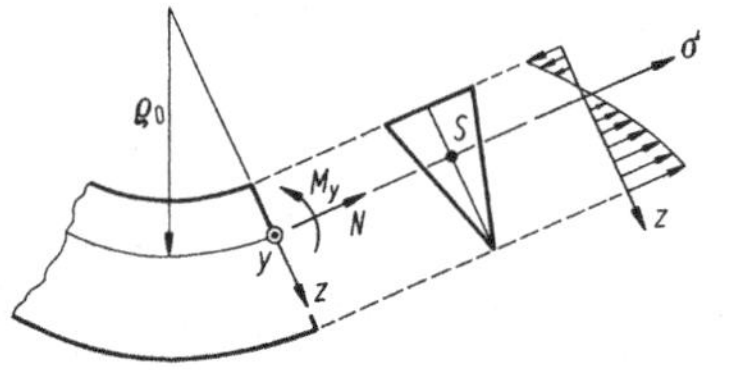

Bild 5-25. Stark vorgekrümmter Stab mit Spannungsverteilung $\sigma(z)$ bei Biegung um die y-Achse

achsen der Fläche. Schnittgrößen N und M_y erzeugen im Querschnitt an dieser Stelle die Längsspannung

$$\sigma(z) = \frac{N}{A} + \frac{M_y}{\varrho_0 A}\left[1 + \frac{z}{\varkappa(\varrho_0 + z)}\right]$$

$$\text{mit}\quad \varkappa = \frac{-1}{A}\int_A \frac{z}{\varrho_0 + z}\,\mathrm{d}A\,. \qquad (5\text{-}55)$$

Die neutrale Faser liegt bei

$$z_0 = -\varrho_0\varkappa[\varkappa + (1 + \varrho_0 N/M_y)^{-1}]^{-1}\,.$$

Bild 5-25 zeigt den Spannungsverlauf qualitativ. $\varkappa$ ist eine Zahl. Im Fall $\varrho_0 > 0$ ist $0 < \varkappa < 1$.
Für einen Rechteckquerschnitt (Höhe h in z-Richtung, beliebige Breite; $\alpha = h/(2\varrho_0)$) ist

$$\varkappa = \frac{1}{2\alpha}\ln\frac{1+\alpha}{1-\alpha} - 1\,.$$

Für einen Kreis- oder Ellipsenquerschnitt (Halbachse a in z-Richtung; $\alpha = a/\varrho_0$) ist

$$\varkappa = \frac{2}{\alpha^2} - \frac{2}{\alpha}\left(\frac{1}{\alpha^2} - 1\right)^{1/2} - 1\,.$$

Für ein gleichschenkliges Dreieck (Höhe h in z-Richtung; $h > 0$ im Fall der Spitze bei $z > 0$, sonst $h < 0$; $\alpha = h/(3\varrho_0)$) ist

$$\varkappa = \frac{2}{9\alpha}\left(2 + \frac{1}{\alpha}\right)\ln\frac{1+2\alpha}{1-\alpha} - \frac{2}{3\alpha} - 1\,.$$

Bei schwach gekrümmten Stäben ist $|\varrho_0| \gg |z|$. Dann ist $\varkappa \approx I_y/(\varrho_0^2 A)$ und

$$\sigma(z) \approx \frac{M_y}{I_y}\left(z + \frac{I_y/A - z^2}{\varrho_0}\right) \approx \frac{M_y}{I_y}z\,,$$

wie beim geraden Stab.

5.6.7 Reiner Schub

Eine durch den Schubmittelpunkt gerichtete Querkraft $Q_z(x)$ verursacht im Querschnitt eines geraden Stabes an der Stelle x nur Schubspannungen. Am ganzen Rand des Querschnitts ist die Schubspannung tangential zum Rand gerichtet. In einfach berandeten Querschnitten aus dünnen Stegen nach Bild 5-11 ist sie überall annähernd tangential zur Stegmittellinie gerichtet und nur von der Koordinate s entlang der Stegmittellinie abhängig, und zwar nach der Gleichung

$$\tau(x, s) = \frac{Q_z(x)\,S_y(s)}{t(s)I_y}\,. \qquad (5\text{-}56)$$

Die Bogenlänge s ist wie in Bild 5-11 definiert, und $\tau > 0$ bedeutet, dass die Schubspannung am positiven Schnittufer positive s-Richtung hat. Tabelle 5-6 gibt die Richtungen und Größen von Schubspannungen für einige technische Querschnitte an.
Die Anwendung von (5-56) auf nicht dünnstegige Querschnitte liefert nur grobe Näherungen. Die Anwendung auf den Kreisquerschnitt und den Rechteckquerschnitt liefert für $z = 0$ als brauchbare Näherungen für die Maximalspannung $\tau_{max} = (4/3)Q_z/A$ bzw. $\tau_{max} = (3/2)Q_z/A$.
Nach dem Satz von der Gleichheit zugeordneter Schubspannungen (5-8) herrscht die Schubspannung $\tau(s)$ auch in der Schnittebene parallel zur Stabachse und normal zum Steg bei s (Bild 5-26a). Auf einem Stabstück der Länge l wird in dieser Schnittebene die Schubkraft $\tau(s)t(s)l$ übertragen. Wenn die Schnittebene eine Niet- oder Schweißverbindung ist (Bild 5-26b), dann ist der tragende Querschnitt i. Allg. kleiner, also $\lambda t(s)l$ mit $\lambda < 1$. Die Spannung im tragenden Querschnitt ist deshalb $\tau(s)/\lambda$.

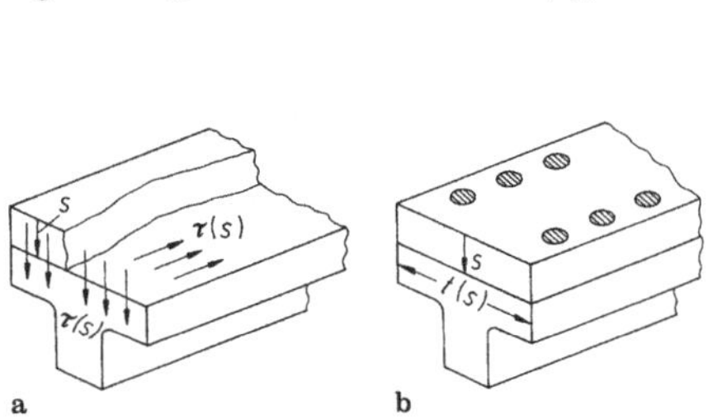

Bild 5-26. Schubspannung in einer Klebverbindung (**a**) und in den Nieten eines Deckbandes (**b**)

Tabelle 5-6. Schubspannungen τ in dünnstegigen Stabquerschnitten infolge einer vertikalen Querkraft Q_z. Pfeile geben die Richtung von τ an.

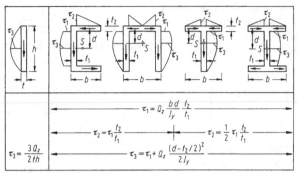

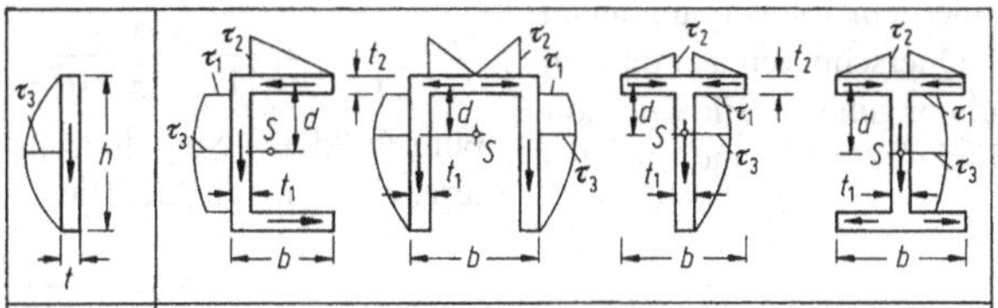

	$\tau_1 = Q_z \dfrac{bd}{I_y}\dfrac{t_2}{t_1}$
	$\tau_2 = \tau_1 \dfrac{t_2}{t_1}$ (linke zwei Querschnitte); $\tau_2 = \dfrac{1}{2}\tau_1 \dfrac{t_2}{t_1}$ (rechte zwei Querschnitte)
$\tau_3 = \dfrac{3Q_z}{2th}$	$\tau_3 = \tau_1 + Q_z \dfrac{(d - t_2/2)^2}{2I_y}$

5.6.8 Torsion ohne Wölbbehinderung (Saint-Venant-Torsion)

Die Schnittgröße $M_T(x)$ verursacht im Stabquerschnitt nur Schubspannungen. Die maximale Schubspannung ist $\tau_{max} = M_T/W_T$. W_T ist das nur von der Querschnittsform abhängige *Torsionswiderstandsmoment* (Dimension: Länge^3). Tabelle 5-5 gibt Werte von W_T für verschiedene Querschnittsformen an. Die Schubspannung im Stabquerschnitt ist am ganzen Rand tangential zum Rand gerichtet. Bei einfach berandeten Querschnitten beliebiger Form liefert der in 5.4.5 geschilderte Seifenhauthügel über dem Querschnitt in jedem Punkt Größe und Richtung der Schubspannung. Die Größe ist proportional zur maximalen Steigung des Hügels im betrachteten Punkt, und die Richtung ist tangential zur Höhenlinie des Hügels im betrachteten Punkt. In einem schmalen Rechteckquerschnitt (Höhe h, Breite $b \ll h$) tritt die größte Schubspannung $\tau_{max} \approx 3M_T/(hb^2)$ am Außenrand in der Mitte der langen Seiten auf. Weitere Lösungen siehe in [6].

Da die Form des Seifenhauthügels ohne Experiment leicht vorstellbar ist, können Stellen mit Spannungskonzentrationen vorhergesagt werden, z. B. in einspringenden Ecken einer Querschnittskontur.

In Kreis- und Kreisringquerschnitten (Innenradius R_i, Außenradius R_a, polares Flächenmoment 2. Grades $I_p = \pi(R_a^4 - R_i^4)/2$) hat die Spannung am Radius r die Größe

$$\tau(x, r) = \frac{M_T(x)}{I_p(x)} r \qquad (5\text{-}57)$$

und die Richtung der Tangente an den Kreis (Bild 5-27).

In einzelligen, dünnwandigen Hohlquerschnitten ist die Schubspannung überall tangential zur Wandmittellinie gerichtet. Ihre Größe wird durch die 1. *Bredt'sche Formel* angegeben (Bezeichnungen wie in (5-35))

$$\tau(s) = \frac{M_T}{2A_m t(s)} \,. \qquad (5\text{-}58)$$

Bei n-zelligen, dünnwandigen Hohlquerschnitten (Bild 5-13) ist an der Stelle s in der Wand zwischen zwei beliebigen Zellen i und j $\tau(s) = M_T(\lambda_i - \lambda_j)/t(s)$ mit $\lambda_1, \ldots, \lambda_n$ aus (5-36). Wenn die Wand nur einer Zelle i anliegt, wird $\lambda_j = 0$ gesetzt.

Vorzeichenregel: Ein $\lambda_k > 0$ für Zelle k bedeutet, dass $M_T \lambda_k / t(s)$ eine Schubspannung ist, die am positiven Schnittufer die Zelle k im Drehsinn von M_T umkreist.

5.6.9 Torsion mit Wölbbehinderung

Nur Querschnitte mit einem Wölbwiderstand $C_M \neq 0$ werden bei Torsion verwölbt. Wölbbehinderungen

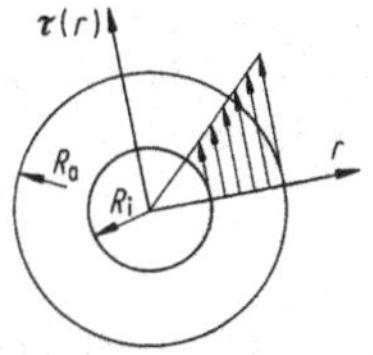

Bild 5-27. Schubspannungsverteilung im Kreisringquerschnitt bei Torsion

verursachen im Querschnitt Schubspannungen τ^* zusätzlich zu den ohne Wölbbehinderung vorhandenen Schubspannungen und außerdem Längsspannungen σ^*. In einfach berandeten Querschnitten aus dünnen Stegen gilt mit den Bezeichnungen von Bild 5-11 mit derselben Funktion $\omega^*(s)$ wie in (5-37) und mit $\varphi(x)$ aus (5-70)

$$\left.\begin{aligned} \tau^*(x,s) &= -\frac{E\varphi'''(x)}{t(s)}\int \omega^*(\bar{s})t(\bar{s})\,\mathrm{d}\bar{s}\,,\\ \sigma^*(x,s) &= E\varphi''(x)\,\omega^*(s)\,. \end{aligned}\right\} \tag{5-59}$$

Die Integration erstreckt sich über alle Stege von $A_0(s)$. σ^* kann Werte annehmen, die nicht vernachlässigbar sind. Weitere Einzelheiten siehe in [9, 10].

5.7 Verformungen von Stäben und Balken

Verformungen eines geraden Stabes werden in dem ortsfesten x, y, z-System von Bild 5-14 beschrieben. Für alle Verformungen gilt das Superpositionsprinzip, d. h. Verformungen für mehrere Lastfälle beliebiger Art können einzeln berechnet und linear überlagert werden. Energiemethoden zur Berechnung von Verformungen siehe in 5.8. Statisch unbestimmte Systeme siehe in 5.8.6.

5.7.1 Zug und Druck

Die Längenänderung eines geraden Stabes der Länge l infolge einer Längskraft $N(x)$ und einer Temperaturänderung $\Delta T(x)$ ist (Integrationen über die gesamte Länge)

$$\begin{aligned} \Delta l &= \int \varepsilon(x)\,\mathrm{d}x = \frac{1}{E}\int \sigma(x)\,\mathrm{d}x + \alpha\int \Delta T(x)\,\mathrm{d}x\\ &= \frac{1}{E}\int \frac{N(x)}{A(x)}\,\mathrm{d}x + \alpha\int \Delta T(x)\,\mathrm{d}x\,. \end{aligned} \tag{5-60}$$

Im Sonderfall $N = \text{const}$, $A = \text{const}$, $\Delta T = \text{const}$ ist $\Delta l = Nl/(EA) + \alpha\,\Delta T l$. EA heißt *Dehnsteifigkeit* oder *Längssteifigkeit* des Stabes.

5.7.2 Gerade Biegung

Ein Biegemoment $M_y(x)$ verursacht eine *Krümmung* $1/\varrho(x)$ des Stabes um die y-Achse und eine *Durchbiegung* $w(x)$ in z-Richtung. Die Bernoulli-Hypothese vom Ebenbleiben der Querschnitte ergibt den Zusammenhang ($w' = \mathrm{d}w/\mathrm{d}x$)

$$\frac{1}{\varrho(x)} = \frac{w''(x)}{[1 + w'^2(x)]^{3/2}} = \frac{-M_y(x)}{EI_y(x)}\,. \tag{5-61}$$

Für sehr kleine Neigungen $|w'(x)| \ll 1$ lautet die Differenzialgleichung der Biegelinie also

$$w''(x) = \frac{-M_y(x)}{EI_y(x)}\,. \tag{5-62}$$

EI_y heißt *Biegesteifigkeit* des Stabes. Wenn die rechte Seite bekannt ist, ergeben sich $w'(x)$ und $w(x)$ durch zweifache Integration. Die dabei auftretenden Integrationskonstanten werden aus Randbedingungen für w' und für w ermittelt. Bei einem n-feldrigen Stab mit n verschiedenen Funktionen $M_y(x)/(EI_y(x))$ wird (5-62) für jedes Feld gesondert aufgestellt und integriert, wobei die Durchbiegung in Feld i mit $w_i(x)$ bezeichnet wird. Bei der Integration fallen $2n$ Integrationskonstanten an. Zu ihrer Bestimmung stehen bei statisch bestimmten Systemen $2n$ Randbedingungen zur Verfügung. Statisch unbestimmte Systeme siehe in 5.8.6.

Beispiel 5-6: Für den Stab in Bild 5-28 wird die Rechnung am einfachsten, wenn man $x = 0$ am Gelenk definiert. Dann ist im linken Feld $Q_z(x) = ql/2$, $M_y(x) = xql/2$ und im rechten Feld

$$\begin{aligned} Q_z(x) &= (ql/2)(1 - 2x/l),\\ M_y(x) &= (ql^2/2)(-x^2/l^2 + x/l)\,. \end{aligned}$$

Damit lautet (5-62)

$$w_1''(x) = -12\,C\frac{x}{l}\,,\qquad w_2''(x) = 12\,C\left(\frac{x^2}{l^2} - \frac{x}{l}\right)$$

mit $C = ql^2/(24EI_y)$. Zwei Integrationen ergeben

$$\begin{aligned} w_1'(x) &= C(-6x^2/l + a_1)\,,\\ w_2'(x) &= C(4x^3/l^2 - 6x^2/l + b_1)\,,\\ w_1(x) &= C(-2x^3/l + a_1 x + a_2)\,,\\ w_2(x) &= C(x^4/l^2 - 2x^3/l + b_1 x + b_2)\,. \end{aligned}$$

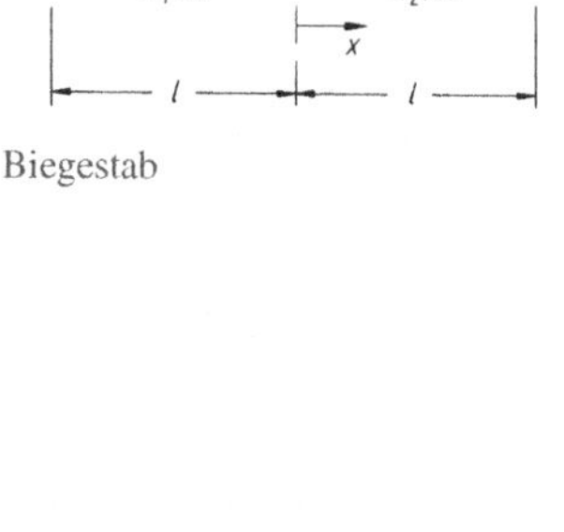

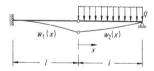

Bild 5-28. Biegestab

Die Randbedingungen $w_1'(-l) = 0$, $w_1(-l) = 0$, $w_1(0) = w_2(0)$ und $w_2(l) = 0$ ergeben $a_1 = 6l$, $a_2 = 4l^2$, $b_1 = -3l$, $b_2 = 4l^2$ und damit

$$w_1(x) = \frac{ql^4}{24EI_y}\left[-2\left(\frac{x}{l}\right)^3 + 6\frac{x}{l} + 4\right]$$

$$w_2(x) = \frac{ql^4}{24EI_y}\left[\left(\frac{x}{l}\right)^4 - 2\left(\frac{x}{l}\right)^3 - 3\frac{x}{l} + 4\right].$$

Tabelle 5-7 gibt Durchbiegungen und Neigungen für Standardfälle an. Viele andere Fälle siehe in [11].

Zwischen dem Biegemoment $M_z(x)$ und der Durchbiegung $v(x)$ in y-Richtung gilt entsprechend (5-62) die Gleichung

$$v''(x) = \frac{M_z(x)}{EI_z(x)}. \qquad (5\text{-}63)$$

Ihre Integration liefert mit denselben Rechenschritten $v'(x)$ und $v(x)$.

5.7.3 Schiefe Biegung

Schiefe Biegung ist die Superposition von $M_y(x)$ und $M_z(x)$. Die Durchbiegungen $w(x)$ und $v(x)$ werden aus (5-62) bzw. (5-63) berechnet. Anmerkung: Die Geometrie eines Systems kann eine Kopplung der Randbedingungen für $w(x)$ und für $v(x)$ herstellen.

Beispiel 5-7: Wenn der Stab in Bild 5-28 den Querschnitt nach Bild 5-29 hat, dann heißt das Biegemoment $M_y(x)$ von Beispiel 5-6 jetzt $M_\eta(x)$. Daraus ergibt sich für die gedrehten Hauptachsen $M_y(x) = M_\eta(x)\cos\alpha$, $M_z(x) = -M_\eta(x)\sin\alpha$. Das Lager am rechten Ende erlaubt keine vertikale Verschiebung. Also lautet die Randbedingung $v(l)\sin\alpha + w(l)\cos\alpha = 0$.

5.7.4 Stab auf elastischer Bettung (Winkler-Bettung)

Bei Eisenbahnschienen und anderen elastisch gebetteten Stäben nimmt man nach Winkler die von der Bettung ausgeübte Streckenlast $q_B(x)$ als proportional zur örtlichen Durchbiegung $w(x)$ an, $q_B(x) = -Kw(x)$. Unter einer äußeren eingeprägten Streckenlast $q(x)$ ergibt sich für $w(x)$ die Differenzialgleichung

$$(EI_y w'')'' = -M_y'' = q(x) - Kw(x)$$

und im Fall $EI_y = \text{const}$ die Gleichung

$$w^{(4)} + 4\lambda^4 w = \frac{q(x)}{EI_y}$$

mit der Abkürzung $4\lambda^4 = K/(EI_y)$. Die allgemeine Lösung ist die Summe aus der Lösung der homogenen Gleichung,

$$\begin{aligned} w(x) &= (c_1\cos\lambda x + c_2\sin\lambda x)\exp(-\lambda x) \\ &\quad + (c_3\cos\lambda x + c_4\sin\lambda x)\exp(\lambda x), \qquad (5\text{-}64) \end{aligned}$$

und der partikulären Lösung der inhomogenen Gleichung. Es gilt das Superpositionsprinzip. Die Integrationskonstanten $c_1, \ldots, c_4$ werden aus Randbedingungen für w, w', w'' (Biegemoment) und w''' (Querkraft) bestimmt.

Beispiel 5-8: Bei einer beidseitig unendlich langen Eisenbahnschiene mit einer Einzelkraft F an der Stelle $x = 0$ ist $w(-x) = w(x)$, und im Bereich $x \geqq 0$ ist

$$w(x) = \frac{F\lambda}{K\sqrt{2}}\exp(-\lambda x)\sin\left(\lambda x + \frac{\pi}{4}\right).$$

Das bei $x = 0$ maximale Biegemoment ist $M_{y\,\max} = F/(4\lambda)$.

Zahlreiche andere spezielle Lösungen siehe in [12–14].

5.7.5 Biegung von Stäben aus Verbundwerkstoff

Stäbe mit Querschnitten nach Bild 5-23 haben die Differenzialgleichung der Biegelinie

$$w''(x) = \frac{-M(x)\Sigma E_i A_i}{(\Sigma E_i I_{yi})(\Sigma E_i A_i) - (\Sigma E_i z_{Si} A_i)^2}. \qquad (5\text{-}65)$$

Der Ausdruck auf der rechten Seite ist die mit –1 multiplizierte Krümmung $1/\varrho(x)$ von (5-49). Die Gleichung hat dieselbe Form wie (5-62) und wird mit denselben Rechenschritten gelöst.

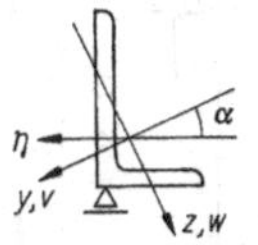

Bild 5-29. Lagerung, die eine Kopplung der Durchbiegungen v und w in den Randbedingungen verursacht

Tabelle 5-7. Biegelinien und Neigungen von statisch bestimmten und statisch unbestimmten Stäben. Bei den statisch unbestimmten Stäben sind Auflagerreaktionen F_B und M_B angegeben. Abkürzungen: $\xi = x/l$, $\xi_1 = x_1/l$, $\alpha = a/l$, $\beta = b/l$; W ist jeweils unter der Abbildung erklärt. Das Symbol ⓣ weist auf extremale Durchbiegungen w_m hin, die in der Tabelle angegeben sind

Nr.	Biegestab mit Lagerung und Belastung	Biegelinie $w(\xi)$ oder $w(\xi_1)$ Lagerreaktionen F_B und M_B bei statisch unbestimmter Lagerung	Durchbiegungen w_A, w_B, w_C größte Durchbiegungen w_m w_m tritt bei $\xi = \xi_m$ auf	Neigungen w'_A, w'_B, w'_C $w' = dw/dx$
1	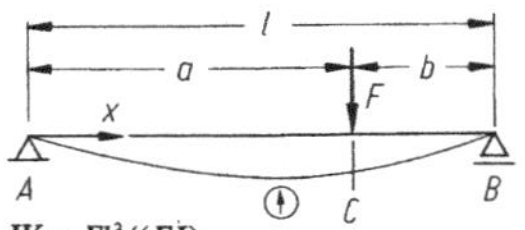	$w = \begin{cases} W\beta\xi(1-\beta^2-\xi^2)/6 & \xi \leqq \alpha \\ W\alpha(1-\xi)[1-\alpha^2-(1-\xi)^2]/6 & \xi \geqq \alpha \end{cases}$	$w_C = W\alpha^2\beta^2/3$ für $a \geqq b$: $w_m = W\beta\xi_m^3/3$ $\xi_m = \sqrt{(1-\beta^2)/3}$	$w'_A = (W/l)\,\beta(1-\beta^2)/6$ $w'_B = -(W/l)\,\alpha(1-\alpha^2)/6$ $w'_C = (W/l)\,\alpha\beta(\beta-\alpha)/3$
	$W = Fl^3/(EI)$	Für $a = b$: $w = W\xi(3-4\xi^2)/48$ $\xi \leqq 1/2$	$w_m = w_C = W/48$	$w'_A = -w'_B = W/(16l)$
2	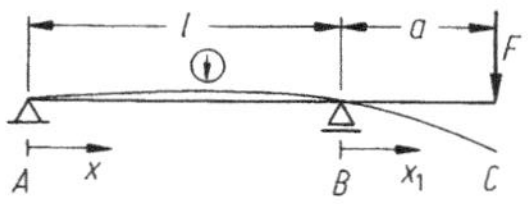 $W = Fl^3/(EI)$	$w = \begin{cases} -W\alpha\xi(1-\xi^2)/6 & \xi \leqq 1 \\ W\xi_1[\alpha(2+3\xi_1)-\xi_1^2]/6 & \xi_1 \geqq 0 \end{cases}$	$w_C = W\alpha^2(1+\alpha)/3$ $w_m = -W\alpha\sqrt{3}/27$ $\xi_m = \sqrt{1/3}$	$w'_C = (W/l)\,\alpha(2+3\alpha)/6$ $w'_B = -2w'_A = W\alpha/(3l)$
3	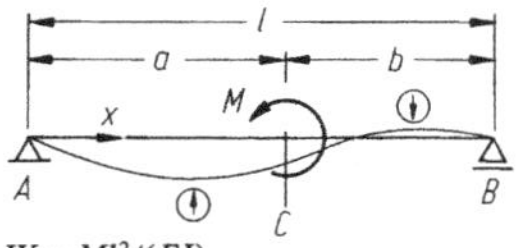	$w = \begin{cases} W\xi(1-3\beta^2-\xi^2)/6 & \xi \leqq \alpha \\ W(1-\xi)(3\alpha^2-2\xi+\xi^2)/6 & \xi \geqq \alpha \end{cases}$	$w_C = W\alpha\beta(\alpha-\beta)/3$ $w_{m1} = W\xi_{m1}^3/3$, $\xi_{m1} = \sqrt{1/3-\beta^2}$ $w_{m2} = -W(1-\xi_{m2})^3/3$ $\xi_{m2} = 1-\sqrt{1/3-\alpha^2}$	$w'_A = W(1-3\beta^2)/(6l)$ $w'_B = W(1-3\alpha^2)/(6l)$ $w'_C = -W(1-3\alpha\beta)/(3l)$
	$W = Ml^2/(EI)$	Für $a = l$: $w = W\xi(1-\xi^2)/6$	$w_m = W\sqrt{3}/27$, $\xi_m = \sqrt{1/3}$	$w'_B = -2w'_A = -W/(3l)$
4	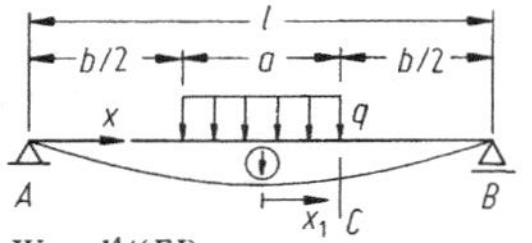	$w = \begin{cases} W[(1-\beta^2)(5-\beta^2-24\xi_1^2)+16\xi_1^4]/384 & \lvert\xi_1\rvert \leqq \alpha/2 \\ W\alpha(1-2\xi_1)[4\xi_1(1-\xi_1)+2-\alpha^2]/96 & \xi_1 \geqq \alpha/2 \end{cases}$	$w_C = W\alpha\beta(1+\alpha\beta)/48$ $w_m = W(1-\beta^2)(5-\beta^2)/384$	$w'_C = -(W/l)\,\alpha^2(3-2\alpha)/24$ $w'_B = -(W/l)\,\alpha(3-\alpha^2)/48$
	$W = ql^4/(EI)$	Für $a = l$: $w = W(5-24\xi_1^2+16\xi_1^4)/384$ $= W\xi(1-\xi)(1+\xi-\xi^2)/24$	$w_m = 5W/384$	$w'_A = -w'_B = W/(24l)$
5	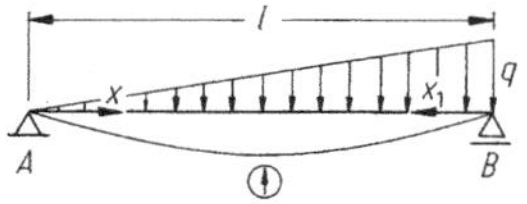 $W = ql^4/(EI)$	$w = W\xi(7-10\xi^2+3\xi^4)/360$ $= W\xi_1(8-20\xi_1^2+15\xi_1^3-3\xi_1^4)/360$	$w_m \approx W/153$ $\xi_m \approx 0{,}52$	$w'_A = 7W/(360l)$ $w'_B = -8W/(360l)$

Tabelle 5-7. (Fortsetzung)

Nr.	Biegestab mit Lagerung und Belastung	Biegelinie $w(\xi)$ oder $w(\xi_1)$ Lagerreaktionen F_B und M_B bei statisch unbestimmter Lagerung	Durchbiegungen w_A, w_B, w_C größte Durchbiegungen w_m w_m tritt bei $\xi = \xi_m$ auf	Neigungen w'_A, w'_B, w'_C $w' = dw/dx$
6	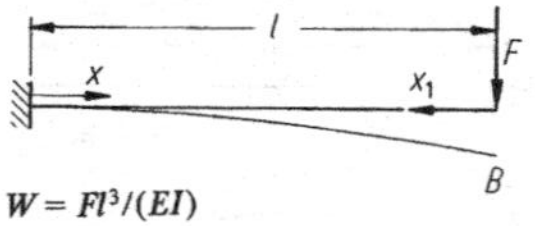 $W = Fl^3/(EI)$	$w = W\xi^2(3 - \xi)/6$ $= W(2 - 3\xi_1 + \xi_1^3)/6$	$w_B = W/3$	$w'_B = W/(2l)$
7	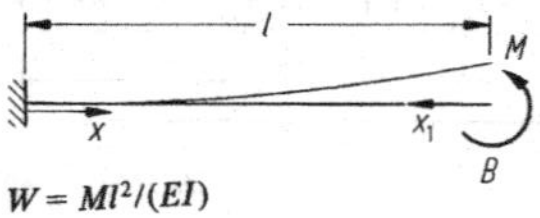 $W = Ml^2/(EI)$	$w = -W\xi^2/2$ $= -W(1 - \xi_1)^2/2$	$w_B = -W/2$	$w'_B = -W/l$
8	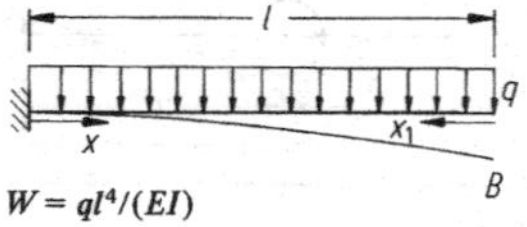 $W = ql^4/(EI)$	$w = W\xi^2(6 - 4\xi + \xi^2)/24$ $= W(3 - 4\xi_1 + \xi_1^4)/24$	$w_B = W/8$	$w'_B = W/(6l)$
9	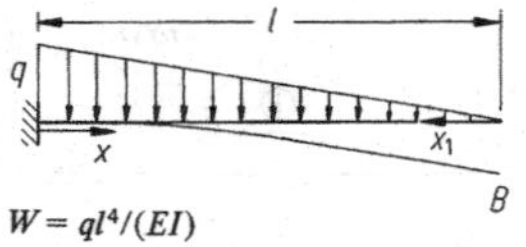 $W = ql^4/(EI)$	$w = W\xi^2(10 - 10\xi + 5\xi^2 - \xi^3)/120$ $= W(4 - 5\xi_1 + \xi_1^5)/120$	$w_B = W/30$	$w'_B = W/(24l)$
10	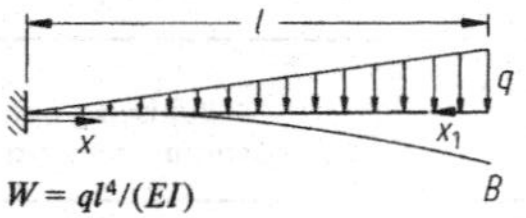 $W = ql^4/(EI)$	$w = W\xi^2(20 - 10\xi + \xi^3)/120$ $= W(11 - 15\xi_1 + 5\xi_1^4 - \xi_1^5)/120$	$w_B = 11W/120$	$w'_B = W/(8l)$

Tabelle 5-7. (Fortsetzung)

Nr.	Biegestab mit Lagerung und Belastung	Biegelinie $w(\xi)$ oder $w(\xi_1)$ Lagerreaktionen F_B und M_B bei statisch unbestimmter Lagerung	Durchbiegungen w_A, w_B, w_C größte Durchbiegungen w_m w_m tritt bei $\xi = \xi_m$ auf	Neigungen w'_A, w'_B, w'_C $w' = dw/dx$
11	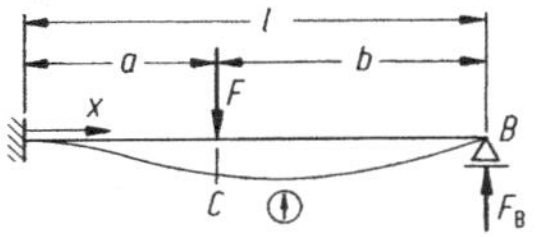 $W = Fl^3/(EI)$	$w = \begin{cases} W\beta\xi^2[3(1-\beta^2)-(3-\beta^2)\,\xi]/12 & \xi \leqq \alpha \\ W\alpha^2(1-\xi)[(3-\alpha)\,\xi(2-\xi)-2\alpha]/12 & \xi \geqq \alpha \end{cases}$ $F_B = F\alpha^2(1+\beta/2)$	$w_C = W\beta^2\alpha^3(4-\alpha)/12$ $\alpha \leqq 2-\sqrt{2}$: $w_m = W\alpha^2\beta\sqrt{\beta/(3-\alpha)}\,/6$ $\xi_m = 1-\sqrt{1-\beta/(3-\alpha)}$ $\alpha \geqq 2-\sqrt{2}$: $w_m = W\beta^2(1-\beta^2)^2/[3(3-\beta^2)]$ $\xi_m = 2(1-\beta^2)/(3-\beta^2)$	$w'_C = W\beta\alpha^2(\alpha^2-4\alpha+2)/(4l)$ $w'_B = -W\beta\alpha^2/(4l)$
12	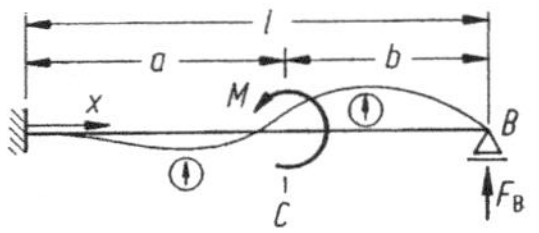 $W = Ml^2/(EI)$	$w = \begin{cases} -W\xi^2[2-(1-\beta^2)(3-\xi)]/4 & \xi \leqq \alpha \\ -W\alpha(1-\xi)[(2-\alpha)\,\xi(2-\xi)-2\alpha]/4 & \xi \geqq \alpha \end{cases}$ $F_B = -3(M/l)(1-\beta^2)/2$	$w_C = -W\beta\alpha^2(\alpha^2-4\alpha+2)/4$ $w_{m1} = W(1/3-\beta^2)^3/(1-\beta^2)^2$ $\xi_{m1} = 2(1/3-\beta^2)/(1-\beta^2)$ $w_{m2} = -W\alpha\sqrt{(\beta-1/3)^3/(\beta+1)}\,/2$ $\xi_{m2} = 1-\sqrt{(\beta-1/3)/(\beta+1)}$	$w'_C = W\alpha(3\beta^2-1)/(4l)$ $w'_B = W\alpha(3\beta-1)/(4l)$
13	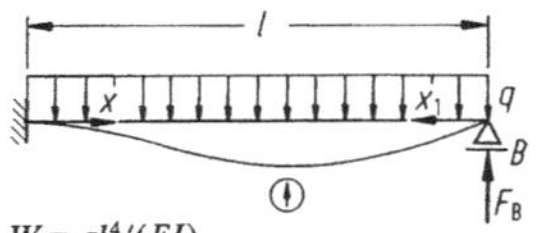 $W = ql^4/(EI)$	$w = W\xi^2(1-\xi)(3-2\xi)/48$ $= W\xi_1(1-\xi_1)^2(1+2\xi_1)/48$ $F_B = 3ql/8$	$w_m = W/185$ $\xi_m \approx 0{,}58$	$w'_B = -W/(48l)$
14	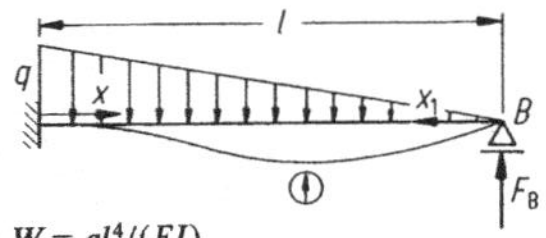 $W = ql^4/(EI)$	$w = W\xi^2(1-\xi)(2-\xi)^2/120$ $= W\xi_1(1-\xi_1^2)^2/120$ $F_B = ql/10$	$w_m = W/419$ $\xi_m = 1-1/\sqrt{5} \approx 0{,}55$	$w'_B = -W/(120l)$

Tabelle 5-7. (Fortsetzung)

Nr.	Biegestab mit Lagerung und Belastung	Biegelinie $w(\xi)$ oder $w(\xi_1)$ Lagerreaktionen F_B und M_B bei statisch unbestimmter Lagerung	Durchbiegungen w_A, w_B, w_C größte Durchbiegungen w_m w_m tritt bei $\xi = \xi_m$ auf	Neigungen w'_A, w'_B, w'_C $w' = dw/dx$
15	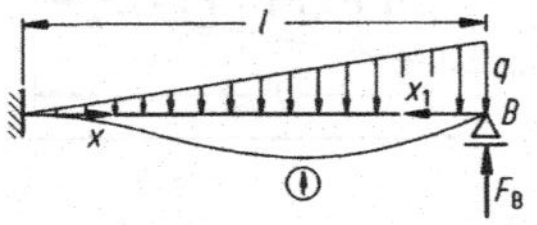 $W = ql^4/(EI)$	$w = W\xi^2(1-\xi)(7-2\xi-2\xi^2)/240$ $= W\xi_1(1-\xi_1)^2(3+6\xi_1-2\xi_1^2)/240$ $F_B = 11ql/40$	$w_m = W/328$ $\xi_m \approx 0{,}60$	$w'_B = -W/(80l)$
16	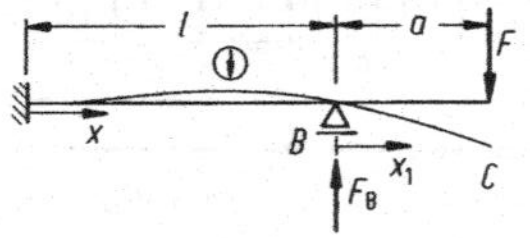 $W = Fl^3/(EI)$	$w = \begin{cases} -W\alpha\xi^2(1-\xi)/4 & \xi \leqq 1 \\ W\xi_1[6\alpha+4\xi_1(3\alpha-\xi_1)]/24 & \xi_1 \geqq 0 \end{cases}$ $F_B = F(1+3\alpha/2)$	$w_C = W\alpha^2(3+4\alpha)/12$ $w_m = -W\alpha/27$ $\xi_m = 2/3$	$w'_C = W\alpha(1+2\alpha)/(4l)$ $w'_B = W\alpha/(4l)$
17	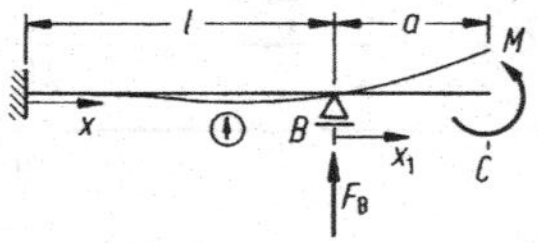 $W = Ml^2/(EI)$	$w = \begin{cases} W\xi^2(1-\xi)/4 & \xi \leqq 1 \\ -W\xi_1(1+2\xi_1)/4 & \xi_1 \geqq 0 \end{cases}$ $F_B = -3M/(2l)$	$w_C = -W\alpha(1+2\alpha)/4$ $w_m = W/27$ $\xi_m = 2/3$	$w'_C = -W(1+4\alpha)/(4l)$ $w'_B = -W/(4l)$
18	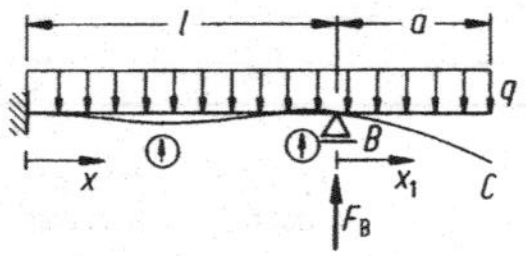 $W = ql^4/(EI)$	$w = \begin{cases} W\xi^2(1-\xi)[3(1-2\alpha^2)-2\xi]/48 & \xi \leqq 1 \\ W\xi_1[6\alpha^2-1+2\xi_1(6\alpha^2-4\alpha\xi_1+\xi_1^2)]/48 & \xi_1 \geqq 0 \end{cases}$ $F_B = ql(3+8\alpha+6\alpha^2)/8$	$w_C = W\alpha(6\alpha^3+6\alpha^2-1)/48$ Extrema links von B bei $\xi_m = \left[3(2+\lambda) \pm \sqrt{9(2+\lambda)^2-64\lambda}\right]/16$ mit $\lambda = 3(1-2\alpha^2)$ (zwei Extrema nur für $\sqrt{1/6} \leqq \alpha \leqq \sqrt{1/2}$) Extremum zwischen B und C nur für $0{,}34 \leqq \alpha \leqq \sqrt{1/6}$	$w'_C = W(8\alpha^3+6\alpha^2-1)/(48l)$ $w'_B = W(6\alpha^2-1)/(48l)$

Tabelle 5-7. (Fortsetzung)

Nr.	Biegestab mit Lagerung und Belastung	Biegelinie $w(\xi)$ oder $w(\xi_1)$ Lagerreaktionen F_B und M_B bei statisch unbestimmter Lagerung	Durchbiegungen w_A, w_B, w_C größte Durchbiegungen w_m w_m tritt bei $\xi = \xi_m$ auf	Neigungen w'_A, w'_B, w'_C $w' = dw/dx$
19	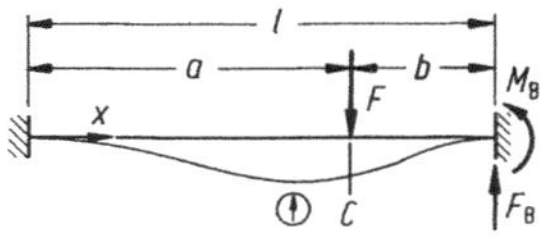 $W = Fl^3/(EI)$	$w = \begin{cases} W\beta^2\xi^2[3\alpha - (1+2\alpha)\xi]/6 & \xi \leqq \alpha \\ W\alpha^2(1-\xi)^2[-\alpha + (1+2\beta)\xi]/6 & \xi \geqq \alpha \end{cases}$ $F_B = F\alpha^2(1+2\beta)$, $M_B = -Fl\alpha^2\beta$	$w_C = W\alpha^3\beta^3/3$ $a > b$: $w_m = W \cdot 2\alpha^3\beta^2/[3(1+2\alpha)^2]$ $\xi_m = 2\alpha/(1+2\alpha)$	$w'_C = W\alpha^2\beta^2(\beta - \alpha)/(2l)$
20	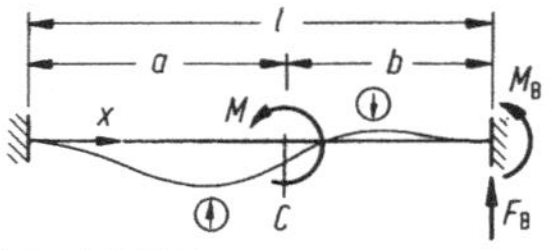 $W = Ml^2/(EI)$	$w = \begin{cases} -W\beta\xi^2(1 - 3\alpha + 2\alpha\xi)/2 & \xi \leqq \alpha \\ -W\alpha(1-\xi)^2(2\beta\xi - \alpha)/2 & \xi \geqq \alpha \end{cases}$ $F_B = -6\alpha\beta M/l$, $M_B = M\alpha(2 - 3\alpha)$	$w_C = -W\alpha^2\beta^2(\beta - \alpha)/2$ $w_{m1} = W\beta(3\alpha - 1)^3/(54\alpha^2)$ $\xi_{m1} = (\alpha - 1/3)/\alpha$ $w_{m2} = -W\alpha(3\beta - 1)^3/(54\beta^2)$ $\xi_{m2} = 1/(3\beta)$	$w'_C = -(W/l)\,\alpha\beta(1 - 3\alpha\beta)$
21	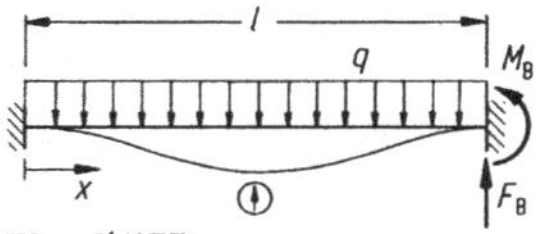 $W = ql^4/(EI)$	$w = W\xi^2(1-\xi)^2/24$ $F_B = ql/2$, $M_B = -ql^2/12$	$w_m = W/384$ $\xi_m = 1/2$	
22	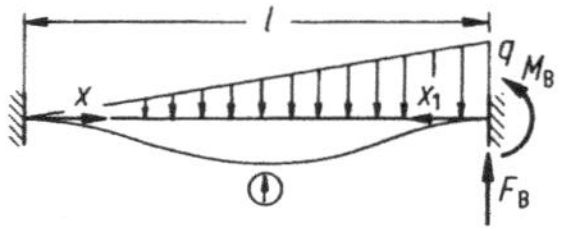 $W = ql^4/(EI)$	$w = W\xi^2(1-\xi)^2(2+\xi)/120$ $= W\xi_1^2(1-\xi_1)^2(3-\xi_1)/120$ $F_B = 7ql/20$, $M_B = -ql^2/20$	$w_m = W/764$ $\xi_m \approx 0{,}525$	

Spannbeton mit Verbund. Bei Spannbetonstäben nach Bild 5-24 lautet die Differenzialgleichung der Biegelinie:

$$w''(x) = -[(M_y(x) - \Sigma\sigma_{0i}z_{Si}A_i)(\Sigma E_iA_i) + (\Sigma\sigma_{0i}A_i)(\Sigma E_iz_{Si}A_i)] / [(\Sigma E_iI_{yi})(\Sigma E_iA_i) - (\Sigma E_iz_{Si}A_i)^2]\,. \tag{5-66}$$

Der Ausdruck auf der rechten Seite ist die mit −1 multiplizierte Krümmung $1/\varrho(x)$ von (5-49). Die Gleichung hat dieselbe Form wie (5-62) und wird mit denselben Rechenschritten gelöst. Für $M_y(x) \equiv 0$ erhält man die Durchbiegung im Zustand von Bild 5-24b.

5.7.6 Querkraftbiegung

Der Beitrag der Querkraft $Q_z(x)$ zur Durchbiegung eines Stabes wird $w_Q(x)$ genannt. Bei gleichmäßiger Verteilung der Schubspannung im Stabquerschnitt wäre $w'_Q = Q_z/(GA)$. Wegen der tatsächlich ungleichmäßigen Verteilung nach (5-56) gilt mit der Querschubzahl $\varkappa_z$ von (5-31)

$$w'_Q(x) = \varkappa_z \frac{Q_z(x)}{GA(x)}\,. \tag{5-67}$$

Entsprechend gilt für die Verschiebung v_Q in y-Richtung

$$v'_Q(x) = \varkappa_y \frac{Q_y(x)}{GA(x)}\,.$$

Im Fall $GA = \text{const}$ sind die Verschiebungen selbst wegen (5-39) und (5-40)

$$w_Q(x) = \varkappa_z \frac{M_y(x)}{GA} + \text{const},$$
$$v_Q(x) = -\varkappa_y \frac{M_z(x)}{GA} + \text{const}\,.$$

Die gesamte Durchbiegung in z-Richtung infolge $M_y(x)$ und $Q_z(x)$ ist $w_{ges}(x) = w(x) + w_Q(x)$ mit $w(x)$ aus (5-62). Bei langen, dünnen Stäben ist w_Q gegen w vernachlässigbar klein. Zum Beispiel ist das Verhältnis w_Q/w am freien Ende eines einseitig eingespannten und am freien Ende belasteten Stabes der Länge l mit Rechteckquerschnitt der Höhe h gleich

$$\frac{0{,}3E}{G}\,\frac{h^2}{l^2} \approx \frac{h^2}{l^2}\,.$$

5.7.7 Torsion ohne Wölbbehinderung (Saint-Venant-Torsion)

Der Drehwinkel des Stabquerschnitts an der Stelle x heißt $\varphi(x)$. Die Drehung erfolgt um den Schubmittelpunkt. Die Ableitung $\varphi'(x) = \mathrm{d}\varphi/\mathrm{d}x$ heißt *Drillung* des Stabes. Zum Torsionsmoment $M_T(x)$ besteht die Beziehung

$$\varphi'(x) = \frac{M_T(x)}{GI_T(x)}\,. \tag{5-68}$$

GI_T heißt *Torsionssteifigkeit* des Stabes. Die Gleichung ist gültig für Stäbe, deren Querschnitte bei Torsion eben bleiben (Wölbwiderstand $C_M = 0$). Für Stäbe mit $C_M \neq 0$ gilt sie nur, wenn die Querschnittverwölbung nicht behindert wird. Das setzt Gabellager und $M_T(x) = \text{const}$ voraus. Die Wölbbehinderung durch Lager ist ein lokaler, mit wachsender Entfernung vom Lager schnell abklingender Effekt. Bei langen, dünnen Stäben kann sie häufig vernachlässigt werden.
Ein Stab der Länge l mit $M_T/(GI_T) = \text{const}$ hat den Verdrehwinkel $\varphi = M_Tl/(GI_T)$ der Endquerschnitte. Sehr lange Stäbe, wie z. B. Bohrstangen bei Tiefbohrungen, können um mehrere Umdrehungen tordiert sein.
Angaben über Torsionsflächenmomente I_T von Stabquerschnitten siehe in 5.4.5 und in Tabelle 5-5.

5.7.8 Torsion mit Wölbbehinderung

Bei Stäben mit einem Wölbwiderstand $C_M \neq 0$ entstehen Wölbbehinderungen lokal durch Lager und im Fall $M_T(x) \neq \text{const}$ im ganzen Stab durch gegenseitige Beeinflussung benachbarter Querschnitte. Mit x veränderliche Torsionsmomente treten z. B. an Fahrbahnen von Brücken auf, wenn Eigengewicht und Verkehrslasten ein Moment um den Schubmittelpunkt des Fahrbahnquerschnitts erzeugen. Für die Drillung $\varphi'(x)$ und den Verdrehwinkel $\varphi(x)$ gilt

$$-\varphi''' + \lambda^2\varphi' = \frac{M_T(x)}{EC_M}, \quad \lambda^2 = \frac{GI_T}{EC_M}\,. \tag{5-69}$$

Die Lösung hat die allgemeine Form

$$\varphi(x) = c_1 \cosh \lambda x + c_2 \sinh \lambda x + c_3 + \varphi_{part}(x) \tag{5-70}$$

mit Integrationskonstanten c_1, c_2 und c_3 und mit der partikulären Lösung $\varphi_{\text{part}}(x)$. Für $M_T(x) = M_{T0}$ und für $M_T(x) = mx + M_{T0}$ mit Konstanten M_{T0} und m ist $\varphi_{\text{part}}(x) = xM_{T0}/(GI_T)$ bzw.

$$\varphi_{\text{part}}(x) = \frac{x^2 m}{2GI_T} + \frac{xM_{T0}}{GI_T} .$$

Die Integrationskonstanten in (5-70) werden aus Randbedingungen bestimmt. Randbedingungen betreffen φ, φ' und φ''. Die wichtigsten Randbedingungen sind $\varphi = 0$ an festen Einspannungen und an Gabellagern, $\varphi' = 0$ an Stellen mit ganz unterdrückter Verwölbung (feste Einspannungen und aufgeschweißte starre Platten an freien Enden) und $\varphi'' = 0$ an Stellen ohne Längsspannung (freie Enden und Gabellager).

Beispiel 5-9: Für einen Stab mit fester Einspannung bei $x = 0$ und freiem Ende bei $x = l$ ist im Fall $M_T = \text{const}$

$$\varphi(x) = \frac{M_T}{GI_T}\left\{x + \frac{1}{\lambda}[\tanh \lambda l(\cosh \lambda x - 1) - \sinh \lambda x]\right\} .$$

Bei mehrfeldrigen Stäben mit verschiedenen Lösungen (5-70) in verschiedenen Feldern hat jedes Feld Randbedingungen (z. B. die Bedingung, dass $\varphi(x)$ beiderseits einer Feldgrenze gleich ist). Lösungen zu vielen praktischen Fällen siehe in [9, 10].
Bei Stäben mit einfach berandeten Querschnitten aus dünnen Stegen (siehe Bild 5-11) ist die axiale Verschiebung $u(x, s) = \varphi'(x)\omega^*(s)$ mit der Drillung $\varphi'(x)$ und derselben Funktion $\omega^*(s)$, wie in (5-37).

Beispiel 5-10: Bei einem dünnwandigen Kreisrohr mit Längsschlitz (Radius r, Wanddicke $t \ll r$) und mit $\varphi' = \text{const}$ verschieben sich die Schlitzufer axial gegeneinander um $2\pi r^2\varphi'$.

5.8 Energiemethoden der Elastostatik

Die allgemeinen Sätze und Methoden dieses Abschnitts sind auf elastische Systeme anwendbar, die in beliebiger Weise aus Stäben, Balken, Scheiben, Platten, Schalen und dreidimensionalen Körpern zusammengesetzt sind. Kräfte und Momente werden unter dem Oberbegriff *generalisierte Kraft F* zusammengefasst; ebenso Verschiebungen und Drehwinkel unter dem Oberbegriff *generalisierte Verschiebung w*.

5.8.1 Formänderungsenergie. Äußere Arbeit

Formänderungsenergie. In einem ruhenden, linear elastischen System ist Energie gespeichert. Bei konstanter Temperatur ist die Energie nur vom Spannungszustand abhängig und nicht davon, wie der Zustand entstanden ist. Sie ist also eine potenzielle Energie. Sie heißt *Formänderungsenergie U* des Körpers. Durch Spannungen und Verzerrungen ausgedrückt ist (Integration über das gesamte Volumen V)

$$\begin{aligned} U &= \frac{1}{2}\int_V (\sigma_x\varepsilon_x + \sigma_y\varepsilon_y + \sigma_z\varepsilon_z \\ &\quad + \tau_{xy}\gamma_{xy} + \tau_{yz}\gamma_{yz} + \tau_{zx}\gamma_{zx})\,\mathrm{d}V \\ &= \frac{1}{2}\int_V \left\{\frac{1}{E}[\sigma_x^2 + \sigma_y^2 + \sigma_z^2 \right. \\ &\quad - 2\nu(\sigma_x\sigma_y + \sigma_y\sigma_z + \sigma_z\sigma_x)] \\ &\quad \left. + \frac{1}{G}(\tau_{xy}^2 + \tau_{yz}^2 + \tau_{zx}^2)\right\}\mathrm{d}V \\ &= \frac{E}{2(1+\nu)}\int_V \left[\frac{\nu}{1-2\nu}(\varepsilon_x + \varepsilon_y + \varepsilon_z)^2 \right. \\ &\quad + \varepsilon_x^2 + \varepsilon_y^2 + \varepsilon_z^2 \\ &\quad \left. + \frac{1}{2}\left(\gamma_{xy}^2 + \gamma_{yz}^2 + \gamma_{zx}^2\right)\right]\mathrm{d}V . \end{aligned} \tag{5-71}$$

Daraus folgt $U \geqq 0$; $U = 0$ nur bei völlig spannungsfreiem Körper. Für Stabsysteme ist U als Funktion der Schnittgrößen

$$\begin{aligned} U = \frac{1}{2}\sum_i \int_0^{l_i} &\left[\frac{N^2(x)}{EA(x)} + \frac{M_y^2(x)}{EI_y(x)} + \frac{M_z^2(x)}{EI_z(x)} \right. \\ &\left. + \varkappa_y(x)\frac{Q_y^2(x)}{GA(x)} + \varkappa_z(x)\frac{Q_z^2(x)}{GA(x)} + \frac{M_T^2(x)}{GI_T(x)}\right]\mathrm{d}x \end{aligned} \tag{5-72}$$

(Summation über alle Stäbe; Integration über die Stablängen). Ein Sonderfall hiervon sind Fachwerke (siehe 2.3) mit $N_i = \text{const}$, $E_iA_i = \text{const}$ in Stab i. In einem Fachwerk aus n Stäben ist die Formänderungsenergie

$$U = \frac{1}{2}\sum_{i=1}^{n}\frac{N_i^2 l_i}{E_iA_i} . \tag{5-73}$$

In Biegestäben und Platten kann U als Funktion von Durchbiegungen ausgedrückt werden (siehe 5.8.8 und 5.10.2).

Äußere Arbeit. Wenn äußere eingeprägte Kräfte ein anfangs spannungsfreies elastisches System bei konstanter Temperatur quasistatisch verformen, dann ist die äußere Arbeit W_a der Kräfte gleich der Formänderungsenergie U. Daraus folgt u. a., dass der Spannungszustand und der Verzerrungszustand am Ende der Belastung unabhängig von der Reihenfolge ist, in der die Kräfte aufgebracht werden.
Im Fall von generalisierten Einzelkräften $F_1, \ldots, F_n$ (äußere eingeprägte Kräfte oder Momente) ist

$$W_a = U = \frac{1}{2}\sum_{i=1}^{n} F_i w_i\,, \qquad (5\text{-}74)$$

wobei w_i die durch $F_1, \ldots, F_n$ verursachte Komponente der generalisierten Verschiebung am Ort und in Richtung von F_i ist (ein Drehwinkel, wenn F_i ein Moment ist).

5.8.2 Prinzip der virtuellen Arbeit

Das *Prinzip der virtuellen Arbeit* lautet: Bei einer virtuellen Verschiebung eines ideal elastischen Systems aus einer Gleichgewichtslage (das ist der deformierte Zustand unter äußeren eingeprägten Kräften) ist die virtuelle Arbeit δW_a der äußeren eingeprägten Kräfte gleich der virtuellen Änderung δU von U,

$$\delta W_a = \delta U\,. \qquad (5\text{-}75)$$

Aus diesem Prinzip folgen u. a. die Sätze in 5.8.3, 5.8.4 und 5.8.7 sowie der folgende *Satz vom stationären Wert der potenziellen Energie*. Im Sonderfall eines konservativen Systems haben die äußeren Kräfte ein Potenzial Π_a, sodass $\delta W_a = -\delta \Pi_a$ und folglich

$$\delta(\Pi_a + U) = 0 \qquad (5\text{-}76)$$

ist. Also hat das Gesamtpotenzial $\Pi_a + U$ in Gleichgewichtslagen einen stationären Wert (Minimum, Maximum oder Sattelpunkt). In stabilen Gleichgewichtslagen hat es ein Minimum (siehe 2.6).

Beispiel 5-11: Zwei Stäbe (Längen l_1 und l_2, Längsfederkonstanten $k_1 = E_1A_1/l_1$ und $k_2 = E_2A_2/l_2$) werden nach Bild 5-30 zwischen starre Lager im Abstand $l = l_1 + l_2 - \Delta l$ mit $\Delta l > 0$ gezwängt. Ihre Verkürzungen Δl_1 und Δl_2 werden aus dem Satz vom stationären Wert der potenziellen Energie wie folgt berechnet.

$$U = \left[k_1(\Delta l_1)^2 + k_2(\Delta l_2)^2\right]/2\,,$$

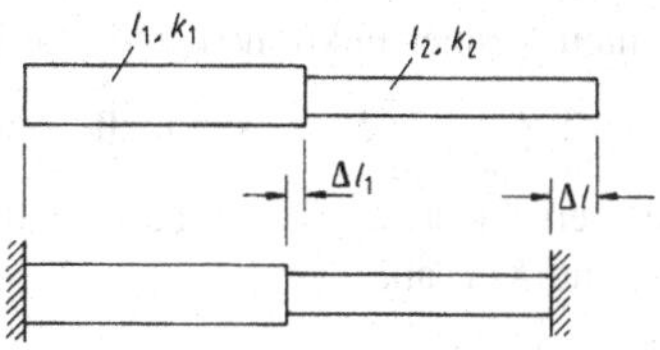

Bild 5-30. Druckstab zwischen starren Lagern

$\Pi_a = 0$ (weil die Lager starr sind). Mit der Nebenbedingung $f = \Delta l_1 + \Delta l_2 - \Delta l = 0$ und mit einem Lagrange'schen Multiplikator λ lauten die Stationaritätsbedingungen $\partial(U + \lambda f)/\partial(\Delta l_i) = k_i \Delta l_i + \lambda = 0$ $(i = 1, 2)$. Daraus folgt $\Delta l_1 = \Delta l k_2/(k_1 + k_2)$, $\Delta l_2 = \Delta l k_1/(k_1 + k_2)$.

Weitere Anwendungen siehe in 5.8.8.

5.8.3 Arbeitsgleichung oder Verfahren mit einer Hilfskraft

Bei einem statisch bestimmten oder unbestimmten Stabsystem wird die generalisierte Verschiebung w (an einer beliebigen Stelle und in beliebiger Richtung) infolge einer gegebenen äußeren Belastung und einer gegebenen Temperaturänderung aus der *Arbeitsgleichung* berechnet:

$$\begin{aligned} w\bar{F} = \sum_i \int_0^{l_i} \Bigg[& \frac{N(x)\bar{N}(x)}{EA(x)} + \frac{M_y(x)\bar{M}_y(x)}{EI_y(x)} \\ & + \frac{M_z(x)\bar{M}_z(x)}{EI_z(x)} + \varkappa_y(x)\frac{Q_y(x)\bar{Q}_y(x)}{GA(x)} \\ & + \varkappa_z(x)\frac{Q_z(x)\bar{Q}_z(x)}{GA(x)} + \frac{M_T(x)\bar{M}_T(x)}{GI_T(x)} \\ & + \alpha\Delta T(x)\bar{N}(x)\Bigg]\,\mathrm{d}x\,. \end{aligned} \qquad (5\text{-}77)$$

$\bar{F}$ ist eine generalisierte Hilfskraft beliebiger Größe am Ort und in Richtung von w (ein Hilfsmoment, wenn w ein Drehwinkel ist); die quergestrichenen Funktionen $\bar{N}(x)$, $\bar{M}_y(x)$ usw. sind die Schnittgrößen bei Belastung durch $\bar{F}$ allein, und die nicht gestrichenen $N(x)$, $M_y(x)$ usw. sind diejenigen unter der tatsächlichen äußeren Belastung durch Einzelkräfte, Streckenlasten usw.; $\Delta T(x)$ ist die gegebene Temperaturänderung; an der Stelle x muss sie über den Stabquerschnitt konstant sein.

Bei konstanten Nennerfunktionen sind alle Integrale in (5-77) vom Typ $\int_0^s P(x)K(x)\,\mathrm{d}x$. Tabelle 5-8 gibt das Integral für verschiedene grafisch dargestellte Funktionen $P(x)$ und $K(x)$ an.

Beispiel 5-12: In einem statisch bestimmten Fachwerk aus n Stäben mit Stabkräften $N_1, \ldots, N_n$ infolge gegebener Knotenlasten ist die Verschiebung w eines beliebig gewählten Knotens in einer beliebig gewählten Richtung

$$w = \frac{1}{\bar{F}} \sum_{i=1}^{n} \frac{N_i \bar{N}_i l_i}{E_i A_i} \,.$$

Darin sind $\bar{N}_1, \ldots, \bar{N}_n$ die Stabkräfte infolge einer Hilfskraft $\bar{F}$ am Ort und in Richtung von w. Zur Verwendung von (5-77) bei statisch unbestimmten Systemen siehe 5.8.6.

Eine relative generalisierte Verschiebung w_{rel} zweier Punkte ein und desselben Systems kann entweder in zwei Schritten als Summe zweier entgegengesetzt gerichteter absoluter Verschiebungen berechnet werden oder wie folgt in einem Schritt. Man bringt an den sich relativ zueinander verschiebenden Stellen entgegengesetzt gerichtete, gleich große generalisierte Hilfskräfte an und setzt in (5-77) für $\bar{N}(x)$, $\bar{M}_y(x)$ usw. die Schnittgrößen infolge beider Hilfskräfte ein. Dann ist $w = w_{\mathrm{rel}}$.

Beispiel 5-13: In Bild 5-31a wird der relative Drehwinkel φ der beiden Stabtangenten am Gelenk infolge der gegebenen Last q mit den Hilfsmomenten $\bar{M}$ von Bild 5-31b berechnet. Mit den angegebenen Funktionen $M_y(x)$ (vgl. Beispiel 5-6) und $\bar{M}_y(x)$ liefert (5-77) $\varphi = 3ql^3/(8EI_y)$.

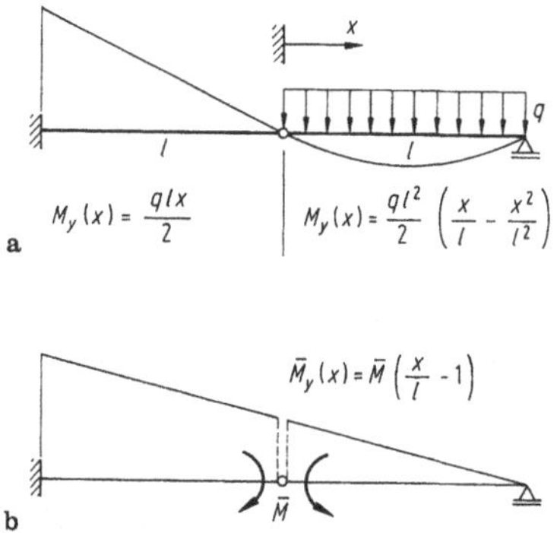

Bild 5-31. a,b. Biegestab

Schwach gekrümmte Stäbe. Bei schwach gekrümmten Stäben ist die Biegespannung nach 5.6.6 angenähert so, wie bei geraden Stäben. Folglich gilt auch (5-77), wenn man $\mathrm{d}x$ durch das Element $\mathrm{d}s$ der Bogenlänge ersetzt.

Beispiel 5-14: Bei dem halbkreisförmigen Stab in Bild 5-32 ist $\mathrm{d}s = R\,\mathrm{d}\varphi$. Wenn z. B. der Drehwinkel α am freien Ende unter der Last F gesucht ist, werden das Biegemoment $M_y(\varphi) = FR\sin\varphi$ infolge F und das Biegemoment $\bar{M}_y(\varphi) \equiv \bar{M}$ infolge des Hilfsmoments $\bar{M}$ in (5-77) eingesetzt. Das liefert

$$\alpha = \frac{FR}{EI_y} \int_0^{\pi} \sin\varphi \,\mathrm{d}\varphi = 2\,\frac{FR}{EI_y} \,.$$

Lösungen vieler Probleme an Kreisbogenstäben siehe in [22], Rechenmethoden bei gekrümmten Durchlaufträgern siehe in [15].

5.8.4 Sätze von Castigliano

Der *1. Satz von Castigliano* lautet:

$$w_i = \frac{\partial U_{\mathrm{F}}}{\partial F_i} \,. \qquad (5\text{-}78)$$

Darin ist $U_{\mathrm{F}}(F_1, \ldots, F_n)$ die Formänderungsenergie eines beliebigen linear elastischen Systems, ausgedrückt als explizite Funktion der äußeren eingeprägten generalisierten Kräfte. w_i ist die generalisierte Verschiebung am Angriffspunkt und in Richtung von F_i (ein Winkel im Fall eines Moments). Für statisch bestimmte Stabsysteme stellt der Ausdruck in (5-72) die Funktion U_{F} dar, sobald man die Schnittgrößen durch die äußeren eingeprägten Lasten ausgedrückt hat. Statisch unbestimmte Systeme siehe in 5.8.6. Gleichung (5-78) dient zur Berechnung von Verschiebungen. Wenn die Verschiebung w eines Punktes gesucht ist, an dem keine Einzelkraft

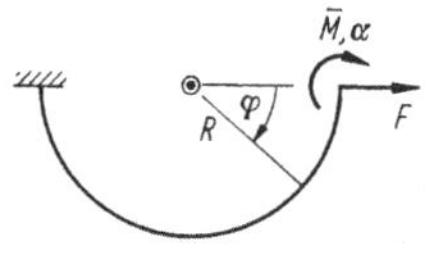

Bild 5-32. Schwach gekrümmter Biegestab

Tabelle 5-8. Werte von Integralen $\int_0^s P(x)K(x)\,dx$. Die Punkte ∘ sind Scheitel von quadratischen Parabeln.

$K(x)$ / $P(x)$	 s, k	 s, k	 s, k_1, k_2	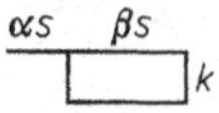 αs, βs, k, $\alpha+\beta=1$	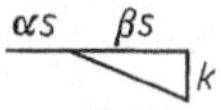 αs, βs, k, $\alpha+\beta=1$	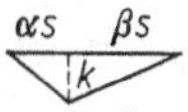 αs, βs, k, $\alpha+\beta=1$
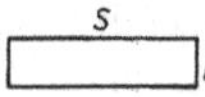 s, p	spk	$\frac{s}{2}pk$	$\frac{s}{2}p(k_1+k_2)$	$spk\beta$	$\frac{s}{2}pk\beta$	$\frac{s}{2}pk$
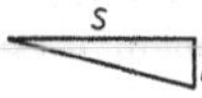 s, p	$\frac{s}{2}pk$	$\frac{s}{3}pk$	$\frac{s}{6}p(k_1+2k_2)$	$\frac{s}{2}pk(1-\alpha^2)$	$\frac{s}{6}pk\beta(3-\beta)$	$\frac{s}{6}pk(1+\alpha)$
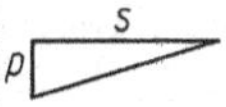 s, p	$\frac{s}{2}pk$	$\frac{s}{6}pk$	$\frac{s}{6}p(2k_1+k_2)$	$\frac{s}{2}pk\beta^2$	$\frac{s}{6}pk\beta^2$	$\frac{s}{6}pk(1+\beta)$
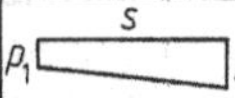 s, p_1, p_2	$\frac{s}{2}(p_1+p_2)k$	$\frac{s}{6}(p_1+2p_2)k$	$\frac{s}{6}[p_1(2k_1+k_2)+$ $+p_2(k_1+2k_2)]$	$\frac{s}{2}[p_1\beta^2+$ $+p_2(1-\alpha^2)]k$	$\frac{s}{6}[p_1\beta+$ $+p_2(3-\beta)]k\beta$	$\frac{s}{6}[p_1(1+\beta)+$ $+p_2(1+\alpha)]k$
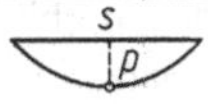 s, p	$\frac{2s}{3}pk$	$\frac{s}{3}pk$	$\frac{s}{3}p(k_1+k_2)$	$\frac{2s}{3}pk\beta^2(3-2\beta)$	$\frac{s}{3}pk\beta^2(2-\beta)$	$\frac{s}{3}pk(1+\alpha\beta)$
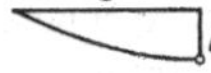 s, p	$\frac{2s}{3}pk$	$\frac{5s}{12}pk$	$\frac{s}{12}p(3k_1+5k_2)$	$\frac{s}{3}pk\beta(3-\beta^2)$	$\frac{s}{12}pk\beta(6-\beta^2)$	$\frac{s}{12}pk(5-\beta-\beta^2)$
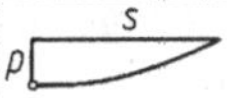 s, p	$\frac{2s}{3}pk$	$\frac{s}{4}pk$	$\frac{s}{12}p(5k_1+3k_2)$	$\frac{s}{3}pk\beta^2(3-\beta)$	$\frac{s}{12}pk\beta^2(4-\beta)$	$\frac{s}{12}pk(5-\alpha-\alpha^2)$
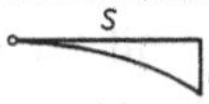 s, p	$\frac{s}{3}pk$	$\frac{s}{4}pk$	$\frac{s}{12}p(k_1+3k_2)$	$\frac{s}{3}pk(1-\alpha^3)$	$\frac{s}{12}pk\beta(6-4\beta+\beta^2)$	$\frac{s}{12}pk(1+\alpha+\alpha^2)$
 s, p	$\frac{s}{3}pk$	$\frac{s}{12}pk$	$\frac{s}{12}p(3k_1+k_2)$	$\frac{s}{3}pk\beta^3$	$\frac{s}{12}pk\beta^3$	$\frac{s}{12}pk(1+\beta+\beta^2)$

angreift, dann führt man dort in Richtung von w eine Hilfskraft $\bar{F}$ als zusätzliche äußere Kraft ein, bestimmt U_F für alle äußeren Kräfte einschließlich $\bar{F}$, bildet die Ableitung nach $\bar{F}$ und setzt dann $\bar{F}=0$ ein.

Der 2. *Satz von Castigliano* lautet:

$$F_i = \frac{\partial U_w}{\partial w_i}\,. \tag{5-79}$$

Darin ist $U_w(w_1,\ldots,w_n)$ die Formänderungsenergie eines beliebigen linear oder nichtlinear elastischen Systems, ausgedrückt als Funktion von n generalisierten Verschiebungen. F_i ist die generalisierte Kraft am Ort und in Richtung von w_i (ein Moment, wenn w_i ein Drehwinkel ist). Systeme aus Hooke'schem Material können aus geometrischen Gründen nichtlinear sein.

Beispiel 5-15: Zwischen zwei Haken im Abstand $2l$ ist ein biegeschlaffes Seil (Längssteifigkeit EA) mit der Kraft S vorgespannt. In Seilmitte greift quer zum Seil eine Kraft F an und verursacht dort eine Auslenkung w. Welche Beziehung besteht zwischen F und w? Lösung: Das halbe Seil hat die Federkonstante $k=EA/l$, die Vorverlängerung $\Delta l_0 = Sl/(EA)$ infolge S und die Gesamtverlängerung $\Delta l = \Delta l_0 + (w^2+l^2)^{1/2} - l$ infolge S und F. Für das ganze Seil ist damit

$$U_w(w) = 2k\frac{(\Delta l)^2}{2} = \frac{EA}{l}\left[\frac{Sl}{EA} + (w^2+l^2)^{1/2} - l\right]^2 .$$

(5-79) liefert den gewünschten Zusammenhang

$$F = \frac{\partial U_w}{\partial w} = \frac{2EA}{l}\left[\frac{Sl}{EA} + (w^2+l^2)^{1/2} - l\right] w(w^2+l^2)^{-1/2}\,.$$

Die Taylorentwicklung dieses Ausdrucks nach w ist

$$F = 2S\frac{w}{l} + (EA - S)\left(\frac{w^3}{l^3} - \frac{3}{4}\frac{w^5}{l^5}\right) + \dots$$

5.8.5 Steifigkeitsmatrix. Nachgiebigkeitsmatrix. Satz von Maxwell und Betti

In einem beliebigen linear elastischen System mit generalisierten Kräften (d. h. Kräften oder Momenten) $F_1, \dots, F_n$ seien $w_1, \dots, w_n$ die generalisierten Verschiebungen (d. h. Verschiebungen oder Verdrehwinkel) am Ort und in Richtung der Kräfte. Im Gleichgewicht besteht zwischen den Matrizen $\underline{F} = [F_1 \dots F_n]^{\mathrm{T}}$ und $\underline{w} = [w_1 \dots w_n]^{\mathrm{T}}$ eine lineare Beziehung $\underline{F} = \underline{K}\,\underline{w}$ mit einer *Steifigkeitsmatrix* $\underline{K}$. *Der Satz von Maxwell und Betti* sagt aus, dass $\underline{K}$ symmetrisch ist. Wenn $F_1, \dots, F_n$ eingeprägte Kräfte an einem unbeweglich gelagerten System sind, dann hat $\underline{K}$ eine ebenfalls symmetrische Inverse $\underline{K}^{-1} = \underline{H}$. Sie heißt *Nachgiebigkeitsmatrix*.

Beispiel 5-16: Für den Zugstab und den Biegestab in Bild 5-33a, b gilt

$$\begin{bmatrix} F_1 \\ F_2 \end{bmatrix} = \frac{EA}{l}\begin{bmatrix} 1 & -1 \\ -1 & 1 \end{bmatrix}\begin{bmatrix} u_1 \\ u_2 \end{bmatrix},$$

bzw.

$$\begin{bmatrix} F \\ M \end{bmatrix} = \frac{2EI_y}{l^3}\begin{bmatrix} 6 & -3l \\ -3l & 2l^2 \end{bmatrix}\begin{bmatrix} w \\ \varphi \end{bmatrix}.$$

Die erste Steifigkeitsmatrix ist singulär, die zweite hat eine Inverse, und zwar

$$\begin{bmatrix} w \\ \varphi \end{bmatrix} = \frac{l}{EI_y}\begin{bmatrix} \frac{l^2}{3} & \frac{l}{2} \\ \frac{l}{2} & 1 \end{bmatrix}\begin{bmatrix} F \\ M \end{bmatrix}.$$

Zur Aufstellung von Steifigkeitsmatrizen siehe 5.13.1.

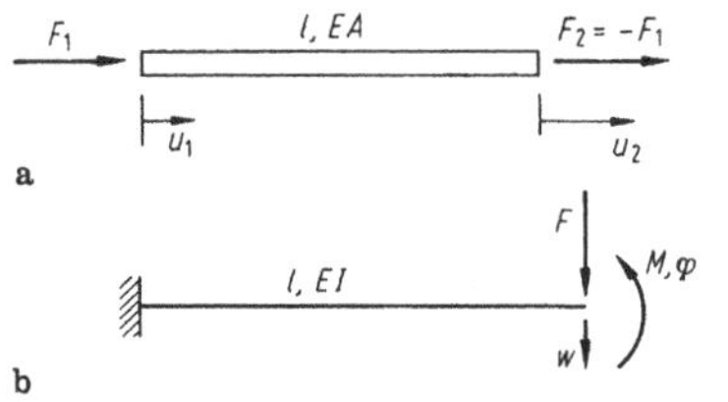

Bild 5-33. **a** Zugstab und **b** Biegestab zur Erläuterung von Steifigkeitsmatrizen

5.8.6 Statisch unbestimmte Systeme. Kraftgrößenverfahren

In statisch unbestimmten Systemen entstehen Auflagerreaktionen und Schnittgrößen nicht nur durch äußere eingeprägte Lasten, sondern auch bei Temperaturänderungen und bei erzwungenen generalisierten Verschiebungen (Lagersetzungen, Stabverkürzungen durch Anziehen von Spannschlössern, durch Einbau falsch bemessener Stäbe u. dgl.). In einem n-fach statisch unbestimmten System sind insgesamt n Verschiebungen oder relative Verschiebungen entweder vorgeschrieben oder gesuchte Unbekannte. An diesen Stellen werden durch Schnitte n innere generalisierte Kräfte $K_1, \dots, K_n$ zu äußeren Kräften an einem dadurch erzeugten, *statisch bestimmten Hauptsystem* gemacht. An diesem Hauptsystem werden mithilfe der Arbeitsgleichung (5-77) oder des 1. Satzes von Castigliano (5-78) oder der Dgl. (5-62) der Biegelinie oder mit Tabellenwerken die n ausgezeichneten Verschiebungen durch die äußere Belastung einschließlich $K_1, \dots, K_n$ ausgedrückt. Das Ergebnis sind n Gleichungen für die n Unbekannten (je nach Aufgabenstellung Kraftgrößen oder Verschiebungen). Nach Auflösung der Gleichungen werden alle weiteren Rechnungen ebenfalls am Hauptsystem durchgeführt.

Beispiel 5-17: Am zweifach unbestimmten Fachwerk links in Bild 5-34 werden nach spiel- und spannungsfreier Montage die Last F, die Lagersenkung w_{B}, die Verkürzung Δw von Stab 6 durch ein Spannschloss und die gleichmäßige Erwärmung der Stäbe 4, 5 und 6 um ΔT vorgegeben. Schnitte am Lager B und durch Stab 6 erzeugen das statisch bestimmte Hauptsystem rechts in Bild 5-34 mit den unbekannten Kraftgrößen K_1 und K_2. Am Hauptsystem werden Δw und w_{B} mit

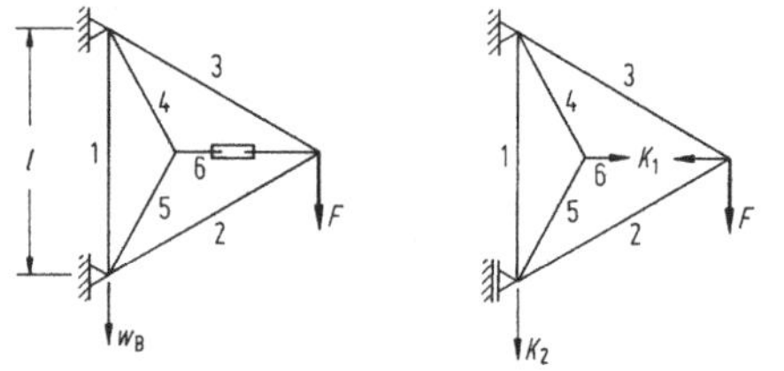

Bild 5-34. Statisch unbestimmtes Fachwerk mit Spannschloss und Lagerabsenkung w_{B}

Tabelle 5-9. Stabkräfte im Fachwerk von Bild 5-34

i	N_i	$\bar{N}_i$ (nur $\bar{K}_1$)	$\bar{N}_i$ (nur $\bar{K}_2$)	l_i	ΔT_i
1	$F/2 - K_1/\sqrt{3} + K_2$	$-\bar{K}_1/\sqrt{3}$	$\bar{K}_2$	l	–
2	$-F \quad - K_1/\sqrt{3}$	$-\bar{K}_1/\sqrt{3}$	–	l	–
3	$F \quad - K_1/\sqrt{3}$	$-\bar{K}_1/\sqrt{3}$	–	l	–
4, 5, 6	K_1	$\bar{K}_1$	–	$l/\sqrt{3}$	ΔT

Hilfskräften $\bar{K}_1$ anstelle von K_1 bzw. $\bar{K}_2$ anstelle von K_2 aus (5-77) berechnet. Dazu werden zuerst die Stabkräfte in allen Stäben infolge F, K_1 und K_2, infolge $\bar{K}_1$ allein und infolge $\bar{K}_2$ allein berechnet. Das Ergebnis ist die Tabelle 5-9. Einsetzen in (5-77) liefert für K_1 und K_2 die Gleichungen

$$\left.\begin{aligned} \Delta w &= l/(EA)[K_1(1+\sqrt{3}) - K_2/\sqrt{3} \\ &\quad -F\sqrt{3}/6] + \alpha\Delta T l\sqrt{3} \\ w_B &= l/(EA)(-K_1/\sqrt{3} + K_2 + F/2). \end{aligned}\right\} \qquad (5\text{-}80)$$

Dreimomentengleichung für Durchlaufträger. Der Durchlaufträger oben in Bild 5-35 mit Lagern $i = 0, \ldots, n+1$ und Feldern $i = 1, \ldots, n+1$ (l_i, EI_i) wird spannungsfrei montiert. Anschließend treten Lagerabsenkungen $w_0, \ldots, w_{n+1}$ und beliebige äußere Lasten auf. Das System ist n-fach statisch unbestimmt. Ein statisch bestimmtes Hauptsystem entsteht durch Einbau von Gelenken in die Lager $i = 1, \ldots, n$. Unbekannte Kraftgrößen sind Momente $M_1, \ldots, M_n$, wobei M_i $(i = 1, \ldots, n)$ unmittelbar rechts und links vom Gelenk i mit entgegengesetzten Vorzeichen am Träger angreift (siehe Bild 5-35 unten Mitte). Die Momente werden aus der Bedingung bestimmt, dass an keinem Gelenk ein Knick auftritt. Zur Formulierung der Bedingung für Gelenk i werden die Felder i und $i+1$ mit ihrer äußeren Last einschließlich M_{i-1}, M_i und M_{i+1} betrachtet (Bild 5-35 unten Mitte). Die Biegemomentenlinie ist die Überlagerung der Biegemomentenlinie infolge M_{i-1}, M_i und M_{i+1} (nicht dargestellt) und der Biegemomentenlinie zu den gegebenen äußeren Lasten ($M_y(x)$ in Bild 5-35 unten rechts). Der Knickwinkel am Gelenk i infolge der Lasten wird mit dem Hilfsmoment $\bar{M}_i$ in Bild 5-35 unten links und mit der zugehörigen Biegemomentenlinie $\bar{M}_y(x)$ berechnet. Der Knickwinkel infolge Lagerabsenkung ist

$$\varphi_i = \frac{w_{i-1} - w_i}{l_i} + \frac{w_{i+1} - w_i}{l_{i+1}}\,.$$

Damit der gesamte Knickwinkel am Gelenk i gleich null ist, muss die sog. *Dreimomentengleichung* erfüllt sein:

$$\begin{aligned} &M_{i-1}\frac{l_i}{I_i} + 2M_i\left(\frac{l_i}{I_i} + \frac{l_{i+1}}{I_{i+1}}\right) + M_{i+1}\frac{l_{i+1}}{I_{i+1}} \\ &= 6E\varphi_i - \frac{6}{\bar{M}_i}\left[\frac{1}{I_i}\int_{l_i} M_y(x)\bar{M}_y(x)\,\mathrm{d}x\right. \\ &\qquad\left. + \frac{1}{I_{i+1}}\int_{l_{i+1}} M_y(x)\bar{M}_y(x)\,\mathrm{d}x\right] \\ &(i = 1, \ldots, n;\quad M_0 = M_{n+1} = 0)\,. \end{aligned} \qquad (5\text{-}81)$$

Die Integrale werden mit Tabelle 5-8 ausgewertet. Aus (5-81) werden $M_1, \ldots, M_n$ bestimmt. Damit sind

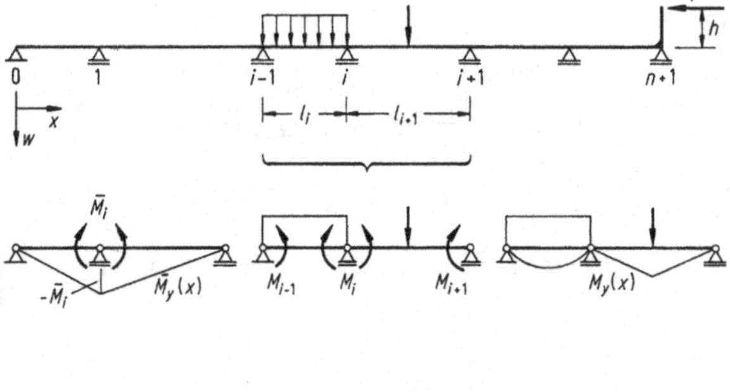

Bild 5-35. n-fach statisch unbestimmter Durchlaufträger (oben) und ein statisch bestimmtes Hauptsystem (unten Mitte) mit Biegemomentenlinien (links und rechts daneben)

auch die Biegemomentenlinien bekannt. Lagerreaktionen werden an den Systemen in Bild 5-35 unten Mitte bestimmt.
Tabellen mit Lösungen für verschiedene Zahlen n und für verschiedene Lastfälle siehe in [2, 16].
Im Sonderfall identischer Feldparameter $l_i/I_i \equiv l/I$ hat (5-81) nach Multiplikation mit I/l eine Koeffizientenmatrix $\underline{A}$ mit den Nichtnullelementen $A_{ii} = 4$ $(i = 1, \ldots, n)$ und $A_{i,i+1} = A_{i+1,i} = 1$ $(i = 1, \ldots, n-1)$. Ihre Inverse hat die Elemente

$$(\underline{A}^{-1})_{ij} = (\sqrt{3}/6)(\sqrt{3}-2)^{i-j} \times \frac{(1-r^j)(1-r^{n+i-1})}{1-r^{n+1}} \quad (i \geq j)$$

mit $r = (2-\sqrt{3})^2 \approx 0{,}072$.

5.8.7 Satz von Menabrea

In einem n-fach statisch unbestimmten System, das ohne äußere Belastung spannungsfrei ist, sind bei beliebiger äußerer Belastung die Verschiebungen und Relativverschiebungen an den Angriffspunkten der unbekannten Kraftgrößen $K_1, \ldots, K_n$ gleich null (zur Bedeutung von $K_1, \ldots, K_n$ siehe 5.8.6). Aus (5-78) folgt deshalb

$$\frac{\partial U_\mathrm{F}}{\partial K_i} = 0 \quad (i = 1, \ldots, n)\,. \tag{5-82}$$

Darin ist U_F die Formänderungsenergie des statisch bestimmten Hauptsystems als Funktion der äußeren Belastung einschließlich $K_1, \ldots, K_n$. Sie wird mit den Schnittgrößen des Hauptsystems für allgemeine Stabsysteme aus (5-72) und für Fachwerke aus (5-73) gewonnen. Gleichung (5-82) stellt n lineare Gleichungen zur Bestimmung von $K_1, \ldots, K_n$ dar.

Beispiel 5-18: In Beispiel 5-17 sei $w_\mathrm{B} = 0$, $\Delta w = 0$, $\Delta T = 0$, sodass das Fachwerk in Bild 5-34a ohne die Last F spannungsfrei ist. Unter der Last F hat das statisch bestimmte Hauptsystem von Bild 5-34b mit den Kraftgrößen K_1 und K_2 die Stabkräfte $N_1, \ldots, N_6$ nach Tabelle 5-9. Damit erhält man aus (5-73)

$$U_\mathrm{F} = \frac{l}{2EA}\left[\left(\frac{1}{2}F - \frac{K_1}{\sqrt{3}} + K_2\right)^2 + \left(-F - \frac{K_1}{\sqrt{3}}\right)^2 + \left(F - \frac{K_1}{\sqrt{3}}\right)^2 + 3\,\frac{K_1^2}{\sqrt{3}}\right].$$

Wenn man hiervon die partiellen Ableitungen nach K_1 und nach K_2 bildet und zu null setzt, ergeben sich die Bestimmungsgleichungen (5-80) für K_1 und K_2 für den betrachteten Sonderfall.

5.8.8 Verfahren von Ritz für Durchbiegungen

In dem Stab von Bild 5-36 ist in der gebogenen Gleichgewichtslage die potenzielle Energie

$$U = \frac{1}{2}\int EI_y(x)w''^2(x)\,\mathrm{d}x$$

gespeichert. Das folgt aus (5-72) und (5-62). Wenn F und $q(x)$ Gewichtskräfte sind, dann haben sie in der Gleichgewichtslage die potenzielle Energie

$$\Pi_\mathrm{a} = -Fw(x_1) - \int q(x)w(x)\,\mathrm{d}x\,.$$

Entsprechendes gilt für andere Belastungen und andere Lagerungen. Das Gesamtpotenzial (5-76) des Systems ist

$$\Pi = \Pi_\mathrm{a} + U = -Fw(x_1) - \int q(x)w(x)\,\mathrm{d}x + \frac{1}{2}\int EI_y(x)w''^2(x)\,\mathrm{d}x\,. \tag{5-83}$$

Aus dem Satz, dass Π in der Gleichgewichtslage einen stationären Wert hat (siehe 5.8.2), wird nach Ritz eine Näherung für die Funktion $w(x)$ wie folgt berechnet. Man wählt n (häufig genügen $n = 2$) vernünftig erscheinende Ansatzfunktionen $w_1(x), \ldots, w_n(x)$, die die sog. wesentlichen oder geometrischen Randbedingungen (das sind die für w und w') erfüllen und bildet die Funktionenklasse $w(x) = c_1 w_1(x) + \ldots + c_n w_n(x)$ mit unbestimmten Koeffizienten $c_1, \ldots, c_n$. Die beste Näherung an die

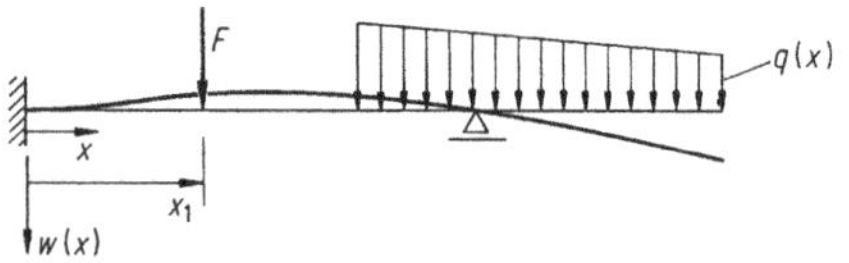

Bild 5-36. Biegestab zur Erläuterung des Ritz'schen Verfahrens

tatsächliche Biegelinie wird mit den Werten $c_1, \dots, c_n$ erreicht, die die Stationaritätsbedingungen

$$\frac{\partial \Pi}{\partial c_i} = 0 \quad (i = 1, \dots, n) \tag{5-84}$$

erfüllen. Sie liefern das lineare Gleichungssystem $\underline{A}[c_1 \dots c_n]^{\mathrm{T}} = \underline{B}$ mit einer symmetrischen Matrix $\underline{A}$ und einer Spaltenmatrix $\underline{B}$ mit den Elementen

$$\left.\begin{aligned} A_{ij} &= \int EI_y(x) w_i''(x) w_j''(x)\,\mathrm{d}x\,, \\ B_i &= F w_i(x_1) + \int q(x) w_i(x)\,\mathrm{d}x \end{aligned}\right\} \tag{5-85}$$
$$(i, j = 1, \dots, n)\,.$$

Die B_i sind für andere äußere Lasten sinngemäß zu berechnen.

5.9 Rotierende Stäbe und Ringe

Stäbe. Bei der Anordnung nach Bild 5-37 und mit den dort erklärten Größen $m(r)$ und $r_S(r)$ sind die Radialspannung und die Radialverschiebung

$$\sigma(r) = \omega^2 \left[m_0 r_0 + \varrho \int_r^{r_a} \bar{r} A(\bar{r})\,\mathrm{d}\bar{r} \right] / A(r)$$
$$= \omega^2 m(r) r_S(r) / A(r)\,, \tag{5-86}$$

$$u(r) = (1/E) \int_{r_i}^{r} \sigma(\bar{r})\,\mathrm{d}\bar{r}\,. \tag{5-87}$$

Im Sonderfall $A(r) \equiv A = \text{const}$ ist mit der Stabmasse $m = \varrho A l$

$$\sigma_{\max} = \sigma(r_i) = \omega^2 [m_0 r_0 + m(r_i + r_a)/2]/A\,, \tag{5-88}$$

$$\Delta l = u(r_a) = \omega^2 l [m_0 r_0 + m(r_i/2 + l/3)]/(EA)\,. \tag{5-89}$$

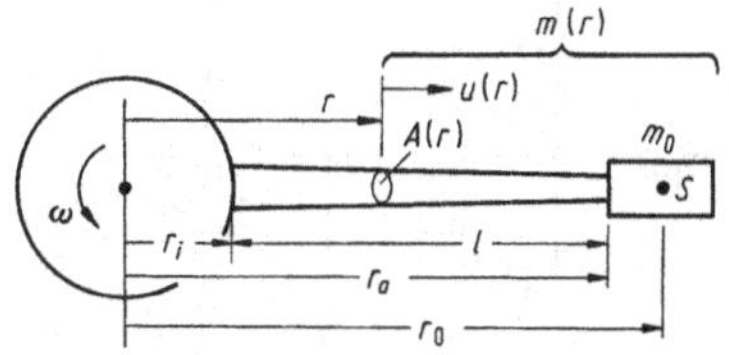

Bild 5-37. Stab an rotierender Scheibe unter Fliehkraftbelastung. $r_S(r)$ in (5-86) ist der Radius, an dem sich der Schwerpunkt von $m(r)$ befindet

Damit in einem Stab überall die Spannung $\sigma_a \equiv \sigma(r_a) = \omega^2 m_0 r_0 / A(r_a)$ herrscht, muss die Querschnittsfläche den Verlauf

$$A(r) = A(r_a) \exp\left[\varrho\,\omega^2 \left(r_a^2 - r^2\right)/(2\sigma_a)\right]$$

haben.

Ringe. Der dünnwandige Ring oder Hohlzylinder in Bild 5-38 rotiert um die z-Achse. Dabei treten die Umfangsspannung $\sigma_\varphi = \varrho\omega^2 r^2$ und die radiale Aufweitung $\Delta r = \varrho\omega^2 r^3/E$ auf (ϱ Dichte, r Ringradius). Die dünnwandigen Ringe in den Bildern 5-39a bis d rotieren um die vertikale Achse. Der oberste Punkt ist in Bild d axial gelagert und sonst axial frei verschiebbar. Die radiale Verschiebung u bei $\varphi = 90°$ und die axiale Verschiebung v bei $\varphi = 0$ sind in Tabelle 5-10 als Vielfache von $\varrho A\omega^2 r^5/(12EI)$ angegeben. Außerdem sind der Ort φ des maximalen Biegemoments und dessen Größe als Vielfaches von $\varrho A\omega^2 r^3$ angegeben (ϱ Dichte, A Ringquerschnittsfläche, r Ringradius).

Bild 5-38. Dünnwandiger Ring oder Hohlzylinder in Rotation um die z-Achse

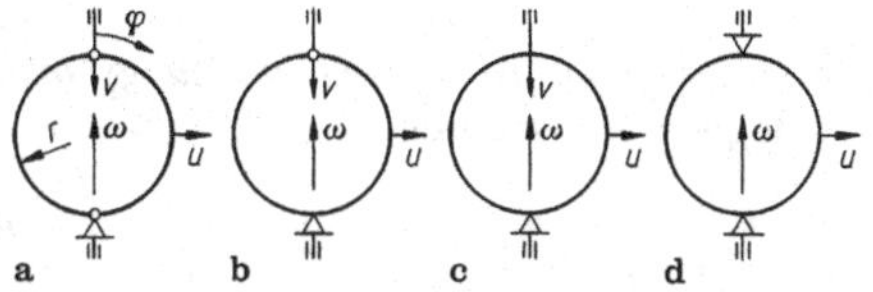

Bild 5-39. a–d. Verschieden gelagerte dünne Ringe mit und ohne Gelenke bei Rotation um den vertikalen Durchmesser

Tabelle 5-10. Verschiebungen u und v, maximale Biegemomente $M_{\max}$ und Orte φ des maximalen Biegemoments für rotierende Ringe nach Bild 5-39 a bis d

	a	b	c	d
$u = \dfrac{\varrho A\omega^2 r^5}{12EI} \times$	2,71	$\pi/2$	1	0,08
$v = \dfrac{\varrho A\omega^2 r^5}{12EI} \times$	8	4	2	0
$M_{\max} = \varrho A\omega^2 r^3 \times$	1/2	25/72	1/4	0,107
φ	$\pi/2$	arc cos(1/6)	0 und $\pi/2$	0

5.10 Flächentragwerke

5.10.1 Scheiben

Scheiben sind ebene Tragwerke, die nur in ihrer Ebene (x, y-Ebene) durch Kräfte belastet werden (Kräfte am Rand und im Innern der Scheibe, Eigengewicht bei lotrechten Scheiben, Fliehkraft bei rotierenden Scheiben usw.). Spannungen werden außer durch Kräfte auch durch Temperaturfelder und erzwungene Verschiebungen erzeugt. In dünnen Scheiben konstanter Dicke h treten nur Spannungen σ_x, σ_y und τ_{xy} auf, und diese sind nur von x und y abhängig (ebener Spannungszustand). Für die acht unbekannten Funktionen σ_x, σ_y, τ_{xy}, ε_x, ε_y, γ_{xy}, u und v – jeweils von x und y – stehen acht Gleichungen zur Verfügung, nämlich die Gleichgewichtsbedingungen (5-17), die Gleichungen (5-2) für ε_x, ε_y und γ_{xy} und das Hooke'sche Gesetz (5-23a). Die Lösungen müssen Randbedingungen erfüllen. Man unterscheidet das *erste Randwertproblem* (Spannungen am ganzen Rand vorgegeben), das *zweite Randwertproblem* (Verschiebungen am ganzen Rand vorgegeben) und das *gemischte Randwertproblem* (Spannungen und Verschiebungen auf je einem Teil des Randes vorgegeben).
Beim ersten Randwertproblem ist die Reduktion der acht Gleichungen auf die eine Gleichung

$$\Delta\Delta F = -\Delta[(1-\nu)V + E\alpha\Delta T] \qquad (5\text{-}90)$$

für die unbekannte *Airy'sche Spannungsfunktion* $F(x, y)$ möglich. Sie ist durch

$$\sigma_x = \frac{\partial^2 F}{\partial y^2} + V\,, \quad \sigma_y = \frac{\partial^2 F}{\partial x^2} + V\,, \quad \tau_{xy} = -\frac{\partial^2 F}{\partial x \partial y} \qquad (5\text{-}91)$$

definiert, wobei $V(x, y)$ das Potenzial der Volumenkraft ist ($X = -\partial V/\partial x$, $Y = -\partial V/\partial y$). Gleichung (5-91) liefert auch Randbedingungen für F. In (5-90) sind das erste Δ rechts und $\Delta\Delta$ die Operatoren

$$\Delta = \frac{\partial^2}{\partial x^2} + \frac{\partial^2}{\partial y^2}\,, \quad \Delta\Delta = \frac{\partial^4}{\partial x^4} + 2\frac{\partial^4}{\partial x^2 \partial y^2} + \frac{\partial^4}{\partial y^4}\,. \qquad (5\text{-}92)$$

Wenn $V(x,y)$ und die Erwärmung $\Delta T(x, y)$ lineare Funktionen vom Typ $c_0 + c_1 x + c_2 y$ sind (z. B. das Potenzial für Eigengewicht), dann vereinfacht sich (5-90) zur *Bipotenzialgleichung*

$$\Delta\Delta F = 0\,. \qquad (5\text{-}93)$$

Für diese sind viele Lösungen bekannt, die keine technisch interessanten Randbedingungen erfüllen (z. B. $F = ax^2 + bxy + cy^2$). Es gibt aber technische Probleme, bei denen die Randbedingungen durch eine Linearkombination solcher spezieller Lösungen erfüllt werden, wenn man die Koeffizienten geeignet anpasst (semiinverse Lösungsmethode; siehe [17]). Wenn die Spannungen in einer Koordinatenrichtung (x-Richtung) periodisch sind, wird für $F(x, y)$ eine Fourierreihe nach x mit von y abhängigen Koeffizienten angesetzt. Damit entstehen aus (5-93) gewöhnliche Differenzialgleichungen [17]. Gleichung (5-93) kann auch mit komplexen Funktionen gelöst werden [18, 19].

Beispiel 5-19: Für die hohe Wandscheibe in Bild 5-40 mit der Streckenlast q und mit periodisch angeordneten Lagern liefert die Methode der Fourierzerlegung für die Spannungen $\sigma_x(y)$ entlang den Geraden über und mittig zwischen den Lagern die dargestellten Ergebnisse.
Weitere Lösungen für Rechteckscheiben siehe in [17, 20].

Gleichungen in Polarkoordinaten. Für nicht rotationssymmetrische Scheibenprobleme sind die acht Größen σ_r, σ_φ, $\tau_{r\varphi}$, ε_r, ε_φ, $\gamma_{r\varphi}$, u und v (Verschiebungen in radialer bzw. in Umfangsrichtung) unbekannte Funktionen von r und φ. Wenn die Volumenkraft $R^*(r, \varphi)$ radial gerichtet ist, lauten die acht Bestimmungsgleichungen

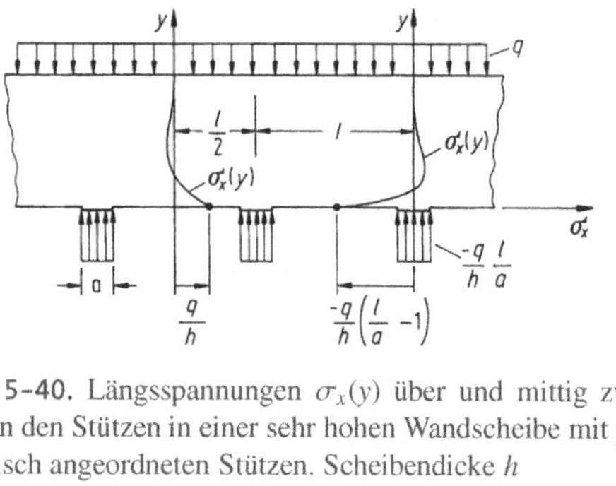

Bild 5-40. Längsspannungen $\sigma_x(y)$ über und mittig zwischen den Stützen in einer sehr hohen Wandscheibe mit periodisch angeordneten Stützen. Scheibendicke h

$$\left.\begin{aligned}&\frac{\partial\sigma_r}{\partial r}+\frac{1}{r}\left(\sigma_r-\sigma_\varphi+\frac{\partial\tau_{r\varphi}}{\partial\varphi}\right)+R^*=0\\&\frac{1}{r}\left(\frac{\partial\sigma_\varphi}{\partial\varphi}+2\tau_{r\varphi}\right)+\frac{\partial\tau_{r\varphi}}{\partial r}=0\,,\end{aligned}\right\}\qquad(5\text{-}94)$$

$$\left.\begin{aligned}\varepsilon_r&=\frac{\partial u}{\partial r}\,,\\\varepsilon_\varphi&=\frac{1}{r}\left(u+\frac{\partial v}{\partial\varphi}\right),\\\gamma_{r\varphi}&=\frac{1}{r}\left(\frac{\partial u}{\partial\varphi}-v\right)+\frac{\partial v}{\partial r}\,,\end{aligned}\right\}\qquad(5\text{-}95)$$

$$\left.\begin{aligned}\varepsilon_r&=(\sigma_r-\nu\sigma_\varphi)/E+\alpha\Delta T\,,\\\varepsilon_\varphi&=(\sigma_\varphi-\nu\sigma_r)/E+\alpha\Delta T\,,\\\gamma_{r\varphi}&=\tau_{r\varphi}/G.\end{aligned}\right\}\qquad(5\text{-}96)$$

Im Fall $R^*\equiv 0$, $\Delta T\equiv 0$ wird beim *ersten Randwertproblem* die Airy'sche Spannungsfunktion $F(r,\varphi)$ definiert durch

$$\left.\begin{aligned}\sigma_r&=\frac{1}{r}\cdot\frac{\partial F}{\partial r}+\frac{1}{r^2}\cdot\frac{\partial^2 F}{\partial\varphi^2}\,,\\\sigma_\varphi&=\frac{\partial^2 F}{\partial r^2}\,,\\\tau_{r\varphi}&=-\frac{\partial}{\partial r}\left(\frac{1}{r}\cdot\frac{\partial F}{\partial\varphi}\right).\end{aligned}\right\}\qquad(5\text{-}97)$$

Für F ergibt sich wieder die Bipotenzialgleichung

$$\Delta\Delta F=0\quad\text{mit}\quad\Delta=\frac{\partial^2}{\partial r^2}+\frac{1}{r}\cdot\frac{\partial}{\partial r}+\frac{1}{r^2}\cdot\frac{\partial^2}{\partial\varphi^2}\,.\qquad(5\text{-}98)$$

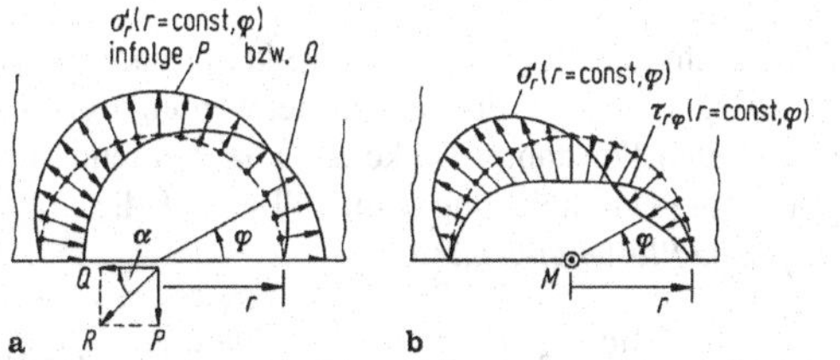

Bild 5-41. Spannungen $\sigma_r(r,\varphi)$ und $\tau_{r\varphi}(r,\varphi)$ bei $r=\text{const}$ in Scheiben, die die unendliche Halbebene über der horizontalen Geraden einnehmen und die am Rand durch Kräfte P und Q (**a**) und durch ein Moment M (**b**) belastet werden

Beispiel 5-20: Scheibe in unendlicher Halbebene mit Einzelkräften P und Q (Bild 5-41a) und mit einem Moment M (Bild 5-41b) am Rand. In Bild 5-41a ist

$$\sigma_r(r,\varphi)=\frac{2(P\sin\varphi+Q\cos\varphi)}{\pi hr}=\frac{2R\cos(\varphi-\alpha)}{\pi hr}\,,$$

$$\sigma_\varphi\equiv 0\,,\quad \tau_{r\varphi}\equiv 0\,.$$

In Bild 5-41b ist M ein Kräftepaar mit zwei Kräften P und $-P$ im Abstand l mit $Pl=M$, sodass man das Ergebnis durch Überlagerung zweier Spannungsfelder zu Bild 5-41a im Grenzfall $l\to 0$ erhält:

$$\sigma_r(r,\varphi)=\frac{-2M\sin 2\varphi}{\pi hr^2}\,,\quad \sigma_\varphi\equiv 0\,,$$

$$\tau_{r\varphi}=\frac{-2M\sin^2\varphi}{\pi hr^2}\,.$$

Spannungsfelder für normale und für tangentiale Streckenlasten $q=\text{const}$ auf endlichen Bereichen des Scheibenrandes siehe in [17].

Beispiel 5-21: Die keilförmige Scheibe in Bild 5-42a mit den Eckkräften F_1 und F_2 entsteht, wenn man in Bild 5-41a einen Schnitt entlang $\varphi=2\beta$ macht. Auch im Keil ist $\sigma_\varphi\equiv 0, \tau_{r\varphi}\equiv 0$. $\sigma_r(r,\varphi)$ ist in der Bildunterschrift angegeben. Technisch wichtig ist die Rechteckscheibe mit Einzellast F nach Bild 5-42b:

$$\sigma_r(r,\varphi)=\frac{F\sqrt{2}}{hr}\sin(\varphi+12{,}5°)\,,$$

$$\sigma_r=\tau_{r\varphi}\equiv 0\,.$$

Es entstehen ein Druck- und ein Zugfeld mit der Gefahr des Eckenabrisses.

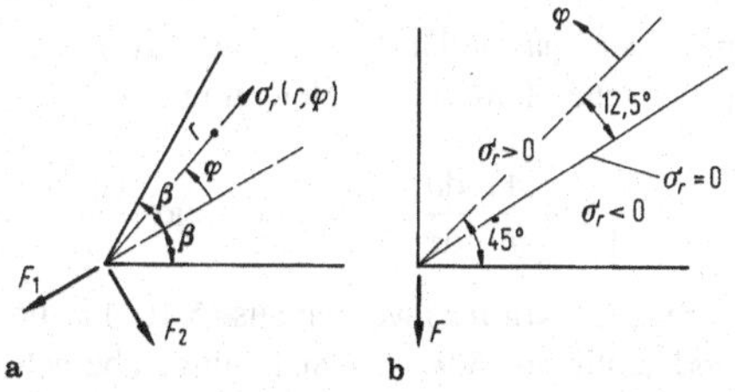

Bild 5-42. a Keilförmige Scheibe der Dicke h mit Eckkräften.
$\sigma_r(r,\varphi)=2F_1\cos\varphi/[rh(2\beta+\sin 2\beta)]$
$+\,2F_2\sin\varphi/[rh(2\beta-\sin 2\beta)]$.
b Zug- und Druckfelder in der 90°-Ecke einer Scheibe

Bei rotationssymmetrisch gelagerten und belasteten Scheiben sind $\tau_{r\varphi} \equiv 0, \gamma_{r\varphi} \equiv 0$ und $v \equiv 0$, und σ_r, σ_φ, ε_r, ε_φ und u hängen nur von r ab. Damit vereinfachen sich (5-94) und (5-95) zu

$$\frac{\mathrm{d}\sigma_r}{\mathrm{d}r} + \frac{\sigma_r - \sigma_\varphi}{r} + R^* = 0 \qquad (5\text{-}99)$$

$$\varepsilon_r = \frac{\mathrm{d}u}{\mathrm{d}r}, \quad \varepsilon_\varphi = \frac{u}{r}\,. \qquad (5\text{-}100)$$

Beispiel 5-22:

(a) In einer Vollkreisscheibe vom Radius R mit nach außen gerichteter, radialer Streckenlast $q = \text{const}$ am ganzen Rand ist

$$\sigma_r(r) = \sigma_\varphi(r) \equiv q/h\,, \quad \tau_{r\varphi} \equiv 0\,,$$
$$u(R) = (1-\nu)qR/(Eh)\,.$$

Daraus folgt, dass eine erzwungene radiale Randverschiebung $u(R)$ die Spannungen

$$\sigma_r(r) = \sigma_\varphi(r) \equiv \frac{Eu(R)}{R(1-\nu)} \quad \text{und} \quad \tau_{r\varphi} \equiv 0$$

erzeugt.

(b) Wenn zusätzlich zu $u(R)$ eine konstante Erwärmung ΔT der ganzen Scheibe vorgegeben ist, ist

$$\sigma_r(r) = \sigma_\varphi(r) \equiv \frac{E[u(R) - R\alpha\Delta T]}{R(1-\nu)}\,, \quad \tau_{r\varphi} \equiv 0\,.$$

(c) Wenn $u(R)$ und ein nicht konstantes Erwärmungsfeld $\Delta T(r)$ vorgegeben sind, wird das Verschiebungsfeld aus der Gleichung

$$u(r) = [u(R) - u_\mathrm{p}(R)]r/R + u_\mathrm{p}(r)$$

mit der partikulären Lösung $u_\mathrm{p}(r)$ zu der Euler'schen Differenzialgleichung

$$\frac{\mathrm{d}^2u}{\mathrm{d}r^2} + \frac{1}{r}\cdot\frac{\mathrm{d}u}{\mathrm{d}r} - \frac{u}{r^2} = (1+\nu)\alpha\frac{\mathrm{d}(\Delta T)}{\mathrm{d}r}$$

berechnet. Mit $u(r)$ werden aus (5-100) ε_r und ε_φ und damit aus (5-96) die Spannungen berechnet.

[21] gibt Lösungen für symmetrisch belastete Kreis- und Kreisringscheiben für viele Belastungsfälle an.

Rotierende Scheiben. Bei einer mit $\omega = \text{const}$ rotierenden Scheibe konstanter Dicke mit Radius R und Dichte ϱ ist in (5-99) $R^*(r) = \varrho\omega^2 r$. Die Lösung für die Vollscheibe lautet

$$\sigma_r(r) = \sigma_r(R) + \beta_1\varrho\omega^2(R^2 - r^2)\,,$$
$$\sigma_\varphi(r) = \sigma_r(R) + \varrho\omega^2(\beta_1 R^2 - \beta_2 r^2)\,,$$
$$u(r) = r(\sigma_\varphi(r) - \nu\sigma_r(r))/E$$

und speziell

$$u(R) = (1-\nu)(\sigma_r(R) + \varrho\omega^2R^2/4)R/E\,.$$

Darin sind $\beta_1 = (3+\nu)/8$ und $\beta_2 = (1+3\nu)/8$. Die radiale Randspannung $\sigma_r(R)$ kann z. B. durch aufgesetzte Turbinenschaufeln (vgl. (5.9)) oder durch einen aufgeschrumpften Ring (vgl. 5.10.3) verursacht werden.

Bei einer Scheibe konstanter Dicke mit mittigem Loch vom Radius R_i sind die Spannungen als Funktionen des Parameters $z_0 = R_\mathrm{i}/R$ und der normierten Ortsvariablen $z = r/R$:

$$\sigma_r(z) = \varrho\omega^2R^2\beta_1\left(1 - \frac{z_0^2}{z^2}\right)(1 - z^2)\,,$$

$$\sigma_\varphi(z) = \varrho\omega^2R^2\left[\beta_1\left(1 + \frac{z_0^2}{z^2}\right)(1 + z^2) - \frac{1+\nu}{2}z^2\right]\,.$$

$\sigma_\varphi(z)$ nimmt von innen nach außen monoton ab und ist an jeder Stelle z größer als $\sigma_r(z)$. Am Innenrand ist σ_φ größer als im Zentrum einer Scheibe ohne Loch (im Grenzfall $R_\mathrm{i} \to 0$ zweimal so groß).

Geschlossene Lösungen bei Kreisscheiben mit speziellen Dickenverläufen $h = h(r)$ siehe in [22]. Numerische Verfahren bei Scheiben veränderlicher Dicke siehe in 5.14.2

5.10.2 Platten

Platten sind ebene Flächentragwerke, die normal zu ihrer Ebene (der x, y-Ebene) belastet werden. Bei dünnen Platten konstanter Dicke h ($h \ll$ Plattenbreite) gilt für die Durchbiegung w im Fall $w \ll h$ die *Kirchhoff'sche Plattengleichung*

$$\Delta\Delta w = \frac{\partial^4 w}{\partial x^4} + 2\frac{\partial^4 w}{\partial x^2\partial y^2} + \frac{\partial^4 w}{\partial y^4} = \frac{p(x,y)}{D} \qquad (5\text{-}101)$$

mit der *Plattensteifigkeit* $D = Eh^3/[12(1-\nu^2)]$ und der Flächenlast $p(x, y)$.

Randbedingungen: An einem freien Rand bei x = const ist

$$\frac{\partial^2 w}{\partial x^2}+\nu\frac{\partial^2 w}{\partial y^2}=0\,,\quad \frac{\partial^3 w}{\partial x^3}+(2-\nu)\frac{\partial^3 w}{\partial x\partial y^2}=0\,.$$

An einem drehbar gelagerten Rand bei x = const ist

$$w=0\,,\quad \frac{\partial^2 w}{\partial x^2}+\nu\frac{\partial^2 w}{\partial y^2}=0\,.$$

An einem fest eingespannten Rand bei x = const ist $w = 0$ und $\partial w/\partial x = 0$.

Aus Lösungen $w(x, y)$ von (5-101) werden die Spannungen σ_x, σ_y und τ_{xy} berechnet. Sie sind proportional zu z (also null in der Plattenmittelebene). An der Plattenoberfläche bei $z = h/2$ ist mit $W = h^2/6$

$$\left.\begin{aligned}\sigma_x(x,y)&=-\frac{D}{W}\left(\frac{\partial^2 w}{\partial x^2}+\nu\frac{\partial^2 w}{\partial y^2}\right),\\ \sigma_y(x,y)&=-\frac{D}{W}\left(\frac{\partial^2 w}{\partial y^2}+\nu\frac{\partial^2 w}{\partial x^2}\right),\\ \tau_{xy}(x,y)&=-\frac{D}{W}(1-\nu)\frac{\partial^2 w}{\partial x\partial y}\,.\end{aligned}\right\}\qquad (5\text{-}102)$$

Exakte Lösungen von (5-101) durch unendliche Reihen siehe in [17]. Näherungslösungen für $w(x, y)$ werden bei einfachen Plattenformen mit dem *Verfahren von Ritz* gewonnen. Zur Begründung, zu den Bezeichnungen und zu den Rechenschritten siehe 5.8.8. An die Stelle von (5-83) tritt dabei (Integration über die gesamte Fläche)

$$\begin{aligned}\Pi&=-Fw(x_1,y_1)-\iint p(x,y)w(x,y)\,\mathrm{d}x\,\mathrm{d}y\\ &+\frac{D}{2}\iint\left\{\left(\frac{\partial^2 w}{\partial x^2}+\frac{\partial^2 w}{\partial y^2}\right)^2\right.\\ &\left.+2(1-\nu)\left[\left(\frac{\partial^2 w}{\partial x\partial y}\right)^2-\frac{\partial^2 w}{\partial x^2}\cdot\frac{\partial^2 w}{\partial y^2}\right]\right\}\mathrm{d}x\,\mathrm{d}y\,.\end{aligned}\qquad (5\text{-}103)$$

Die ersten beiden Glieder berücksichtigen eine Einzelkraft F bei (x_1, y_1) und eine Flächenlast $p(x, y)$ mit der Dimension einer Spannung. Entsprechendes gilt bei anderen Lasten. Bei Kreis- und Kreisringplatten mit rotationssymmetrischer Belastung durch eine Linienlast q am Radius r_1 und eine Flächenlast $p(r)$ ist (Integrationen über den ganzen Radienbereich)

$$\begin{aligned}\Pi&=-2\pi r_1 q w(r_1)-2\pi\int r p(r)w(r)\,\mathrm{d}r\\ &+\frac{\pi D}{2}\int\left\{r\left(\frac{\mathrm{d}^2 w}{\mathrm{d}r^2}+\frac{1}{r}\cdot\frac{\mathrm{d}w}{\mathrm{d}r}\right)^2\right.\\ &\left.-2(1-\nu)\frac{\mathrm{d}w}{\mathrm{d}r}\cdot\frac{\mathrm{d}^2 w}{\mathrm{d}r^2}\right\}\mathrm{d}r\,.\end{aligned}\qquad (5\text{-}104)$$

Für (5-103) wird eine Funktionenklasse

$$w(x,y)=c_1w_1(x,y)+\ldots+c_nw_n(x,y)$$

und für (5-104) eine Funktionenklasse

$$w(r)=c_1w_1(r)+\ldots+c_nw_n(r)$$

mit Ansatzfunktionen $w_i(x, y)$ bzw. $w_i(r)$ gebildet, die alle wesentlichen Randbedingungen erfüllen. Gleichung (5-84) liefert wie bei Stäben ein lineares Gleichungssystem für $c_1, \ldots, c_n$, dessen Lösung in $w(x, y)$ bzw. in $w(r)$ eingesetzt eine Näherungslösung für die Durchbiegung ergibt. Bei der Durchführung wird erst nach c_i differenziert und dann über x, y bzw. r integriert.

Beispiel 5-23: Für eine quadratische, auf zwei benachbarten Seiten fest eingespannte, an den anderen Seiten freie und in der freien Ecke mit F belastete Platte (Seitenlänge a) wird die Funktionenklasse $w(x, y) = c_1x^2y^2$ gewählt (also $n = 1$); die x- und die y-Achse liegen entlang den eingespannten Seiten. In (5-103) ist $w(x_1, y_1) = c_1a^4$ und $p(x, y) \equiv 0$. Gleichung (5-84) liefert $c_1 = 3F/[8Da^2(29/15 - \nu)]$.

Bei rotationssymmetrisch belasteten Kreis- und Kreisringplatten mit Polarkoordinaten r, φ sind $\tau_{r\varphi} \equiv 0$ und w, σ_r und σ_φ nur von r abhängig. An die Stelle von (5-101) und (5-102) treten die Euler'sche Differenzialgleichung ($' = \mathrm{d}/\mathrm{d}r$)

$$w^{(4)}+2\frac{w'''}{r}-\frac{w''}{r^2}+\frac{w'}{r^3}=\frac{p\,(r)}{D}\qquad (5\text{-}105)$$

und für die Spannungen an der Plattenoberfläche bei $z = h/2$ die Beziehungen $\tau_{r\varphi} \equiv 0$ und mit $W = h^2/6$

$$\left.\begin{aligned}\sigma_r(r)&=\frac{D}{W}\left(w''+\nu\frac{w'}{r}\right),\\ \sigma_\varphi(r)&=\frac{D}{W}\left(\nu w''+\frac{w'}{r}\right).\end{aligned}\right\}\qquad (5\text{-}106)$$

Exakte Lösungen siehe in [17,21]. Als Nachschlagewerke für Lösungen zu Platten mit Rechteck-,

Kreis- und anderen Formen bei technisch wichtigen Lagerungs- und Lastfällen siehe [20, 23, 24]. Numerische Lösungen werden mit Finite-Elemente-Methoden gewonnen (5.13 und [25]).

5.10.3 Schalen

Schalen sind räumlich gekrümmte Flächentragwerke, die tangential und normal zur Fläche belastet werden. Wenn keine Biegung auftritt, spricht man von *Membranen*.

Membranen. Notwendige Voraussetzungen für einen Membranspannungszustand sind stetige Flächenkrümmungen, stetige Verteilung von Lasten normal zur Fläche (also keine Einzelkräfte) und an den Rändern tangentiale Einleitung von eingeprägten und Lagerkräften. Bei rotationssymmetrisch geformten und belasteten Membranen werden nach Bild 5-43 die Koordinaten r, φ, ϑ verwendet. Bei gegebener Form $r = r(\vartheta)$ und gegebenen Flächenlasten $p_n(\vartheta)$ und $p_\vartheta(\vartheta)$ normal bzw. tangential zur Membran (Dimension einer Spannung; positiv in den gezeichneten Richtungen) gelten für die Meridianspannung $\sigma_\vartheta(\vartheta)$ und die Umfangsspannung $\sigma_\varphi(\vartheta)$ die Gleichungen

$$\left.\begin{aligned} &\sigma_\vartheta(\vartheta) = -F(\vartheta)/[2\pi h r(\vartheta)\sin\vartheta]\,,\\ &\sigma_\varphi(\vartheta)/R_1(\vartheta) = -p_n(\vartheta)/h - \sigma_\vartheta(\vartheta)/R_2(\vartheta)\,,\\ &F(\vartheta) = 2\pi\int_0^\vartheta [p_n(\bar\vartheta)\cos\bar\vartheta + p_\vartheta(\bar\vartheta)\sin\bar\vartheta]\\ &\qquad \times r(\bar\vartheta)R_2(\bar\vartheta)\,\mathrm{d}\bar\vartheta\,. \end{aligned}\right\} \tag{5-107}$$

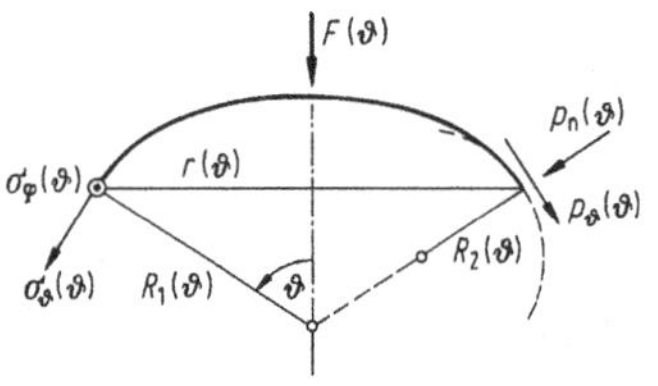

Bild 5-43. Rotationssymmetrische Membran mit rotationssymmetrischen Flächenlasten $p_n(\vartheta)$ und $p_\vartheta(\vartheta)$. Freikörperbild des Winkelbereichs ϑ. Spannungen $\sigma_\varphi(\vartheta)$ in Umfangsrichtung und $\sigma_\vartheta(\vartheta)$. $F(\vartheta)$ ist die aus p_n und p_ϑ nach (5-107) berechnete Resultierende Kraft am freigeschnittenen Bereich

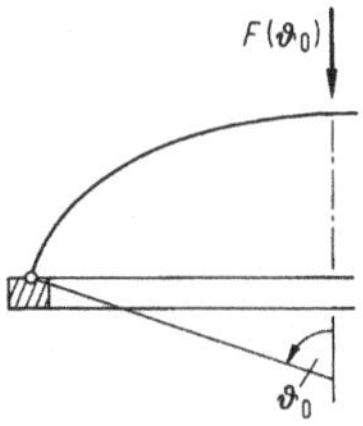

Bild 5-44. Lagerung einer Membran auf einem Zugring

Darin sind h = const die Membrandicke, $R_1(\vartheta) = r(\vartheta)/\sin\vartheta$ und $R_2(\vartheta)$ die Hauptkrümmungsradien am Kreis bei ϑ und $F(\vartheta)$ die resultierende eingeprägte Kraft am Membranstück zwischen $\vartheta = 0$ und ϑ. Bei Eigengewicht ist $F(\vartheta) = G(\vartheta)$ (Gewicht des Membranstücks) und $p_n(\vartheta) = \gamma h\cos\vartheta$. Bei konstantem Innendruck $p_n(\vartheta) = -p$ = const ist $F(\vartheta) = -p\pi r^2(\vartheta)$. Ein freier Rand bei ϑ_0 muss im Fall $\vartheta_0 \neq \pi/2$ drehbar auf einem Ring gelagert werden (Bild 5-44). Die Zugkraft im Ring ist $S = F(\vartheta_0)\cot\vartheta_0/(2\pi)$.
Geschlossene Lösungen für viele technische Beispiele sind in [17, 21] zu finden.
Zur Theorie dünner biegesteifer Schalen siehe [26, 27].

Schrumpfsitz. *Schrumpfsitz* ist die Bezeichnung für die kraftschlüssige Verbindung zweier koaxialer zylindrischer Bauteile (Welle w und Hülse h genannt) durch eine Schrumpfpressung p und durch Coulomb'sche Ruhereibungskräfte in der Fügefläche. R_{iw} und R_{ih} sind die Innenradien und R_{aw} und R_{ah} die Außenradien bei der Fertigungstemperatur vor dem Fügen. $\Delta d = 2(R_{aw} - R_{ih}) > 0$ ist das die Pressung verursachende Übermaß des Wellendurchmessers. Es wird vorausgesetzt, dass Welle und Hülse gleich lang sind und sich beim Fügevorgang axial unbehindert ausdehnen können (ebener Spannungszustand).
In einer Hohlwelle und in einer Hülse hat das radiale Verschiebungsfeld $u(r)$ als Funktion von Innendruck p_i, Außendruck p_a (beide als positive Größen aufgefasst) und Erwärmung ΔT = const die Form

$$\begin{aligned} u(r) = &-(1/E)[(1-\nu)\left(p_a R_a^2 - p_i R_i^2\right) r\\ &- (1+\nu)(p_i - p_a)R_i^2 R_a^2/r]/\left(R_a^2 - R_i^2\right)\\ &+ \alpha\Delta T r\,. \end{aligned} \tag{5-108}$$

Darin sind die Größen $u, R_\mathrm{i}, R_\mathrm{a}, p_\mathrm{i}, p_\mathrm{a}, \Delta T, E, \nu$ und α mit dem Index w für Welle bzw. h für Hülse zu versehen. Insbesondere ist $p_\mathrm{aw} = p_\mathrm{ih} = p$ die Flächenpressung und $p_\mathrm{iw} = p_\mathrm{ah} = 0$. Gleichung (5-108) gilt auch im Fall $R_\mathrm{i} = 0$ (Vollwelle; $u(r) = -(1-\nu)p_\mathrm{a}r/E + \alpha\Delta T r$) und im Grenzfall $R_\mathrm{a} \to \infty$ (unendlich ausgedehnte Hülse; $u(r) = (1+\nu)p_\mathrm{i}R_\mathrm{i}^2/(Er) + \alpha\Delta T r$). Die Schrumpfpressung p bei gegebenen Erwärmungen ΔT_w und ΔT_h wird aus der Gleichung

$$u_\mathrm{h}(R_\mathrm{ih}) - u_\mathrm{w}(R_\mathrm{aw}) = \Delta d/2 = R_\mathrm{aw} - R_\mathrm{ih} \tag{5-109}$$

berechnet. Dieselbe Gleichung liefert mit $p_\mathrm{aw} = p_\mathrm{ih} = p = 0$ eine Beziehung zwischen der minimalen Erwärmung ΔT_h der Hülse und der minimalen Abkühlung ΔT_w der Welle, die erforderlich sind, um beide Teile ohne Pressung übereinanderschieben zu können.

Nach Berechnung von p werden die Felder der Radialspannung $\sigma_r(r)$ und der Umfangsspannung $\sigma_\varphi(r)$ für Welle und Hülse aus

$$\left.\begin{aligned}
\sigma_\mathrm{r}(r) &= -\left[p_\mathrm{a}R_\mathrm{a}^2 - p_\mathrm{i}R_\mathrm{i}^2\right.\\
&\quad\left.+(p_\mathrm{i}-p_\mathrm{a})R_\mathrm{i}^2R_\mathrm{a}^2/r^2\right] / \left(R_\mathrm{a}^2 - R_\mathrm{i}^2\right),\\
\sigma_\varphi(r) &= -[p_\mathrm{a}R_\mathrm{a}^2 - p_\mathrm{i}R_\mathrm{i}^2\\
&\quad -(p_\mathrm{i}-p_\mathrm{a})R_\mathrm{i}^2R_\mathrm{a}^2/r^2]/\left(R_\mathrm{a}^2 - R_\mathrm{i}^2\right)
\end{aligned}\right\} \tag{5-110}$$

berechnet. Für eine Vollwelle ist $\sigma_\mathrm{rw}(r) = \sigma_{\varphi\mathrm{w}}(r) \equiv -p$. Für eine unendlich ausgedehnte Hülse ist $\sigma_\mathrm{rh}(r) = -\sigma_{\varphi\mathrm{h}}(r) = -pR_\mathrm{ih}^2/r^2$.

Ein Schrumpfsitz der Länge l mit der Schrumpfpressung p und mit der Ruhereibungszahl μ_0 in der Fügefläche kann das Torsionsmoment $2\mu_0\pi R_\mathrm{aw}^2 lp$ übertragen. Fliehkräfte am rotierenden System haben beim Werkstoff Stahl bis zu Umfangsgeschwindigkeiten von 700 m/s keinen nennenswerten Einfluss auf die berechneten Größen [22].

5.11 Dreidimensionale Probleme

5.11.1 Einzelkraft auf Halbraumoberfläche (Boussinesq-Problem)

Eine Normalkraft F auf der Oberfläche eines unendlich ausgedehnten *Halbraums* (Bild 5-45) verursacht die rotationssymmetrischen Spannungs- und Verschiebungsfelder (Zylinderkoordinaten ϱ, φ, z; $r = (\varrho^2 + z^2)^{1/2}$)

$$\left.\begin{aligned}
\sigma_\varrho &= \frac{F}{2\pi r^2}\left[(1-2\nu)\frac{r}{r+z} - \frac{3\varrho^2 z}{r^3}\right],\\
\sigma_z &= \frac{-F}{2\pi r^2}\cdot\frac{3z^3}{r^3},\\
\sigma_\varphi &= \frac{F}{2\pi r^2}(1-2\nu)\left(\frac{z}{r} - \frac{r}{r+z}\right),\\
\tau_{\varrho z} &= \frac{-F}{2\pi r^2}\cdot\frac{3\varrho z^2}{r^3}, \quad \tau_{\varrho\varphi} = \tau_{\varphi z} \equiv 0,\\
u_\varrho &= \frac{F}{4\pi G r}\left[\frac{\varrho z}{r^2} - (1-2\nu)\frac{\varrho}{r+z}\right],\\
u_z &= \frac{F}{4\pi G r}\left[\frac{z^2}{r^2} + 2(1-\nu)\right], \quad u_\varphi \equiv 0\,.
\end{aligned}\right\} \tag{5-111}$$

Zur Herleitung und zu entsprechenden Lösungen für eine tangentiale Einzelkraft und für eine Einzelkraft im Innern des Halbraums siehe [18, 28].

5.11.2 Einzelkraft im Vollraum (Kelvin-Problem)

Eine Einzelkraft F in einem allseitig unendlich ausgedehnten Körper (sog. *Vollraum*; Bild 5-46) verursacht die rotationssymmetrischen Spannungs- und Verschiebungsfelder (siehe [18, 28, 29]; Bezeichnungen wie in 5.11.1)

$$\left.\begin{aligned}
\sigma_\varrho &= \frac{F}{8\pi(1-\nu)r^2}\left[(1-2\nu)\frac{z}{r} - \frac{3\varrho^2 z}{r^3}\right],\\
\sigma_\varphi &= \frac{F}{8\pi(1-\nu)r^2}(1-2\nu)\frac{z}{r},\\
\sigma_z &= \frac{-F}{8\pi(1-\nu)r^2}\left[(1-2\nu)\frac{z}{r} + \frac{3z^3}{r^3}\right],\\
\tau_{\varrho z} &= \frac{-F}{8\pi(1-\nu)r^2}\left[(1-2\nu)\frac{\varrho}{r} + \frac{3\varrho z^2}{r^3}\right],\\
\tau_{\varrho\varphi} &= \tau_{\varphi z} \equiv 0\,,\ u_\varphi \equiv 0\,,\\
u_\varrho &= \frac{F}{16\pi(1-\nu)Gr}\cdot\frac{\varrho z}{r^2},\\
u_z &= \frac{F}{16\pi(1-\nu)Gr}\left(3 - 4\nu + \frac{z^2}{r^2}\right).
\end{aligned}\right\} \tag{5-112}$$

5.11.3 Druckbehälter. Kesselformeln

In einem homogenen dickwandigen, kugelförmigen Druckbehälter (Radien und Drücke $R_\mathrm{i}, p_\mathrm{i}$ innen

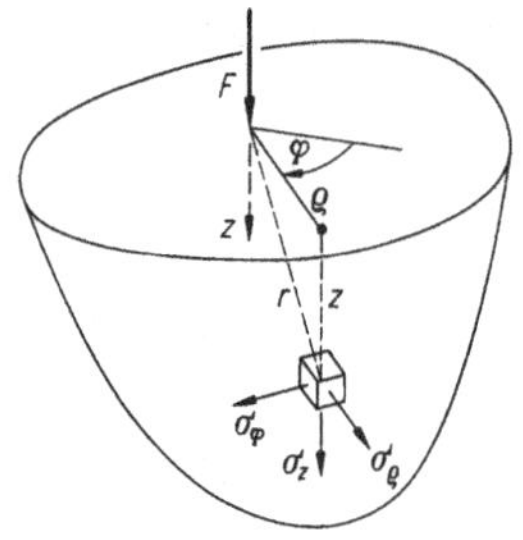

Bild 5-45. Einzelkraft auf Halbraumoberfläche. Boussinesq-Problem

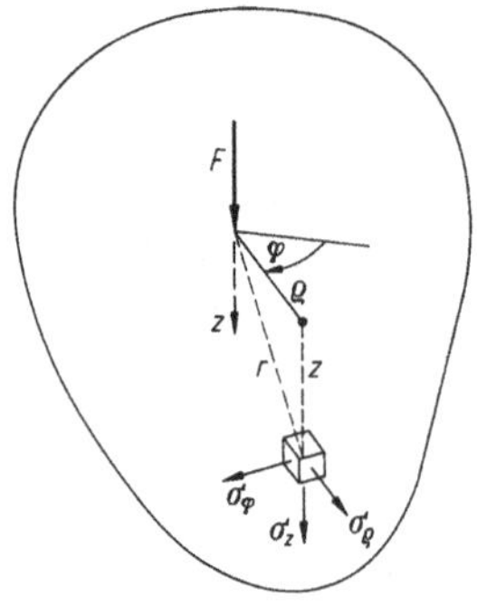

Bild 5-46. Einzelkraft im Vollraum. Kelvin-Problem

und R_a, p_a außen) treten die Radial- und Tangentialspannungen und die Radialverschiebung auf (siehe [18, 29, 30]):

$$\left.\begin{aligned} \sigma_r(r) &= \frac{p_i R_i^3 - p_a R_a^3 - (p_i - p_a) R_i^3 R_a^3 / r^3}{R_a^3 - R_i^3}\,, \\ \sigma_\varphi(r) &= \frac{p_i R_i^3 - p_a R_a^3 + (p_i - p_a) R_i^3 R_a^3 / (2r^3)}{R_a^3 - R_i^3}\,, \\ &\quad (\text{im Fall } p_i > p_a \\ &\quad \text{ist } \sigma_\varphi \text{ maximal bei } r = R_i)\,, \\ u_r(r) &= \frac{r}{R_a^3 - R_i^3}\left[\frac{(1-2\nu)(p_i R_i^3 - p_a R_a^3)}{E} + \frac{(p_i - p_a) R_i^3 R_a^3}{4 G r^3}\right]. \end{aligned}\right\} \quad (5\text{-}113)$$

Bei einem dünnwandigen Kugelbehälter (Radius R, Wanddicke $h \ll R$) ist $\sigma_\varphi = (p_i - p_a)R/(2h)$. $\sigma_r(r)$ fällt in der Wand linear von p_i auf p_a ab.

Ein dickwandiger zylindrischer Druckbehälter (Radius und Druck R_i, p_i innen und R_a, p_a außen) hat im Mittelteil (mehr als $2R_a$ von den Enden entfernt) die Radialspannung $\sigma_r(r)$ und die Umfangsspannung $\sigma_\varphi(r)$ nach (5-110) und die von r unabhängige Längsspannung

$$\sigma_x = \left(p_i R_i^2 - p_a R_a^2\right) / \left(R_a^2 - R_i^2\right)\,.$$

Für den dünnwandigen Behälter (Radius R, Wanddicke $h \ll R$) entstehen daraus die *Kesselformeln*

$$\sigma_\varphi = (p_i - p_a)R/h\,, \quad \sigma_x = \sigma_\varphi/2\,.$$

Weitere Einzelheiten der Theorie von Druckbehältern siehe in [30] und Bemessungsvorschriften in [31, 32].

5.11.4 Kontaktprobleme. Hertz'sche Formeln

Zwei sich in einem Punkt oder längs einer Linie berührende Körper verformen sich, wenn sie gegeneinandergedrückt werden, und bilden eine kleine Druckfläche. *Hertz* hat die Verformungen und die Spannungen für homogen-isotrope Körper aus Hooke'schem Material berechnet. Seine Formeln setzen voraus, dass in der Druckfläche nur Normalspannungen wirken. Außerdem muss die Druckfläche im Vergleich zu den Körperabmessungen so klein sein, dass man jeden Körper als unendlichen Halbraum auffassen und seine Spannungsverteilung als Überlagerung von Boussinesq-Spannungsverteilungen

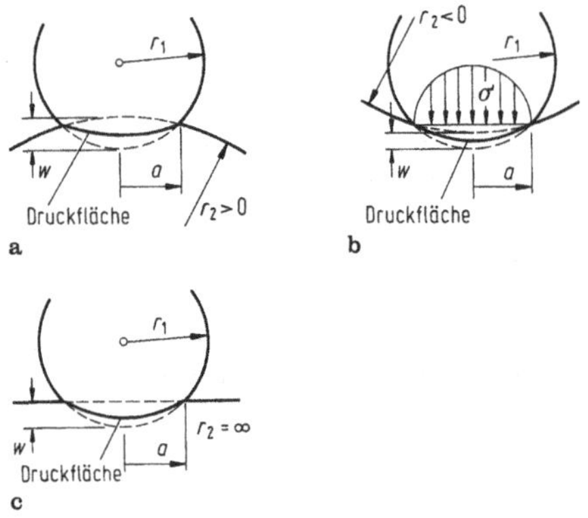

Bild 5-47. Kontakt zweier kugelförmiger oder zylindrischer Körper mit Radien r_1 und r_2 im Fall (**a**) $r_2 > 0$, (**b**) $r_2 < 0$ und (**c**) $r_2 = \infty$

(5-111) berechnen kann. Für zwei Körper mit E-Moduln E_1 und E_2 und Poisson-Zahlen ν_1 und ν_2 wird

$$E^* = 2E_1E_2/\left[\left(1-\nu_1^2\right)E_2 + \left(1-\nu_2^2\right)E_1\right]$$

definiert.

Kontakt zweier Kugeln. Zwei Kugeln mit den Radien r_1 und r_2 berühren sich in der Anordnung von Bild 5-47a im Fall $r_2 > 0$ oder von Bild 5-47b im Fall $r_2 < 0$ oder von Bild 5-47c im Sonderfall $r_2 = \infty$. Sei $r = r_1r_2/(r_1 + r_2)$. Die gegenseitige Anpresskraft F der Körper erzeugt eine Änderung der Mittelpunktsentfernung beider Körper von der Größe

$$w = \left(\frac{9F^2}{4rE^{*2}}\right)^{1/3} .$$

Der durch Deformation entstehende Druckkreis hat den Radius

$$a = \left(\frac{3Fr}{2E^*}\right)^{1/3} .$$

Die nur in Bild 5-47b über dem Druckkreis gezeichnete Halbkugel gibt die Verteilung der Druckspannung in der Druckfläche an. Die maximale Druckspannung hat den Betrag

$$\sigma_{\max} = \frac{3F}{2\pi a^2} .$$

In den Körpern tritt die größte Zugspannung am Umfang des Druckkreises auf. Ihre Größe ist $(1 - 2\nu_i)\sigma_{\max}/3$ in Körper i $(i = 1{,}2)$. Sie ist für spröde Werkstoffe maßgebend. Für duktile Werkstoffe ist die größte Schubspannung maßgebend. Sie tritt in beiden Körpern in der Tiefe $a/2$ unter dem Mittelpunkt des Druckkreises auf. Für $\nu = 0{,}3$ hat sie ungefähr den Wert $0{,}3\,\sigma_{\max}$.

Kontakt zweier achsenparalleler Zylinder. In Rollenlagern werden zwei Zylinder mit den Radien r_1 und r_2 längs einer Mantellinie mit der Streckenlast q gegeneinandergedrückt. In axialer Projektion entstehen je nach Kombination der Krümmungen die Bilder 5-47a, b oder c. Die halbe Breite a des Druckstreifens ist $a = [8qr/(\pi E^*)]^{1/2}$ mit $r = r_1r_2/(r_1 + r_2)$. Der nur in Bild 5-47b gezeichnete Halbkreis über dem Druckstreifen gibt die Verteilung der Normalspannung im Druckstreifen an. Die größte Druckspannung ist $\sigma_{\max} = 2q/(\pi a)$. Die maximale Schubspannung im Körperinneren ist ungefähr $0{,}3\,\sigma_{\max}$.

Kontakt zweier beliebig geformter Körper. Im allgemeinen Fall punktförmiger Berührung zweier Körper hat jeder Körper i $(i = 1{,}2)$ im Kontaktpunkt zwei verschiedene Hauptkrümmungsradien r_i und r_i^*, und die Krümmungshauptachsensysteme beider Körper sind gegeneinander gedreht. Ein Krümmungsradius ist positiv, wenn der Krümmungsmittelpunkt auf der Seite zum Körperinnern hin liegt, andernfalls negativ. Zum Beispiel sind für die Kugel und den Innenring eines Rillenkugellagers drei Radien positiv und einer negativ. Ein oder mehrere Radien können unendlich groß sein, z. B. bei der Paarung Radkranz/Schiene (Kegel/Zylinder) und bei der Paarung Ellipsoid/Ebene. Die Druckfläche ist stets eine Ellipse. Ihre Halbachsen a_1 und a_2 sind

$$a_i = c_i\left(\frac{3Fr}{2E^*}\right)^{1/3} \quad (i = 1{,}2) \quad \text{mit}$$

$$r = 2\Big/\left(\frac{1}{r_1} + \frac{1}{r_1^*} + \frac{1}{r_2} + \frac{1}{r_2^*}\right)$$

und mit Hilfsgrößen c_1 und c_2. Diese werden Tabelle 5-11 als Funktionen von

$$\beta = \arccos\left\{\frac{1}{2}r\left[\left(\frac{1}{r_1} - \frac{1}{r_1^*}\right)^2 + \left(\frac{1}{r_2} - \frac{1}{r_2^*}\right)^2 + 2\left(\frac{1}{r_1} - \frac{1}{r_1^*}\right)\left(\frac{1}{r_2} - \frac{1}{r_2^*}\right)\cos 2\alpha\right]^{1/2}\right\} \quad (5\text{-}114)$$

Tabelle 5-11. Hilfsfunktionen für Kontaktprobleme

β	0°	10°	20°	30°	40°	50°	60°	70°	80°	90°
c_1	∞	6,612	3,778	2,731	2,136	1,754	1,486	1,284	1,128	1
c_2	0	0,319	0,408	0,493	0,567	0,641	0,717	0,802	0,893	1
c_3	∞	2,80	2,30	1,98	1,74	1,55	1,39	1,25	1,12	1

entnommen. Darin ist α der Winkel zwischen der Hauptkrümmungsebene mit r_1 in Körper 1 und der Hauptkrümmungsebene mit r_2 in Körper 2. Als r_1 und r_2 müssen Hauptkrümmungsradien verwendet werden, die ein reelles β liefern. Die maximale Druckspannung in der Druckfläche ist $\sigma_{max} = 3F/(2\pi a_1 a_2)$. Die Änderung des Körperabstandes infolge Deformation ist $w = 3c_3F/(2E^*a_1)$ mit c_3 nach Tabelle 5-11. Weiteres siehe in [29, 52].

5.11.5 Kerbspannungen

Ebene und räumliche Spannungsfelder in der Umgebung von Rissen und Kerben an Körperoberflächen und von Rissen und Hohlräumen im Körperinnern siehe (5-16) in [18, 33–35].

5.12 Stabilitätsprobleme

5.12.1 Knicken von Stäben

Wenn an einem im unbelasteten Zustand ideal geraden Stab Druckkräfte entlang der Stabachse angreifen, dann ist unterhalb einer *kritischen Last* die gerade Lage stabil, während oberhalb dieser Last nur gekrümmte stabile Gleichgewichtslagen existieren. Die Kenntnis der kritischen Last ist wichtig, weil schon geringe Überschreitungen zur Zerstörung des Stabes führen. Man spricht von *Knicken*, wenn die gekrümmte Gleichgewichtslage eine Biegelinie ist und von *Biegedrillknicken*, wenn eine Torsion überlagert ist. Biegedrillknicken tritt nur bei Stäben auf, bei denen Schubmittelpunkt und Flächenschwerpunkt nicht zusammenfallen (siehe 5.12.2). Die kritische Last für solche Stäbe ist kleiner als die, die sich aus Formeln für Knicken ergibt!

Um welche Achse ein knickender Stab gebogen wird, hängt von den i. Allg. für beide Achsen unterschiedlichen Randbedingungen ab. Bei gleichen Randbedingungen für beide Achsen tritt Biegung um die Achse mit I_{min} ein. Im Folgenden wird das Flächenmoment immer I_y genannt. Kritische Lasten werden mit der sog. *Theorie 2. Ordnung* berechnet, bei der Gleichgewichtsbedingungen am verformten Stabelement formuliert werden. Im ausgeknickten Zustand verursachen Lager Schnittkräfte $Q_z(x)$. Bei Stäben, in denen $Q_z(x)$, $N(x)$ und EI_y bereichsweise konstant sind,

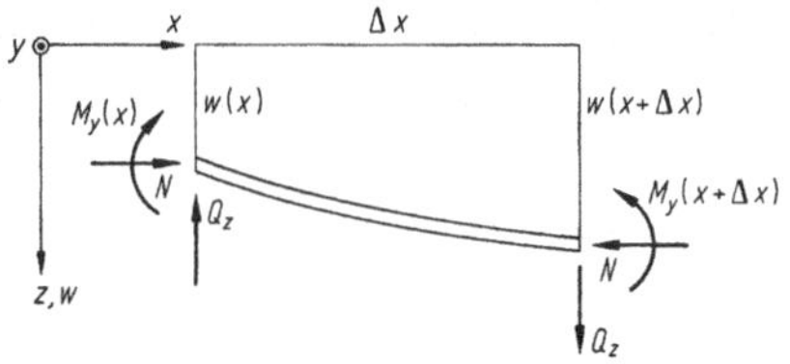

Bild 5-48. Freigeschnittener Teil eines Knickstabes

hat ein herausgeschnittenes Stabstück der Länge Δx Durchbiegungen und Schnittgrößen nach Bild 5-48. Momentengleichgewicht erfordert

$$M_y(x+\Delta x) - M_y(x) - Q_z\Delta x - N[w(x+\Delta x) - w(x)] = 0$$

und im Grenzfall $\Delta x \to 0$

$$M_y' - Nw' = Q_z \,.$$

Substitution von $M_y = -EI_y w''$ (vgl. (5-62)) und eine weitere Differenziation nach x erzeugen für $w(x)$ die Differenzialgleichung

$$w^{(4)} + \beta^2 w'' = 0 \quad \text{mit} \quad \beta^2 = N/(EI_y)\,. \qquad (5\text{-}115)$$

Ihre allgemeine Lösung ist mit Integrationskonstanten A, B, C und D

$$w(x) = A\cos\beta x + B\sin\beta x + Cx + D\,. \qquad (5\text{-}116)$$

Im Allgemeinen hat ein Stab mehrere Bereiche $i = 1, \ldots, n$ mit verschiedenen Konstanten β_i und verschiedenen Biegelinien $w_i(x)$ mit Integrationskonstanten A_i, B_i, C_i und D_i. Stets existieren $4n$ Randbedingungen für w_i, w_i', $M_y = -EI_y w_i''$ und

$$Q_z = -EI_y w_i''' - Nw_i' = -EI_y\beta_i^2 C_i\,,$$

sodass $4n$ Gleichungen für die Integrationskonstanten angebbar sind. Da diese Gleichungen homogen sind, liegt ein Eigenwertproblem vor. Der Eigenwert ist die in $\beta_1, \ldots, \beta_n$ vorkommende äußere Belastung des Stabes. Der kleinste positive Eigenwert ist die kritische Last. Die zugehörigen Integrationskonstanten sind bis auf eine bestimmt, sodass von der Biegelinie bei der kritischen Last die Form (die sog. *Eigenform* zum ersten Eigenwert), aber nicht die absolute Größe bestimmbar ist.

Beispiel 5-24. In Bild 5-49 sind zwei Bereiche mit $\beta_2^2 = \beta^2 = F/(EI_y)$ und $\beta_1^2 = 2\beta^2$ und mit

$$w_i(x) = A_i \cos\beta_i x + B_i \sin\beta_i x + C_i x + D_i \quad (i = 1,2)$$

zu unterscheiden. Die fünf Randbedingungen $w_1(0) = w_2(0)$, $w_1'(0) = w_2'(0)$, $w_1''(0) = w_2''(0)$ und $Q_{z1} \equiv Q_{z2} \equiv 0$ liefern $A_2 = 2A_1$, $B_2 = B_1\sqrt{2}$, $C_1 = C_2 = 0$, $D_2 = D_1 - A_1$. Die übrigen drei Randbedingungen $w_1(-l) = 0$, $w_1'(-l) = 0$ und $w_2''(l) = 0$ liefern für A_1, B_1 und D_1 die homogenen Gleichungen

$$\begin{aligned} A_1\cos(\beta l\sqrt{2}) - B_1\sin(\beta l\sqrt{2}) + D_1 &= 0\,,\\ A_1\sin(\beta l\sqrt{2}) + B_1\cos(\beta l\sqrt{2}) &= 0\,,\\ A_1\sqrt{2}\cos\beta l + B_1\sin\beta l &= 0\,. \end{aligned}$$

Die Bedingung „Koeffizientendeterminante = 0" führt zur Eigenwertgleichung $\tan\beta l\tan(\beta l\sqrt{2}) = \sqrt{2}$ mit dem kleinsten Eigenwert $\beta l \approx 0{,}719$. Das ergibt die kritische Last

$$F_k = \beta^2 EI_y \approx 0{,}517\, EI_y/l^2\,.$$

Bild 5-50 zeigt die sog. *Euler'schen Knickfälle* mit Knicklasten und Eigenformen. Knicklasten für Stäbe und Stabsysteme bei vielen anderen Lagerungsfällen sind [36, 37] zu entnehmen.

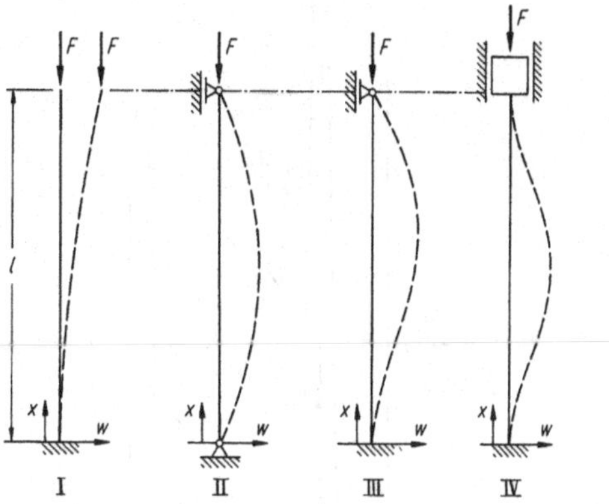

Bild 5-50. Euler'sche Knickfälle mit kritischen Lasten F_k und Eigenformen $w_e(x)$. Die Eigenformen sind exakt gezeichnet

Fall	F_k	$w_e(x)$
I	$0{,}25\pi^2 EI_y/l^2$	$1-\cos[\pi x/(2l)]$
II	$\pi^2 EI_y/l^2$	$\sin(\pi x/l)$
III	$2{,}04\pi^2 EI_y/l^2$	$\beta l(1-\cos\beta x)+\sin\beta x-\beta x$, $\beta = 4{,}493/l$
IV	$4\pi^2 EI_y/l^2$	$1-\cos(2\pi x/l)$

Rayleigh-Quotient

Bild 5-51 zeigt einen Knickstab mit veränderlichem Querschnitt (Querschnittsfläche $A(x)$, Biegesteifigkeit $EI_y(x)$, spezifisches Gewicht $\gamma = \varrho g$), mit einer Federstütze und einer Drehfederstütze (Federkonstanten k bzw. k_D) bei $x = x_S$ bzw. $x = x_D$ und mit zwei Einzelkräften $F_1 = F$ und $F_2 = a_2 F$ bei $x = x_1$ bzw. $x = x_2$. Der Stab wird durch sein Eigengewicht und durch die beiden Kräfte auf Knickung belastet. Für die kritische Größe F_k von F gilt die Ungleichung

$$F_k \leqq \frac{\left[\int\limits_0^l EI_y(x)w''^2(x)\,dx + kw^2(x_S) + k_D w'^2(x_D) - \gamma\int\limits_0^l A(x)\int\limits_0^x w'^2(\xi)\,d\xi\,dx\right]}{\int\limits_0^{x_1} w'^2(x)\,dx + a_2\int\limits_0^{x_2} w'^2(x)\,dx}\,. \tag{5-117}$$

Der Quotient heißt *Rayleigh-Quotient*. Im Zähler steht die potenzielle Energie des Stabes und der Federn. Das Produkt F_k mal Nennerausdruck ist die Arbeit der Kräfte F_1 und F_2 längs der Absenkung ihrer Angriffspunkte. Die Integrale im Nenner erstrecken sich über die Stabbereiche, die den Druckkräften F_1 bzw. F_2 ausgesetzt sind. Jede zusätzliche Einzelkraft vermehrt den Nenner um ein entsprechendes Glied. Das Gleichheitszeichen gilt, wenn für $w(x)$ die Eigenform $w_e(x)$ des Stabes für die gegebenen (in Bild 5-51 willkürlich angenommenen) Randbedingungen eingesetzt wird. Eine

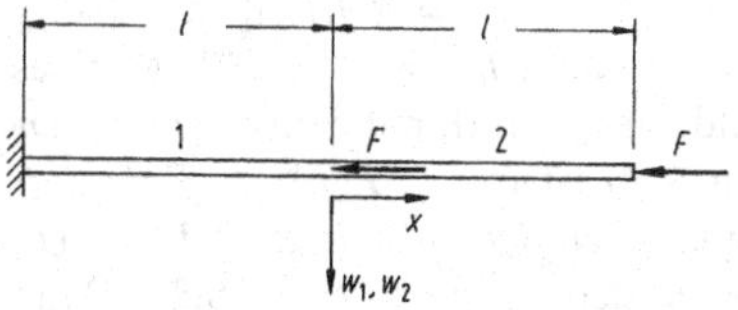

Bild 5-49. Knickstab mit zwei Kräften

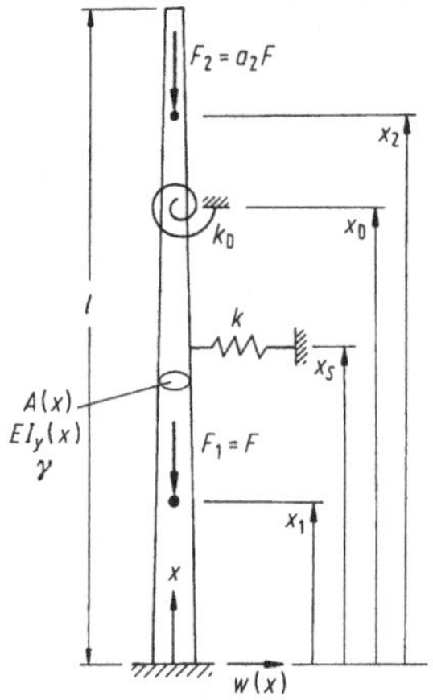

Bild 5-51. Knickstab mit veränderlichem Querschnitt, Federstützen, Einzellasten und Eigengewicht (spezifisches Gewicht γ)

geringfügig von $w_e(x)$ abweichende Ansatzfunktion $w(x)$ liefert eine brauchbare obere Schranke für F_k. Ansatzfunktionen müssen die sog. wesentlichen oder geometrischen Randbedingungen erfüllen (das sind die für w und w').

Gleichung (5-117) vereinfacht sich, wenn EI_y oder A konstant ist oder wenn das Eigengewicht vernachlässigt wird ($\gamma = 0$) oder wenn die Federstützen fehlen ($k = 0$ oder $k_D = 0$). Jede zusätzliche Federstütze vermehrt den Zähler um ein Glied. Wenn der Stab auf ganzer Länge eine Winkler-Bettung hat (siehe 5.7.4), muss im Zähler der Ausdruck $K\int_0^l w^2(x)\,dx$ addiert werden.

Beispiel 5-25: Für die *Euler-Knickfälle* von Bild 5-50 lautet (5-117) bei Berücksichtigung des Eigengewichts

$$F_k \le \frac{EI_y \int_0^l w''^2(x)\,dx - \gamma A \int_0^l \int_0^x w'^2(\xi)\,d\xi\,dx}{\int_0^l w'^2(x)\,dx}. \qquad (5\text{-}118)$$

Wenn man für $w(x)$ jeweils die Eigenform des Stabes ohne Eigengewicht einsetzt, erhält man $F_k \leqq F_{k0} - 0{,}3G$ im Fall I, $F_k \leqq F_{k0} - 0{,}35G$ im Fall III und $F_k \leqq F_{k0} - 0{,}5G$ in den Fällen II und IV (jeweilige Knicklast F_{k0} ohne Eigengewicht, Stabgewicht $G = \gamma Al$). Wenn F fehlt, knickt der Stab infolge Eigengewicht bei einer kritischen Länge l_k, für die sich im Fall I aus $0 \leqq \pi^2 EI_y/(4l_k^2) - 0{,}3\gamma A l_k$ die Formel $l_k \leqq 2{,}02(EI_y/(\gamma A))^{1/3}$ ergibt. In den Fällen II, III und IV ist der Faktor 2,02 zu ersetzen durch 2,70 bzw. 3,88 bzw. 4,29.

Verfahren von Ritz. Für Stäbe mit komplizierten Randbedingungen ist die Wahl einer guten Näherung der Eigenform für den Rayleigh-Quotienten schwierig. Stattdessen wählt man n vernünftig erscheinende Ansatzfunktionen $w_1(x), \ldots, w_n(x)$ (häufig genügen $n = 2$) und bildet die Funktionenklasse $w(x) = c_1 w_1(x) + \ldots + c_n w_n(x)$ mit unbestimmten Koeffizienten $c_1, \ldots, c_n$. Mit ihr wird der Rayleigh-Quotient eine Funktion von $c_1, \ldots, c_n$. Das Minimum dieser Funktion ist die beste mit der Funktionenklasse mögliche Schranke für F_k. Man berechnet das Minimum als den kleinsten Eigenwert λ der Gleichung $\det(\underline{Z} - \lambda\underline{N}) = 0$. Darin sind $\underline{Z}$ und $\underline{N}$ symmetrische Matrizen, deren Elemente aus dem Zähler und dem Nenner des Rayleigh-Quotienten (5-117) nach der Vorschrift berechnet werden

$$\left.\begin{aligned} Z_{ij} &= \int_0^l EI_y(x) w_i''(x) w_j''(x)\,dx \\ &\quad + k w_i(x_S) w_j(x_S) + k_D w_i'(x_D) w_j'(x_D) \\ &\quad - \gamma \int_0^l A(x) \int_0^x w_i'(\xi) w_j'(\xi)\,d\xi\,dx\,, \\ N_{ij} &= \int_0^{x_1} w_i'(x) w_j'(x)\,dx \\ &\quad + a_2 \int_0^{x_2} w_i'(x) w_j'(x)\,dx \\ &\qquad (i, j = 1, \ldots, n)\,. \end{aligned}\right\} \qquad (5\text{-}119)$$

Schlankheitsgrad. Die bisher geschilderten Methoden zur Berechnung kritischer Lasten setzen elastisches Stabverhalten voraus. Die kritische Last hat dabei stets die Form $F_k = \pi^2 EI_y/l_k^2$ mit einer geeignet berechneten Länge l_k. Sie ist die Länge eines Stabes nach Bild 5-50, Fall II, mit demselben F_k. Die Spannung im Stab ist $\sigma_k = F_k/A = E\pi^2/\lambda^2$ mit dem dimensionslosen *Schlankheitsgrad* $\lambda = l_k(I_y/A)^{-1/2}$. Aus der Forderung $\sigma_k \leqq R_{p0,2}$ (0,2%-Dehngrenze) folgt $\lambda \leqq \pi(E/R_{p0,2})^{1/2} = \lambda_0$. Für die Stähle S235 und S335 ist $\lambda_0 = 94$ bzw. 79. Stäbe mit $\lambda < \lambda_0$ kni-

cken unelastisch. Nach Tetmajer wird in diesem Bereich σ_k nach Bild 5-52 durch eine Gerade bestimmt, die durch den Punkt $(\lambda_0, R_{p0,2})$ verläuft und bei $\lambda = 0$ einen experimentell ermittelten Wert liefert.
Für den Stahlbau schreibt DIN 18 800 Teil 2 ein Verfahren zur Bemessung von knicksicheren Druckstäben vor, das λ als Parameter verwendet.

5.12.2 Biegedrillknicken

Wenn die Koordinaten y_M und z_M des Schubmittelpunktes ungleich null sind, kann bei der kritischen Last eine Gleichgewichtslage entstehen, bei der schiefe Biegung mit Auslenkungen $v_M(x)$ und $w_M(x)$ des Schubmittelpunktes im Querschnitt bei x und Torsion mit dem Torsionswinkel $\varphi(x)$ gekoppelt auftreten. Man spricht von *Biegedrillknicken.* Bei Belastung in der Stabachse durch eine Druckkraft F lauten die gekoppelten Differenzialgleichungen

$$\left.\begin{aligned} &EI_z v_M^{(4)} + F v_M'' + F z_M \varphi'' = 0\,,\\ &EI_y w_M^{(4)} + F w_M'' - F y_M \varphi'' = 0\,,\\ &EC_M \varphi^{(4)} + \left(F i_M^2 - GI_T\right)\varphi''\\ &\quad + F z_M v_M'' - F y_M w_M'' = 0 \end{aligned}\right\} \qquad (5\text{-}120)$$

mit $i_M^2 = y_M^2 + z_M^2 + (I_y + I_z)/A$.

Beispiel 5-26: Beim beidseitig gabelgelagerten Stab der Länge l wird die Eigenform bei der kritischen Last durch $v_M = A_1 \sin(\pi x/l)$, $w_M = A_2 \sin(\pi x/l)$ und $\varphi = A_3 \sin(\pi x/l)$ angenähert. Einsetzen in (5-120) liefert für A_1, A_2, A_3 die homogenen Gleichungen

$$A_1\left(\pi^2 EI_z/l^2 - F\right) - A_3 F z_M = 0\,,$$
$$A_2\left(\pi^2 EI_y/l^2 - F\right) - A_3 F y_M = 0\,,$$
$$A_3\left(\pi^2 EC_M/l^2 - F i_M^2 + GI_T\right) - A_1 F z_M + A_2 F y_M = 0\,.$$

Die Bedingung „Koeffizientendeterminante = 0" ist eine Gleichung 3. Grades für den Eigenwert F. Ihre kleinste Lösung ist eine Näherung für die kritische Last F_k. Sie ist kleiner als die Knicklast $\pi^2 EI_{min}/l^2$ des Stabes. Stäbe mit anderen Randbedingungen siehe in [9, 36].

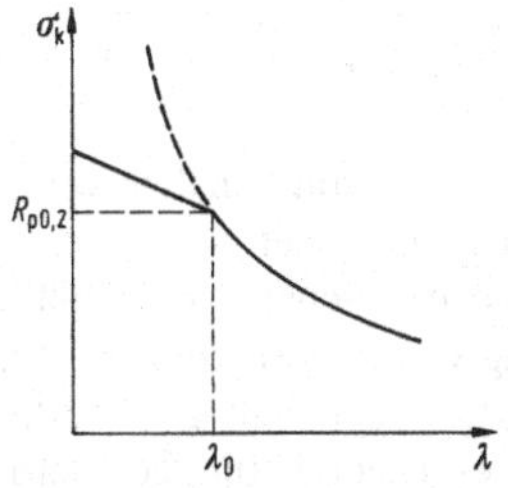

Bild 5-52. Kritische Spannung σ_k eines Knickstabes als Funktion des Schlankheitsgrades λ im elastischen Bereich $(\lambda > \lambda_0)$ und nach Tetmajer im unelastischen Bereich

5.12.3 Kippen

Unter *Kippen* versteht man die Erscheinung, dass ein Stab mit zur z-Achse symmetrischem Querschnitt bei Belastung entlang der z-Achse oberhalb einer kritischen Last in y-Richtung ausweicht und dabei verdreht wird (Bild 5-53). Die Differenzialgleichungen für die Auslenkung v_M des Schubmittelpunkts M in y-Richtung und für den Verdrehwinkel φ lauten

$$\left.\begin{aligned} &EI_z v_M^{(4)} + (My(x)\varphi)'' = 0\,,\\ &EC_M\varphi^{(4)} - GI_T\varphi'' - c_0(M_y(x)\varphi')'\\ &\qquad + M_y(x) v_M'' + q_z(x) z_q^M \varphi = 0\,. \end{aligned}\right\} \qquad (5\text{-}121)$$

Darin sind z_M und z_q^M die in Bild 5-53 erklärten Größen und $c_0 = \int_A z(y^2 + z^2)\,dA/I_y - 2z_M$. Für doppeltsymmetrische Querschnitte ist $c_0 = 0$. Außer für einfachste Fälle ist die kritische Last aus (5-121) nicht bestimmbar. In [9] sind mit Energiemethoden gewonnene Näherungslösungen für kritische Lasten für viele technisch wichtige Lagerungs- und Belastungsfälle zusammengestellt. Dort werden auch unsymmetrische Querschnitte und die Überlagerung von Kippen und Biegedrillknicken behandelt.
Kritische Lasten für Stäbe mit Rechteckquerschnitt nach Bild 5-54a, b: im Folgenden ist

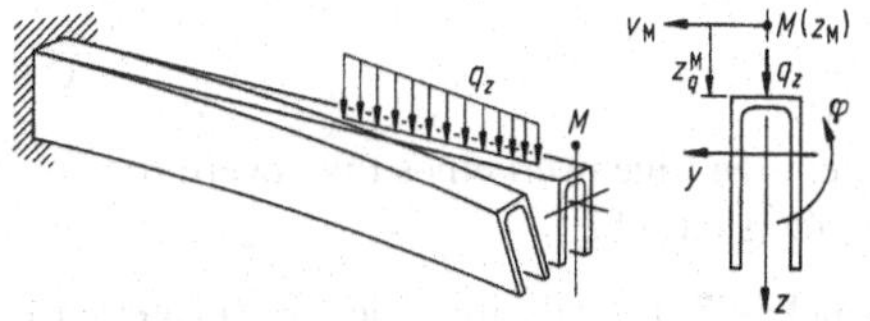

Bild 5-53. Kippen eines Stabes. z_M = z-Koordinate des Schubmittelpunkts M. Im Bild ist $z_M < 0$, $z_q^M > 0$

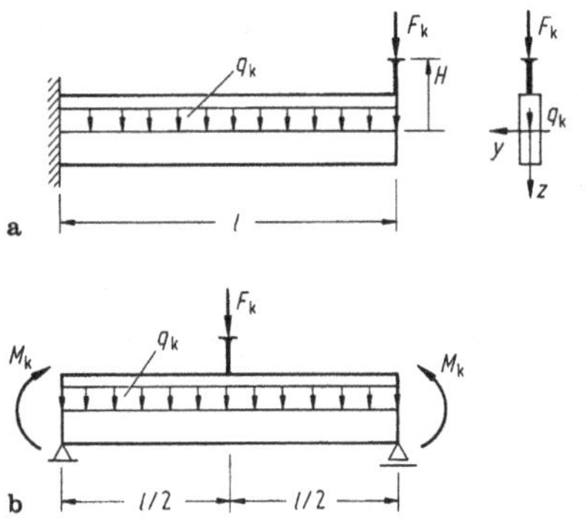

Bild 5-54. Kippen eines Kragträgers (a) und eines beidseitig gelenkig gelagerten Stabes (b) unter verschiedenen Lasten (nur F, nur q oder nur M)

$K = (EI_z GI_T)^{1/2}$, $c = [EI_z/(GI_T)]^{1/2}$.

$$\left.\begin{aligned}&\text{Bild 5-54a}:\\ &\quad F_k = 4{,}02(1 - cH/l)K/l^2,\\ &\quad q_k = 12{,}85(1-\nu^2)^{-1/2}K/l^3\\ &\text{Bild 5-54b}:\\ &\quad F_k = 16{,}9(1 - 3{,}48cH/l)K/l^2,\\ &\quad q_k = 28{,}3(1-\nu^2)^{-1/2}K/l^3,\\ &\quad M_k = \pi(1-\nu^2)^{-1/2}K/l.\end{aligned}\right\} \quad (5\text{-}122)$$

5.12.4 Plattenbeulung

Wenn in einer ebenen Platte (Dicke h = const, Plattensteifigkeit $D = Eh^3/[12(1-\nu^2)]$) in der Mittelebene wirkende Kräfte einen ebenen Spannungszustand $\sigma_x(x,y)$, $\sigma_y(x,y)$ und $\tau_{xy}(x,y)$ verursachen, dann wird bei Überschreiten einer kritischen Last F_k die ebene Form instabil. An ihre Stelle tritt eine stabile *Beuleigenform* mit einer Durchbiegung $w(x,y)$. Bei Platten mit einfacher Form und Belastung kann man die kritische Last aus der Differenzialgleichung für w,

$$\Delta\Delta w + \frac{h}{D}\left(\sigma_x \frac{\partial^2 w}{\partial x^2} + 2\tau_{xy}\frac{\partial^2 w}{\partial x \partial y} + \sigma_y \frac{\partial^2 w}{\partial y^2}\right) = 0, \quad (5\text{-}123)$$

als kleinsten Eigenwert eines Eigenwertproblems bestimmen (siehe [17]).

Beispiel 5-27: Die allseitig gelenkig gelagerte Rechteckplatte (Länge a in x-Richtung, Breite b) mit σ_x = const, $\sigma_y = \tau_{xy} \equiv 0$ hat nach [50] die kritische Spannung

$$\sigma_{xk} = \frac{\pi^2 D}{b^2 h}\frac{[1 + (b/a)^2]^2}{\nu + (b/a)^2}.$$

Für kompliziertere Fälle ist das *Ritz'sche Verfahren* geeignet. Zu den Bezeichnungen und zur Methodik vgl. das Verfahren bei Stäben in 5.12.1. Man setzt eine Klasse von Ansatzfunktionen

$$w(x,y) = c_1 w_1(x,y) + \ldots + c_n w_n(x,y)$$

in den Energieausdruck

$$\begin{aligned}\Pi = {}& \frac{h}{2}\iint\left[\sigma_x\left(\frac{\partial w}{\partial x}\right)^2 + 2\tau_{xy}\frac{\partial w}{\partial x}\cdot\frac{\partial w}{\partial y}\right.\\ &\left.+\sigma_y\left(\frac{\partial w}{\partial y}\right)^2\right]\mathrm{d}x\,\mathrm{d}y\\ &+\frac{D}{2}\iint\left\{\left(\frac{\partial^2 w}{\partial x^2} + \frac{\partial^2 w}{\partial y^2}\right)^2\right.\\ &\left.+2(1-\nu)\left[\left(\frac{\partial^2 w}{\partial x \partial y}\right)^2 - \frac{\partial^2 w}{\partial x^2}\cdot\frac{\partial^2 w}{\partial y^2}\right]\right\}\mathrm{d}x\,\mathrm{d}y\end{aligned} \quad (5\text{-}124)$$

ein (siehe [17]) und bildet für $c_1, \ldots, c_n$ das homogene lineare Gleichungssystem $\partial\Pi/\partial c_i = 0$ $(i = 1, \ldots, n)$. Die Koeffizientendeterminante wird gleich null gesetzt. In ihr steht als Eigenwert die Last, die σ_x, σ_y und τ_{xy} verursacht. Der kleinste Eigenwert ist eine obere Schranke für die kritische Last F_k. [36, 37] sind Nachschlagewerke für kritische Lasten von Platten unterschiedlicher Form, Lagerung und Belastung.

5.12.5 Schalenbeulung

Für kritische Lasten von Schalen werden wesentlich zu große Werte berechnet, wenn man geometrische Imperfektionen der Schale vernachlässigt. Die Berücksichtigung von Imperfektionen ist i. Allg. nur in numerischen Rechnungen möglich [38, 39].
Die klassische Theorie für geometrisch perfekte Schalen berechnet Beullasten aus Energieausdrücken und aus Ansatzfunktionen für die Beulform [26, 36].

Beispiel 5-28: Die dünne Kreiszylinderschale mit gelenkiger Lagerung des Mantels auf starren Endscheiben. Bild 5-55 unterscheidet Belastungen durch einen konstanten Außendruck p auf dem Schalenmantel, durch eine konstante axiale Streckenlast q auf den Mantelrändern und durch Kombinationen von p und q. Zum Beispiel gilt bei Außendruck p auf Mantel und Endscheiben $2\pi Rq = \pi R^2 p$, also $q = \frac{1}{2}pR$.

Der Ansatz $w(x, \varphi) = \sin(m\pi x/l)\cos n\varphi$ für die Radialverschiebung erfüllt bei ganzzahligen $m, n > 0$ die Randbedingungen. Er stellt ein Beulmuster mit m Halbwellen in axialer und mit $2n$ Halbwellen in Umfangsrichtung dar (siehe Bild 5-55 mit $m = 1$ und $n = 2$). Mit den normierten Größen

$$\left.\begin{aligned} &\lambda = m\pi R/l, \quad \beta = (h/R)^2/12, \\ &p^* = (1 - \nu^2)pR/(Eh), \\ &q^* = (1 - \nu^2)q/(Eh) \end{aligned}\right\} \qquad (5\text{-}125)$$

führt der Ansatz auf die Gleichung

$$\begin{aligned} &p^* n^2[(\lambda^2 + n^2)^2 - 3\lambda^2 - n^2] \\ &\quad + q^* \lambda^2[(\lambda^2 + n^2)^2 + n^2] \\ &= (1 - \nu^2)\lambda^4 + \beta\{(\lambda^2 + n^2)^4 \\ &\quad - 2[\nu\lambda^6 + 3\lambda^4 n^2 + (4 - \nu)\lambda^2 n^4 + n^6] \\ &\quad + 2(2 - \nu)\lambda^2 n^2 + n^4\}. \end{aligned} \qquad (5\text{-}126)$$

Die normierte kritische Last – je nach Lastfall entweder p^* oder q^* – ist die kleinste für ganzzahlige $m, n > 0$ existierende Lösung dieser Gleichung. Im Lastfall Manteldruck ist stets $m = 1$, sodass Lösungen p^* für verschiedene Größen von n verglichen werden müssen. Bei anderen Lastfällen müssen Lösungen für verschiedene m und n verglichen werden. Die Bilder 5-56a und b zeigen qualitativ die Abhängigkeit $p^*(l/R)$ bzw. $q^*(l/(mR))$ für gegebene β und ν. Gleichung (5-126) setzt die Gültigkeit des Hooke'schen Gesetzes voraus. Nur bei sehr dünnwandigen Schalen ist die Spannung bei der kritischen Last hinreichend klein. Der Nachweis ist erforderlich.

Wenn im kritischen Lastfall $m > 1$ Halbwellen auf die Zylinderlänge verteilt sind, dann ändert sich an der kritischen Last nichts, wenn man die Schale in den Knoten der Halbwellen ringförmig versteift.

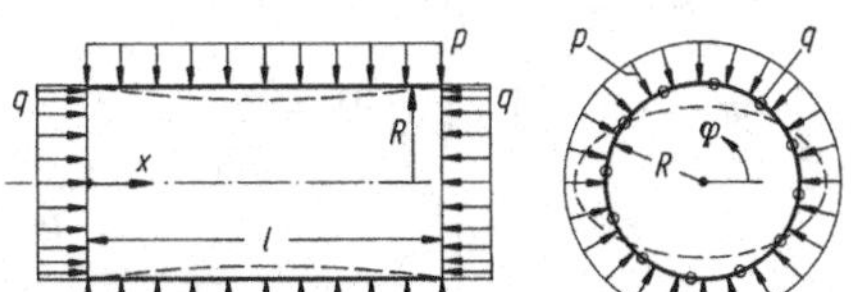

Bild 5-55. Dünne Kreiszylinderschale mit Manteldruck p und axialer Streckenlast q auf dem Mantel. Gestrichelte Linien stellen eine Beulform mit $m = 1$ und $n = 2$ dar

5.13 Finite Elemente

Finite-Elemente-Methoden werden bei geometrisch komplizierten Systemen angewandt. Sie sind Näherungsmethoden zur Berechnung von Spannungen und Verformungen bei statischer Belastung, von Eigenfrequenzen und Eigenformen bei Eigenschwingungen, von erzwungenen Schwingungen u. a. Man stellt sich das System nach den Beispielen von Bild 5-57a, b aus geometrisch einfachen Teilen von endlicher Größe – den *finiten Elementen* – zusammengesetzt vor. Typische Elemente sind Zugstäbe, Stücke von Biegestäben, Scheibenstücke, Plattenstücke, Schalenstücke, Tetraeder usw. Die Punkte in Bild 5-57 sind die sog. *Knoten* der Elemente und des Elementenetzes. Das *Elementenetz* wird so angelegt, dass alle Lagerreaktionen in Knoten angreifen. Alle

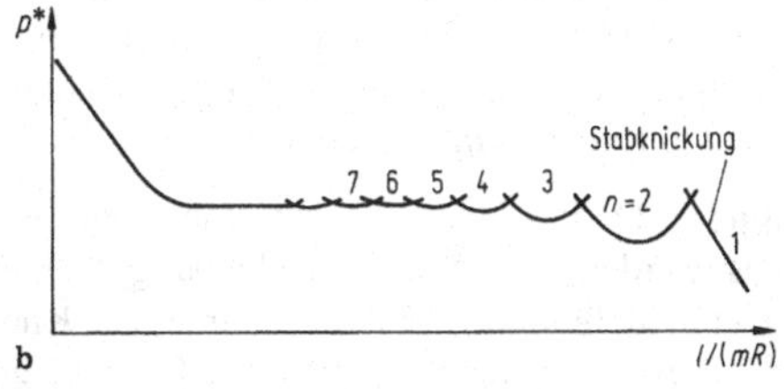

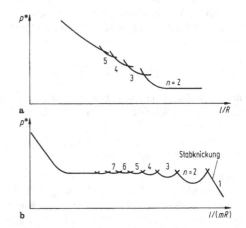

Bild 5-56. Der normierte kritische Manteldruck p^* im Fall $q = 0$ (**a**) und die normierte kritische Streckenlast q^* im Fall $p = 0$ (**b**) für die Schale von Bild 5-55 in doppelt-logarithmischer Darstellung

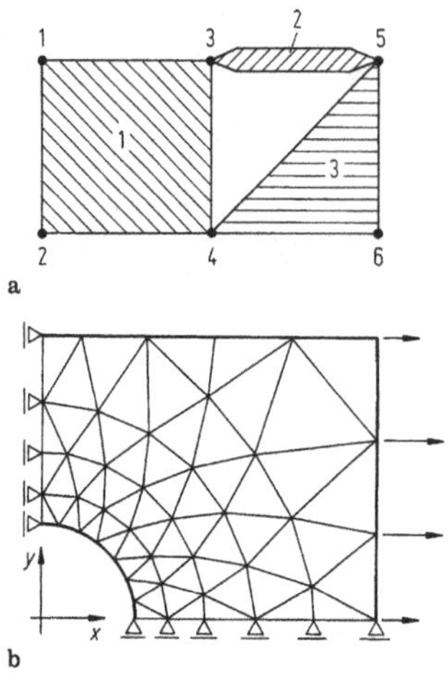

Bild 5-57. a Drei finite Elemente mit sechs Knoten. b Netz aus dreieckigen Scheibenelementen für einen Zugstab mit Loch. Wegen der Symmetrie genügt ein Viertel mit den gezeichneten Knotenlagern. Die Knotenkräfte am rechten Rand sind einer konstanten Streckenlast äquivalent. Außer dem globalen x, y-System werden u. U. für die Elemente anders gerichtete, individuelle x_i, y_i-Systeme verwendet (vgl. Bild 5-58)

eingeprägten Kräfte und Momente werden durch äquivalente Kräfte und Momente ersetzt, die in Knoten angreifen. Vereinfachend wird vorausgesetzt, dass benachbarte Elemente nur an Knoten mit Kräften und Momenten aufeinander wirken.

5.13.1 Elementmatrizen. Formfunktionen

Knotenverschiebungen und Knotenkräfte. Für ein einzelnes, durch Schnitte isoliertes finites Element i werden in einem *individuellen* x_i, y_i, z_i-System für die Elementknoten *generalisierte Knotenverschiebungen* $\bar{q}_{ij}$ und *Knotenkräfte* $\bar{F}_{ij}$ definiert.

Beispiel 5-29: Für einen Knoten eines Zugstabelementes werden eine Längsverschiebung und eine Längskraft definiert (Bild 5-58); für einen Knoten eines Biegestabelementes werden Durchbiegung und Neigung als generalisierte Verschiebungen und eine Kraft und ein Moment als generalisierte Kräfte definiert (Bild 5-59).

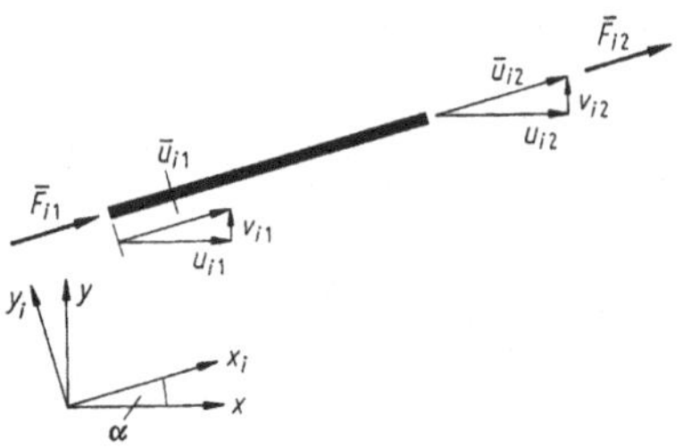

Bild 5-58. Finites Zugstabelement mit Knotenverschiebungen $\bar{\underline{q}}_i = [\bar{u}_{i1}\bar{u}_{i2}]^{\mathrm{T}}$ im individuellen x_i, y_i-System und mit Knotenverschiebungen $\underline{q}_i = [u_{i1}v_{i1}u_{i2}v_{i2}]^{\mathrm{T}}$ im globalen x, y-System

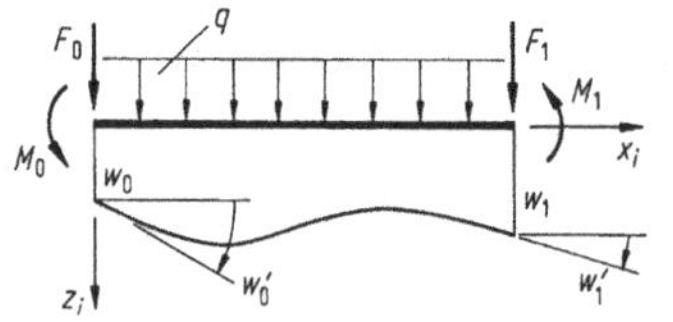

Bild 5-59. Knotenverschiebungen $\bar{\underline{q}}_i = [w_0 w_0' w_1 w_1']^{\mathrm{T}}$ und Knotenkräfte $\bar{\underline{F}}_i = [F_0 M_0 F_1 M_1]^{\mathrm{T}}$ an einem finiten Biegestabelement.

Massenmatrix und Steifigkeitsmatrix. Alle $\bar{q}_{ij}$ und alle $\bar{F}_{ij}$ an Element i werden in Spaltenmatrizen $\bar{\underline{q}}_i$ bzw. $\bar{\underline{F}}_i$ zusammengefasst. Bei linearem Werkstoffgesetz besteht im dynamischen Fall die Beziehung

$$\bar{\underline{M}}_i \ddot{\bar{\underline{q}}}_i + \bar{\underline{K}}_i \bar{\underline{q}}_i = \bar{\underline{F}}_i \qquad (5\text{-}127)$$

und im Sonderfall der Statik die Beziehung

$$\bar{\underline{K}}_i \bar{\underline{q}}_i = \bar{\underline{F}}_i \qquad (5\text{-}128)$$

mit einer symmetrischen *Massenmatrix* $\bar{\underline{M}}_i$ und einer symmetrischen *Steifigkeitsmatrix* $\bar{\underline{K}}_i$. Näherungen für die Matrizen werden wie folgt aus dem d'Alembert'schen Prinzip (3-34) entwickelt. Es lautet

$$\varrho \int_V \delta\boldsymbol{u} \cdot \ddot{\boldsymbol{u}}\,\mathrm{d}V + \int_V \delta\underline{\varepsilon}^{\mathrm{T}}\underline{\sigma}\,\mathrm{d}V - \sum_{(V)} \delta\boldsymbol{u} \cdot \boldsymbol{F} = 0 \qquad (5\text{-}129)$$

(ϱ Dichte, $\boldsymbol{u}$ Verschiebungsvektor des Volumenelements dV bzw. der äußeren Kraft $\boldsymbol{F}$, $\underline{\varepsilon} = [\varepsilon_x\ \varepsilon_y\ \varepsilon_z\ \gamma_{xy}\ \gamma_{yz}\ \gamma_{zx}]^{\mathrm{T}}$ Verzerrungszustand und $\underline{\sigma} = [\sigma_x\ \sigma_y\ \sigma_z\ \tau_{xy}\ \tau_{yz}\ \tau_{zx}]^{\mathrm{T}}$ Spannungszustand des Volumenelements $\mathrm{d}V$, das im spannungsfreien Ausgangszustand des finiten Elements an der Stelle x_i, y_i, z_i liegt). Die Summe ist die virtuelle Arbeit aller am gesamten Volumen V eingeprägten Kräfte. Jede Kraft $\boldsymbol{F}$ wird mit der virtuellen Verschiebung $\delta\boldsymbol{u}$ ihres Angriffspunkts multipliziert. Das zweite Integral ist die virtuelle Änderung δU der Formänderungsenergie U von (5-71). Mit den Spaltenmatrizen $\underline{\ddot{u}}$ und $\underline{F}$ der x_i-, y_i- und z_i-Komponenten von $\ddot{\boldsymbol{u}}$ bzw. $\boldsymbol{F}$ ist $\delta\boldsymbol{u}\cdot\ddot{\boldsymbol{u}} = \delta\underline{u}^{\mathrm{T}}\underline{\ddot{u}}$ und $\delta\boldsymbol{u}\cdot\boldsymbol{F} = \delta\underline{u}^{\mathrm{T}}\underline{F}$.

Formfunktionen. Das unbekannte Verschiebungsfeld $\underline{u}(x_i, y_i, z_i)$ in (5-129) wird als Linearkombination der Knotenverschiebungen $\underline{\bar{q}}_{ij}$ approximiert:

$$\underline{u}(x_i, y_i, z_i) = \underline{N}(x_i, y_i, z_i)\underline{\bar{q}}_i\,. \tag{5-130}$$

Darin ist $\underline{N}(x_i, y_i, z_i)$ eine Matrix von sog. *Formfunktionen.* Diese sind frei wählbar mit den Einschränkungen, dass erstens $\underline{u}(x_i, y_i, z_i)$ für die Koordinaten x_i, y_i, z_i der Knoten die Knotenverschiebungen selbst liefert, dass zweitens für Knotenverschiebungen $\underline{\bar{q}}_i$, die eine Starrkörperbewegung beschreiben, $\underline{u}(x_i, y_i, z_i)$ das Verschiebungsfeld derselben Starrkörperbewegung darstellt, und dass drittens die Verschiebungen $\underline{u}(x_i, y_i, z_i)$ benachbarter Elemente an den gemeinsamen Kanten konform sind (siehe [25, 40]). Gleichung (5-130) stellt einen Ritz-Ansatz dar. Man kann die Ordnung des Ansatzes erhöhen, indem man die Zahl der Knoten des finiten Elements vergrößert. Ein dreieckiges Scheibenelement kann z. B. außer an den Ecken weitere Knoten auf den Kanten und im Innern haben.

Aus (5-130) und (5-2) folgt $\underline{\varepsilon} = \underline{B}(x_i, y_i, z_i)\underline{\bar{q}}_i$ mit einer Matrix $\underline{B}$, die partielle Ableitungen von $\underline{N}$ enthält. Bei Gültigkeit des Hooke'schen Gesetzes (5-19) ist

$$\underline{\sigma}(x_i, y_i, z_i) = \underline{D}\,\underline{\varepsilon} = \underline{D}\,\underline{B}\underline{\bar{q}}_i \tag{5-131}$$

mit einer symmetrischen Matrix $\underline{D}$, die die Stoffkonstanten E, G und ν enthält. Einsetzen aller Beziehungen in (5-129) liefert

$$\delta\underline{\bar{q}}_i^{\mathrm{T}}\left[\varrho\int_V \underline{N}^{\mathrm{T}}\underline{N}\,\mathrm{d}V\underline{\ddot{\bar{q}}}_i + \int_V \underline{B}^{\mathrm{T}}\underline{D}\,\underline{B}\,\mathrm{d}V\,\underline{\bar{q}}_i - \sum_{(V)}\underline{N}^{\mathrm{T}}\underline{F}\right] = 0 \tag{5-132}$$

oder, da die Elemente von $\delta\underline{\bar{q}}_i$ unabhängig sind,

$$\underbrace{\varrho\int_V \underline{N}^{\mathrm{T}}\underline{N}\,\mathrm{d}V}_{\underline{\bar{M}}_i}\,\underline{\ddot{\bar{q}}}_i + \underbrace{\int_V \underline{B}^{\mathrm{T}}\underline{D}\,\underline{B}\,\mathrm{d}V}_{\underline{\bar{K}}_i}\,\underline{\bar{q}}_i - \underbrace{\sum_{(V)}\underline{N}^{\mathrm{T}}\underline{F}}_{\underline{\bar{F}}_i} = 0\,. \tag{5-133}$$

Das ist (5-127) mit Berechnungsvorschriften für $\underline{\bar{M}}_i$, $\underline{\bar{K}}_i$ und $\underline{\bar{F}}_i$. Die Summe erstreckt sich über alle Kräfte am Volumen V, und $\underline{N}$ ist bei jeder Kraft der Funktionswert für den Angriffspunkt.

Beispiel 5-30: Für das Biegestabelement in Bild 5-59 werden die Knotenverschiebungen $\underline{\bar{q}}_i = [w_0\; w_0'\; w_1\; w_1']_i^{\mathrm{T}}$ gewählt. Die Durchbiegung $w(x)$ wird approximiert durch

$$w(x) = \left[1 - 3\frac{x^2}{l^2} + 2\frac{x^3}{l^3};\quad l\left(\frac{x}{l} - 2\frac{x^2}{l^2} + \frac{x^3}{l^3}\right);\right.$$
$$\left. 3\frac{x^2}{l^2} - 2\frac{x^3}{l^3};\quad l\left(-\frac{x^2}{l^2} + \frac{x^3}{l^3}\right)\right]\underline{\bar{q}}_i = \underline{N}\underline{\bar{q}}_i\,.$$

Das ist (5-130). Jedes Element von $\underline{N}$ gibt die Biegelinie für den Fall an, dass das entsprechende Element von $\underline{\bar{q}}_i$ gleich eins und die anderen gleich null sind. Beim Biegestab ist

$$\underline{\varepsilon} = \varepsilon_x = -w''z = -\underline{N}''\underline{\bar{q}}_i z\,,$$
$$\underline{\sigma} = \sigma_x = E\varepsilon_x = -E\underline{N}''\underline{\bar{q}}_i z\,,$$
$$\delta\underline{\varepsilon}^{\mathrm{T}}\underline{\sigma} = \delta\varepsilon_x\sigma_x\,.$$

Damit liefert (5-133)

$$\underline{\bar{K}}_i = E\int_V \underline{N}''^{\mathrm{T}}\underline{N}''z^2\mathrm{d}V = E\int_{x=0}^{l}\underline{N}''^{\mathrm{T}}\underline{N}''\int_A z^2\,\mathrm{d}A\,\mathrm{d}x$$
$$= EI_y\int_0^l \underline{N}''^{\mathrm{T}}\underline{N}''\,\mathrm{d}x\,,$$

$$\underline{\bar{M}}_i = \varrho\int_V \underline{N}^{\mathrm{T}}\underline{N}\,\mathrm{d}V = \varrho A\int_0^l \underline{N}^{\mathrm{T}}\underline{N}\,\mathrm{d}x\,.$$

Die Kräfte F_0 und F_1, die Momente M_0 und M_1 und die Streckenlast q von Bild 5-59 liefern nach (5-133)

$$\underline{\bar{F}}_i = \underline{N}^{\mathrm{T}}(0)F_0 + \underline{N}^{\mathrm{T}}(l)F_1 - \underline{N}'^{\mathrm{T}}(0)M_0$$
$$- \underline{N}'^{\mathrm{T}}(l)M_1 + \int_0^l \underline{N}^{\mathrm{T}}(x)q\,\mathrm{d}x$$
$$= [F_0 + ql/2;\ -M_0 + ql^2/12;\ F_1 + ql/2\,;$$
$$- M_1 - ql^2/12]^{\mathrm{T}}.$$

Koordinatentransformation. Wenn das individuelle x_i, y_i, z_i-System des Elements i nicht parallel zum sog. *globalen* x, y, z-System liegt, müssen (5-127) und (5-128) ins globale System transformiert werden. Das Ergebnis sind die Gleichungen

$$\underline{M}_i\underline{\ddot{q}}_i + \underline{K}_i\underline{q}_i = \underline{F}_i \quad \text{bzw.} \quad \underline{K}_i\underline{q}_i = \underline{F}_i \qquad (5\text{-}134\text{a,b})$$

mit $\underline{M}_i = \underline{T}_i^{\mathrm{T}}\underline{\bar{M}}_i\underline{T}_i$ und $\underline{K}_i = \underline{T}_i^{\mathrm{T}}\underline{\bar{K}}_i\underline{T}_i$. Darin sind $\underline{q}_i$ und $\underline{F}_i$ die Spaltenmatrizen aller generalisierten Knotenverschiebungen bzw. Knotenkräfte von Element i im globalen System, und $\underline{T}_i$ ist durch die Gleichung $\underline{\bar{q}}_i = \underline{T}_i\underline{q}_i$ definiert.

Beispiel 5-31: Für das Zugstabelement in Bild 5-58 ist

$$\underline{\bar{q}}_i = [\bar{u}_{i1}\ \bar{u}_{i2}]^{\mathrm{T}}, \quad \underline{q}_i = [u_{i1}\ v_{i1}\ u_{i2}\ v_{i2}]^{\mathrm{T}}.$$

Man liest ab

$$\underline{T}_i = \begin{bmatrix} \cos\alpha & \sin\alpha & 0 & 0 \\ 0 & 0 & \cos\alpha & \sin\alpha \end{bmatrix}.$$

5.13.2 Matrizen für das Gesamtsystem

Sei $\underline{q}$ die Spaltenmatrix der generalisierten Knotenverschiebungen aller Knoten des gesamten Elementenetzes im *globalen* x,y,z-System. Jedes Element jeder Matrix $\underline{q}_i$ ist mit einem Element von $\underline{q}$ identisch. Deshalb kann man beide Gleichungen (5-134) durch Hinzufügen von Identitäten $\underline{0} = \underline{0}$ in eine Gleichung der Form

$$\underline{M}_i^*\underline{\ddot{q}} + \underline{K}_i^*\underline{q} = \underline{F}_i^* \quad \text{bzw.} \quad \underline{K}_i^*\underline{q} = \underline{F}_i^* \qquad (5\text{-}135\text{a,b})$$

mit symmetrischen Matrizen $\underline{M}_i^*$ und $\underline{K}_i^*$ einbetten.

Beispiel 5-32: Für das Element $i = 2$ in Bild 5-57a lautet (5-135a)

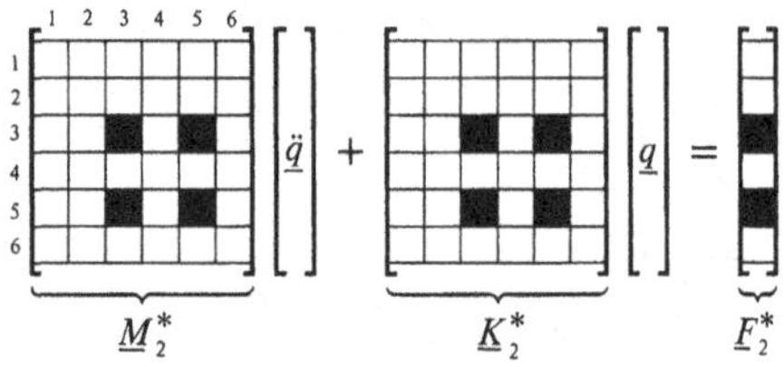

Die Zahlen sind Knotennummern. Schwarze Felder sind Untermatrizen von $\underline{M}_2, \underline{K}_2$ bzw. $\underline{F}_2$, und weiße Felder sind mit Nullen besetzt.

Aus den Matrizen $\underline{M}_i^*$ und $\underline{K}_i^*$ aller finiten Elemente $i = 1, \ldots, e$ eines Elementenetzes werden die Gleichungen der Dynamik und Statik des Gesamtsystems gebildet. Sie lauten

$$\underline{M}\,\underline{\ddot{q}} + \underline{K}\,\underline{q} = \underline{F} \quad \text{bzw.} \quad \underline{K}\,\underline{q} = \underline{F} \qquad (5\text{-}136\text{a,b})$$

mit der Massenmatrix $\underline{M} = \sum \underline{M}_i^*$ und der Steifigkeitsmatrix $\underline{K} = \sum \underline{K}_i^*$ (Summation über $i = 1, \ldots, e$). $\underline{M}$ und $\underline{K}$ sind symmetrisch und schwach besetzt. Bei günstiger Knotennummerierung ist nur ein schmales Band um die Hauptdiagonale besetzt.

Finite-Elemente-Programmsysteme enthalten die Massen- und Steifigkeitsmatrizen $\underline{\bar{M}}_i$ und $\underline{\bar{K}}_i$ für einen ganzen Katalog von Elementtypen. Sie bilden die Matrizen $\underline{M}$ und $\underline{K}$ eines ganzen Elementenetzes, sobald die Lage aller Knoten im globalen Koordinatensystem, die Nummerierung der Elemente und Knoten und die Elementtypen durch Eingabedaten festgelegt sind.

5.13.3 Aufgabenstellungen bei Finite-Elemente-Rechnungen

Statik. Bei statisch bestimmten und bei statisch unbestimmten Systemen ist in (5-136b) von jedem Paar (Knotenkraft, Knotenverschiebung) eine Größe gegeben und eine unbekannt. Also ist die Zahl der Gleichungen ebenso groß, wie die Zahl der Unbekannten. Man löst (5-136b) nach den Unbekannten auf. Aus $\underline{q}$ werden anschließend mit (5-131) Spannungen in den finiten Elementen berechnet.

Kinetik. Bei Eigenschwingungen sind keine eingeprägten Kräfte vorhanden. In (5-136a) enthält $\underline{F}$ also nur Nullen und unbekannte zeitlich veränderliche Lagerreaktionen. Jeder Nullkraft entspricht in $\underline{q}$

eine unbekannte zeitlich veränderliche Verschiebung und jeder Lagerreaktion eine Verschiebung Null. Also hat (5-136a) im Prinzip die Form

$$\begin{bmatrix} \underline{M}_{11} & \underline{M}_{12} \\ \underline{M}_{12}^{\mathrm{T}} & \underline{M}_{22} \end{bmatrix} \begin{bmatrix} \ddot{\underline{q}}^* \\ \underline{0} \end{bmatrix} + \begin{bmatrix} \underline{K}_{11} & \underline{K}_{12} \\ \underline{K}_{12}^{\mathrm{T}} & \underline{K}_{22} \end{bmatrix} \begin{bmatrix} \underline{q}^* \\ \underline{0} \end{bmatrix} = \begin{bmatrix} \underline{0} \\ \underline{F}^* \end{bmatrix} \tag{5-137}$$

oder ausmultipliziert

$$\underline{M}_{11}\ddot{\underline{q}}^* + \underline{K}_{11}\underline{q}^* = \underline{0}, \quad \underline{F}^* = \underline{M}_{12}^{\mathrm{T}}\ddot{\underline{q}}^* + \underline{K}_{12}^{\mathrm{T}}\underline{q}^*, \tag{5-138}$$

wobei $\underline{q}^*$ und $\underline{F}^*$ die zeitlich veränderlichen Größen sind. Die erste Gleichung (5-138) liefert die Eigenkreisfrequenzen und Eigenformen (siehe 4.1.2) und die zweite die zugehörigen Lagerreaktionen.

Bei erzwungenen Schwingungen sind entweder periodisch veränderliche, eingeprägte Erregerkräfte oder periodisch veränderliche eingeprägte Lagerverschiebungen vorhanden. Im Fall von Erregerkräften steht in (5-137) anstelle der Null-Untermatrix auf der rechten Seite eine Spaltenmatrix der Form $\underline{A}\cos\Omega t$ mit bekanntem $\underline{A}$ und bekanntem Ω. An die Stelle der ersten Gleichung (5-138) tritt $\underline{M}_{11}\ddot{\underline{q}}^* + \underline{K}_{11}\underline{q}^* = \underline{A}\cos\Omega t$. Für die Lösung $\underline{q}^*(t)$ siehe 4.2.2.

Matrizenkondensation. Bei statischen Problemen an Systemen mit mehrfach auftretenden, identischen Substrukturen (Bild 5-60) verkleinert *Matrizenkondensation* die Steifigkeitsmatrix. Sei $\underline{K}$ die Steifigkeitsmatrix der Gleichung $\underline{K}\underline{q} = \underline{F}$ für die markierte Substruktur. Nur für die dick markierten *Randknoten* existieren Randbedingungen für Knotenverschiebungen. Mit den Indizes r für Randknoten und i für die restlichen, *inneren Knoten* wird die Gleichung der Substruktur in der partitionierten Form geschrieben

$$\begin{bmatrix} \underline{K}_{11} & \underline{K}_{12} \\ \underline{K}_{12}^{\mathrm{T}} & \underline{K}_{22} \end{bmatrix} \begin{bmatrix} \underline{q}_{\mathrm{i}} \\ \underline{q}_{\mathrm{r}} \end{bmatrix} = \begin{bmatrix} \underline{F}_{\mathrm{i}} \\ \underline{F}_{\mathrm{r}} \end{bmatrix} \tag{5-139}$$

oder ausmultipliziert

$$\underline{K}_{11}\underline{q}_{\mathrm{i}} + \underline{K}_{12}\underline{q}_{\mathrm{r}} = \underline{F}_{\mathrm{i}}, \quad \underline{K}_{12}^{\mathrm{T}}\underline{q}_{\mathrm{i}} + \underline{K}_{22}\underline{q}_{\mathrm{r}} = \underline{F}_{\mathrm{r}}. \tag{5-140}$$

Auflösung der ersten Gleichung nach $\underline{q}_{\mathrm{i}}$ und Einsetzen in die zweite Gleichung liefert

$$\left.\begin{aligned} \underline{q}_{\mathrm{i}} &= \underline{K}_{11}^{-1}(-\underline{K}_{12}\underline{q}_{\mathrm{r}} + \underline{F}_{\mathrm{i}}), \\ \underline{K}_{\mathrm{r}}\underline{q}_{\mathrm{r}} &= \underline{F}_{\mathrm{r}} - \underline{K}_{12}^{\mathrm{T}}\underline{K}_{11}^{-1}\underline{F}_{\mathrm{i}} \end{aligned}\right\} \tag{5-141}$$

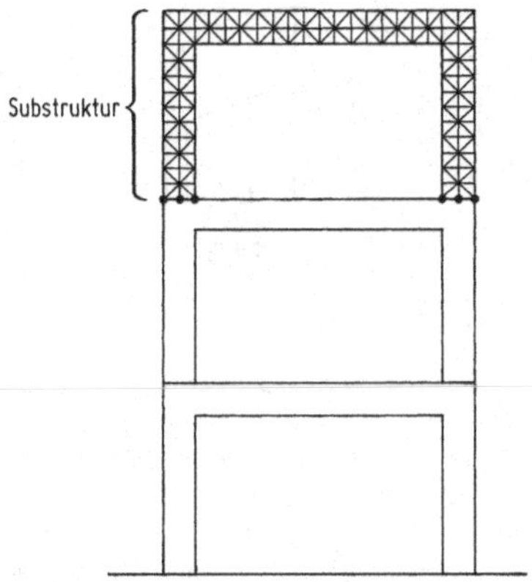

Bild 5-60. System mit drei identischen Substrukturen mit Randknoten (dick gezeichnet) und inneren Knoten (alle übrigen)

mit der wesentlich kleineren kondensierten Steifigkeitsmatrix

$$\underline{K}_{\mathrm{r}} = \underline{K}_{22} - \underline{K}_{12}^{\mathrm{T}}\underline{K}_{11}^{-1}\underline{K}_{12}.$$

Sie wird nur einmal berechnet. Aus $\underline{K}_{\mathrm{r}}$ wird die Matrix des Gesamtsystems (d. h. nur für die Randknoten des Gesamtsystems) nach dem Schema gebildet, das im Zusammenhang mit (5-135b) erläutert wurde. Die Gleichung des Gesamtsystems liefert zu gegebenen eingeprägten Kräften $\underline{F}_{\mathrm{i}}$ an den inneren Knoten alle Verschiebungen und Kräfte an den Randknoten. Mit $\underline{q}_{\mathrm{r}}$ ergibt (5-141) dann auch $\underline{q}_{\mathrm{i}}$.

Ergänzende Bemerkungen. Für rotationssymmetrische Probleme werden ringförmige Elemente definiert. Bild 5-61 zeigt ein Ringelement mit Dreiecksquerschnitt mit drei Knoten und mit Knotenverschiebungen in radialer und in axialer Richtung. Für Einzelheiten siehe [25]. Für krummlinig berandete Körper werden krummlinig berandete finite Elemente benötigt. Sie entstehen mit *isoparametrischen* Ansätzen [25, 40]. Für Gebiete mit Spannungskonzentrationen können finite Elemente mit speziellen, dem Problem angepassten Ritz-Ansätzen verwendet werden [41]. Finite-Elemente-Methoden existieren auch für nichtlineare Stoffgesetze. Zum Beispiel kann man in (5-131) statt einer konstanten Matrix $\underline{D}$ eine Matrix einsetzen, deren Stoffparameter von der

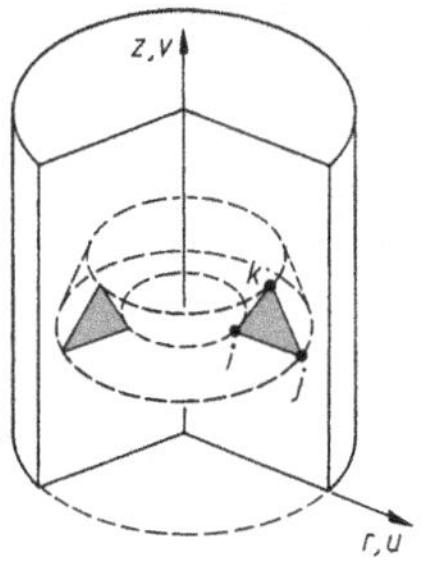

Bild 5-61. Ringelement mit dreieckigem Querschnitt für Systeme mit rotationssymmetrischer Form und Belastung. Die Knotenverschiebungen sind u_i, u_j, u_k in radialer und v_i, v_j, v_k in axialer Richtung. Die Knotenkräfte sind radiale und axiale Streckenlasten auf den Kreisen i, j und k

Verformung abhängig sind. Damit lassen sich statische Probleme durch inkrementelle Laststeigerung berechnen. Anwendungen in der Plastizitätstheorie siehe in [42].

5.14 Übertragungsmatrizen

Viele elastische Systeme lassen sich nach dem Schema von Bild 5-62 als Aneinanderreihung von einfachen Systembereichen $i = 1, \ldots, n$ mit Bereichsgrenzen $0, \ldots, n$ auffassen. Für die Bereichsgrenze i ($i = 0, \ldots, n$) wird ein *Zustandsvektor* (eine Spaltenmatrix) $\underline{z}_i$ definiert. $\underline{z}_i$ enthält generalisierte Verschiebungen von ausgewählten Punkten der Bereichsgrenze i und die diesen Verschiebungen zugeordneten Schnittgrößen (das Produkt einer Verschiebung und der zugeordneten Schnittgröße hat die Dimension einer Arbeit). Für den Bereich i zwischen den Bereichsgrenzen $i - 1$ und i wird eine Übertragungsmatrix $\underline{U}_i$ so definiert, dass

$$\underline{z}_i = \underline{U}_i \underline{z}_{i-1} + \underline{Q}_i \quad (i = 1, \ldots, n) \qquad (5\text{-}142)$$

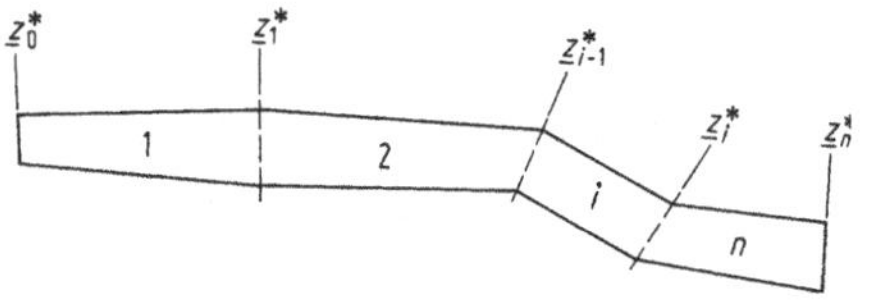

Bild 5-62. System mit Bereichen $1, \ldots, n$ und mit erweiterten Zustandsvektoren $\underline{z}_0^*, \ldots, \underline{z}_n^*$ an den Bereichsgrenzen $0, \ldots, n$. Sehr schematische Darstellung

gilt. Die Spaltenmatrix $\underline{Q}_i$ enthält generalisierte Kräfte und Verschiebungen. Im Sonderfall $\underline{Q}_i = \underline{0}$ gilt

$$\underline{z}_i = \underline{U}_i \underline{z}_{i-1} \quad (i = 1, \ldots, n)\,. \qquad (5\text{-}143)$$

Im Fall $\underline{Q}_i \neq \underline{0}$ wird (5-142) in der mit (5-143) formal gleichen Form

$$\underbrace{\begin{bmatrix} \underline{z}_i \\ \hline 1 \end{bmatrix}}_{\underline{z}_i^*} = \underbrace{\begin{bmatrix} \underline{U}_i & \underline{Q}_i \\ \hline \underline{0} & 1 \end{bmatrix}}_{\underline{U}_i^*} \underbrace{\begin{bmatrix} \underline{z}_{i-1} \\ \hline 1 \end{bmatrix}}_{\underline{z}_{i-1}^*} \quad (i = 1, \ldots, n) \qquad (5\text{-}144)$$

geschrieben. $\underline{z}_i^*$ und $\underline{U}_i^*$ heißen *erweiterter Zustandsvektor* bzw. *erweiterte Übertragungsmatrix*.
An den äußersten Bereichsgrenzen 0 und n schreiben Randbedingungen jeweils die Hälfte aller Zustandsgrößen in $\underline{z}_0^*$ und in $\underline{z}_n^*$ vor. Die jeweils andere Hälfte ist unbekannt. Die Grundidee des Übertragungsmatrizenverfahrens besteht darin, die aus (5-143) und (5-144) folgenden Gleichungen

$$\left.\begin{aligned} \underline{z}_n &= \underline{U}_n \underline{U}_{n-1} \cdot \ldots \cdot \underline{U}_2 \underline{U}_1 \underline{z}_0 \\ \text{bzw.} \quad & \\ \underline{z}_n^* &= \underline{U}_n^* \underline{U}_{n-1}^* \cdot \ldots \cdot \underline{U}_2^* \underline{U}_1^* \underline{z}_0^* \end{aligned}\right\} \qquad (5\text{-}145)$$

zur Bestimmung der Unbekannten zu verwenden. Aus (5-145) werden Eigenschwingungen, stationäre erzwungene Schwingungen und statische Lastzustände berechnet.

5.14.1 Übertragungsmatrizen für Stabsysteme

Durchlaufträger und Maschinenwellen werden nach Bild 5-63 als Systeme aus masselosen Stabfeldern, Punktmassen und starren Körpern modelliert. Bereichsgrenzen $i = 0, \ldots, n$ werden an beiden Enden jedes Stabfeldes, jeder Punktmasse, jedes starren Körpers, jeder elastischen Stütze (auch wenn sie

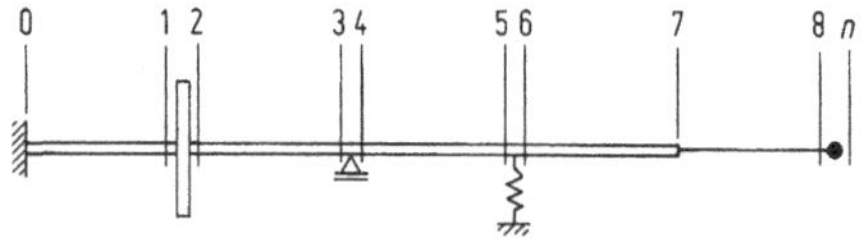

Bild 5-63. Durchlaufträger mit Bereichsgrenzen $0, \ldots, n = 9$

am Stabende liegt) und jedes inneren Lagers und Gelenks definiert. Zur Untersuchung von Vorgängen mit Längsdehnung und Biegung in der x, z-Ebene wird der Zustandsvektor

$$\underline{z}_i = [\,u_i \; N_i \,\vdots\, w_i \; \psi_i \; M_{yi} \; Q_{zi}\,]^{\mathrm{T}} \qquad (5\text{-}146)$$

benötigt (u axiale Verschiebung, N Längskraft, w Durchbiegung, $\psi = -w'$ Drehung, M_y Biegemoment, Q_z Querkraft; Reihenfolge beliebig). Wenn Längsdehnung oder Biegung nicht auftritt, entfallen die entsprechenden Größen. Im Fall von Biegung um die z-Achse und von Torsion treten entsprechende Größen zusätzlich auf.

Erweiterte Übertragungsmatrix des masselosen Stabfeldes. Bild 5-64 zeigt ein masseloses Stabfeld mit seinen Zustandsgrößen an den Feldgrenzen $i-1$ und i und mit eingeprägten Lasten F_{xi}, F_{zi} und q_{zi} = const. Man formuliert drei Gleichgewichtsbedingungen und mithilfe von Tabelle 5-7 drei Kraft-Verschiebungs-Beziehungen. Zwei von ihnen lauten z. B.

$$M_{yi} = M_{yi-1} + Q_{zi-1}l_i - F_{zi}b_i - q_{zi}l_i^2/2\,,$$

$$\psi_i = \psi_{i-1} + \frac{M_{yi}l_i - Q_{zi}l_i^2/2 - F_{zi}a_i^2/2 - q_{zi}l_i^3/6}{E_iI_{yi}}\,. \qquad (5\text{-}147)$$

Die Auflösung aller sechs Gleichungen in der Form (5-144) liefert für $\underline{U}_i$ und $\underline{Q}_i$ die Ausdrücke unten.

Mit diesen Matrizen gilt (5-144) sowohl für statische Lastzustände als auch für die Amplituden von stationären erzwungenen Schwingungen der Form

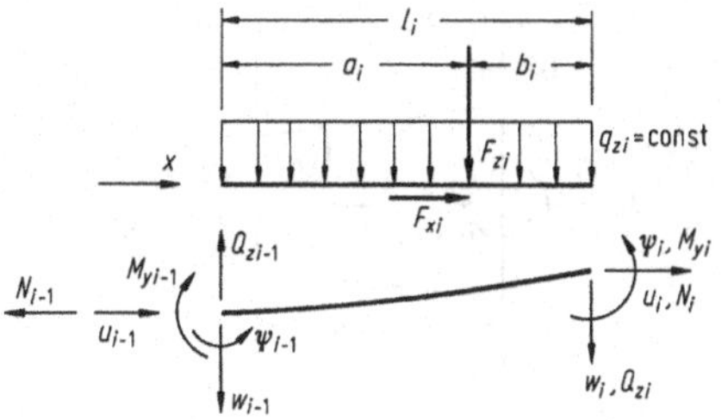

Bild 5-64. Masseloses Stabfeld i mit Zustandsgrößen an den Grenzen $i-1$ und i und mit eingeprägten Kräften

$$\underline{Q}_i(t) = \underline{Q}_i \cos \Omega t\,,$$

$$\underline{z}_{i-1}(t) = \underline{z}_{i-1} \cos \Omega t, \quad \underline{z}_i(t) = \underline{z}_i \cos \Omega t\,,$$

als auch für die Amplituden von freien Schwingungen in irgendeiner Eigenform ($\underline{Q}_i(t) = \underline{0}$, $\underline{z}_{i-1}(t) = \underline{z}_{i-1} \cos \omega t$, $\underline{z}_i(t) = \underline{z}_i \cos \omega t$).

Erweiterte Übertragungsmatrix für starre Körper und Punktmassen. Bild 5-65 zeigt einen starren Körper i mit seinen Zustandsgrößen an den Bereichsgrenzen $i-1$ und i und mit eingeprägten Kräften F_{xi} und F_{zi}. Man formuliert drei Bewegungsgleichungen und drei geometrische Beziehungen. Zwei von ihnen lauten z. B.

$$M_{yi} - M_{yi-1} - Q_{zi}b_i - Q_{zi-1}a_i - F_{zi}c_i = J_{yi}\ddot{\psi}_{i-1},$$

$$\psi_i = \psi_{i-1}\,. \qquad (5\text{-}149)$$

Bei erzwungenen Schwingungen mit der Erregerkreisfrequenz Ω ist im stationären Zustand $\ddot{\psi}_{i-1} = -\Omega^2\psi_{i-1}$. Nach dieser Substitution ist (5-149) eine Gleichung für die Amplituden der Erregerkräfte und der Zustandsgrößen. Bei freien Schwingungen in einer Eigenform gilt das gleiche mit der Eigenkreisfrequenz ω anstelle von Ω. Die Auflösung aller sechs

$$\left.\begin{aligned}
\underline{U}_i &= \begin{bmatrix}
1 & l/(EA) & 0 & 0 & 0 & 0 \\
0 & 1 & 0 & 0 & 0 & 0 \\
0 & 0 & 1 & -l & -l^2/(2EI_y) & -l^3/(6EI_y) \\
0 & 0 & 0 & 1 & l/(EI_y) & l^2/(2EI_y) \\
0 & 0 & 0 & 0 & 1 & l \\
0 & 0 & 0 & 0 & 0 & 1
\end{bmatrix}_i, \\
\underline{Q}_i &= \left[\frac{-F_xb}{EA},\; -F_x \;\vdots\; \frac{F_zb^3}{6EI_y} + \frac{q_zl^4}{24EI_y},\; \frac{-F_zb^2}{2EI_y} - \frac{q_zl^3}{6EI_y},\; -F_zb - \frac{q_zl^2}{2},\; -F_z - q_zl\right]_i^{\mathrm{T}}.
\end{aligned}\right\}(148)$$

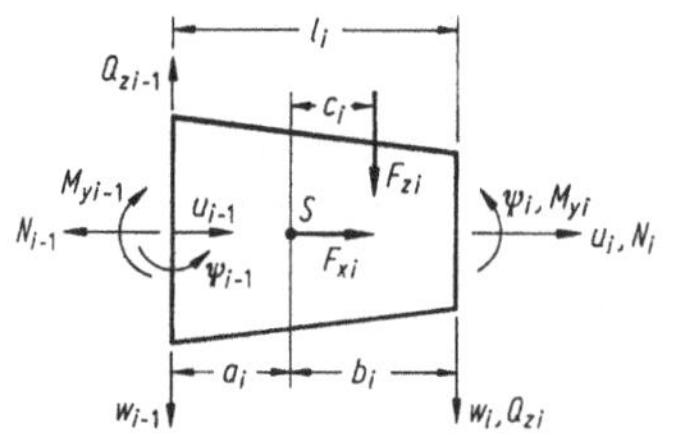

Bild 5-65. Starrer Körper i mit Zustandsgrößen an den Grenzen $i-1$ und i und mit eingeprägten Kräften

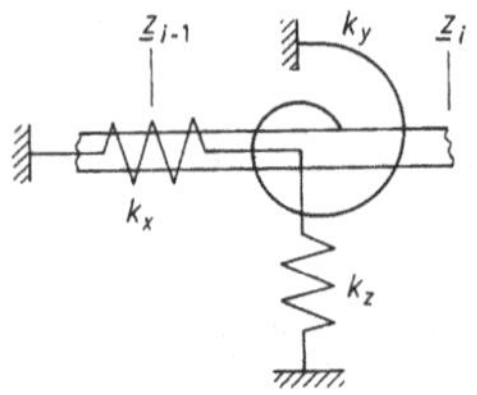

Bild 5-66. Elastische Stütze i mit Bereichsgrenzen $i-1$ und i des Stabes infinitesimal dicht neben der Stütze

Gleichungen in der Form (5-144) liefert für $\underline{U}_i$ und $\underline{Q}_i$ die Ausdrücke

$$\underline{U}_i = \left[\begin{array}{cc|cccc} 1 & 0 & 0 & 0 & 0 & 0 \\ -\Omega^2 m & 1 & 0 & 0 & 0 & 0 \\ \hline 0 & 0 & 1 & -l & 0 & 0 \\ 0 & 0 & 0 & 1 & 0 & 0 \\ 0 & 0 & -\Omega^2 mb & \Omega^2(mab - J_y) & 1 & l \\ 0 & 0 & -\Omega^2 m & \Omega^2 ma & 0 & 1 \end{array}\right]_i ,$$

$$\underline{Q}_i = \left[\begin{array}{c} 0 \\ -F_x \\ \hline 0 \\ 0 \\ -F_z(b-c) \\ -F_z \end{array}\right]_i . \qquad (5\text{-}150)$$

Diese Matrizen sind im Sonderfall $a = b = c = l = 0$, $J_y = 0$ auch für eine Punktmasse gültig.

Erweiterte Übertragungsmatrizen für elastische Stützen. Für die elastische Stütze von Bild 5-66 gelten die Gleichungen $u_i = u_{i-1}$, $w_i = w_{i-1}$, $\psi_i = \psi_{i-1}$ und $N_i = N_{i-1} + k_{xi}u_i$, $M_{yi} = M_{yi-1} + k_{yi}\psi_i$, $Q_{zi} = Q_{zi-1} + k_{zi}w_i$. Die Schreibweise dieser Gleichungen in der Form (5-144) liefert die Ausdrücke

$$\underline{U}_i = \left[\begin{array}{cc|cccc} 1 & 0 & 0 & 0 & 0 & 0 \\ k_x & 1 & 0 & 0 & 0 & 0 \\ \hline 0 & 0 & 1 & 0 & 0 & 0 \\ 0 & 0 & 0 & 1 & 0 & 0 \\ 0 & 0 & 0 & k_y & 1 & 0 \\ 0 & 0 & k_z & 0 & 0 & 1 \end{array}\right]_i , \quad \underline{Q}_i = \underline{0} . \qquad (5\text{-}151)$$

Innere Lager und Gelenke. An jedem Lager und an jedem Gelenk im Innern eines Trägers (Drehgelenk, Schiebehülse usw.) sind einige Zustandsgrößen unmittelbar beiderseits gleich null (z. B. w an einem Gelenklager und M_y an einem Drehgelenk). Die diesen Nullgrößen zugeordneten Zustandsgrößen machen Sprünge unbekannter Größe (z. B. Q_z an einem Gelenklager und ψ an einem Drehgelenk). Alle anderen Zustandsgrößen sind beiderseits gleich (aber i. Allg. nicht gleich null). Alle Gleichungen werden in der Form (5-144) mit den folgenden Ausdrücken für $\underline{U}_i$ und $\underline{Q}_i$ zusammengefasst:

$$\left.\begin{aligned} \underline{U}_i &= \text{Einheitsmatrix} , \\ \underline{Q}_i &= [\text{Sprunggrößen und Nullen}]^{\mathrm{T}} . \end{aligned}\right\} \qquad (5\text{-}152)$$

Jeder unbekannten Sprunggröße in $\underline{Q}_i$ entspricht die zusätzliche Bestimmungsgleichung, dass die zugeordnete Zustandsgröße gleich null ist.

Erzwungene Schwingungen. Bei Durchlaufträgern nach Bild 5-63 sind in (5-45) die Matrizen $\underline{U}_i$ und $\underline{U}_i^*$ ($i = 1, \ldots, n$) vom Typ (5-148), (5-150), (5-151) oder (5-152) mit gegebenen Erregerkraftamplituden und mit einer gegebenen Erregerkreisfrequenz Ω. Jeder unbekannten Sprunggröße in (5-152) ist eine zusätzliche Bestimmungsgleichung zugeordnet. Mit den Randbedingungen $\underline{z}_0$ und $\underline{z}_n$ sind insgesamt ebenso viele Gleichungen wie Unbekannte vorhanden. Die Gleichungen (5-145) sind inhomogen. Sie bestimmen alle unbekannten Schwingungsamplituden als Funktionen von Ω. Nach der Bestimmung von $\underline{z}_0^*$ liefert (5-144) nacheinander $\underline{z}_1^*, \ldots, \underline{z}_{n-1}^*$. $\Omega = 0$ ist der statische Sonderfall. Literatur siehe [43, 44].

Eigenschwingungen. Bei Eigenschwingungen in einer Eigenform sind keine Erregerkräfte vorhanden. Das für erzwungene Schwingungen erläuterte Gleichungssystem ist dann homogen mit Koeffizienten, die statt einer Erregerkreisfrequenz Ω die unbekannte

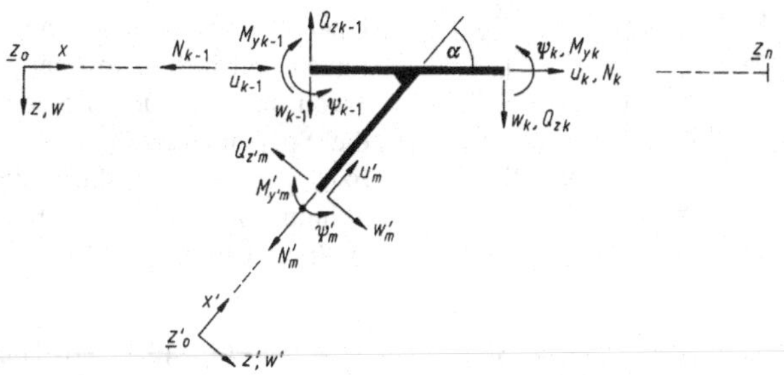

Bild 5-67. Stabverzweigung mit Bereichsgrenzen $k-1$, k und m und mit verschiedenen Koordinatensystemen x, y, z und x', y', z'

Eigenkreisfrequenz ω enthalten. Die Bedingung „Koeffizientendeterminante = 0" liefert alle Eigenkreisfrequenzen (wegen der gewählten Modellierung endlich viele). Zu jeder Eigenkreisfrequenz liefern (5-144) und (5-145) die zugehörige Eigenform. Literatur siehe [43, 44].

Verzweigte Stabsysteme. Bild 5-67 zeigt schematisch einen Stabbereich mit den Bereichsgrenzen $k-1$ und k, dem ein anderer Stab derselben Art starr angeschlossen ist. Dieser Stab hat an seiner Bereichsgrenze m und in seinem eigenen x', y', z'-System einen Zustandsvektor

$$\underline{z}'_m = [\,u'_m\; N'_m \,\vdots\, w'_m\; \psi'_m\; M'_{y'm}\; Q'_{z'm}\,]^{\mathrm{T}}$$

entsprechend (5-146). Für diesen Stab gilt entsprechend (5-145)

$$\underline{z}'_m = \underline{U}'_m \cdot \ldots \cdot \underline{U}'_1 \underline{z}'_0 \quad \text{bzw.} \quad \underline{z}'^*_m = \underline{U}'^*_m \cdot \ldots \cdot \underline{U}'^*_1 \underline{z}'^*_0 \,. \tag{5-153}$$

Für den Stabknoten in Bild 5-67 sind drei Gleichgewichtsbedingungen (z. B. $N_k - N_{k-1} - N'_m \sin\alpha - Q'_{z'm}\cos\alpha = 0$) und die drei Gleichungen $u_k = u_{k-1}$, $w_k = w_{k-1}$, $\psi_k = \psi_{k-1}$ gültig. Sie werden in der Gleichung

$$\underline{z}^*_k = \underline{z}^*_{k-1} + \underline{T}^*_k \underline{z}'^*_m \tag{5-154}$$

zusammengefasst. $\underline{T}^*_k$ ist eine nur von α abhängige Koordinatentransformationsmatrix. Außerdem liefert Bild 5-67 die geometrischen Beziehungen

$$\left.\begin{aligned} u_k &= u'_m \cos\alpha + w'_m \sin\alpha \,, \\ w_k &= -u'_m \sin\alpha + w'_m \cos\alpha \,, \\ \psi_k &= \psi'_m \,. \end{aligned}\right\} \tag{5-155}$$

Mit (5-154) und (5-144) erhält man für das gesamte System aus zwei Stäben statt (5-145 b) die Gleichung

$$\begin{aligned} \underline{z}^*_n = \underline{U}^*_n \underline{U}^*_{n-1} \cdot \ldots \cdot \underline{U}^*_{k+1} \Big[& \underline{U}^*_{k-1} \cdot \ldots \cdot \underline{U}^*_1 \underline{z}^*_0 \\ & + \underline{T}^*_k \underline{U}'^*_m \cdot \ldots \cdot \underline{U}'^*_1 \underline{z}'^*_0 \Big] \,. \end{aligned} \tag{5-156}$$

Mit Randbedingungen für $\underline{z}^*_0$, $\underline{z}'^*_0$ und $\underline{z}^*_n$ und mit (5-155) ist die Zahl der Gleichungen und der Unbekannten wieder gleich groß, sodass die Berechnung von freien und von erzwungenen Schwingungen demselben Schema folgt, wie bei unverzweigten Systemen (siehe [43, 45, 46]).

5.14.2 Übertragungsmatrizen für rotierende Scheiben

Zur Berechnung von Spannungen und Verschiebungen in einer mit ω rotierenden Scheibe veränderlicher Dicke $h(r)$ und mit vom Radius abhängiger Temperaturerhöhung $\Delta T(r)$ (Bild 5-68a) wird das Ersatzsystem von Bild 5-68b mit Scheibenringen $i = 1, \ldots, n$ mit jeweils konstanter Dicke H_i und konstanter Temperaturerhöhung ΔT_i gebildet. Am Radius R_i wird der erweiterte Zustandsvektor $\underline{z}^*_i = [\sigma_r H \; u \; 1]^{\mathrm{T}}_i$ aus Radialspannung σ_r und Radialverschiebung u gebildet. Aus der exakten Lösung $\sigma_r(r)$ und $u(r)$ für den Scheibenring (siehe 5.10.1 und [22]) werden für die Matrizen $\underline{U}_i$ und $\underline{Q}_i$ in (5-144) die folgenden Ausdrücke gewonnen. Darin ist $a = 1 - (R_{i-1}/R_i)^2$.

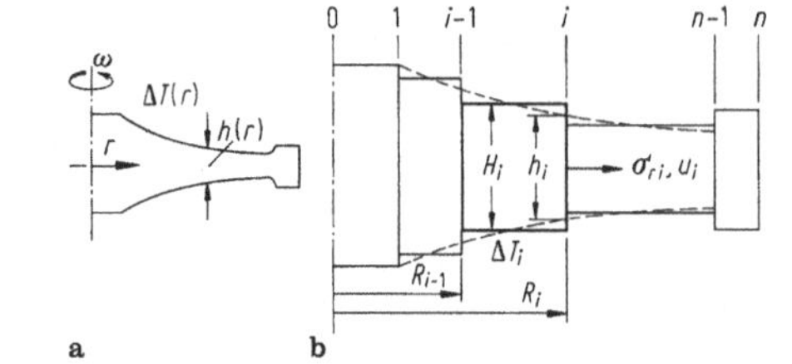

Bild 5-68. Rotierende Scheibe (**a**) und Ersatzsystem (**b**). Bei einer Scheibe ohne Loch (mit Loch vom Radius R_1) sind Randbedingungen für $\underline{z}_0^*$ (bzw. für $\underline{z}_1^*$) vorgeschrieben

$$\underline{U}_i = \begin{bmatrix} 1-(1-\nu)a/2 & EH_ia/(2R_{i-1}) \\ (1-\nu^2)R_ia/(2EH_i) & [1-(1+\nu)a/2]R_i/R_{i-1} \end{bmatrix},$$

$$\underline{Q}_i = \begin{bmatrix} -(H_ia/2)\{(\varrho\omega^2R_i^2/2) \\ \times[1+\nu+(1-\nu)(2-a)/2]+E\alpha\Delta T_i\} \\ -(R_ia/2)\{(1-\nu^2)\varrho\omega^2R_i^2a/(4E) \\ -(1+\nu)\alpha\Delta T_i\} \end{bmatrix}. \tag{5-157}$$

Für den Scheibenbereich zwischen $\underline{z}_0^*$ und $\underline{z}_1^*$ ist

$$\left.\begin{aligned} \underline{U}_1 &= \begin{bmatrix} 1 & 0 \\ (1-\nu)R_1/(EH_1) & 0 \end{bmatrix}, \\ \underline{Q}_1 &= \begin{bmatrix} -(3+\nu)\varrho\omega^2R_1^2H_1/8 \\ -(1-\nu^2)\varrho\omega^2R_1^3/(8E)+R_1\alpha\Delta T_1 \end{bmatrix}. \end{aligned}\right\} \tag{5-158}$$

Bei Scheiben ohne Loch ist die Randbedingung $u_0 = 0$ gegeben. Bei Scheiben mit Loch vom Radius R_1 ist bei R_1 eine Randbedingung gegeben.
Die mittlere Umfangsspannung $\sigma_{\varphi i}$ im Bereich i ($i = 1, \ldots, n$) wird aus der Gleichung

$$\sigma_{\varphi i} = [\nu/H_i \quad Eh_i/(H_iR_i) \quad 0]\underline{z}_i^*$$

berechnet.

5.14.3 Ergänzende Bemerkungen

In [43, 44, 47] sind Kataloge von Übertragungsmatrizen für gebettete Stäbe, kontinuierlich mit Masse behaftete Stäbe, gekrümmte Stäbe, Scheiben, Platten und für viele andere spezielle Systeme zusammengestellt.

Übertragungsmatrizen können wie folgt aus Steifigkeitsmatrizen berechnet werden und umgekehrt. Wenn man an den Bereichsgrenzen $i-1$ und i die Spaltenmatrizen aller Verschiebungen mit $\underline{u}_{i-1}$ bzw. $\underline{u}_i$ und die Spaltenmatrizen aller zugeordneten Schnittgrößen mit $\underline{S}_{i-1}$ bzw. $\underline{S}_i$ bezeichnet, dann stellt die Übertragungsmatrix $\underline{U}_i$ die Beziehung her:

$$\begin{bmatrix} \underline{u}_i \\ \underline{S}_i \end{bmatrix} = \begin{bmatrix} \underline{U}_{11} & \underline{U}_{12} \\ \underline{U}_{21} & \underline{U}_{22} \end{bmatrix} \begin{bmatrix} \underline{u}_{i-1} & \underline{S}_{i-1} \end{bmatrix} \quad \text{oder}$$

$$\underline{z}_i = \underline{U}_i\underline{z}_{i-1}. \tag{5-159}$$

Die stets symmetrische Steifigkeitsmatrix $\underline{K}_i$ desselben Systembereichs stellt die Beziehung her:

$$\begin{bmatrix} -\underline{S}_{i-1} \\ \underline{S}_i \end{bmatrix} = \begin{bmatrix} \underline{K}_{11} & \underline{K}_{12} \\ \underline{K}_{12}^{\mathrm{T}} & \underline{K}_{22} \end{bmatrix} \begin{bmatrix} \underline{u}_{i-1} \\ \underline{u}_i \end{bmatrix} \quad \text{oder}$$

$$\underline{F} = \underline{K}\,\underline{u}. \tag{5-160}$$

Darin steht $-\underline{S}_{i-1}$, weil Steifigkeitsmatrizen nicht mit Schnittgrößen, sondern mit eingeprägten Kräften definiert werden, die an beiden Schnittufern in derselben Richtung als positiv erklärt sind. Der Vergleich von (5-159) und (5-160) liefert die Beziehungen

$$\left.\begin{aligned} \underline{U}_{11} &= -\underline{K}_{12}^{-1}\underline{K}_{11}, & \underline{U}_{12} &= -\underline{K}_{12}^{-1}, \\ \underline{U}_{21} &= \underline{K}_{12}^{\mathrm{T}} - \underline{K}_{22}\underline{K}_{12}^{-1}\underline{K}_{11}, & \underline{U}_{22} &= -\underline{K}_{22}\underline{K}_{12}^{-1}, \\ \underline{K}_{11} &= \underline{U}_{12}^{-1}\underline{U}_{11}, & \underline{K}_{12} &= -\underline{U}_{12}^{-1}, \\ \underline{K}_{22} &= \underline{U}_{22}\underline{U}_{12}^{-1}. \end{aligned}\right\} \tag{5-161}$$

Bei dem schematisch dargestellten System in Bild 5-69 mit den radialen Bereichsgrenzen $i = 0, \ldots, n$ lautet die Randbedingung $\underline{z}_n = \underline{z}_0$. Damit nimmt (5-145a) die Form $(\underline{U}_n \cdot \ldots \cdot \underline{U}_1 - \underline{E})\underline{z}_0 = \underline{0}$ an. Das ergibt für Eigenschwingungen die charakteristische Frequenzgleichung

$$\det[\underline{U}_n \cdot \ldots \cdot \underline{U}_1 - \underline{E}] = 0.$$

Wenn n durch $2m$ ($m = 1, 2, \ldots$) teilbar ist, zeichnen sich alle Eigenformen mit m Knotendurchmessern durch die Randbedingung $\underline{z}_{n/m} = \underline{z}_0$ aus. Die Frequenzgleichung dieser Eigenformen lautet

$$\det[\underline{U}_{n/m} \cdot \ldots \cdot \underline{U}_1 - \underline{E}] = 0.$$

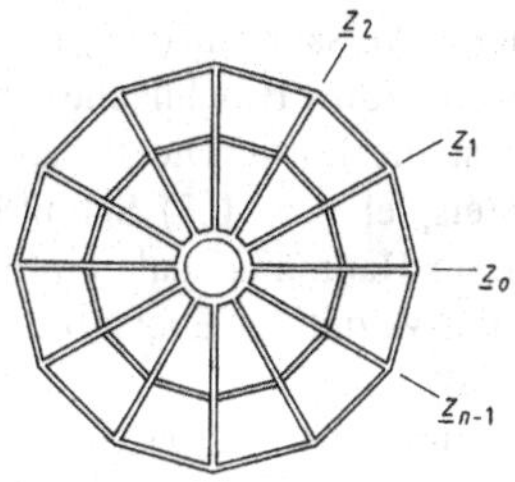

Bild 5-69. Bereichsgrenzen für ein zyklisches System

5.15 Festigkeitshypothesen

Zur Beurteilung der Frage, ob ein durch Hauptnormalspannnungen $\sigma_1, \sigma_2, \sigma_3$ gekennzeichneter Spannungszustand in einem Punkt eines Werkstoffs zum Versagen führt, werden mit *Festigkeitshypothesen* aus den Hauptspannungen *Vergleichsspannungen* $\sigma_V(\sigma_1, \sigma_2, \sigma_3)$ berechnet. Je nach Werkstoffart (Metall, Kunststoff, Faserverbundstoff usw.), je nach Beanspruchungsart (statisch, stoßartig, schwingend) und je nach Versagensart (bei Metallen Fließen oder Sprödbruch) wird σ_V nach verschiedenen Hypothesen berechnet. Der Werkstoff versagt, wenn $\sigma_V(\sigma_1, \sigma_2, \sigma_3)$ einen jeweils zutreffenden Werkstoffkennwert σ_{krit} erreicht. Die Gleichung $\sigma_V(\sigma_1, \sigma_2, \sigma_3) = \sigma_{krit}$ ist ein *Versagenskriterium.* In einem kartesischen Koordinatensystem mit den Achsenbezeichnungen $\sigma_1, \sigma_2, \sigma_3$ definiert die Gleichung eine Fläche, auf der der betreffende Versagensfall eintritt, während in dem Raum $\sigma_V < \sigma_{krit}$ das Versagen nicht eintritt.

Vergleichsspannungen für das Fließen von Metallen bei statischer Belastung: Jeder metallische Werkstoff kann fließen (spröde Werkstoffe z. B. bei der Rockwellprüfung). Nach Tresca ist die Vergleichsspannung

$$\sigma_V = 2\tau_{max} = \sigma_{max} - \sigma_{min} . \qquad (5\text{-}162)$$

Das Tresca-Kriterium für Fließen ist

$$2\tau_{max} = \sigma_{max} - \sigma_{min} = R_e . \qquad (5\text{-}163)$$

Zur Definition von R_e siehe D 9.2.3. Nach Huber und von Mises ist die Vergleichsspannung

$$\sigma_V = \left\{ \frac{1}{2} \left[(\sigma_1 - \sigma_2)^2 + (\sigma_2 - \sigma_3)^2 + (\sigma_3 - \sigma_1)^2 \right] \right\}^{1/2}$$

$$= \left[\sigma_x^2 + \sigma_y^2 + \sigma_z^2 - (\sigma_x\sigma_y + \sigma_y\sigma_z + \sigma_z\sigma_x) + 3(\tau_{xy}^2 + \tau_{yz}^2 + \tau_{zx}^2) \right]^{1/2} . \qquad (5\text{-}164)$$

Beim ebenen Spannungszustand ist

$$\sigma_V = (\sigma_1^2 + \sigma_2^2 - \sigma_1\sigma_2)^{1/2} = (\sigma_x^2 + \sigma_y^2 - \sigma_x\sigma_y + 3\tau_{xy}^2)^{1/2} . \qquad (5\text{-}165)$$

Das Huber/Mises-Fließkriterium ist

$$(\sigma_1 - \sigma_2)^2 + (\sigma_2 - \sigma_3)^2 + (\sigma_3 - \sigma_1)^2 = 2R_e^2 . \qquad (5\text{-}166)$$

Die durch (5-163) und (5-166) definierten Versagensflächen im $\sigma_1, \sigma_2, \sigma_3$-Koordinatensystem heißen Fließflächen. Beide sind Zylinder (mit einem Sechseck- bzw. einem Kreisquerschnitt), dessen Achse die Raumdiagonale $\sigma_1 = \sigma_2 = \sigma_3$ ist (Bild 5-70).

Vergleichsspannungen für den Bruch von Metallen bei statischer Belastung: Jeder metallische Werkstoff kann brechen (duktile Werkstoffe z. B. bei einem hinreichend starken hydrostatischen Spannungszustand $\sigma_1 = \sigma_2 = \sigma_3 > 0$). Nach der sog. logarithmischen Dehnungshypothese [51] ist die Vergleichsspannung $\sigma_V(\sigma_1, \sigma_2, \sigma_3)$ implizit durch die Gleichung bestimmt:

$$b^{[\sigma_1 - \nu(\sigma_2+\sigma_3)]/K} + b^{[\sigma_2 - \nu(\sigma_3+\sigma_1)]/K} + b^{[\sigma_3 - \nu(\sigma_1+\sigma_2)]/K} = b^{\sigma_V/K} + 2b^{-\nu\sigma_V/K}, \quad b = [(1-\nu)/\nu]^{1/(1+\nu)} . \qquad (5\text{-}167)$$

K ist die lineare Trennfestigkeit. Wenn der Werkstoff im Zugversuch ohne Einschnürung bricht, ist $K = R_m$. Das Bruchkriterium lautet $\sigma_V = K$. Die

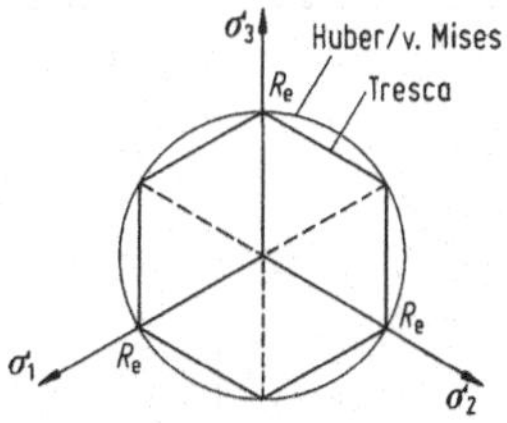

Bild 5-70. Fließflächen nach Huber/v. Mises und Tresca in der Projektion entlang der Diagonale $\sigma_1 = \sigma_2 = \sigma_3$ im Spannungshauptachsensystem

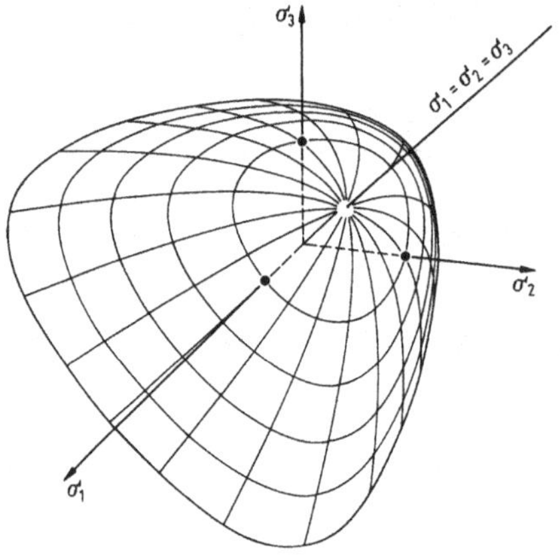

Bild 5-71. Die Bruchfläche für einen Werkstoff mit $\nu = 0,3$ nach der logarithmischen Dehnungshypothese

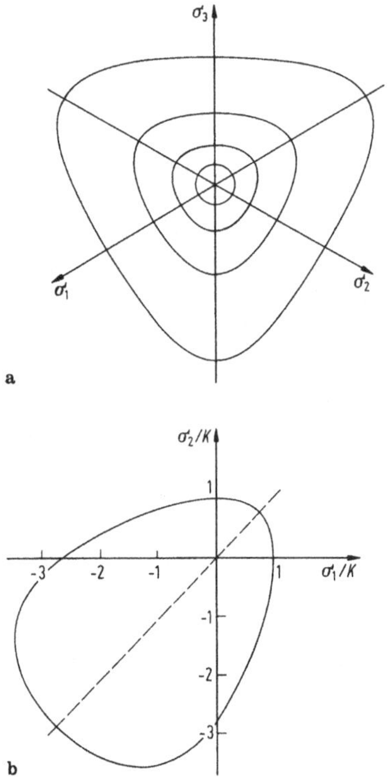

Bild 5-72. Schnittkurven der Bruchfläche von Bild 5-71 (**a**) mit Ebenen normal zur Raumdiagonale $\sigma_1 = \sigma_2 = \sigma_3$ und (**b**) mit der Ebene $\sigma_3 = 0$

dadurch definierte Versagensfläche im $\sigma_1, \sigma_2, \sigma_3$-Koordinatensystem (die Bruchfläche) hat die in Bild 5-71 dargestellte Form. Die Bilder 5-72a und b zeigen (am Beispiel $\nu = 0,3$) Schnittkurven mit Ebenen normal zur Raumdiagonale $\sigma_1 = \sigma_2 = \sigma_3$ bzw. die Schnittkurve mit der Ebene $\sigma_3 = 0$ (ebener Spannungszustand).

Wenn der Spannungszustand $\sigma_1, \sigma_2, \sigma_3$ in einem Werkstoff proportional zu einer einzigen Lastgröße F ist, dann läuft er bei Steigerung von F auf einem vom Ursprung ausgehenden Strahl. Ob der Werkstoff dabei durch Bruch oder durch Fließen versagt, hängt davon ab, welche der beiden Versagensflächen der Strahl zuerst schneidet.

5.16 Kerbspannungen. Kerbwirkung

Unter Spannungskonzentration oder Kerbwirkung versteht man in der Elastizitätstheorie das Auftreten örtlicher Spannungsspitzen in gekerbten, mechanisch beanspruchten Bauteilen. Der Begriff *Kerbe* umfasst die eigentlichen Kerben (Einkerbungen), Löcher und Bohrungen, Querschnittsübergänge bei abgesetzten Stäben und Wellen sowie Nuten und Rillen. Kerben können dementsprechend als Unstetigkeiten (Diskontinuitäten) der Geometrie aufgefasst werden. Beispiele sind in Bild 5-73 dargestellt.

Kerben bewirken i. Allg.

- eine Umlenkung des Kraftflusses,
- eine Spannungserhöhung bzw. Spannungskonzentration,
- einen mehrachsigen Spannnungszustand in der Kerbumgebung,

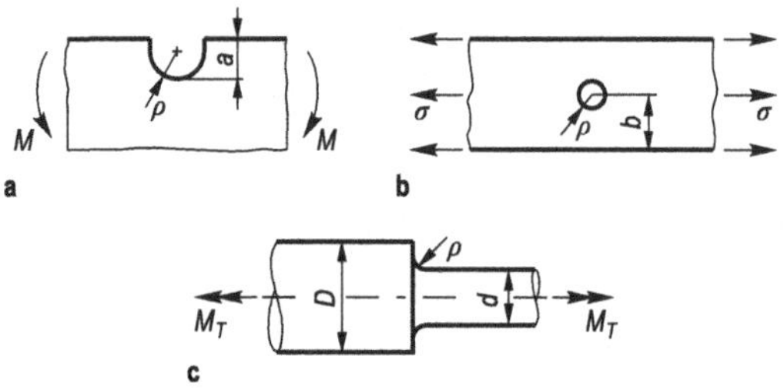

Bild 5-73. Beispiele für Kerben und Kerbwirkung: (**a**) Einkerbung beim Biegebalken, (**b**) Loch oder Bohrung in einem Zugstab, (**c**) abgesetzte Welle unter Torsionsbelastung

- eine Veränderung der Tragfähigkeit von Bauteilen und Strukturen,
- eine Verminderung der Verformungsfähigkeit (Versprödung) von Bauteilen und
- eine Verminderung der Ermüdungs- bzw. Dauerfestigkeit und der Lebensdauer von zyklisch belasteten Strukturen.

5.16.1 Spannungsverteilungen an Kerben

Kerben in belasteten Bauteilen führen in der Regel zu einer Spannungserhöhung und zu einem mehrachsigen Spannungszustand in der Kerbumgebung. Dies ist sowohl bei ebenen als auch bei räumlichen Kerbproblemen der Fall.

Bei einem beidseitig gekerbten Zugstab, Bild 5-74, tritt in der Kerbumgebung ein ebener Spannungszustand mit den Spannungen σ_x, σ_y und τ_{xy} auf. Im Kerbquerschnitt steigt die Spannung $\sigma_y(x)$ zur Kerbe hin an mit der Maximalspannung $\sigma_{\max}$ im Kerbgrund. Zudem existiert im Kerbquerschnitt noch eine Normalspannung $\sigma_x(x)$. Entlang des Kerbrandes (lastfreier Rand) wirkt eine Tangentialspannung $\sigma_t = \sigma_\varphi$.

Bei Stäben und Scheiben unterscheidet man die Sonderfälle *Ebener Spannungszustand* (*ESZ*) und *Ebener Verzerrungszustand* (*EVZ*) mit den Spannungen $\sigma_z = 0$ für den ESZ und $\sigma_z = \nu(\sigma_x + \sigma_y)$ für den EVZ.

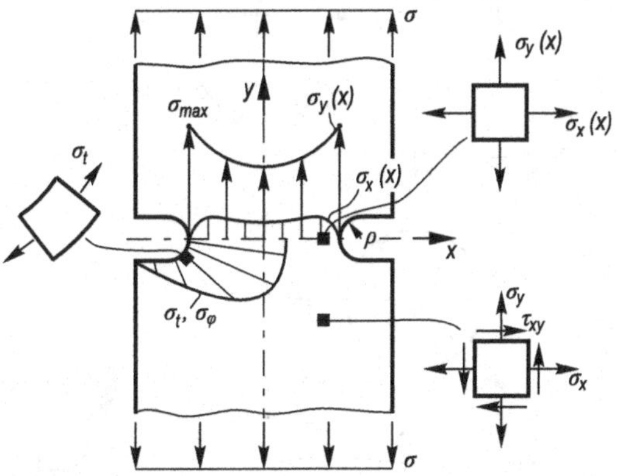

Bild 5-74. Prinzipielle Spannungsverteilung bei einem ebenen Kerbproblem

Bei räumlichen Kerbproblemen tritt bei entsprechenden Geometrie- und Belastungsverhältnissen ein räumlicher Spannungszustand mit sechs Spannungskomponenten auf. In Symmetrieebenen und an freien Oberflächen reduziert sich die Anzahl der Spannungskomponenten. In Symmetrieebenen wirken keine Schubspannungen, an lastfreien Oberflächen treten lediglich ebene oder zweiachsige Spannungszustände auf. Liegt bzgl. der Belastung und der Geometrie eine Rotationssymmetrie vor, Bild 5-75, so treten im Kerbquerschnitt Normalspannungen σ_y in Längsrichtung, σ_r in radialer Richtung und σ_ϑ in Umfangsrichtung und somit ein dreiachsiger Spannungszustand auf.

An der lastfreien Kerboberfläche stellt sich ein zweiachsiger Spannungszustand mit den Spannungen σ_φ und σ_ϑ ein. Die maximale Kerbspannung $\sigma_{\max}$ ergibt sich auch hier im Kerbgrund.

Grundsätzlich sind die Spannungsverteilungen in der Umgebung von Kerben von der Belastung des Bauteils und von der Kerb- und Bauteilgeometrie abhängig.

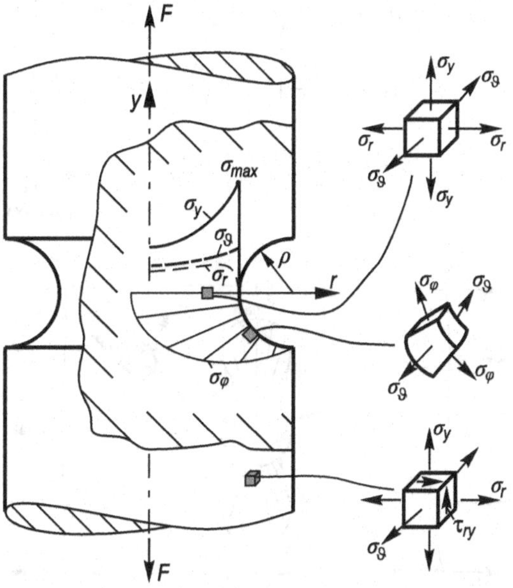

Bild 5-75. Kerbspannungen bei einem rotationssymmetrischen Kerbproblem

5.16.2 Elastizitätstheoretische Lösungen grundlegender Kerbprobleme

Die Ermittlung der Kerbspannungen kann mit

- elastizitätstheoretischen Methoden (siehe auch 5.2, 5.3, 5.10.1 und 5.11.1),
- numerischen Verfahren, z. B. der Finite-Elemente-Methode (siehe 5.13), und
- experimentellen Methoden, wie z. B. der Dehnmessstreifentechnik oder der Spannungsoptik (siehe z. B. D 11.4 und H 3.3) erfolgen.

Grundlegende Kerbprobleme, die mit der Elastizitätstheorie gelöst wurden, stellen z. B. das Kreisloch in einer Scheibe und der Kugelhohlraum in einem Körper bei einachsiger Zugbelastung dar.
Für das Kreisloch mit einem Radius a, das sich in einer unendlich ausgedehnten, durch die Spannung σ belasteten Scheibe befindet, Bild 5-76, lassen sich mit den Polarkoordinaten r, φ die Spannungen in der Umgebung der Kerbe mit den Beziehungen

$$\left.\begin{aligned}\sigma_r &= \frac{\sigma}{2}\left[\left(1-\frac{a^2}{r^2}\right)+\left(1-4\frac{a^2}{r^2}+3\frac{a^4}{r^4}\right)\cos 2\varphi\right],\\ \sigma_\varphi &= \frac{\sigma}{2}\left[\left(1+\frac{a^2}{r^2}\right)-\left(1+3\frac{a^4}{r^4}\right)\cos 2\varphi\right],\\ \tau_{r\varphi} &= -\frac{\sigma}{2}\left(1+2\frac{a^2}{r^2}-3\frac{a^4}{r^4}\right)\sin 2\varphi\end{aligned}\right\} \tag{5-168}$$

ermitteln. Für den Lochrand, d. h. für $r = a$, gilt

$$\sigma_\varphi = \sigma(1 - 2\cos 2\varphi) \tag{5-169}$$

und $\sigma_r = \tau_{r\varphi} = 0$ (Bild 5-76).
Die maximale Kerbspannung tritt jeweils im Kerbgrund, d. h. bei $\varphi = 90°$ und $\varphi = 270°$ auf und beträgt

$$\sigma_{\max} = 3\sigma\,. \tag{5-170}$$

Beim Kugelhohlraum in einem unendlich ausgedehnten Körper, der durch eine Zugspannung σ belastet ist, Bild 5-77, wirkt an der Kerboberfläche ein zweiachsiger Spannungszustand mit den Spannungen σ_φ und σ_ϑ. Diese lassen sich wie folgt errechnen:

$$\left.\begin{aligned}\sigma_\varphi &= \frac{3\sigma}{2(7-5\nu)}(9-5\nu-10\cos^2\varphi)\,,\\ \sigma_\vartheta &= \frac{3\sigma}{2(7-5\nu)}(-1+5\nu-10\nu\cos^2\varphi)\,,\end{aligned}\right\} \tag{5-171}$$

wobei ν die Poisson-Zahl des Materials (siehe z. B. 5.3 und Tabelle 5-1) darstellt.
Die maximale Kerbspannung $\sigma_{\max} = \sigma_{\varphi\max}$ tritt bei $\varphi = 90°$, d. h. am Äquator des Kugelhohlraums auf und beträgt

$$\sigma_{\max} = \frac{3(9-5\nu)}{2(7-5\nu)}\sigma\,. \tag{5-172}$$

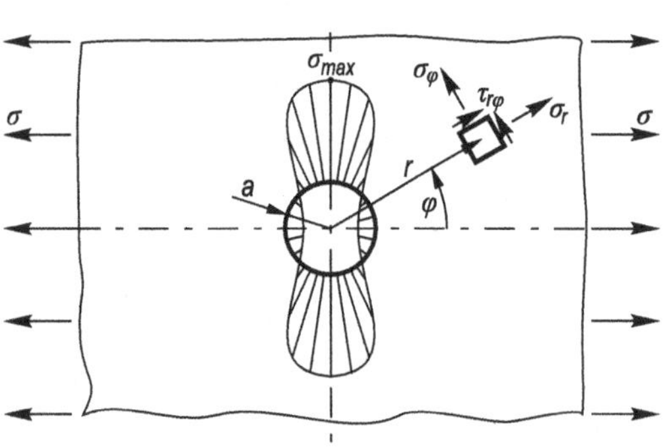

Bild 5-76. Kreisloch in unendlich ausgedehnter Scheibe mit den Kerbspannungen σ_r, σ_φ und $\tau_{r\varphi}$ in der Kerbumgebung und $\sigma_{\max}$ im Kerbgrund

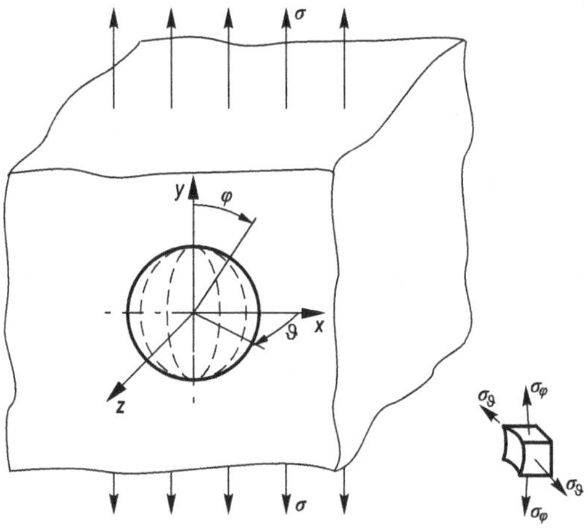

Bild 5-77. Kugelhohlraum in einem zugbelasteten Körper mit den Spannungen σ_φ und σ_ϑ an der Kerboberfläche

Für $\nu = 0{,}3$, d. h. für viele Metalle, ergibt sich somit

$$\sigma_{max} = 2{,}045\sigma\,. \qquad (5\text{-}173)$$

Weitere Kerblösungen sind in [18, 33, 53] angegeben.

5.16.3 Kerbfaktoren

In der technischen Praxis werden die maximalen Kerbspannungen häufig durch Kerbfaktoren beschrieben. Dabei wird σ_{max} auf eine Nennspannung, z. B. die mittlere Spannung im Kerbquerschnitt, bezogen. Für einen Zugstab, siehe z. B. Bild 5-78, ergibt sich der Kerbfaktor

$$\alpha = \frac{\sigma_{max}}{\sigma_N}\,, \qquad (5\text{-}174)$$

wobei für die Nennspannung z. B. $\sigma_N = F/A_{min}$ gilt. Bei Biegebelastung eines Balkens oder einer Welle durch ein Biegemoment M_B gilt häufig die Nennspannungsdefinition $\sigma_N = M_B/W_{min}$, wobei $W_{min} = W_y$ das Widerstandsmoment gegen Biegung für den Kerbquerschnitt (den engsten Querschnitt im Bauteil) darstellt.

Bei Torsionsbelastung einer gekerbten oder abgesetzten Welle ergibt sich der Kerbfaktor

$$\alpha = \frac{\tau_{max}}{\tau_N}\,, \qquad (5\text{-}175)$$

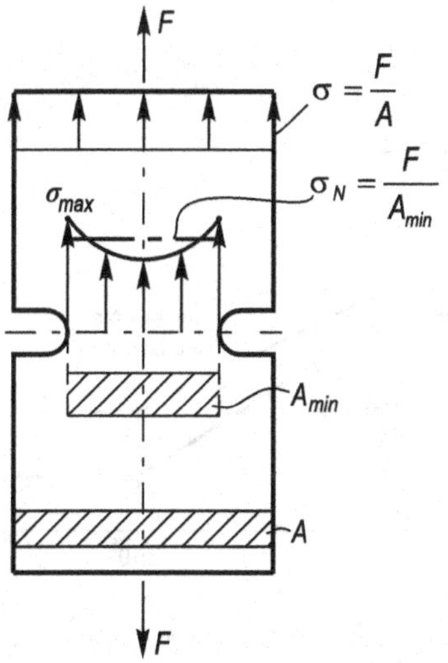

Bild 5-78. Zur Definition der Kerbfaktoren bei einem Zugstab

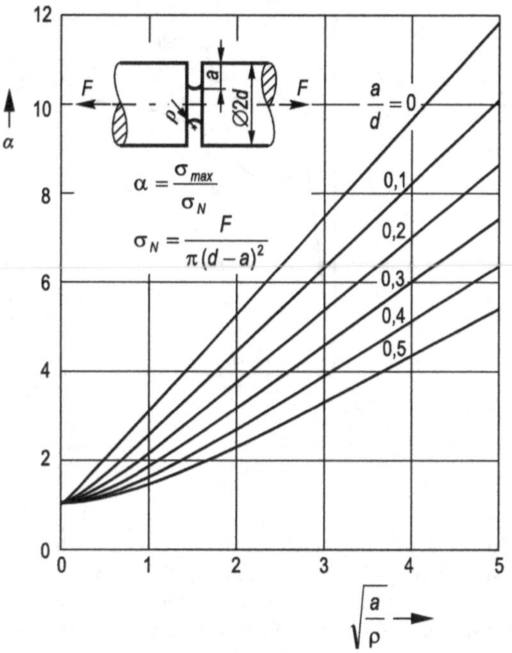

Bild 5-79. Kerbfaktordiagramm für einen Zugstab bzw. eine zugbelastete Welle mit Umdrehungsaußenkerbe

wobei die an der Kerbe auftretende maximale Schubspannung τ_{max} auf die Nennschubspannung τ_N bezogen wird. Ist die Welle durch ein Torsionsmoment M_T belastet, so gilt i. Allg. die Nennschubspannung $\tau_N = M_T/W_{p\,min}$ mit $W_{p\,min}$ als dem polaren Widerstandmoment im engsten Querschnitt.

Kerbfaktoren können somit als dimensionslose Darstellung der maximalen Kerbspannung eines Kerbproblems aufgefasst werden. Sie werden für einfache Bauteile und Strukturen i. Allg. in so genannten Kerbfaktordiagrammen dargestellt. Beispielhaft zeigt Bild 5-79 ein Kerbfaktordiagramm für einen Zugstab mit Umdrehungsaußenkerbe. Weitere Kerbfaktordiagramme findet man z. B. in [49, 54–56].

5.16.4 Kerbwirkung

Neben der Umlenkung des Kraftflusses (Kraftdurchfluss durch das Bauteil), der Spannungserhöhung bzw. Spannungskonzentration an der Kerbe und dem Auftreten eines mehrachsigen Spannungszustands

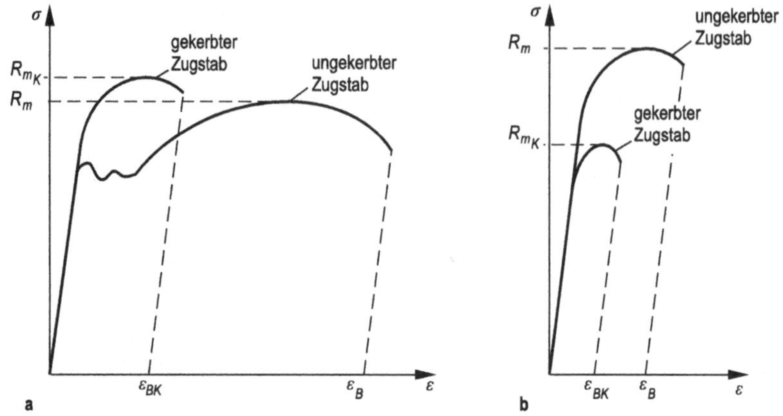

Bild 5-80. Einfluss von Kerben auf die Traglast und die Verformungsfähigkeit von Bauteilen. (**a**) Kerbwirkung bei Zugbelastung von Strukturen aus zähen Materialien und (**b**) Kerbwirkung bei Bauteilen aus hochfesten Materialien

in der Kerbumgebung, bewirken Kerben auch eine Veränderung der Tragfähigkeit und eine Verminderung der Verformungsfähigkeit von Bauteilen und Strukturen sowie eine Verminderung der Zeit- und Dauerfestigkeit bei zyklisch belasteten Strukturen.
Bei Zugversuchen mit Stäben aus zähen Materialien zeigt sich infolge der Kerbwirkung eine Veränderung der Tragfähigkeit und eine wesentliche Verminderung der Verformungsfähigkeit, Bild 5-80a. Unter bestimmten Voraussetzungen kann bei statischer Belastung die Tragfähigkeit durch die Kerbe leicht gesteigert werden. Eine erhebliche Verminderung der Tragfähigkeit bzw. der Traglast (siehe Kapitel 6.3) tritt jedoch bei gekerbten Bauteilen aus hochfestem oder sprödem Material ein, Bild 5-80b. Auch hier wird die Verformungsfähigkeit bzw. die Bruchdehnung ε_B durch die Kerbe erheblich vermindert. Dies bedeutet, dass bei gekerbten Bauteilen die Sprödbruchgefahr steigt.
Kerben wirken sich auch negativ auf die Zeit- bzw. Dauerfestigkeit einer zyklisch (schwingend) belasteten Struktur aus. Dies wird u. a. aus dem Wöhlerdiagramm deutlich, Bild 5-81. So ist die Dauerfestigkeit σ_{AK} für eine gekerbte Probe erheblich geringer als die Dauerfestigkeit σ_A für eine ungekerbte Probe.
Dieser Abfall der Dauerfestigkeit wird durch die Kerbwirkungszahl β_K ausgedrückt, die wie folgt definiert ist:

$$\beta_K = \frac{\sigma_A}{\sigma_{AK}}. \qquad (5\text{-}176)$$

Die Werte für β_K sind infolge der Stützwirkung des Materials kleiner als der Kerbfaktor α. Die Stützwirkung ist dabei abhängig von dem Spannungsgefälle an der Kerbe und von Materialeigenschaften. Mit einer Stützziffer n_χ, die z. B. nach einem Verfahren von Siebel bestimmt werden kann, lässt sich die Kerbwirkungszahl aus dem Kerbfaktor α errechnen:

$$\beta_K = \frac{\alpha}{n_\chi} \qquad (5\text{-}177)$$

(siehe auch [49, 54, 55]).

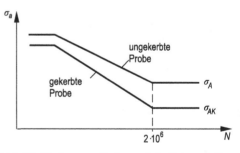

Bild 5-81. Einfluss von Kerben auf die Zeit- und Dauerfestigkeit von zyklisch belasteten Bauteilen. Darstellung im Wöhlerdiagramm

6 Plastizitätstheorie. Bruchmechanik

6.1 Grundlagen der Plastizitätstheorie

Die Plastizitätstheorie beschreibt das Verhalten von (vornehmlich metallischen) Werkstoffen unter Spannungen an der Fließgrenze. Ein plastifiziertes Werkstoffvolumen fließt je nach seinen Randbedingungen entweder unbeschränkt (z. B. beim Fließpressen) oder eingeschränkt (z. B. in der Umgebung einer Rissspitze mit umgebendem elastischem Werkstoff) oder gar nicht (z. B. bei starrer Einschließung). Stoffgesetze für den plastischen Bereich setzen Spannungen σ_{ij} mit Verzerrungsinkrementen $\mathrm{d}\varepsilon_{ij}$ in Beziehung. Es ist üblich, mit der Zeit t als Parameter durch die Gleichung $\mathrm{d}\varepsilon_{ij} = \dot{\varepsilon}_{ij}\,\mathrm{d}t$ Verzerrungsgeschwindigkeiten $\dot{\varepsilon}_{ij}$ einzuführen, obwohl die Spannungen geschwindigkeitsunabhängig sind (siehe (6-4) und (6-6)). $\dot{\varepsilon}_{ij}$ ist analog zu (5-2) mit den Fließgeschwindigkeitskomponenten v_1, v_2 und v_3 definiert als

$$\dot{\varepsilon}_{ij} = \frac{1}{2}\left(\frac{\partial v_i}{\partial x_j} + \frac{\partial v_j}{\partial x_i}\right) \quad (i, j = 1, 2, 3) \qquad (6\text{-}1)$$

(in diesem Kapitel werden kartesische Koordinaten x_1, x_2, x_3 genannt, Spannungen nicht σ_x, τ_{xy} usw., sondern σ_{11}, σ_{12} usw. und Verzerrungen nicht ε_x, γ_{xy} usw., sondern ε_{11}, $2\varepsilon_{12}$ usw.; vgl. (5-2)). Trägheitskräfte spielen allenfalls bei extrem schnellen Umformvorgängen eine Rolle (Explosivumformung, Hochgeschwindigkeitshämmern; siehe [1]).

6.1.1 Fließkriterien

In (5-163) und (5-166) wurden die Fließkriterien von Tresca bzw. von Huber/v. Mises angegeben (siehe auch Bild 5-70). Weitere Fließkriterien werden in [2–4] diskutiert. In der Plastizitätstheorie wird die Fließspannung nicht mit R_e bezeichnet, sondern mit Y (yield stress) und manchmal mit k_f. Sie wird auch Formänderungsfestigkeit genannt. Werkstoffe mit $Y = \text{const}$ heißen *ideal-plastisch*. Bei Werkstoffen mit Verfestigung wird Y als Funktion einer *Vergleichsformänderungsgeschwindigkeit* $\dot{e}$ und der *Vergleichsformänderung* $e = \int \dot{e}\,\mathrm{d}t$ angesetzt. Übliche Annahmen sind eine lineare Funktion von e bei Kaltumformung und eine lineare Funktion von $\dot{e}$ bei Warmumformung. Außerdem ist Y temperaturabhängig.

6.1.2 Fließregeln

Wenn das Fließkriterium erfüllt ist, finden Spannungsumlagerungen und den Randbedingungen entsprechend Fließvorgänge statt, die durch *Fließregeln* beschrieben werden. Die wichtigsten Fließregeln sind die von Prandtl/Reuß [5] und von St.-Venant/Levy/von Mises [3, 5] und die Fließregel zum Tresca-Kriterium (5-163). Weitere Fließregeln werden in [3] diskutiert.

Prandtl-Reuß-Gleichungen. Diese Theorie berücksichtigt den elastischen Verzerrungsanteil im plastischen Bereich. Sie eignet sich deshalb besonders für Vorgänge mit eingeschränkter plastischer Verformung. Die Grundannahmen der Theorie sind (a) das Hooke'sche Gesetz für den elastischen Verzerrungsanteil, (b) Inkompressibilität für den plastischen Anteil und (c) Proportionalität zwischen dem Spannungsdeviator $\underline{\sigma}^*$ (siehe 5-13) und dem Inkrement des plastischen Anteils des Verzerrungsdeviators $\underline{\varepsilon}^*$ (analog zu (5-13) wird in (5-2) $\underline{\varepsilon} = \underline{\varepsilon}_{\mathrm{m}} + \underline{\varepsilon}^*$ mit $\varepsilon_{\mathrm{m}} = (\varepsilon_{11} + \varepsilon_{22} + \varepsilon_{33})/3$ geschrieben). Daraus folgen die Prandtl-Reuß'schen Gleichungen

$$\left.\begin{aligned} \dot{\sigma}^*_{ij} &= 2G\left[\dot{\varepsilon}^*_{ij} - 3\sigma^*_{ij}\sum_{k,l=1}^{3}\sigma^*_{kl}\dot{\varepsilon}^*_{kl}/(2Y^2)\right] \\ &\quad (i, j = 1, 2, 3) \\ \dot{\sigma}_{\mathrm{m}} &= \dot{\varepsilon}_{\mathrm{m}}E/(1 - 2\nu)\,. \end{aligned}\right\} \qquad (6\text{-}2)$$

Sie gelten, wenn das Fließkriterium (5-166) erfüllt und außerdem $\sum_{k,l=1}^{3}\sigma^*_{kl}\dot{\varepsilon}^*_{kl} > 0$ ist. Andernfalls gilt das Hooke'sche Gesetz, das man auch in der Form $\sigma^*_{ij} = 2G\varepsilon^*_{ij}$ $(i, j = 1, 2, 3)$ schreiben kann. Aus (6-2) folgt, dass die Spannungen von der Geschwindigkeit eines Fließvorgangs unabhängig sind, und dass der Spannungszustandspunkt in Bild 5-70 auf oder in dem Kreiszylinder bleibt. Gleichungen (6-1), (6-2), die Gleichgewichtsbedingungen (5-16),

$$\sum_{j=1}^{3}\frac{\partial\sigma_{ij}}{\partial x_j} = 0 \quad (i = 1, 2, 3)\,, \qquad (6\text{-}3)$$

und Randbedingungen legen in plastischen Zonen die 15 Funktionen σ_{ij}, $\dot{\varepsilon}_{ij}$ und v_i $(i, j = 1, 2, 3)$ eindeutig fest [3].

Fließregel von Saint-Venant/Levy/von Mises. Diese Theorie macht dieselben Annahmen (b) und (c), wie die Theorie von Prandtl/Reuß und darüber hinaus die Annahme, dass der elastische Verzerrungsanteil im plastischen Bereich gleich null ist (starr-plastisches Werkstoffverhalten). Die Theorie ist deshalb besonders für Vorgänge mit unbeschränktem plastischem Fließen geeignet. Sie führt auf die Fließregel (siehe [3])

$$Y\dot{\varepsilon}_{ij} = \sigma^*_{ij}\left[\frac{3}{2}\sum_{k,l=1}^{3}\dot{\varepsilon}^2_{kl}\right]^{1/2} \quad (i, j = 1, 2, 3)\,. \qquad (6\text{-}4)$$

Sie gilt, solange das Fließkriterium (5-166) erfüllt ist. Aus (5-166) und (6-4) folgt, dass die Spannungen von der Geschwindigkeit eines Fließvorgangs unabhängig sind, und dass der Spannungszustandspunkt in Bild 5-70 auf oder in dem Kreiszylinder bleibt. Aus den $\dot{\varepsilon}_{ij}$ ergibt sich die Vergleichsformänderungsgeschwindigkeit

$$\dot{e} = \left[\frac{2}{3}\sum_{k,l=1}^{3}\dot{\varepsilon}^2_{kl}\right]^{1/2} \qquad (6\text{-}5)$$

(ein einachsiger plastischer Spannungszustand mit den Hauptverzerrungsgeschwindigkeiten $\dot{\varepsilon}_1 = \dot{e}$, $\dot{\varepsilon}_2 = \dot{\varepsilon}_3 = -\dot{e}/2$ hat dieselbe Leistungsdichte). Aus $\dot{e}$, e und der Temperatur wird bei Werkstoffen mit Verfestigung Y berechnet. Die Gleichungen (6-1), (6-3), (6-4) und Randbedingungen legen in plastischen Zonen die 15 Funktionen σ_{ij}, $\dot{\varepsilon}_{ij}$ und v_i $(i, j = 1, 2, 3)$ eindeutig fest [3]. Numerische Lösungsverfahren mit finiten Elementen siehe in [3, 6, 7].
Die Fließregel zum Tresca-Kriterium (5-163) lautet

$$\dot{\varepsilon}_{\max} = -\dot{\varepsilon}_{\min}\,, \quad \dot{\varepsilon}_{\text{mittel}} = 0\,, \quad \dot{e} = \dot{\varepsilon}_{\max}\,. \qquad (6\text{-}6)$$

Auch sie bedeutet Volumenkonstanz und in Bild 5-70, dass der Spannungszustandspunkt auf oder in dem Sechskantzylinder bleibt. Die Fließregel (6-6) lässt im Gegensatz zu (6-4) die Hauptverzerrungsgeschwindigkeiten $\dot{\varepsilon}_1$, $\dot{\varepsilon}_2$ und $\dot{\varepsilon}_3$ unbestimmt.

6.1.3 Gleitlinien

Im Sonderfall des ebenen Spannungsproblems mit Y = const führt sowohl (5-166) als auch (5-163) zusammen mit (6-3) auf zwei hyperbolische Differenzialgleichungen für σ_{11} und σ_{12}, deren Charakteristiken ein orthogonales Netz von sog. *Gleitlinien* (Linien extremaler Schubspannung von überall gleichem Betrag $Y/2$) bestimmen. Geschlossene Lösungen sind nur für einige spezielle Fälle bekannt, z. B. für ebenes Fließpressen ohne Wandreibung und mit 50% Dickenabnahme (Bild 6-1, siehe [3, 5, 7]).

6.2 Elementare Theorie technischer Umformprozesse

6.2.1 Schrankensatz für Umformleistung

Bei technischen Umformprozessen in Werkzeugen bilden sich in der Umformzone unter dem Einfluss von Spannungs- und Fließgeschwindigkeitsrandbedingungen Spannungsfelder $\sigma_{ij}(x_1, x_2, x_3)$ und Fließgeschwindigkeitsfelder $\boldsymbol{v}(x_1, x_2, x_3)$, die durch Fließkriterium und Fließregel bestimmt sind. In der *elementaren Umformtheorie* wird die Fließregel durch den Ansatz einer Näherungslösung $\boldsymbol{v}^*(x_1, x_2, x_3)$ für das wahre Geschwindigkeitsfeld $\boldsymbol{v}(x_1, x_2, x_3)$ überflüssig gemacht. Der Ansatz $\boldsymbol{v}^*(x_1, x_2, x_3)$ muss alle Geschwindigkeitsrandbedingungen erfüllen, d. h. kinematisch zulässig sein. Aus $\boldsymbol{v}^*$ ergibt sich mit (6-1) $\dot{\varepsilon}^*_{ij}(x_1, x_2, x_3)$ und damit aus (6-5) oder (6-6) die Vergleichsformänderungsgeschwindigkeit $\dot{e}^*(x_1, x_2, x_3)$. Mit $\dot{e}^*(x_1, x_2, x_3)$

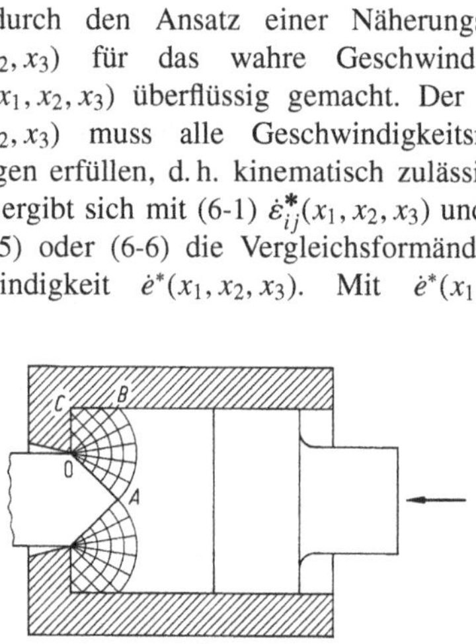

Bild 6-1. Gleitlinienfeld beim ebenen Fließpressen mit 50% Dickenabnahme. Im Fächer *OAB* wird der Werkstoff plastisch umgeformt. Die Zone *OBC* ist plastifiziert, aber starr. Die anderen Zonen oberhalb der Symmetrieachse sind nicht plastifiziert

wird bei bekannter Formänderungsfestigkeit Y die Umformleistung P_V^* im Volumen V der Umformzone berechnet:

$$P_V^* = \int_V Y\dot{\varepsilon}^*(x_1, x_2, x_3)\,\mathrm{d}V\,.$$

Dieser Ausdruck liefert eine obere Schranke für die erforderlichen Umformkräfte und damit für die Leistung der Maschine. Es gilt nämlich der

Schrankensatz: Die Leistung P^* der unbekannten, wahren Oberflächenkräfte $\boldsymbol{\sigma}\,\mathrm{d}A$ am Volumen V bei den angenommenen, kinematisch zulässigen Geschwindigkeiten $\boldsymbol{v}^*$ an der Oberfläche ist kleiner oder gleich P_V^*:

$$P^* = \int_A \boldsymbol{\sigma}\cdot\boldsymbol{v}^*\,\mathrm{d}A \leqq \int_V Y\dot{\varepsilon}^*\,\mathrm{d}V\,. \tag{6-7}$$

Zur Begründung und zu Anwendungsbeispielen des Satzes siehe [1, 3].

Beispiel 6-1: Beim Drahtziehen durch eine Düse ohne Wandreibung ist $P^* = F_A v_A^*$ (F_A Zugkraft, v_A^* Austrittsgeschwindigkeit). Damit liefert (6-7) eine obere Schranke für F_A.

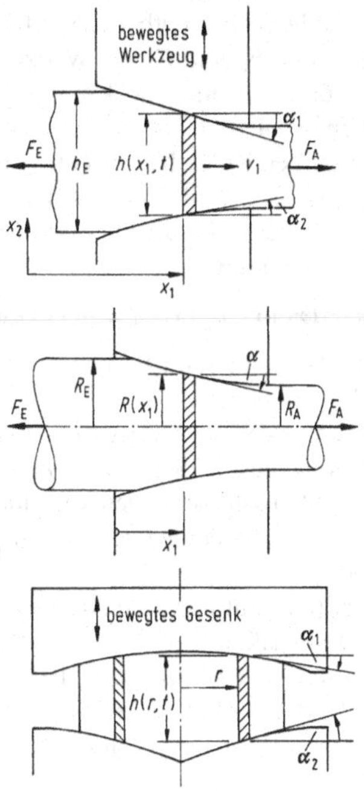

Bild 6-2. **a** Streifenmodell, **b** Scheibenmodell und **c** Röhrenmodell der elementaren Umformtheorie

6.2.2 Streifen-, Scheiben- und Röhrenmodell

Bei ebener Umformung nach Bild 6-2a zwischen ruhenden oder bewegten Werkzeughälften mit der gegebenen Spalthöhe $h(x_1, t)$ und mit gegebenen Winkeln $\alpha_1(x_1) \ll 1$ und $\alpha_2(x_1) \ll 1$ besteht der Ansatz für das Geschwindigkeitsfeld $\boldsymbol{v}^*$ in der Annahme, dass der schraffierte, infinitesimal schmale Streifen bei der Bewegung durch den Spalt eben bleibt und homogen umgeformt wird. Bei axialsymmetrischer Umformung nach Bild 6-2b durch eine Düse mit dem Radius $R(x_1)$ wird dieselbe Annahme für die schraffierte Kreisscheibe getroffen. Bei axialsymmetrischem Schmieden nach Bild 6-2c zwischen zwei Gesenken mit der gegebenen Höhe $h(r, t)$ wird angenommen, dass die schraffierte Zylinderröhre bei ihrer Stauchung und Aufweitung zylindrisch bleibt und homogen umgeformt wird. Alle drei Modelle führen auf eine gewöhnliche Differenzialgleichung vom Typ

$$\frac{\mathrm{d}\sigma_1}{\mathrm{d}x_1} + \sigma_1 f(x_1, t) = Y g(x_1, t) \tag{6-8}$$

für eine Spannung σ_1. Begründung am Streifenmodell von Bild 6-2a: x_1 und x_2 sind Hauptachsen für σ_{ij} und $\dot{\varepsilon}_{ij}$. σ_1 und σ_2 hängen nur von x_1 ab. Wegen (5-163) gilt $\sigma_1 - \sigma_2 = Y$. Gleichung (6-8) drückt das Kräftegleichgewicht am Streifen von Bild 6-2a mit Wandreibungskräften aus. Dabei ist

$$f(x_1, t) = \frac{\mu_1 + \mu_2}{h(x_1, t)}\,,$$
$$g(x_1, t) = \frac{\mu_1 + \mu_2 + \alpha_1(x_1) + \alpha_2(x_2)}{h(x_1, t)}\,.$$

Beim Scheibenmodell von Bild 6-2b ist

$$f(x_1) = \frac{2\mu}{R(x_1)}\,,$$
$$g(x_1) = \frac{2[\mu + \alpha(x_1)]}{R(x_1)}\,.$$

Beim Röhrenmodell von Bild 6-2c sind f und g dieselben Funktionen wie für Bild 6-2a. Die Variablen sind aber $x_1 = r$ und $\sigma_1 = \sigma_r$. Bei der Integration von (6-8) sind folgende Umstände zu beachten:

- Die Randbedingungen enthalten bei Bild 6-2a und b die Zugkräfte F_E und F_A am Werkstoffein- bzw. Auslauf, von denen eine unbekannt ist.
- An Stellen x_1 in Bild 6-2a, b oder c, wo $h(x_1, t)$ oder $R(x_1)$ einen Knick hat, macht σ_1 einen endlichen Sprung $\Delta\sigma_1$, weil dort eine unendlich große Schergeschwindigkeit auftritt. Beim Scheibenmodell ist dieser Sprung

$$\Delta\sigma_1 = \sigma_1(x_1+) - \sigma_1(x_1-) = -(Y/3)\Delta\alpha \operatorname{sgn} v_1 \ .$$

Beim Streifen- und beim Röhrenmodell steht $Y/4$ statt $Y/3$ in der Formel.
- Umkehrpunkte der Werkstoffgeschwindigkeit relativ zum Werkzeug heißen *Fließscheiden*. Beiderseits einer Fließscheide gelten verschiedene Gleichungen (6-8) mit entgegengesetzten Vorzeichen der Reibbeiwerte μ.
- Gleichung (6-8) gilt nur, wenn der Werkstoff nicht am Werkzeug haftet.
- Bei Werkstoff mit Verfestigung ist $Y = Y(\dot{e}, e)$. In Bild 6-2b erfordert die Kontinuitätsgleichung $v_1(x_1) = v_{1E}R_E^2/R^2(x_1)$. Daraus folgt mit (6-1) und (6-6)

$$\dot{e}(x_1) = \frac{2|v_{1E}|R_E^2 \tan\alpha(x_1)}{R^3(x_1)}$$

und

$$e(x_1) = \int \dot{e}\,\mathrm{d}t = \int \left(\frac{\dot{e}}{v_1}\right)\mathrm{d}x_1 = 2\int \frac{\tan\alpha(x_1)}{R(x_1)}\,\mathrm{d}x_1 = 2\ln\frac{R(x_1)}{R_E} \ .$$

Damit ist Y als Funktion von x_1 bekannt. In Bild 6-2 a und c ist

$$\dot{e} = \frac{|\mathrm{d}h/\mathrm{d}t|}{h} = \frac{\partial h/\partial t + v_1(\tan\alpha_1 - \tan\alpha_2)}{h} \ ,$$

und im Sonderfall $\alpha_1(x_1) \equiv \alpha_2(x_1)$ ist

$$\dot{e} = \frac{\partial h/\partial t}{h} \ , \qquad e = \ln\frac{h_E}{h} \ .$$

Beispiel 6-2: Beim Drahtziehen durch eine konische Düse mit $\alpha = \text{const}$ ist (6-8) in geschlossener Form integrierbar. Für die erforderliche Zugkraft F_A erhält man für $Y = \text{const}$ die *Siebel'sche Formel*

$$F_A = \pi R_A^2 Y[2(1 + \mu/\alpha)\ln(R_E/R_A) + 2\alpha/3] \ .$$

Weitere Anwendungen auf das Ziehen, Schmieden und Walzen siehe in [1, 3, 8].

6.3 Traglast

Statisch unbestimmte Systeme können, wenn sie nicht durch Knicken, Kippen oder Beulen versagen, bei monotoner Laststeigerung über ihre Elastizitätsgrenze hinaus belastet werden, ohne zusammenzubrechen. Bei elastisch-ideal-plastischem Werkstoff erfolgt der Zusammenbruch erst bei der sog. *Traglast*, bei der das System durch Ausbildung von ausreichend vielen Fließzonen zu einem Mechanismus wird. Das Verhältnis von Traglast zu Last an der Elastizitätsgrenze heißt *plastischer Formfaktor* α des Systems und $\alpha - 1$ *plastische Lastreserve*. Die Definition setzt voraus, dass alle Lasten am System monoton und proportional zueinander anwachsen. Bei einem Werkstoff mit Verfestigung existiert keine ausgeprägte Traglast. Versagen tritt vielmehr durch unzulässig große Deformationen ein.

6.3.1 Fließgelenke. Fließschnittgrößen

Die Traglast eines Systems bleibt unverändert, wenn man die E-Module aller Systemteile mit derselben, beliebig großen Zahl multipliziert, sodass man bei der Berechnung auch starr-plastisches Verhalten annehmen kann (wenn gesichert ist, dass die tatsächlichen Deformationen eine Theorie 1. Ordnung erlauben). Bei Erreichen der Traglast wird das System ein Mechanismus aus starren Gliedern, die durch Fließzonen mit darin wirkenden *Fließschnittgrößen* „gelenkig“ verbunden sind. Zugstäbe werden auf ganzer Länge plastisch. Ihre Fließschnittgröße ist die Längskraft $N_F = AY$. Biegestäbe bilden am Ort des maximalen Biegemoments eine plastische Zone aus, die man sich für Traglastrechnungen punktförmig als sog. *Fließgelenk* mit Fließschnittgrößen N_F, Q_F und M_F vorstellt. Wenn man Q_F vernachlässigt, liegt ein einachsiges Spannungsproblem vor. Der vollplastische Querschnitt ist dann nach Bild 6-3a durch eine Gerade in zwei Teilflächen A_1 und A_2 mit Schwerpunkten S_1 bzw. S_2 und mit Spannungen $+Y$ bzw. $-Y$ geteilt. Bei gerader und bei schiefer Biegung erfordert das Momentengleichgewicht, dass S_1 und S_2 auf der zu M_F orthogonalen ζ-Achse liegen, sodass nur eine bestimmte Geradenschar zulässig ist. Außerdem muss gelten: $M_F = 2A_1\zeta_{S1}Y$ und $N_F = (A_1 - A_2)Y$. Für ein vorgeschriebenes Verhältnis M_F/N_F muss die passende Gerade bestimmt werden.

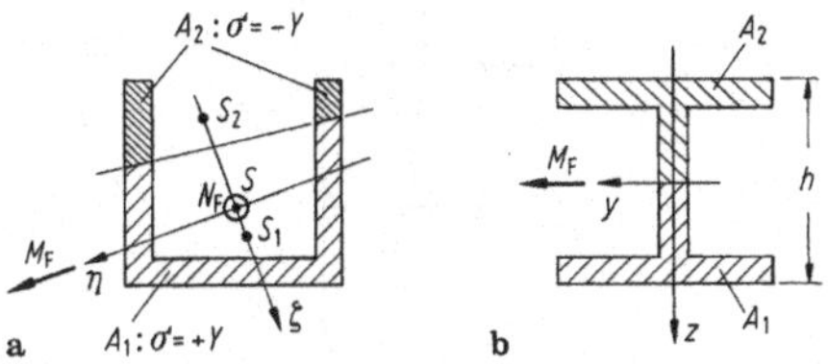

Bild 6-3. Bereiche mit positiver und negativer Fließspannung im vollplastifizierten Querschnitt eines Stabes bei vorgegebener Richtung von M_F und vorgegebenem Verhältnis $N_F : M_F$. Der allgemeine Fall (**a**) und der doppeltsymmetrische Querschnitt mit $N_F = 0$ und mit M_F in y-Richtung (**b**)

Die Schnittgrößen M_e und N_e an der Elastizitätsgrenze werden nach 5.6.4 berechnet. Damit ist der plastische Formfaktor α bekannt.

Beispiel 6-3: Für einen doppeltsymmetrischen Querschnitt ist bei gerader Biegung die Gerade aus Symmetriegründen $z = 0$ (Bild 6-3b). Damit ist $M_F = 2A_1 z_{S1} Y = 2S_y(0)Y$. Mit $M_e = 2YI_y/h$ ist $\alpha = hS_y(0)/I_y$.

Zum Einfluss von Schubspannungen auf Fließgelenke und Traglasten siehe [9].

6.3.2 Traglastsätze

Die *Traglastsätze* von Drucker/Prager/Greenberg liefern untere und obere Schranken für Traglasten (siehe [10, 11]).

Satz 1: Die Traglast ist größer als jede Last, für die im System eine Schnittgrößenverteilung angebbar ist, die die Gleichgewichtsbedingungen erfüllt und die an keiner Stelle Fließen verursacht.

Satz 2: Die Traglast ist kleiner als jede Last, zu der ein starr-plastischer Ein-Freiheitsgrad-Mechanismus mit Fließschnittgrößen in den Gelenken existiert, der im Gleichgewicht ist und der an wenigstens einer Stelle außerhalb der Gelenke Schnittgrößen größer als die dortigen Fließschnittgrößen hat.

Hilfssatz: Wenn der Ein-Freiheitsgrad-Mechanismus, der nach Satz 2 eine bestimmte obere Schranke F für die Traglast F_T liefert, statisch bestimmt ist, dann kann man das größte in ihm auftretende Verhältnis $\mu = \max$ (Schnittgröße/Fließschnittgröße) berechnen. Nach Satz 1 und 2 gilt dann für die Traglast F_T

$$F/\mu \leqq F_T \leqq F\,. \tag{6-9}$$

Aus den Traglastsätzen folgt, dass die Traglast eines Systems durch Einbau von zusätzlichen Versteifungen (z. B. von Knotenblechen in Gelenkfachwerke) nicht kleiner wird.

6.3.3 Traglasten für Durchlaufträger

Ein Durchlaufträger mit Lasten gleicher Richtung (Bild 6-4a) versagt, indem ein einzelnes Feld an seinen Enden A und B und an einer Stelle x_0 im Feld Fließgelenke ausbildet. Man muss für jedes Feld einzeln seine Traglast berechnen. Die kleinste dieser Traglasten ist die Traglast des gesamten Trägers. Für das Einzelfeld in Bild 6-4b ist das Fließmoment M_{AF} im Gelenk bei A das kleinere der beiden Fließmomente der bei A verbundenen Trägerfelder. Entsprechendes gilt für M_{BF}. Wenn im Feld nur Einzelkräfte angreifen, liegt das innere Gelenk unter einer Einzelkraft. Im Fall mehrerer Einzelkräfte sind entsprechend viele Lagen möglich. Für jede Lage wird auf den entsprechenden Mechanismus das Prinzip der virtuellen Arbeit (2.1.16) angewandt. Es liefert nach dem zweiten Traglastsatz (6.3.2) eine obere Schranke für die Traglast des Feldes.

Beispiel 6-4: Der in Bild 6-4b dick gezeichnete Mechanismus wird virtuell verschoben ($\delta\varphi$, $\delta\psi = \delta\varphi/2$). Das Prinzip der virtuellen Arbeit lautet

$$2F(l/3)\delta\varphi + F(l/3)\delta\psi - M_{AF}\delta\varphi - M_F(\delta\varphi + \delta\psi) - M_{BF}\delta\psi = 0$$

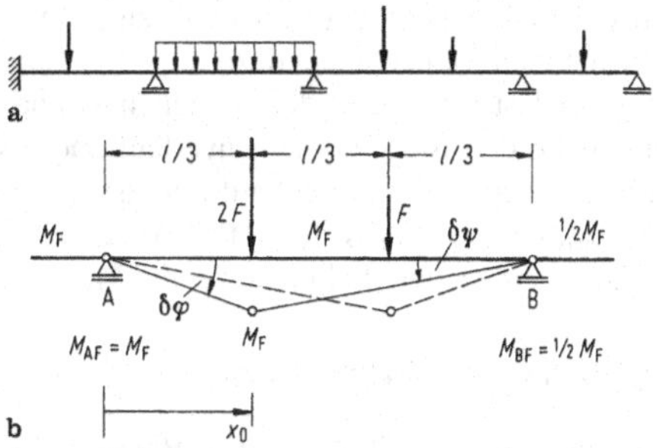

Bild 6-4. a Durchlaufträger mit eingeprägten Kräften, deren Verhältnisse zueinander vorgeschrieben sind, sodass *eine* Traglast angebbar ist. **b** Die einzigen möglichen Fließgelenkmechanismen in einem Trägerfeld mit zwei Einzelkräften

mit der Lösung

$$F = (33/10)M_F/l\,.$$

Der gestrichelt gezeichnete Mechanismus liefert in derselben Weise $F = (15/4)M_F/l$. Die kleinere obere Schranke (33/10) M_F/l ist der exakte Wert für die Traglast des Feldes, weil andere Fließgelenklagen nicht möglich sind.

Bei Streckenlasten $q(x)$ – evtl. kombiniert mit Einzellasten – wird die Lage x_0 des Fließgelenks als Unbekannte eingeführt. Mit dem Prinzip der virtuellen Arbeit wird die obere Schranke der Traglast als Funktion von x_0 berechnet. Das Minimum dieser Funktion ist der exakte Wert für die Traglast des Feldes.

Beispiel 6-5: Im Sonderfall $q(x) \equiv q = \text{const}$ auf der ganzen Länge l eines Trägerfeldes ist die obere Schranke der Traglast q_T als Funktion von x_0 (siehe [11])

$$q(x_0) = 2 \cdot \frac{M_{AF}(l - x_0) + M_F l + M_{BF} x_0}{l x_0 (l - x_0)}\,.$$

$q(x_0)$ nimmt sein Minimum an für

$$x_0 = \begin{cases} l/2 & (M_{BF} = M_{AF})\,, \\ l\left[\left(\dfrac{M_{BF} + M_F}{M_{AF} + M_F}\right)^{1/2} - 1\right] \dfrac{M_{AF} + M_F}{M_{BF} - M_{AF}} & \\ & (M_{BF} \neq M_{AF})\,. \end{cases}$$

Mit diesem x_0 ist $q(x_0)$ die exakte Traglast q_T.
Wenn die exakte Berechnung von x_0 zu aufwändig ist, schätzt man x_0, berechnet dazu die obere Schranke der Traglast (im Folgenden q^* genannt) und berechnet dann den Biegemomentenverlauf und insbesondere das maximale im Feld auftretende Biegemoment $M_{max} \geqq M_F$. Nach dem Hilfssatz in 6.3.2 ist $q^* M_F / M_{max}$ eine untere Schranke für die Traglast.

6.3.4 Traglasten für Rahmen

Für einen Rahmen mit gegebener Belastung kann man die Anzahl m aller möglichen Fließgelenke ohne Rechnung angeben.

Beispiel 6-6: In Bild 6-5 sind nur die $m = 12$ durch Punkte markierten Fließgelenke möglich. Dabei ist noch ungeklärt, welche von ihnen sich tatsächlich ausbilden und wo sich die im Innern von Stabfeldern liegenden ausbilden.

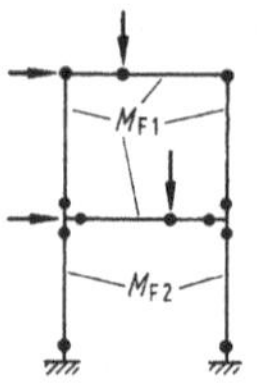

Bild 6-5. Rahmen mit möglichen Fließgelenken (markierte Punkte)

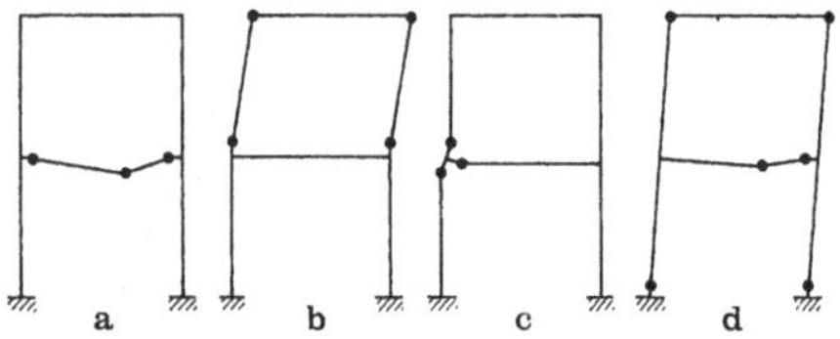

Bild 6-6. **a** Balkenmechanismus, **b** Rahmenmechanismus, **c** Eckenmechanismus und **d** kombinierter Mechanismus für den Rahmen von Bild 6-5

Bei einem n-fach statisch unbestimmten System mit m möglichen Fließgelenken kann man sämtliche möglichen Ein-Freiheitsgrad-Mechanismen durch Linearkombination von $m - n$ *Elementarmechanismen* erzeugen. Elementarmechanismen sind vom Typ *Balkenmechanismus* (Bild 6-6a), *Rahmenmechanismus* (Bild 6-6b) oder *Eckenmechanismus* (Bild 6-6c). Bild 6-6d zeigt einen kombinierten Ein-Freiheitsgrad-Mechanismus. Für jeden Mechanismus wird mit dem Prinzip der virtuellen Arbeit eine obere Schranke für die Traglast bestimmt. Die kleinste berechnete Schranke ist die genaueste. Einzelheiten des Verfahrens siehe in [10, 11].
Traglasten von Rechteck- und Kreisplatten, von Schalen, rotierenden Scheiben und dickwandigen Behältern bei Innendruck siehe in [10].

6.4 Grundlagen der Bruchmechanik

Die Bruchmechanik geht von dem Vorhandensein von Rissen oder kleinen Fehlern, d. h. von lokalen Trennungen des Materials, in Bauteilen aus. Risse können in der Struktur bereits vorhanden sein (z. B. Material- oder Fertigungsfehler) oder im Verlauf der Betriebs-

belastung erst entstehen (z. B. Ermüdungsrisse, Wärmespannungsrisse).
Risse bewirken

- eine scharfe Kraftflussumlenkung,
- ein lokales singuläres Spannungsfeld,
- eine Verminderung der Tragfähigkeit einer Struktur,
- eine Erhöhung der Bruchgefahr,
- eine Verminderung der Lebensdauer von Bauteilen und Strukturen,
- möglicherweise katastrophale Schäden.

Da ein totales Versagen einer Konstruktion weit unterhalb der Festigkeitsgrenzen des Materials erfolgen kann, ist eine spezielle Betrachtung der Gegebenheiten am Riss von großer Bedeutung.

6.4.1 Spannungsverteilungen an Rissen. Spannungsintensitätsfaktoren

Für die ingenieurmäßige Behandlung von Rissproblemen wird der Riss als mathematischer Schnitt (Kerbe mit dem Radius $\rho = 0$) betrachtet. An der Rissspitze tritt daher eine Singularität bei den Spannungen auf. Mit den Polarkoordinaten r und φ, ausgehend von der Rissspitze, Bild 6-7, lassen sich für alle Risse, bei denen infolge der Bauteilbelastung ein Öffnen des Risses entsteht (Rissbeanspruchungsart I), die Spannungen in der Rissumgebung wie folgt beschreiben:

$$\left.\begin{aligned}\sigma_x &= \frac{K_\mathrm{I}}{\sqrt{2\pi r}}\cos\frac{\varphi}{2}\left(1-\sin\frac{\varphi}{2}\sin\frac{3\varphi}{2}\right),\\ \sigma_y &= \frac{K_\mathrm{I}}{\sqrt{2\pi r}}\cos\frac{\varphi}{2}\left(1+\sin\frac{\varphi}{2}\sin\frac{3\varphi}{2}\right),\\ \tau_{xy} &= \frac{K_\mathrm{I}}{\sqrt{2\pi r}}\sin\frac{\varphi}{2}\cos\frac{\varphi}{2}\cos\frac{3\varphi}{2}.\end{aligned}\right\} \quad (6\text{-}10)$$

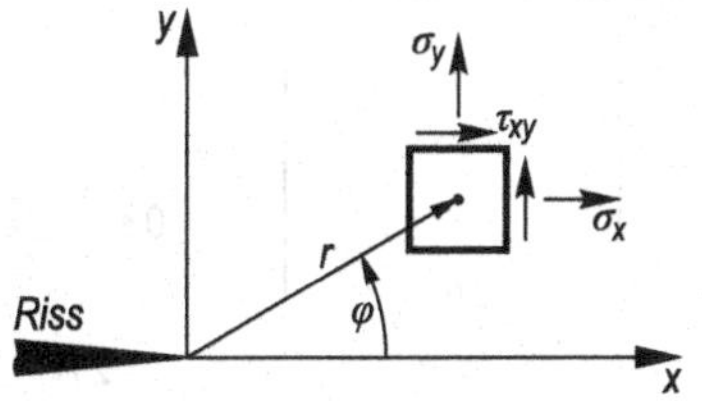

Bild 6-7. Spannungen in der Rissumgebung und Polarkoordinaten vor der Rissspitze

K_I ist hierbei der Spannungsintensitätsfaktor, der sich mit der ins Bauteil eingeleiteten Spannung σ, der Risslänge a und dem Geometriefaktor Y wie folgt errechnen lässt:

$$K_\mathrm{I} = \sigma\sqrt{\pi a}\,Y\,. \quad (6\text{-}11)$$

Der Y-Faktor kann z. B. mit der Formel

$$Y = \frac{K_\mathrm{I}}{\sigma\sqrt{\pi a}} = \frac{1}{1-\frac{a}{d}}\sqrt{\frac{A+B\frac{a}{d-a}}{1+C\frac{a}{d-a}+D(\frac{a}{d-a})^2}} \quad (6\text{-}12)$$

für verschiedene Geometrie- und Belastungssituationen ermittelt werden. Je nach Rissart folgen die Konstanten A, B, C und D aus Tabelle 6-1.

6.4.2 Bruchmechanische Bewertung der Bruchgefahr

Die Gefährlichkeit eines Risses wird bei Rissbeanspruchungsart I durch den Spannungsintensitätsfaktor K_I definiert. Ein kritischer Zustand, d. h. instabile Rissausbreitung, tritt ein, wenn der Spannungsintensitätsfaktor K_I (siehe 6.4.1) durch Belastungserhöhung oder Risswachstum die Risszähigkeit K_Ic des Materials erreicht. Als Bruchkriterium gilt somit

$$K_\mathrm{I} = K_\mathrm{Ic}\,. \quad (6\text{-}13)$$

Werte für $K_\mathrm{Ic} = K_\mathrm{c}$ sind z. B. in D 9.2.6 und [15] angegeben.
Will man Bruch vermeiden, so muss der Spannungsintensitätsfaktor stets kleiner als die Risszähigkeit sein. Für Risse mit dreidimensionaler Rissbeanspruchung (Überlagerung der Rissbeanspruchungsarten I, II und III, siehe D 9.2.6), gelten andere Gesetzmäßigkeiten, [13–15].

6.4.3 Ermüdungsrissausbreitung

Bei zeitlich veränderlicher Belastung wächst der Riss unter bestimmten Bedingungen stabil. Die Rissgeschwindigkeit $\mathrm{d}a/\mathrm{d}N$, ermittelt aus der Risslänge a und der Lastwechselzahl (Zyklenzahl) N, charakterisiert das Wachstum von Ermüdungsrissen. Bei zyklischer Belastung mit konstanter Amplitude

Tabelle 6-1. Konstanten zur Bestimmung der Geometriefaktoren/Spannungsintensitätsfaktoren von Rissproblemen (siehe (6-12) und [12])

Rissart		Konstanten	Spannung	Gültigkeitsbereich Genauigkeit
Innenriss im ebenen Zugstab	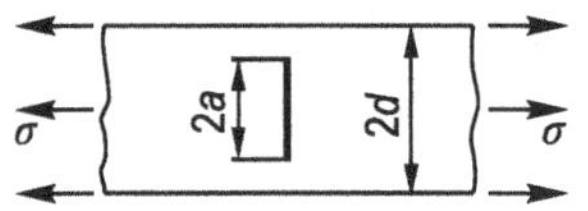	$A=1{,}00$ $B=0{,}45$ $C=2{,}46$ $D=0{,}65$	σ	$0 \le \frac{a}{d} \le 0{,}9$ 1%
Randriss im ebenen Zugstab	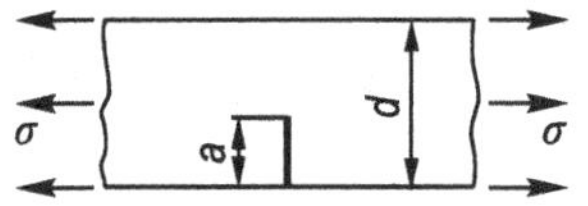	$A=1{,}26$ $B=82{,}7$ $C=76{,}7$ $D=-36{,}2$	σ	$0 \le \frac{a}{d} \le 0{,}5$ 1%
Randriss im ebenen Biegestab	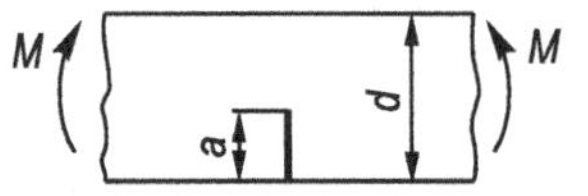	$A=1{,}26$ $B=2{,}04$ $C=6{,}33$ $D=-1{,}37$	$\sigma=\frac{6M}{d^2 t}$	$0 \le \frac{a}{d} \le 0{,}6$ 1%
Kreisförmiger Innenriss im rotationssymmetrischen Zugstab	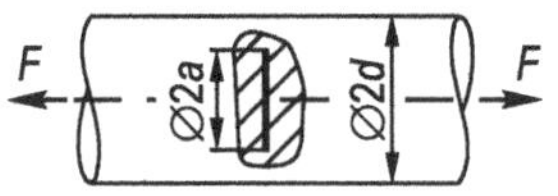	$A=0{,}41$ $B=-0{,}04$ $C=1{,}83$ $D=2{,}66$	$\sigma=\frac{F}{\pi(d^2-a^2)}$	$0 \le \frac{a}{d} \le 0{,}8$ 2%
Kreisförmiger Außenriss im rotationssymmetrischen Zugstab	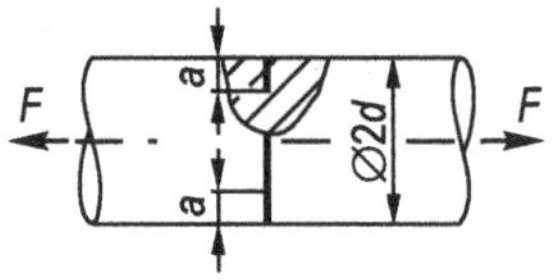	$A=1{,}26$ $B=-0{,}24$ $C=5{,}35$ $D=11{,}6$	$\sigma=\frac{F}{\pi(d-a)^2}$	$0 \le \frac{a}{d} \le 0{,}7$ 1%
Kreisförmiger Außenriss im rotationssymmetrischen Biegestab	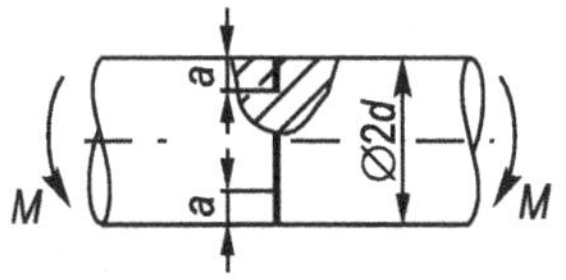	$A=1{,}26$ $B=-0{,}25$ $C=6{,}21$ $D=21{,}1$	$\sigma=\frac{4M}{\pi(d-a)^3}$	$0 \le \frac{a}{d} \le 0{,}7$ 2%
Halbelliptischer Oberflächenriss im Zugstab	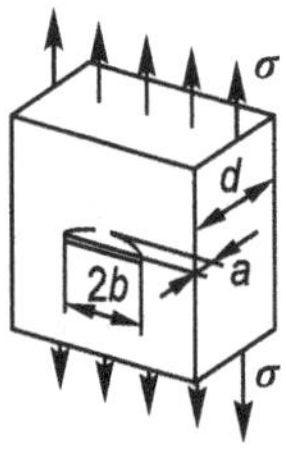	$a/b=0{,}4$: $A=0{,}94$ $B=-0{,}34$ $C=1{,}51$ $D=-0{,}65$ $a/b=1{,}0$: $A=0{,}47$ $B=0{,}00$ $C=2{,}00$ $D=1{,}00$	σ	$0 \le \frac{a}{d} \le 0{,}7$ 2%

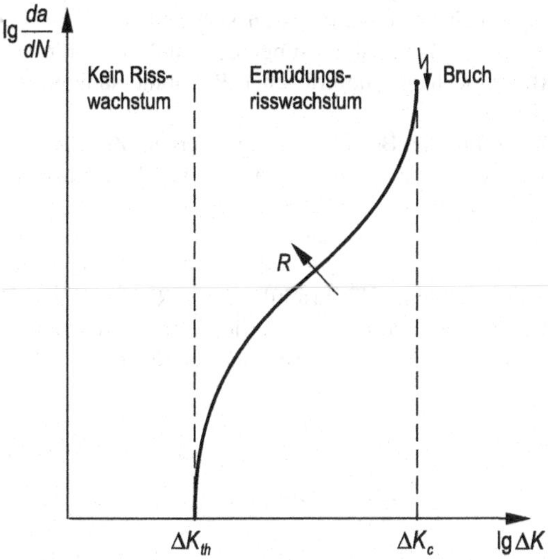

Bild 6-8. Rissgeschwindigkeit da/dN in Abhängigkeit vom zyklischen Spannungsintensitätsfaktor ΔK

hängt die Rissgeschwindigkeit insbesondere vom zyklischen Spannungsintensitätsfaktor

$$\Delta K = \Delta\sigma \sqrt{\pi a}\, Y \qquad (6\text{-}14)$$

und vom Verhältnis

$$R = \frac{\sigma_{\min}}{\sigma_{\max}} = \frac{K_{\min}}{K_{\max}} \qquad (6\text{-}15)$$

ab, siehe Bild 6-8. Der Zusammenhang kann z. B. durch die Formel

$$\frac{\mathrm{d}a}{\mathrm{d}N} = \frac{C(\Delta K - \Delta K_{\mathrm{th}})^m}{(1-R)K_{\mathrm{c}} - \Delta K} \qquad (6\text{-}16)$$

nach Erdogan und Ratwani von [16] beschrieben werden. In Bild 6-8 und in (6-16) stellen ΔK_{th} den Schwellenwert gegen Ermüdungsrissausbreitung, $\Delta K_{\mathrm{c}} = (1-R)K_{\mathrm{c}}$ die zyklische Spannungsintensität, bei der instabile Rissausbreitung einsetzt, und C und m Materialparameter dar.

Kennt man die Rissgeschwindigkeitskurve eines Materials, so kann man die Gefährlichkeit des Ermüdungsrisses und die Restlebensdauer des Bauteils abschätzen sowie auf diese Weise Inspektionsintervalle festlegen.

Das Ermüdungsrisswachstum bei beliebiger zyklischer Belastung (Betriebsbelastung) erfolgt unter anderen Gesetzmäßigkeiten. Näheres siehe z. B. in [17, 18].

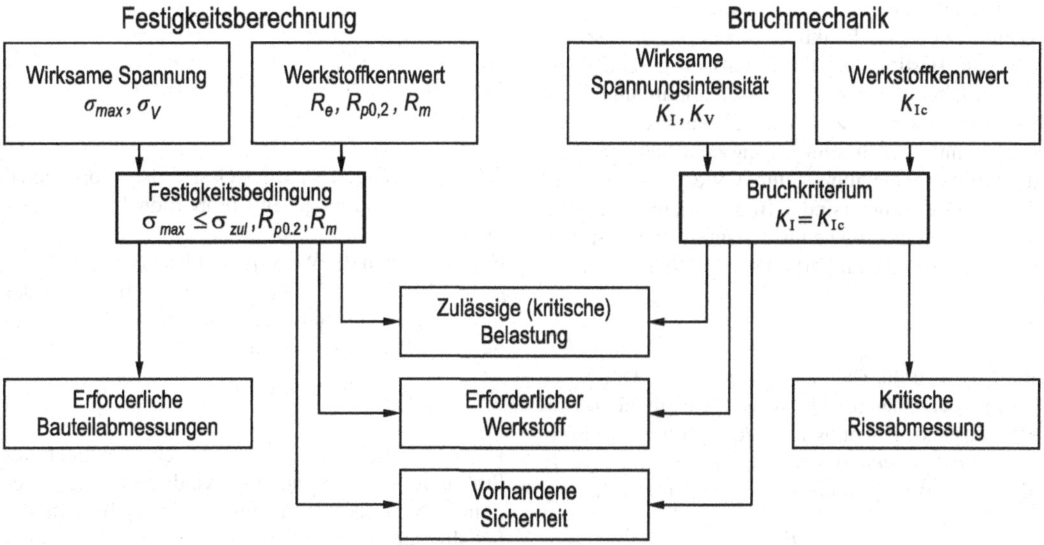

Bild 6-9. Zusammenwirken von Festigkeitsberechnung und Bruchmechanik bei statischer Belastung

6.5 Zusammenwirken von Festigkeitsberechnung und Bruchmechanik

Um Brüche von Bauteilen und Strukturen sicher zu vermeiden, sind die Konzepte der Festigkeitsberechnung und der Bruchmechanik in Kombination anzuwenden, Bild 6-9. Sowohl mit der Festigkeitsberechnung als auch mit der Bruchmechanik erhält man Aussagen über die zulässige oder kritische Belastung, den erforderlichen Werkstoff und die vorhandene Sicherheit gegen das Bauteilversagen, wobei der jeweils ungünstigere Wert ausschlaggebend ist. Mit der Festigkeitsberechnung lassen sich zudem die erforderlichen Bauteilabmessungen ermitteln und mit der Bruchmechanik die kritischen Rissabmessungen bestimmen.

Bei zyklischer Belastung ist ebenfalls ein Zusammenwirken von Festigkeitsberechnung und Bruchmechanik sinnvoll. Hierbei werden die zulässige zyklische Belastung, der erforderliche Werkstoff und die Sicherheit gegen Ermüdungsbruch durch beide Konzepte bestimmt, die Ermittlung der Risswachstumslebensdauer und der erforderlichen Inspektionsintervalle erfolgt über bruchmechanische Konzepte.

Strömungsmechanik

J. Zierep, K. Bühler

7 Einführung in die Strömungsmechanik

7.1 Eigenschaften von Fluiden

Strömungsvorgänge werden allgemein durch die Geschwindigkeit $w = (u, v, w)$, Druck p, Dichte ϱ und Temperatur T als Funktion von (x, y, z, t) beschrieben. Die Bestimmung dieser Größen geschieht mit den Erhaltungssätzen für Masse, Impuls und Energie sowie mit einer Zustandsgleichung für den thermodynamischen Zusammenhang zwischen p, ϱ und T des Strömungsmediums (Fluids). Vier ausgezeichnete Zustandsänderungen sind in Bild 7-1 dargestellt. Welche Zustandsänderung eintritt, hängt von den Stoffeigenschaften und dem Verlauf der Strömung ab.

Dichte

Bei Gasen ist die Dichte $\varrho = \varrho(p, T)$ von Druck und Temperatur abhängig. Für ideale Gase gilt die thermische Zustandsgleichung $p = \varrho R_i T$, wobei R_i die *spezielle Gaskonstante* des Stoffes i ist. Sind p_0, ϱ_0, T_0 als Bezugswerte bekannt, so gilt der Zusammenhang

$$\frac{\varrho}{\varrho_0} = \frac{p}{p_0} \cdot \frac{T_0}{T} . \qquad (7\text{-}1)$$

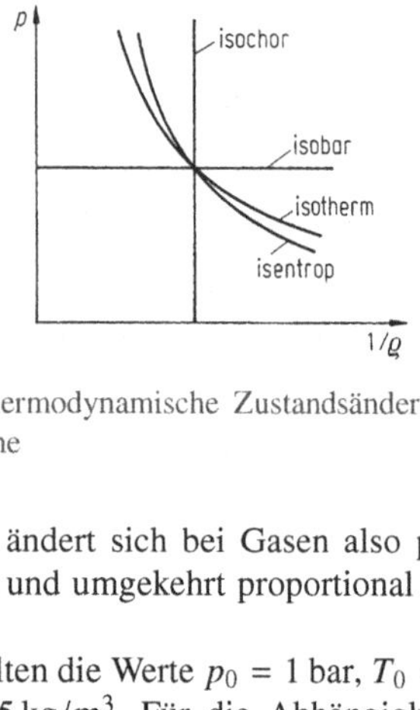

Bild 7-1. Thermodynamische Zustandsänderungen in der $(p, 1/\varrho)$-Ebene

Die Dichte ändert sich bei Gasen also proportional zum Druck und umgekehrt proportional zur Temperatur.

Für Luft gelten die Werte $p_0 = 1$ bar, $T_0 = 273{,}16\,\text{K}$, $\varrho_0 = 1{,}275\,\text{kg/m}^3$. Für die Abhängigkeit von der Strömungsgeschwindigkeit folgt aus der Beziehung (9-31) der Zusammenhang

$$\frac{\Delta\varrho}{\varrho} \approx \frac{M^2}{2} . \qquad (7\text{-}2)$$

Die Mach-Zahl $M = w/a$ ist der Quotient aus Strömungs- und Schallgeschwindigkeit eines Mediums. Nach der Beziehung (9-8) ergibt sich die Schallgeschwindigkeit in Luft zu $a = 347\,\text{m/s}$ bei $T = 300\,\text{K}$. Damit folgt die relative Dichteänderung

$\Delta\varrho/\varrho \leqq 0{,}01$ für $M \leqq 0{,}14$ und $w \leqq 49\,\mathrm{m/s}$. Bei geringen Geschwindigkeiten können deshalb Strömungsvorgänge in Gasen als inkompressibel betrachtet werden. Bei Flüssigkeiten ist die Dichte nur wenig von der Temperatur abhängig und der Druckeinfluss ist vernachlässigbar klein. Es gilt damit

$$\frac{\varrho}{\varrho_0} \approx \mathrm{const}\,. \qquad (7\text{-}3)$$

Flüssigkeiten sind damit als inkompressibel zu betrachten. Inkompressible Strömungsvorgänge entsprechen in Bild 7-1 einer isochoren Zustandsänderung. In der Tabelle 7-1 sind Zahlenwerte für die Dichte von Luft und Wasser für verschiedene Temperaturen zusammengestellt [1, 2].

Viskosität

Flüssigkeiten und Gase haben die Eigenschaft, dass bei Formänderungen durch Verschieben von Fluidelementen ein Widerstand zu überwinden ist. Die Reibungskraft durch die Schubspannungen zwischen den Fluidelementen ist nach Newton direkt proportional dem Geschwindigkeitsgradienten. Für die in Bild 7-2 dargestellte ebene laminare Scherströmung ergibt sich mit der auf die Fläche A bezogenen Kraft F die Schubspannung

$$\tau = \frac{F}{A} = \eta\frac{\mathrm{d}u}{\mathrm{d}y} = \eta\frac{U}{h}\,. \qquad (7\text{-}4)$$

Der Proportionalitätsfaktor wird als *dynamische Viskosität* η bezeichnet. η ist stark von der Temperatur abhängig, während der Druckeinfluss vernachlässigbar gering ist, d. h., $\eta(T,p) \approx \eta(T)$. Als abgeleitete Stoffgröße ergibt sich die *kinematische Viskosität*

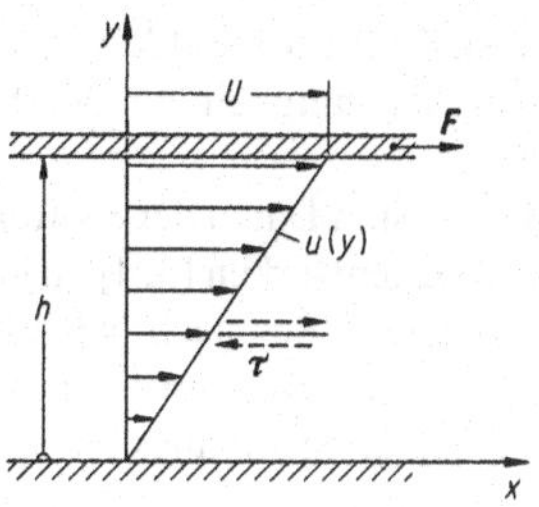

Bild 7-2. Scherströmung im ebenen Spalt

$$\nu = \frac{\eta}{\varrho}\,. \qquad (7\text{-}5)$$

Bei Gasen steigt die Viskosität mit der Temperatur an, während bei Flüssigkeiten die Viskosität mit steigender Temperatur abnimmt. Für diese Abhängigkeiten gelten formelmäßige Zusammenhänge [1]. Für Gase gilt die Beziehung:

$$\frac{\eta}{\eta_0} = \frac{T_0 + T_\mathrm{S}}{T + T_\mathrm{S}}\left(\frac{T}{T_0}\right)^{3/2} \approx \left(\frac{T}{T_0}\right)^{\omega}\,. \qquad (7\text{-}6)$$

Die Bezugswerte für Luft bei $p_0 = 1\,\mathrm{bar}$ sind $T_0 = 273{,}16\,\mathrm{K}$, $\eta_0 = 17{,}10\,\mu\mathrm{Pa}\cdot\mathrm{s}$, und $T_\mathrm{S} = 122\,\mathrm{K}$ ist die Sutherland-Konstante. Für Flüssigkeiten gilt im Bereich $0 < \vartheta < 100\,°\mathrm{C}$ die Beziehung

$$\frac{\eta}{\eta_0} = \exp\left(\frac{T_\mathrm{A}}{T + T_\mathrm{B}} - \frac{T_\mathrm{A}}{T_\mathrm{B} + T_0}\right)\,. \qquad (7\text{-}7)$$

Für Wasser gelten die Konstanten $T_\mathrm{A} = 506\,\mathrm{K}$, $T_\mathrm{B} = -150\,\mathrm{K}$ und beim Druck $p_0 = 1\,\mathrm{bar}$ die Bezugswerte $T_0 = 273{,}16\,\mathrm{K}$ und $\eta_0 = 1{,}793\,\mathrm{mPa}\cdot\mathrm{s}$.

Tabelle 7-1. Stoffdaten für Luft und Wasser als Funktion der Temperatur beim Bezugsdruck $p_0 = 1$ bar [1, 2]

Luft:									
ϑ in °C	−20	0	20	40	60	80	100	200	500
ϱ in kg/m^3	1,376	1,275	1,188	1,112	1,045	0,986	0,933	0,736	0,451
η in µPa · s	16,07	17,10	18,10	19,06	20,00	20,91	21,79	25,88	35,95
ν in mm^2/s	11,68	13,41	15,23	17,14	19,13	21,20	23,35	35,16	79,80

Wasser:							
ϑ in °C	0	10	20	40	60	80	90
ϱ in kg/m^3	999,8	999,8	998,4	992,3	983,1	971,5	965,0
η in mPa · s	1,793	1,317	1,010	0,655	0,467	0,356	0,316
ν in mm^2/s	1,793	1,317	1,012	0,660	0,475	0,366	0,328

In Tabelle 7-1 sind für Luft und Wasser Zahlenwerte für ϱ, η und ν in Abhängigkeit von der Temperatur ϑ zusammengestellt.

Für andere Medien sind Daten der Stoffeigenschaften einschlägigen Tabellenwerken [3, 4] zu entnehmen.

Die Verallgemeinerung des nach Newton benannten Ansatzes (7-4) auf mehrdimensionale Strömungen führt zum allgemeinen Spannungstensor [5].

7.2 Newton'sche und nichtnewton'sche Medien

Newton'sche Medien sind dadurch ausgezeichnet, dass die Viskosität unabhängig von der Schergeschwindigkeit ist. In Bild 7-3 ist dieses Verhalten durch einen linearen Zusammenhang zwischen der Schubspannung τ und der Schergeschwindigkeit $D = \mathrm{d}u/\mathrm{d}y$ gekennzeichnet. Bei nichtnewton'schen Medien besteht dagegen ein nichtlinearer Zusammenhang zwischen der Schubspannung und der Schergeschwindigkeit. Die dynamische Viskosität η ist dann von der Schergeschwindigkeit D abhängig. Der Zusammenhang $\eta(D)$ wird als Fließkurve bezeichnet. Steigt die Viskosität mit der Schergeschwindigkeit an, so wird das Verhalten als *dilatant* bezeichnet, während ein Abfall der Viskosität als *pseudoplastisches Verhalten* bezeichnet wird. Ändert sich bei einer konstanten Scherbeanspruchung die Viskosität mit der Zeit, dann wird das Verhalten mit steigender Viskosität als *rheopex* und bei abfallender Viskosität als *thixotrop* bezeichnet. Das Strömungsverhalten nichtnewton'scher Medien ist in [6, 7] umfassend dargestellt. Die rheologischen Begriffe sind in [8] definiert.

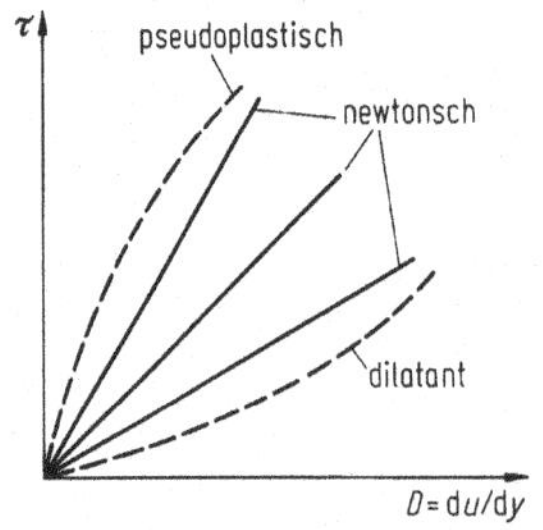

Bild 7-3. Schubspannung als Funktion der Schergeschwindigkeit

7.3 Hydrostatik und Aerostatik

Das Verhalten der Zustandsgrößen im Ruhezustand ist der Gegenstand der Hydrostatik und der Aerostatik. Der Druck p ist eine skalare Größe. In Kraftfeldern gilt für die Druckverteilung die hydrostatische Grundgleichung [9]

$$\mathrm{grad}\, p = \varrho \boldsymbol{f} \qquad (7\text{-}8)$$

mit $\partial p/\partial x = \varrho f_x, \partial p/\partial y = \varrho f_y$ und $\partial p/\partial z = \varrho f_z$. Die Änderung des Druckes ist damit gleich der angreifenden Massenkraft.

Hydrostatische Druckverteilung im Schwerefeld. Es wirkt die Massenkraft $\boldsymbol{f} = (0, 0, -g)$. Die Integration der hydrostatischen Grundgleichung $\mathrm{d}p/\mathrm{d}z = -\varrho g$ liefert für Medien mit konstanter Dichte eine lineare Abhängigkeit für den Druckverlauf:

$$p(z) = p_1 - \varrho g z\,. \qquad (7\text{-}9)$$

Der Druck nimmt ausgehend von p_1 bei $z = 0$ linear mit zunehmender Höhe z ab.

Archimedisches Prinzip. Ein im Schwerefeld in Flüssigkeit eingetauchter Körper erfährt einen Auftrieb, der gleich dem Gewicht der verdrängten Flüssigkeit ist.

Druckverteilung in geschichteten Medien. Ändert sich die Dichte $\varrho(z)$ mit der Höhe, so lautet für ein ideales Gas mit $p/\varrho = R_i T$ die Bestimmungsgleichung (7-8) für den Druck:

$$\frac{\mathrm{d}p}{p} = -\frac{g}{R_i} \cdot \frac{\mathrm{d}z}{T}\,. \qquad (7\text{-}10)$$

Für eine isotherme Gasschicht $T = T_0 = \mathrm{const}$ folgen mit den Anfangswerten $p(z = 0) = p_0, \varrho(z = 0) = \varrho_0$ die Druck- und Dichteverteilungen zu

$$p(z) = p_0 \exp\left(-\frac{g}{R_i T_0} z\right) \qquad (7\text{-}11)$$

$$\varrho(z) = \varrho_0 \exp\left(-\frac{g}{R_i T_0} z\right) \qquad (7\text{-}12)$$

In einer isothermen Atmosphäre nehmen Druck und Dichte mit zunehmender Höhe exponentiell ab. Bild 7-4 zeigt den Druckverlauf als Funktion der Höhe z für ein inkompressibles Medium und für ein kompressibles Medium mit veränderlicher Dichte $\varrho(z)$ bei isothermer Atmosphäre.

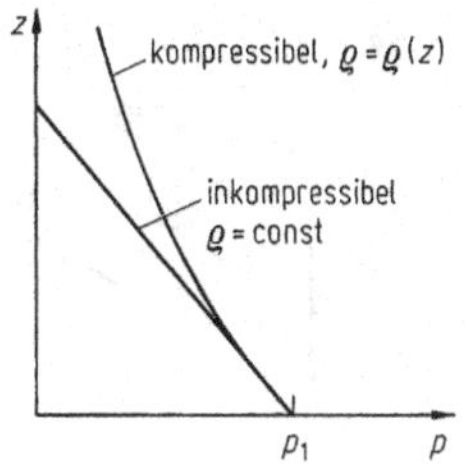

Bild 7-4. Druckverlauf in inkompressiblen und kompressiblen Medien

7.4 Gliederung der Darstellung: Nach Viskositäts- und Kompressibilitätseinflüssen

Die in der Realität auftretenden Strömungserscheinungen sind sehr vielfältig. Verschiedenartige physikalische Effekte erfordern unterschiedliche Beschreibungs- und Berechnungsmethoden. Wir betrachten hier zunächst Strömungen inkompressibler Medien mit und ohne Reibung (Kapitel 8), sodann untersuchen wir den Einfluss der Kompressibilität bei reibungsfreien Strömungen (Kapitel 9). In Kapitel 10 werden schließlich Vorgänge behandelt, bei denen Reibungs- und Kompressibilitätseffekte gleichzeitig bedeutsam sind. Begonnen wird jeweils mit eindimensionalen Modellen, die dann auf mehrere Dimensionen erweitert werden.

8 Hydrodynamik: Inkompressible Strömungen mit und ohne Viskositätseinfluss

8.1 Eindimensionale reibungsfreie Strömungen

8.1.1 Grundbegriffe

Man unterscheidet zwei Möglichkeiten zur Beschreibung von Stromfeldern. Mit der *teilchen- oder massenfesten Betrachtung* nach Lagrange folgen die Geschwindigkeit $\boldsymbol{w}$ und Beschleunigung $\boldsymbol{a}$ aus der substantiellen Ableitung des Ortsvektors $\boldsymbol{r}$ nach der Zeit t:

$$\frac{\mathrm{d}\boldsymbol{r}}{\mathrm{d}t} = \boldsymbol{w}, \quad \frac{\mathrm{d}^2\boldsymbol{r}}{\mathrm{d}t^2} = \frac{\mathrm{d}\boldsymbol{w}}{\mathrm{d}t} = \boldsymbol{a}\,. \tag{8-1}$$

Nach der *Euler'schen Methode* wird die Änderung der Strömungsgrößen an einem festen Ort betrachtet. Die *zeitliche Änderung* des Teilchenzustandes $f(x, y, z, t)$ ergibt sich zu

$$\frac{\mathrm{d}f}{\mathrm{d}t} = \frac{\partial f}{\partial t} + \boldsymbol{w}\cdot \operatorname{grad} f\,. \tag{8-2}$$

Die *substantielle Änderung* setzt sich aus dem lokalen und dem konvektiven Anteil zusammen.

Teilchenbahnen werden von den Fluidteilchen durchlaufen. Für bekannte Geschwindigkeitsfelder $\boldsymbol{w}$ folgen die Teilchenbahnen aus (8-1) durch Integration. *Stromlinien* sind Kurven, die in jedem festen Zeitpunkt auf das Geschwindigkeitsfeld passen. Die Differenzialgleichungen der Stromlinien lauten

$$\begin{aligned}&\mathrm{d}x : \mathrm{d}y : \mathrm{d}z\\ &= u(x,y,z,t) : v(x,y,z,t) : w(x,y,z,t)\,.\end{aligned} \tag{8-3}$$

Bei *stationären Strömungen* ist die lokale Beschleunigung null. Das Strömungsfeld ändert sich nur mit dem Ort, nicht jedoch mit der Zeit. Stromlinien und Teilchenbahnen sind dann identisch.

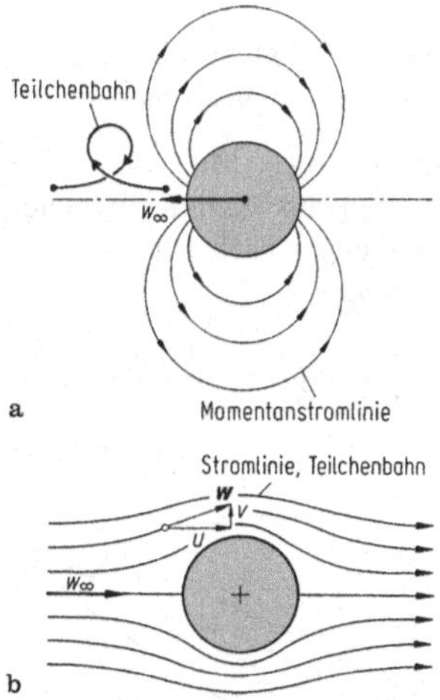

Bild 8-1. Zylinderumströmung. **a** Bewegter Zylinder: instationäre Strömung; **b** ruhender Zylinder: stationäre Strömung

Bei *instationären Strömungen* ändert sich das Strömungsfeld mit dem Ort und der Zeit. Stromlinien und Teilchenbahnen sind im Allgemeinen verschieden. Durch die Wahl eines geeigneten Bezugssystems können instationäre Strömungen oft in stationäre Strömungen überführt werden. Zum Beispiel ist die Strömung eines in ruhender Umgebung bewegten Körpers in Bild 8-1a instationär. Wird dagegen der Körper festgehalten und mit konstanter Geschwindigkeit angeströmt, dann ist die Umströmung in Bild 8-1b stationär.

8.1.2 Grundgleichungen der Stromfadentheorie

Ausgehend von der zentralen Stromlinie 1 → 2 in Bild 8-2 hüllen die Stromlinien durch den Rand der Flächen A_1 und A_2 eine Stromröhre ein. Ein Stromfaden ergibt sich aus der Umgebung einer Stromlinie, für die die Änderungen aller Zustandsgrößen quer zum Stromfaden sehr viel kleiner sind als in Längsrichtung. Die Zustandsgrößen sind dann nur eine Funktion der Bogenlänge s und der Zeit t [1].

Kontinuitätsgleichung. Der Massenstrom durch den von Stromlinien begrenzten Stromfaden in Bild 8-2 ist bei stationärer Strömung konstant.

$$\dot{m} = \varrho \dot{V} = \varrho_1 w_1 A_1 = \varrho_2 w_2 A_2 = \text{const} . \quad (8\text{-}4)$$

Für inkompressible Medien ($\varrho = \text{const}$) folgt hieraus die Konstanz des Volumenstromes $\dot{V}$.

Bewegungsgleichung. Mit dem Newton'schen Grundgesetz folgt aus dem Kräftegleichgewicht in Stromfadenrichtung s nach Bild 8-3 die *Euler'sche Differenzialgleichung*

$$\frac{\mathrm{d}w}{\mathrm{d}t} = \frac{\partial w}{\partial t} + w\frac{\partial w}{\partial s} = -\frac{1}{\varrho} \cdot \frac{\partial p}{\partial s} - g\frac{\partial z}{\partial s} . \quad (8\text{-}5)$$

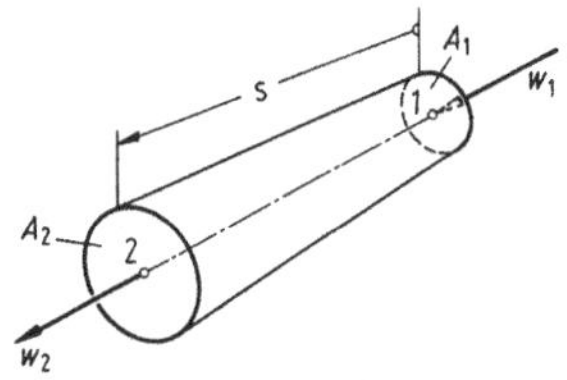

Bild 8-2. Stromfadendefinition

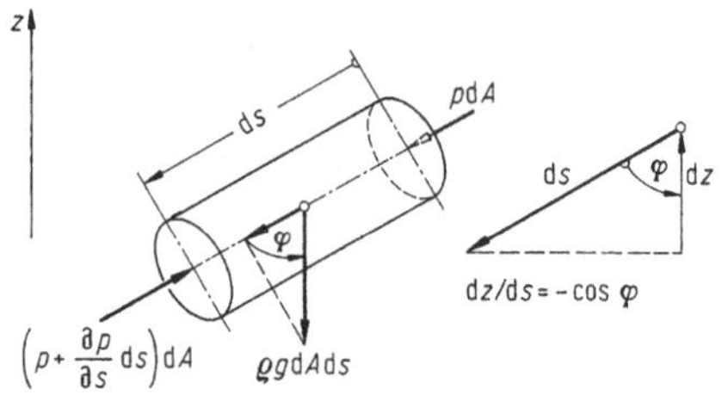

Bild 8-3. Kräftegleichgewicht in Stromfadenrichtung

Die Integration längs des Stromfadens 1 → 2 ergibt für inkompressible Strömungen die *Bernoulli-Gleichung*

$$\int_1^2 \frac{\partial w}{\partial t}\mathrm{d}s + \frac{w_2^2 - w_1^2}{2} + \frac{p_2 - p_1}{\varrho} + g(z_2 - z_1) = 0 . \quad (8\text{-}6)$$

Das Integral ist für instationäre Strömungen bei festem t längs des Stromfadens 1 → 2 auszuführen. Ändert sich die Geschwindigkeit mit der Zeit nicht, so ist $\partial w/\partial t = 0$, und es folgt aus (8-6) die *Bernoulli-Gleichung für stationäre Strömungen*:

$$\frac{w^2}{2} + \frac{p}{\varrho} + gz = \text{const} . \quad (8\text{-}7)$$

Bei stationärer Strömung entlang einem gekrümmten Stromfaden folgt für das Kräftegleichgewicht normal zur Strömungsrichtung s in Bild 8-4:

$$\frac{\mathrm{d}w_\mathrm{n}}{\mathrm{d}t} = -\frac{w^2}{r} = -\frac{1}{\varrho} \cdot \frac{\partial p}{\partial n} - g\frac{\partial z}{\partial n} . \quad (8\text{-}8)$$

Hierbei ist r der lokale Krümmungsradius in Normalrichtung $\boldsymbol{n}$. Erfolgt die Bewegung in konstanter Höhe z, so folgt aus (8-8) das Gleichgewicht zwischen Fliehkraft und Druckkraft. Hierbei steigt der Druck in radialer Richtung an.

Energiesatz. Wir betrachten ein reibungsbehaftetes Fluid im Kontrollraum zwischen den Querschnitten A_1 und A_2 des Stromfadens nach Bild 8-2. Die Energiebilanz bezogen auf den Massenstrom $\dot{m}$ lautet für das stationär durchströmte System [2]:

$$h_1 + \frac{1}{2}w_1^2 + gz_1 + q_{12} + a_{12} = h_2 + \frac{1}{2}w_2^2 + gz_2 . \quad (8\text{-}9)$$

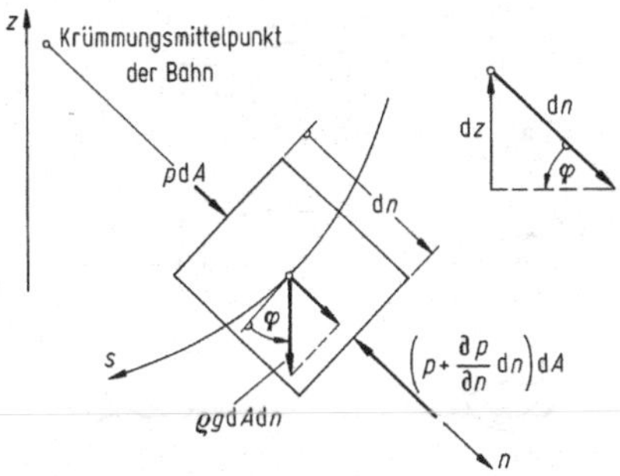

Bild 8-4. Kräftegleichgewicht senkrecht zum Stromfaden

Hierbei ist $h = e + p/\varrho$ die spezifische Enthalpie, q_{12} die spezifische zugeführte Wärmeleistung und a_{12} die durch Reibung und mechanische Arbeit dem System von außen zugeführte spezifische Leistung. Für Arbeitsmaschinen (Pumpen) ist $a_{12} > 0$ und für Kraftmaschinen (Turbinen) ist $a_{12} < 0$ definiert. Im Fall verschwindender Energiezufuhr über den Kontrollraum ist $q_{12} = 0$ und $a_{12} = 0$. Die innere Energie e ändert sich dann nur durch den irreversiblen Übergang von mechanischer Energie in innere Energie. Diese Dissipation bewirkt zugleich eine Temperaturerhöhung und kann als zusätzlicher Druckabfall (Druckverlust) interpretiert werden. Mit $\varrho(e_2 - e_1) = \varrho c_v(T_2 - T_1) = \Delta p_v$, wobei für inkompressible Medien $c_v = c_p = c$ ist, lautet dann die Energiebilanz (8-9):

$$\frac{p_1}{\varrho} + \frac{w_1^2}{2} + gz_1 = \frac{p_2}{\varrho} + \frac{w_2^2}{2} + gz_2 + \frac{\Delta p_v}{\varrho} . \quad (8\text{-}10)$$

Für den Sonderfall reibungsfreier Strömungen ist $\Delta p_v = 0$ und die Energiebilanz unter den entsprechenden Voraussetzungen identisch mit der Bernoulli-Gleichung.

8.1.3 Anwendungsbeispiele

Bewegung auf konzentrischen Bahnen (Wirbel)

Die Bewegung verläuft nach Bild 8-5 mit kreisförmigen Stromlinien in der horizontalen Ebene. Bei rotationssymmetrischer Strömung sind Geschwindigkeit w und Druck p nur vom Radius r abhängig. Aus den Kräftebilanzen (8-7) und (8-8) folgen die Bestimmungsgleichungen

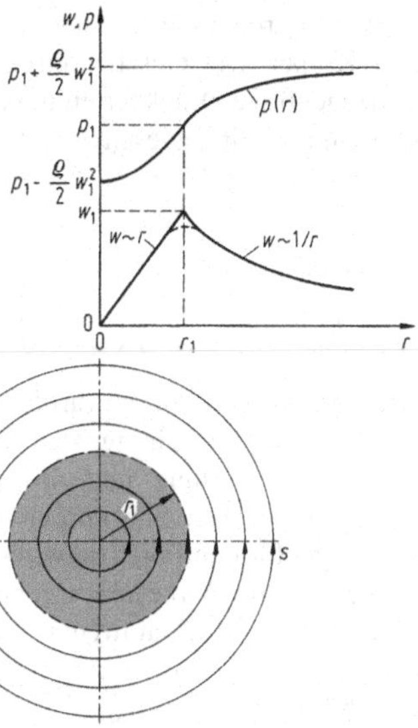

Bild 8-5. Bewegung auf Kreisbahnen (Stromlinien s), Geschwindigkeits- und Druckverteilung

$$\frac{w^2}{2} + \frac{p}{\varrho} = \text{const} , \quad (8\text{-}11)$$

$$\frac{w^2}{r} = \frac{1}{\varrho} \cdot \frac{\mathrm{d}p}{\mathrm{d}r} . \quad (8\text{-}12)$$

Ist die Konstante in (8-11) für jede Stromlinie gleich, so liegt eine *isoenergetische Strömung* vor. Damit verknüpft die Bernoulli-Gleichung auch die Zustände der Stromlinien mit verschiedenen Radien. Mit der Vorgabe der Strömungszustände w_1 und p_1 auf dem Radius r_1 folgt aus (8-11) und (8-12) für die Geschwindigkeits- und Druckverteilung:

$$w(r) = \frac{w_1 r_1}{r} ,$$
$$p(r) = p_1 + \frac{\varrho}{2} w_1^2 \left(1 - \frac{r_1^2}{r^2}\right) . \quad (8\text{-}13)$$

Diese Bewegung mit der hyperbolischen Geschwindigkeitsverteilung wird als *Potenzialwirbel* bezeichnet. Druck und Geschwindigkeit variieren entgegengesetzt, was das Kennzeichen einer isoenergetischen Strömung ist. Um ein unbegrenztes Anwachsen der Geschwindigkeit zu vermeiden, beschränken wir die Lösung (13) auf den Bereich $r \geqq r_1$.

Im Bereich $r \leqq r_1$ rotiert das Medium stattdessen wie ein starrer Körper. Die Geschwindigkeitsverteilung und die dazugehörige Druckverteilung aus (8-12) ergeben sich mit der Winkelgeschwindigkeit ω = const zu

$$w(r) = \omega r = \frac{w_1}{r_1} r ,$$
$$p(r) = p_1 + \frac{\varrho}{2} w_1^2 \left(\frac{r^2}{r_1^2} - 1 \right) . \tag{8-14}$$

Bei dieser Starrkörperrotation variieren Geschwindigkeit und Druck gleichsinnig. In Bild 8-5 ist die Geschwindigkeitsverteilung und die dazugehörige Druckverteilung für den Starrkörperwirbel im Bereich $r \leqq r_1$ und für den Potenzialwirbel im Bereich $r \geqq r_1$ dargestellt. Im Wirbelzentrum bei $r = 0$ kann ein erheblicher Unterdruck auftreten.

Druckbegriffe und Druckmessung

Aus der Bernoulli-Gleichung (8-7) folgen die Druckbegriffe

$$p = p_{\text{stat}} \quad \text{statischer Druck} ,$$
$$\frac{1}{2} \varrho w^2 = p_{\text{dyn}} \quad \text{dynamischer Druck} .$$

Bei der Umströmung des Körpers in Bild 8-6a ohne Fallbeschleunigung gilt längs der Staustromlinie

$$p_\infty + \frac{1}{2} \varrho w_\infty^2 = p + \frac{1}{2} \varrho w^2 = p_0 . \tag{8-15}$$

Der Druck p_0 im Staupunkt wird als *Ruhedruck* oder *Gesamtdruck* bezeichnet, womit der Zusammenhang $p_{\text{stat}} + p_{\text{dyn}} = p_{\text{tot}}$ gültig ist.

Die Messung des statischen Druckes p kann mit einer Wandanbohrung senkrecht zur Strömungsrichtung nach Bild 8-6b erfolgen. Aus der Steighöhe im Manometer folgt mit dem Außendruck p_1 der statische Druck $p = p_1 + \varrho_M g h$ unter der Voraussetzung, dass die Dichte ϱ des Strömungsmediums sehr viel kleiner als die Dichte ϱ_M der Messflüssigkeit ist. Mit dem Pitotrohr (Bild 8-6c) wird durch den Aufstau der Strömung der Gesamt- oder Ruhedruck $p_0 = p_1 + \varrho_M g h$ gemessen. Der dynamische Druck p_{dyn} lässt sich aus der Differenz zwischen dem Gesamtdruck und dem statischen Druck mit dem *Prandtl'schen Staurohr* (Bild 8-6d) ermitteln. Aus der Messung von $p_{\text{dyn}} = p_{\text{tot}} - p_{\text{stat}} = \varrho_M g h$ folgt die *Strömungsgeschwindigkeit*

$$w = \sqrt{2 p_{\text{dyn}} / \varrho} .$$

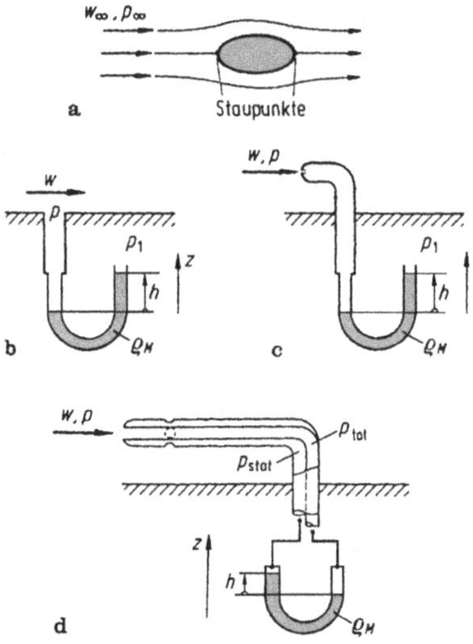

Bild 8-6. Druckmessung. **a** Körperumströmung, **b** Wandanbohrung, **c** Pitotrohr, **d** Prandtl'sches Staurohr

Venturirohr

Mit dem Venturirohr nach Bild 8-7 lassen sich Strömungsgeschwindigkeiten und Volumenströme in Rohrleitungen bestimmen. Aus der Kontinuitätsgleichung (8-4) und der Bernoulli-Gleichung (8-7) folgen die Beziehungen

$$\dot{V} = \frac{\dot{m}}{\varrho} = w_1 A_1 = w_2 A_2 ,$$
$$\frac{w_1^2}{2} + \frac{p_1}{\varrho} = \frac{w_2^2}{2} + \frac{p_2}{\varrho} .$$

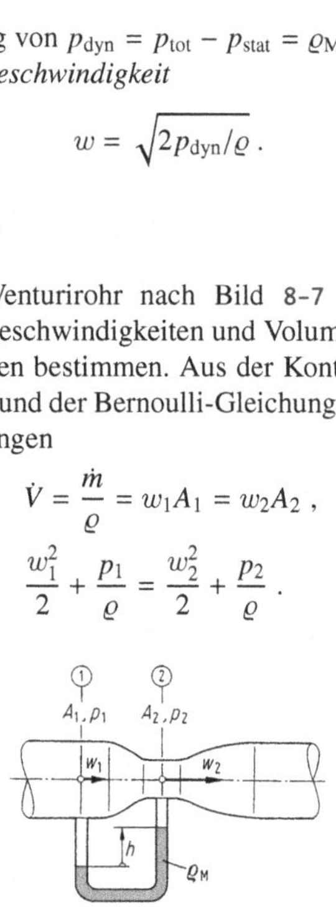

Bild 8-7. Venturirohr

Die Geschwindigkeit im Querschnitt ② folgt hieraus zu

$$w_2 = \frac{1}{\sqrt{1 - \left(\frac{A_2}{A_1}\right)^2}} \sqrt{\frac{2}{\varrho}(p_1 - p_2)}$$

$$= \alpha \sqrt{\frac{2}{\varrho}(p_1 - p_2)} \, . \qquad (8\text{-}16)$$

Aus der Hydrostatik ergibt sich die Druckdifferenz $p_1 - p_2 = \varrho_M g h$ unter der Voraussetzung $\varrho \ll \varrho_M$. Die Konstante α ist hier nur vom Flächenverhältnis A_2/A_1 abhängig. Bei realen Fluiden wird neben dem Flächenverhältnis auch der Reibungseinfluss durch diese als *Durchflusszahl* α bezeichnete Größe berücksichtigt. Experimentell ermittelte Werte von α sind für genormte Düsen in [3] enthalten.

Ausströmen aus einem Gefäß

Wir betrachten den Ausfluss einer Flüssigkeit der Dichte ϱ aus dem Behälter in Bild 8-8 im Schwerefeld. Die Bernoulli-Gleichung (8-7) lautet für den Stromfaden von der Flüssigkeitsoberfläche ① bis zum Austritt ②:

$$\frac{w_1^2}{2} + \frac{p_1}{\varrho} + g z_1 = \frac{w_2^2}{2} + \frac{p_2}{\varrho} + g z_2 \, .$$

Unter der Voraussetzung $A_1 \gg A_2$ folgt aus der Kontinuitätsbedingung, dass die Geschwindigkeit $w_1 = w_2 \cdot A_2/A_1$ vernachlässigbar klein ist. Die Ausflussgeschwindigkeit ergibt sich damit zu

$$w_2 = \sqrt{\frac{2}{\varrho}(p_1 - p_2) + 2gh} \, . \qquad (8\text{-}17)$$

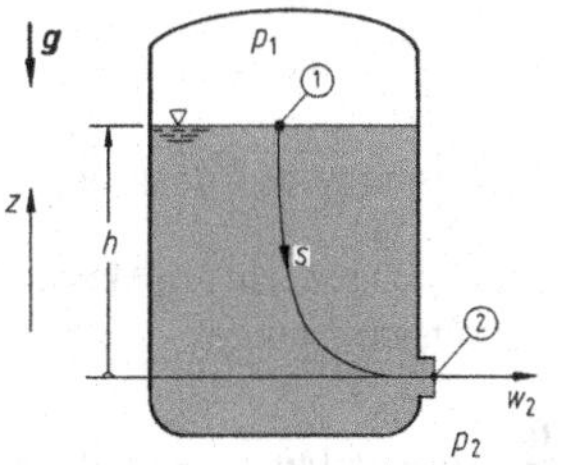

Bild 8-8. Ausströmen aus einem Behälter

Es sind zwei Sonderfälle interessant. Für $p_1 = p_2$ ist die Ausflussgeschwindigkeit $w_2 = \sqrt{2gh}$. Diese Beziehung wird als *Torricelli'sche Formel* bezeichnet. Für $h = 0$ erfolgt der Ausfluss durch den Überdruck im Behälter gegenüber der Umgebung. Es folgt die Geschwindigkeit $w_2 = \sqrt{(2/\varrho)(p_1 - p_2)}$.

Beispiel: Atmosphärische Bewegung. Bei einer Druckdifferenz von $p_1 - p_2 = 10\,\text{hPa}$ folgt für Luft mit der konstanten Dichte $\varrho = 1{,}205\,\text{kg/m}^3$ die Geschwindigkeit $w_2 = 40{,}7\,\text{m/s} = 146{,}6\,\text{km/h}$.

Schwingende Flüssigkeitssäule

Eine instationäre Strömung liegt bei der schwingenden Flüssigkeitssäule in einem U-Rohr nach Bild 8-9 vor. Bei konstantem Querschnitt A folgt aus der Kontinuitätsbedingung, dass die Geschwindigkeit $w_1 = w_2 = w(t)$ in der Flüssigkeit nur von der Zeit t, aber nicht vom Ort s abhängt. Die Auslenkung x der Flüssigkeitsoberflächen ist auf beiden Seiten gleich groß. Die Bernoulli-Gleichung (8-6) lautet dann für den Stromfaden s zwischen ① und ②:

$$\frac{w_1^2}{2} + \frac{p_1}{\varrho} + g z_1 = \frac{w_2^2}{2} + \frac{p_2}{\varrho} + g z_2 + \int_1^2 \frac{\partial w}{\partial t} \mathrm{d}s \, . \qquad (8\text{-}18)$$

Mit der Druckgleichheit $p_1 = p_2$ auf den beiden Flüssigkeitsoberflächen folgt

$$\frac{\mathrm{d}w}{\mathrm{d}t} \int_1^2 \mathrm{d}s + g(h_2 - h_1) = 0 \, . \qquad (8\text{-}19)$$

Die Länge des Stromfadens ist $L = \int_1^2 \mathrm{d}s \approx h_1 + l + h_2$ und die Geschwindigkeit folgt aus der zeitlichen Än-

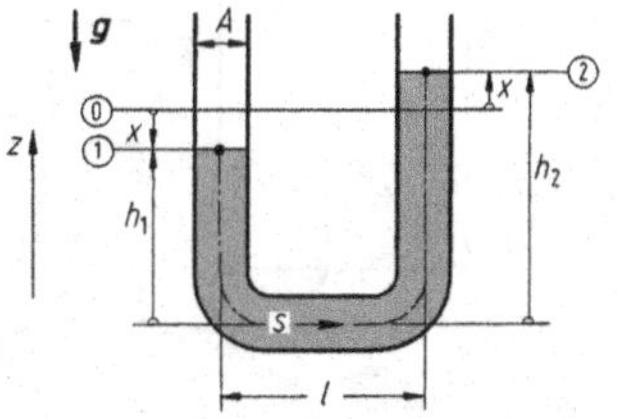

Bild 8-9. Schwingende Flüssigkeitssäule

derung der Oberflächenlage zu $w = \mathrm{d}x/\mathrm{d}t$. Aus (8-19) ergibt sich die Differenzialgleichung

$$\frac{\mathrm{d}^2 x}{\mathrm{d}t^2} + 2g\frac{x}{L} = 0 \,. \qquad (8\text{-}20)$$

Die Lösung $x = x_0 \cos \omega t$ stellt eine harmonische Schwingung mit der Amplitude x_0 und der Kreisfrequenz $\omega = \sqrt{2g/L}$ dar.

Einströmen in einen Tauchbehälter

Der in Bild 8-10 dargestellte Tauchbehälter füllt sich langsam durch die Öffnung im Boden. Bei kleinem Querschnittsverhältnis, $A_2 \ll A_3$, ist die zeitliche Änderung der Geschwindigkeit längs des Stromfadens s ① → ② ebenfalls klein, sodass der Beschleunigungsterm in der Bernoulli-Gleichung (8-6) vernachlässigbar ist. Die Zeitabhängigkeit wird allein durch die zeitlich veränderlichen Randbedingungen berücksichtigt. Diese Strömung wird als quasistationär bezeichnet. Von ① nach ② gilt die Bernoulli-Gleichung (8-7). Bei ② strömt das Medium als Freistrahl in den Behälter. Der Druck im Strahl entspricht dem hydrostatischen Druck in der Umgebung: $p_2(t) = p_1 + \varrho g z(t)$. Aus der Bernoulli-Gleichung folgt nun bei einer ruhenden Oberfläche mit $w_1 = 0$ die Geschwindigkeit im Eintrittsquerschnitt:

$$w_2(t) = \sqrt{2g[h - z(t)]} \,. \qquad (8\text{-}21)$$

Mit der Kontinuität des Volumenstromes zwischen ② und ③,

$$w_2(t) A_2 \,\mathrm{d}t = A_3 \,\mathrm{d}z \,,$$

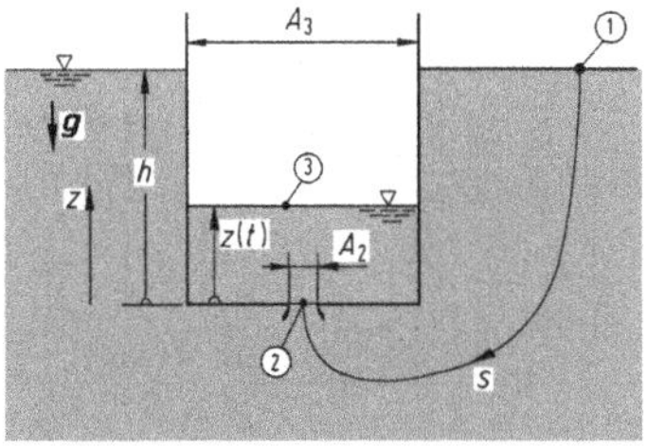

Bild 8-10. Einströmen in einen Tauchbehälter

folgt die Differenzialgleichung

$$\mathrm{d}t = \frac{A_3}{A_2} \cdot \frac{\mathrm{d}z}{w_2(t)} = \frac{A_3}{A_2} \cdot \frac{\mathrm{d}z}{\sqrt{2g[h - z(t)]}} \,. \qquad (8\text{-}22)$$

Aus der Integration ergibt sich mit der Anfangsbedingung $z = 0$ für $t = 0$:

$$t = \frac{A_3}{A_2} \cdot \frac{2h}{\sqrt{2gh}} \left(1 - \sqrt{1 - \frac{z(t)}{h}}\right) . \qquad (8\text{-}23)$$

Für $z = h$ folgt die Auffüllzeit

$$\Delta t = \frac{A_3}{A_2} \cdot \frac{2h}{\sqrt{2gh}} \,. \qquad (8\text{-}24)$$

Die zeitliche Änderung der Spiegelhöhe $z(t)$ ist dann

$$\frac{z(t)}{h} = 1 - \left(1 - \frac{t}{\Delta t}\right)^2 , \qquad (8\text{-}25)$$

und für die Eintrittsgeschwindigkeit $w_2(t)$ folgt

$$w_2(t) = \sqrt{2gh}\left(1 - \frac{t}{\Delta t}\right) . \qquad (8\text{-}26)$$

Diese Geschwindigkeit nimmt linear mit der Zeit ab.

8.2 Zweidimensionale reibungsfreie, inkompressible Strömungen

8.2.1 Kontinuität

Aus der allgemeinen Massenerhaltung

$$\frac{\partial \varrho}{\partial t} + \mathrm{div}(\varrho \boldsymbol{w}) = \frac{\mathrm{d}\varrho}{\mathrm{d}t} + \varrho \cdot \mathrm{div}\, \boldsymbol{w} = 0$$

folgt für inkompressible Medien mit $\varrho = \mathrm{const}$ die Divergenzfreiheit des Strömungsfeldes:

$$\mathrm{div}\, \boldsymbol{w} = \frac{\partial u}{\partial x} + \frac{\partial v}{\partial y} = 0 \,. \qquad (8\text{-}27)$$

8.2.2 Euler'sche Bewegungsgleichungen

Aus dem Kräftegleichgewicht am Massenelement folgen die Bewegungsgleichungen

$$\frac{\mathrm{d}\boldsymbol{w}}{\mathrm{d}t} = \frac{\partial \boldsymbol{w}}{\partial t} + \boldsymbol{w} \cdot \mathrm{grad}\, \boldsymbol{w} = -\frac{1}{\varrho}\mathrm{grad}\, p + \boldsymbol{f} \qquad (8\text{-}28)$$

mit der spezifischen Massenkraft $\boldsymbol{f}$, wobei alle Glieder auf die Masse des Elementes bezogen sind. Charakteristische Größen der Strömungen sind die *Rotation* und die *Zirkulation*. Die Rotation (Wirbelstärke) rot $\boldsymbol{w} = 2\boldsymbol{\omega}$ ist gleich der doppelten Winkelgeschwindigkeit eines Fluidteilchens. Die *Zirkulation*

$$\Gamma = \oint_C \boldsymbol{w} \cdot \mathrm{d}\boldsymbol{s}$$

ist gleich dem Linienintegral über das Skalarprodukt aus Geschwindigkeitsvektor $\boldsymbol{w}$ und Wegelement d$\boldsymbol{s}$ längs einer geschlossenen Kurve C. Über den Satz von Stokes besteht zwischen Zirkulation und Rotation der Zusammenhang:

$$\Gamma = \oint_C \boldsymbol{w} \cdot \mathrm{d}\boldsymbol{s} = \int_A \mathrm{rot}\, \boldsymbol{w} \cdot \mathrm{d}\boldsymbol{A} \,,$$

wobei A die von der Kurve C berandete Fläche darstellt. Für die Zirkulation und die Rotation gelten allgemeine Erhaltungssätze, die auf Helmholtz und Thomson zurückgehen [4].

8.2.3 Stationäre ebene Potenzialströmungen

Wir betrachten ebene Strömungen ohne Massenkraft. Verlaufen diese Strömungen wirbelfrei mit rot $\boldsymbol{w} = 0$, dann existiert für das Geschwindigkeitsfeld $\boldsymbol{w}$ ein Potenzial Φ mit $\boldsymbol{w} = \mathrm{grad}\,\Phi$. Damit gilt für das Geschwindigkeitsfeld:

$$\mathrm{rot}\, \boldsymbol{w} = \frac{\partial v}{\partial x} - \frac{\partial u}{\partial y} = 0 \,. \tag{8-29}$$

Mit den Geschwindigkeitskomponenten $u = \partial\Phi/\partial x$ und $v = \partial\Phi/\partial y$ folgt aus der Kontinuitätsgleichung (8-27) für das *Geschwindigkeitspotenzial* Φ die Laplace-Gleichung:

$$\frac{\partial^2 \Phi}{\partial x^2} + \frac{\partial^2 \Phi}{\partial y^2} = \Delta\Phi = 0 \,. \tag{8-30}$$

Wird die Kontinuitätsgleichung (8-27) mit $u = \partial\Psi/\partial y$ und $v = -\partial\Psi/\partial x$ durch eine Stromfunktion Ψ erfüllt, so gilt aufgrund der Wirbelfreiheit (8-29) für diese Stromfunktion Ψ ebenfalls die Laplace-Gleichung:

$$\frac{\partial^2 \Psi}{\partial x^2} + \frac{\partial^2 \Psi}{\partial y^2} = \Delta\Psi = 0 \,. \tag{8-31}$$

Die Funktionen Φ und Ψ lassen sich physikalisch deuten. Für die Kurven Ψ = const als Höhenlinien der Ψ-Fläche gilt:

$$\mathrm{d}\Psi = -v\,\mathrm{d}x + u\,\mathrm{d}y = 0 \,,$$

$$\left(\frac{\mathrm{d}y}{\mathrm{d}x}\right)_{\Psi=\mathrm{const}} = \frac{v}{u} \,. \tag{8-32}$$

Damit sind nach (8-3) die Kurven Ψ = const Stromlinien.
Für die Kurven Φ = const folgt analog:

$$\mathrm{d}\Phi = u\,\mathrm{d}x + v\,\mathrm{d}y = 0 \,,$$

$$\left(\frac{\mathrm{d}y}{\mathrm{d}x}\right)_{\Phi=\mathrm{const}} = -\frac{u}{v} \,. \tag{8-33}$$

Die Kurven Φ = const sind Potenziallinien, die mit den Stromlinien ein orthogonales Netz bilden, siehe Bild 8-11. Der auf die Tiefe bezogene Volumenstrom zwischen zwei Stromlinien folgt aus der Differenz der Stromfunktionswerte:

$$\dot{V} = \Psi_2 - \Psi_1 = \int_1^2 (u\,\mathrm{d}y - v\,\mathrm{d}x) \,. \tag{8-34}$$

Längs der Stromlinien gilt auch hier die Bernoulli-Gleichung (8-7). Aufgrund der Wirbelfreiheit sind Potenzialströmungen isoenergetisch, sodass für alle Stromlinien die Bernoulli-Konstante gleich ist. Bei bekannten Anströmdaten wird das Druckfeld über das Geschwindigkeitsfeld ermittelt:

$$p_\infty + \frac{1}{2}\varrho w_\infty^2 = p + \frac{1}{2}\varrho(u^2 + v^2) = p_0 \,. \tag{8-35}$$

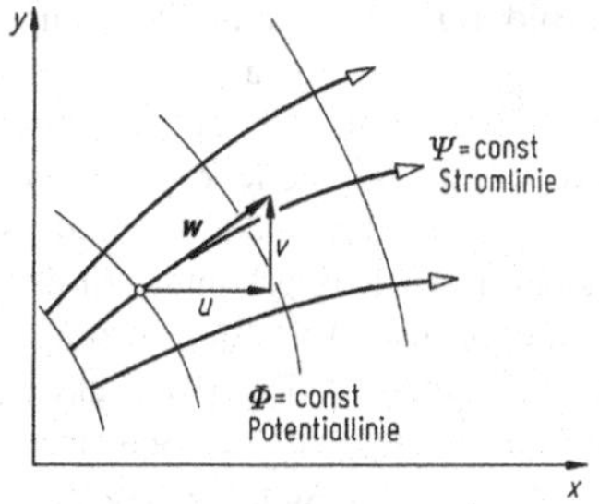

Bild 8-11. Orthogonales Netz der Potenzial- und Stromlinien

Der normierte *Druckkoeffizient*

$$C_p = \frac{p - p_\infty}{\frac{1}{2}\varrho w_\infty^2} = 1 - \left(\frac{w}{w_\infty}\right)^2 \tag{8-36}$$

besitzt die ausgezeichneten Werte $C_{p\infty} = 0$ in der Anströmung und $C_{p0} = 1$ in den Staupunkten.

Lösungseigenschaften der Potenzialgleichung (Laplace-Gleichung). Jede differenzierbare komplexe Funktion $\underline{X}(z) = \Phi(x,y) + \mathrm{i}\Psi(x,y)$ ist eine Lösung der Potenzialgleichung, wobei der Realteil dem Potenzial Φ und der Imaginärteil der Stromfunktion Ψ entspricht.
Eine wesentliche Eigenschaft der Potenzialgleichung ist ihre Linearität. Damit lassen sich einzelne Teillösungen zu einer Gesamtlösung überlagern. Jede Stromlinie kann als Begrenzung des Stromfeldes oder als Körperkontur interpretiert werden. Als Randbedingung ist dann die wandparallele Strömung mit verschwindender Geschwindigkeit in Normalenrichtung erfüllt.

8.2.4 Anwendungen elementarer und zusammengesetzter Potenzialströmungen

Beispiele von Potenzialströmungen sind in der Tabelle 8-1 zusammengestellt. Durch geeignete Überlagerung lassen sich unterschiedliche Umströmungsaufgaben konstruieren. Zwei Fälle werden betrachtet.

Umströmung einer geschlossenen Körperkontur

Die Überlagerung einer Parallelströmung mit einer Quelle und einer Senke der Stärke Q bzw. $-Q$ ergibt die in Bild 8-12 dargestellte Strömungssituation. Die Quelle ist bei $x = -a$ angeordnet, sodass sich bei $x = -l$ ein Staupunkt bildet. Ebenso führt die Senke bei $x = a$ an der Stelle $x = l$ zu einem Staupunkt. Die durch die Staupunkte führende Stromlinie $\Psi = 0$ entspricht der Körperkontur mit der Länge $2l$ und der Dicke $2h$. Die Werte des normierten Druckkoeffizienten C_p und der Geschwindigkeit w/u_∞ auf der Körperkontur sowie auf der Staustromlinie sind in Bild 8-12 längs der x-Achse aufgezeichnet. Druck und Geschwindigkeit variieren entgegengesetzt. Aus der Stromfunktion

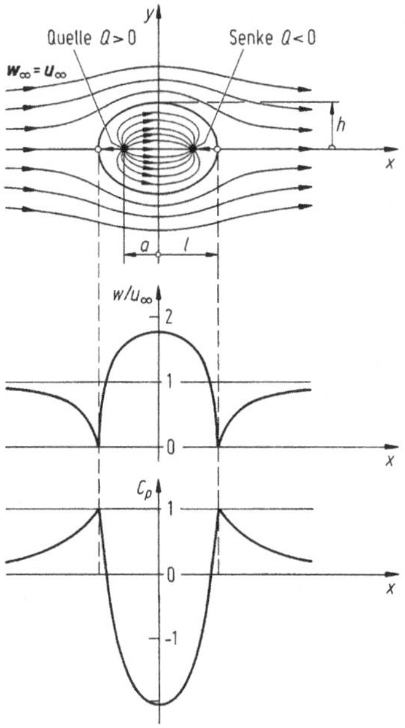

Bild 8-12. Umströmung einer geschlossenen Körperkontur

$$\Psi = u_\infty y - \frac{Q}{2\pi}\arctan\frac{2ay}{x^2 + y^2 - a^2} \tag{8-37}$$

resultieren in Abhängigkeit des dimensionslosen Parameters $Q/(2\pi u_\infty a)$ für die Geometrie und die Maximalgeschwindigkeit auf der y-Achse die Beziehungen [2]

$$\frac{h}{a} = \cot\frac{h/a}{Q/(\pi u_\infty a)}, \qquad \frac{l}{a} = \left(1 + \frac{Q}{\pi u_\infty a}\right)^{1/2} \tag{8-38}$$

$$\frac{u(0, \pm h)}{u_\infty} = 1 + \frac{Q/(\pi u_\infty a)}{1 + h^2/a^2}\,. \tag{8-39}$$

Im Folgenden sind Resultate für spezielle Werte von $Q/(2\pi u_\infty a)$ zusammengestellt.
Der Grenzfall $Q(2\pi u_\infty a) \to 0$ entspricht der Parallelströmung um eine unendlich dünne Platte und im Grenzfall $Q/(2\pi u_\infty a) \to \infty$ geht der Körper in einen Kreiszylinder über.
Ist nun die Körperkontur vorgegeben, so lässt sich das Geschwindigkeits- und Druckfeld mit Singularititenverfahren durch die kontinuierliche Anordnung von

Tabelle 8-1. Elementare und überlagerte Potenzialströmungen [1]

komplexes Potential $\underline{X}(z)$	Potential $\Phi(x, y)$	Stromfunktion $\Psi(x, y)$
$(u_\infty - \mathrm{i} v_\infty)\, z$ Parallelströmung	$u_\infty x + v_\infty y$	$u_\infty y - v_\infty x$
$\frac{Q}{2\pi} \ln z$ Quelle $Q > 0$, Senke $Q < 0$	$\frac{Q}{2\pi} \ln r = \frac{Q}{2\pi} \ln \sqrt{x^2 + y^2}$	$\frac{Q}{2\pi} \varphi = \frac{Q}{2\pi} \arctan \frac{y}{x}$
$\frac{\Gamma}{2\pi} \mathrm{i} \ln z$ Wirbel, $\Gamma \gtrless 0$ rechtsdrehend / linksdrehend	$-\frac{\Gamma}{2\pi} \arctan \frac{y}{x}$	$\frac{\Gamma}{2\pi} \ln \sqrt{x^2 + y^2}$
$\frac{m}{z}$ Dipol	$\frac{mx}{x^2 + y^2}$	$-\frac{my}{x^2 + y^2}$
$u_\infty z + \frac{Q}{2\pi} \ln z$ Parallelströmung + Quelle/Senke	$u_\infty x + \frac{Q}{2\pi} \ln r$	$u_\infty y + \frac{Q}{2\pi} \varphi$
$u_\infty \left(z + \frac{R^2}{z}\right)$ Parallelströmung + Dipol = Zylinderumströmung	$u_\infty x \left(1 + \frac{R^2}{x^2 + y^2}\right)$	$u_\infty y \left(1 - \frac{R^2}{x^2 + y^2}\right)$
$u_\infty \left(z + \frac{R^2}{z}\right) + \frac{\Gamma}{2\pi} \mathrm{i} \ln z$ Zylinderumströmung + Wirbel	$u_\infty x \left(1 + \frac{R^2}{x^2 + y^2}\right) - \frac{\Gamma}{2\pi} \varphi$	$u_\infty y \left(1 - \frac{R^2}{x^2 + y^2}\right) + \frac{\Gamma}{2\pi} \ln r$
Parallelströmung + Wirbel	$u_\infty x - \frac{\Gamma}{2\pi} \varphi$	$u_\infty y + \frac{\Gamma}{2\pi} \ln r$

Tabelle 8-1. Fortsetzung

Geschwindigkeit u	v	w	Stromlinien $\Psi = \text{const}$
u_∞	v_∞	$w_\infty = \sqrt{u_\infty^2 + v_\infty^2}$	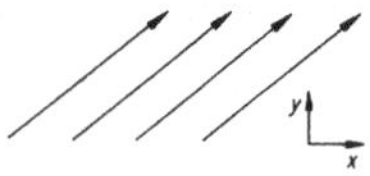
$\frac{Q}{2\pi} \cdot \frac{x}{x^2+y^2}$	$\frac{Q}{2\pi} \cdot \frac{y}{x^2+y^2}$	$\frac{Q}{2\pi r}$	
$\frac{\Gamma}{2\pi} \cdot \frac{y}{x^2+y^2}$	$-\frac{\Gamma}{2\pi} \cdot \frac{x}{x^2+y^2}$	$\frac{\Gamma}{2\pi r}$	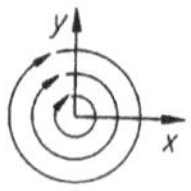
$m\frac{y^2-x^2}{(x^2+y^2)^2}$	$-m\frac{2xy}{(x^2+y^2)^2}$	$\frac{m}{r^2}$	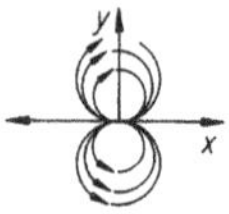
$u_\infty + \frac{Q}{2\pi} \cdot \frac{x}{x^2+y^2}$	$\frac{Q}{2\pi} \cdot \frac{y}{x^2+y^2}$		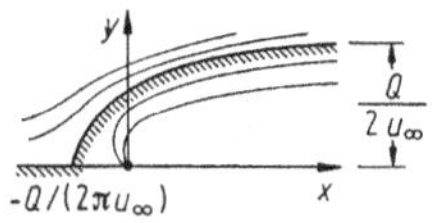
Auf dem Zylinder: $2u_\infty \sin^2\varphi$	$-2u_\infty \sin\varphi \cos\varphi$	$2u_\infty \lvert \sin\varphi \rvert$	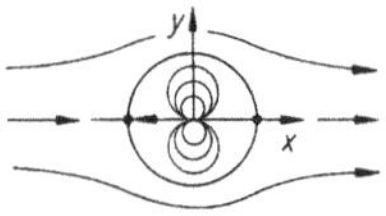
Auf dem Zylinder: $2u_\infty \sin^2\varphi + \frac{\Gamma}{2\pi R}\sin\varphi$	$-2u_\infty \sin\varphi\cos\varphi - \frac{\Gamma}{2\pi R}\cos\varphi$	$\left\lvert 2u_\infty \sin\varphi + \frac{\Gamma}{2\pi R} \right\rvert$	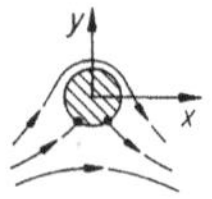
$u_\infty + \frac{\Gamma}{2\pi} \cdot \frac{y}{x^2+y^2}$	$-\frac{\Gamma}{2\pi} \cdot \frac{x}{x^2+y^2}$		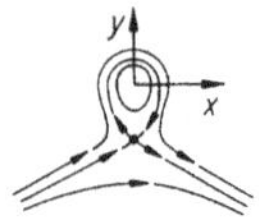

$\frac{Q}{2\pi u_\infty a}$	$\frac{h}{a}$	$\frac{l}{a}$	$\frac{l}{h}$	$\frac{u(0,\pm h)}{u_\infty}$
0	0	1,0	∞	1,0
1,0	1,307	1,732	1,326	1,739
∞	∞	∞	1,0	2,0

Quellen und Senken unterschiedlicher Stärke berechnen. Diese allgemeinen Verfahren und deren Anwendung sind in [1, 5, 6] beschrieben.

Zylinderumströmung mit Wirbel

In Bild 8-13 ist diese Strömung mit einem rechts im Uhrzeigersinn drehenden Wirbel der Zirkulation $\Gamma > 0$ dargestellt. Das Strömungsfeld ist bezüglich der x-Achse unsymmetrisch. Der Zylinder entspricht der Stromlinie mit dem Wert $\Psi = (\Gamma/2\pi) \cdot \ln R$. Die Staupunkte liegen für $\Gamma < 4\pi u_\infty R$ auf dem Zylinder und fallen für $\Gamma = 4\pi u_\infty R$ bei $x = 0$ und $y = -R$ zusammen, sodass für größere Werte Γ der gemeinsame Staupunkt auf der y- Achse im Strömungsfeld liegt. Aus der Geschwindigkeitsverteilung nach Tabelle 8-1 folgt die Druckverteilung auf dem Zylinder in normierter Form:

$$C_p = \frac{p - p_\infty}{\frac{1}{2}\varrho w_\infty^2} = 1 - \left(\frac{w}{u_\infty}\right)^2$$
$$= 1 - \left(2\sin\varphi + \frac{\Gamma}{2\pi u_\infty} R\right)^2 . \qquad (8\text{-}40)$$

Aus dieser bezüglich der x-Achse unsymmetrischen Druckverteilung ergibt sich für einen Zylinder mit der Breite b folgende Kraft in y-Richtung:

$$F_y = -bR \int_0^{2\pi} (p - p_\infty) \sin\varphi \, \mathrm{d}\varphi = \varrho u_\infty b\Gamma . \qquad (8\text{-}41)$$

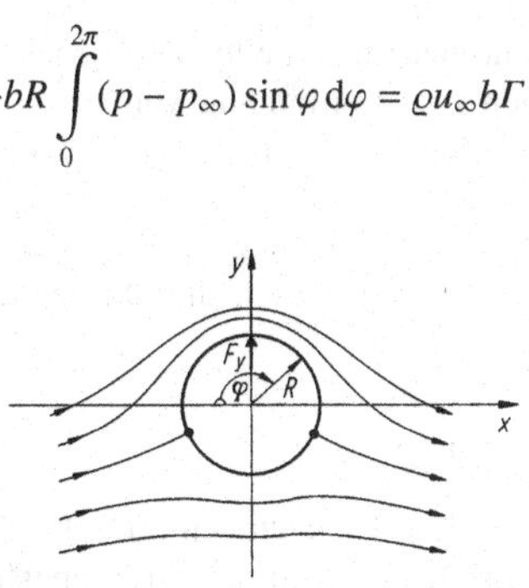

Bild 8-13. Zylinderumströmung mit Zirkulation

Dieses Ergebnis, wonach diese Auftriebskraft F_y direkt proportional der Zirkulation Γ ist, wird als Kutta-Joukowski-Formel für den Auftrieb bezeichnet. Durch eine entsprechende Rechnung folgt, dass eine Kraft in x-Richtung, die als Widerstand bezeichnet wird, nicht auftritt. Für Potenzialströmungen gilt dieses als d'Alembert'sches Paradoxon bezeichnete Ergebnis allgemein.

Eine experimentelle Realisierung dieser Potenzialströmung ist näherungsweise durch die Anströmung eines rotierenden Zylinders gegeben. Die von der Strömung auf den Zylinder ausgeübten Kräfte werden in dimensionsloser Form durch den Auftriebsbeiwert c_A und den Widerstandsbeiwert c_W gekennzeichnet. In Bild 8-14 ist die Abhängigkeit dieser Beiwerte vom Verhältnis aus Umfangsgeschwindigkeit $R\omega$ und Anströmgeschwindigkeit u_∞ aufgetragen. Mit dem Resultat (8-41) folgt mit der Bezugsfläche $A = 2Rb$ als theoretischer Auftriebsbeiwert

$$c_\mathrm{A} = \frac{F_y}{\frac{1}{2}\varrho u_\infty^2 A} = \frac{\varrho u_\infty b\Gamma}{\frac{1}{2}\varrho u_\infty^2 2Rb}$$
$$= \frac{\Gamma}{u_\infty R} = 2\pi \frac{R\omega}{u_\infty} . \qquad (8\text{-}42)$$

Die in Bild 8-14 dargestellten Werte wurden im Experiment mit einem Zylinder endlicher Breite $L/D = 12$ ermittelt [7]. Die Ursache für die Abweichung liegt im Wesentlichen an der Randbedingung am Zylinder. Die Umfangsgeschwindigkeit ist konstant, während bei der Potenzialströmung eine vom Umfangswin-

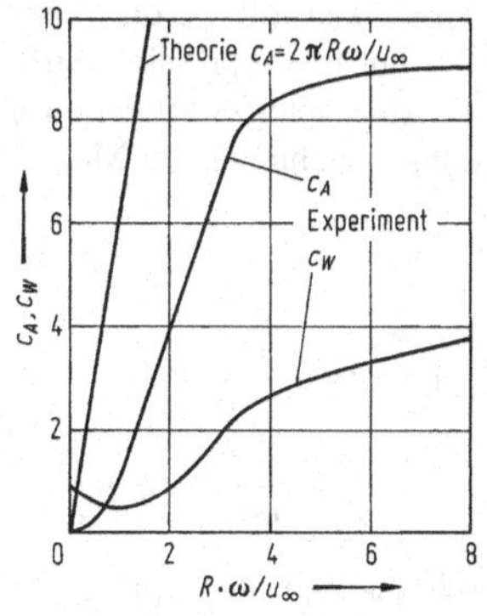

Bild 8-14. Auftrieb und Widerstand beim rotierenden Zylinder

kel φ abhängige Geschwindigkeit vorliegt. Deshalb tritt im Experiment auch eine Kraft in x-Richtung auf, die durch den Widerstandsbeiwert

$$c_W = \frac{F_x}{\frac{1}{2}\varrho u_\infty^2 A} = \frac{F_x}{\varrho u_\infty^2 bR} \tag{8-43}$$

charakterisiert wird. Das experimentelle Ergebnis ist in Bild 8-14 ebenfalls eingetragen.

8.2.5 Stationäre räumliche Potenzialströmungen

Bei räumlichen Potenzialströmungen sind die rotationssymmetrischen Stromfelder besonders ausgezeichnet. Beispiele sind in dem umfassenden Werk [8] enthalten.

8.3 Reibungsbehaftete inkompressible Strömungen

8.3.1 Grundgleichungen für Masse, Impuls und Energie

Die Massenerhaltung (8-27) gilt unabhängig vom Reibungseinfluss. Bei einer allgemeinen Kräftebilanz am Volumenelement treten durch die Reibung Zusatzspannungen auf. Bei Newton'schen Medien besteht zwischen diesen Spannungen und den Deformationsgeschwindigkeiten ein linearer Zusammenhang. Die dynamische Viskosität $\eta = \varrho\nu$ ist der Proportionalitätsfaktor und charakterisiert als Fluideigenschaft den Reibungseinfluss des Strömungsmediums. Die thermischen Eigenschaften des Mediums sind durch die Temperaturleitfähigkeit $a = \lambda/\varrho c_p$ gegeben, wo λ die Wärmeleitfähigkeit und c_p die spezifische Wärmekapazität ist. Für inkompressible Strömungen mit $\varrho = \text{const}$ und konstanten Stoffwerten η und a lauten die Erhaltungsgleichungen für Masse, Impuls und thermische Energie [9]

$$\operatorname{div} \boldsymbol{w} = 0 \tag{8-44}$$

$$\frac{\partial \boldsymbol{w}}{\partial t} + \boldsymbol{w} \cdot \operatorname{grad} \boldsymbol{w} = \boldsymbol{f} - \frac{1}{\varrho} \operatorname{grad} p + \nu \Delta w \tag{8-45}$$

$$\frac{\partial T}{\partial t} + \boldsymbol{w} \cdot \operatorname{grad} T = -\frac{1}{\varrho c_p} \operatorname{div} \boldsymbol{q} + \frac{\nu}{c_p} \Phi_\text{v} \,. \tag{8-46}$$

Äußere Kraftfelder sind durch die spezifische Massenkraft $\boldsymbol{f}$ charakterisiert. Die Wärmestromdichte ist durch $\boldsymbol{q} = -\lambda \operatorname{grad} T$ gegeben [10]. In kartesischen Koordinaten lauten damit diese Bilanzgleichungen (*Navier-Stokes'sche Gleichungen*):

$$\frac{\partial u}{\partial x} + \frac{\partial v}{\partial y} + \frac{\partial w}{\partial z} = 0\,, \tag{8-47}$$

$$\frac{\partial u}{\partial t} + u\frac{\partial u}{\partial x} + v\frac{\partial u}{\partial y} + w\frac{\partial u}{\partial z} = f_x - \frac{1}{\varrho} \cdot \frac{\partial p}{\partial x} + \nu\left(\frac{\partial^2 u}{\partial x^2} + \frac{\partial^2 u}{\partial y^2} + \frac{\partial^2 u}{\partial z^2}\right), \tag{8-48}$$

$$\frac{\partial v}{\partial t} + u\frac{\partial v}{\partial x} + v\frac{\partial v}{\partial y} + w\frac{\partial v}{\partial z} = f_y - \frac{1}{\varrho} \cdot \frac{\partial p}{\partial y} + \nu\left(\frac{\partial^2 v}{\partial x^2} + \frac{\partial^2 v}{\partial y^2} + \frac{\partial^2 v}{\partial z^2}\right), \tag{8-49}$$

$$\frac{\partial w}{\partial t} + u\frac{\partial w}{\partial x} + v\frac{\partial v}{\partial y} + w\frac{\partial w}{\partial z} = f_z - \frac{1}{\varrho} \cdot \frac{\partial p}{\partial z} + \nu\left(\frac{\partial^2 w}{\partial x^2} + \frac{\partial^2 w}{\partial y^2} + \frac{\partial^2 w}{\partial z^2}\right), \tag{8-50}$$

$$\frac{\partial T}{\partial t} + u\frac{\partial T}{\partial x} + v\frac{\partial T}{\partial y} + w\frac{\partial T}{\partial z} = a\left(\frac{\partial^2 T}{\partial x^2} + \frac{\partial^2 T}{\partial y^2} + \frac{\partial^2 T}{\partial z^2}\right) + \frac{\nu}{c_p}\Phi_\text{v} \tag{8-51}$$

mit der Dissipationsfunktion

$$\Phi_\text{v} = 2\left[\left(\frac{\partial u}{\partial x}\right)^2 + \left(\frac{\partial v}{\partial y}\right)^2 + \left(\frac{\partial w}{\partial z}\right)^2\right] + \left(\frac{\partial v}{\partial x} + \frac{\partial u}{\partial y}\right)^2 + \left(\frac{\partial w}{\partial y} + \frac{\partial v}{\partial z}\right)^2 + \left(\frac{\partial u}{\partial z} + \frac{\partial w}{\partial x}\right)^2 . \tag{8-52}$$

Diese 5 nichtlinearen partiellen Differenzialgleichungen genügen zur Bestimmung von $\boldsymbol{w} = (u, v, w)$, p und T. Bei den hier betrachteten inkompressiblen Strömungen ist das Stromfeld vom Temperaturfeld entkoppelt. In der Energiegleichung zeigt sich der Einfluss der Reibung durch die Dissipationsfunktion Φ_v.

8.3.2 Kennzahlen

Werden nun diese Gleichungen im Schwerefeld mit charakteristischen Größen des Strömungsfeldes, der Geschwindigkeit w, der Zeit t, der Länge l und dem

Druck p normiert, dann lassen sich folgende Kennzahlen bilden:

$$Eu = \frac{p}{\varrho w^2} \quad \text{Euler-Zahl (Druck- durch Trägheitskraft)} \tag{8-53}$$

$$Fr = \frac{w^2}{lg} \quad \text{Froude-Zahl (Trägheits- durch Schwerkraft)} \tag{8-54}$$

$$Sr = \frac{l}{tw} \quad \text{Strouhal-Zahl (lokale durch konvektive Beschleunigung)} \tag{8-55}$$

$$Re = \frac{wl}{\nu} \quad \text{Reynolds-Zahl (Trägheits- durch Reibungskraft)}\,. \tag{8-56}$$

Aus der Energiegleichung folgen mit $T_2 - T_1$ als charakteristischer Temperaturdifferenz die Kennzahlen:

$$Fo = \frac{l^2}{at} \quad \text{Fourier-Zahl (instationäre Wärmeleitung)} \tag{8-57}$$

$$Pe = \frac{wl}{a} \quad \text{Péclet-Zahl (konvektiver Wärmetransport)} \tag{8-58}$$

$$Ec = \frac{w^2}{c_p(T_2 - T_1)} \quad \text{Eckert-Zahl (kinetische Energie durch Enthalpie)}\,. \tag{8-59}$$

Aus Kombinationen lassen sich nun weitere Kennzahlen ableiten. Aus dem Quotienten von Péclet-Zahl und Reynolds-Zahl folgt die Prandtl-Zahl

$$Pr = \frac{\nu}{a} \tag{8-60}$$

als Verhältnis der molekularen Transportkoeffizienten für Impuls und Wärme.

Der Auftriebsbeiwert (8-42) und der Widerstandsbeiwert (8-43) bei Umströmungsproblemen sind ebenfalls dimensionslose Größen. Die Kennzahlen bilden die Grundlage der Ähnlichkeitsgesetze und Modellregeln der Strömungsmechanik. In der Regel wird man sich auf die jeweils dominierenden Kennzahlen beschränken. Grundlagen und Anwendungen sind in [11] ausführlich dargestellt.

8.3.3 Lösungseigenschaften der Navier-Stokes'schen Gleichungen

Zu den Navier-Stokes'schen Gleichungen (8-47) bis (8-50) kommen die aus der Problemstellung resultierenden Anfangs- und Randbedingungen hinzu. Analytische Lösungen lassen sich nur unter bestimmten Voraussetzungen angeben. Der entscheidende Parameter ist dabei die Reynolds-Zahl (8-56). Ist die Stromlinienform von der Reynolds-Zahl unabhängig, lassen sich oft analytische Lösungen angeben. Damit sind alle Potenzialströmungen Lösungen der Navier-Stokes'schen Gleichungen, wobei allerdings die entsprechenden Geschwindigkeitsverteilungen auf den Rändern zu erfüllen sind. Ähnlichkeitslösungen lassen sich dann finden, wenn keine ausgezeichnete Länge im Strömungsfeld auftritt. Durch Approximationen können diese Gleichungen weiter vereinfacht werden. Im Grenzfall sehr kleiner Reynolds-Zahlen $Re < 1$ können die Trägheitskräfte gegenüber den Reibungskräften vernachlässigt werden. Diese Strömungen werden als Stokes'sche Schichtenströmungen bezeichnet. Bei sehr großen Reynolds-Zahlen $Re \gg 1$ spielt die Reibung im Bereich fester Wände die entscheidende Rolle und die Strömungen werden als Grenzschichtströmungen bezeichnet [12].

8.3.4 Spezielle Lösungen für laminare Strömungen

Kartesische Koordinaten

Für eine stationäre, eindimensionale, ebene und ausgebildete Spaltströmung ohne äußeres Kraftfeld mit $u = u(y)$, $v = w = 0$, $p = p(x)$ folgt aus den Navier-Stokes'schen Gleichungen

$$\frac{\mathrm{d}^2 u}{\mathrm{d}y^2} = \frac{1}{\eta} \cdot \frac{\mathrm{d}p}{\mathrm{d}x}\,. \tag{8-61}$$

Die allgemeine Lösung dieser Gleichung lautet

$$u(y) = \frac{1}{\eta} \cdot \frac{\mathrm{d}p}{\mathrm{d}x}\frac{y^2}{2} + C_1 y + C_2\,. \tag{8-62}$$

Couette-Strömung. Mit den Randbedingungen $u(0) = 0$, $u(h) = U$ und $p = \text{const}$ folgt die lineare Geschwindigkeitsverteilung in Bild 8-15a zu

$$\frac{u(y)}{U} = \frac{y}{h}\,. \tag{8-63}$$

Aus der Energiegleichung (8-51) folgt die Lösung für die Temperaturverteilung

$$T(y) = -\frac{\eta}{a\varrho c_p} \cdot \frac{U^2}{h^2} \cdot \frac{y^2}{2} + C_1 y + C_2 . \tag{8-64}$$

Mit den Randbedingungen $T(0) = T_1$, $T(h) = T_2$ resultiert die Temperaturverteilung

$$\frac{T(y) - T_1}{T_2 - T_1} = \frac{y}{h} + \frac{\nu U^2}{a c_p (T_2 - T_1)} \cdot \frac{y}{2h}\left(1 - \frac{y}{h}\right)$$
$$= \frac{y}{h} + Pr \cdot Ec \cdot \frac{y}{2h}\left(1 - \frac{y}{h}\right). \tag{8-65}$$

Bild 8-15b zeigt Temperaturverteilungen für verschiedene Werte $Pr \cdot Ec$ [12].

Poiseuille-Strömung. Mit den Randbedingungen $u(0) = 0$, $u(h) = 0$ und dem Druckverlauf $\mathrm{d}p/\mathrm{d}x = -\Delta p/l$ folgt die Geschwindigkeitsverteilung in Bild 8-16 zu

$$\frac{u(y)}{U} = \frac{-1}{\eta} \cdot \frac{\Delta p}{l} \cdot \frac{1}{U} \cdot \frac{h^2}{2}\left(\frac{y^2}{h^2} - \frac{y}{h}\right)$$
$$= 4\frac{y}{h}\left(1 - \frac{y}{h}\right). \tag{8-66}$$

U ist die Geschwindigkeit in Spaltmitte bei $y = h/2$. Der Volumenstrom $\dot{V}$ ist für einen Kanal mit der Breite b

$$\dot{V} = b \int_0^h u(y)\,\mathrm{d}y = \frac{2}{3} bhU = bhu_\mathrm{m} , \tag{8-67}$$

mit $u_\mathrm{m} = (2/3)U$ als mittlerer Geschwindigkeit. Der Druckabfall Δp ist bei einem Kanal der Länge l und der Reynolds-Zahl $Re = u_\mathrm{m} h/\nu$:

$$\Delta p = \frac{\varrho}{2} u_\mathrm{m}^2 \frac{l}{h} \cdot \frac{24}{Re} . \tag{8-68}$$

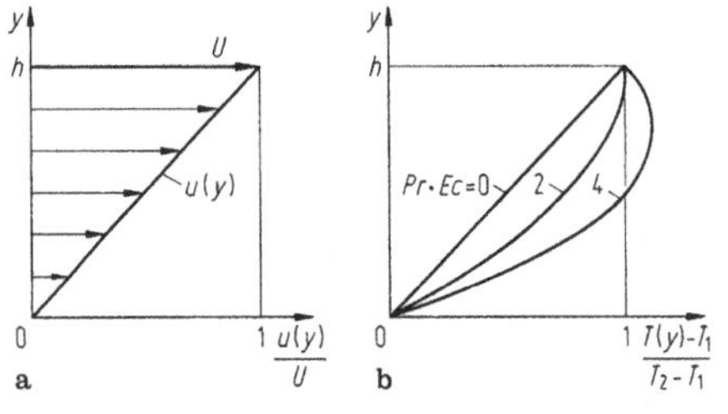

Bild 8-15. Couette-Strömung. **a** Geschwindigkeitsverteilung, **b** Temperaturverteilung

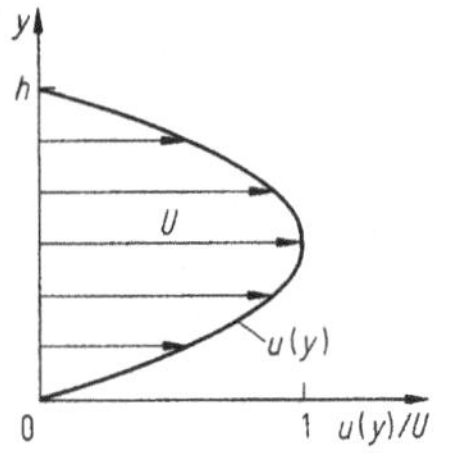

Bild 8-16. Poiseuille-Strömung, Geschwindigkeitsverteilung

Die Geschwindigkeitsverteilungen der Couette- und Poiseuille-Strömung lassen sich direkt superponieren, da die zugrunde liegende Bewegungsgleichung (8-61) linear ist.

Stokes'sches Problem. Für eine plötzlich bewegte, in der x-Ebene unendlich ausgedehnte Platte lässt sich eine zeitabhängige Ähnlichkeitslösung angeben. Mit den Voraussetzungen $u = u(y, t), v = w = 0$ und damit $p = \text{const}$ sowie den Anfangs- und Randbedingungen

$$t \leqq 0: u(y, t) = 0$$
$$t > 0: u(0, t) = U \quad u(\infty, t) = 0$$

lautet die Lösung:

$$\frac{u(y,t)}{U} = 1 - \frac{1}{\sqrt{\pi}} \int_0^{y/\sqrt{\nu t}} \exp\left(-\frac{1}{4}\xi^2\right) \mathrm{d}\xi$$
$$= 1 - \mathrm{erf}\left(\frac{y}{2\sqrt{\nu t}}\right). \tag{8-69}$$

In Bild 8-17 ist diese Geschwindigkeitsverteilung dargestellt. Die Dicke der mitgenommenen Schicht bis $u/U = 0{,}01$ ist $y = \delta \approx 4\sqrt{\nu t}$, sie wächst mit der Wurzel aus der Zeit.

Zylinderkoordinaten

Wir legen die Navier-Stokes'schen Gleichungen mit den Geschwindigkeitskomponenten u, v, w in r-, φ- und z-Richtung zugrunde [9].

Rohrströmung. Für die eindimensionale Strömung folgt mit $w(r)$, $u = v = 0$ und $\mathrm{d}p/\mathrm{d}z = -\Delta p/l = \text{const}$ die Geschwindigkeitsverteilung

$$w(r) = \frac{\Delta p}{l} \cdot \frac{R^2}{4\eta}\left(1 - \frac{r^2}{R^2}\right)$$
$$= W\left(1 - \frac{r^2}{R^2}\right). \tag{8-70}$$

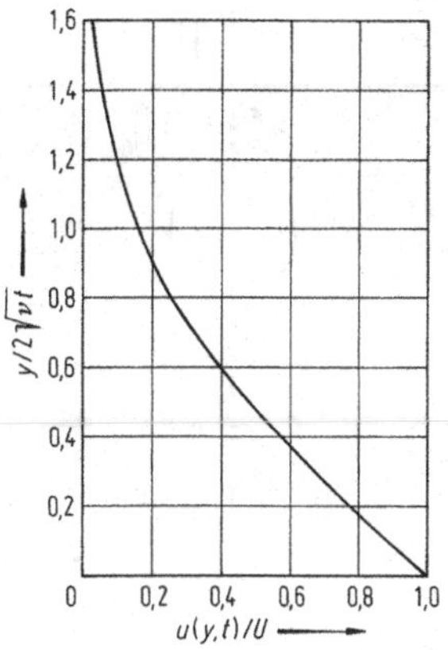

Bild 8-17. Stokes'sches Problem, Geschwindigkeitsverteilung

Für den Volumenstrom $\dot{V}$ folgt damit

$$\dot{V} = 2\pi \int_0^R w(r) \cdot r \cdot \mathrm{d}r = \frac{\pi}{8} \cdot \frac{\Delta p}{l} \cdot \frac{R^4}{\eta}$$
$$= \pi R^2 w_\mathrm{m} \,, \tag{8-71}$$

wobei die mittlere Geschwindigkeit $w_\mathrm{m} = (1/2)W$ der halben Maximalgeschwindigkeit entspricht. Der Druckabfall Δp ist

$$\Delta p = \frac{8\eta l w_\mathrm{m}}{R^2} = \frac{\varrho}{2} w_\mathrm{m}^2 \frac{l}{2R}\lambda$$

mit

$$\lambda = \frac{64}{Re} \,, \quad Re = \frac{w_\mathrm{m} D}{\nu} \,. \tag{8-72}$$

Aus (8-70) folgt für die Schubspannungsverteilung

$$\tau(r) = -\eta \frac{\mathrm{d}w}{\mathrm{d}r} = 2\frac{W}{R^2} r \,. \tag{8-73}$$

In Bild 8-18 ist die Verteilung der Geschwindigkeit $w(r)$ und der Schubspannung $\tau(r)$ dargestellt.

Strömung zwischen zwei rotierenden Zylindern. Für die stationäre rotationssymmetrische Zylinderspaltströmung mit $v(r), u = w = 0, \ p(r)$ folgt die allgemeine Lösung für die Geschwindigkeitsverteilung in Umfangsrichtung:

$$v(r) = Ar + \frac{B}{r} \,. \tag{8-74}$$

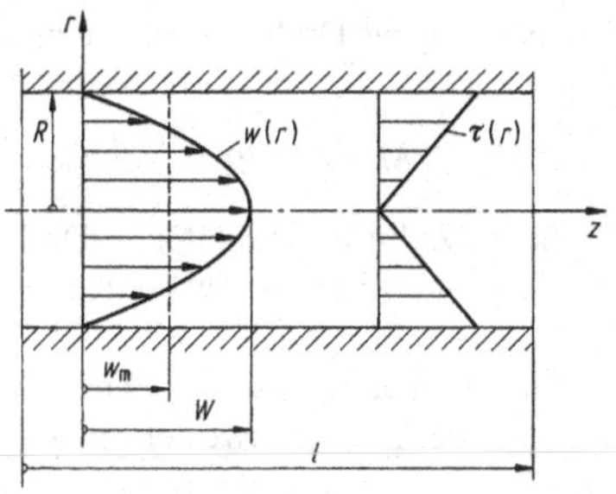

Bild 8-18. Rohrströmung, Verteilung der Geschwindigkeit und Schubspannung

Mit den Randbedingungen $v(R_1) = \omega_1 R_1$ und $v(R_2) = \omega_2 R_2$ ergeben sich die Konstanten A und B zu

$$A = \frac{\omega_2 R_2^2 - \omega_1 R_1^2}{R_2^2 - R_1^2} \,, \quad B = \frac{R_1^2 R_2^2(\omega_1 - \omega_2)}{R_2^2 - R_1^2} \,.$$

Die Schubspannungsverteilung ist dabei

$$\tau(r) = -\eta\left(\frac{\mathrm{d}v}{\mathrm{d}r} - \frac{v}{r}\right) = \eta\frac{2B}{r^2} \,. \tag{8-75}$$

Die Verteilung der Geschwindigkeit und der Schubspannung im Spalt ist in Bild 8-19 bei gegebenen Randbedingungen dargestellt.

In radialer Richtung gilt die Beziehung $\mathrm{d}p/\mathrm{d}r = \varrho \cdot v^2/r$, aus der durch Integration die Druckverteilung $p(r)$ folgt:

$$p(r) = p(R_1) + \varrho\left[\frac{A^2}{2}(r^2 - R_1^2) + 2AB\ln\frac{r}{R_1} + \frac{B^2}{2}\left(\frac{1}{R_1^2} - \frac{1}{r^2}\right)\right] \,. \tag{8-76}$$

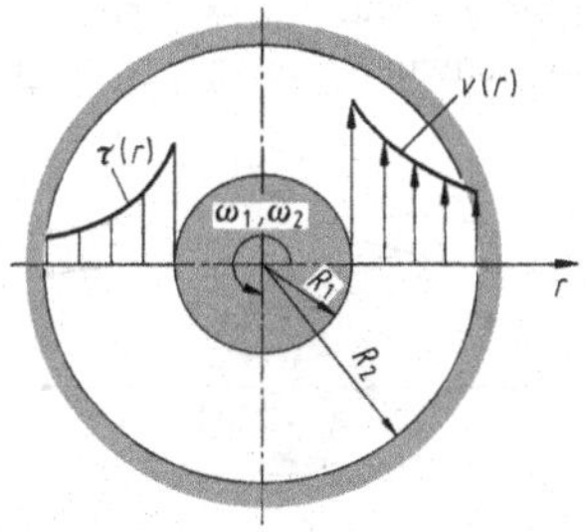

Bild 8-19. Zylinderspaltströmung, Geschwindigkeits- und Schubspannungsverteilung

Für das längenbezogene Drehmoment am inneren Zylinder gilt:

$$M_1 = 4\pi\eta B\,. \qquad (8\text{-}77)$$

Das am äußeren Zylinder angreifende Drehmoment ist gleich groß und wirkt in der entgegengesetzten Richtung.
Als Grenzfälle ergeben sich aus (8-74) für $R_2 \to \infty$, $v(r \to \infty) = 0$ der Potenzialwirbel mit $v(r) = B/r$ und für $R_1 \to 0$ folgt die Starrkörperrotation mit $v(r) = Ar$.

Kugelkoordinaten

Die folgenden Lösungen gelten nur für den Grenzfall kleiner Reynolds-Zahlen $Re < 1$.

Stokes'sche Kugelumströmung. Für die translatorische Bewegung einer festen Kugel durch ein viskoses Medium mit der Geschwindigkeit U ergibt sich aus dem Geschwindigkeits- und Druckfeld die Widerstandskraft [12]

$$F_W = 6\pi\eta RU. \qquad (8\text{-}78)$$

Für die Umströmung einer Fluidkugel nach Bild 8-20 mit der Dichte ϱ' und der Viskosität η' gilt nach [13] die erweiterte Beziehung für die Widerstandskraft:

$$F_W = 6\pi\eta RU \frac{2\eta + 3\eta'}{3\eta + 3\eta'}\,. \qquad (8\text{-}79)$$

Beispiel: Fallgeschwindigkeit einer Kugel. Im Schwerefeld stehen nach Bild 8-21 Auftriebskraft, Gewichtskraft und Widerstandskraft bei einer stationären Bewegung im Gleichgewicht: $F_A - F_G + F_W = 0$. Mit $F_A = (4/3)\pi R^3 \varrho g$, $F_G = (4/3)\pi R^3 \varrho' g$ und $F_W = 6\pi\eta Rw$ nach (8-78) folgt die Fallgeschwindigkeit $w = (2/9)(\varrho' - \varrho)R^2 g/\eta$.

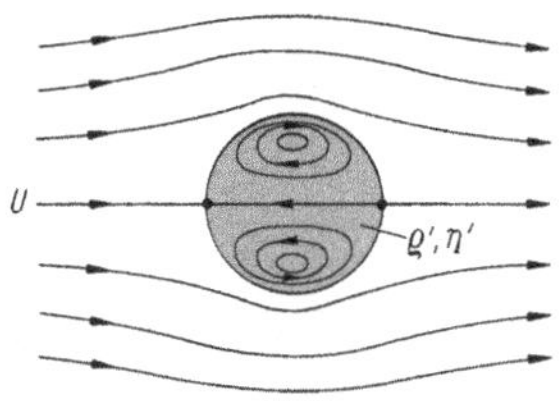

Bild 8-20. Stromfeld einer umströmten Fluidkugel

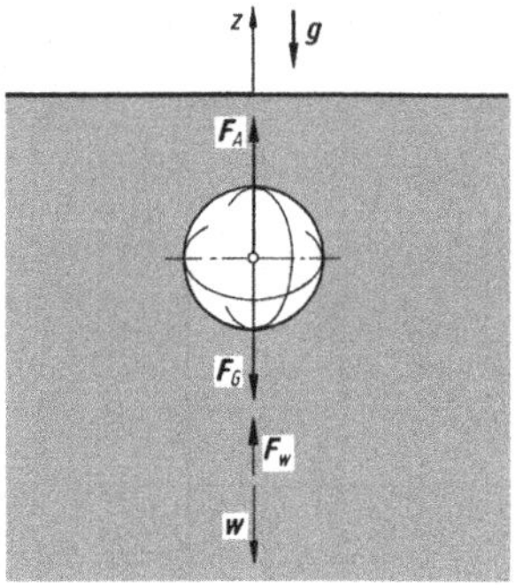

Bild 8-21. Fallende Kugel im Schwerefeld

Sind die Dichten ϱ' der Kugel und ϱ der Flüssigkeit bekannt, so lässt sich über die Messung dieser Fallgeschwindigkeit w die Viskosität η ermitteln.

Beispiel: Steiggeschwindigkeit einer Gasblase. Unter der Voraussetzung $\varrho' \ll \varrho$ und $\eta' \ll \eta$ folgt über das Gleichgewicht zwischen Auftriebskraft F_A und Widerstandskraft F_W nach (8-79) die Steiggeschwindigkeit $w = (1/3)gR^2/\nu$.

8.3.5 Turbulente Strömungen

Mit wachsender Reynolds-Zahl gehen die wohlgeordneten laminaren Schichtenströmungen in irreguläre turbulente Strömungen über. Dem molekularen Impulsaustausch überlagert sich ein zusätzlicher Transportprozess durch die makroskopische Turbulenzbewegung. Bei der Rohrströmung in Bild 8-18 vollzieht sich dieser Umschlag für Reynolds-Zahlen $Re \geqq 2320$. Die Beschreibung turbulenter Strömungen geschieht nach Reynolds mit der Zerlegung der instationären Geschwindigkeitskomponenten, z. B. $u(x, y, z, t)$ in einen zeitlichen Mittelwert $\bar{u}(x, y, z)$ und eine Schwankungsgröße $u'(x, y, z, t)$ nach Bild 8-22:

$$u(x, y, z, t) = \bar{u}(x, y, z) + u'(x, y, z, t)\,. \qquad (8\text{-}80)$$

Der zeitliche Mittelwert am festen Ort ist definiert durch

$$\bar{u}(x, y, z) = \frac{1}{T}\int_0^T u(x, y, z, t)\,\mathrm{d}t\,, \qquad (8\text{-}81)$$

Dabei ist T so groß gewählt, dass die Zeitabhängigkeit für $\bar{u}$ entfällt. Damit sind die zeitlichen Mittel-

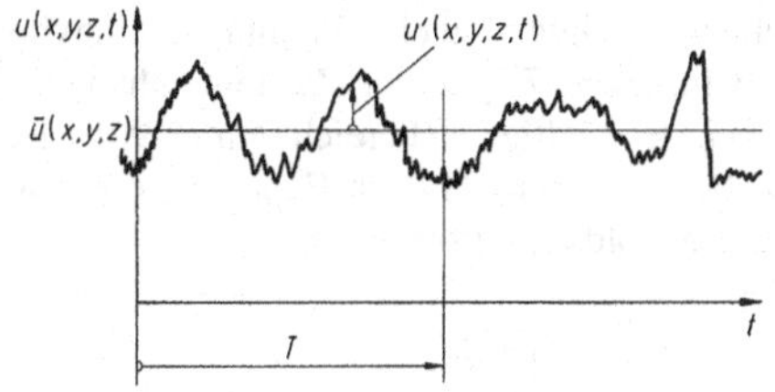

Bild 8-22. Turbulente Strömung, zeitabhängiger Geschwindigkeitsverlauf

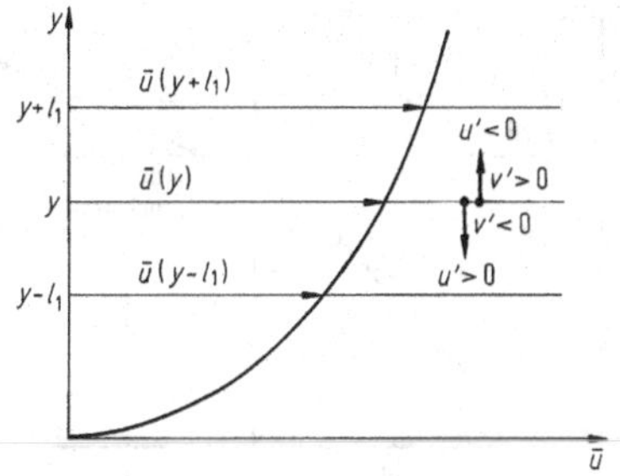

Bild 8-23. Mischungswegkonzept nach Prandtl

werte der Schwankungsgeschwindigkeiten Null.

$$\overline{u'} = \overline{v'} = \overline{w'} = 0\,.$$

Die Intensität der Turbulenz wird durch den Turbulenzgrad Tu charakterisiert.

$$Tu = \frac{\sqrt{\frac{1}{3}(\overline{u'^2} + \overline{v'^2} + \overline{w'^2})}}{\sqrt{\overline{u}^2 + \overline{v}^2 + \overline{w}^2}}\,. \qquad \text{(8-82)}$$

Das Einsetzen von (8-80) in die Navier-Stokes'schen Gleichungen führt zu den Reynolds'schen Gleichungen. Die Kontinuitätsgleichung ist auch für die Mittelwerte gültig:

$$\frac{\partial \overline{u}}{\partial x} + \frac{\partial \overline{v}}{\partial y} + \frac{\partial \overline{w}}{\partial z} = 0\,. \qquad \text{(8-83)}$$

Die Impulsbilanz liefert in x-Richtung ohne Massenkraft f_x nach [14]:

$$\varrho \frac{\mathrm{d}\overline{u}}{\mathrm{d}t} = -\frac{\partial \overline{p}}{\partial x} + \frac{\partial}{\partial x}\left(\eta \frac{\partial \overline{u}}{\partial x} - \varrho\overline{u'^2}\right) + \frac{\partial}{\partial y}\left(\eta \frac{\partial \overline{u}}{\partial y} - \varrho\overline{u'v'}\right) + \frac{\partial}{\partial z}\left(\eta \frac{\partial \overline{u}}{\partial z} - \varrho\overline{u'w'}\right). \qquad \text{(8-84)}$$

Die Schwankungsgrößen führen dabei zu den turbulenten Scheinspannungen

$$-\varrho\overline{u'^2}\,,\ -\varrho\overline{u'v'}\,,\ -\varrho\overline{u'w'}\,. \qquad \text{(8-85)}$$

Die allgemeine Betrachtung ergibt den Reynolds'schen Spannungstensor. Diese Größen werden über Turbulenzmodelle und Transportgleichungen für die Turbulenzbewegung ermittelt [15].

Als einfaches Turbulenzmodell gilt der Prandtl'sche Mischungswegansatz. Das Konzept ist in Bild 8-23 für eine turbulente Hauptströmung in x-Richtung dargestellt. In positiver y-Richtung erfährt ein Fluidelement bei einem Mischungsweg l_1 eine Schwankungsgeschwindigkeit $u' = -l_1 \cdot \mathrm{d}\overline{u}/\mathrm{d}y$. Aus Kontinuitätsgründen gilt $v' = l_2 \cdot \mathrm{d}\overline{u}/\mathrm{d}y$. Für die Bewegung in negativer y-Richtung gilt ein analoges Verhalten. Die Reynolds'sche scheinbare Schubspannung folgt damit zu

$$\overline{\tau} = -\varrho\overline{u'v'} = \varrho\overline{l_1 l_2}\left(\frac{\mathrm{d}\overline{u}}{\mathrm{d}y}\right)^2 = \varrho l^2\left(\frac{\mathrm{d}\overline{u}}{\mathrm{d}y}\right)^2\,. \qquad \text{(8-86)}$$

Für die gesamte Schubspannung gilt

$$\overline{\tau}_{\mathrm{tot}} = \eta\frac{\mathrm{d}\overline{u}}{\mathrm{d}y} + \varrho l^2\left(\frac{\mathrm{d}\overline{u}}{\mathrm{d}y}\right)^2\,. \qquad \text{(8-87)}$$

Die Integration von (8-87) führt zur Geschwindigkeitsverteilung turbulenter Strömungen in der Nähe fester Wände.

Mit der Wandschubspannungsgeschwindigkeit $u_\tau = \sqrt{\overline{\tau}_{\mathrm{W}}/\varrho}$ folgt für die viskose Unterschicht mit $l \to 0$

$$\frac{\overline{u}(y)}{u_\tau} = \frac{y u_\tau}{\nu} = y^+\,, \quad y^+ < 5\,. \qquad \text{(8-88)}$$

Außerhalb dieser Schicht dominiert der Anteil (8-86). Mit der Annahme von Prandtl, dass $\overline{\tau}_{\mathrm{tot}} = \overline{\tau}_{\mathrm{W}} = \mathrm{const}$ und $l = \varkappa y$ mit $\varkappa = \mathrm{const}$ ist, erhält man durch Integration

$$\frac{\overline{u}(y)}{u_\tau} = \frac{1}{\varkappa}\ln y^+ + C\,. \qquad \text{(8-89)}$$

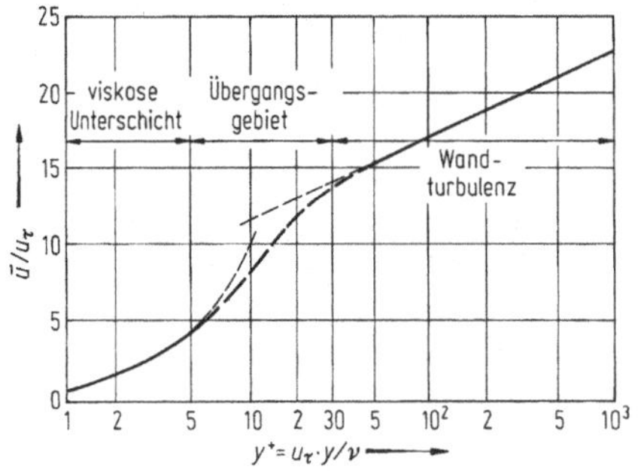

Bild 8-24. Geschwindigkeitsverteilung nahe fester Wände

Aus dem Experiment folgen für die Konstanten die sog. universellen Werte $\varkappa = 0{,}4$ und $C = 5{,}5$. Diese Gesetzmäßigkeit gilt für $y^+ > 30$ außerhalb der viskosen Unterschicht und einem Übergangsbereich. In Bild 8-24 ist die Geschwindigkeitsverteilung in halblogarithmischer Darstellung über dem Wandabstand aufgetragen. Bei sehr großen Wandabständen $y^+ > 10^3$ schließt sich die freie Turbulenz an.

Turbulente Rohrströmung. Mit zunehmender Reynolds-Zahl $Re = w_m D/\nu > 2320$ wird die Verteilung der zeitlich gemittelten Geschwindigkeit $\overline{w}(r)$ rechteckförmiger (Bild 8-25). Folgender Potenzansatz hat sich zur Beschreibung bewährt:

$$\frac{\overline{w}(r)}{\overline{W}} = \left(1 - \frac{r}{R}\right)^{1/n} \quad \text{mit} \quad n = 7 \,. \tag{8-90}$$

Bei diesem Gesetz ist die Wandschubspannung vom Rohrradius unabhängig. Die turbulente Strömung ist durch die lokalen Eigenschaften des Stromfeldes bestimmt. Zwischen der über den Rohrquerschnitt gemittelten Geschwindigkeit $\overline{w}_m$ und der maximalen Geschwindigkeit $\overline{w}$ gilt der Zusammenhang $\overline{w}_m = 0{,}816\overline{W}$. Der Gültigkeitsbereich von (8-90) wird für $Re > 10^5$ verlassen, da n im Exponenten mit wachsender Reynolds-Zahl zunimmt.

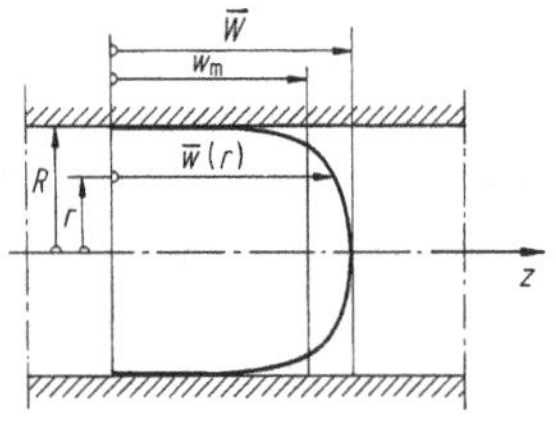

Bild 8-25. Geschwindigkeitsverteilung in turbulenter Rohrströmung

8.3.6 Grenzschichttheorie

Bei sehr großen Reynolds-Zahlen, $Re = u_\infty l/\nu \gg 1$, ist der Reibungseinfluss in der Grenzschicht dominant. Aufgrund der Haftbedingung an der Körperoberfläche erfolgt der Geschwindigkeitsanstieg von Null auf den Wert der Außenströmung in dieser Grenzschicht der Dicke δ. Für eine stationäre ebene Strömung ohne Massenkraft folgen aus der Kontinuitätsgleichung und den Navier-Stokes'schen Gleichungen für $\delta \ll l$ die Prandtl'schen Grenzschichtgleichungen [12]:

$$\frac{\partial u}{\partial x} + \frac{\partial v}{\partial y} = 0 \,, \tag{8-91}$$

$$u\frac{\partial u}{\partial x} + v\frac{\partial u}{\partial y} = -\frac{1}{\varrho} \cdot \frac{\mathrm{d}p}{\mathrm{d}x} + \nu\frac{\partial^2 u}{\partial y^2} \,. \tag{8-92}$$

Der Druck $p(x)$ in der Grenzschicht wird durch die Außenströmung aufgeprägt. Über die Bernoulli-Gleichung folgt der Zusammenhang mit der Geschwindigkeit U der Außenströmung zu

$$-\frac{1}{\varrho} \cdot \frac{\mathrm{d}p}{\mathrm{d}x} = U\frac{\mathrm{d}U}{\mathrm{d}x} \,.$$

Impulssatz der Grenzschichttheorie

Die integrale Erfüllung der Grenzschichtgleichungen im Bereich $0 \leqq y \leqq \delta$ führt zu dem Impulssatz

$$\frac{\mathrm{d}}{\mathrm{d}x}(U^2\delta_2) + \delta_1 U\frac{\mathrm{d}U}{\mathrm{d}x} = \frac{\tau_W}{\varrho} \,.$$

Dabei ist $\delta_1 = \int_0^\infty (1 - u/U)\,\mathrm{d}y$ die Verdrängungsdicke, $\delta_2 = \int_0^\infty u/U(1 - u/U)\,\mathrm{d}y$ die Impulsverlustdicke und τ_W die Wandschubspannung. Analog dazu lässt sich ein Energiesatz für die Grenzschicht herleiten. Der Impulssatz bildet die Grundlage von Näherungsverfahren zur Berechnung von Grenzschichten [16].

Reibungswiderstand der Plattengrenzschicht

Bei der Umströmung einer ebenen Platte ist der Druck p = const und damit ohne Einfluss. Es stellt sich bei laminarer Strömung die in Bild 8-26 dargestellte Grenzschicht ein. Aus der analytischen Lösung der Gleichungen (8-91), (8-92) folgt für die Platte der Länge l die Grenzschichtdicke mit $Re = u_\infty l/\nu$:

$$\frac{\delta}{l} = \frac{3{,}46}{\sqrt{Re}} \,. \tag{8-93}$$

Der *lokale Reibungsbeiwert* c_f ist mit $Re_x = u_\infty x/\nu$

$$c_f = \frac{\tau_W}{\frac{1}{2}\varrho u_\infty^2} = \frac{0{,}664}{\sqrt{Re_x}} \,. \tag{8-94}$$

Bei einfacher Benetzung folgt durch Integration der Reibungswiderstand in normierter Form für die Platte der Länge l und Breite b:

$$c_F = \frac{F_W}{\frac{1}{2}\varrho u_\infty^2 bl} = \frac{1{,}328}{\sqrt{Re}} \quad \text{(Blasius)}. \tag{8-95}$$

Für sehr große Reynolds-Zahlen, $Re > 5 \cdot 10^5$, liegt eine *turbulente Grenzschichtströmung* vor. Mit dem Potenzgesetz (8-90) für die Geschwindigkeitsverteilung ergeben sich für die turbulente Plattengrenzschicht bei einfacher Benetzung für hydraulisch glatte Oberflächen

$$\frac{\delta}{l} = \frac{0{,}37}{Re^{1/5}} \,, \tag{8-96}$$

$$c_f = \frac{\tau_W}{\frac{1}{2}\varrho u_\infty^2} = \frac{0{,}0577}{Re_x^{1/5}} \,, \tag{8-97}$$

$$c_F = \frac{F_W}{\frac{1}{2}\varrho u_\infty^2 bl} = \frac{0{,}074}{Re^{1/5}} \tag{8-98}$$

$$(5 \cdot 10^5 < Re < 10^7) \quad \text{(Prandtl)}.$$

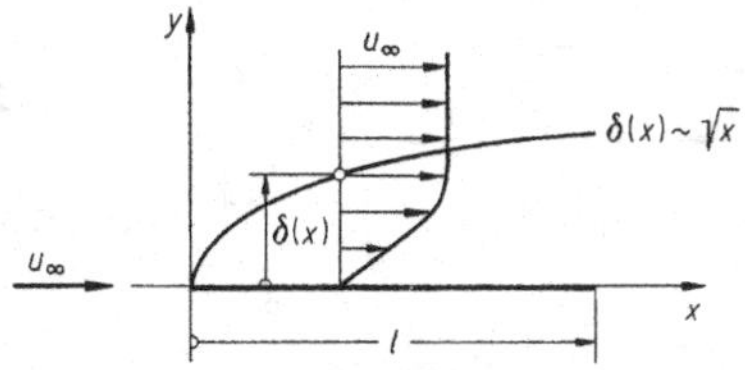

Bild 8-26. Laminare Plattengrenzschicht

Auf der Basis des logarithmischen Wandgesetzes gilt für einen größeren Reynoldszahlenbereich [12]:

$$c_F = \frac{0{,}455}{(\lg Re)^{2{,}58}} - \frac{1{,}700}{Re} \tag{8-99}$$

(Prandtl-Schichtung)

Der zweite Anteil berücksichtigt den laminar-turbulenten Übergang mit der kritischen Reynolds-Zahl $Re_{\text{krit}} = 5 \cdot 10^5$.
Für die vollkommen turbulent raue Plattenströmung gilt

$$c_F = \left(1{,}89 + 1{,}62 \lg \frac{l}{k_S}\right)^{-2{,}5}$$

$$\left(10^2 < \frac{l}{k_S} < 10^6\right). \tag{8-100}$$

Die Rauheit ist dabei durch die äquivalente Sandkornrauheit k_S charakterisiert.

Strömungsablösung

Bei der Umströmung von Körpern wird der Grenzschicht im Bereich verzögerter Strömung ein positiver Druckgradient $\mathrm{d}p/\mathrm{d}x > 0$ aufgeprägt. Mit der Grenzschichtgleichung (8-92) ergibt sich auf dem Profil der Zusammenhang zwischen Druckgradient und Krümmung des Geschwindigkeitsprofils:

$$\frac{1}{\varrho} \cdot \frac{\mathrm{d}p}{\mathrm{d}x} = \nu \left(\frac{\partial^2 u}{\partial y^2}\right)_W \,.$$

Bild 8-28 zeigt eine laminare Profilumströmung mit Ablösung und den dazugehörigen Druckverlauf. Im Dickenmaximum ist $\mathrm{d}p/\mathrm{d}x = 0$, und auf der Oberfläche tritt ein Wendepunkt im Geschwindigkeitsprofil auf. Mit steigendem Druckgradienten wandert dieser Wendepunkt in die Grenzschicht, bis an der Wand eine vertikale Tangente im Geschwindigkeitsprofil auftritt. In diesem Ablösepunkt ist die Wandschubspannung $\tau_W = 0$. Es kommt stromab zu einer Rückströmung. Die der Potenzialtheorie entsprechende Druckverteilung in Bild 8-27 wird dabei erheblich verändert. Hierdurch tritt neben dem Reibungswiderstand durch die unsymmetrische Druckverteilung ein Druckwiderstand auf.

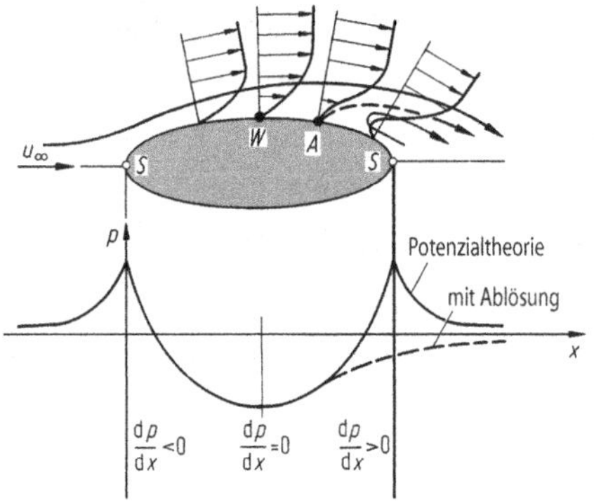

Bild 8-27. Profilumströmung mit Ablösung

8.3.7 Impulssatz

Mit dem Impulssatz sind globale Aussagen über Strömungsvorgänge in einem Kontrollraum nach Bild 8-28 möglich. Die zeitliche Änderung des Impulses ist gleich der Resultierenden der äußeren Kräfte:

$$\begin{aligned}\frac{\mathrm{d}\boldsymbol{I}}{\mathrm{d}t} &= \frac{\mathrm{d}}{\mathrm{d}t}\int\limits_V \varrho \boldsymbol{w} \mathrm{d}V \\ &= \int\limits_V \frac{\partial \varrho \boldsymbol{w}}{\partial t}\mathrm{d}V + \int\limits_A \varrho \boldsymbol{w}(\boldsymbol{w}\cdot \boldsymbol{n})\,\mathrm{d}A \\ &= \sum \boldsymbol{F}_\mathrm{A}\,. \end{aligned} \tag{8-101}$$

Diese Bilanzaussage ist für reibungsfreie und reibungsbehaftete Strömungsvorgänge gültig. Mit der Beschränkung auf stationäre Strömungen braucht die Integration nur über die Oberfläche A des Kontrollraumes ausgeführt werden. Der Impulssatz beschreibt das Gleichgewicht zwischen Impuls-, Oberflächen- und Massenkräften:

$$\boldsymbol{F}_\mathrm{I} + \sum \boldsymbol{F}_\mathrm{A} = 0\,. \tag{8-102}$$

Die Impulskraft ist hierin $F_\mathrm{I} = -\int\limits_A \varrho \boldsymbol{w}(\boldsymbol{w}\cdot \boldsymbol{n})\,\mathrm{d}A$

und die Druckkraft $\boldsymbol{F}_\mathrm{D} = -\int\limits_A p\boldsymbol{n}\,\mathrm{d}A$.

8.3.8 Anwendungsbeispiele

Haltekraft von Diffusor und Düse

Gesucht ist die Haltekraft $\boldsymbol{F}_\mathrm{H}$, die am Diffusor über die Schrauben angreift. Mit $p_2 = p_\mathrm{a}$ und konstant

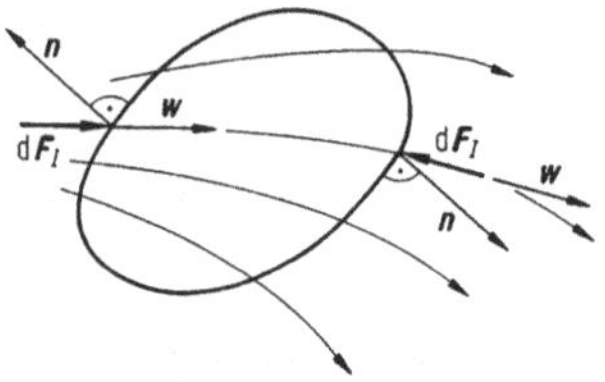

Bild 8-28. Durchströmter Kontrollraum

Werten für p und w über den Querschnitten folgt für den Kontrollraum nach Bild 8-29 in x-Richtung (ϱ = const):

$$\varrho w_1^2 A_1 + p_1 A_1 - \varrho w_2^2 A_2 - p_\mathrm{a} A_1 + F_\mathrm{H} = 0\,. \tag{8-103}$$

Mit der Kontinuitätsbedingung $w_1 A_1 = w_2 A_2$ wird

$$F_\mathrm{H} = \varrho w_2^2\left(A_2 - \frac{A_2^2}{A_1}\right) + (p_\mathrm{a} - p_1)A_1\,. \tag{8-104}$$

Aus der Bernoulli-Gleichung folgt bei reibungsfreier Strömung

$$\begin{aligned} p_1 - p_\mathrm{a} &= \frac{1}{2}\varrho\left(w_2^2 - w_1^2\right) \\ &= \frac{1}{2}\varrho w_2^2\left(1 - \frac{A_2^2}{A_1^2}\right). \end{aligned} \tag{8-105}$$

Die Haltekraft ergibt sich dann zu

$$F_\mathrm{H} = -\frac{1}{2}\varrho w_1^2 A_1\left(\frac{A_1}{A_2} - 1\right)^2. \tag{8-106}$$

Die Haltekraft $\boldsymbol{F}_\mathrm{H}$ ist in negative x-Richtung gerichtet. Die Schrauben werden auf Zug beansprucht. Die Kraft von der Strömung auf den Diffusor wirkt in Strömungsrichtung. Dieses Resultat ist für den Diffusor mit $A_2 > A_1$ und für die Düse mit $A_2 < A_1$ gültig.

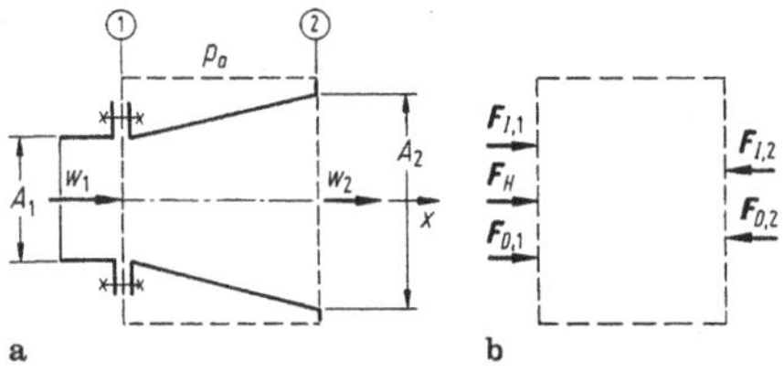

Bild 8-29. Diffusorströmung. **a** Kontrollraum, **b** Kräftebilanz

Durchströmen eines Krümmers

Gesucht ist die Haltekraft $\boldsymbol{F}_\mathrm{H}$ am frei ausblasenden Krümmer in Bild 8-30a. Ohne Massenkraft wird aus dem Impulssatz (8-102):

$$\boldsymbol{F}_{\mathrm{I}1} + \boldsymbol{F}_{\mathrm{I}2} + \boldsymbol{F}_{\mathrm{D}1} + \boldsymbol{F}_{\mathrm{D}2} + \boldsymbol{F}_{\mathrm{D}3,4} + \boldsymbol{F}_\mathrm{H} = 0\,. \quad (8\text{-}107)$$

Mit konstanten Geschwindigkeiten in den beiden Querschnitten folgen die Impulskräfte

$$\boldsymbol{F}_{\mathrm{I}1} = -\boldsymbol{n}_1 \varrho w_1^2 A_1\,, \quad \boldsymbol{F}_{\mathrm{I}2} = -\boldsymbol{n}_2 \varrho w_2^2 A_2\,. \quad (8\text{-}108)$$

Die Druckkräfte lassen sich mit der Tatsache, dass ein konstanter Druck auf eine geschlossene Fläche keine resultierende Kraft ausübt, vereinfachend zusammenfassen. Mit $p_2 = p_\mathrm{a}$ folgt

$$\begin{aligned}\sum \boldsymbol{F}_\mathrm{D} &= \boldsymbol{F}_{\mathrm{D}1} + \boldsymbol{F}_{\mathrm{D}2} + \boldsymbol{F}_{\mathrm{D}3,4}\\ &= -\left\{\int_{A1} (p_1 - p_\mathrm{a})\,\boldsymbol{n}\,\mathrm{d}A + \int_{A1} p_\mathrm{a}\,\boldsymbol{n}\,\mathrm{d}A \right.\\ &\quad \left. + \int_{A2} p_\mathrm{a}\,\boldsymbol{n}\,\mathrm{d}A + \int_{A3,4} p_\mathrm{a}\,\boldsymbol{n}\,\mathrm{d}A\right\}\\ &= -\int_{A1} (p_1 - p_\mathrm{a})\,\boldsymbol{n}\,\mathrm{d}A\,. \qquad (8\text{-}109)\end{aligned}$$

Aus dem Kräftedreieck in Bild 8-30b resultiert die Haltekraft $\boldsymbol{F}_\mathrm{H}$ durch vektorielle Addition der beiden Impulskräfte $\boldsymbol{F}_{\mathrm{I}1}$ und $\boldsymbol{F}_{\mathrm{I}2}$ sowie der resultierenden Druckkraft $\sum \boldsymbol{F}_\mathrm{D}$. Die Haltekraft $\boldsymbol{F}_\mathrm{H}$ wird von den Schrauben durch Zug- und Schubkräfte aufgenommen.

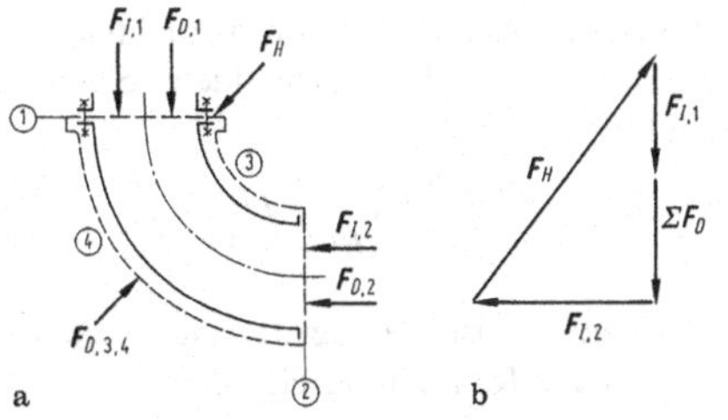

Bild 8-30. Durchströmter Krümmer. **a** Kräfte am Kontrollraum, **b** Kräftedreieck

Schubkraft eines Strahltriebwerkes

Die Impulsbilanz wird auf den Kontrollraum in Bild 8-31 angewandt. Auf den Kontrollflächen vor und hinter dem Triebwerk ist der Druck $p = p_\infty$. Der Fangquerschnitt A_∞ wird durch den Antrieb auf den Strahlquerschnitt A_S verringert. Die Geschwindigkeit im Strahl wird von w_∞ auf w_S erhöht. Aus der Massenstrombilanz außerhalb des Triebwerkes folgt die Massenzufuhr durch die seitlichen Kontrollflächen

$$\dot{m} = \varrho_\infty w_\infty (A_\infty - A_\mathrm{S})\,. \quad (8\text{-}110)$$

Damit verbunden ist eine Impulskraft in x-Richtung (M = Mantelfläche):

$$\begin{aligned}F_{\mathrm{I},x} &= -\int_M \varrho w_x (\boldsymbol{w}\cdot\boldsymbol{n})\,\mathrm{d}A\\ &= w_\infty \dot{m} = \varrho_\infty w_\infty^2 (A_\infty - A_\mathrm{S})\,. \qquad (8\text{-}111)\end{aligned}$$

Die Impulsbilanz ergibt damit

$$\begin{aligned}&\varrho_\infty w_\infty^2 A + \varrho_\infty w_\infty^2 (A_\infty - A_\mathrm{S})\\ &- \varrho_\mathrm{S} w_\mathrm{S}^2 A_\mathrm{S} - \varrho_\infty w_\infty^2 (A - A_\mathrm{S}) + F_\mathrm{H} = 0 \qquad (8\text{-}112)\end{aligned}$$

Im Gleichgewicht folgt für die Haltekraft

$$F_\mathrm{H} = \varrho_\mathrm{S} w_\mathrm{S}^2 A_\mathrm{S} - \varrho_\infty w_\infty^2 A_\infty = \dot{m}_\mathrm{T}(w_\mathrm{S} - w_\infty)\,. \quad (8\text{-}113)$$

Der Massenstrom im Triebwerk ist $\dot{m}_\mathrm{T} = \varrho_\mathrm{S} w_\mathrm{S} A_\mathrm{S} = \varrho_\infty w_\infty A_\infty$. Der Schub S ist der Haltekraft F_H entgegengerichtet: $S = -F_\mathrm{H}$. Aus der Beziehung (113) sind die Möglichkeiten zur Schubsteigerung zu erkennen.

Leistung einer Windenergieanlage

Durch Verzögerung der Geschwindigkeit wird mit dem Windrad in Bild 8-32 dem Luftstrom Energie

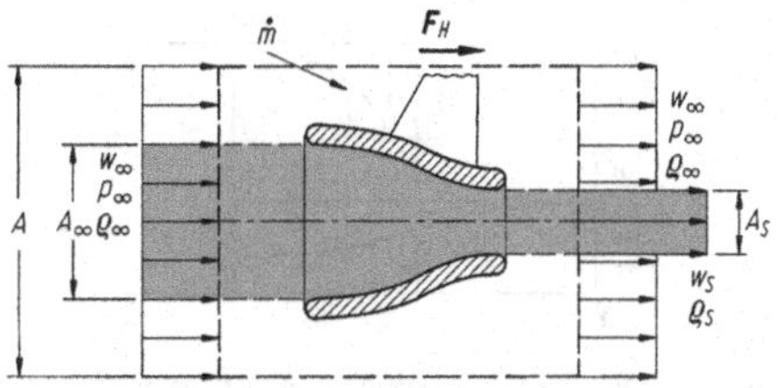

Bild 8-31. Kontrollraum beim Flugtriebwerk

entzogen. Die Massenbilanz für die den Propeller einschließende Stromröhre liefert

$$\varrho w_\infty A_1 = \varrho w_3 A_3 = \varrho w_S A_5 = \dot{m} \tag{8-114}$$

Zwischen den Querschnitten ① und ② sowie ④ und ⑤ ist die Bernoulli-Gleichung gültig. Mit der Voraussetzung $A_2 \approx A_3 \approx A_4$ folgt $w_2 \approx w_3 \approx w_4$ und damit die Druckdifferenz

$$p_2 - p_4 = \Delta p = \frac{\varrho}{2}(w_\infty^2 - w_S^2). \tag{8-115}$$

Für den Kontrollraum zwischen den Querschnitten A_1 und A_5 folgt mit dem Impulssatz:

$$F_H = \varrho w_\infty^2 A_1 - \varrho w_S^2 A_5 = \dot{m}(w_\infty - w_S). \tag{8-116}$$

Für den Kontrollraum zwischen A_2 und A_4 gilt nach dem Impulssatz:

$$F_H = (p_2 - p_4)A_3 = \frac{\varrho}{2}\left(w_\infty^2 - w_S^2\right)A_3. \tag{8-117}$$

Durch Gleichsetzen der Ergebnisse für die Haltekraft folgt die Geschwindigkeit im Querschnitt A_3 zu

$$w_3 = \frac{1}{2}(w_\infty + w_S). \tag{8-118}$$

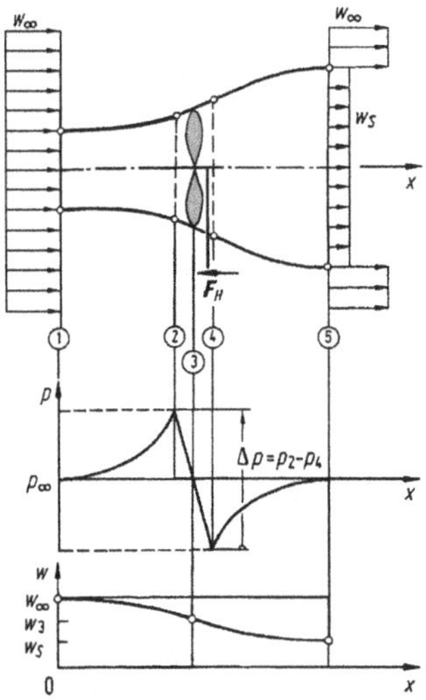

Bild 8-32. Windenergieanlage, Kontrollflächen sowie Druck- und Geschwindigkeitsverlauf

Die Leistung der Anlage ergibt sich zu

$$P = F_H w_3 = \frac{1}{4}\varrho A_3\left(w_\infty^2 - w_S^2\right)(w_\infty + w_S) \tag{8-119}$$

mit dem Maximalwert für $w_S = \frac{1}{3}w_\infty$:

$$P_{\max} = \frac{8}{27}\varrho A_3 w_\infty^3. \tag{8-120}$$

Bezogen auf den Energiestrom durch den Propeller folgt die Leistungskennzahl (Betz-Zahl)

$$c_B = \frac{P_{\max}}{\frac{1}{2}\varrho A_3 w_\infty^3} = \frac{16}{27} = 0{,}593. \tag{8-121}$$

Diese Betz-Zahl c_B dient zur Charakterisierung von Windenergieanlagen.

Beispiel: Welche Leistung liefert eine Windenergieanlage mit einem Rotor mit $D = 82\,\text{m}$ bei einer Windgeschwindigkeit $w_\infty = 10\,\text{m/s} = 36\,\text{km/h}$? Aus (8-121) folgt mit der Dichte von Luft $\varrho = 1{,}05\,\text{kg/m}^3$

$$P_{\max} = \frac{\varrho}{2}\cdot\frac{\pi D^2}{4}w_\infty^3 c_B = 1887\,\text{kW}.$$

Diese maximale Leistung variiert also mit der 3. Potenz der Windgeschwindigkeit. Ist die Windgeschwindigkeit nur halb so hoch, so ist $P_{\max} = 1887/2^3 = 236\,\text{kW}$. Bei ausgeführten Anlagen werden diese Werte je nach Geschwindigkeitsbereich bis zu 85% erreicht.

8.4 Druckverlust und Strömungswiderstand

8.4.1 Durchströmungsprobleme

Bei hydraulischen Problemen besteht die Hauptaufgabe in der Ermittlung des Druckverlustes durchströmter Leitungselemente wie gerader Rohre, Krümmer und Diffusoren. Aus Dimensionsbetrachtungen folgt für den Druckverlust bei ausgebildeter Strömung in geraden Rohren:

$$\Delta p_v = \frac{1}{2}\varrho w_m^2 \frac{l}{D}\lambda. \tag{8-122}$$

Der Koeffizient λ ist die sog. *Rohrwiderstandszahl.* Für die weiteren Rohrleitungselemente gilt

$$\Delta p_v = \frac{1}{2}\varrho w_m^2 \zeta. \tag{8-123}$$

Mit der Druckverlustzahl ζ werden die durch Sekundärströmungen hervorgerufenen Zusatzdruckverluste erfasst. Bei turbulenter Strömung ist $\zeta = \text{const}$ und der Druckverlust proportional zum Quadrat der mittleren Geschwindigkeit w_m.

Strömungen in Rohren mit Kreisquerschnitt

Die Strömungsform in Kreisrohren ist von der Reynolds-Zahl $Re = w_m D/\nu$ abhängig, wobei für $Re < 2320$ laminare und für $Re > 2320$ turbulente Strömung auftritt. Der Reibungseinfluss wird durch die Rohrwiderstandszahl λ erfasst, die von der Reynolds-Zahl Re und der relativen Wandrauheit k/D abhängen kann. Es gelten die Beziehungen [2]:
Laminare Strömung:

$$\lambda = \frac{64}{Re} \quad (Re < 2\,320) \qquad \text{(8-124)}$$

(Hagen-Poiseuille).

Turbulente Strömung:

a) hydraulisch glatt $\lambda = \lambda(Re)$

$$\lambda = \frac{0{,}3164}{\sqrt[4]{Re}} \quad (2{,}320 < Re < 10^5) \qquad \text{(8-125)}$$

(Blasius)

$$\frac{1}{\sqrt{\lambda}} = 2{,}0 \lg(Re\sqrt{\lambda}) - 0{,}8 \qquad \text{(8-126)}$$

$(10^5 < Re < 3 \cdot 10^6)$ (Prandtl)

b) Übergangsgebiet $\lambda = \lambda(Re, k/D)$

$$\frac{1}{\sqrt{\lambda}} = -2{,}0 \lg\left(\frac{k}{D \cdot 3{,}715} + \frac{2{,}51}{Re\sqrt{\lambda}}\right) \qquad \text{(8-127)}$$

(Colebrook)

c) vollkommen rau $\lambda = \lambda(k/D)$

$$\lambda = \frac{0{,}25}{\left(\lg\frac{3{,}715\,D}{k}\right)^2}$$

$$\left(Re > 400\frac{D}{k}\lg\left(3{,}715\frac{D}{k}\right)\right). \qquad \text{(8-128)}$$

Bei der turbulenten Rohrströmung ist die Dicke der viskosen Unterschicht und die Rauheit der Rohrwand für das globale Strömungsverhalten wichtig. Bei einer hydraulisch glatten Wand werden die Wandrauheiten von der viskosen Unterschicht überdeckt. Im Übergangsbereich sind beide von gleicher Größenordnung. Bei vollkommen rauer Wand sind die Rauheitserhebungen wesentlich größer als die Dicke der viskosen Unterschicht und bestimmen damit die Reibung der turbulenten Strömung. In Bild 8-33, dem sog. Moody-Colebrook-Diagramm, ist die Rohrwiderstandszahl $\lambda(Re, k/D)$ für alle Bereiche der Rohrströmung als Diagramm dargestellt. Anhaltswerte für technische Rauheiten k sind in Bild 8-34 für verschiedene Werkstoffe angegeben. Genaue Daten sind von der Bearbeitung und dem Betriebszustand des Rohres abhängig. Mit dem Rohrdurchmesser lässt sich dann die relative Rauheit k/D bestimmen.

Strömungen in Leitungen mit nichtkreisförmigen Querschnitten

Die verschiedenen Querschnittsformen werden durch den hydraulischen Durchmesser d_h charakterisiert, der sich aus der Querschnittsfläche A und dem benetzten Umfang U ergibt:

$$d_h = \frac{4A}{U}. \qquad \text{(8-129)}$$

In Bild 8-35 sind einige Beispiele zusammengestellt [17].

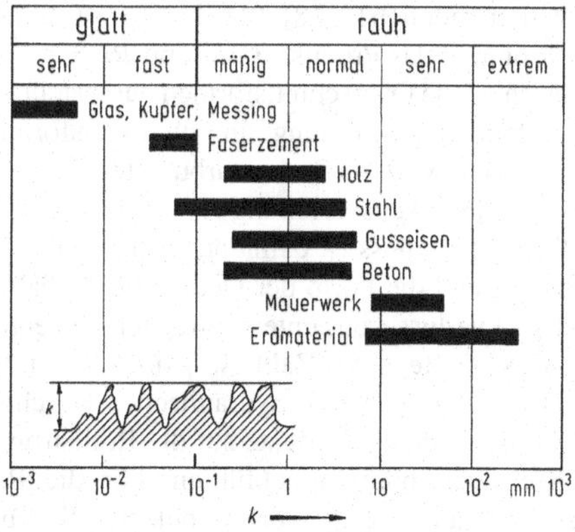

Bild 8-34. Wandrauheiten verschiedener Materialien

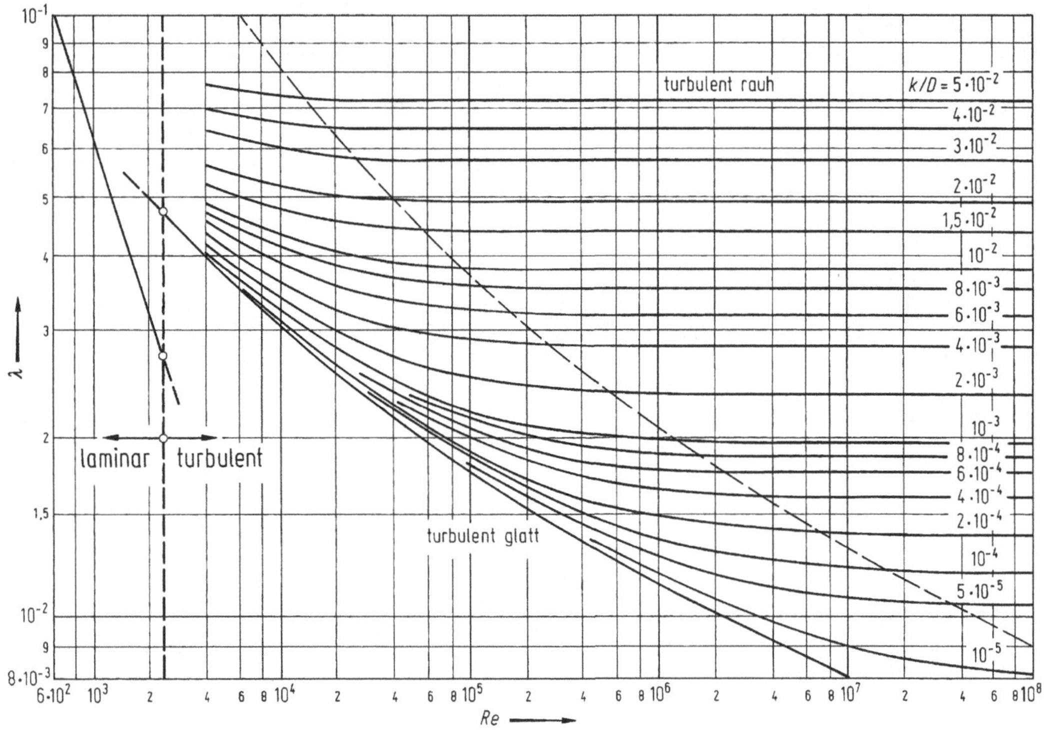

Bild 8-33. Rohrwiderstandszahl nach Moody/Colebrook [2]

Bei laminarer Strömung ist die Rohrwiderstandszahl λ von der Geometrie abhängig. Die Geometrie beeinflusst die Geschwindigkeitsverteilung und damit die Wandreibung und den Druckverlust. Die analytische Berechnung von λ ist für elementare Geometrien möglich [2, 18]. In Bild 8-36 ist für laminare Strömung das Produkt $\lambda \cdot Re$ mit $Re = w_m d_h / \nu$ für verschiedene Querschnittsformen dargestellt.

Bei turbulenter Strömung in nichtkreisförmigen Querschnitten wird durch den turbulenten Austausch die Geschwindigkeitsverteilung vergleichmäßigt [19]. Der Reibungseinfluss ist damit auf den Wandbereich beschränkt und die Form der Geometrie deshalb für den Druckverlust von untergeordneter Bedeutung. Die kritische Reynolds-Zahl ist jedoch kleiner als beim Kreisrohr. Mit dem hydraulischen Durchmesser d_h lassen sich die Verluste auf die Rohrströmung mit Kreisquerschnitt zurückführen. Für die Rohrwiderstandszahl λ gelten bei turbulenter Strömung damit die Beziehungen (8-125) bis (8-128) und das Diagramm von Moody-Colebrook [2] in Bild 8-33. In einigen Fällen, wie z. B. beim Kreisring, genügt der hydraulische Durchmesser d_h allein nicht zur Charakterisierung der Querschnittsform.

Bei exzentrischer Anordnung kann sich der Widerstandsbeiwert erheblich ändern, bei maximaler Exzentrizität ergibt sich eine Abnahme von λ um ca. 60% [46].

Druckverluste bei der Rohreinlaufströmung

Durch die Umformung des Geschwindigkeitsprofiles tritt in der Einlaufstrecke ein erhöhter Druckabfall auf. In Bild 8-37 ist zu sehen, dass die Strömung in Rohrmitte beschleunigt werden muss und zusätzlich an der Wand über die Länge l ein größerer Geschwindigkeitsgradient vorliegt.

Strenggenommen besteht die Einlaufstrecke aus zwei Abschnitten. Im ersten wachsen die Grenzschichten bis zur Achse, im zweiten wird anschließend das ausgebildete Geschwindigkeitsprofil erzeugt.

Bei laminarer Strömung folgt für die Zusatzdruckverlustzahl und die Länge der Einlaufstrecke [20]:

$$\zeta = 1{,}08, \quad \frac{l}{D} = 0{,}06\,Re\,. \tag{8-130}$$

Bei turbulenter Strömung gleicht das Geschwindigkeitsprofil bei ausgebildeter Strömung mehr der Rechteckform, sodass nur ein geringer Zusatzverlust auftritt. Hierbei gilt nach [20]:

$$\zeta = 0{,}07, \quad \frac{l}{D} = 0{,}6\,Re^{1/4}\,. \tag{8-131}$$

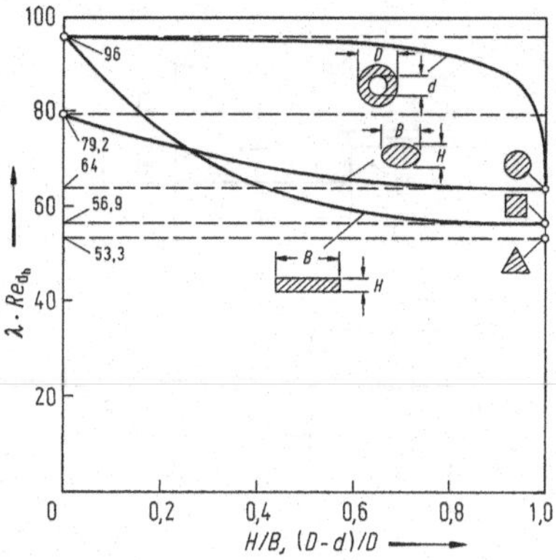

Bild 8-36. Rohrwiderstandszahl für verschiedene Querschnitte bei laminarer Strömung

Druckverluste bei unstetigen Querschnittsänderungen

Eine plötzliche Rohrerweiterung nach Bild 8-38a wird als Carnot-Diffusor bezeichnet. Mit der Kontinuitätsbedingung und dem Impulssatz folgt für die Druckerhöhung von ① → ② [1]:

$$C_p = \frac{p_2 - p_1}{\frac{1}{2}\varrho w_1^2} = 2\,\frac{A_1}{A_2}\left(1 - \frac{A_1}{A_2}\right). \tag{8-132}$$

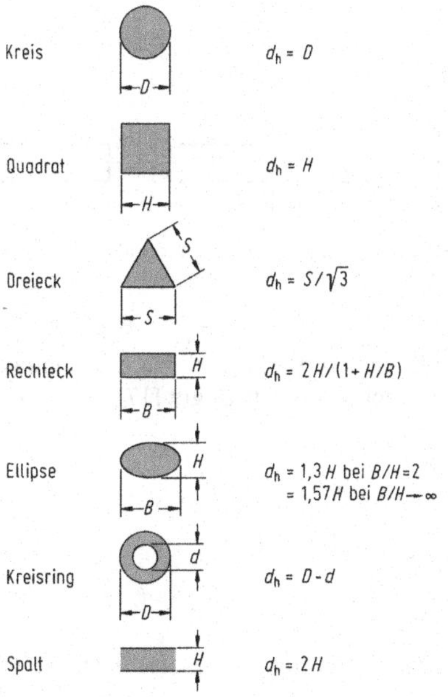

Bild 8-35. Querschnittsform und hydraulischer Durchmesser

Im Idealfall liefert die Bernoulli-Gleichung von ① → ②:

$$C_{p\,\mathrm{id}} = \frac{p_{2\,\mathrm{id}} - p_1}{\frac{1}{2}\varrho w_1^2} = 1 - \left(\frac{A_1}{A_2}\right)^2. \tag{8-133}$$

Die Druckverlustzahl folgt aus der Differenz zwischen idealem und realem Druckanstieg zu

$$\zeta_1 = \frac{\Delta p_\mathrm{v}}{\frac{1}{2}\,\varrho\, w_1^2} = C_{p\,\mathrm{id}} - C_p = \left(1 - \frac{A_1}{A_2}\right)^2. \tag{8-134}$$

Der Maximalwert $\zeta_1 = 1$ wird beim Austritt ins Freie, $A_2 \to \infty$ erreicht. Die verlustbehaftete Energieumsetzung ist bei $l/D = 4$ nahezu abgeschlossen. Bei der plötzlichen Rohrverengung in Bild 8-38b kommt es zu einer Strahleinschnürung, die auch als *Strahlkontraktion* bezeichnet wird. Die wesentlichen Verluste treten durch die Verzögerung der Geschwindigkeit zwischen den Querschnitten Ⓢ und ② auf. Mit

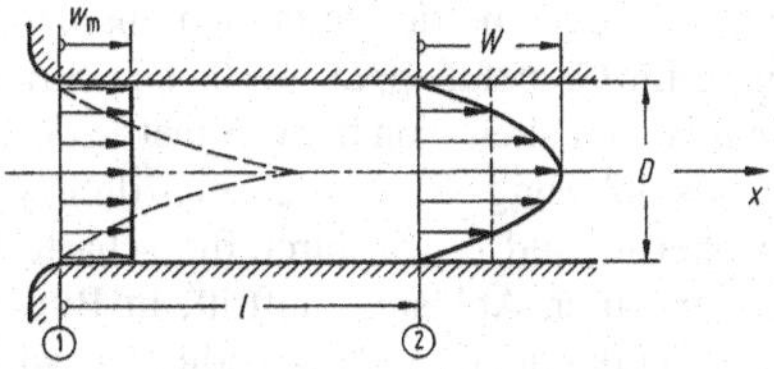

Bild 8-37. Rohreinlaufströmung

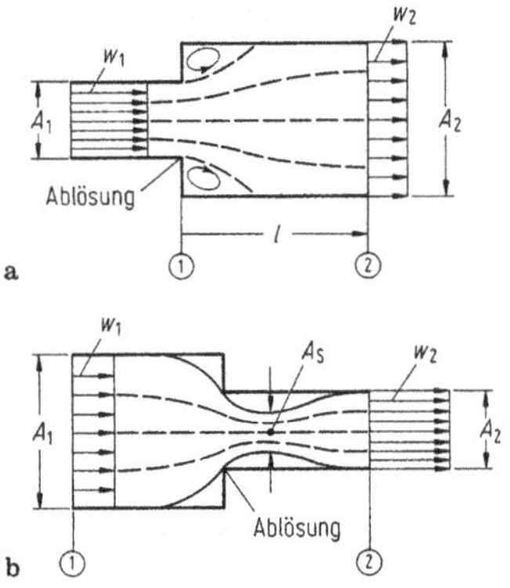

Bild 8-38. Querschnittsänderung. **a** Carnot-Diffusor, **b** Rohrverengung

der Kontinuitätsbedingung, dem Impulssatz und der Bernoulli-Gleichung von Ⓢ → ② folgt die Druckverlustzahl bezogen auf Querschnitt ①:

$$\zeta_1 = \frac{\Delta p_v}{\frac{1}{2}\varrho w_1^2} = \frac{w_2^2}{w_1^2}\left(\frac{w_s}{w_2} - 1\right)^2 = \frac{A_1^2}{A_2^2}\left(\frac{A_2}{A_s} - 1\right)^2 . \tag{8-135}$$

Bezogen auf den Querschnitt ② ist die Druckverlustzahl

$$\zeta_2 = \frac{\Delta p_v}{\frac{1}{2}\varrho w_2^2} = \left(\frac{A_2}{A_S} - 1\right)^2 . \tag{8-136}$$

Das Flächenverhältnis $A_S/A_2 = \mu$ wird als *Kontraktionszahl* bezeichnet. Bild 8-39a zeigt die Abhängigkeit der Strahlkontraktion μ vom Flächenverhältnis A_2/A_1 für die scharfkantige Rohrverengung [21]. Damit ist die Druckverlustzahl $\zeta_2 = \zeta_2(\mu)$ bekannt. In Bild 8-39b sind die Druckverlustzahlen ζ_1 der Rohrerweiterung und ζ_2 der Rohrverengung in Abhängigkeit vom Durchmesserverhältnis d/D aufgetragen.

Die Rohreinlaufgeometrie ergibt sich aus der Rohrverengung im Grenzfall $d/D \to 0$. Die Strahlkontraktion μ ist nun allein von der Geometrie des Rohranschlusses abhängig. Bild 8-40 zeigt drei typische Fälle, wobei in Bild 8-40a durch die scharfe Kante Kontraktion durch Ablösung auftritt, in Bild 8-40b die Ablösung durch Abrundung verhindert wird und in Bild 8-40c die Strahlkontraktion durch den vorstehenden Einlauf verstärkt wird. Für die Kontraktion μ und die Druckverlustzahl ζ_2 gilt [17]:

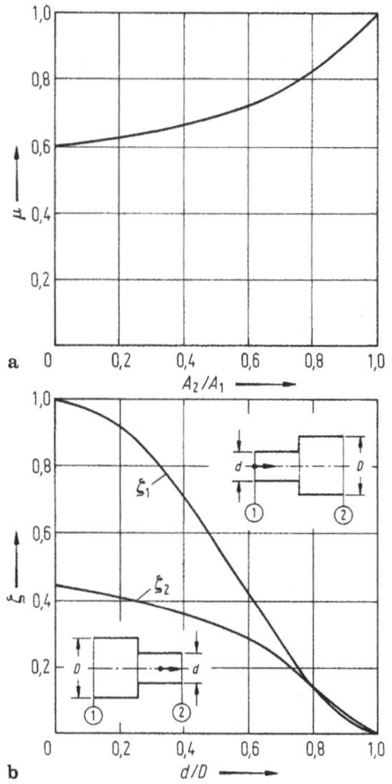

Bild 8-39. Unstetige Querschnittsänderungen. **a** Strahlkontraktion μ, **b** Druckverlustzahlen ζ

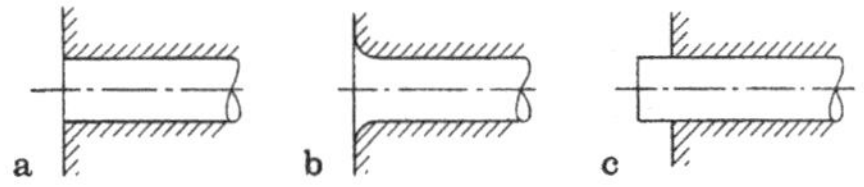

Bild 8-40. Rohreinlaufgeometrien. **a** Scharfkantig, **b** abgerundet, **c** vorstehend

Fall	μ	ζ_2
a	0,6	0,45
b	0,99	≈ 0
c	0,5	≈ 1

Druckverluste bei stetigen Querschnittsänderungen

Die primäre Aufgabe von Diffusoren ist die Druckerhöhung durch Verzögerung der Strömung. Die

Strömungseigenschaften in einem Diffusor nach Bild 8-41a hängen von der Geometrie (Flächenverhältnis A_2/A_1, Öffnungswinkel α) und von der Geschwindigkeitsverteilung der Zuströmung ab [22]. Die reale normierte Druckerhöhung

$$C_p = \frac{p_2 - p_1}{\frac{1}{2}\varrho w_1^2} \tag{8-137}$$

wird als *Druckrückgewinnungsfaktor* bezeichnet. Die Druckverlustzahl ergibt sich aus der Differenz zwischen idealer (8-133) und realer (8-137) Druckerhöhung zu:

$$\zeta_1 = \frac{\Delta p_v}{\frac{1}{2}\varrho w_1^2} = C_{p\,\mathrm{id}} - C_p = 1 - \left(\frac{A_1}{A_2}\right)^2 - C_p \,. \tag{8-138}$$

Die Druckverlustzahl ζ_1 resultiert bei Trennung von Öffnungswinkel und Querschnittsverhältnis aus der Beziehung

$$\zeta_1 = k(\alpha)\left(1 - \frac{A_1}{A_2}\right)^2 . \tag{8-139}$$

Für den Faktor k gelten nach experimentellen Untersuchungen [1, 2, 22, 23] als Mittelwerte:

α	5°	7,5°	10°	15°	20°	40°	180°
k	0,13	0,14	0,16	0,27	0,43	1,0	1,0

Grenzwerte der Druckverlustzahl sind durch die Rohrstömung ($\alpha = 0, \zeta_1 = 0$) und den Austritt ins Freie ($\alpha = 180°, \zeta_1 = 1$) gegeben. Bei einem Öffnungswinkel $\alpha = 40°$ wird bereits der Wert des entsprechenden Carnot-Diffusors erreicht. Im Bereich $40° < \alpha < 180°$ treten sogar noch höhere Verluste $\zeta_1 > 1$ auf, sodass hier der unstetige Übergang des Carnot-Diffusors mit geringeren Verlusten vorzuziehen ist.

Optimale Diffusoren ergeben sich bei Öffnungswinkeln α von 5° bis 8°. In einer Düse (Bild 8-41b) ist die Umsetzung von Druckenergie in kinetische Energie nahezu verlustfrei möglich. Die Zusatzdruckverluste sind deshalb mit

$$\zeta_1 = (0 \ldots 0{,}075) \tag{8-140}$$

gering [20].

Druckverluste bei Strömungsumlenkung

Der Krümmer ist ein wesentliches Element zur Richtungsänderung von Rohrströmungen. In Bild 8-42a sind die Bezeichnungen der geometrischen Größen eingetragen. Zusatzdruckverluste sind auf Sekundärströmungen, Ablösungserscheinungen und Vermischungsvorgänge zum Geschwindigkeitsausgleich zurückzuführen. Der Einfluss der Krümmung und der Oberflächenbeschaffenheit auf die Druckverlustzahl ζ ist in Bild 8-42b für einen Rohrkrümmer mit $\varphi = 90°$ dargestellt [23]. Bei kleinen Radienverhältnissen R/D steigen die Verluste stark an. Der Einfluss des Umlenkwinkels φ lässt sich über den Proportionalitätsfaktor k

φ	30°	60°	90°	120°	150°	180°
k	0,4	0,7	1,0	1,25	1,5	1,7

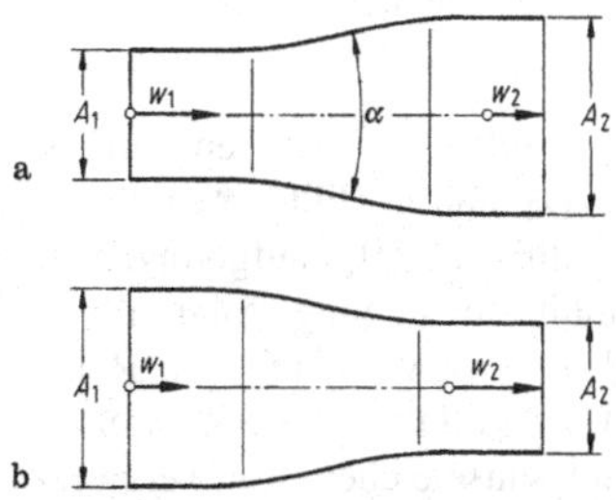

Bild 8-41. Stetige Querschnittsänderungen. a Diffusor, b Düse

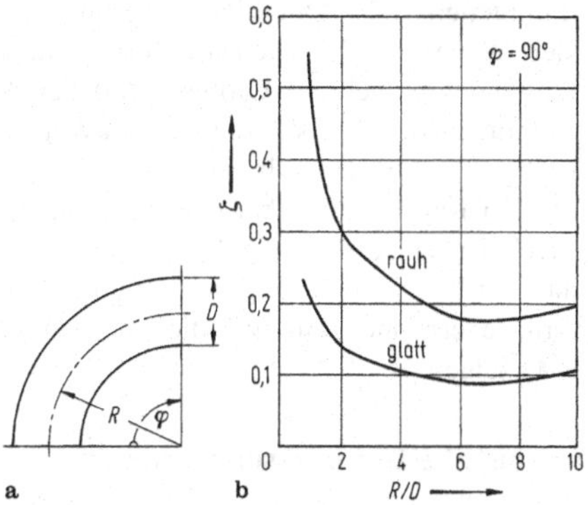

Bild 8-42. Kreisrohrkrümmer. a Geometrie, b Druckverlustzahlen

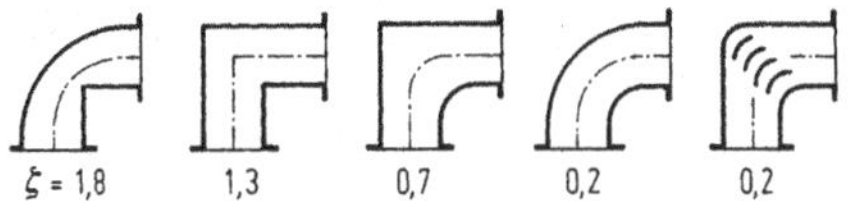

Bild 8-43. Bauformen von Rechteckkrümmern

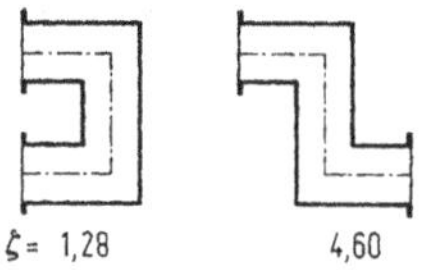

Bild 8-44. Kombinationen von Krümmern

mit $\zeta = k\zeta_{90°}$ aus den Werten in Bild 8-42b ermitteln. Den Einfluss unterschiedlicher Bauarten zeigt Bild 8-43 für Krümmer mit Rechteckquerschnitt [24]. Die Druckverlustzahlen ζ gelten für Flachkantkrümmer mit dem Seitenverhältnis $h/b = 0{,}5$ und der Reynolds-Zahl $Re = w_{\mathrm{m}}d_{\mathrm{h}}/\nu = 10^5$. Die Strömung im Krümmer und damit die Umlenkverluste sind stark von der Bauform abhängig. Bei mehrfacher Umlenkung mit Krümmerkombinationen (Bild 8-44) treten erhebliche Abweichungen auf [24]. Je nach der Anordnung der Hochkantkrümmer ($h/b = 2$) sind die Gesamtverluste kleiner oder größer als die Summe der Einzelverluste mit $\zeta = 2 \cdot 1{,}3 = 2{,}6$. Wird zwischen beide Krümmer ein Rohr mit der Länge $l > 6\,d_{\mathrm{h}}$ zwischengeschaltet, werden die Kombinationseffekte vernachlässigbar.

Druckverluste von Absperr- und Regelorganen

Bei Formteilen zur Durchflussänderung ändert sich der Widerstand je nach Bauform und Öffnungszustand um mehrere Größenordnungen [25]. Im Öffnungszustand ist die Druckverlustzahl $\zeta = (0{,}2\ldots0{,}3)$ bei Drosselklappen und Schiebern, während bei Regelventilen bei entsprechender strömungstechnischer Ausführung Werte von $\zeta = 50$ erreicht werden. Bei teilweiser Öffnung steigen die Verluste erheblich an, wie die Diagramme in Bild 8-45 zeigen.

Druckverluste bei Durchflussmessgeräten

Normblenden, Normdüsen und Venturirohre in Bild 8-46a dienen zur Durchflussmessung [3]. Die

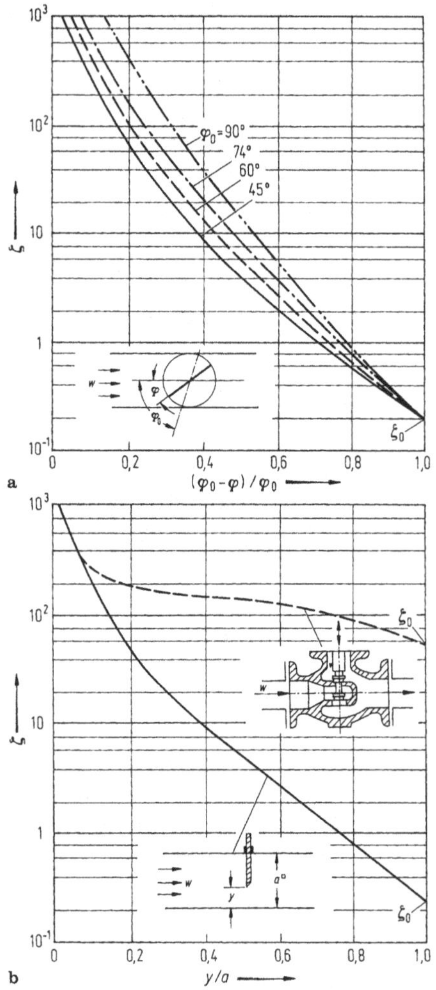

Bild 8-45. Druckverlustzahlen von Regelorganen. **a** Drosselklappe, **b** Ventil und Schieber

Druckverlustzahlen ζ_2 bezogen auf den engsten Querschnitt D_2 sind in Bild 8-46b über dem Durchmesserverhältnis D_2/D_1 aufgetragen [2, 23]. Mit der Kontinuitätsbedingung folgt für die Druckverlustzahl ζ_1 bezogen auf den Rohrquerschnitt: $\zeta_1 = (A_1/A_2)^2 \cdot \zeta_2$. Für weitere Rohrleitungselemente wie Dehnungsausgleicher, Rohrverzweigungen und Rohrvereinigungen sowie Gitter und Siebe sind Druckverlustzahlen in [26, 27] angegeben.

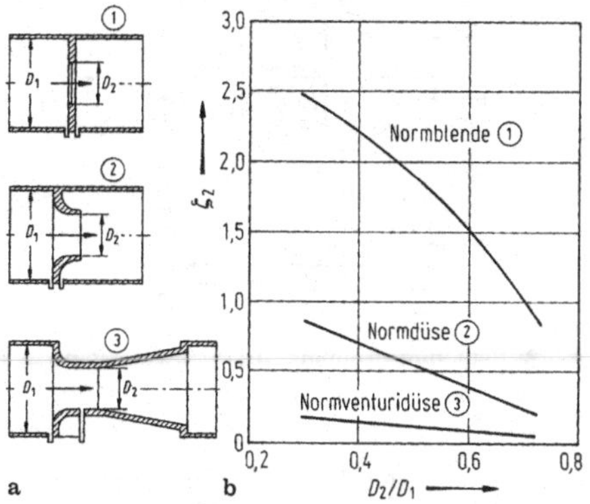

Bild 8-46. Durchflussmessgeräte. a Bauformen der Normblende, Normdüse und Venturirohr; b Druckverlustzahlen

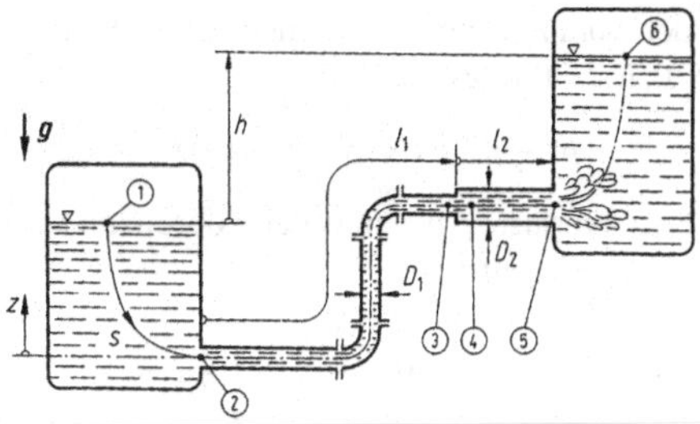

Bild 8-47. Strömungsanlage mit Rohrleitung

Beispiel: Rohrhydraulik. Welche Druckdifferenz $p_1 - p_6$ ist notwendig, damit sich in der Anlage nach Bild 8-47 ein Volumenstrom $\dot{V} = 2 \cdot 10^{-3}\,\mathrm{m^3/s}$ einstellt? Gegeben: Strömungsmedium Wasser bei 20 °C, $\varrho = 998{,}4\,\mathrm{kg/m^3}$, $\nu = 1{,}012 \cdot 10^{-6}\,\mathrm{m^2/s}$, Anlagengeometrie $h = 7\,\mathrm{m}$, Rohre hydraulisch glatt $D_1 = 30\,\mathrm{mm}$, $D_2 = 60\,\mathrm{mm}$, $l_1 = 50\,\mathrm{m}$, $l_2 = 10\,\mathrm{m}$. Zwei unterschiedliche Lösungswege sind durch eine mechanische auf Kräftebilanzen basierenden sowie einer energetischen Betrachtungsweise entlang der Stromfadenkoordinate s möglich.

a) Mechanische Betrachtung:

① → ② reibungsfreie Strömung, Bernoulli-Gleichung $p_1 + \frac{1}{2}\varrho w_1^2 + \varrho g z_1 = p_2 + \frac{1}{2}\varrho w_2^2 + \varrho g z_2$ mit den Voraussetzungen $w_1 = 0, z_2 = 0$ folgt die Druckdifferenz $p_1 - p_2 = \frac{1}{2}\varrho w_2^2 - \varrho g z_1$,

② → ⑤ reibungsbehaftete Rohrströmung mit Verlustelementen, Impulssatz, Kontinuität, Hydrostatik, Reynolds-Zahlen:

$$Re_1 = \frac{w_2 D_1}{\nu} = 8{,}39 \cdot 10^4$$

$$\text{mit} \quad w_2 = \frac{4}{\pi} \cdot \frac{\dot{V}}{D_1^2} = 2{,}83\,\mathrm{m/s}\,,$$

$$Re_2 = \frac{w_4 D_2}{\nu} = 4{,}19 \cdot 10^4$$

$$\text{mit} \quad w_4 = w_2 \frac{D_1^2}{D_2^2} = 0{,}71\,\mathrm{m/s}\,.$$

In beiden Rohrabschnitten ist die Strömung turbulent. Die Rohrwiderstandszahlen folgen aus (8-125) zu: $\lambda_1 = \dfrac{0{,}3164}{\sqrt[4]{Re_1}} = 0{,}0186$, $\lambda_2 = 0{,}0221$, Druckverlustzahlen für Rohreinlauf nach (8-131) $\zeta_E = 0{,}07$, Krümmer mit $R/D = 2$ nach Bild 8-42 $\zeta_K = 0{,}14$, Druckerhöhung im Carnot-Diffusor nach (8-132):

$$p_2 - p_3 = \frac{1}{2}\varrho w_2^2\left(\frac{l_1}{D_1}\lambda_1 + \zeta_E + 2\,\zeta_K\right) + \varrho g z_5$$

$$= \frac{1}{2}\varrho w_2^2 \cdot 31{,}35 + \varrho g z_5$$

$$p_3 - p_4 = -\frac{1}{2}\varrho w_2^2 \cdot 2\,\frac{A_1}{A_2}\left(1 - \frac{A_1}{A_2}\right)$$

$$= -\frac{1}{2}\varrho w_2^2 \cdot 0{,}375$$

$$p_4 - p_5 = \frac{1}{2}\varrho w_4^2 \frac{l_2}{D_2}\lambda_2 = \frac{1}{2}\varrho w_2^2 \frac{A_1^2}{A_2^2} \cdot \frac{l_2}{D_2}\lambda_2$$

$$= \frac{1}{2}\varrho w_2^2 \cdot 0{,}230\,.$$

⑤ → ⑥ Freistrahl, Hydrostatik

$$p_5 - p_6 = \varrho g\,(z_6 - z_5)\,.$$

Zusammenfassung der Druckdifferenzen zwischen ① und ⑥ ergibt mit $z_6 - z_1 = h$:

$$p_1 - p_6 = \frac{1}{2}\varrho w_2^2 \cdot 32{,}19 + \varrho g h = 1{,}972\,\mathrm{bar}\,.$$

b) Energetische Betrachtung:

Energiegleichung (10) für stationär durchströmtes System von ① → ⑥:

$$p_1 + \frac{1}{2}\varrho w_1^2 + \varrho g z_1 = p_6 + \frac{1}{2}\varrho w_6^2 + \varrho g z_6 + \Delta p_v\,.$$

Mit der Voraussetzung konstanter Spiegelhöhe, d. h. $w_1 = 0, w_6 = 0$ folgt:

$$p_1 - p_6 = \varrho\, g(z_6 - z_1) + \Delta p_\mathrm{v}\,.$$

Die Druckverluste Δp_v längs der Koordinate s setzen sich zusammen aus:

Rohreinlauf $\quad \Delta p_\mathrm{E} = \frac{1}{2}\varrho\, w_2^2\, \zeta_\mathrm{E}$

Rohr mit l_1 $\quad \Delta p_\mathrm{R1} = \frac{1}{2}\varrho\, w_2^2 \frac{l_1}{D_1}\lambda_1$

Krümmer $\quad \Delta p_\mathrm{K} = \frac{1}{2}\varrho\, w_2^2\, 2\zeta_\mathrm{K}$

Carnot-Diffusor $\quad \Delta pC = \frac{1}{2}\varrho\, w_2^2\, \zeta_1$

$$\text{mit } \zeta_1 = \left(1 - \frac{A_1}{A_2}\right)^2 \text{ nach (134)}$$

Rohr mit l_2 $\quad \Delta p_\mathrm{R2} = \frac{1}{2}\varrho\, w_4^2 \frac{l_2}{D_2}\lambda_2$

Austritt in Behälter $\quad \Delta p_\mathrm{A} = \frac{1}{2}\varrho\, w_4^2\, \zeta_\mathrm{A}$

$$\text{mit} \quad \zeta_\mathrm{A} = 1 \quad \text{nach (134)}$$

$$\Delta p_\mathrm{v} = \frac{1}{2}\varrho\, w_2^2 \left(\zeta_\mathrm{E} + \frac{l_1}{D_1}\lambda_1 + 2\,\zeta_\mathrm{K} + \zeta_1 + \frac{A_1^2}{A_2^2}\cdot\frac{l_2}{D_2}\lambda_2 + \frac{A_1^2}{A_2^2}\zeta_\mathrm{A}\right) = \frac{1}{2}\varrho\, w_2^2 \cdot 32{,}19\,.$$

Damit folgt für die Druckdifferenz:

$$p_1 - p_6 = \varrho\, gh + \frac{1}{2}\varrho\, w_2^2 \cdot 31{,}20 = 1{,}972\,\mathrm{bar}\,.$$

8.4.2 Umströmungsprobleme

Bei der Umströmung von Körpern, Fahrzeugen und Bauwerken tritt ein Strömungswiderstand auf. Der Gesamtwiderstand setzt sich aus Druck- und Reibungskräften zusammen, deren Anteile je nach Strömungsproblem variieren. Bild 8-48 zeigt die beiden Grenzfälle. Bei der quergestellten Platte (Bild 8-48a) tritt nur Druckwiderstand (Formwiderstand) auf. Die Strömung löst an den Plattenkanten

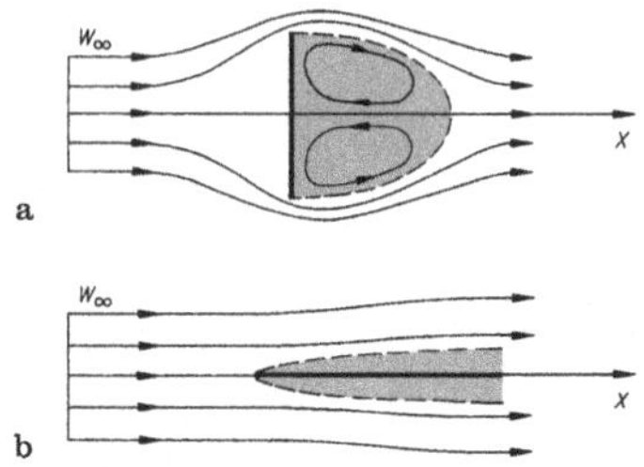

Bild 8-48. Plattenumströmung. **a** Druckwiderstand, **b** Reibungswiderstand

ab, sodass sich hinter der Platte ein Rückströmgebiet bildet. Zur Struktur von Rückströmgebieten hinter Körpern unterschiedlicher Form gibt es neuere Untersuchungen [28]. Der Widerstand wird allein durch die Druckkräfte auf die Platte bestimmt. Bei der längs angeströmten Platte (Bild 8-48b) tritt nur Reibungswiderstand (Flächenwiderstand) auf. Bei allgemeinen Strömungsproblemen treten beide Anteile gleichzeitig auf, sodass der Widerstand von der Reynolds-Zahl der Anströmung abhängt. Berechnungsmöglichkeiten beschränken sich auf Stokes'sche Schichtenströmungen mit kleinen Reynolds-Zahlen und auf Grenzschichtprobleme, wobei die Grenzschichttheorie nur bis zur Ablösung gültig ist. Numerische Lösungsverfahren ermöglichen die Lösung spezieller Aufgaben. Für größere Reynolds-Zahlen sind experimentelle Untersuchungen unumgänglich. Neben dem Strömungswiderstand F_W in Strömungsrichtung tritt oft eine durch Anstellung oder asymmetrische Körperform verursachte Auftriebskraft F_A auf. Auch bei symmetrischen Querschnitten können im Bereich der kritischen Reynolds-Zahl durch Ablöseerscheinungen zeitlich veränderliche Auftriebskräfte auftreten [29].

Für die dimensionslosen Widerstands- und Auftriebsbeiwerte gilt:

$$c_\mathrm{W} = \frac{F_\mathrm{W}}{\frac{1}{2}\varrho\, w^2 A}, \quad c_\mathrm{A} = \frac{F_\mathrm{A}}{\frac{1}{2}\varrho\, w^2 A}\,. \tag{8-141}$$

Hierbei ist $(\varrho/2)w^2 = p_\mathrm{dyn}$ der dynamische Druck der Anströmung und A eine geeignete Bezugsfläche des umströmten Körpers in Strömungsrichtung bzw. senkrecht dazu. Eine umfangreiche Zusammenstellung von Widerstandsbeiwerten ist in [30] enthalten.

Ebene Strömung um prismatische Körper

Bei der Umströmung des Kreiszylinders ist für kleine Reynolds-Zahlen, $Re = wD/\nu < 1$, eine analytische Lösung bekannt [31]:

$$c_W = \frac{8\pi}{Re(2{,}002 - \ln Re)}\,, \quad Re = \frac{wD}{\nu}\,. \qquad (8\text{-}142)$$

Für größere Reynolds-Zahlen liegen Resultate aus Messungen vor [7, 32]. In Bild 8-49 sind die Widerstandsbeiwerte c_W bezogen auf die Fläche $A = DL$ über der Reynolds-Zahl Re aufgetragen. Im Bereich der kritischen Reynolds-Zahl, $Re_{krit} \approx 4 \cdot 10^5$, findet ein Widerstandsabfall statt, da beim laminar-turbulenten Umschlag der Druckwiderstand stärker abnimmt als der Reibungswiderstand ansteigt.

Eine Erhöhung der Rauheit bewirkt eine Verringerung der kritischen Reynolds-Zahl und hat damit einen starken Einfluss auf den Widerstandsbeiwert. Eine endliche Länge des Zylinders bringt durch die seitliche Umströmung einen geringeren Widerstand, wie das Beispiel mit $L/D = 5$ in Bild 8-49 zeigt. Die quergestellte unendlich lange Platte hat durch die festen Ablösestellen einen konstanten Wert $c_W = 2{,}0$. Beim quadratischen Zylinder bilden die Kanten der Stirnfläche die Ablöselinien, sodass sich nahezu gleiche Widerstandswerte wie bei der Platte ergeben.

Für die ebene, längs angeströmte Platte sind für laminare und turbulente Strömung theoretische Werte bekannt. Die Reynolds-Zahl ist mit der Plattenlänge l gebildet, $Re = wl/\nu$. Als Bezugsfläche $A = bl$ dient die Querschnittsfläche, sodass die Widerstandsbeiwerte (8-98), (8-99), (8-100) für die hier beidseitig umströmte Platte zu verdoppeln sind. Zwischen Theorie und Experiment besteht gute Übereinstimmung bis auf den Bereich kleinerer Reynolds-Zahlen, $Re < 10^4$, wo sich Hinterkanteneffekte aufgrund der endlichen Plattenlänge durch eine Widerstandserhöhung bemerkbar machen. Die Widerstandsbeiwerte für das Normalprofil NACA 4415 (National Advisory Committee for Aeronautics, USA) liegen oberhalb der turbulenten Plattengrenzschicht. Für das Laminarprofil NACA 66-009 liegen die Widerstandsbeiwerte dagegen unterhalb der Werte für die turbulente Plattengrenzschicht. Durch eine geeignete Profilform wird der laminar-turbulente Umschlag möglichst weit stromab verlagert, wodurch mit Laminarprofilen ein möglichst geringer Widerstand erreicht wird.

Umströmung von Rotationskörpern

Für die Kugelumströmung sind analytische Lösungen für kleine Reynolds-Zahlen $Re = wD/\nu$ bekannt [12].

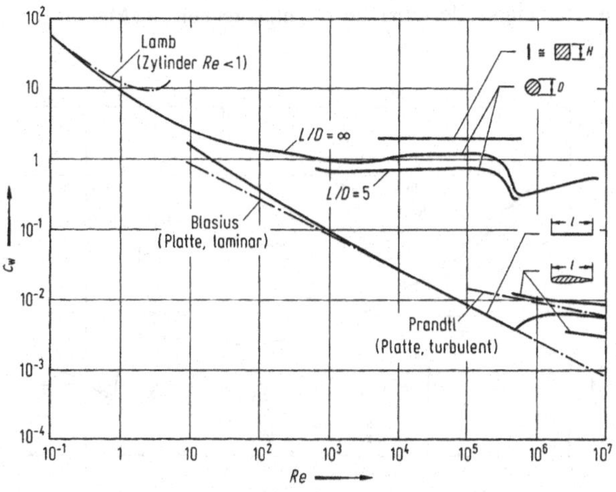

Bild 8-49. Widerstandsbeiwerte prismatischer Körper

Mit der Querschnittsfläche $A = \pi D^2/4$ als Bezugsfläche folgen die Widerstandsbeiwerte:

$$c_W = \frac{24}{Re}, \quad Re < 1 \quad \text{(Stokes)}, \tag{8-143}$$

$$c_W = \frac{24}{Re}\left(1 + \frac{3}{16}Re\right), \quad Re \leqq 5 \quad \text{(Oseen)}, \tag{8-144}$$

$$c_W = \frac{24}{Re}(1 + 0{,}11\sqrt{Re})^2, \tag{8-145}$$

$$Re \leqq 6000 \quad \text{(Abraham)}.$$

Der Widerstand nach Stokes (8-143) setzt sich aus 1/3 Druckwiderstand und 2/3 Reibungswiderstand zusammen. In (8-144) wurde von Oseen in erster Näherung der Trägheitseinfluss mitberücksichtigt. Die Beziehung (8-145) ist empirisch auf der Basis von Grenzschichtüberlegungen gewonnen [33]. Als Sonderfälle folgen für $Re < 1$ gemäß [34] für die *quer angeströmte Kreisscheibe*

$$c_W = \frac{64}{\pi Re} = \frac{20{,}4}{Re} \tag{8-146}$$

und für die *längs angeströmte Kreisscheibe*

$$c_W = \frac{128}{3\pi Re} = \frac{13{,}6}{Re}. \tag{8-147}$$

Bei der quergestellten Scheibe (8-146) tritt nur Druckwiderstand und bei der längs angeströmten Scheibe (8-147) nur Reibungswiderstand auf.

In Bild 8-50 sind gemessene Widerstandsbeiwerte [7, 35, 36] über der Reynolds-Zahl aufgetragen. Die analytischen Lösungen stellen Asymptoten für kleine Reynolds-Zahlen dar. Der Kugelwiderstand fällt sehr stark im Bereich des laminar-turbulenten Umschlages und steigt danach wieder an. Für ein in Strömungsrichtung gestrecktes Ellipsoid ergeben sich gegenüber der Kugel größtenteils niedrigere Widerstandsbeiwerte. Optimale Widerstandsbeiwerte lassen sich mit Stromlinienkörpern erreichen [37]. Die quer angeströmte Scheibe hat bei größeren Reynolds-Zahlen eine feste Ablöselinie am äußeren Rand, sodass sich ein konstanter Widerstandsbeiwert einstellt.

Kennzahlunabhängige Widerstandsbeiwerte [7, 21]

Für größere Reynolds-Zahlen, $Re > 10^4$, sind bei Körpern mit festen Ablöselinien die Widerstandsbeiwerte nahezu unabhängig von der Reynolds-Zahl. Die Widerstandskraft ist dann proportional zum Quadrat der Anströmgeschwindigkeit. In der Tabelle 8-2 sind einige Beispiele zusammengestellt. Interessant ist das Widerstandsverhalten der beiden hintereinander angeordneten Kreisscheiben, deren Gesamtwiderstand kleiner als der Widerstand einer Scheibe werden kann (Windschattenproblem). Durch eine Variation von Abstand und Durchmesser können erhebliche Widerstandsreduzierungen erreicht werden [38]. Die Widerstands- und Auftriebsbeiwerte der Profilstäbe entsprechen den Messungen in [7]. Lastannahmen für

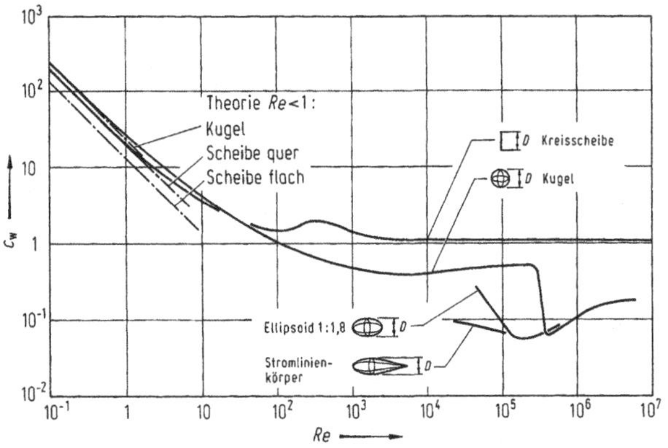

Bild 8-50. Widerstandsbeiwerte von Rotationskörpern

Tabelle 8-2. Widerstands- und Auftriebsbeiwerte kennzahlunabhängiger Körperformen

Kreisscheibe

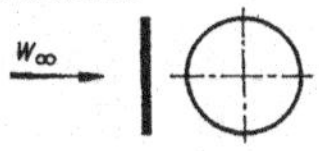

$c_W = 1{,}11$

Rechteckplatte

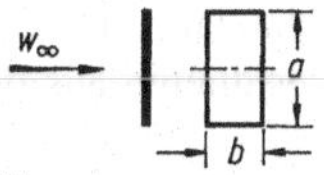

a/b	1	2	4	10	18	∞
c_W	1,10	1,15	1,19	1,29	1,40	2,01

Halbkugel

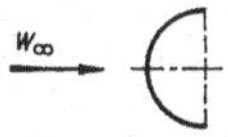

	Ohne Boden	Mit Boden
c_W	0,34	0,42

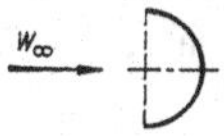

	Ohne Boden	Mit Boden
c_W	1,33	1,17

Kreisringplatte

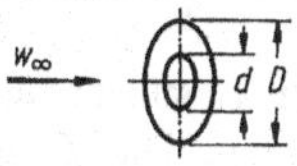

$c_W = 1{,}22 \quad \frac{d}{D} = 0{,}5$

Kegel

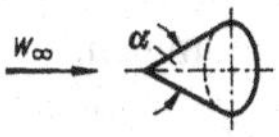

	Mit Boden	
α	30°	60°
c_W	0,34	0,51

2 Kreisscheiben hintereinander

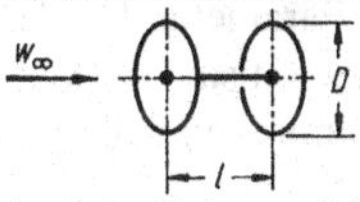

l/D	1	1,5	2	3
c_W	0,93	0,78	1,04	1,52

Kreiszylinder längs angeströmt

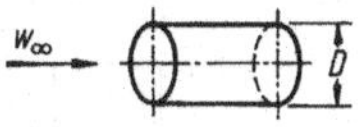

l/D	1	2	4	7
c_W	0,91	0,85	0,87	0,99

Profilstäbe

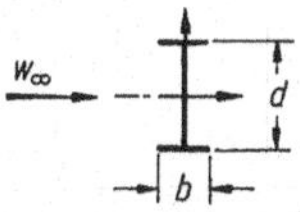

$c_W = 2{,}04 \quad c_A = 0 \quad \frac{b}{d} \approx 0{,}5$

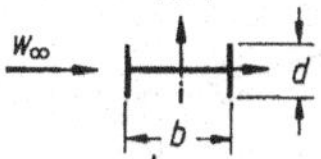

$c_W = 0{,}86 \quad c_A = 0 \quad \frac{b}{d} \approx 2$

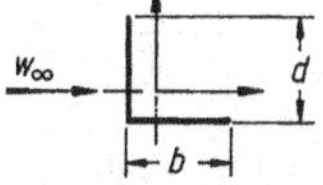

$c_W = 2{,}0 \quad c_A = -0{,}3 \quad \frac{b}{d} \approx 1$

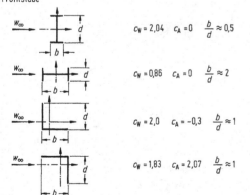

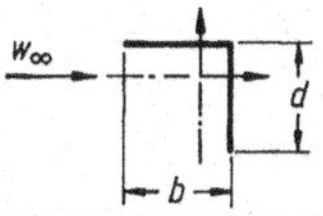

$c_W = 1{,}83 \quad c_A = 2{,}07 \quad \frac{b}{d} \approx 1$

Profilstäbe sind in [39] zusammengestellt. Aerodynamische Eigenschaften von Bauwerken sind in [40] umfassend dargestellt. Über die Zusammensetzung des Widerstandes von kraftfahrzeugähnlichen Körpern und Möglichkeiten zur Widerstandsreduzierung sind interessante Aspekte in [41] enthalten.

Beispiel: Welche Kräfte belasten eine Verkehrszeichentafel bei normaler und tangentialer Anströmung? Gegeben: Breite $b = 1{,}5$ m, Höhe $h = 3$ m, Windgeschwindigkeit $w = 20\,\mathrm{m/s} = 72\,\mathrm{km/h}$, Dichte und kinematische Viskosität der Luft $\varrho = 1{,}188\,\mathrm{kg/m^3}$, $\nu = 15{,}24 \cdot 10^{-6}\,\mathrm{m^2/s}$. Lösung: Anströmung normal zur Oberfläche $A = bh$ mit $c_W = 1{,}15$ nach Tabelle 8-2, $F_W = (\varrho/2)w^2 A c_W = 1230\,\mathrm{kg\,m/s^2} = 1230\,\mathrm{N}$. Anströmung tangential zur Oberfläche, Reynolds-Zahl $Re = wb/\nu = 1{,}97 \cdot 10^6$, Widerstandsbeiwert der turbulenten Plattengrenzschicht aus Bild 8-49 bzw. nach (8-99) mit dem Faktor 2, da beide Seiten überströmt werden.

$$c_W = 2c_F = 2\left[\frac{0{,}455}{(\lg Re)^{2{,}58}} - \frac{1700}{Re}\right] = 0{,}0062\,,$$

$$F_W = \frac{1}{2}\varrho\, w^2 bh c_W = 6{,}63\,\mathrm{N}\,.$$

Die Belastung durch Druckkräfte ist erheblich größer als durch Reibungskräfte.

Beispiel: Wie groß ist die Geschwindigkeit eines Fallschirmspringers bei stationärer Bewegung im freien Fall? Gegeben sind: Schirmdurchmesser $D = 8$ m, Masse von Person und Schirm $m = 90$ kg, Dichte der Luft $\varrho = 1{,}188\,\mathrm{kg/m^3}$. Lösung: Entspricht die Schirmform einer offenen Halbkugel, so folgt aus Tabelle 8-2 der Widerstandsbeiwert $c_W = 1{,}33$. Mit (8-141): $F_W = mg = (\varrho/2)w^2 A c_W$ ergibt sich die Fallgeschwindigkeit zu

$$w = \left(\frac{8mg}{\pi D^2 \varrho\, c_W}\right)^{1/2} \approx \left(\frac{8 \cdot 90\,\mathrm{kg} \cdot 9{,}81\,\mathrm{m/s^2}}{\pi \cdot 8^2\,\mathrm{m^2} \cdot 1{,}188\,\mathrm{kg/m^3} \cdot 1{,}33}\right)^{1/2} \approx 4{,}7\,\mathrm{m/s} \approx 17\,\mathrm{km/h}\,.$$

In Wirklichkeit ist der Widerstandsbeiwert c_W durch die Porösität des Schirmes geringer und die Geschwindigkeit damit höher.

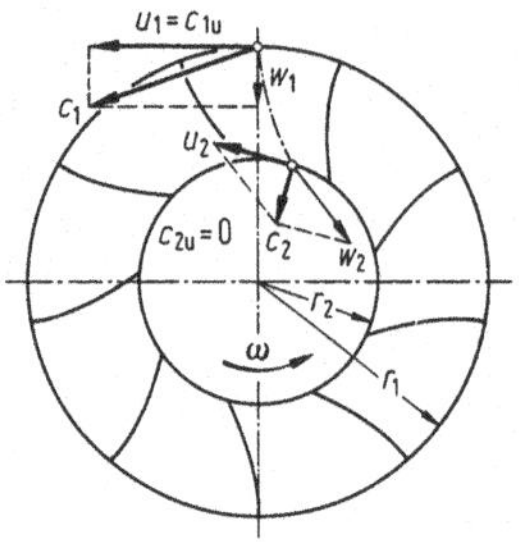

Bild 8-51. Geschwindigkeiten im Turbinenlaufrad

8.5 Strömungen in rotierenden Systemen

Beim Durchströmen rotierender Strömungskanäle wird dem Medium in Kraftmaschinen (Turbinen) Energie entzogen und in Arbeitsmaschinen (Pumpen) zugeführt. Für das in Bild 8-51 dargestellte Turbinenlaufrad folgt aus dem Erhaltungssatz für den Drehimpuls die Euler'sche Turbinengleichung [1]:

$$P = M_T\omega = \dot{m}(u_1 c_{1u} - u_2 c_{2u}) . \qquad (8\text{-}148)$$

Die Leistung P des Turbinenrades als Produkt aus Drehmoment M_T und Winkelgeschwindigkeit ω ist vom Massenstrom $\dot{m}$ sowie den Geschwindigkeitsverhältnissen am Ein- und Austritt abhängig.

Drehmoment rotierender Körper

In viskosen Medien erfahren rotierende Körper ein Reibmoment. Für die frei rotierende Scheibe in Bild 8-52 gilt die Abhängigkeit

$$M = f(R, \omega, \varrho, \eta) . \qquad (8\text{-}149)$$

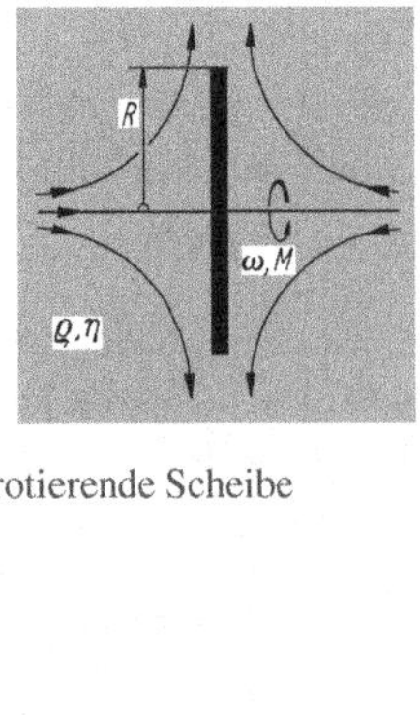

Bild 8-52. Frei rotierende Scheibe

Aus dimensionsanalytischen Betrachtungen folgt der allgemeine Zusammenhang [11]

$$c_M = F(Re)$$
$$\text{mit} \quad c_M = \frac{M}{\frac{1}{2}\varrho R^5 \omega^2} \quad \text{und} \quad Re = \frac{R^2\omega}{\nu} . \qquad (8\text{-}150)$$

Für die schleichende Strömung, die laminare und turbulente Grenzschichtströmung resultieren aus der Theorie die Beziehungen [12,18]:

$$c_M = \frac{64}{3} \cdot \frac{1}{Re} \; (Re < 30 \text{ , laminar}) , \qquad (8\text{-}151)$$
$$c_M = \frac{3{,}87}{\sqrt{Re}} \quad (30 < Re < 3 \cdot 10^5 \text{ , laminar}) , \qquad (8\text{-}152)$$
$$c_M = \frac{0{,}146}{\sqrt[5]{Re}} \quad (Re > 3 \cdot 10^5 \text{ , turbulent}) . \qquad (8\text{-}153)$$

In Bild 8-53 sind die theoretischen Lösungen und Messergebnisse aus [42] aufgetragen. Die Grenzen für die Anwendung der Beziehungen (8-151) bis (8-153) sind diesem Diagramm entnommen.

Ist die rotierende Scheibe von einem geschlossenen Gehäuse umgeben (Bild 8-54), dann ist die normierte Spaltweite $\sigma = s/R$ ein weiterer Parameter. Der Einfluss von σ auf das Drehmoment zeigt sich für kleine Werte, $\sigma < 0{,}3$, im Bereich der laminaren Schichten-

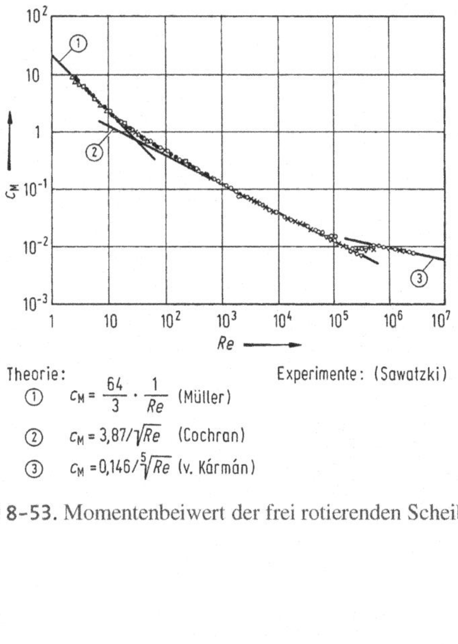

Bild 8-53. Momentenbeiwert der frei rotierenden Scheibe

strömung. Für den Momentenbeiwert gelten die Beziehungen [43]:

$$c_M = \frac{2\pi}{\sigma} \cdot \frac{1}{Re} (Re < 10^4 \text{, laminar})\,, \qquad (8\text{-}154)$$

$$c_M = \frac{2{,}67}{\sqrt{Re}} \quad (10^4 < Re < 3 \cdot 10^5 \text{, laminar})\,, \qquad (8\text{-}155)$$

$$c_M = \frac{0{,}062\,2}{\sqrt[5]{Re}} \quad (Re > 3 \cdot 10^5 \text{, turbulent})\,. \qquad (8\text{-}156)$$

Interessant ist die Feststellung, dass die rotierende Scheibe im Gehäuse für $Re > 10^4$ ein kleineres Drehmoment erfordert als die im unendlich ausgedehnten Medium rotierende Scheibe. Dieser Effekt ist auf die dreidimensionale Grenzschichtströmung im abgeschlossenen Gehäuse zurückzuführen. Für Kugeln in einem Gehäuse mit abgeschlossenem Spalt sind entsprechende Ergebnisse in [44] dargestellt. Tritt neben der Rotation noch eine überlagerte Durchströmung des Kugelspaltes auf, so wird das Drehmomentverhalten zusätzlich vom Volumenstrom abhängig. Eine umfassende Darstellung der theoretischen und experimentellen Resultate zu diesem Strömungsproblem ist in [45] enthalten.

Beispiel: Ein scheibenförmiges Laufrad rotiert in einem mit Wasser gefüllten Gehäuse (Bild 8-54) mit der Drehzahl $n = 3000\,\text{min}^{-1} = 50\,\text{s}^{-1}$. Wie groß sind Drehmoment und Leistung des Antriebs? Radius $R = 0{,}1$ m, Wasser $\varrho = 998\,\text{kg/m}^3$, $\nu = 1004 \cdot 10^{-6}\,\text{m}^2/\text{s}$, Winkelgeschwindigkeit $\omega = 2\pi n = 314{,}16\,\text{s}^{-1}$, Reynolds-Zahl $Re = R^2\omega/\nu = 3{,}13 \cdot 10^6$ (turbulente Grenzschichtströmung). Nach (8-155) folgt der Momentenbeiwert $c_M = 0{,}062/\sqrt[5]{Re} = 0{,}00312$ und mit (8-150) das Drehmoment $M = \frac{1}{2}\varrho R^5\omega^2 c_M = 1{,}537\,\text{Nm}$. Die erforderliche Leistung ist $P = M\omega = 0{,}482\,\text{kW}$.
Würde dagegen das Laufrad frei ohne Gehäuse im Wasser rotieren, wäre der Momentenbeiwert $c_M = 0{,}146/\sqrt[5]{Re} = 0{,}00733$, das Drehmoment $M = 3{,}61$ N m und die Leistung $P = 1{,}134\,\text{kW}$.

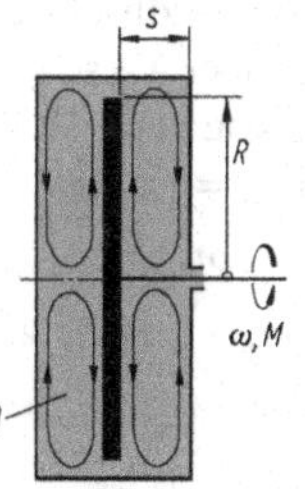

Bild 8-54. Rotierende Scheibe im Gehäuse

9 Gasdynamik

9.1 Erhaltungssätze für Masse, Impuls und Energie

Die Strömung eines kompressiblen Mediums wird in jedem Punkt (x, y, z) des betrachteten Feldes zu jeder Zeit t durch diese Größen beschrieben:

$$\text{Geschwindigkeit } \boldsymbol{w} = (u, v, w)\,, \quad \text{Druck } p\,,$$
$$\text{Dichte } \varrho\,, \text{Temperatur } T\,.$$

Zur Bestimmung dieser 6 abhängigen Zustandsgrößen werden 6 physikalische Grundgleichungen sowie Rand- und/oder Anfangsbedingungen der speziellen Aufgabe benötigt. Diese Grundgesetze sind die physikalischen Erhaltungssätze für Masse m, Impuls I und Energie E sowie eine thermodynamische Zustandsgleichung (das sind insgesamt 6 Gleichungen) in Integralform. Die Integralform der Gesetze führt zu den Kräften im Strömungsfeld (Auftrieb, Widerstand; siehe auch in 8.3.7 den Impulssatz) und zu den Verdichtungsstoßgleichungen. Die später zusätzlich gemachten Differenzierbarkeitsannahmen ergeben die Differenzialgleichungen (Kontinuitätsgleichung, Euler- oder Navier-Stokes-Gleichung und Energiesatz).
Die Herleitung der integralen Sätze erfolgt am einfachsten im massenfesten, d. h. im mitschwimmenden

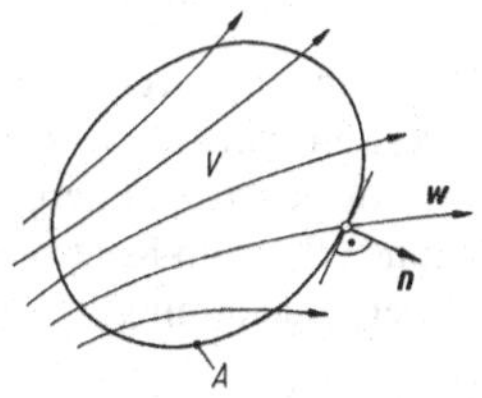

Bild 9-1. Kontrollbereich für integrale Erhaltungssätze. V Volumen, A Oberfläche, $\boldsymbol{n}$ äußere Normale

Kontrollraum. Das Endergebnis gilt massenfest wie raumfest (Bild 9-1).

Massenerhaltung

$$\frac{\mathrm{d}m}{\mathrm{d}t} = \frac{\mathrm{d}}{\mathrm{d}t}\int_V \varrho \,\mathrm{d}V = \int_V \frac{\partial \varrho}{\partial t}\,\mathrm{d}V + \int_A \varrho \boldsymbol{w}\cdot \boldsymbol{n}\,\mathrm{d}A = 0\,. \qquad (9\text{-}1)$$

Das Volumenintegral über $\partial\varrho/\partial t$ erfasst die zeitliche lokale Massenänderung im Volumen V, das Oberflächenintegral liefert den zugehörigen Massenzu- oder -abfluss durch die Oberfläche A.

Impulssatz

$$\frac{\mathrm{d}\boldsymbol{I}}{\mathrm{d}t} = \frac{\mathrm{d}}{\mathrm{d}t}\int_V \varrho \boldsymbol{w}\,\mathrm{d}V \qquad (9\text{-}2)$$

$$= \int_V \frac{\partial \varrho \boldsymbol{w}}{\partial t}\mathrm{d}V + \int_A \varrho \boldsymbol{w}(\boldsymbol{w}\cdot \boldsymbol{n})\mathrm{d}A = \boldsymbol{F}_\mathrm{M} + \boldsymbol{F}_\mathrm{A}\,.$$

Rechts treten alle am Kontrollbereich angreifenden Massenkräfte (Schwerkraft, Zentrifugalkraft, elektrische und magnetische Kraft usw.) = $\boldsymbol{F}_\mathrm{M}$ sowie Oberflächenkräfte (Druckkraft, Reibungskraft usw.) = $\boldsymbol{F}_\mathrm{A}$ auf. Für die statische Druckkraft gilt

$$\boldsymbol{F}_\mathrm{D} = -\int_A p\,\boldsymbol{n}\,\mathrm{d}A\,. \qquad (9\text{-}2a)$$

Energiesatz (Leistungsbilanz):

$$\frac{\mathrm{d}E}{\mathrm{d}t} = \frac{\mathrm{d}}{\mathrm{d}t}\int_V \varrho\left(e + \frac{1}{2}w^2\right)\mathrm{d}V$$

$$= \int_V \frac{\partial}{\partial t}\varrho\left(e + \frac{1}{2}w^2\right)\mathrm{d}V$$

$$+ \int_A \varrho\left(e + \frac{1}{2}w^2\right)(\boldsymbol{w}\cdot \boldsymbol{n})\,\mathrm{d}A$$

$$= P_\mathrm{M} + P_\mathrm{A} + P_\mathrm{W}\,. \qquad (9\text{-}3a)$$

e ist die spezifische innere Energie. Rechts stehen die Leistungen der Massenkräfte (P_M), der Oberflächenkräfte (P_A) sowie die übrigen Energieströme, z. B. durch Wärmeleitung (P_W), am Kontrollbereich.

Für die Leistung der Druckkraft gilt

$$P_\mathrm{D} = -\int_A p(\boldsymbol{w}\cdot \boldsymbol{n})\,\mathrm{d}A\,. \qquad (9\text{-}3a)$$

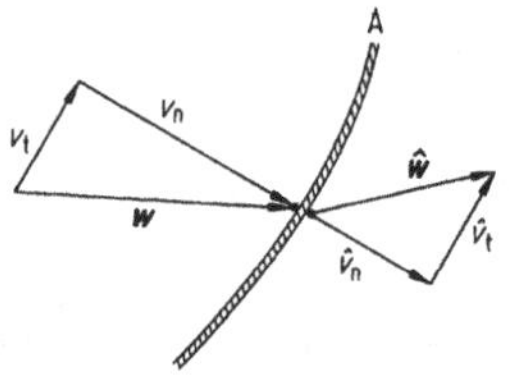

Bild 9-2. Geschwindigkeitskomponenten normal ($v_\mathrm{n}, \hat{v}_\mathrm{n}$) und tangential ($v_\mathrm{t}, \hat{v}_\mathrm{t}$) vor und nach dem Stoß

Die Deutung der jeweils in (9-2) und (9-3) rechts auftretenden Integrale, lokale Änderung im Volumen V sowie zugehöriger Strom durch die Oberfläche A, ist analog zu der bei (9-1).

9.2 Allgemeine Stoßgleichungen

Die Erhaltungssätze liefern die Sprungrelationen für die Zustandsgrößen über Stoßflächen. Dies ist eine zweckmäßige Idealisierung der Tatsache, dass in sehr dünnen Schichten (von der Größenordnung der mittleren freien Weglänge des Gases) die Gradienten von Zustandsgrößen und Stoffparametern hohe Werte annehmen können. Im Rahmen der Kontinuumsmechanik sprechen wir daher von Unstetigkeiten (Verdichtungsstößen). Die integralen Erhaltungssätze (9-1) bis (9-3) geben für stationäre Strömung, ohne Massenkräfte, Reibung und Wärmeleitung (Bild 9-2):

$$\varrho v_\mathrm{n} = \hat{\varrho}\hat{v}_\mathrm{n}\,,$$

$$\varrho v_\mathrm{n}^2 + p = \hat{\varrho}\hat{v}_\mathrm{n}^2 + \hat{p}\,,$$

$$\varrho v_\mathrm{t} v_\mathrm{n} = \hat{\varrho}\hat{v}_\mathrm{t}\hat{v}_\mathrm{n}\,,$$

$$\varrho v_\mathrm{n}\left[h + \frac{1}{2}(v_\mathrm{n}^2 + v_\mathrm{t}^2)\right] = \hat{\varrho}\hat{v}_\mathrm{n}\left[\hat{h} + \frac{1}{2}(\hat{v}_\mathrm{n}^2 + \hat{v}_\mathrm{t}^2)\right]\,.$$

Die Indizes n, t bezeichnen Normal- und Tangentialkomponenten, das Zeichen ^ die Werte hinter dem Stoß, $h = e + p/\varrho$ die spezifische Enthalpie. Ist $\varrho v_\mathrm{n} = 0$ – kein Massenfluss über A – so kann $v_\mathrm{t} \neq \hat{v}_\mathrm{t}$ sein, dann liegt eine Wirbelfläche vor. Für Verdichtungsstöße ist $\varrho v_\mathrm{n} \neq 0$ und damit $v_\mathrm{t} = \hat{v}_\mathrm{t}$, also

$$\varrho v_\mathrm{n} = \hat{\varrho}\hat{v}_\mathrm{n}\,, \qquad (9\text{-}4a)$$

$$\varrho v_\mathrm{n}^2 + p = \hat{\varrho}\hat{v}_\mathrm{n}^2 + \hat{p}\,, \qquad (9\text{-}4b)$$

$$v_\mathrm{t} = \hat{v}_\mathrm{t} \qquad (9\text{-}4c)$$

$$h + \frac{1}{2}v_\mathrm{n}^2 = \hat{h} + \frac{1}{2}\hat{v}_\mathrm{n}^2\,. \qquad (9\text{-}4d)$$

9.2.1 Rankine-Hugoniot-Relation

Elimination der Geschwindigkeitskomponenten in (9-4a) bis (9-4d) ergibt die allgemeinen Rankine-Hugoniot-Relationen [1, 2]:

$$\hat{h} - h = \frac{1}{2}\left(\frac{1}{\varrho} + \frac{1}{\hat{\varrho}}\right)(\hat{p} - p)\,, \qquad (9\text{-}5a)$$

$$\hat{e} - e = \left(\frac{1}{\varrho} - \frac{1}{\hat{\varrho}}\right)\left(\frac{\hat{p} + p}{2}\right). \qquad (9\text{-}5b)$$

Der Zusammenhang mit dem 1. Hauptsatz im adiabaten Fall ist offensichtlich. Die Änderung der inneren Energie beim Stoß ist nach (9-5b) gleich der Arbeit, die der mittlere Druck bei der Volumenänderung leistet. Für ideale Gase konstanten Verhältnisses $\varkappa$ der spezifischen Wärmen kommt die spezielle Form (RH) [3, 4]

$$\frac{\hat{p}}{p} = \frac{(\varkappa + 1)\hat{\varrho} - (\varkappa - 1)\varrho}{(\varkappa + 1)\varrho - (\varkappa - 1)\hat{\varrho}}\,. \qquad (9\text{-}6)$$

Die RH-Kurve und die Isentrope (Bild 9-3) haben im Ausgangspunkt $\hat{p}/p = 1, \varrho/\hat{\varrho} = 1$ Tangente und Krümmung gemeinsam. Das heißt, *schwache* Stöße verlaufen *isentrop*. Für *starke* Stöße, $\hat{p}/p \gg 1$, gilt dagegen $\hat{\varrho}/\varrho \to (\varkappa + 1)/(\varkappa - 1)$, während die Isentrope beliebig anwächst. Allerdings sind bei diesen extremen Zustandsänderungen reale Gaseffekte zu berücksichtigen. Es sind nur Verdichtungsstöße thermodynamisch möglich. Mit s, der spezifischen Entropie,

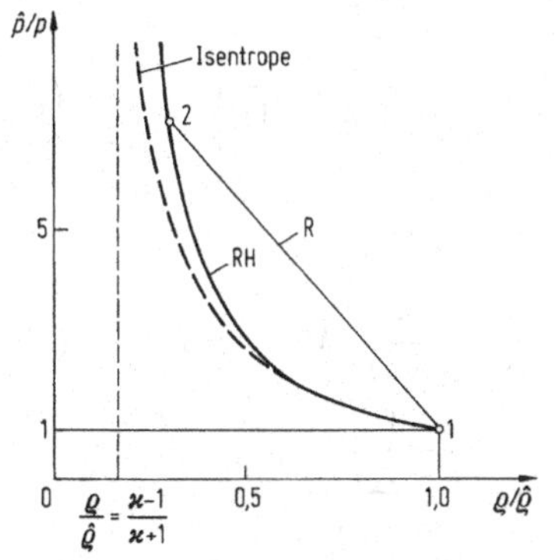

Bild 9-3. Rankine-Hugoniot-Kurve (RH), Rayleigh-Gerade (R) und Isentrope

folgt wegen $\hat{s} - s \geqq 0$

$$\frac{\hat{p}}{p} = \left(\frac{\hat{\varrho}}{\varrho}\right)^{\varkappa} \exp\left(\frac{\hat{s} - s}{c_v}\right) \geqq \left(\frac{\hat{\varrho}}{\varrho}\right)^{\varkappa}\,,$$

d. h., die RH-Kurve muss stets oberhalb der Isentropen liegen. Dies ist (Bild 9-3) nur für

$$\frac{\varkappa - 1}{\varkappa + 1} < \frac{\varrho}{\hat{\varrho}} \leqq 1\,,$$

d. h. bei Verdichtung, möglich.

9.2.2 Rayleigh-Gerade

Die so genannten mechanischen Stoßgleichungen Massenerhaltung (9-4a) und Impulssatz (9-4b) führen zur Rayleigh-Geraden (R) [5]

$$\frac{\hat{p}}{p} - 1 = \varkappa M_n^2\left(1 - \frac{\varrho}{\hat{\varrho}}\right) \qquad (9\text{-}7a)$$

mit der Abkürzung

$$M_n^2 = \frac{v_n^2}{\varkappa \frac{p}{\varrho}} = \frac{v_n^2}{a^2}\,. \qquad (9\text{-}7b)$$

Diese Gerade (R) muss mit der (RH)-Kurve geschnitten werden (Bild 9-3) und führt damit im Allgemeinen zu den zwei Lösungen (1) und (2) der Erhaltungssätze beim Verdichtungsstoß. (*1*) ist die Identität, sie ist aufgrund des Aufbaus der Gleichungen (9-4a) bis (9-4d) enthalten, (2) ist der Verdichtungsstoß. Das System der Erhaltungssätze ist also nicht eindeutig lösbar. Zusätzliche Bedingungen müssen hier eine Entscheidung herbeiführen. Im Grenzfall, dass beide Lösungen zusammenfallen, (R) also tangential zu (RH) und zur Isentropen im Ausgangspunkt (1, 1) verläuft, gilt $M_n = 1$.

9.2.3 Schallgeschwindigkeit

Die in (9-7b) formal vorgenommene Abkürzung führt zur Schallgeschwindigkeit a. Mit R_i als individueller und $R = 8{,}31447\,\mathrm{J/(mol \cdot K)}$ als universeller (molarer) Gaskonstante und M_i als molarer Masse des Stoffes i gilt für ideale Gase

$$a = \sqrt{\left(\frac{\partial p}{\partial \varrho}\right)_s} = \sqrt{\varkappa \frac{p}{\varrho}} = \sqrt{\varkappa \frac{R}{M_i} T} = \sqrt{\varkappa R_i T}\,. \qquad (9\text{-}8)$$

Für $T = 300\,\mathrm{K}$ wird

Gas	O_2	N_2	H_2	Luft
M_i in g/mol	32	28,016	2,016	≈ 29
a in m/s	330	353	1316	347

Diese Schallgeschwindigkeit ist die Ausbreitungsgeschwindigkeit kleiner Störungen der Zustandsgrößen in einem ruhenden kompressiblen Medium. Sie ist eine Signalgeschwindigkeit, zum Unterschied von der Strömungsgeschwindigkeit. Betrachten wir die Ausbreitung einer Schallwelle in ruhendem Medium und wenden auf die Zustandsänderung in der Wellenfront Kontinuitätsbedingung sowie Impulssatz an, so erhalten wir (9-8) (siehe z. B. [6]). Die Schallgeschwindigkeit hängt von der Druck- und Dichtestörung in der Front ab. Führt eine Drucksteigerung in der Welle nur zu einer geringen Dichteänderung (inkompressibles Medium), so ist die Schallgeschwindigkeit groß. Kommt es zu einer beträchtlichen Dichtezunahme (kompressibles Medium), so ist a klein. Beim idealen Gas gelten die typischen Proportionalitäten $a \sim \sqrt{T}, a \sim 1/\sqrt{M_i}$, womit Möglichkeiten der Variation von a gegeben sind. a ist eine wichtige Bezugsgeschwindigkeit für alle kompressiblen Strömungen. Ackeret führte 1928 zu Ehren von Ernst Mach die folgende Bezeichnung ein:

$$\frac{\text{Strömungsgeschwindigkeit}}{\text{Schallgeschwindigkeit}} = \frac{w}{a} = M \quad \text{Mach'sche Zahl oder Mach-Zahl}\,. \tag{9-9}$$

Statt M schreibt man auch Ma.
Man unterscheidet danach Unterschallströmungen mit $M < 1$ und Überschallströmungen mit $M > 1$. Die wichtigsten Eigenschaften solcher Strömungen werden im Folgenden behandelt.

9.2.4 Senkrechter Stoß

Steht die Stoßfront senkrecht zur Anströmung (Bild 9-4), so ist $v_n = w, v_t = 0$. Für das ideale

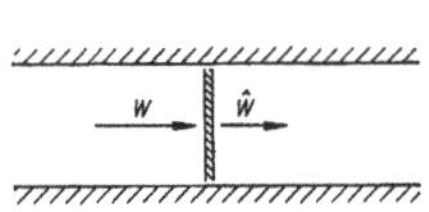

Bild 9-4. Senkrechter Verdichtungsstoß

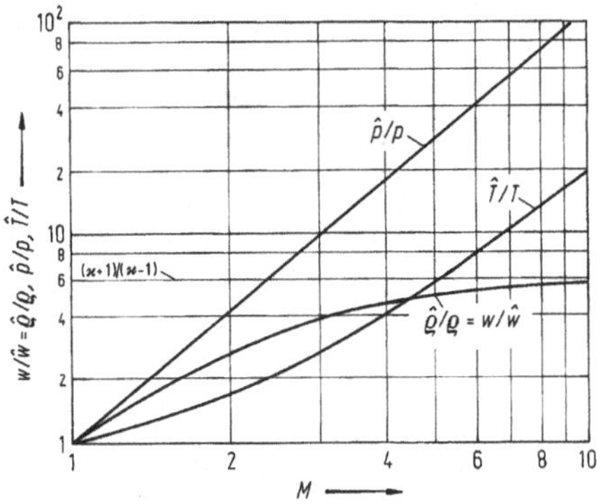

Bild 9-5. Die bezogenen Stoßgrößen beim senkrechten Verdichtungsstoß als Funktion von M ($\varkappa = 1{,}40$)

Gas konstanter spezifischer Wärmekapazität wird aus (9-4a) bis (9-4d)

$$\varrho w = \hat{\varrho}\hat{w}\,, \quad \varrho w^2 + p = \hat{\varrho}\hat{w}^2 + \hat{p}\,,$$
$$\frac{\varkappa}{\varkappa-1}\cdot\frac{p}{\varrho} + \frac{1}{2}w^2 = \frac{\varkappa}{\varkappa-1}\cdot\frac{\hat{p}}{\hat{\varrho}} + \frac{1}{2}\hat{w}^2\,. \tag{9-10}$$

Bei gegebener Zuströmung (ϱ, p, w) kommen für die Zustandswerte die Identität oder die folgende Lösung für den senkrechten Stoß:

$$\frac{\hat{w}}{w} = \frac{\varrho}{\hat{\varrho}} = 1 - \frac{2}{\varkappa+1}\left(1 - \frac{1}{M^2}\right),$$
$$\frac{\hat{p}}{p} = 1 + \frac{2\varkappa}{\varkappa+1}(M^2-1)\,,$$
$$\frac{\hat{T}}{T} = \frac{\hat{a}^2}{a^2} = \frac{\hat{p}}{p}\cdot\frac{\varrho}{\hat{\varrho}} \tag{9-11}$$
$$= \left[1 + \frac{2\varkappa}{\varkappa+1}(M^2-1)\right]\left[1 - \frac{2}{\varkappa+1}\left(1 - \frac{1}{M^2}\right)\right]$$
$$\frac{\hat{s}-s}{c_V} = \ln\left[\frac{\hat{p}}{p}\left(\frac{\varrho}{\hat{\varrho}}\right)^{\varkappa}\right]$$
$$= \frac{2}{3}\cdot\frac{\varkappa(\varkappa-1)}{(\varkappa+1)^2}(M^2-1)^3 + \ldots\,, \quad (M \approx 1)\,,$$
$$\hat{M}^2 = \frac{1 + \frac{\varkappa-1}{\varkappa+1}(M^2-1)}{1 + \frac{2\varkappa}{\varkappa+1}(M^2-1)}\,.$$

Alle normierten Stoßgrößen hängen nur von M ab und zeigen einen charakteristischen Verlauf (Bild 9-5 und 9-6). Ein senkrechter Stoß kann nur in Überschallströmung $M > 1$ auftreten (Entropiezunahme!), dahinter herrscht Unterschallgeschwindigkeit $\hat{M} < 1$. Die Zunahme der Entropie erfolgt im Stoß – in der Nähe von $M = 1$ – erst mit der dritten Potenz der Stoßstärke $\hat{p}/p - 1$, d. h., schwache Stöße verlaufen isentrop.

Für $M^2 \gg 1$, den sog. Hyperschall, erhält man die Grenzwerte

$$\frac{\hat{\varrho}}{\varrho} = \frac{w}{\hat{w}} \to \frac{\varkappa + 1}{\varkappa - 1}, \quad \frac{\hat{p}}{p} \to \frac{2\varkappa}{\varkappa + 1} M^2,$$

$$\frac{\hat{T}}{T} \to \frac{2\varkappa(\varkappa - 1)}{(\varkappa + 1)^2} M^2, \quad \hat{M}_{\min} = \frac{\hat{w}}{\hat{a}} \to \sqrt{\frac{\varkappa - 1}{2\varkappa}}. \tag{9-12}$$

Diese Zustandsgrößen treten z. B. bei der Umströmung eines stumpfen Körpers mit abgelöster Kopfwelle hinter dem Stoß auf. Die Dichte strebt gegen einen endlichen Wert, während Druck und Temperatur stark ansteigen. Die Mach-Zahl $\hat{M}$ erreicht ein Minimum.

Charakteristisch verhalten sich die Ruhegrößen. Denken wir uns das Medium vor und nach dem Stoß in den Ruhezustand überführt, so lautet der Energiesatz über den Stoß hinweg

$$c_p T_0 = c_p T + \frac{w^2}{2} = c_p \hat{T} + \frac{\hat{w}^2}{2} = c_p \hat{T}_0,$$

d. h.,

$$T_0 = \hat{T}_0, \quad a_0 = \hat{a}_0. \tag{9-13}$$

Bei Druck und Dichte wird jeweils eine isentrope Abbremsung vor und nach dem Stoß vorgenommen. Verwendet man weiterhin wegen (9-13) einen isothermen

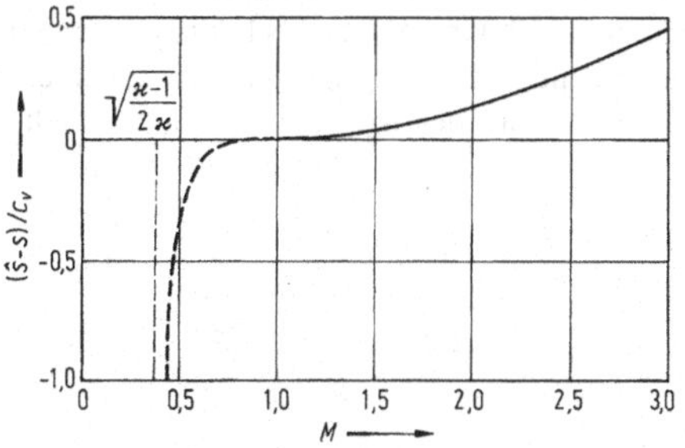

Bild 9-6. Die normierte Entropie $(\hat{s} - s)/c_V$ beim senkrechten Verdichtungsstoß als Funktion von M ($\varkappa = 1{,}40$)

Vergleichsprozess, so erhält man die sog. *Rayleigh-Formel*

$$\frac{\hat{p}_0}{p_0} = \frac{\hat{\varrho}_0}{\varrho_0} = \left[1 + \frac{2\varkappa}{\varkappa + 1}(M^2 - 1)\right]^{-\frac{1}{\varkappa - 1}} \times \left[1 - \frac{2}{\varkappa + 1}\left(1 - \frac{1}{M^2}\right)\right]^{-\frac{\varkappa}{\varkappa - 1}}. \tag{9-14}$$

Die Ruhedruckabnahme ist in Schallnähe gering, denn es gilt

$$\frac{\hat{s} - s}{c_V} = -(\varkappa - 1)\left(\frac{\hat{p}_0}{p_0} - 1\right) + \ldots$$

Für starke Stöße, d. h. hohe Mach-Zahlen, ist der Ruhedruckabfall dagegen beträchtlich (Bild 9-7).

Beim Pitotrohr in Überschallströmung finden diese Beziehungen Anwendung. Gemessen wird $\hat{p}_0$. Kennt man M, so kann mit (9-14) p_0 berechnet werden. Falls jedoch p oder $\hat{p}$ *und* $\hat{p}_0$ gemessen werden, kann M ermittelt werden. Hierzu wird der nachfolgend angegebene isentrope Zusammenhang zwischen p, p_0 und M benutzt (31).

Der Ruhedruckverlust in Überschallströmungen hat wichtige praktische Konsequenzen. Ist der Einlauf eines Staustrahltriebwerkes wie ein Pitotdiffusor ausgebildet, d. h., steht vor der Öffnung ein starker senkrechter Stoß, so tritt ein hoher Ruhedruckverlust auf, der nachteilig für den Antrieb ist; denn stromab kann durch Aufstau nur $\hat{p}_0$ wieder erreicht werden. Dies führte zur Entwicklung des Stoßdiffusors von Oswatitsch [7]. Hier wird in den Pitotdiffusor ein kegelförmiger Zentralkörper eingeführt. Die Abbremsung der Überschallströmung geschieht über ein System schiefer Stöße mit abschließendem schwachen senkrechten Stoß zwischen Kegel und Pitotrohr. Dieses Stoßsystem führt im Endeffekt zu einer erheblich geringeren Gesamtdruckabnahme als bei einem einzigen senkrechten Stoß.

9.2.5 Schiefer Stoß

Ein schiefer Stoß tritt in Überschallströmungen z. B. an der Körperspitze (Kopfwelle) und am Heck (Schwanzwelle) auf. Die Gleichungen erhält man am einfachsten aus denen des senkrechten Stoßes (Bild 9-4) in einem Koordinatensystem, das entlang der Stoßfront mit $v_t = \hat{v}_t \neq 0$ bewegt wird (Bild 9-2).

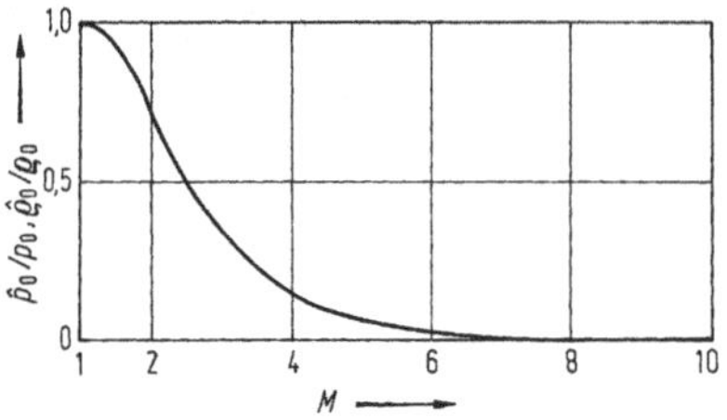

Bild 9-7. Ruhedruck- und Ruhedichteabnahme beim senkrechten Stoß als Funktion von M ($\varkappa = 1{,}40$)

Mit Θ = Neigungswinkel des Stoßes gegen die Anströmung = Stoßwinkel ergibt sich die Ersetzung (Bild 9-8) entsprechend folgender Tabelle:

Senkrechter Stoß	Schiefer Stoß
w	v_n
$\hat{w}$	$\hat{v}_n$
$\boxed{M} = \frac{w}{a}$	$\frac{v_n}{a} = \frac{w}{a}\sin\Theta = \boxed{M\sin\Theta}$

In allen Gleichungen des senkrechten Stoßes (9-11) und (9-14) ist also lediglich M durch $M\sin\Theta$ zu ersetzen. Es wird

$$\frac{\hat{v}_n}{v_n} = \frac{\varrho}{\hat{\varrho}} = 1 - \frac{2}{\varkappa+1}\left(1 - \frac{1}{M^2\sin^2\Theta}\right),$$
$$\frac{\hat{p}}{p} = 1 + \frac{2\varkappa}{\varkappa+1}(M^2\sin^2\Theta - 1), \qquad (9\text{-}15)$$
$$\frac{\hat{T}}{T} = \frac{\hat{a}^2}{a^2} = \frac{\hat{p}}{p}\frac{\varrho}{\hat{\varrho}}, \quad \frac{\hat{s}-s}{c_v} = \ln\left[\frac{\hat{p}}{p}\left(\frac{\varrho}{\hat{\varrho}}\right)^{\varkappa}\right].$$

Die Bedingung $M \geqq 1$ beim senkrechten Stoß führt hier zu $M\sin\Theta \geqq 1$, d. h., $M \geqq 1/\sin\Theta \geqq 1$. Ein schiefer Stoß ist auch nur in Überschallströmung möglich. Bei festem M ist die untere Grenze für Θ bei

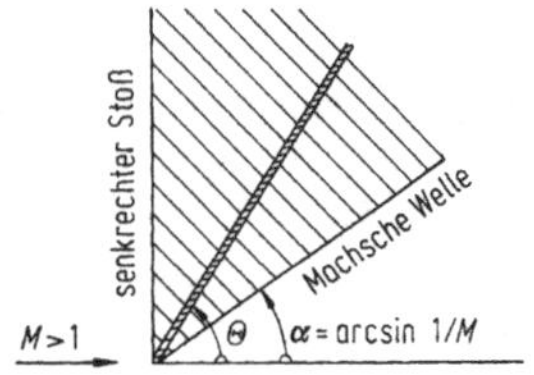

Bild 9-9. Bereichsgrenzen für Θ bei festem M

verschwindendem Drucksprung durch $M\sin\Theta = 1$ gegeben, die obere Grenze dagegen durch den größtmöglichen Druckanstieg im senkrechten Stoß (Bild 9-9):

$$\alpha = \arcsin\frac{1}{M} \leqq \Theta \leqq \frac{\pi}{2}.$$

α heißt Mach'scher Winkel. Er begrenzt den Einflussbereich kleiner Störungen in Überschallströmungen.

9.2.6 Busemann-Polare

Wir drehen das Koordinatensystem in Bild 9-8 so, dass die Anströmung in die x-Richtung fällt (Bild 9-10). Führt man diese Drehung in den Stoßrelationen durch und benutzt die Bezeichnungen von Bild 9-10, so erhält man die Busemann-Polare [8]

$$(u\hat{u} - a^{*2})(u-\hat{u})^2 = \hat{v}^2\left[a^{*2} + \frac{2}{\varkappa+1}u^2 - u\hat{u}\right]. \qquad (9\text{-}16)$$

$a^* = a_0\sqrt{2/(\varkappa+1)}$ bezeichnet hierin die sog. kritische Schallgeschwindigkeit. Gleichung (9-16) stellt in der Form $\hat{v} = f(\hat{u}, u)$ die Parameterdarstellung einer Kurve in der $\hat{u}, \hat{v}$-Hodografenebene dar. Mit der Anströmungsgeschwindigkeit u als Parameter enthält sie alle möglichen Strömungszustände $(\hat{u}, \hat{v})$ hinter dem schiefen Stoß an der Körperspitze. Es handelt sich

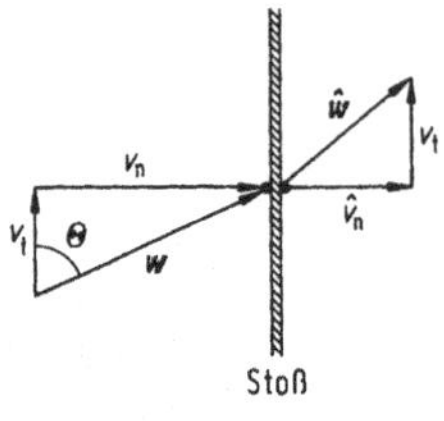

Bild 9-8. Übergang vom senkrechten zum schiefen Stoß

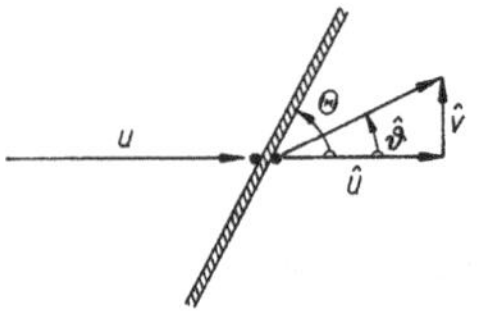

Bild 9-10. Schiefer Stoß bei horizontaler Anströmung

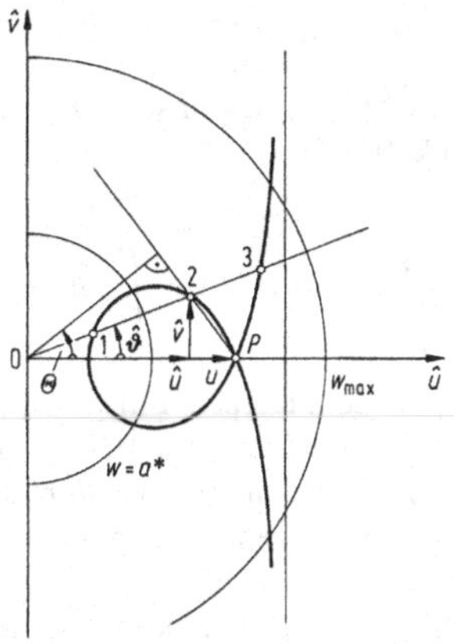

Bild 9-11. Busemann'sche Stoßpolare in der Hodografenebene. Stoßkonstruktion

um ein Kartesisches Blatt mit Doppelpunkt $P(u,0)$ und einer vertikalen Asymptote bei $\hat{u} = (a^{*2} + 2/(\varkappa + 1)u^2)/u$. Der senkrechte Stoß ist mit $\hat{v} = 0$ enthalten. Es ergibt sich $\hat{u}u = a^{*2}$ (Prandtl-Relation) oder $\hat{u} = u$ (Identität). Ist der Abströmwinkel $\hat{\vartheta}$ (z. B. Keilwinkel) gegeben, so gibt es drei Lösungen (Bild 9-11): (1) starke Lösung, führt für $\hat{\vartheta} \to 0$ auf den senkrechten Stoß; (2) schwache Lösung, liefert mit $\hat{\vartheta} \to 0$ die Identität (Machsche Welle); (3) Schwanzwellenlösung. (3) löst das sogenannte inverse Problem. $(u,0)$ ist der Zustand hinter der Schwanzwelle, $(\hat{u},\hat{v})$ derjenige davor. (3) ist nur sinnvoll, solange $w < w_{max}$. Die Stoßneigung Θ ergibt sich durch das Lot vom Ursprung auf die Verbindungslinie $P \to 1, P \to 2, P \to 3$. Bei gegebener Anströmung gibt es ein $\hat{\vartheta}_{max}$. Für $\hat{\vartheta} > \hat{\vartheta}_{max}$ löst der Stoß von der Körperspitze ab und steht vor dem Hindernis. Der Schallkreis teilt die Stoßpolare in einen Unter- und einen Überschallteil. Eine genaue Analyse zeigt, dass hinter einem schiefen Stoß in Abhängigkeit von $\hat{\vartheta}$ Über- oder Unterschall herrschen kann.

Hinter dem Stoß muss jeweils eine der Größen gegeben sein. Die Lösung ist bei Vorgabe von $\hat{\vartheta}$ oder $\hat{v}$ mehrdeutig, dagegen bei Θ oder $\hat{u}$ eindeutig. Interessante Grenzfälle ergeben sich für die Stoßpolare für $u \to a^*$ und

$$u \to w_{max} = a^* \sqrt{(\varkappa + 1)/(\varkappa - 1)} = a_0 \sqrt{2/(\varkappa - 1)} \,.$$

Im ersten Fall zieht sich der geschlossene Teil der Stoßpolaren auf den Schallpunkt $\hat{u} \to a^*, \hat{v} \to 0$ zusammen, im zweiten Fall entsteht der Kreis

$$\left(\hat{u} - \frac{\varkappa a^*}{\sqrt{\varkappa^2 - 1}}\right)^2 + \hat{v}^2 = \frac{a^{*2}}{\varkappa^2 - 1}\,, \qquad (9\text{-}17)$$

in dessen Innern alle anderen Stoßpolaren liegen. Beide Grenzfälle sind wichtig, und zwar im ersten Fall für sogenannte schallnahe (transsonische) Strömungen, im zweiten Fall für Hyperschallströmungen.

9.2.7 Herzkurve

In den Anwendungen ist oft der Druck eine bevorzugte Größe, z. B. wenn eine Diskontinuitätsfläche in Form einer Wirbelschicht oder einer freien Strahlgrenze im Stromfeld auftritt. Dazu muss die Stoßpolare nicht nur in der $\hat{u}, \hat{v}$-Ebene, sondern auch in der $\hat{p}, \hat{\vartheta}$-Ebene verwendet werden. In der letzteren Ebene kommt die sog. Herzkurve [9]

$$\tan\hat{\vartheta} = \frac{\dfrac{\hat{p}}{p} - 1}{\varkappa M^2 - \left(\dfrac{\hat{p}}{p} - 1\right)} \times \sqrt{\frac{\dfrac{2\varkappa}{\varkappa + 1}(M^2 - 1) - \left(\dfrac{\hat{p}}{p} - 1\right)}{\dfrac{\hat{p}}{p} + \dfrac{\varkappa - 1}{\varkappa + 1}}}\,. \qquad (9\text{-}18)$$

Es handelt sich um eine der Busemann'schen Stoßpolaren ähnliche Kurve (Bild 9-12)

$$\frac{\hat{p}}{p} = F(\hat{\vartheta}, M)\,,$$

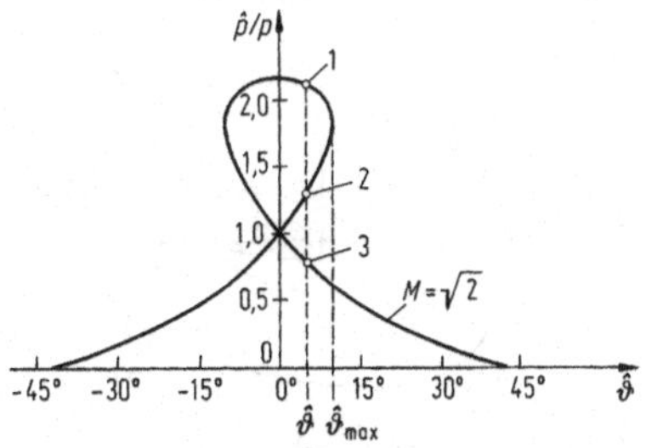

Bild 9-12. Herzkurve in der $\hat{p}, \hat{\vartheta}$-Ebene

wobei M als Kurvenparameter fungiert. Bei bekanntem $\hat{\vartheta}$ ergeben sich in der Regel die drei Lösungen (1), (2), (3). (1) ist die starke, (2) die schwache Lösung, (3) löst wie oben das inverse Problem.
An der Körperspitze tritt in der Regel die schwache Lösung (2) auf. Dies lässt sich anhand der Herzkurve plausibel machen [10]. Bild 9-12 entnimmt man für $\hat{\vartheta} > 0$: $(\partial\hat{p}/\partial\hat{\vartheta})_1 < 0$, und $(\partial\hat{p}/\partial\hat{\vartheta})_2 > 0$. Wir betrachten einen symmetrischen Keil ($\hat{\vartheta} < \hat{\vartheta}_{\max}$) in Überschallströmung. Drehen wir ihn um die Keilspitze um den kleinen Anstellwinkel $\varepsilon > 0$, so führt dies bei der starken Lösung (1) an der Keil*ober*seite zu einer Druck*ab*nahme und an der Keil*unter*seite zu einer Druck*zu*nahme. Dies würde zu einer Vergrößerung der ursprünglichen Drehung, d. h. zu einer Instabilität, führen. Der schwache Stoß (2) entspricht dagegen der stabilen Lösung, d. h., die vorgenommene Drehung würde rückgängig gemacht. Diese Eigenschaft weist auf eine Bevorzugung der schwachen Lösung an der Körperspitze hin. Da hinter der schwachen Lösung stets Überschall herrscht, liegt hier ein *lokales* Strömungsphänomen vor. Die starke Lösung führt dagegen in der Regel auf Unterschall. Hier können sich Störungen auch stromauf fortpflanzen. Das liefert eine *globale* Abhängigkeit der starken Lösung von Randbedingungen stromab, die häufig die starke Lösung erzwingen.
Mit der Busemann-Polaren und der Herzkurve können die in den Anwendungen auftretenden Stoßprobleme behandelt werden, z. B. die Stoßreflektion an der festen Wand sowie am Strahlrand und das Durchkreuzen zweier Stöße. Im letzteren Fall geht vom Kreuzungspunkt außer den reflektierten Stößen eine Diskontinuitätsfläche ab. Die Stetigkeit des Druckes über diese Fläche führt im Herzkurvendiagramm zur Neigung dieser Schicht und mit der Busemann-Polaren zu allen Zustandswerten.

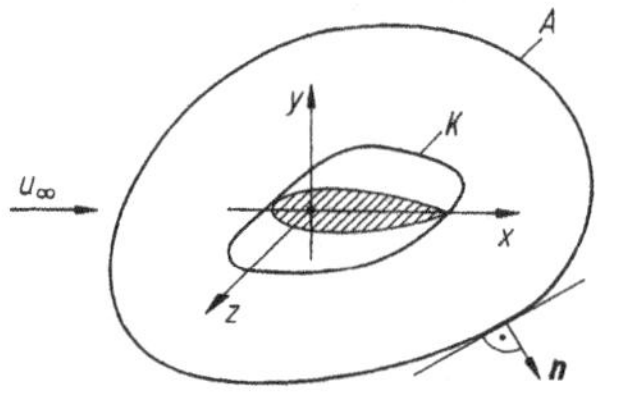

Bild 9-13. Kontrollfläche mit angeströmtem Körper für den Impulssatz

9.3 Kräfte auf umströmte Körper

Der Impulssatz (9-2) liefert für stationäre Strömungen ohne Massenkräfte (Bild 9-13)

$$\boldsymbol{F}_{\mathrm{K}} = -\int_A \varrho \boldsymbol{u}(\boldsymbol{w}\cdot\boldsymbol{n})\,\mathrm{d}A - \int_A p\boldsymbol{n}\,\mathrm{d}A\,. \tag{9-19}$$

$\boldsymbol{F}_{\mathrm{K}}$ ist hierin die dem Körper K insgesamt übertragene Kraft. Die Kontrollfläche A umschließt den Körper in hinreichendem Abstand, sodass *dort* die Reibung vernachlässigt werden kann. Bezüglich einer horizontalen Anströmung mit u_∞ gilt $F_{\mathrm{K},x} = F_{\mathrm{W}}$ Widerstand, $F_{\mathrm{K},y} = F_{\mathrm{A}}$ Auftrieb, $F_{\mathrm{K},z}$ Querkraft. Ist die Strömung generell reibungsfrei, so bestimmt sich $\boldsymbol{F}_{\mathrm{K}}$ allein durch das Druckintegral über die Körperoberfläche.
Gleichung (9-19) kann durch geeignete Wahl der Kontrollfläche A oft sehr vereinfacht werden. Wir nehmen z. B. die Parallelen zur y,z-Ebene in der Anströmung und weit hinter dem Körper $x = x_0 = \mathrm{const} \gg l$ (Bild 9-14)

$$F_{\mathrm{W}} = -\iint \left\{\varrho u^2 + p - \left(\varrho_\infty u_\infty^2 + p_\infty\right)\right\} \mathrm{d}y\,\mathrm{d}z|_{x=x_0} \tag{9-20a}$$

$$F_{\mathrm{A}} = -\iint (\varrho uv - \varrho_\infty u_\infty v_\infty)\mathrm{d}y\,\mathrm{d}z|_{x=x_0}\,, \tag{9-20b}$$

$$F_{\mathrm{K},z} = -\iint (\varrho uw - \varrho_\infty u_\infty w_\infty)\mathrm{d}y\,\mathrm{d}z|_{x=x_0}\,. \tag{9-20c}$$

Integriert wird hierin jetzt nur noch hinter dem Körper, in der so genannten Trefftz-Ebene.

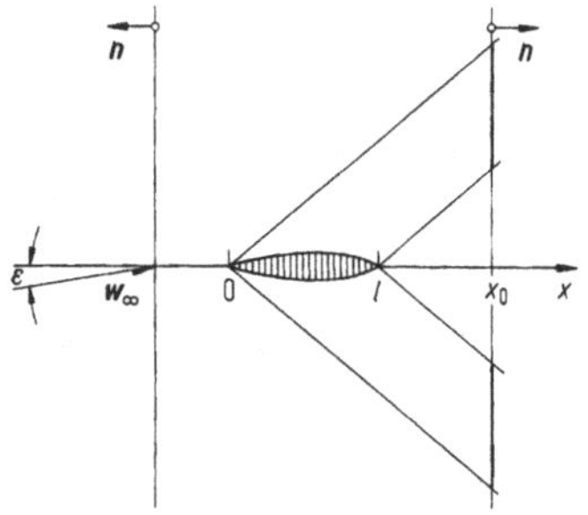

Bild 9-14. Spezielle Kontrollflächen vor und hinter dem Körper

Mit der Massenerhaltung im Zu- und Abstrom wird aus (9-20a)

$$F_\mathrm{W} = -\iint \{\varrho u(u-u_\infty) + p - p_\infty\}\mathrm{d}y\,\mathrm{d}z|_{x=x_0}\,. \tag{9-21}$$

Die Geschwindigkeits- und die Druckstörungen im Nachlauf des Körpers bestimmen den Widerstand. Dies kann zur Messung oder Berechnung desselben benutzt werden.

Entwickelt man den Integranden in (9-21) für kleine Abweichungen vom Anströmzustand: $u_\infty, v_\infty = w_\infty = 0, p_\infty, \varrho_\infty, T_\infty, s_\infty$ unter Benutzung des Energiesatzes, so erhält man den Widerstandssatz von Oswatitsch [11,12]:

$$F_\mathrm{W}u_\infty = \underline{\varrho_\infty u_\infty \iint \Big\{T_\infty(s-s_\infty)} + \frac{1}{2}\Big[-\left(1-M_\infty^2\right) \times (u-u_\infty)^2 + v^2 + w^2\Big]\Big\}\mathrm{d}y\,\mathrm{d}z\Big|_{x=x_0}\,. \tag{9-22}$$

Hierin sind von den Störungen jeweils die ersten – tragenden – Terme berücksichtigt ($M_\infty \gtrless 1$). Der unterstrichene Anteil liefert den Entropiestrom durch die Kontrollfläche. Abgesehen von den Geschwindigkeitsbeiträgen wird die erforderliche Schleppleistung des Körpers also durch diesen Entropiestrom bestimmt. Alle dissipativen – entropieerzeugenden – Effekte (Verdichtungsstöße, Reibung, Wärmeleitung usw.) liefern hier Beiträge. Im Unterschall beschreibt der Geschwindigkeitsanteil in (9-22) den induzierten Widerstand [12], im Überschall den Wellenwiderstand. In Schallnähe kommt anstelle von (9-22) die Darstellung ([13], S. 157)

$$F_\mathrm{W}a^* = \varrho^* a^* \iint \Big\{T^*(s-s^*) + \frac{1}{3}(\varkappa+1) \times \frac{(u-a^*)^3}{a^*} + \frac{1}{2}(v^2+w^2)\Big\}\mathrm{d}y\,\mathrm{d}z\Big|_{x=x_0}\,. \tag{9-23}$$

Im *linearen Überschall* ($s = s_\infty$) gilt im zweidimensionalen Fall (Bild 9-14) mit der Ackeret-Formel

$$F_\mathrm{W} = \frac{\varrho_\infty b}{2}\int\left[\left(M_\infty^2-1\right)(u-u_\infty)^2 + v^2\right]\mathrm{d}y\Big|_{x=x_0}$$

$$= \varrho_\infty b\int v^2\,\mathrm{d}y = \frac{2\varrho_\infty u_\infty^2 b}{\sqrt{M_\infty^2-1}}\int_0^1\left(\frac{\mathrm{d}h}{\mathrm{d}x}\right)^2\mathrm{d}x\Big|_{x=x_0}\,,$$

also für das Parabelzweieck (Dickenparameter $\tau = 2h_{\max}/l$) der Widerstandsbeiwert

$$c_\mathrm{W} = \frac{F_\mathrm{W}}{\frac{\varrho_\infty}{2}u_\infty^2 bl} = \frac{16}{3}\cdot\frac{\tau^2}{\sqrt{M_\infty^2-1}}\,. \tag{9-24}$$

Desselben folgt aus (9-20b) für die um $\varepsilon > 0$ angestellte Platte

$$F_\mathrm{A} = -b\int_{x=x_0}(\varrho u v - \varrho_\infty u_\infty v_\infty)\,\mathrm{d}y$$

$$= -\varrho_\infty b\int_{x=x_0} u_\infty(v-v_\infty)\,\mathrm{d}y = \varrho_\infty b\int_{x=x_0} u_\infty^2\varepsilon\,\mathrm{d}y$$

der Auftriebsbeiwert

$$c_\mathrm{A} = \frac{F_\mathrm{A}}{\frac{\varrho_\infty}{2}u_\infty^2 bl} = \frac{4\varepsilon}{\sqrt{M_\infty^2-1}}\,. \tag{9-25}$$

9.4 Stromfadentheorie

Für $p(x), \varrho(x)$ und $w(x)$ benutzen wir hier die Kontinuitätsbedingung (8-4), die Euler-Gleichung ohne Massenkräfte (8-5) sowie die Isentropie. Integration ergibt die Ausströmgeschwindigkeit bei Isentropie (Bild 9-15)

$$w_1 = \sqrt{2\int_{p_1}^{p_0}\frac{\mathrm{d}p}{\varrho}} = \sqrt{2\frac{\varkappa}{\varkappa-1}\cdot\frac{p_0}{\varrho_0}\left[1-\left(\frac{p_1}{p_0}\right)^{\frac{\varkappa-1}{\varkappa}}\right]}\,. \tag{9-26}$$

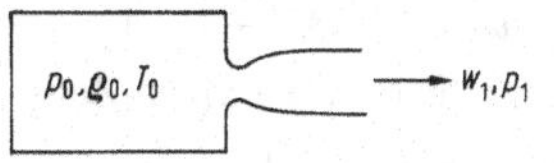

Bild 9-15. Ausströmen aus einem Kessel

Sie hängt maßgeblich vom Druckverhältnis p_1/p_0 ab und erreicht für $p_1/p_0 \to 0$ den Maximalwert

$$\begin{aligned} w_{1\,\max} &= \sqrt{2\frac{\varkappa}{\varkappa-1}\cdot\frac{p_0}{\varrho_0}} = \sqrt{\frac{2}{\varkappa-1}}\,a_0 \\ &= \sqrt{2\frac{\varkappa}{\varkappa-1}\cdot\frac{R}{M_i}T_0} \\ &= \sqrt{2\frac{\varkappa}{\varkappa-1}R_iT_0} = \sqrt{2c_pT_0} \\ &= 750\,\text{m/s für Luft unter Normalbedingungen.} \end{aligned} \tag{9-27}$$

Die Existenz einer maximalen Ausströmgeschwindigkeit ist eine typische Eigenschaft kompressibler Medien. Gleichung (9-27) zeigt dieselben charakteristischen Abhängigkeiten wie die Schallgeschwindigkeit (9-8): $w_{1\,\max} \sim \sqrt{T_0}$, $w_{1\,\max} \sim 1/\sqrt{M_i}$ und damit Möglichkeiten der Veränderung dieser Maximalgeschwindigkeit.

9.4.1 Lavaldüse

Die Euler-Gleichung liefert für isentrope Strömung mit der Schallgeschwindigkeit (9-8) sowie der Mach-Zahl (9-9)

$$\frac{1}{\varrho}\cdot\frac{\mathrm{d}\varrho}{\mathrm{d}x} = -M^2\frac{1}{w}\cdot\frac{\mathrm{d}w}{\mathrm{d}x}. \tag{9-28}$$

Die relative Dichteänderung ist damit der relativen Geschwindigkeitsänderung längs des Stromfadens proportional. Der Proportionalitätsfaktor M^2 bestimmt das gegenseitige Größenverhältnis.

Für inkompressible Strömung, $M^2 \ll 1$, überwiegt die Änderung der Geschwindigkeit die der Zustandsgrößen ϱ, p, T bei weitem. Im Hyperschall, $M^2 \gg 1$, ist es umgekehrt. In Schallnähe, $M \approx 1$, sind alle Änderungen von gleicher Größenordnung.

Berücksichtigen wir in (9-28) die Kontinuität mit dem Stromfadenquerschnitt $A(x)$, so wird

$$\frac{1}{w}\cdot\frac{\mathrm{d}w}{\mathrm{d}x} = \frac{1}{M^2-1}\cdot\frac{1}{A}\cdot\frac{\mathrm{d}A}{\mathrm{d}x}$$

oder umgeschrieben auf die Mach-Zahl

$$\frac{1}{M}\cdot\frac{\mathrm{d}M}{\mathrm{d}x} = \frac{1+\frac{\varkappa-1}{2}M^2}{M^2-1}\cdot\frac{1}{A}\cdot\frac{\mathrm{d}A}{\mathrm{d}x}. \tag{9-29}$$

Für beschleunigte Strömung $\frac{\mathrm{d}M}{\mathrm{d}x} > 0$ verlangt dies

für $M < 1$ $\frac{\mathrm{d}A}{\mathrm{d}x} < 0$, für $M = 1$ $\frac{\mathrm{d}A}{\mathrm{d}x} = 0$ und für $M > 1$ $\frac{\mathrm{d}A}{\mathrm{d}x} > 0$.

Diese gewöhnliche Differenzialgleichung lässt sich geschlossen integrieren:

$$\begin{aligned} \frac{A}{A^*} &= \frac{1}{M}\left[1+\frac{\varkappa-1}{\varkappa+1}(M^2-1)\right]^{\frac{\varkappa+1}{2(\varkappa-1)}} \\ &= \frac{1}{M^*\left[1-\frac{\varkappa-1}{2}(M^{*2}-1)\right]^{\frac{1}{\varkappa-1}}}, \end{aligned} \tag{9-30}$$

mit A^* als kritischem (engsten) Querschnitt bei $M = 1$ und $M^* = w/a^*$ als kritischer Mach-Zahl. Eine Übersicht über alle möglichen Düsenströmungen in Abhängigkeit vom jeweiligen Gegendruck erhält man aus einer Richtungsfelddiskussion von (9-29). Eine Beschleunigung der Strömung, $\mathrm{d}M/\mathrm{d}x > 0$, erfordert im Unterschall eine Querschnittsverengung ($\mathrm{d}A/\mathrm{d}x < 0$) und im Überschall eine Erweiterung ($\mathrm{d}A/\mathrm{d}x > 0$). Schallgeschwindigkeit ($M = 1$) ist nur am engsten Querschnitt ($\mathrm{d}A/\mathrm{d}x = 0$) möglich. Diese ideale Lavaldüse lässt sich nur bei einem ganz bestimmten Druck am Düsenende realisieren (Bild 9-16).

Alle Kurven gehen durch den linken Eckpunkt, der dem Kesselzustand entspricht. Wir senken den Ge-

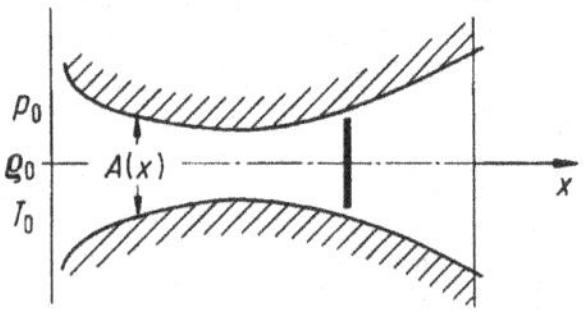

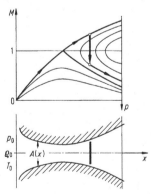

Bild 9-16. Machzahlverlauf in der Lavaldüse bei verschiedenen Gegendrücken

gendruck kontinuierlich ab und erhalten der Reihe nach reine Unterschallströmungen, bis die Schallgeschwindigkeit am engsten Querschnitt erreicht, aber nicht überschritten wird.

Eine weitere Druckabsenkung macht zunächst einen senkrechten Stoß – von Überschall auf Unterschall – erforderlich, dann sogar einen schiefen Stoß, bis wir den zur idealen Lavaldüse passenden Druck erreichen. Wird der Druck noch weiter abgesenkt, kommt es anschließend zu einer Expansion am Düsenende, die im Extremfall bis zur Maximalgeschwindigkeit (9-27) führt.

Die quantitative Ermittlung einer Lavaldüsenströmung benutzt neben (9-30) die aus dem Energiesatz und der Isentropie folgenden Beziehungen (Bild 9-17):

$$\frac{T}{T_0} = \frac{1}{1 + \frac{\varkappa - 1}{2} M^2} = 1 - \frac{\varkappa - 1}{\varkappa + 1} M^{*2},$$

$$\frac{\varrho}{\varrho_0} = \frac{1}{\left(1 + \frac{\varkappa - 1}{2} M^2\right)^{\frac{1}{\varkappa - 1}}}, \tag{9-31}$$

$$\frac{p}{p_0} = \frac{1}{\left(1 + \frac{\varkappa - 1}{2} M^2\right)^{\frac{\varkappa}{\varkappa - 1}}}.$$

Dadurch ergeben sich insbesondere die Proportionalitäten zwischen kritischen Größen und Ruhewerten (Zahlenwerte für Luft)

$$\left(\frac{a^*}{a_0}\right)^2 = \frac{T^*}{T_0} = \frac{2}{\varkappa + 1} = 0{,}833,$$

$$\frac{\varrho^*}{\varrho_0} = \left(\frac{2}{\varkappa + 1}\right)^{\frac{1}{\varkappa - 1}} = 0{,}634, \tag{9-32}$$

$$\frac{p^*}{p_0} = \left(\frac{2}{\varkappa + 1}\right)^{\frac{\varkappa}{\varkappa - 1}} = 0{,}528.$$

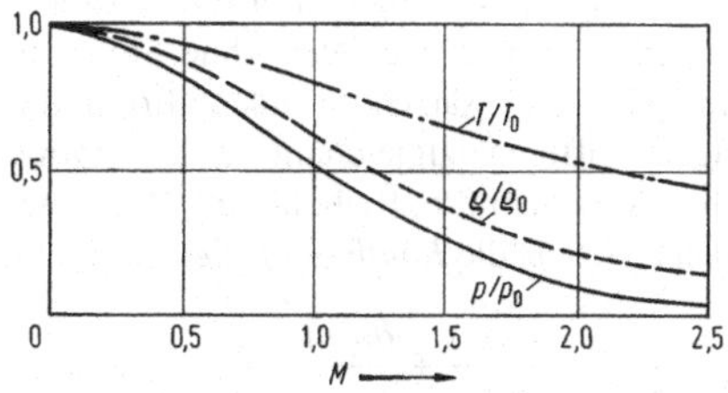

Bild 9-17. T, ϱ, p als Funktion der Mach-Zahl

Schreibt man (9-30) mit (31) als Funktion von p, so wird

$$\frac{\varrho^* a^*}{\varrho w} = \frac{A}{A^*} = \frac{\sqrt{\frac{\varkappa - 1}{\varkappa + 1}}}{\left(\frac{p}{p^*}\right)^{\frac{1}{\varkappa}} \sqrt{1 - \frac{2}{\varkappa + 1}\left(\frac{p}{p^*}\right)^{\frac{\varkappa - 1}{\varkappa}}}} = \frac{\left(\frac{2}{\varkappa + 1}\right)^{\frac{\varkappa}{\varkappa - 1}} \sqrt{\frac{\varkappa - 1}{\varkappa + 1}}}{\left(\frac{p}{p_0}\right)^{\frac{1}{\varkappa}} \sqrt{1 - \left(\frac{p}{p_0}\right)^{\frac{\varkappa - 1}{\varkappa}}}} \tag{9-33}$$

Mit den Gleichungen (11) kann ein senkrechter Verdichtungsstoß eingearbeitet werden.

Beispiel: Gegeben sind bei einer Lavaldüse die Stoß-Mach-Zahl $M_S = 2$ und das Flächenverhältnis $A_1/A^* = 3$. Erfragt ist das erforderliche Druckverhältnis p_1/p_0 und A_S/A^*, d. h. die Stoßlage (Bild 9-18).

Aus (9-30) folgt mit $M_S = 2, A_S/A^* = 1{,}686$ und damit die Stoßlage. Weiter kommt aus (9-14) $A^*/\hat{A}^* = \hat{\varrho}_0/\varrho_0 <= \hat{p}_0/p_0 = 0{,}721$ und damit $p^*/\hat{p}^* = 1{,}387$. (9-33) wird hinter dem Stoß umgeformt zu

$$\frac{A_1}{A^*} \cdot \frac{A^*}{\hat{A}^*} = \frac{\sqrt{\frac{\varkappa - 1}{\varkappa + 1}}}{\left(\frac{p_1}{p^*} \cdot \frac{p^*}{\hat{p}^*}\right)^{\frac{1}{\varkappa}} \sqrt{1 - \frac{2}{\varkappa + 1}\left(\frac{p_1}{p^*} \cdot \frac{p^*}{\hat{p}^*}\right)^{\frac{\varkappa - 1}{\varkappa}}}}.$$

Mit $A_1/A^* = 3$ und den soeben berechneten Werten $A^*/\hat{A}^* = 0{,}721$ und $p^*/\hat{A}^* = 1{,}387$ folgt $p_1/p^* = 1{,}28$, d. h., $p_1/p_0 = p_1/p^* \cdot p^*/p_0 = 1{,}28 \times 0{,}528 = 0{,}68$. Da $p_1/p_0 = 0{,}68 > p^*/p_0 = 0{,}528$, entsteht die Frage, wie diese Strömung zustande kommt (Anlaufen!). Am einfachsten denkt man sich am Düsenende den Druck abgesenkt, bis kritische Zustände eintreten. Sodann wird p_1/p_0 quasistationär auf 0,68 angehoben, und die oben betrachtete Strömung stellt sich

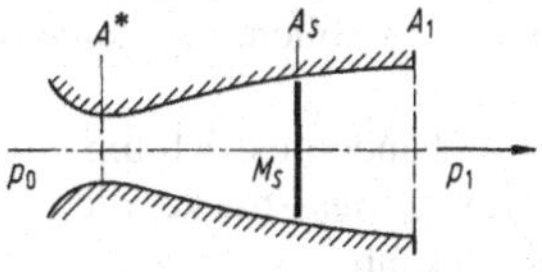

Bild 9-18. Beispiel einer Lavaldüsenrechnung

ein. In der Praxis handelt es sich beim Starten um einen komplizierten instationären Vorgang, bei dem Wellen stromauf und stromab laufen, bis der stationäre Endzustand erreicht ist.

Oft treten bei technischen Anwendungen mehrere Einschnürungen in der Düse auf. Der Fall von zwei engsten (A_1, A_3) und einem weitesten Querschnitt (A_2) enthält alles Wesentliche. Ist $A_1 = A_3$ (Bild 9-19), so herrschen in 1 und 3 gleichzeitig kritische Verhältnisse. Dort liegt jeweils ein Sattelpunkt der Integralkurven vor, während es sich bei 2 um einen Wirbelpunkt handelt. Das entnimmt man der aus (9-29) folgenden Beziehung in den singulären Punkten

$$\frac{\mathrm{d}M}{\mathrm{d}x} = \pm\sqrt{\frac{\varkappa+1}{4}\cdot\frac{1}{A^*}\cdot\left(\frac{\mathrm{d}^2A}{\mathrm{d}x^2}\right)^*}\,.$$

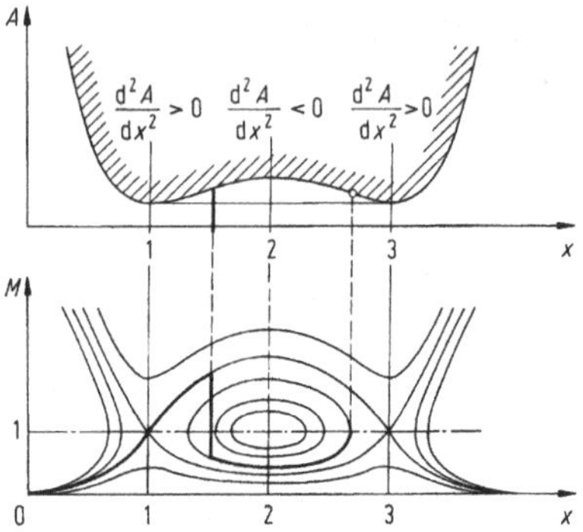

Bild 9-19. Lavaldüse mit zwei Einschnürungen $A_1 = A_3$

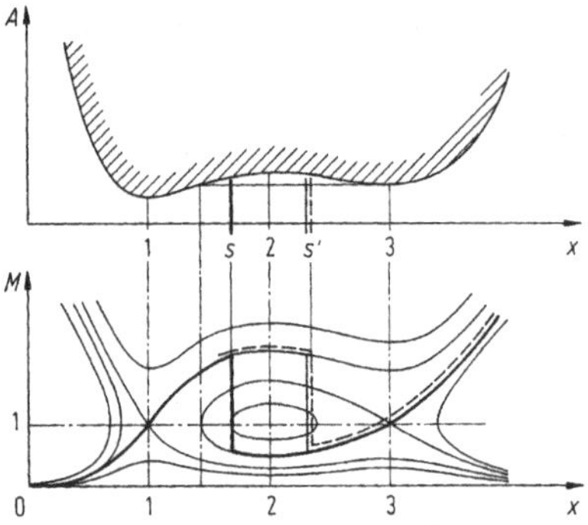

Bild 9-20. Lavaldüse mit zwei Einschnürungen $A_1 < A_3$, s, s' Stoßlösungen

Ein Verdichtungsstoß zwischen 1 und 3 ist nicht möglich. Die Strömung würde sonst bereits vor dem zweiten engsten Querschnitt 3 auf Schall führen (Blockierung!). Die Abnahme der Ruhegrößen (9-14) und damit der kritischen Werte (9-32) reduziert den Massenstrom. Der Querschnitt 3 ist zu gering, um die Kontinuität zu gewährleisten.

Falls $A_1 < A_3$ (Bild 9-20), so liegt das Modell eines Überschallkanales vor. Die Integralkurve mit Schalldurchgang in 1 führt auf Überschall in der Messstrecke, 3 eingeschlossen. Ein Stoß zwischen 1 und 3 ist möglich, wenn der Verstelldiffusor in 3 gerade um so viel geöffnet wird, wie die Abnahme der Ruhegrößen vorschreibt. Mit der Stoß-Mach-Zahl M_S und der durch (9-14) gegebenen Funktion $f(M)$ gilt

$$\frac{A_1}{A_3} = \frac{\hat{\varrho}^*\hat{a}^*}{\varrho^* a^*} = \frac{\hat{\varrho}_0}{\varrho_0} = \frac{\hat{p}_0}{p_0} = f(M_S)\,.$$

Beispiel. Wie weit muss bei den Daten des obigen Beispiels der Verstelldiffusor (**3** in Bild 9-20) geöffnet werden, um dort mindestens auf kritische Verhältnisse zu führen? $A_3/A_1 \geqq \hat{A}^*/A^* = 1{,}387$.

Im Prinzip sind zwei Stoßlösungen s, s' möglich, s entspricht einem stabilen, s' einem instabilen Zustand.

Im Fall $A_1 > A_3$ handelt es sich um eine mit Unterschall durchströmte Messstrecke, die frühestens in **3** auf Schall führen kann.

Liegen mehrere engste Querschnitte vor, so schreibt der absolut kleinste das Auftreten kritischer Werte vor. Ob im weiteren Verlauf Stöße möglich sind, hängt vom Öffnungsverhältnis der engsten Querschnitte ab.

9.5 Zweidimensionale Strömungen

Unter der Voraussetzung differenziierbarer Strömungsgrößen, d. h. in Gebieten ohne Stöße, folgen aus den Erhaltungssätzen in Integralform die zugehörigen Differenzialgleichungen. Im stationären Fall ohne Massenkräfte, Reibung und Wärmeleitung kommen aus (9-1) die *Kontinuitätsgleichung*

$$\frac{\partial(\varrho u)}{\partial x} + \frac{\partial(\varrho v)}{\partial y} = 0\,, \tag{9-34}$$

aus (9-2), (9-2a) die *Euler-Gleichungen*

$$u\frac{\partial u}{\partial x} + v\frac{\partial u}{\partial y} = -\frac{1}{\varrho}\cdot\frac{\partial p}{\partial x}, \qquad (9\text{-}35a)$$

$$u\frac{\partial v}{\partial x} + v\frac{\partial v}{\partial y} = -\frac{1}{\varrho}\cdot\frac{\partial p}{\partial y}, \qquad (9\text{-}35b)$$

und aus (3), (3a) die Aussage, dass die *Entropie längs Stromlinien konstant* ist. Elimination von p und ϱ führt zur *gasdynamischen Grundgleichung*

$$\left(1-\frac{u^2}{a^2}\right)\frac{\partial u}{\partial x} + \left(1-\frac{v^2}{a^2}\right)\frac{\partial v}{\partial y} - \frac{uv}{a^2}\left(\frac{\partial u}{\partial y}+\frac{\partial v}{\partial x}\right) = 0. \qquad (9\text{-}36)$$

Diese Gleichung gilt auch dann, wenn die Entropie von Stromlinie zu Stromlinie variiert, was z. B. bei Hyperschallströmungen hinter stark gekrümmten Kopfwellen der Fall ist. Schließen wir dies im Augenblick aus, d. h. setzen wir Isentropie voraus, so gilt die Wirbelfreiheit (8-29). Mit dem Geschwindigkeitspotenzial Φ wird wegen $u = \partial\Phi/\partial x, v = \partial\Phi/\partial y$ aus (9-36)

$$\left(1-\frac{\Phi_x^2}{a^2}\right)\Phi_{xx} + \left(1-\frac{\Phi_y^2}{a^2}\right)\Phi_{yy} - 2\frac{\Phi_x\Phi_y}{a^2}\Phi_{xy} = 0, \qquad (9\text{-}37a)$$

$$a^2 = a_\infty^2 + \frac{\varkappa-1}{2}\left[w_\infty^2 - \left(\Phi_x^2+\Phi_y^2\right)\right]. \qquad (9\text{-}37b)$$

Der Index ∞ bezeichnet den Anströmzustand. Gleichung (9-37a,b) ist eine quasilineare partielle Differenzialgleichung 2. Ordnung. Der Typ hängt von der jeweiligen Lösung ab. Er ist für

$$w = \sqrt{\Phi_x^2+\Phi_y^2}\begin{cases} < a \text{ elliptisch (Unterschall)}, & (38a)\\ = a \text{ parabolisch (Schall)}, & (38b)\\ > a \text{ hyperbolisch (Überschall)}. & (38c)\end{cases}$$

Die Charakteristiken im Fall (38c) heißen Mach'sche Linien und begrenzen den Einflussbereich kleiner Störungen im Stromfeld.

9.5.1 Kleine Störungen, $M_\infty \lesseqgtr 1$

Verursacht ein Körper nur eine geringe Abweichung der wenig angestellten Parallelströmung ($u_\infty, v_\infty \approx \varepsilon u_\infty$), so machen wir den Störansatz

$$\boldsymbol{\Phi}(x,y) = \underbrace{u_\infty[x+\varphi(x,y)]}_{\text{I}} + \underbrace{u_\infty[\varepsilon y + \overline{\varphi}(x,y)]}_{\text{II}} \qquad (9\text{-}39)$$

I beschreibt hierin den nichtangestellten Fall, d. h. den Dickeneinfluss, II dagegen den Anstellungseffekt. Trägt man (9-39) in (9-37a,b) ein und linearisiert bezüglich Dicke und Anstellung, so erhält man die für φ und $\overline{\varphi}$ gültige lineare Differenzialgleichung

$$\left(1-M_\infty^2\right)\varphi_{xx} + \varphi_{yy} = 0. \qquad (9\text{-}40a)$$

Die Randbedingung der tangentialen Strömung z. B. am schlanken nichtangestellten Körper (Dicke τ, Profilklasse $q(x)$) ist (Bild 9-21)

$$\frac{v(x,0)}{u_\infty} = \varphi_y(x,0) = \frac{\mathrm{d}h}{\mathrm{d}x} = \tau\frac{\mathrm{d}q}{\mathrm{d}x}. \qquad (9\text{-}40b)$$

Die Charakteristiken (Mach'sche Linien) für (9-40a) lauten

$$\xi = x - \sqrt{M_\infty^2-1}\,y = \text{const},$$

$$\eta = x + \sqrt{M_\infty^2-1}\,y = \text{const}.$$

Die allgemeine – sog. d'Alembert'sche – Lösung ist

$$\varphi = F_1\left(x-\sqrt{M_\infty^2-1}\,y\right) + F_2\left(x+\sqrt{M_\infty^2-1}\,y\right).$$

Da für $M_\infty > 1$ die Strömung an der Profiloberseite unabhängig ist von der an der Unterseite, gilt die *Ackeret-Formel* [14]

$$\frac{u-u_\infty}{u_\infty} = \mp\frac{\frac{v}{u_\infty}}{\sqrt{M_\infty^2-1}}\begin{cases} y>0\\ y<0\end{cases}. \qquad (9\text{-}41)$$

Bei Anstellung tritt rechts die Differenz $v - v_\infty$ auf. In jedem Fall hängt die u-Störung in einem Punkt eines Überschallfeldes nur vom *lokalen* Strömungswinkel ab. Für $M_\infty < 1$ liegt dagegen stets eine *glo-*

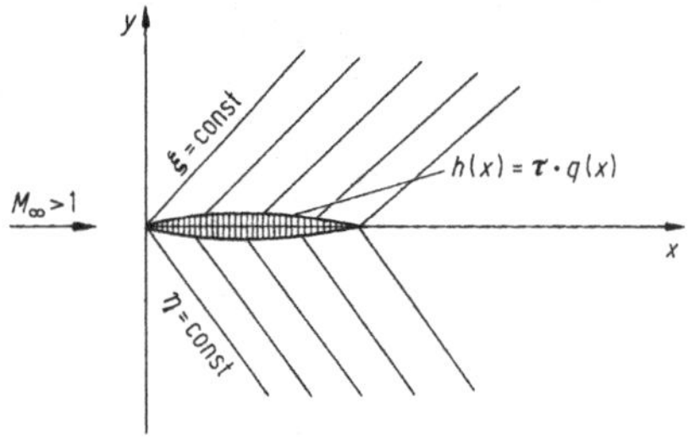

Bild 9-21. Mach'sche Linien bei der Überschallumströmung eines schlanken Profiles

bale Abhängigkeit vor (Kapitel 8). Bei einer Ablenkung in die Anströmung ($\vartheta > 0$) liefert (9-41) eine Untergeschwindigkeit (Eckenkompression), bei $\vartheta < 0$ eine Übergeschwindigkeit (Eckenexpansion). Für den Druck führt die Linearisierung der Bernoulli-Gleichung zu

$$C_p = \frac{p - p_\infty}{\frac{\varrho_\infty}{2} u_\infty^2} = -2\,\frac{u - u_\infty}{u_\infty}\,. \tag{9-42}$$

Die Untergeschwindigkeit an der Profilvorderseite gibt damit einen Überdruck, die Übergeschwindigkeit auf der Rückseite einen Sog. Beides liefert eine Kraft in Strömungsrichtung, den sog. Wellenwiderstand (siehe z. B. (9-24)). Mit den Definitionen (9-24) und (9-25) für Auftriebs- und Widerstandsbeiwerte ergeben sich die drei elementaren Effekte (Dicke, Anstellung und Wölbung), die für das Verständnis der wirkenden Kräfte wichtig sind.

Durch lineare Überlagerung dieser drei Effekte, gegebenenfalls bei komplizierten Dicken- und Wölbungsverteilungen, lassen sich allgemeinere Umströmungsprobleme erfassen. Die in

$$c_\mathrm{A} \sim \varepsilon\,, \quad c_\mathrm{A} \sim f\,, \quad c_\mathrm{A} \sim 1/\sqrt{|1 - M_\infty^2|}\,,$$
$$c_\mathrm{W} \sim \tau^2\,, \ c_\mathrm{W} \sim \varepsilon^2\,, c_\mathrm{W} \sim f^2\,, c_\mathrm{W} \sim 1/\sqrt{M_\infty^2 - 1} \tag{9-43}$$

enthaltenen Ähnlichkeitsaussagen gelten im Rahmen der Linearisierung allgemein und entsprechen der Prandtl-Glauert'schen Regel. Bei komplizierten Profilen ändern sich die Werte der Koeffizienten, die Abhängigkeiten von den Parametern $\tau, \varepsilon, M_\infty$ bleiben unverändert. Man kann damit leicht innerhalb einer Profilklasse Geschwindigkeits- und Druckverteilungen sowie $c_\mathrm{A}, c_\mathrm{W}$ bei Änderung von $\tau, \varepsilon, f, M_\infty$ ermitteln.

9.5.2 Transformation auf Charakteristiken

Die gasdynamische Grundgleichung (9-36) und die Wirbelfreiheit (8-29) nehmen eine besonders einfache Form an, wenn man anstelle von x, y die charakteristischen Koordinaten ξ, η verwendet und von u, v auf w, ϑ übergeht. $\xi = \text{const}, \eta = \text{const}$ beschreiben die links- bzw. rechtsläufige Mach'sche Linie, die mit der Stromlinie den Mach'schen Winkel $\alpha (\sin\alpha = 1/M)$ einschließt (Bild 9-22). Es gelten auf den Charakteristiken:

$$\frac{\partial\vartheta}{\partial\xi} + \frac{\sqrt{M^2 - 1}}{w} \cdot \frac{\partial w}{\partial\xi} = 0 \quad \text{auf} \quad \eta = \text{const}\,,$$
$$\frac{\mathrm{d}y}{\mathrm{d}x} = \tan(\vartheta - \alpha)\,, \tag{9-44a}$$

		*Dicken*effekt Parabelzweieck $\tau \neq 0$	*Anstellungs*effekt angestellte Platte $\varepsilon \neq 0$	*Wölbungs*effekt gewölbte Platte $f \neq 0$
$M_\infty < 1$	c_A	0	$2\pi\dfrac{\varepsilon}{\sqrt{1 - M_\infty^2}}$	$4\pi\dfrac{f}{\sqrt{1 - M_\infty^2}}$
	c_W	0	0	0
$M_\infty > 1$	c_A	0	$4\dfrac{\varepsilon}{\sqrt{M_\infty^2 - 1}}$	0
	c_W	$\dfrac{16}{3} \cdot \dfrac{\tau^2}{\sqrt{M_\infty^2 - 1}}$	$4\dfrac{\varepsilon^2}{\sqrt{M_\infty^2 - 1}}$	$\dfrac{64}{3} \cdot \dfrac{f^2}{\sqrt{M_\infty^2 - 1}}$
		$h(x) = 2\tau x(1 - x)$		$h(x) = 4fx(1 - x)$

$$\frac{\partial\vartheta}{\partial\eta} - \frac{\sqrt{M^2-1}}{w}\cdot\frac{\partial w}{\partial\eta} = 0 \quad \text{auf} \quad \xi = \text{const}\,,$$

$$\frac{\mathrm{d}y}{\mathrm{d}x} = \tan(\vartheta + \alpha)\,, \tag{9-44b}$$

oder in Differenzialform zusammengefasst:

$$\mathrm{d}\vartheta \pm \sqrt{M^2-1}\,\frac{\mathrm{d}w}{w} = 0. \tag{9-44}$$

Längs der Mach'schen Linien sind damit die Änderungen von Strömungswinkel ϑ und Geschwindigkeit w einander proportional. Bei kleinen Störungen (Linearisierung) kommt man zur Ackeret-Formel (9-41) zurück:

$$\mathrm{d}\vartheta \pm \sqrt{M^2-1}\,\frac{\mathrm{d}w}{w} \approx \Delta\vartheta \pm \sqrt{M_\infty^2-1}\,\frac{\Delta w}{w} \approx \frac{v}{u_\infty} \pm \sqrt{M_\infty^2-1}\,\frac{u-u_\infty}{u_\infty} = 0\,.$$

Entscheidend ist, dass in jeder Gleichung (45a,b) nur noch Ableitungen nach einer unabhängigen Variablen ξ oder η auftreten. Dies gestattet eine allgemeine Integration in der Hodografenebene. Mit der Normierung $M = 1, \vartheta = \vartheta^*$ wird

$$\vartheta - \vartheta^* = \mp\left\{\sqrt{\frac{\varkappa+1}{\varkappa-1}}\arctan\sqrt{\frac{\varkappa-1}{\varkappa+1}(M^2-1)} - \arctan\sqrt{M^2-1}\right\}, \tag{45}$$

$$= \mp\frac{2}{3}\frac{(M^2-1)^{3/2}}{\varkappa+1} + \ldots, \quad (M \approx 1)\,. \tag{9-45a}$$

Es handelt sich um eine Epizykloide zwischen dem Schallkreis $w = a^*$ und dem mit der Maximalgeschwindigkeit (9-27)

$$w = w_{\max} = \sqrt{(\varkappa+1)/(\varkappa-1)}\,a^*\,.$$

In Schallnähe ($M \approx 1$) tritt eine Spitze auf (9-45a). Im Hyperschall ($M_\infty^2, M^2 \gg 1$) gilt mit der Normierung $M = M_\infty, \vartheta = \vartheta_\infty$:

$$\vartheta - \vartheta_\infty = \mp\frac{2}{\varkappa-1}\left(\frac{1}{M_\infty} - \frac{1}{M}\right) + \ldots \tag{9-46a}$$

Die Epizykloide läuft tangential in $w = w_{\max}$ ein. Aus (45) ergibt sich der maximale Umlenkwinkel $\vartheta_{\max}$ bei Expansion eines Schallparallelstrahles ins Vakuum ($M \to \infty$):

$$\vartheta_{\max} - \vartheta^* = \mp\frac{\pi}{2}\left(\sqrt{\frac{\varkappa+1}{\varkappa-1}} - 1\right) = \mp\begin{cases} 90^\circ & \varkappa = 5/3 = 1{,}66 \\ 130{,}5^\circ, & \varkappa = 7/5 = 1{,}40 \\ 148{,}1^\circ, & \varkappa = 4/3 = 1{,}33\,. \end{cases} \tag{9-46}$$

Durch Drehung um den Ursprung entsteht das Epizykloidendiagramm (Bild 9-23), das zusammen mit dem Busemann'schen Stoßpolarendiagramm (Bild 9-11) zur Berechnung von Überschallströmungsfeldern benutzt wird. Im Ausgangspunkt stimmen Epizykloide und Stoßpolaren in Tangente und Krümmung überein [15], d. h., schwache Stöße verlaufen näherungsweise isentrop. Siehe hierzu die frühere Anmerkung über die RH-Kurve und die Isentrope (Bild 9-3). Die Tangente an die Epizykloide und die Stoßpolare wird durch die Ackeret-Formel (9-41) gegeben.

Die Integration von (45a,b) ist in der Hodografenebene allgemein durchgeführt. Wichtig ist die Übertragung in die Strömungsebene und gegebenenfalls die Einarbeitung von Verdichtungsstößen. Dies erfolgt meistens auf numerischem Wege durch Differenzenapproximation der Charakteristikengleichungen.

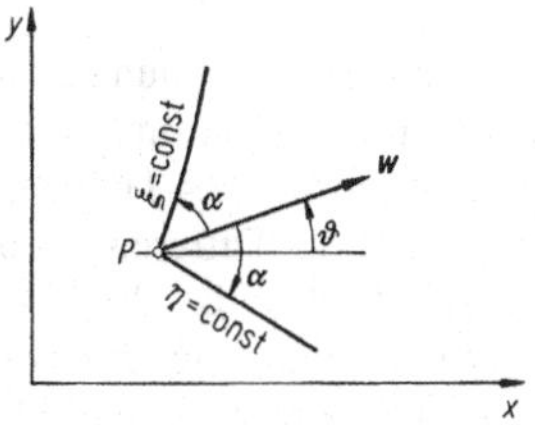

Bild 9-22. Mach'sche Linien ξ = const und η = const durch P

9.5.3 Prandtl-Meyer-Expansion [16, 17]

Für die zentrierte Eckenexpansion eines Schallparallelstrahles (Bild 9-24) ist auch in der Strömungsebene eine explizite Lösung möglich. Auf allen Strahlen

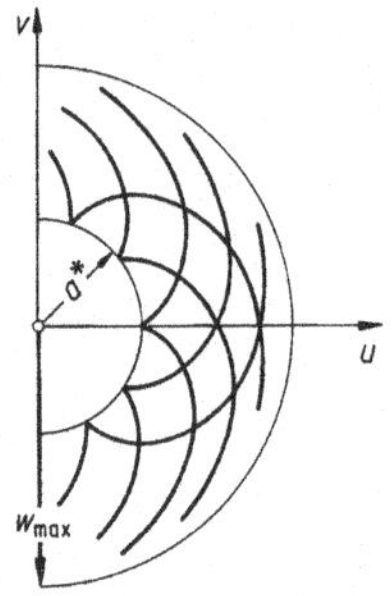

Bild 9-23. Epizykloiden in der Hodografenebene

durch die Ecke sind die Strömungsgrößen konstant, d. h., sie sind nur von φ abhängig. Für die Radial- (w_r) und die Umfangskomponente w_φ der Geschwindigkeit gilt [18]

$$w_r = w_{max} \sin \sqrt{\frac{\varkappa - 1}{\varkappa + 1}}\varphi ,$$

$$w_\varphi = a = a^* \cos \sqrt{\frac{\varkappa - 1}{\varkappa + 1}}\varphi . \qquad (9\text{-}47)$$

Bei der Expansion

$$0 \leqq \varphi \leqq \varphi_{max} = \sqrt{(\varkappa + 1)/(\varkappa - 1)} \cdot \pi/2$$

wächst w_r von 0 auf w_{max} an, während w_φ von $a = a^*$ auf 0 abfällt. Der Grenzwinkel φ_{max} entspricht (46). Für die Stromlinie durch den Punkt $\varphi = 0, r = r_0$ gilt

$$r = \frac{r_0}{\left(\cos \sqrt{\frac{\varkappa - 1}{\varkappa + 1}}\varphi\right)^{\frac{\varkappa + 1}{\varkappa - 1}}} .$$

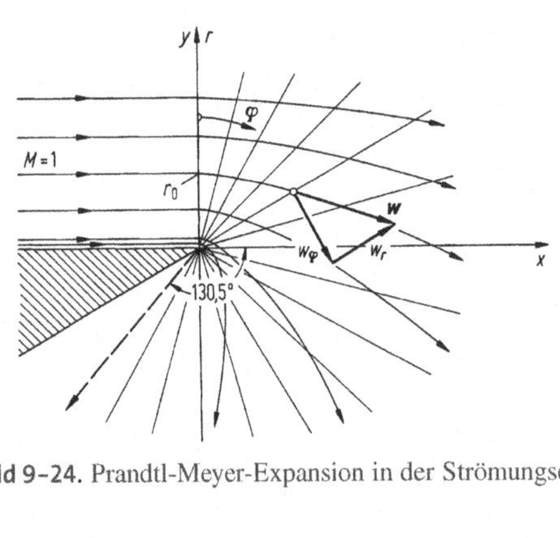

Bild 9-24. Prandtl-Meyer-Expansion in der Strömungsebene

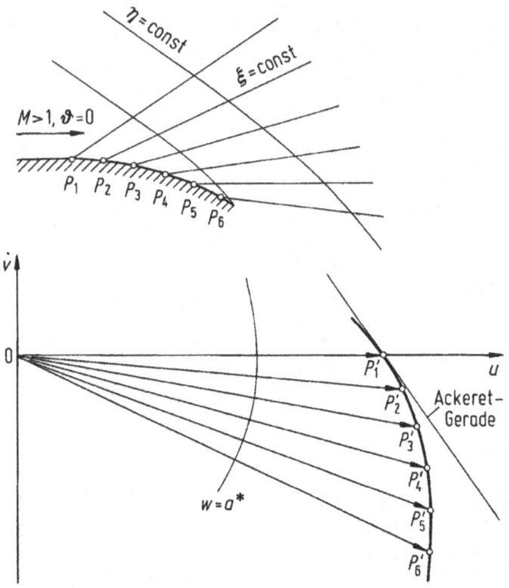

Bild 9-25. Überschallexpansion in der Strömungsebene und im Hodografen

Für $\varphi \to \varphi_{max}$ geht $r \to \infty$. Der ganzen Strömungsebene entspricht im Hodografen der Epizykloidenast von

$$M = M^* = 1 \quad \text{bis} \quad M^*_{max} = \sqrt{(\varkappa + 1)/(\varkappa - 1)}$$

bei der Umlenkung (9-46). Die Abbildung entartet also. Bei der Expansion eines Überschallparallelstrahles ($M_1 > 1, \vartheta_1 = 0$) längs einer gekrümmten Wandkontur (Bild 9-25) ist die Darstellung analog. Die (ξ = const)-Charakteristiken sind geradlinig, da die Expansion an ein Gebiet konstanten Zustandes anschließt, sog. einfache Welle. Die (η = const)-Kurven sind zur Wand gekrümmt. Im Hodografen entspricht der Expansion das Stück auf der Epizykloide von $P'_1 \to P'_6$.

9.5.4 Düsenströmungen

Mit den Charakteristikengleichungen (45a,b) kann man das zweidimensionale Strömungsfeld im Überschallteil von Lavaldüsen (9.4.1) berechnen. Dazu schreibt man (45a,b) in Differenzenapproximation und diskretisiert gleichzeitig die Anfangs- oder Randvorgaben. Sind w und ϑ auf der *Anfangskurve A* bekannt, z. B. in den Punkten P und Q (Bild 9-26), so kann man im jeweiligen Schnittpunkt der Charakteristikenrichtungen, z. B. R, w_R und ϑ_R, aus dem aus (45a,b) folgenden linearen Gleichungssystem bestimmen:

$$\vartheta_R - \vartheta_P - \sqrt{M_P^2 - 1}\,\frac{w_R - w_P}{w_P} = 0\,, \qquad \zeta = \text{const}\,. \tag{9-48a}$$

$$\vartheta_R - \vartheta_Q + \sqrt{M_Q^2 - 1}\,\frac{w_R - w_Q}{w_Q} = 0\,, \qquad \zeta = \text{const}\,. \tag{9-48b}$$

Durch wiederholte Anwendung derselben Operationen kann man alle Strömungsdaten im Einflussbereich der Anfangswerte berechnen. Dasselbe Verfahren kann in der Hodografenebene mithilfe der Epizykloiden durch die Bildpunkte von *P* und *Q* durchgeführt werden. Liegt in *R* ein *Rand* vor, so führt nur eine Charakteristik zu ihm (z. B. η = const) und es gilt (48b). Im Fall der festen Wand ist ϑ_R dort vorgeschrieben, und wir erhalten w_R. Handelt es sich um einen freien Strahlrand (z. B. am Düsenaustritt), so

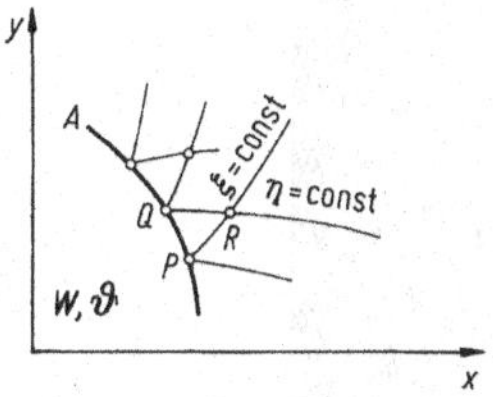

Bild 9-26. Zur Lösung der Anfangswertaufgabe

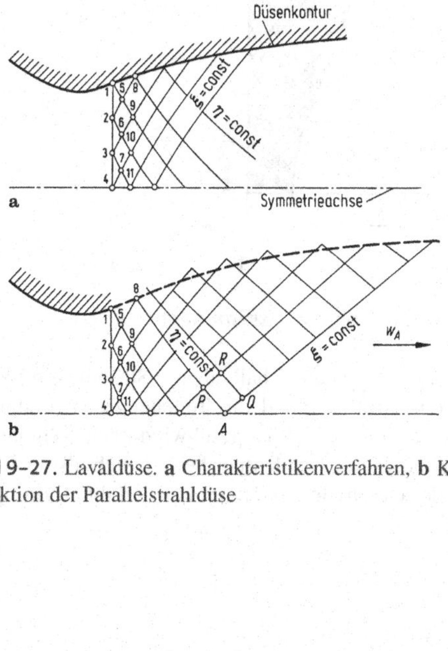

Bild 9-27. Lavaldüse. **a** Charakteristikenverfahren, **b** Konstruktion der Parallelstrahldüse

kennen wir dort den Druck und damit w_R. Gleichung (48b) liefert dann die Strahlrichtung ϑ_R.

Bei einer Lavaldüse ist die Kontur vorgegeben (Bild 9-27a). Hinter dem engsten Querschnitt seien die Überschallanfangswerte (transsonische Lösung) z. B. für 1, 2, 3 und 4 bekannt, 5, 6, 7, 9, 10 ergeben sich durch Lösung des Anfangswertproblems, 8 und 11 aus dem Randwertproblem. So kann das gesamte Überschallstromfeld zwischen Düsenkontur und Symmetrieachse sukzessive bestimmt werden. Handelt es sich dagegen um die Bestimmung einer Parallelstrahldüse, wie sie z. B. in der Messstrecke eines Überschallkanales benötigt wird, so ist die Kontur nur bis zum Anfangsquerschnitt gegeben (Bild 9-27b). Die Expansion am Rand (9-8) erfolgt soweit, bis auf der Achse *A* die gewünschte Austrittsgeschwindigkeit w_A erreicht ist. Die durch *A* gehende (ξ = const)-Charakteristik ($w_A, \vartheta_A = 0$) ist geradlinig. Nun werden in dem durch die beiden Charakteristiken ξ = const und η = const begrenzten Winkelbereich mit Spitze in *A* die Strömungsdaten (w, ϑ) berechnet. Die gewünschte Düsenkontur ergibt sich als Stromlinie, die auf das Richtungsfeld passt (Bild 9-28).

9.5.5 Profilumströmungen

An der Profilspitze soll für $M_\infty > 1$ ein anliegender Stoß auftreten. Wir erläutern das Wesentliche zunächst an der Keilströmung (Bild 9-29). Eingetragen sind neben dem Stoß die Mach'schen Linien, die hier geradlinig sind. Bei geringer Überschallanströmung (M_∞ = 1,20) handelt es sich um einen schwachen, steilen Stoß, der winkelhalbierend zwischen den linksläufigen Mach'schen Linien vor und hinter dem Stoß verläuft. Je größer M_∞ ist, desto mehr neigt sich der Stoß zur Keiloberfläche, seine Intensität nimmt dabei zu. Die Beeinflussung der Strömung durch den Keil beschränkt sich bei solchen Hyperschallströmungen auf den schmalen Sektor zwischen Stoß und Keiloberfläche.

Liegt anstelle eines Keiles ein gekrümmtes Profil vor, so muss die Rechnung in Differenzenform unter Verwendung der Charakteristiken- und der Stoßgleichungen erfolgen. An der Körperspitze beginnen wir lokal mit der Keillösung. Sodann rechnen wir (Bild 9-29) längs ξ = const mit (44b) vom Körper an den Stoß heran (Stoßrandwertaufgabe). Im Hodografen führt dies

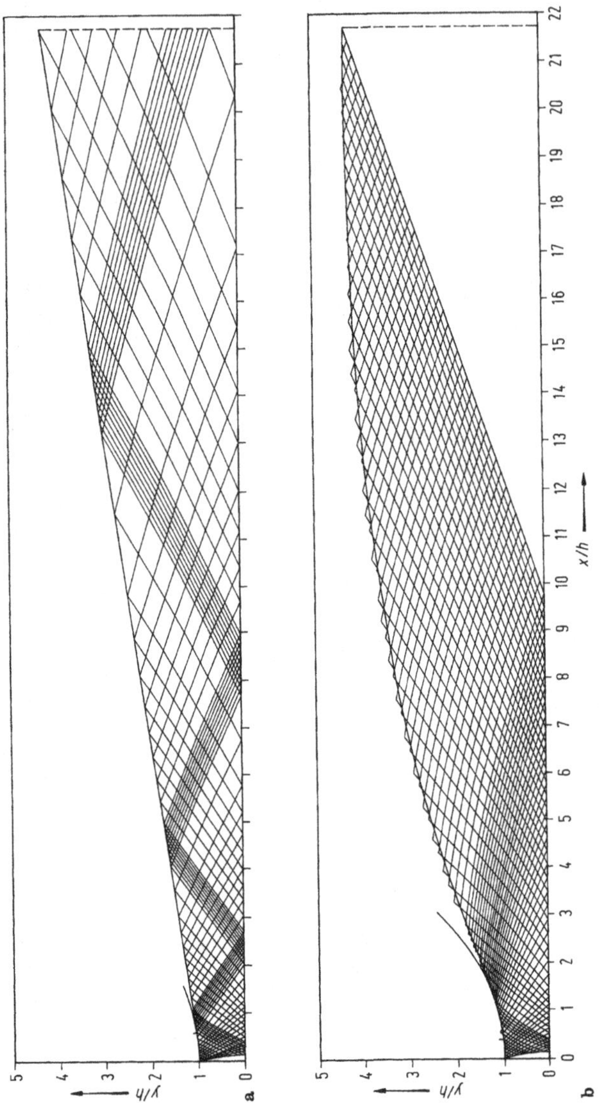

Bild 9-28. Berechnete Lavaldüsen, Austrittsmachzahl $M = 3, \varkappa = 1{,}4$. **a** Keildüse, **b** ebene Parallelstrahldüse [25]

auf den Schnitt einer Epizykloiden mit der Stoßpolaren. Dadurch ergeben sich alle Strömungsdaten hinter dem Stoß sowie eine abgeänderte Neigung Θ desselben. Damit kann die Rechnung im Feld zwischen Stoß und Körper fortgesetzt werden. Bild 9-30 zeigt den Stoß sowie das Charakteristikennetz für ein Parabelzweieck ($\tau = 0{,}10$) bei $M_\infty = 2$.

9.5.6 Transsonische Strömungen

In transsonischen – schallnahen – Strömungen ist im ganzen Strömungsfeld die Teilchengeschwindigkeit etwa gleich der Schallgeschwindigkeit (Signalgeschwindigkeit). Der Körper bewegt sich also nahezu mit der Geschwindigkeit, mit der von ihm Störungen

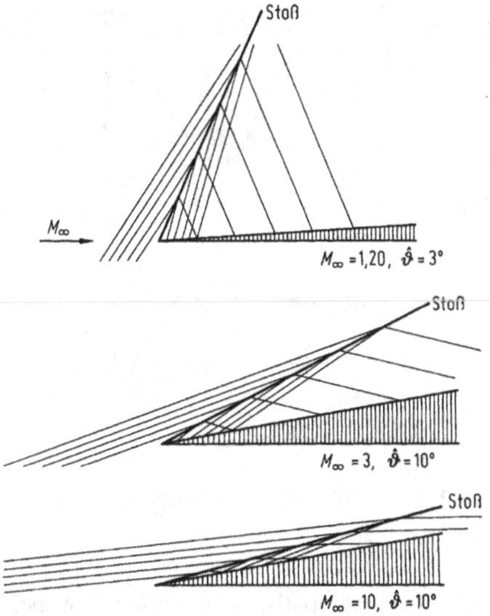

Bild 9-29. Zur Überschallströmung am Keil

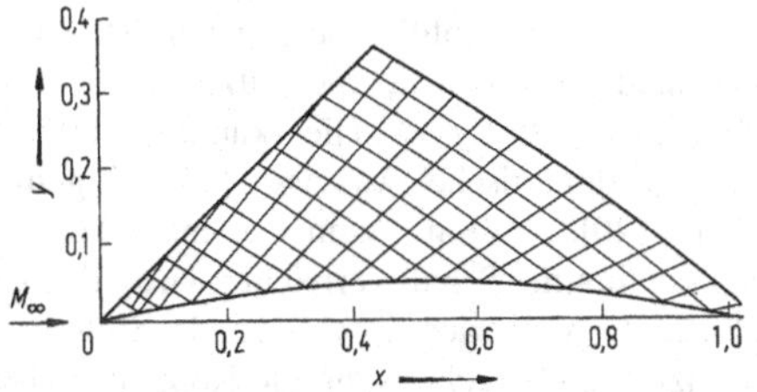

Bild 9-30. Überschallströmung (M_∞ = 2) um ein 10% dickes Parabelzweieck

ausgesandt werden. Die typischen Eigenschaften solcher Felder erkennt man bereits bei der Umströmung schlanker Profile (Bild 9-31a–c). Bei schallnaher Unterschallanströmung $M_\infty \lesssim 1$ (Bild 9-31a) entsteht in der Umgebung des Dickenmaximums ein *lokales Überschallgebiet*, das stromabwärts in der Regel durch einen Verdichtungsstoß abgeschlossen wird. Die lokale Machzahlverteilung auf der Profilstromlinie veranschaulicht die Strömung. Vor dem Körper erfolgt ein Abbremsen bis zum Staupunkt, danach Beschleunigung auf Überschall; im Stoß Sprung auf Unterschall mit anschließender Nachexpansion; dann Verzögerung zum hinteren Staupunkt mit nachfolgender Annäherung an die Zuströmung. Im schallnahen Überschall $M_\infty \gtrsim 1$ (Bild 9-31c) löst die Kopfwelle in der Regel ab. Zwischen Stoß und Körper liegt ein *lokales Unterschallgebiet*. Durch die Verdrängung am Körper kommt es anschließend zu einer Beschleunigung auf Überschall bis zur Schwanzwelle. Die Grenz-Machlinie ist die letzte vom Körper ausgehende Charakteristik, die das Unterschallgebiet trifft, während die Einflussgrenze die vom Unterschallgebiet ausgehenden Störungen stromabwärts berandet. $M_\infty \to 1$ führt zum Grenzfall der Schallanströmung (Bild 9-31b). Die Schalllinie geht bis zum Unendlichen und die Strömung wird am Körper bis zur Schwanzwelle beschleunigt. Vergleicht man die Machzahlverteilungen auf dem Körper, so ändern sie sich in Schallnähe wenig, die sog. *Einfrierungseigenschaft*. Die Begründung ist die folgende: Ist $M_\infty \gtrsim 1$ sehr wenig über 1, so steht die Kopfwelle als nahezu senkrechter Stoß in großer Entfernung mit $\hat{M}_\infty \lesssim 1$. Damit registriert das Profil die schallnahe Überschallanströmung quasi als Unterschallanströmung, d. h., die Strömungsdaten

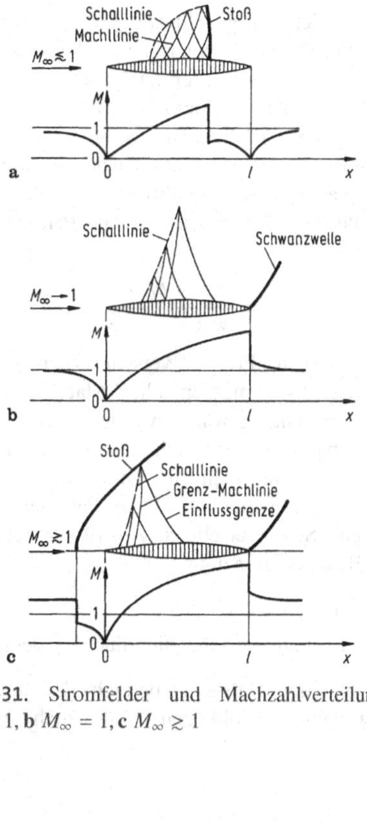

Bild 9-31. Stromfelder und Machzahlverteilungen. **a** $M_\infty \lesssim 1$, **b** $M_\infty = 1$, **c** $M_\infty \gtrsim 1$

auf dem Profil ändern sich von $M_\infty \lesssim 1$ nach $M_\infty \gtrsim 1$ nur noch unwesentlich.

Für schlanke Profile, die nur kleine Störungen der Parallelströmung hervorrufen, gilt jetzt statt (9-40a)

$$\left(1 - M_\infty^2\right)\varphi_{xx} + \varphi_{yy} = f(M_\infty, \varkappa)\varphi_x\varphi_{xx}, \quad \text{(9-49a)}$$

$$f(M_\infty, \varkappa) = M_\infty^2\left\{2 + (\varkappa - 1)M_\infty^2\right\} \to \varkappa + 1$$

für $M_\infty \to 1$;

$$\varphi_y(x, 0) = \frac{\mathrm{d}h}{\mathrm{d}x} = \tau\frac{\mathrm{d}q}{\mathrm{d}x}. \quad \text{(9-49b)}$$

Der rechts in (9-49a) auftretende nichtlineare Term ist der erste in einer Entwicklung und muss berücksichtigt werden, weil in Schallnähe durchaus

$$1 - M_\infty^2 \approx f(M_\infty, \varkappa)\varphi_x \approx (\varkappa + 1)\varphi_x$$

gelten kann. Insbesondere im Grenzfall $M_\infty \to 1$ wird

$$\varphi_{yy} = (\varkappa + 1)\varphi_x\varphi_{xx}, \quad \varphi_y(x, 0) = \tau\frac{\mathrm{d}q}{\mathrm{d}x}. \quad \text{(9-50)}$$

Es handelt sich um quasilineare partielle Differenzialgleichungen. Die Schwierigkeiten bei der Lösung derselben (numerisch oder analytisch) entsprechen der physikalischen Problematik (Bild 9-31a bis c). Allerdings sind Ähnlichkeitsaussagen möglich. Die Prandtl-Glauert-Transformationen der linearen Theorie gelten auch hier, wenn Profile betrachtet werden, für die der schallnahe Kármán'sche Parameter [19] konstant ist:

$$\chi = \frac{|1 - M_\infty^2|}{(\varkappa + 1)^{2/3}\tau^{2/3}}. \quad \text{(9-51)}$$

Vergleicht man Profile verschiedener Dicke τ miteinander, so müssen die Machzahlen M_∞ dementsprechend gewählt werden. Die Prandtl-Meyer-Expansion (45a) enthält sofort die Aussage χ = const, wenn man die Umlenkung als Maß für die Dicke betrachtet. Dem Parameter (9-51) kommt eine Schlüsselrolle zu. Aus (9-49a) und (9-41) folgt z. B. als Abgrenzung

$\chi \gg 1$ lineare Theorie,

$\chi \lesssim 1$ transsonische, nichtlineare Theorie.

Das heißt, der Gültigkeitsbereich der jeweiligen Theorie hängt sowohl von τ als auch von M_∞ ab. Viele charakteristische Eigenschaften bei der Profilumströmung sind durch (9-51) bestimmt. Für die Stoßlage (Bild 9-31a) gilt $x_s/l = g(\chi)$, wobei g allein durch die Profilklasse gegeben ist. Für den Stoßabstand von der Körperspitze (Bild 9-31c) ergibt sich $d/l = f(\chi)$. Hier kann für alle Profile die asymptotische Aussage $f \sim 1/\chi^2$ gemacht werden [20]. Wann zum ersten Mal am Dickenmaximum Schall erreicht wird (kritische Mach-Zahl), wann der abschließende Stoß in die Schwanzwelle übergeht, wann die Kopfwelle ablöst, ist allein durch einen charakteristischen χ-Wert bestimmt.

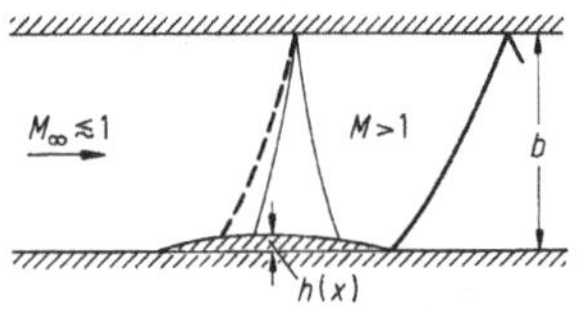

Bild 9-32. Zur Strömung im blockierten Kanal

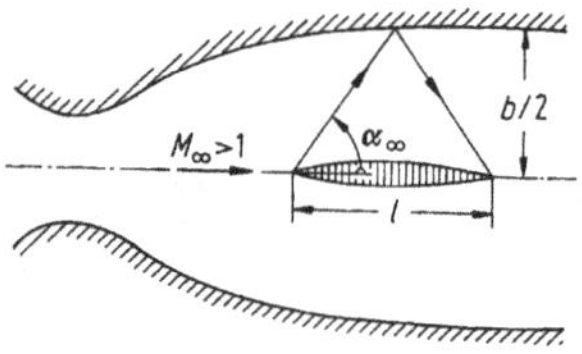

Bild 9-33. Zur Reflektion der Mach'schen Linien an der Kanalwand

Die experimentelle Realisierung transsonischer Strömungen bereitet Schwierigkeiten. Im schallnahen Unterschall kommt es zur *Blockierung* (vgl. 9.4.1), wenn die Schallinie vom Körper bis zur Gegenwand reicht (Bild 9-32). Die Stromfadentheorie liefert

$$M_{\infty\,\text{Block}} = \begin{cases} 1 - \sqrt{\dfrac{\varkappa + 1}{2} \cdot \dfrac{h_{\max}}{b}} & \text{zweidimensional}, \\ 1 - \sqrt{\dfrac{\varkappa + 1}{2} \cdot \dfrac{h_{\max}}{b}} & \text{rotations-symmetrisch}, \end{cases}$$

$\dfrac{h_{\max}}{b}$		0,01	0,05
$M_{\infty\,\text{Block}}$	zweidimensional	0,89	0,75
	rotationssymmetrisch	0,99	0,95

Der Einfluss ist im ebenen Fall gravierend. Eine Steigerung von $M_{\infty\,\mathrm{Block}}$ über die angegebenen Werte hinaus ist nur durch Änderung der Randbedingungen an der Gegenwand möglich (Absaugen, Adaption, usw.). Der Blockierungszustand dient häufig der Simulation der Schallanströmung. Bei $M_\infty > 1$ werden die Mach'schen Wellen an der *Kanalwand* reflektiert (Bild 9-33). Für

$$\frac{b}{l} \geqq \frac{1}{\sqrt{M_\infty^2 - 1}} = \tan\alpha_\infty$$

treffen sie nicht mehr auf den Körper und haben keinen Einfluss auf die Strömungswerte.

Profilströmungen und Lavaldüsen-Lösung

Mit der transsonischen Lavaldüsen-Lösung kann man die Eigenschaften der Profilströmungen (Bild 9-31) bestätigen und die Ausgangswerte für das Charakteristikenverfahren (Bild 9-27 und 9-28) berechnen. Gleichung (9-50) hat die Polynomlösung

$$\varphi(x,y) = Ax^2 + 2A^2(\varkappa+1)\,xy^2 + \frac{A^3(\varkappa+1)^2}{3}y^4\,, \tag{9-52a}$$

$$\varphi_x = \frac{u-a^*}{a^*} = 2Ax + 2A^2(\varkappa+1)y^2\,, \tag{9-52b}$$

$$\varphi_y = \frac{v}{a^*} = 4A^2(\varkappa+1)\,xy + \frac{4}{3}A^3(\varkappa+1)^2y^3\,. \tag{9-52c}$$

Für $A > 0$ ist dies eine längs der x-Achse (Symmetrieachse der Düse) von Unterschall auf Überschall beschleunigte Strömung. Die Schalllinie ($\varphi_x = 0$) ist eine Parabel (Bild 9-34)

$$y = \pm\sqrt{-\frac{x}{A(\varkappa+1)}}\,.$$

Die Wandstromlinie ($y(0) = y^*$) folgt durch Integration aus (9-52c)

$$y - y^* = 2A^2(\varkappa+1)y^*x^2 + \frac{4}{3}A^3(\varkappa+1)^2y^{*3}x\,,$$

mit dem Scheitel bei $x_s = -A(\varkappa+1)/3\cdot y^{*2}$.
Für die Charakteristiken (44a,b) kommt mit $|\vartheta| \ll \alpha$ und $M_\infty \to 1$

$$\frac{\mathrm{d}y}{\mathrm{d}x} = \tan(\vartheta \mp \alpha) = \mp\tan\alpha = \mp\frac{1}{\sqrt{M^2-1}}$$

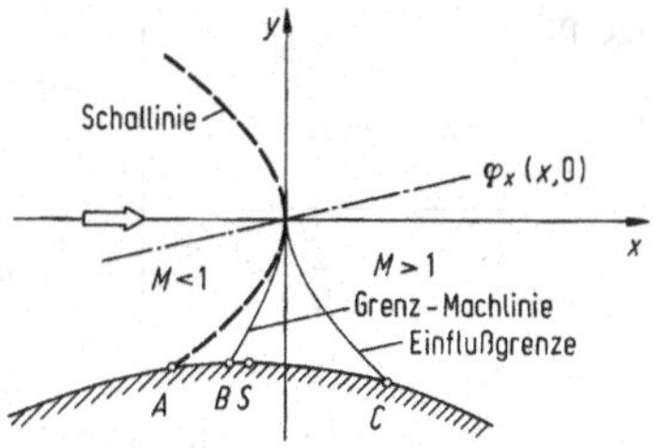

Bild 9-34. Lavaldüsenströmung

$$= \mp\frac{1}{\sqrt{M_\infty^2 - 1 + f(M_\infty,\varkappa)\dfrac{u-u_\infty}{u_\infty}}}$$

$$= \mp\frac{1}{\sqrt{(\varkappa+1)\dfrac{u-a^*}{a^*}}}$$

die gewöhnliche Differenzialgleichung 1. Ordnung

$$\frac{\mathrm{d}y}{\mathrm{d}x} = \mp\frac{1}{\sqrt{2A(\varkappa+1)[x + A(\varkappa+1)y^2]}}\,.$$

Alle Mach'schen Linien besitzen Spitzen mit vertikaler Tangente auf der Schallinie. Grenz-Machlinie: $y = \pm\sqrt{(-2x)/(A(\varkappa+1))}$, Einflussgrenze: $y = \pm\sqrt{x/(A(\varkappa+1))}$. Die Schalllinie und die Grenz-Machlinie (Bild 9-34) treffen (A, B) bereits vor dem engsten Querschnitt (Scheitel S) auf die Düsenwand, die Einflussgrenze danach. Dies entspricht völlig der Profilströmung (Bild 9-31c). Die Ergebnisse können mit (R^* Krümmungsradius)

$$A = \frac{1}{2\sqrt{(\varkappa+1)R^*y^*}}$$

auf eine vorgegebene Düse umgerechnet werden. Für den Massenstrom $\dot{m}$ ergibt sich (Düsenbreite b [21]:

$$\frac{\dot{m}}{\varrho^*a^*y^*b} = 1 - \frac{\varkappa+1}{90}\left(\frac{y^*}{R^*}\right)^2\,,$$

eine in der Regel kleine Abnahme gegenüber dem Stromfadenwert. Im achsensymmetrischen Fall ist lediglich rechts im Nenner 90 durch 96 zu ersetzen.

Einordnung der transsonischen Strömungen

Zur Einordnung stellen wir die Größenordnungen der Geschwindigkeitsstörungen auf schlanken nichtangestellten Körpern ($\tau \ll 1$) zusammen [22]:

M_∞	<1	≈ 1	>1	$\gg 1$	
$\frac{u-u_\infty}{u_\infty}$	τ	$\tau^{2/3}$	τ	τ^2	zwei-dimensional
$\frac{v}{u_\infty}$		τ			
$\frac{u-u_\infty}{u_\infty}$	$\tau^2 \ln \tau$	τ^2	$\tau^2 \ln \tau$	τ^2	achsen-symmetrisch

Während also für $M_\infty \lessgtr 1$ im zweidimensionalen Fall u- und v-Störungen stets von gleicher Größenordnung sind, ist in Schallnähe die u-Störung größer und im Hyperschall kleiner als die v-Störung. Das liegt an den unterschiedlichen physikalischen Strukturen dieser Strömungsfelder.

Auftriebs- und Widerstandsbeiwerte

Wichtig für die Anwendungen ist der *Auftriebsbeiwert* c_A der ebenen Platte bei geringer Anstellung ($\varepsilon \ll 1$):

M_∞	$\ll 1$	<1	≈ 1	>1	$\gg 1$
c_A	$2\pi\varepsilon$	$\frac{2\pi\varepsilon}{\sqrt{1-M_\infty^2}}$	$\frac{5,72\varepsilon^{2/3}}{(\varkappa+1)^{1/3}}$	$\frac{4\varepsilon}{\sqrt{M_\infty^2-1}}$	$(\varkappa+1)\varepsilon^2$
$\varepsilon = 5°$	0,55		0,84	0,35 ($M_\infty = \sqrt{2}$)	0,018

Der Wert bei Schall ist bemerkenswert groß [23].
Der *Widerstandsbeiwert* c_W für das Rhombusprofil [24]:

M_∞	≈ 1	>1	$\gg 1$
c_W	$\frac{5,47\tau^{5/3}}{(\varkappa+1)^{1/3}}$	$\frac{4\tau^2}{\sqrt{M_\infty^2-1}}$	$2\tau^3$
$\tau = 0,10$	0,088	0,04 ($M_\infty = \sqrt{2}$)	0,002

10 Gleichzeitiger Viskositäts- und Kompressibilitätseinfluss

10.1 Eindimenionale Rohrströmung mit Reibung

In diesem Kapitel werden Kompressibilität und Reibung in einfacher Form gleichzeitig berücksichtigt. Wir benutzen ein Modell, bei dem die Reibung allein im Impulssatz über die Wandschubspannung $\tau_\mathrm{w} = (\lambda/4)(\rho/2)w^2$ eingeht. Für die Widerstandszahl λ gilt hierin im Allgemeinen

$$\lambda = f(Re, M)\,, \quad Re = \frac{wd_\mathrm{h}}{\nu} = \frac{\varrho w \cdot 4A}{\eta U}\,. \tag{10-1}$$

$d_\mathrm{h} = 4A/U$ bezeichnet den hydraulischen Durchmesser des Rohres.

Kontinuitätsbedingung:

$$\frac{1}{w} \cdot \frac{\mathrm{d}w}{\mathrm{d}x} + \frac{1}{\varrho} \cdot \frac{\mathrm{d}\varrho}{\mathrm{d}x} = 0\,, \tag{10-2a}$$

Impulssatz:

$$\frac{1}{w} \cdot \frac{\mathrm{d}w}{\mathrm{d}x} + \frac{1}{\varkappa M^2} \cdot \frac{1}{p} \cdot \frac{\mathrm{d}p}{\mathrm{d}x} = -\frac{\lambda}{2} \cdot \frac{1}{d_\mathrm{h}}\,, \tag{10-2b}$$

Zustandsgleichung:

$$\frac{1}{\varrho} \cdot \frac{\mathrm{d}\varrho}{\mathrm{d}x} + \frac{1}{T} \cdot \frac{\mathrm{d}T}{\mathrm{d}x} - \frac{1}{p} \cdot \frac{\mathrm{d}p}{\mathrm{d}x} = 0\,, \tag{10-2c}$$

Machzahlgleichung:

$$\frac{1}{w} \cdot \frac{\mathrm{d}w}{\mathrm{d}x} - \frac{1}{2T} \cdot \frac{\mathrm{d}T}{\mathrm{d}x} - \frac{1}{M} \cdot \frac{\mathrm{d}M}{\mathrm{d}x} = 0\,. \tag{10-2d}$$

Bei *adiabater* Strömung – gute Isolation des Rohres – benutzen wir $w^2/2 + c_pT = \text{const}$, d. h.
Energiesatz:

$$\frac{1}{w} \cdot \frac{\mathrm{d}w}{\mathrm{d}x} + \frac{1}{\varkappa - 1} \cdot \frac{1}{M^2} \cdot \frac{1}{T} \cdot \frac{\mathrm{d}T}{\mathrm{d}x} = 0\,. \tag{10-2e}$$

Gleichungen (10-2a) bis (10-2e) beschreiben als gewöhnliche Differenzialgleichungen die Änderungen von p, ϱ, T, w, M mit der Rohrlänge x. Elimination ergibt

$$\frac{1-M^2}{1+\frac{\varkappa-1}{2}M^2} \cdot \frac{1}{M^3} \cdot \frac{\mathrm{d}M}{\mathrm{d}x} = \frac{\varkappa}{2} \cdot \frac{\lambda}{d_\mathrm{h}}\,. \tag{10-3}$$

Durch Rohrreibung werden also Unterschallströmungen beschleunigt ($\mathrm{d}M/\mathrm{d}x > 0$), Überschallströmungen dagegen verzögert ($\mathrm{d}M/\mathrm{d}x < 0$). Ein Schalldurchgang ist dabei jedoch nicht möglich. Der Reibungseinfluss wirkt hier ähnlich wie eine Querschnittsverengung bei reibungsloser Strömung (9-29). Integration von (10-3) bei $\lambda = \text{const}$ und $M = 1$ bei $x = 0$ gibt

$$\frac{1}{\varkappa}\left(1 - \frac{1}{M^2}\right) + \frac{\varkappa+1}{2\varkappa}\ln\left[1 - \frac{2}{\varkappa+1}\left(1 - \frac{1}{M^2}\right)\right] = \frac{\lambda}{d_h}x\,. \quad (10\text{-}4)$$

Alle (stoßfreien) Strömungen im Rohr werden in normierter Form durch (10-4) beschrieben. Andere Randbedingungen erfordern eine Translation in x-Richtung. Das zugehörige Diagramm von Koppe und Oswatitsch [1, 2] gestattet, den gleichzeitigen Einfluss von Reibung und Kompressibilität zu erfassen (Bild 10-1). Durch Messungen werden diese Kurve und damit das benutzte Modell gut bestätigt [3]. (10-4) entspricht qualitativ völlig dem Zusammenhang $A/A^* = f(M)$ bei der Lavaldüsenströmung (9-30). Für die Anwendungen ist die Umrechnung von M auf p an der Ordinate zweckmäßig:

$$\frac{p}{p_0}\cdot\frac{\dot m_{\max}}{\dot m} = \frac{\left(\dfrac{2}{\varkappa+1}\right)^{\frac{\varkappa}{\varkappa-1}}}{M\sqrt{1+\dfrac{\varkappa-1}{\varkappa+1}(M^2-1)}} = \frac{0{,}528}{M\sqrt{1+\dfrac{\varkappa-1}{\varkappa+1}(M^2-1)}}\,, \quad (10\text{-}5)$$

mit $\dot m_{\max} = \varrho^* a^* A$ als maximalem Massenstrom ohne Reibung und $\dot m = \varrho_1 w_1 A$ als effektivem, durch die Reibung reduziertem Massenstrom. Eine *Unterschallströmung* wird im Rohr höchstens bis $M_2 = 1$ beschleunigt, sofern $(p_2/p_0)\cdot(\dot m_{\max}/\dot m) \leqq p_0^*/p_0 = 0{,}528$ ist. Die hierzu erforderliche Rohrlänge in Vielfachen von d_h liefert (10-4).

Eine *Überschallströmung* wird im Rohr verzögert. Hierbei kann, wenn die Rohrlänge nicht passt, d. h., wenn es im Rohr zu einer Reibungsblockierung ($M = 1$) kommt, ein Stoß auftreten (Bild 10-2). Die Stoßkurve genügt (9-11). Hinter dem Stoß liegt der oben besprochene Unterschallfall vor. Am Rohrende kommt es dann zur Schallgeschwindigkeit, wenn der Gegendruck genügend abgesenkt ist [4, 5]. Messungen zeigen, dass λ von M weitgehend unabhängig ist.

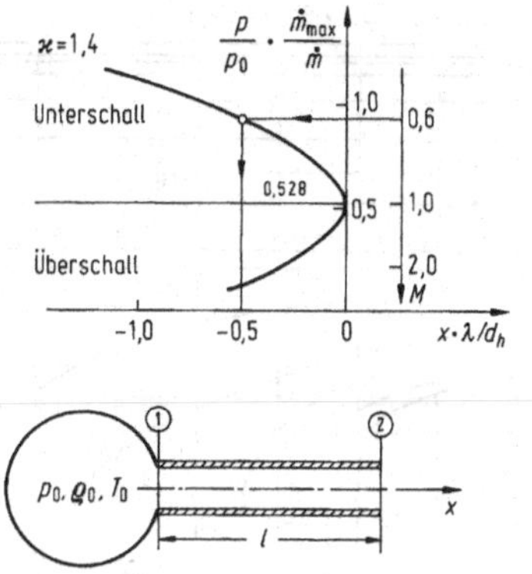

Bild 10-1. Druck- und Machzahlverteilung in Rohren mit Reibung

Für die *Re*-Abhängigkeit gilt das Moody-Colebrook-Diagramm (Bild 8-33). Die Reynolds-Zahl kann sich längs x durch $\eta = \eta(T)$ ändern. Meistens reicht es, einen konstanten Mittelwert zu nehmen.

Beispiel: In den Anwendungen (Bild 10-1) sind häufig gegeben: p_2; p_0, ϱ_0, T_0; A, d_h, l; $\varkappa, \eta$; gefragt ist der einsetzende Massenstrom $\dot m$. Am einfachsten ist das folgende Rechenverfahren [4], bei dem $\dot m$ zunächst als freier Parameter betrachtet wird. $\dot m_{\max}$ ist bekannt, $Re = \varrho_1 w_1 d_h/\eta = \dot m d_h/(A\eta)$ und damit $\lambda = F(Re)$. $\varrho_1 w_1 = \dot m/A$ führt mit (9-33) zu p_1/p_0. Gleichung (10-5) gibt M_1. Mit l ergibt (10-4) M_2. Bild 10-1 führt zu p_2. Ist dies der vorgegebene Wert, so ist die Rechnung beendet. Ansonsten ist sie mit verändertem $\dot m$ erneut durchzuführen.

Einfacher ist natürlich der Fall, dass $\dot m$ bekannt ist und z. B. nach der Rohrlänge l mit $M_2 = 1$ gefragt wird.

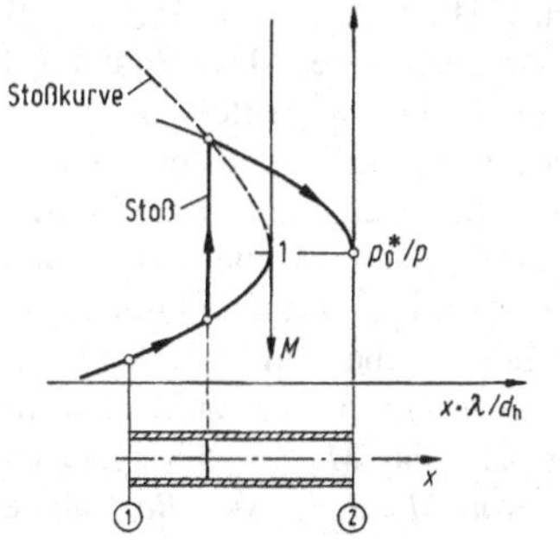

Bild 10-2. Rohrströmung mit Reibung und Verdichtungsstoß

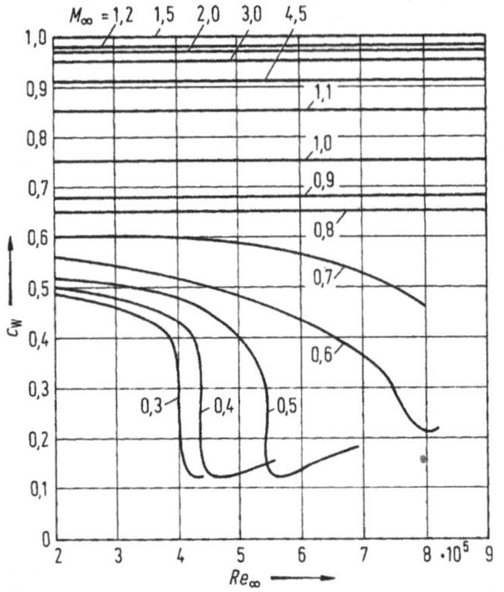

Bild 10-3. Kugelwiderstand als Funktion von M_∞ und Re_∞ [6]

Zahlenbeispiel: $p_0 = 2\,\text{bar}$, $\varrho_0 = 2{,}18\,\text{kg/m}^3$, $T_0 = 320\,\text{K}$; $d_h = 0{,}2\,\text{m}$, $\varkappa = 1{,}40$, $\eta = 19{,}4 \cdot 10^{-6}\,\text{Pa} \cdot \text{s}$, $\dot{m} = 10\,\text{kg/s}$.
Wir erhalten der Reihe nach:
$\dot{m}_{\max} = 14{,}2\,\text{kg/s}$, $Re = 3{,}3 \cdot 10^6$, $\lambda = 0{,}0096$, $p_1 = 1{,}728\,\text{bar}$, $\varrho_1 = 1{,}964\,\text{kg/m}^3$, $T_1 = 306{,}88\,\text{K}$, $M_1 = 0{,}46$, $l = 30{,}2\,\text{m}$, $p_2 = 0{,}74\,\text{bar}$, $M_2 = 1$.

10.2 Kugelumströmung, Naumann-Diagramm für c_W [6]

Charakteristische Einflüsse von Kompressibilität (M_∞) und Reibung (Re_∞) zeigen sich bei der Kugelumströmung (Bild 10-3). Für $M_\infty \leqq 0{,}3$ tritt kein wesentlicher Einfluss der Mach-Zahl auf. Dort liegt, insbesondere im kritischen Bereich ($Re_\infty = 4 \cdot 10^5$), die typische Abhängigkeit von der Reynolds-Zahl vor (Bild 8-50). Bei Steigerung der Mach-Zahl nimmt der Druckwiderstand erheblich zu (Newton'sches Modell, $c_W = 1$). Jetzt tritt der Einfluss der Reynolds-Zahl und damit verbunden der des Umschlages mit dem rapiden Abfall von c_W zurück. Nun dominiert die Mach-Zahl. Für $M_\infty^2 \gg 1$ (Hyperschall) hängt c_W weder von M_∞ noch von Re_∞ ab, es gilt die Einfrierungseigenschaft [7].
Ein ganz entsprechendes Verhalten bezüglich der Mach- und Reynoldszahlabhängigkeit tritt auch bei Verzögerungsgittern auf [8].

10.3 Grundsätzliches über die laminare Plattengrenzschicht

Für $Pr = \eta c_p/\lambda = 1$ und $(\partial T/\partial y)_w = 0$ gilt $T_w = T_0 = T_\infty(1 + (\varkappa - 1)M_\infty^2/2)$. Die Ruhetemperatur T_0 stimmt hier mit der adiabaten Wandtemperatur T_w überein. Bild 10-4 enthält auch den Fall anderer Temperaturrandbedingungen. Ist $Pr \neq 1$, so gilt für die adiabate Wandtemperatur (Eigentemperatur) $T_w = T_\infty(1 + r(\varkappa - 1)\,M_\infty^2/2)$. Der sog. *Recovery-Faktor* $r = \sqrt{Pr}$ gibt das Verhältnis der Erwärmung durch Reibung zu derjenigen durch adiabate Kompression an

$$r = \sqrt{Pr} = \frac{T_w - T_\infty}{T_0 - T_\infty}\,.$$

Für $Pr \neq 1$ unterscheidet sich also die Wandtemperatur T_w von der Ruhetemperatur T_0. Dies ist bei der Temperaturmessung in strömenden Gasen zu beachten.
Bei $M_\infty^2 \gg 1$ führt die starke Erwärmung der Grenzschicht (p = const), $\varrho/\varrho_\infty = T_\infty/T \ll 1$, zu einer Massenstromreduktion und damit zu einer Zunahme der Verdrängungsdicke δ_1 (Bild 10-5) [9].
Mit dem Viskositätsansatz

$$\frac{\eta}{\eta_w} = \left(\frac{T}{T_w}\right)^\omega$$

sowie mit der Newton'schen Schubspannung

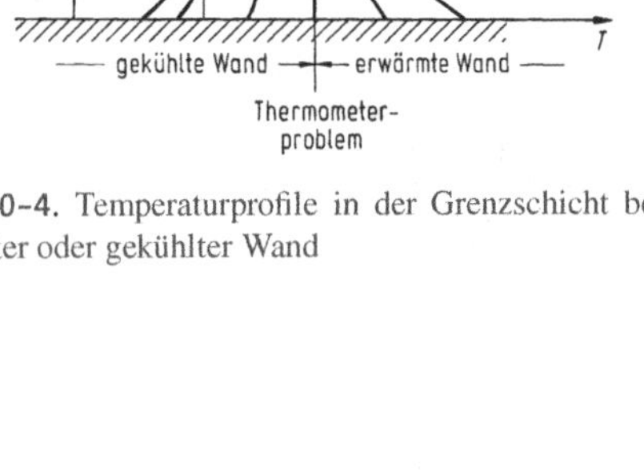

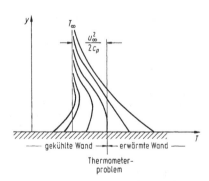

Bild 10-4. Temperaturprofile in der Grenzschicht bei erwärmter oder gekühlter Wand

$\tau = \eta \cdot \partial u/\partial y$ gilt für den lokalen Reibungskoeffizienten ([10], S. 468)

$$c_f = \frac{\tau_w}{\frac{\varrho_\infty}{2} u_\infty^2} = \frac{k}{\sqrt{Re_x}} ,$$

$$k^2 \approx \frac{\varrho\eta}{\varrho_w \eta_w} = \left(\frac{T_w}{T}\right)^{1-\omega} . \qquad (10\text{-}6)$$

Durch Integration erhält man Bild 10-6 [11]. $\omega = 1$ gibt den Wert der inkompressiblen Strömung. Der Machzahleinfluss ist generell relativ gering. Das liegt daran, dass durch die Aufheizung η zwar ansteigt, aber gleichzeitig $\partial u/\partial y$ abfällt (Bild 10-5). Dadurch ist eine Kompensation bei der Schubspannung und im Reibungskoeffizienten möglich. Für δ_1 ergibt sich bei $Pr = 1, (\partial T/\partial y)_w = 0, \omega = 1$

$$\frac{\delta_1}{l} \approx \frac{1}{k\sqrt{Re_\infty}}\left(1 + \frac{\varkappa - 1}{2} M_\infty^2\right) \sim \frac{M_\infty^2}{k\sqrt{Re_\infty}} , \qquad (10\text{-}7)$$

woraus die starke Zunahme von δ_1 mit M_∞ ersichtlich ist.

Stoß-Grenzschicht-Interferenz

Bei der Plattengrenzschicht tritt bei Überschallanströmung ein schiefer Stoß auf, der für $M_\infty^2 \gg 1$ am Rand der relativ dicken Grenzschicht verläuft (Bild 10-7). Stoßlage (Θ) und Stoßstärke ($\hat{p}/p$) hängen von den Grenzschichtdaten ab. Diese wiederum werden von

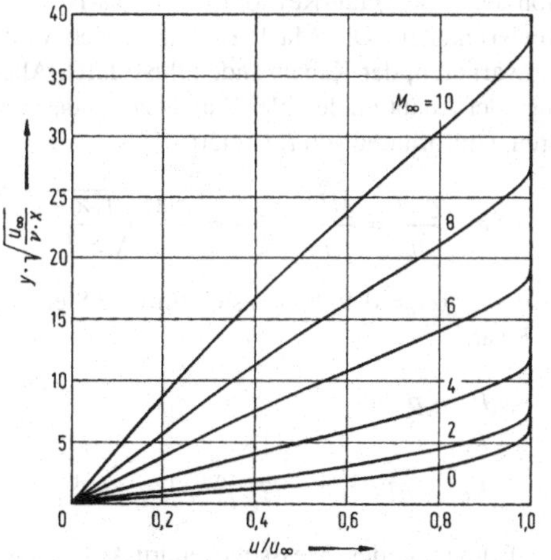

Bild 10-5. Geschwindigkeitsprofile in der Grenzschicht

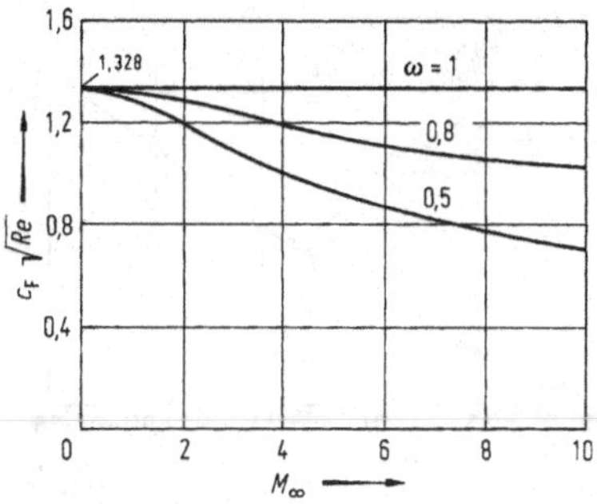

Bild 10-6. Gesamtreibungsbeiwert für die Plattengrenzschicht beim Thermometerproblem ($Pr = 1$, $\varkappa = 1{,}40$)

den Stoßgrößen beeinflusst. Das führt zum Phänomen der *Stoß-Grenzschicht-Interferenz*, das durch den folgenden Parameter K beschrieben wird:

$$K = \frac{M_\infty^3}{\sqrt{Re_\infty}} \begin{cases} \lesssim 1 & \text{schwache Interferenz} , \\ \gg 1 & \text{starke Interferenz} . \end{cases} \qquad (10\text{-}8)$$

K kann oft gedeutet werden als *Tsien-Parameter* [12] mit der Verdrängungsdicke δ_1 anstelle der Körperdicke τ, $K = M_\infty \tau$.

Ihm kommt eine ähnliche Bedeutung zu wie dem schallnahen (Kármán'schen) Parameter (9-51). Aus (9-46a) folgt z. B. eine entsprechende Aussage, falls bis ins Vakuum expandiert wird $M_\infty|\vartheta - \vartheta_\infty| = 2/(\varkappa - 1)$.

Ist der Stoß weit stromab, so herrscht *schwache Interferenz*. Für den normierten Druck am Grenzschichtrand kommt mit der Ackeret-Formel (9-41):

$$C_p = \frac{p - p_\infty}{\frac{1}{2}\varrho_\infty u_\infty^2} = -2\frac{u - u_\infty}{u_\infty} = +2\frac{v/u_\infty}{\sqrt{M_\infty^2 - 1}} ,$$

also mit $M_\infty^2 \gg 1$ und (10-8)

$$\frac{p}{p_\infty} - 1 = \frac{1}{2}\varkappa M_\infty^2 \left(2\frac{v/u_\infty}{M_\infty}\right) = \varkappa M_\infty \vartheta$$

$$= \varkappa M_\infty \frac{\delta_1}{l} \sim \frac{M_\infty^3}{\sqrt{Re_\infty}} = K \overset{\ll}{<} 1 .$$

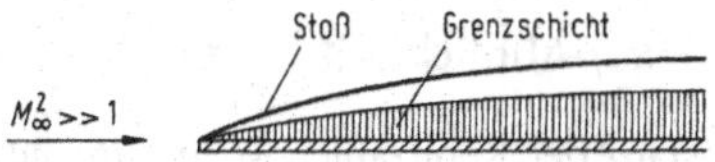

Bild 10-7. Stoß und Grenzschicht an der ebenen Platte

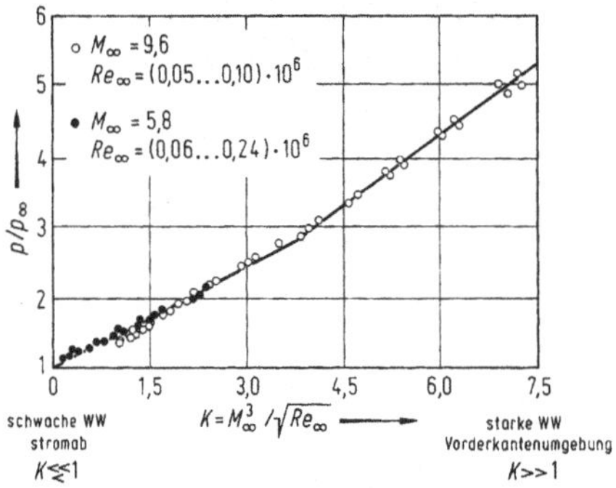

Bild 10-8. Druck an der Platte bei schwacher und starker Stoß- Grenzschichtinterferenz (WW Wechselwirkung)

Verläuft der Stoß in Vorderkantennähe, so herrscht *starke Interferenz*. Am Grenzschichtrand liegt ein starker schiefer Stoß vor. Mit (9-15)

$$\frac{p}{p_\infty} \sim \frac{2\varkappa}{\varkappa+1} M_\infty^2 \Theta^2 = \frac{\varkappa(\varkappa+1)}{2}(M_\infty \vartheta)^2$$
$$= \frac{\varkappa(\varkappa+1)}{2}\left(M_\infty \frac{\delta_1}{l}\right)^2 . \quad (10\text{-}9)$$

Dieser Druck am Grenzschichtrand muss mit dem aus der Verdrängungsdicke δ1 und (10-6) übereinstimmen:

$$\frac{\delta_1}{l} \sim \frac{M_\infty^2}{k\sqrt{Re_\infty}} ,$$
$$k^2 \approx \frac{\varrho\eta}{\varrho_\infty \eta_\infty} = \frac{\varrho}{\varrho_\infty} \cdot \frac{T}{T_\infty} = \frac{p}{p_\infty} , \quad \omega = 1 . \quad (10\text{-}10)$$

Also (10-9) und (10-10) zusammengefasst:

$$\sqrt{\frac{p}{p_\infty}} \sim M_\infty \frac{\delta_1}{l} \sim \sqrt{\frac{p_\infty}{p}} \cdot \frac{M_\infty^3}{\sqrt{Re_\infty}}$$
$$\frac{p}{p_\infty} \sim \frac{M_\infty^3}{\sqrt{Re_\infty}} = K \gg 1 .$$

In beiden Fällen ergibt sich also eine *lineare* Abhängigkeit des induzierten Druckes an der Platte vom Parameter *K*, was durch Messungen gut bestätigt wird (Bild 10-8) [13].

10.4 (*M*, *Re*)-Ähnlichkeit in der Gasdynamik

Die Konstanz der Kennzahlen *M* und *Re* sichert die physikalische Ähnlichkeit geometrisch ähnlicher Stromfelder [14]. Für spezielle Fragestellungen können Kombinationen der folgenden Form nützlich sein:

$$\pi = \frac{M^n}{Re^m} .$$

Beispiele sind:

$$\frac{M}{Re} = Kn = \text{Knudsen-Zahl}$$
$$\frac{\lambda}{l} = \frac{\text{mittlere freie Weglänge}}{\text{makroskopische Länge}} \sim Kn$$
$$\frac{M^2}{\sqrt{Re}} \sim \frac{\delta_1}{l} = \text{Verdrängungsdicke ebene Platte} ,$$
$$\frac{M^3}{\sqrt{Re}} \sim K$$
$$= \text{Stoß-Grenzschichtinterferenz-Parameter}$$

Bild 10-9 enthält die zugehörigen physikalischen Aussagen in den unterschiedlichen Bereichen der M, Re-Ebene. Einige Folgerungen: Für Kontinuumsströmungen ist $Kn \ll 1$, also stets $M \ll Re$. Untersucht man z. B. schleichende Strömungen, so verlaufen sie zwangsläufig inkompressibel. Dagegen erfordern Hyperschallströmungen bei kleiner Reynolds-Zahl (Vorderkantenumgebung!) stets die Einbeziehung gaskinetischer Effekte, z. B. Gleitströmung.

In der modernen Versuchstechnik (Transsonik, Überschallkanäle) bereitet die Forderung nach der Simulation der hohen Flug-Reynolds-Zahl (bis 10^8) große Schwierigkeiten. Die Mach-Zahl lässt sich weitgehend variieren, der Kanalwandeinfluss durch Absaugung oder Adaption flexibler Wände zumindest reduzieren. Umformung von *Re* liefert

$$Re = \frac{\varrho w l}{\eta} = \frac{Mla}{\eta} \cdot \frac{p}{R_i T} = \frac{plM}{\eta}\sqrt{\frac{\varkappa}{R_i T}} .$$

Mit $\eta \sim T^\omega (\omega \approx 0{,}9)$ bieten sich für eine Steigerung von *Re* an:

$$Re \sim p$$
$$Re \sim l$$
$$Re \sim (\eta T^{1/2})^{-1} \sim (T^{\omega+0{,}5})^{-1} = T^{-1{,}4} ,$$

d. h. Erhöhung des Messstreckendruckes p (sogenanntes Aufladen), Vergrößerung der Modellänge l

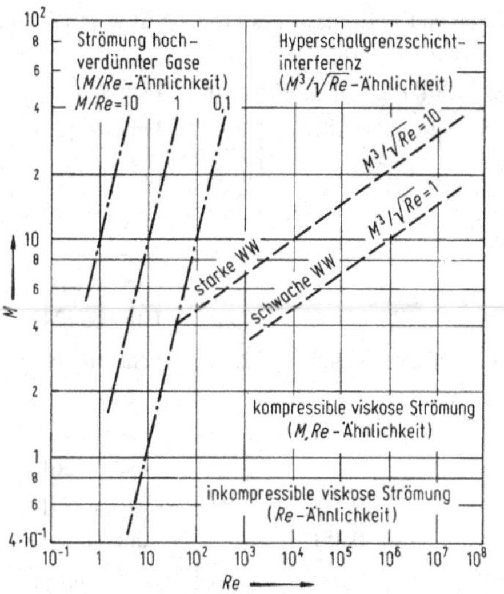

Bild 10-9. Abgrenzung der verschiedenen Strömungsbereiche in der M, Re-Ebene

(große Messstrecke!), Absenkung der Messstreckentemperatur T (Kryokanal). Die Daten eines Kanals in USA (NTF, National Transonic Facility der NASA in Langley) sowie des Europäischen Kanals (ETW) sind die folgenden [15]:

		ETW	NTF
Messstrecken-querschnitt	m^2	$2{,}4 \times 2{,}0$	$2{,}5 \times 2{,}5$
max. Reynolds-Zahl	10^6	50	120
Mach-Zahl		0,15–1,3	0,2–1,2
Druckbereich	bar	1,25–4,5	1,0–9,0
Temperaturbereich	K	90–313	80–350
Antriebsleistung	MW	50	93

10.5 Auftriebs- und Widerstandsbeiwerte aktueller Tragflügel

Wir beginnen mit einem Größenordnungsvergleich von Wellenwiderstand und Reibungswiderstand für das Rhombusprofil:

	τ	0,1	0,01
	M_∞		
	$\sqrt{2}$	0,04	0,0004
C_w	1	0,088	0,0019

Re_∞	10^6	10^7	10^8
$c_{R,\text{turb}}$	0,008	0,006	0,004
$c_{R,\text{lam}}$	0,003	0,0008	

$c_R = 2c_F$ ist hierin der Reibungskoeffizient für die glatte, doppelt benetzte Platte aus (8-95) und (8-98). Nur beim extrem dünnen Profil überwiegt hier die (turbulente) Reibung den Druckwiderstand. Sonst ist der Wellenwiderstand erheblich größer als die Reibung. Bei schallnaher Unterschallanströmung, $M_\infty = (0{,}75\ldots0{,}85)$, aktueller Profile (z. B. NACA 0012) sind die Dinge erheblich komplizierter. M_∞, Re_∞, Anstellung und Profilform bedingen wesentlich die Größenordnungen der einzelnen Widerstandsanteile. Man erkennt dies an der Struktur solcher Strömungsfelder (Bild 10-10). Zur Berechnung derselben verwendet man unterschiedliche Gleichungen, sog. *zonale Lösungsverfahren*. Außerhalb der Grenzschicht handelt es sich um eine transsonische Profilströmung mit Stoß (siehe Bild 9-31a). Vor dem Stoß benutzt man die Potenzialgleichung, dahinter die wirbelbehafteten Euler-Gleichungen. Hierfür liegen Rechenverfahren vor [16]. In der Grenzschicht kann man Standardverfahren benutzen [17, 18]. Die reibungsfreie kompressible Außenströmung muss an die Grenzschichtrechnung angeschlossen werden. Hierbei treten Sonderfälle auf, die eine lokale Betrachtung erforderlich machen, z. B. die Stoß-Grenzschichtinterferenz und die Hinterkantenströmung. Der das lokale Überschallgebiet berandende Stoß läuft in die Grenzschicht ein und kann mit seinem Druckanstieg zur Ablösung derselben führen. Im Übrigen stellt er einen beträchtlichen Widerstandsbeitrag dar. Eine lokale Betrachtung in der Umgebung von Stoß und Kontur benutzt ein sog.

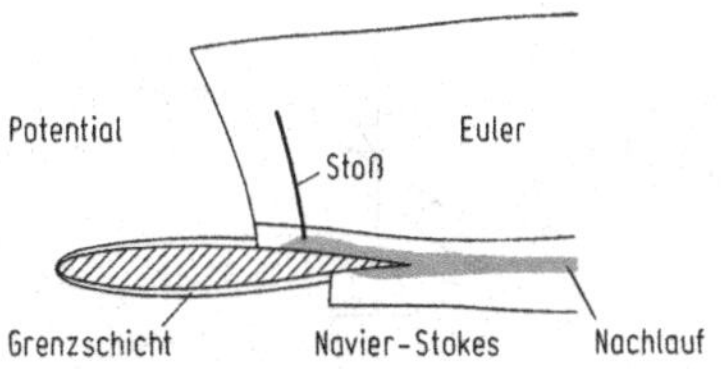

Bild 10-10. Transsonische Profilumströmung. Zonale Rechenverfahren mit entsprechenden Gleichungen

Dreischichtenmodell (Bild 10-11). Hiermit ist es möglich, alle Strömungsgrößen im Feld zu ermitteln [19]. Das zugehörige Rechenverfahren wird als Unterprogramm im globalen Feld benutzt.

Zur generellen Beurteilung geben wir einige Rechenergebnisse. Bei der Angabe von c_W-Werten ist wohl zu unterscheiden zwischen (1.) dem Druckwiderstand bei Nullanstellung, (2.) dem Druckwiderstand bei Anstellung und (3.) dem Gesamtwiderstand bei Anstellung. Während im Fall (10-1) und (10-2) der Stoß den Hauptbeitrag liefert, kommt bei (10-3) der Reibungsanteil (Schubspannung und Nachlauf, c_R) hinzu.

Aus dieser Zusammenstellung lässt sich der Einfluss der Parameter α, M_∞ entnehmen. Bei fester Mach-Zahl ($M_\infty = 0{,}8$) kann eine Anstellwinkelvergrößerung ($\alpha = 0° \rightarrow 1{,}25°$) zu einem beträchtlichen Widerstandsanstieg führen ($c_W = 0{,}8 \cdot 10^{-2} \rightarrow 2{,}21 \cdot 10^{-2}$). Bei konstantem Anstellwinkel ($\alpha = 0°$) ergibt eine Steigerung der Mach-Zahl ($M_\infty = 0{,}8 \rightarrow 0{,}85$) ebenfalls einen starken

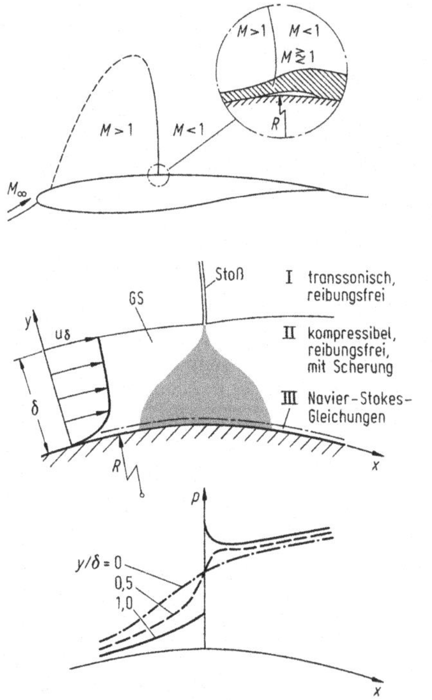

Bild 10-11. Zur Stoßgrenzschichtinterferenz am Flügel

Auftrieb und Widerstand des Profils NACA 0012 (stoßbehaftet, reibungsfrei)

M_∞	α[°]	c_A	$c_W \cdot 10^2$	Bearbeiter
0,75	2	0,5878	1,82	Jameson [20]
0,8	0		0,8	Lock [21]
			0,845	Dohrmann/Schnerr [22]
			1,0	Carlson [23]
			0,86	Jameson [24]
0,8	1,25	0,348	2,21	Schnerr/Dohrmann [25]
		0,3632	2,30	AGARD-AR-211 Sol 9 [26]
		0,321	1,99	Carlson [23]
		0,3513	2,3	Jameson [24]
0,85	0		4,71	Jameson [24]
			3,81	Carlson [23]
			4,0	Lock [23]
0,85	1	0,3584	5,80	AGARD-AR-211 Sol 9 [26]
		0,283	4,44	Carlson [23]
0,95	0		10,84	AGARD-AR-211 Sol 9 [26]
			9,58	Carlson [23]
1,2	0		9,6	AGARD-AR-211 Sol 9 [26]
1,2	7	0,5138	15,38	AGARD-AR-211 Sol 9 [26]

AGARD-Testfall 01. $M_\infty = 0{,}8, \alpha = 1{,}25°$, AGARD- Mittelwerte $c_A = 0{,}36, c_W = 2{,}325 \cdot 10^{-1}$ [26] (AGARD = Advisory Group Aeronautical Research and Development).

Widerstandsanstieg ($c_W = 0{,}8 \cdot 10^{-2} \rightarrow 4{,}71 \cdot 10^{-2}$). Selbst eine Abnahme des Anstellwinkels ($\alpha = 2° \rightarrow 0°$) kann bei gleichzeitiger Steigerung der Mach-Zahl ($M_\infty = 0{,}75 \rightarrow 0{,}85$) noch zu einem erheblichen Widerstandsanstieg führen ($c_W = 1{,}82 \cdot 10^{-2} \rightarrow 4{,}71 \cdot 10^{-2}$). Es hängt also jeweils von den Parameterwerten ab, welcher Einfluss dominiert. [23] enthält einen kritischen Vergleich der wichtigsten bekannten reibungsfreien Rechenmethoden. Die verschiedenen Ergebnisse zeigen einen erheblichen Streubereich.

Widerstand des Profils NACA 0012 (reibungsbehaftet)
$\alpha = 0°$, $Re = 9 \cdot 10^6$ [27]

M_∞	$c_R \cdot 10^2$	$c_{Welle} \cdot 10^2$	$c_{W,tot} \cdot 10^2$
0,76	0,870	0,002	0,872
0,78	0,891	0,078	0,969
0,80	0,952	0, 368	1,320
0,82	1,094	0,891	1,985
0,84	1,32	1,82	3,14

Beim Vergleich dieser Rechenergebnisse mit den vorangegangenen fällt unter anderem auf, dass z. B. der Wellenwiderstand bei $M_\infty = 0{,}8$ von $c_{Welle} = 0{,}8 \cdot 10^{-2}$ (reibungsfrei) auf $0{,}368 \cdot 10^{-2}$ (reibungsbehaftet) abnimmt. Dies liegt daran, dass im letzteren Fall durch die Grenzschicht die Druckverteilung am Körper stark geglättet wird. Es kommt allerdings der Reibungswiderstand hinzu, der diese Abnahme sogar überkompensiert.

Wellen- und Reibungswiderstand können bei aktuellen Daten also von gleicher und von erheblicher Größenordnung sein. Es lohnt sich daher, *beide* zu minimieren. Was den Stoß angeht, so kann man zu stoßfreien Profilen übergehen [28] oder durch eine sog. passive Beeinflussung ihn zumindest schwächen. Hierzu wird im Flügel in der Stoßumgebung eine Kavität angebracht, die durch ein Lochblech abgedeckt wird. Die Druckdifferenz über den Stoß gleicht sich durch die Kavität aus und reduziert damit die Stoßstärke.

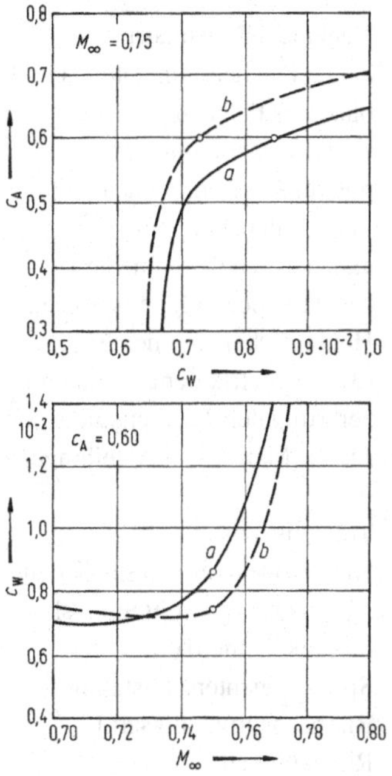

Bild 10-12. c_A, c_W vor (**a**) und nach (**b**) dem stoßfreien Entwurf. NACA-Profil 12% Dicke, $Re_\infty = 4 \cdot 10^7$ [29]

Bild 10-12 [29] enthält c_A- und c_W-Werte eines 12% dicken Profiles vor und nach einer stoßfreien Entwurfsrechnung. Zahlenbeispiel: $M_\infty = 0{,}75$, $Re_\infty = 4 \cdot 10^7$, $c_A = 0{,}60$, stoßbehaftet $c_{W,tot} = 0{,}85 \cdot 10^{-2}$, stoßfrei $c_{W,tot} = 0{,}73 \cdot 10^{-2}$. Reduktion $\approx 15\%$.

Beim Reibungswiderstand wäre eine Laminarisierung bis zu sehr hohen Reynolds-Zahlen das Optimum. Bei $Re = 10^7$ würde dies den Schubspannungsanteil fast um eine Zehnerpotenz verringern. Beide Möglichkeiten zusammen führen zum Konzept des stoßfreien transsonischen Laminarflügels, dessen Realisierung eine wichtige Zukunftsaufgabe ist.

Formelzeichen der Mechanik

a	Beschleunigung, Länge, große Halbachse einer Ellipse, Risslänge
$\boldsymbol{a}$	Beschleunigung
b	Dämpferkonstante, Breite, kleine Halbachse einer Ellipse
c	Ausbreitungsgeschwindigkeit einer Welle
$\boldsymbol{c}$	Geschwindigkeit nach einem Stoß
$\boldsymbol{c}_{ij}$	Gelenkvektor auf Körper i
d	Durchmesser, Dämpferkonstante
e	Stoßzahl, Volumendilatation, Vergleichsformänderung
$\dot{e}$	Vergleichsformänderungsgeschwindigkeit
$\boldsymbol{e}$	Achseneinheitsvektor
$\underline{e}$	Spaltenmatrix der drei Einheitsvektoren eines kartesischen Achsensystems (einer Basis), zugleich Bezeichnung für diese Basis
f	Anzahl der Freiheitsgrade, Seildurchhang
g	Fallbeschleunigung

h	Höhe
k	Federkonstante
k_f	Fließspannung
k_D	Drehfederkonstante
$\boldsymbol{k}$	Gelenkachsenvektor
l	Länge
l_k	kritische Länge eines Knickstabes
m	Masse
$\underline{m}$	diagonale Massenmatrix
n	Anzahl
$\boldsymbol{n}$	Achseneinheitsvektor
p	Druck, Flächenlast
$\boldsymbol{p}$	Impuls oder Bewegungsgröße
$\underline{\boldsymbol{p}}$	Matrix von Gelenkachsenvektoren $\boldsymbol{p}_{ij}$
q	generalisierte Koordinate, Eulerparameter, Streckenlast
$\dot{q}$	generalisierte Geschwindigkeit
$\ddot{q}$	generalisierte Beschleunigung
$\boldsymbol{q}$	Achsenvektor einer endlichen Drehung
$\underline{q}$	Spaltenmatrix von generalisierten Koordinaten
r	Radius, Krümmungsradius
r, φ	Polarkoordinaten
$\mathrm{r}, \vartheta, \varphi$	Kugelkoordinaten
$\boldsymbol{r}$	Ortsvektor
$\dot{\boldsymbol{r}}$	absolute Geschwindigkeit $\mathrm{d}\boldsymbol{r}/\mathrm{d}t$
$\ddot{\boldsymbol{r}}$	absolute Beschleunigung $\mathrm{d}^2\boldsymbol{r}/\mathrm{d}t^2$
s	Bogenlänge
$\boldsymbol{s}_i$	geschwindigkeitsabhängiger Beschleunigungsanteil
t	Zeit
t_i	$\varepsilon^i t$ (langsam ablaufende Zeitvariable)
u	Ausschlag, Verschiebung, Durchbiegung, $1/r$ bei Satellitenbahnen
v	Geschwindigkeit, Fließgeschwindigkeit, Verschiebung
$\boldsymbol{v}$	Geschwindigkeit
w	Durchbiegung
$w(x)$	Gleichung der Biegelinie, Ansatzfunktion für Ritz-Ansatz
$w_\mathrm{e}(x)$	Eigenform
$\boldsymbol{w}_i$	winkelgeschwindigkeitsabhängiger Winkelbeschleunigungsanteil

$y(t)$	Störung einer Koordinate $q(t)$
$\underline{z}$	Zustandsvektor bei Übertragungsmatrix
A	Fläche
$\underline{A}$	Koeffizientenmatrix, (3×3)-Transformationsmatrix
$\hat{A}$	Kraftstoß an einem Lager
C_M	Wölbwiderstand
$\boldsymbol{C}_{ij}$	mit Vorzeichen gewichteter Gelenkvektor $\boldsymbol{c}_{ij}$
D	Dämpfungsgrad, Plattensteifigkeit
$\underline{D}$	Dämpfungsmatrix
E	Gesamtenergie, Elastizitätsmodul
F	Kraft
F_k	kritische Last
$\boldsymbol{F}_i$	Kraft
$\hat{\boldsymbol{F}}$	Kraftstoß $\int_0^{\Delta t} \boldsymbol{F}(t)\mathrm{d}t$ für $\Delta t \to 0$
G	Gewicht, Schubmodul, Gravitationskonstante
H	Scheibendicke, horizontale Seilkraftkomponente
$\underline{H}$	Nachgiebigkeitsmatrix
I, I_x	axiale Flächenmomente 2. Grades
I_{xy}	biaxiales Flächenmoment 2. Grades
I_1, I_2	Hauptflächenmomente
I_p	polares Flächenmoment
I_T	Torsionsflächenmoment
J, J_x	axiale Trägheitsmomente
J_{xy}	zentrifugales Trägheitsmoment
J_1, J_2, J_3	Hauptträgheitsmomente
$\underline{J}$	(3×3)-Matrix der axialen und zentrifugalen Trägheitsmomente, Jacobi-Matrix von Abteilungen $\partial f_i/\partial q_j$ $(i, j = 1, 2, \ldots)$
$\boldsymbol{J}$	Trägheitstensor
K	Kraftgröße in einem statisch unbestimmten System, Bettungskonstante
$\underline{K}$	Steifigkeitsmatrix
K_I	Spannungsintensitätsfaktor für Rissbeanspruchungsart I
$K_\mathrm{Ic}, K_\mathrm{c}$	Risszähigkeit
K_V	Vergleichsspannungsintensitätsfaktor
ΔK	zyklischer Spannungsintensitätsfaktor

ΔK_{th}	Schwellenwert der Emüdungsrissausbreitung
L	Länge, Lagrange'sche Funktion
$\boldsymbol{L}$	Drall, Drehimpuls
M	Masse
$\boldsymbol{M}$	Moment
M_y, M_z	Biegemomente
M_{T}	Torsionsmoment
$\boldsymbol{M}_{\mathrm{g}}$	Gravitationsmoment an einem Körper
$\underline{M}$	Massenmatrix
$\underline{\boldsymbol{M}}$	Spaltenmatrix $[\boldsymbol{M}_1 \ldots \boldsymbol{M}_n]^{\mathrm{T}}$ von Momenten
N	Normalkraft, Längskraft, Stabkraft, Lastwechselzahl
P	Leistung
Q_i	generalisierte Kraft
Q_y, Q_z	Querkräfte
$\underline{Q}$	Spaltenmatrix $[Q_1 \ldots Q_{\mathrm{n}}]^{\mathrm{T}}$ von generalisierten Kräften
$\underline{Q}_i$	Eigenform
R	Radius, Rayleigh-Quotient, Spannungsverhältnis
R_{e}	Fließgrenze
R_{m}	Zugfestigkeit
S	Stabkraft, Vorspannkraft
S_y, S_z	statische Flächenmomente
T	Periodendauer, Umlaufzeit eines Satelliten, kinetische Energie
$\underline{T}$	Strukturmatrix einer verzweigten Gelenkkette, Transformationsmatrix
U	Umfang, Formänderungsenergie
$\underline{U}$	Übertragungsmatrix
V	Volumen, Potenzial, potenzielle Energie
$V_i(\eta, D)$	Vergrößerungsfunktion bei harmonischer Erregung
$V_{\mathrm{I}}(\eta, D)$	Vergrößerungsfunktion bei periodischer Stoßerregung
W	Arbeit
W_{12}	Arbeit einer Kraft längs einer Bahn von 1 nach 2
Y	Fließspannung, Geometriefaktor

α	thermischer Längenausdehnungskoeffizient, Kerbfaktor, plastischer Formfaktor, Verhältnis bei Reflexion und Transmission einer Welle
β	Reichweite bei ballistischem Flug
β_{K}	Kerbwirkungszahl
γ	spezifisches Gewicht
γ_{xy}	Scherung
δ	Symbol für virtuelle Änderung (z. B. $\delta r, \delta x, \delta\varphi$)
δW	virtuelle Arbeit
$\delta\boldsymbol{\pi}$	Vektor einer virtuellen Drehung
ε	Dehnung
ε_{xy}	Verzerrung
$\varepsilon_1, \varepsilon_2, \varepsilon_3$	Hauptdehnungen
$\underline{\varepsilon}$	(3×3)-Matrix der Komponenten des Verzerrungstensors, Spaltenmatrix der drei Dehnungen und drei Scherungen
$\underline{\varepsilon}^*$	Verzerrungsdeviator
$\boldsymbol{\varepsilon}_i$	Winkelbeschleunigung
η	Verhältnis Ω/ω_0 (Erregerkreisfrequenz/ Eigenkreisfrequenz)
$\varkappa_y, \varkappa_z$	Querschubzahlen
λ	Eigenwert, Lagrange'scher Multiplikator, Schubfluss τt
μ	Gleitreibungszahl, lineare Massendichte
μ_0	Ruhereibungszahl
ν	Poisson-Zahl, Frequenz
Π	Gesamtpotenzial
ϱ	Gleitreibungswinkel, Krümmungsradius, Dichte
ϱ_0	Ruhereibungswinkel
$\boldsymbol{\varrho}$	Ortsvektor auf einem bewegten Körper
ϱ, φ, z	Zylinderkoordinaten
σ	Spannung
σ_{ij}	Normal- und Schubspannungen
$\sigma_{\max}$	maximale Spannung
$\sigma_{\mathrm{N}}, \tau_{\mathrm{N}}$	Nennspannungen

$\sigma_x, \sigma_y, \sigma_z$	Normalspannungen
$\sigma_\mathrm{r}, \sigma_\mathrm{t}, \sigma_\varphi, \sigma_\vartheta$	Radial-, Tangential-, Umfangsspannungen
$\sigma_1, \sigma_2, \sigma_3$	Hauptnormalspannungen
σ_0	Vorspannung
σ_V	Vergleichsspannung
σ_W	Wechselfestigkeit
σ^*	Normalspannung infolge Wölbbehinderung bei Torsion
$\boldsymbol{\sigma}_i$	Spannungsvektor auf der Fläche normal zu $\boldsymbol{e}_i$
$\underline{\sigma}$	(3 × 3)-Matrix der Komponenten des Spannungstensors, Spaltenmatrix der drei Normal- und drei Schubspannungen
$\underline{\sigma}_\mathrm{m}$	Kugeltensor der Spannungen
$\underline{\sigma}^*$	Spannungsdeviator
τ	Schubspannung
$\tau_{xy}, \tau_{r\varphi}$	Schubspannungen in verschiedenen Koordinatensystemen
τ_1, τ_2, τ_3	Hauptschubspannungen
φ	Winkel
$\boldsymbol{\varphi}$	Vektor einer kleinen Drehung
φ'	Drillung $\mathrm{d}\varphi/\mathrm{d}x$
$\Phi(x, y)$	Spannungsfunktion bei Saint-Venant-Torsion
$\underline{\Phi}$	Modalmatrix
ψ	Winkel
$\dot{\psi}$	Nutationswinkelgeschwindigkeit
ψ, ϑ, φ	Eulerwinkel
ω	Winkelgeschwindigkeit, Kreisfrequenz
ω_0	Eigenkreisfrequenz
$\boldsymbol{\omega}, \boldsymbol{\omega}_i$	Winkelgeschwindigkeiten
$\boldsymbol{\omega}_{ij}$	Winkelgeschwindigkeit von Körper i relativ zu Körper j
$\underline{\tilde{\omega}}$	schiefsymmetrische (3 × 3)-Matrix aus den Komponenten von $\boldsymbol{\omega}$
$\dot{\boldsymbol{\omega}}$	Winkelbeschleunigung
Ω	Winkelgeschwindigkeit, Erregerkreisfrequenz
$\boldsymbol{\Omega}_i$	relative Winkelgeschwindigkeit in Gelenk i

Indizes

a	außen
b	binormal
e	elastisch, Eigenform
f	Flucht-
g	Gravitations-
i	innen
k	kritisch (krit)
kP	körperfester Punkt
m	mittel
n	normal
0	Anfangs-, Eigen-, Ruhe-
p	polar
r	radial
t	tangential
w	Welle
A	Austritt
B	Bettung
E	Eintritt, Erde
F	Fließ-, Flug
H	horizontal
I	Impuls
Q	infolge Querkraft
S	auf den Schwerpunkt S bezogen
T	Torsion, Traglast
V	Vergleichs-, vertikal, Volumen

Sonstige Zeichen

$\boldsymbol{a}, \boldsymbol{F}, \boldsymbol{\omega}$	Vektoren
$\boldsymbol{J}$	Tensor
$\underline{A}, \underline{\boldsymbol{r}}, \underline{\boldsymbol{J}}$	Matrizen mit skalaren bzw. vektoriellen bzw. tensoriellen Elementen; für die Multiplikation gelten die Regeln der Matrizenalgebra sinngemäß, z. B. $\delta\underline{\boldsymbol{r}}^\mathrm{T} \cdot \underline{\boldsymbol{F}} = \sum \delta\boldsymbol{r}_i \cdot \boldsymbol{F}_i$
$\boldsymbol{0}$	Nullvektor
$\underline{0}$	Nullmatrix (Elemente: Zahl null)
$\underline{\boldsymbol{0}}$	Nullmatrix (Elemente: Nullvektoren)

Operationen

°, $^{i}\mathrm{d}/\mathrm{d}t$	Zeitableitung im rotierenden Koordinatensystem, in $\underline{e}^{i}$
Δ	$\partial^2/\partial x^2 + \partial^2/\partial y^2$
$\Delta\Delta$	$\partial^4/\partial x^4 + 2\partial^4/\partial x^2\partial y^2 + \partial^4/\partial y^4$

Formelzeichen der Strömungsmechanik

a	spezifische (massenbezogene) Arbeit; Abstand; Schallgeschwindigkeit; Temperaturleitfähigkeit
$\boldsymbol{a}$	Beschleunigung
b	Breite
c	Absolutgeschwindigkeit
c_u	Geschwindigkeitskomponente in Umfangsrichtung
c_p	spezifische Wärmekapazität bei konstantem Druck
c_V	spezifische Wärmekapazität bei konstantem Volumen
c_A	Auftriebsbeiwert
c_B	Betz-Zahl
c_f	lokaler Reibungsbeiwert
c_F	Reibungsbeiwert der einseitig benetzten Platte
c_M	Momentenbeiwert
c_R	Reibungsbeiwert
c_W	Widerstandsbeiwert
d	Durchmesser
d_h	hydraulischer Durchmesser
$\boldsymbol{f}$	spezifische Massenkraft
g	Fallbeschleunigung
h	Höhe, Breite; spezifische Enthalpie
k	Rauheit
k_S	äquivalente Rohrrauheit
l	Länge
m	Masse
$\dot{m}$	Massenstrom
n	Drehzahl
p	Druck
p_∞	Druck in der Anströmung
p_{stat}	statischer Druck
p_{dyn}	dynamischer Druck
$\boldsymbol{n}$	Normalenvektor
p_{tot}	Gesamtdruck
p_0	Bezugsdruck, Druck im Staupunkt, Ruhedruck
p_a	Außendruck
Δp	Druckdifferenz
Δp_v	Druckverlust
$\boldsymbol{q}$	Wärmestromdichte
r	Krümmungsradius; Recovery-Faktor
$\boldsymbol{r}$	Ortsvektor
s	Stromfadenkoordinate; spezifische Entropie
t	Zeit
Δt	Auffüllzeit
u	Geschwindigkeitskomponente in x-Richtung, Umfangsgeschwindigkeit
u_τ	Wandschubspannungsgeschwindigkeit
u_δ	Geschwindigkeit am Grenzschichtrand
v	Geschwindigkeitskomponente in y-Richtung
w	Geschwindigkeitskomponente in z-Richtung, Betrag des Geschwindigkeitsvektors
$\boldsymbol{w}$	Geschwindigkeitsvektor
x_0	Auslenkung
x_S	Stoßlage
y^+	normierter Wandabstand
A	Fläche, Querschnitt
A_S	Strahlfläche
A^*	kritischer Querschnitt, engster Querschnitt
C_p	Druckkoeffizient
D	Durchmesser
E	Energie
Ec	Eckert-Zahl
Eu	Euler-Zahl
Fo	Fourier-Zahl
F	Froude-Zahl
$\boldsymbol{F}_A$	Auftriebskraft
$\boldsymbol{F}_D$	Druckkraft
$\boldsymbol{F}_G$	Schwerkraft
$\boldsymbol{F}_H$	Haltekraft
$\boldsymbol{F}_I$	Impulskraft
$\boldsymbol{F}_K$	Kraft auf Körper
$\boldsymbol{F}_W$	Widerstandskraft
H	Höhe, Dicke, Länge

I	Impuls
K	Tsien-Parameter
Kn	Knudsen-Zahl
L	Länge
M	Mach-Zahl; Drehmoment; molare Masse
M_S	Stoß-Machzahl
P	Leistung (Energiestromstärke)
Pe	Péclet-Zahl
Q	Quell-bzw. Senkenstärke
R	Radius, Krümmungsradius; universelle Gaskonstante
R_i	individuelle (spezielle) Gaskonstante
Re	Reynolds-Zahl
S	Schubkraft
Sr	Strouhal-Zahl
T	Temperatur (thermodynamische)
Tu	Turbulenzgrad
U	Umfang; ausgezeichnete Geschwindigkeit
V	Volumen
$\dot{V}$	Volumenstromstärke
W	ausgezeichnete Geschwindigkeit
α	Durchflusszahl; Öffnungswinkel; Mach'scher Winkel
Γ	Zirkulation
δ	Grenzschichtdicke
δ_1	Verdrängungsdicke
δ_2	Impulsverlustdicke
ε	Anstellwinkel
ζ	Druckverlustzahl
η	dynamische Viskosität
ϑ	Strömungswinkel
Θ	Stoßwinkel, Stoßlage; Temperatur
$\varkappa$	Mischungswegkonstante; Verhältnis der spezifischen Wärmen
λ	Wärmeleitfähigkeit; Rohrwiderstandszahl
μ	Kontraktionszahl
ν	kinematische Viskosität
ϱ	Dichte
σ	normierte Spaltweite
τ	Schubspannung; Dickenparameter
τ_W	Wandschubspannung
φ	Winkel, Koordinate; Störpotenzial für Dickeneffekt
$\overline{\varphi}$	Störpotenzial für Anstellungseffekt
φ_{max}	Grenzwinkel
Φ	Geschwindigkeitspotenzial
Φ_v	Dissipation
χ	schallnaher Ähnlichkeitsparameter
$\underline{X}$	komplexes Geschwindigkeitspotenzial $\underline{X} = \Phi + i\,\Psi$
Ψ	Stromfunktion
ω	Winkelgeschwindigkeit

Indizes

∞	Anströmung
w	Wand
W	Widerstand
0	Staupunkt, Ruhezustand, Auslenkung
n	Normalenrichtung
t	Tangentialrichtung
m	volumetrisch gemittelt
max	maximal
stat	statisch
tot	gesamt
dyn	dynamisch
δ	Grenzschichtrand
a	Außen[druck]
A	Auftrieb; Kräfte auf Fläche A
S	Stoß, Strahl
T	Turbine

Sonstige Zeichen

–	zeitliche Mittelung
′	Schwankungsgröße, Unterschied
*	kritische Werte, Krümmung, lokale
^	Werte nach Stoß

Literatur

Allgemeine Literatur zu Kapitel 1

Beyer, R.: Technische Kinematik. Leipzig: Barth 1931

Bottema, O.; Roth, B.: Theoretical kinematics. Amsterdam: North-Holland 1979

Hain, K.: Angewandte Getriebelehre. 2. Aufl. Düsseldorf: VDI-Verl. 1961

Luck, K.; Modler, K.-H.: Getriebetechnik. Analyse, Synthese, Optimierung. 2. Aufl. Berlin: Springer 1995

Wunderlich, W.: Ebene Kinematik. Mannheim: B.I.-Wissenschaftsverl. 1970

Spezielle Literatur zu Kapitel 1

1. Strubecker, K.: Differentialgeometrie I: Kurventheorie der Ebene und des Raumes. Berlin: de Gruyter 1964
2. [Luck/Modler]
3. Wittenburg, J.: Dynamics of systems of rigid bodies. Stuttgart: Teubner 1977; Neuauflage: Dynamics of multibody systems. Springer 2007

Allgemeine Literatur zu Kapitel 2

Falk, S.: Lehrbuch der Technischen Mechanik, Bd. 2: Die Mechanik des starren Körpers. Berlin: Springer 1968

Gross, D.; Hauger, W.; Schnell, W.: Technische Mechanik, Bd. 1: Statik. 8. Aufl. Berlin: Springer 2004

Holzmann, G.; Meyer, H.; Schumpich, G.: Technische Mechanik, Teil I: Statik. 10. Aufl. Stuttgart: Teubner 2004

Marguerre, K.: Technische Mechanik, Teil I: Statik. 2. Aufl. Berlin: Springer 1973

Neuber, H.: Technische Mechanik, Teil I: Statik. 2. Aufl. Berlin: Springer 1971

Pestel, E.: Technische Mechanik, Bd. 1: Statik. 3. Aufl. Mannheim: Bibliogr. Inst. 1988

Reckling, K.-A.: Mechanik, Teil I: Statik. Braunschweig: Vieweg 1973

Richard, H.A.; Sander, M.: Technische Mechanik. Statik. Wiesbaden: Vieweg 2005

Szabó, I.: Einführung in die Technische Mechanik. 8. Aufl. Nachdruck. Berlin: Springer 2002

Spezielle Literatur zu Kapitel 2

1. Routh, E.J.: A treatise on analytical statics, vol. 1. Cambridge: University Pr. 1891
2. Timoshenko, S.: Suspension bridges. J. Franklin Inst. 235(1943), No. 3 + 4
3. Bowden, F.P.; Tabor, D.: Friction and lubrication. London: Methuen 1956
4. Bowden, F.P.; Tabor, D.: The friction and lubrication of solids, 2 pts. Oxford: Clarendon Pr. 1958; 1964
5. Neale, M.J.: (Ed.): Tribology handbook. London: Butterworths 1973
6. Czichos, H.; Habig, K.-H.: Tribologie-Handbuch. Braunschweig: Vieweg 1992
7. Hagedorn, P.: Nichtlineare Schwingungen. Wiesbaden: Akad. Verlagsges. 1978

Allgemeine Literatur zu Kapitel 3

Balke, H.: Einführung in die Technische Mechanik. Kinetik. Berlin: Springer 2006

Bruhns, O.; Lehmann, Th.: Elemente der Mechanik, Bd. 3: Kinetik. Braunschweig: Vieweg 1994

Falk, S.: Lehrbuch der Technischen Mechanik, Bd. 1. u. 2. Berlin: Springer 1967; 1968

Hauger, W.; Schnell, W.; Gross, D.: Technische Mechanik, Bd. III: Kinetik. 8. Aufl. Berlin: Springer 2004

Hibbeler, R.C.: Technische Mechanik 3. Dynamik. 10. Aufl. München: Pearson Studium 2006

Holzmann, G.; Meyer, H.; Schumpich, G.: Technische Mechanik, Teil 2: Kinematik und Kinetik. 8. Aufl. Stuttgart: Teubner 2000

Magnus, K.: Kreisel. Berlin: Springer 1971

Magnus, K.; Müller, H. H.: Grundlagen der Technischen Mechanik. 7. Aufl. Stuttgart: Teubner 2005

Marguerre, K.: Technische Mechanik, Teil III: Kinetik. Berlin: Springer 1968

Parkus, H.: Mechanik der festen Körper. 3. Aufl. Wien: Springer 1998

Schiehlen, W.; Eberhard, P.: Technische Dynamik. 2. Aufl. Stuttgart: Teubner 2004

Szabó, I.: Einführung in die Technische Mechanik. 8. Aufl. Nachdruck. Berlin: Springer 2003

Szabó, I.: Höhere Technische Mechanik. 6. Aufl. Berlin: Springer 2001

Wittenburg, J.: Wittenburg, J.: Dynamics of systems of rigid bodies. Stuttgart: Teubner 1977; Neuauflage: Dynamics of multibody systems. Springer 2007

Wittenburg, J.: Schwingungslehre. Lineare Schwingungen, Theorie und Anwendungen. Springer 1996

Ziegler, F.: Technische Mechanik der festen und flüssigen Körper. 3. Aufl. Wien: Springer 1998

Spezielle Literatur zu Kapitel 3

1. Federn, K.: Auswuchttechnik, Bd. 1: Allgemeine Grundlagen, Messverfahren und Richtlinien. Berlin: Springer 1977
2. Kelkel, K.: Auswuchten elastischer Rotoren in isotrop federnder Lagerung. Ettlingen: Hochschulverl. 1978

3. Tondl, A.: Some problems of rotor dynamics. Praha: Publ. House of the Czechoslovak Acad. of Sciences 1965
4. Gasch, R.; Pfützner, H.: Rotordynamik. Berlin: Springer 1975
5. Holzweißig, F.; Dresig, H.: Lehrbuch der Maschinendynamik. Wien: Springer 1979
6. Wittenburg, J.: Analytical methods in mechanical system dynamics. In: Computer aided analysis and optimization of mechanical system dynamics (Ed.: Haug, E.J.) (NATO ASI series ser. F, 9). Berlin: Springer 1984
7. Lu're, A.I.: Mecanique analytique, Bd. 1, 2. Paris: Masson 1968
8. Thomson, W.T.: Introduction to space dynamics. New York: Wiley 1961
9. Bohrmann, A.: Bahnen künstlicher Satelliten. Mannheim: Bibliogr. Inst. 1963
10. Müller, P.C.: Stabilität und Matrizen. Berlin: Springer 1977
11. Malkin, J.G.: Theorie der Stabilität einer Bewegung. München: Oldenbourg 1959
12. Hahn, W.: Stability of motion. Berlin: Springer 1967
13. Carr, J.: Applications of center manifold theory. Berlin: Springer 1981
14. [Wittenburg, Schwingungslehre]
15. [Wittenburg, Dynamics of multibody systems]

Allgemeine Literatur zu Kapitel 4

Biezeno, C.B.; Grammel, R.: Technische Dynamik, 2 Bde.
2. Aufl. Berlin: Springer 1953

Clough, R.W; Penzien, J.: Dynamics of structures. Tokyo: McGraw-Hill Kogakusha 1993

Crawford, F.S.: Schwingungen und Wellen. 3. Aufl. Braunschweig: Vieweg 1989

Fischer, U.; Stephan, W.: Mechanische Schwingungen. 2. Aufl. Leipzig: Fachbuchverl. 1984

Forbat, N.: Analytische Mechanik der Schwingungen. Berlin: Dtsch. Verl. d. Wiss. 1966

Hagedorn, P.: Nichtlineare Schwingungen. Wiesbaden: Akad. Verlagsges. 1978

Hagedorn, P.; Otterbein, S.: Technische Schwingungslehre, Bd. 1: Lineare Schwingungen diskreter mechanischer Systeme. Berlin: Springer 1987

Hagedorn, P.: Technische Schwingungslehre, Bd. 2: Lineare Schwingungen kontinuierlicher mechanischer Systeme. Berlin: Springer 1989

Hayashi, C.: Nonlinear oscillations in physical systems. New York: McGraw-Hill 1986

Holzweißig, F.; Dresig, H.: Lehrbuch der Maschinendynamik. 4. Aufl. Leipzig: Fachbuchverl. 1994

Holzweißig, F.; u.a.: Arbeitsbuch Maschinendynamik/Schwingungslehre. 2. Aufl. Leipzig: Fachbuchverl. 1987

Kauderer, H.: Nichtlineare Mechanik. Berlin: Springer 1958

Klotter, K.: Technische Schwingungslehre, Bd. 1: Einfache Schwinger, Teil A: Lineare Schwingungen; Teil B: Nichtlineare Schwingungen. Berlin: 1998

Kozesnik, J.: Maschinendynamik. Leipzig: Fachbuchverl. 1965

Lippmann, H.: Schwingungslehre. Mannheim: Bibliogr. Inst. 1968

Magnus, K.: Schwingungen. 7. Aufl. Stuttgart: Teubner 2005

Marguerre, K.; Wölfel, H.: Technische Schwingungslehre. Mannheim: Bibliogr. Inst. 1984

Meirovitch, L.: Analytical methods in vibration. New York: Macmillan 1967

Nayfeh, A.H.; Mook, D.T.: Nonlinear oscillations. New York: Wiley 1995

Roseau, M.: Vibrations des systèmes mécaniques. Paris: Masson 1984

Schmidt, G.; Tondl. A.: Non-linear vibrations. Berlin: Akademie-Verlag 1986

Wittenburg, J.: Schwingungslehre. Lineare Schwingungen, Theorie und Anwendungen. Springer 1996

Ziegler, G.: Maschinendynamik. 3.Aufl. München: Hanser 1998

Spezielle Literatur zu Kapitel 4

1. [Wittenburg, Schwingungslehre]
2. Caughey, T.K.; O'Kelly, M.E.J.: Classical normal modes in damped linear dynamic system. ASME Trans. ser. E, J. of Appl. Mechanics 32 (1965) 583–588
3. Snowdon, J.C.: Vibration and shock in damped mechanical systems. New York: Wiley 1968
4. Lazan, B.J.: Damping of materials and members in structural mechanics. Oxford: Pergamon 1968
5. Yakubovich, V.; Starzhinski, V.: Linear differentialy equations with periodic coefficients, vol. 1. New York: Wiley 1975

6. Whittaker, E.T.; Watson, G.N.: A cource of modern analysis. 4th ed. Cambridge: University Pr. 1958
7. [Klotter, 1A]
8. [Schmidt]
9. Levine, H.: Unidirectional wave motions. Amsterdam: North-Holland 1978
10. Achenbach, J.D.: Wave propagation in elastic solids. Amsterdam: North-Holland 1973
11. Graff, K.F.: Wave motion in elastic solids. Oxford: Clarendon Pr. 1975
12. Brekhovskikh, L.; Goncharov, V.: Mechanics of continua and wave dynamics. Berlin: Springer 1985
13. Kolsky, H.: Stress waves in solids. New York: Dover 1963
14. [Biezeno/Grammel, 2]
15. Traupel, W.: Thermische Turbomaschinen, Bd. 2. 2. Aufl. Berlin: Springer 1968
16. [Magnus]
17. [Nayfeh/Mook]

Allgemeine Literatur zu Kapitel 5

Axelrad, E.: Schalentheorie. Stuttgart: Teubner 1983

Basar, Y.; Krätzig, W.B.: Mechanik der Flächentragwerke. Braunschweig: Vieweg 1985

Bathe, K.-J.: Finite-Element-Methoden. Berlin: Springer 1986

Beton-Kalender. Berlin: Ernst (jährlich)

Biezeno, C.B.; Grammel, R.: Technische Dynamik, 2 Bde. 2. Aufl. Berlin: Springer 1953

Brush, D.O.; Almroth, B.O.: Buckling of bars, plates, and shells. New York: McGraw-Hill 1975

Eschenauer, H.; Schnell, W.: Elastizitätstheorie. 3. Aufl. Mannheim: B.I.-Wissenschaftsverl. 1993

FKM-Richtlinie: Rechnerischer Festigkeitsnachweis für Maschinenteile aus Stahl, Eisenguss- und Aluminiumwerkstoffen. 5. Aufl. Frankfurt: VDMA-Verlag 2003

Flügge, W.: Festigkeitslehre. Berlin: Springer 1967

Flügge, W.: Stresses in shells. Berlin: Springer 1990

Föppl, A.; Föppl, F.: Drang und Zwang, Bd. 1 und 2. 3. Aufl. New York: Johnson Reprint 1969

Gallagher, R.H.: Finite-Element-Analysis. Berlin: Springer 1986

Girkmann, K.: Flächentragwerke. 6. Aufl. Wien: Springer 1963

Göldner, H.: Lehrbuch höhere Festigkeitslehre, Bd. 1. Leipzig: Fachbuchverl. 2002

Göldner, H.; Holzweißig, F.: Leitfaden der Technischen Mechanik. 11. Aufl. Leipzig: Fachbuchverl. 1990

Gross, D.; Hauger, W.; Schnell, W.: Technische Mechanik, Bd. 4: Hydrodynamik, Elemente der Höheren Mechanik, Numerische Methoden. 5. Aufl. Berlin: Springer 2004

Hahn, H.G.: Elastizitätstheorie. Stuttgart: Teubner 1985

Hahn, H.G.: Methode der finiten Elemente in der Festigkeitslehre. 2. Aufl. Wiesbaden: Akad. Verlagsges. 1982

Hibbeler, R.C.: Technische Mechanik. Bd. 2: Festigkeitslehre. München: Pearson Studium 2005

Hirschfeld, K.: Baustatik: Theorie und Beispiele. 4. Aufl. Berlin: Springer 1998

Holzmann, G.; Meyer, H.; Schumpich, G.: Technische Mechanik, Teil 3: Festigkeitslehre. 9. Aufl. Stuttgart: Teubner 2006

Kovalenko, A.D.: Thermoelasticity. Groningen: Wolters Noordhoff 1969

Lehmann, Th.: Elemente der Mechanik, Bd. 2: Elastostatik. Braunschweig: Vieweg 2002

Leipholz, H.: Festigkeitslehre für den Konstrukteur. Berlin: Springer 1969

Leipholz, H.: Stability theory. 2nd ed. Stuttgart: Teubner 1987

Magnus, K.; Müller, H.H.: Grundlagen der Technischen Mechanik. 7. Aufl. Stuttgart: Teubner 2005

Marguerre, K.: Technische Mechanik, Teil 2: Elastostatik. 2. Aufl. Berlin: Springer 1977

Melan, E.; Parkus, H.: Wärmespannungen infolge stationärer Temperaturfelder. Wien: Springer 1953

Neal, B.G.: The plastic methods of structural analysis. London: Chapman & Hall 1977

Parkus, H.: Mechanik der festen Körper. 5. Aufl. Wien: Springer 1998

Pestel, E.; Leckie, F.A.: Matrix methods in elastomechanics. New York: McGraw-Hill 1963

Pflüger, A.: Stabilitätsprobleme der Elastostatik. 3. Aufl. Berlin: Springer 1975

Radaj, D.: Ermüdungsfestigkeit. 2. Aufl. Berlin: Springer 2003

Richard, H.A.; Sander, M.: Technische Mechanik. Festigkeitslehre. Wiesbaden: Vieweg 2006

Roik, K.: Vorlesungen über Stahlbau: Grundlagen. 2. Aufl. Berlin: Ernst 1983

Save, M.A.; Massonet, C.E.: Plastic analysis and design of plates, shells and discs. Amsterdam: North-Holland 1972

Schnell, W.; Gross, D.; Hauger, W.: Technische Mechanik, Bd. 2: Elastostatik. 8. Aufl. Berlin: Springer 2005

Stahlbau: Ein Handbuch für Studium und Praxis, Bd. 1. Köln: Stahlbau-Verlag 1981

Szabó, I.: Einführung in die Technische Mechanik. 8. Aufl. Nachdruck. Berlin: Springer 2002

Szabó, I.: Höhere Technische Mechanik. 6. Aufl. Berlin: Springer 2001

Timoshenko, S.; Goodier, J.N.: Theory of elasticity. 3rd ed. New York: McGraw-Hill 1970

Wittenburg, J.; Pestel, E.: Festigkeitslehre. Ein Lehr- und Arbeitsbuch. 3. Aufl. Springer 2001

Zienkiewicz, O.C.: The finite element method. 3rd ed. London: McGraw-Hill 1977

Spezielle Literatur zu Kapitel 5

1. [Stahlbau]
2. Beton-Kalender 1988. Berlin: Ernst 1988
3. Holzbau-Taschenbuch, Bd. 1. 8. Aufl. Berlin: Ernst 1985
4. Kollmann, F.: Technologie des Holzes und der Holzwerkstoffe, Bd. 1. 2. Aufl. Berlin: Springer 1982
5. Hobbs, P.V.: Ice physics. Oxford: Clarendon Pr. 1974
6. Weber, C.; Günther, W.: Torsionstheorie. Braunschweig: Vieweg 1958
7. Bornscheuer, F.W.; Anheuser, L.: Tafeln der Torsionskenngrößen für die Walzprofile der DIN 1025 bis 1027. Stahlbau 30 (1961) 81–82
8. Heimann, G.: Zusatz zu Tafeln der Torsionskenngrößen für die Walzprofile der DIN 1025 bis 1027. Stahlbau 32 (1963) 384
9. Roik, K.; Carl, J.; Lindner, J.: Biegetorsionsprobleme gerader dünnwandiger Stäbe. Berlin: Ernst 1972
10. Bornscheuer, F.W.: Beispiel- und Formelsammlung zur Spannungsberechnung dünnwandiger Stäbe. Stahlbau 21 (1952) 225–232; 22 (1953) 32–41; 30 (1961) 96 (Berichtigung)
11. Bautabellen für Ingenieure (Schneider, K.-J., Hrsg.). 11. Aufl. Düsseldorf: Werner 1994
12. Hayashi, K.: Theorie des Trägers auf elastischer Unterlage und ihre Anwendung auf den Tiefbau. Berlin: Springer 1921
13. Wölfer, K.H.: Elastisch gebettete Balken. 3. Aufl. Wiesbaden: Bauverlag 1971
14. Hetényi, M.: Beams on elastic foundation. 9th printing. Ann Arbor: Univ. of Michigan Press 1971
15. Vogel, U.: Praktische Berechnung des im Grundriß gekrümmten Durchlaufträgers nach dem Kraftgrößenverfahren. Bautechnik 11 (1983) 373–379
16. Zellerer, E.: Durchlaufträger-Einflusslinien und Momentenlinien. Berlin: Ernst 1967
17. [Girkmann]
18. [Hahn, Elastizitätstheorie]
19. Babušks, I.; Rektorys, K.; Vyčichlo, F: Mathematische Elastizitätstheorie der ebenen Probleme. Berlin: Akademie-Verlag 1960
20. Barěs, R., Berechnungstafeln für Platten und Wandscheiben. 3. Aufl. Wiesbaden: Bauverlag 1979
21. Márkus, G.: Theorie und Berechnung rotationssymmetrischer Bauwerke. 3. Aufl. Düsseldorf: Werner 1978
22. [Biezeno/Grammel, 2]
23. Stieglat, K.; Wippel, H.: Platten. 3. Aufl. Berlin: Ernst 1983
24. Márkus, G.: Kreis- und Kreisringplatten unter antimetrischer Belastung. Berlin: Ernst 1973
25. [Zienkiewicz]
26. [Flügge, Stresses]
27. [Basar/Krätzig]
28. Lur'e, A.I.: Räumliche Probleme der Elastizitätstheorie. Berlin: Akademie-Verlag 1963
29. [Timoshenko, Goodier]
30. Schwaigerer, S.: Festigkeitsberechnung im Dampfkessel-, Behälter- und Rohrleitungsbau. 4. Aufl. Berlin: Springer 1983
31. AD-Merkblätter (Arbeitsgemeinschaft Druckbehälter). Berlin: Beuth
32. Jaeger/Ulrichs/Greinert/Hoffmann: Dampfkessel, Bd. 2: Die Technischen Regeln für Dampfkessel. Köln: C. Heymann; Berlin: Beuth (Loseblattwerk)
33. Neuber, H.: Kerbspannungslehre. 4. Aufl. Berlin: Springer 2001
34. Vocke, W.: Räumliche Probleme der linearen Elastizität. Leipzig: Fachbuchverl. 1968
35. Sternberg, E.: Three-dimensional stress concentrations in the theory of elasticity. Appl. Mech. Rev. 11 (1958) 1–4
36. [Pflüger]
37. Petersen, C.: Statik und Stabilität der Baukonstruktionen. 2. Aufl. Braunschweig: Vieweg 1982
38. [Brush/Almroth]
39. Buschnell, D.: Computerized buckling analysis of shells. Dordrecht: Martinus Nijhoff 1985
40. [Hahn, Methode]
41. Piltner, R.: Spezielle finite Elemente mit Löchern, Ecken und Rissen unter Verwendung von analytischen Teillösungen. (Fortschrittber. VDI-Zeitschr., Reihe 1, 96). Düsseldorf: VDI-Verlag 1982

42. Simulation of metal forming processes by the finite element method. Proc. First Int. Workshop, Stuttgart, June 1, 1985. Editor: Lange, K. (IFU. Berichte aus dem Inst. f. Umformtechnik d. Univ. Stuttgart, 85). Berlin: Springer 1986
43. [Pestel/Leckie]
44. Waller, H.; Krings, W.: Matrizenmethoden in der Maschinen- und Bauwerksdynamik. Mannheim: B.I.-Wissenschaftsverl. 1975
45. Falk, S.: Die Berechnung des beliebig gestützten Durchlaufträgers nach dem Reduktionsverfahren. Ingenieur-Arch. 24 (1956) 216–132
46. Falk, S.: Die Berechnung offener Rahmentragwerke nach dem Reduktionsverfahren. Ingenieur-Arch. 26 (1958) 61–80
47. Pestel, E.; Schumpich, G.; Spierig, S.: Katalog von Übertragungsmatrizen zur Berechnung technischer Schwingungsprobleme. VDI-Ber. 35 (1959) 11–43
48. Schreyer, G.: Konstruieren mit Kunststoffen. München: Hanser 1972
49. Wellinger, K.; Dietmann, H.: Festigkeitsberechnung. Stuttgart: Kröner 1969
50. Clemens, H.: Beulen elastischer Platten mit nichtlinearer Verformungsgeometrie. ZAMM 65 (1985) T37-T40
51. Sauter, J.; Kuhn, P.: Formulierung einer neuen Theorie zur Bestimmung des Fließ- und Sprödbruchversagens bei statischer Belastung unter Angabe der Übergangsbedingung. ZAMM 71 (1991) T383-T387
52. Grammel, R. (Hrsg.): Handbuch der Physik, Bd. VI: Mechanik der elastischen Körper. Berlin: Springer 1928
53. Peterson, R.E.: Stress concenstration factors. New York: Wiley & Sons 1974
54. [Radaj]
55. [FKM-Richtlinie]
56. Richard, H.A.: Ermittlung von Kerbspannungen aus spannungsoptisch bestimmten Kerbfaktor- und Kerbspannungsdiagrammen. Forsch. Ing.-Wes. 45 (1979) 188–199

Allgemeine Literatur zu Kapitel 6

Blumenauer, H.; Pusch, G.: Technische Bruchmechanik. 3. Aufl. New York: Wiley 1993

FKM-Richtlinie: Bruchmechanischer Festigkeitsnachweis für Maschinenbauteile. 3. Aufl. Frankfurt: VDMA-Verlag 2006

Gross, D.; Selig, T.: Bruchmechanik mit einer Einführung in die Mikromechanik. 3. Aufl. Berlin: Springer 2001

Hahn, H.G.: Bruchmechanik. Stuttgart: Teubner 1976

Ismar, H.; Mahrenholtz, O.: Technische Plastomechanik. Braunschweig: Vieweg 1979

Lippmann, H.; Mahrenholtz, O.: Plastomechanik der Umformung metallischer Werkstoffe, Bd. 1: Elementare Theorie [...]. Berlin: Springer 1967

Prager, W.; Hodge, P.G.: Theorie ideal plastischer Körper. Wien: Springer 1954

Save, M.A.; Massonet, C.E.: Plastic analysis and design of plates, shells and disks. Amsterdam: North-Holland 1972

Schijve, I.: Fatigue of Structure and Materials. Dordrecht: Kluwer 2001

Schwalbe, K.H.: Bruchmechanik metallischer Werkstoffe. München: Hanser 1980

Spezielle Literatur zu Kapitel 6

1. [Lippmann]
2. v. Mises, R.: Mechanik der plastischen Formänderung von Kristallen. ZAMM 8 (1928) 161–185
3. [Ismar/Mahrenholtz]
4. Mendelson, A.: Plasticity. New York: Macmillan 1968
5. [Prager/Hodge]
6. Simulation of metal forming processes by the Finite Element Method (Proc. First Int. Workshop). (K. Lange, Hrsg.) (IFU, Ber. a. d. Inst. f. Umformtechnik d. Universität Stuttgart, 85). Berlin: Springer 1986
7. Hill, R.: The mathematical theory of plasticity. Oxford: Clarendon Pr. 1950
8. [Lippmann/Mahrenholtz]
9. Vogel, U.; Maier, D.H.: Einfluss der Schubweichheit bei der Traglast räumlicher Systeme. Stahlbau 9 (1987) 271–277
10. [Reckling]
11. Massonet, Ch.; Olszak, W.; Philips, A.: Plasticity in structural engineering fundamentals and applications (CISM Courses and Lectures, 241). Wien: Springer 1979
12. Richard, H.A.: Interpolationsformel für Spannungsintensitätsfaktoren. VDI-Z. 121 (1979) 1138–1143
13. Richard, H.A.: Bruchvorhersagen bei überlagerter Normal- und Schubbeanspruchung von Rissen. VDI-Forschungsheft 631. Düsseldorf: VDI-Verlag 1985
14. Richard, H.A.; Fulland, M.; Sander, M.: Theoretical crack path prediction. Fatigue & Fracture of Engineering Materials and Structures 28 (2005) 3–12
15. [FKM-Richtlinie]
16. Erdogan, F.; Ratwani: Fatigue and fracture of cylindrical shells containing a circumferential crack. International Journal Fracture Mechanics 6 (1970) 230–242

17. [Schijve]
18. Sander, M.; Richard, H.A.: Fatigue crack growth under variable amplitude loading. Part I: Experimental investigations. Part II: Analytical and numerical investigations. Fatigue Fracture Engineering Material Structures 29 (2006) 291–319

Allgemeine Literatur zu Kapitel 7

Becker, E.: Technische Thermodynamik. Stuttgart: Teubner 1985

Becker, E.; Bürger, W.: Kontinuumsmechanik. Stuttgart: Teubner 1975

Meier, G.E.A. (Hrsg.); Ludwig Prandtl, ein Führer in der Strömungslehre. Wiesbaden: Vieweg 2000

Oertel, H.jr.; Böhle, M.; Reviol, T.: Strömungsmechanik. 6. Aufl. Wiesbaden: Vieweg+Teubner 2011

Oertel, H.jr.; Böhle, M.: Übungsbuch Strömungsmechanik. 7. Aufl. Wiesbaden: Vieweg+Teubner 2010

Oertel, H.jr. (Hrsg.): Prandtl-Führer durch die Strömungslehre. 12. Aufl. Wiesbaden: Vieweg+ Teubner 2009

Truckenbrodt, E.: Fluidmechanik, 2 Bde., Berlin: Springer 1980

Zierep, J.; Bühler K.: Grundzüge der Strömungslehre. Grundlagen, Statik und Dynamik der Fluide. 8. Aufl. Wiesbaden: Vieweg+Teubner 2010

Zierep, J.; Bühler, K.: Strömungsmechanik. Berlin: Springer 1991

Spezielle Literatur zu Kapitel 7

1. [Truckenbrodt]
2. Schmidt, E.: Thermodynamik. 10. Aufl. Berlin: Springer 1963
3. D'Ans; Lax: Taschenbuch für Chemiker und Physiker, Bd. 1: Makroskopische physikalisch-chemische Eigenschaften. Hrsg.: Lax, E.; Synowietz, C. 3. Aufl. Berlin: Springer 1967
4. Landolt-Börnstein: Zahlenwerte und Funktionen aus Physik, Chemie, Astronomie, Geophysik und Technik. 4 Bände in 20 Teilen. 6. Aufl. Berlin: Springer 1950–1980
5. [Oertel, Prandtl-Führer]
6. Böhme, G.: Strömungsmechanik nicht-newtonscher Fluide. 2. Aufl. Stuttgart: Teubner 2000
7. Bird, R.B.; Armstrong, R.G.; Hassager, O.: Dynamics of polymeric liquids. New York: Wiley 1977
8. DIN 1342–1: Viskosität; Rheologische Begriffe (10.83); DIN 1342–2: Newtonsche Flüssigkeiten (02.80)
9. [Zierep, Bühler, Strömungslehre]

Allgemeine Literatur zu Kapitel 8

Becker, E.: Technische Strömungslehre. 5. Aufl. Stuttgart: Teubner 1982

Becker, E.; Piltz, E.: Übungen zur technischen Strömungslehre. Stuttgart: Teubner 1978

Eppler, R.: Strömungsmechanik. Wiesbaden: Akad. Verlagsges. 1975

Gersten, K.: Einführung in die Strömungsmechanik. 4. Aufl. Braunschweig: Vieweg 1986

Oertel, H.jr. (Hrsg.): Prandtl-Führer durch die Strömungslehre. 12. Aufl. Wiesbaden: Vieweg+Teubner 2009

Schlichting, H.; Gersten, K.: Grenzschicht-Theorie. 10. Aufl. Berlin: Springer 2006

Truckenbrodt, E.: Fluidmechanik, 2 Bde. Berlin: Springer 1980

White, F.M.: Fluid mechanics. 2nd ed. New York: McGraw-Hill 1986

Wieghardt, K.: Theoretische Strömungslehre. Stuttgart: Teubner 1965

Zierep, J.; Bühler K.: Grundzüge der Strömungslehre. Grundlagen, Statik und Dynamik der Fluide. 8. Aufl. Wiesbaden: Vieweg+Teubner 2010

Zierep, J.; Bühler, K.: Strömungsmechanik. Berlin: Springer 1991

Spezielle Literatur zu Kapitel 8

1. [Zierep, Bühler, Strömungslehre]
2. White, F.M.: Fluid mechanics. 2nd ed. New York: McGraw-Hill 1986
3. DIN 1952: Durchflussmessung mit Blenden, Düsen und Venturirohren in voll durchströmten Rohren mit Kreisquerschnitt (Juli 1982)
4. [Oertel, Prandtl-Führer]
5. Schneider, W.: Mathematische Methoden der Strömungsmechanik. Braunschweig: Vieweg 1978
6. Keune, F.; Burg, K.: Singularitätenverfahren der Strömungslehre. Karlsruhe: Braun 1975

7. Prandtl, L.; Betz, A.: Ergebnisse der Aerodynamischen Versuchsanstalt zu Göttingen; I.-IV. Lieferung. München: Oldenburg 1921; 1923; 1927; 1932
8. Milne-Thomson, L. M.: Theoretical hydrodynamics. 5th ed. London: Macmillan 1968
9. Bird, R. B.; Stewart, W.E.; Lightfoot, E.N.: Transport phenomena. 2nd ed., New York: Wiley 2002
10. Merker, G.P.: Konvektive Wärmeübertragung. Berlin: Springer 1987
11. Zierep, J.: Ähnlichkeitsgesetze und Modellregeln der Strömungslehre. 3. Aufl. Karlsruhe: Braun 1991
12. [Schlichting/Gersten]
13. Rybczynski, W.: Über die fortschreitende Bewegung einer flüssigen Kugel in einem zähen Medium. Bull. Int. Acad. Sci. Cracovie, Ser. A (1911) 40–46
14. Oswatitsch, K.: Physikalische Grundlagen der Strömungslehre. In: Handbuch d. Physik, Bd. VIII/1. Berlin: Springer 1959, S. 1–124
15. Rodi, W.: Turbulence models and their application in hydraulics. 2nd ed. Delft: Intern. Assoc. for Hydraulic Research 1984
16. Walz, A.: Strömungs- und Temperaturgrenzschichten. Karlsruhe: Braun 1966
17. Truckenbrodt, E.: Mechanik der Fluide. In: Physikhütte, Bd. 1. 29. Aufl. Berlin: Ernst 1971, S. 346–464
18. Müller, W.: Einführung in die Theorie der zähen Flüssigkeiten. Leipzig: Geest & Portig 1932
19. Nikuradse, J.: Untersuchungen über turbulente Strömungen in nicht-kreisförmigen Rohren. Ing.-Archiv 1 (1930) 306–332
20. [Truckenbrodt]
21. Betz, A.: IV. Mechanik unelastischer Flüssigkeiten. V. Mechanik elastischer Flüssigkeiten. In: Hütte I. 28. Aufl. Berlin: Ernst 1955, S. 764–834
22. Sprenger, H.: Experimentelle Untersuchungen an geraden und gekrümmten Diffusoren. (Mitt. Inst. Aerodyn. ETH, 27). Zürich: Leemann 1959
23. Herning, F.: Stoffströme in Rohrleitungen. Düsseldorf: VDI- Verlag 1966
24. Sprenger, H.: Druckverluste in 90°-Krümmern für Rechteckrohre. Schweizerische Bauztg. 87 (1969), 13, 223–231
25. Jung, R.: Die Bemessung der Drosselorgane für Durchflussregelung. BWK 8 (1956) 580–583
26. Richter, H.: Rohrhydraulik. Berlin: Springer 1971
27. Eck, B.: Technische Strömungslehre. Band 1: Grundlagen; Band 2: Anwendungen. Berlin: Springer 1978; 1981
28. Geropp, D.: Leder, A.: Turbulent separated flow structures behind bodies with various shapes. In: Papers presented at the Int. Conf. on Laser Anemometry. Manchester, 16.–18. Dec. 1985, Cranfield, England: Fluid Engineering Centre 1985, S. 219–231
29. Schewe, G.: Untersuchung der aerodynamischen Kräfte, die auf stumpfe Profile bei großen Reynolds-Zahlen wirken. DFVLR-Mitt. 84–19 (1984)
30. Hoerner, S.F.: Fluid-dynamic drag. 2nd ed. Brick Town, N.J.: Selbstverlag 1965
31. Lamb, H.: Lehrbuch der Hydrodynamik. 2. Aufl. Leipzig: Teubner 1931
32. Schewe, G.: On the force fluctuations acting on a circular cylinder in crossflow from supercritical up to transcritical Reynolds numbers. J. Fluid Mech. 133 (1983) 265–285
33. Abraham, F.F.: Functional dependence of drag coefficient of a sphere on Reynolds number. Phys. of Fluids 13 (1970) 2194–2195
34. Dryden, H.L.; Murnaghan, F.D.; Bateman, H.: Hydrodynamics. New York: Dover 1956
35. Rouse, H.: Elementary mechanics of fluids. New York: Wiley 1946
36. Achenbach, E.: Experiments on the flow past spheres at very high Reynolds numbers. J. Fluid Mech. 54 (1972) 565–575
37. Fuhrmann, G.: Widerstands- und Druckmessungen an Ballonmodellen. Z. Flugtechn. und Motorluftschiffahrt 2 (1911) 165–166
38. Koenig, K.; Roshko, A.: An experimental study of geometrical effects on the drag and flow field of two bluff bodies separated by a gap. J. Fluid Mech. 156 (1985) 167–204
39. DIN 1055–4: Lastannahmen für Bauten; Verkehrslasten; Windlasten bei nicht schwingungsanfälligen Bauwerken (08.86)
40. Sockel, H.: Aerodynamik der Bauwerke. Braunschweig: Vieweg 1984
41. Ludwieg, H.: Widerstandsreduzierung bei kraftfahrzeugähnlichen Körpern. In: Vortex Motions. Hornung, H.G.; Müller, E.A. (Eds.) Braunschweig: Vieweg 1982, S. 68–81
42. Sawatzki, O.: Reibungsmomente rotierender Ellipsoide. In: (Strömungsmechanik und Strömungsmaschinen, 2). Karlsruhe: Braun (1965), S. 36–60
43. Schultz-Grunow, F.: Der Reibungswiderstand rotierender Scheiben in Gehäusen. ZAMM 15 (1935) 191–204
44. Wimmer, M.: Experimentelle Untersuchungen der Strömung im Spalt zwischen zwei konzentrischen Kugeln, die beide um einen gemeinsamen Durchmesser rotieren. Diss. Univ. Karlsruhe 1974
45. Bühler, K.: Strömungsmechanische Instabilitäten zäher Medien im Kugelspalt. (Fortschrittber. VDI, Reihe 7, Nr. 96). Düsseldorf: VDI- Verlag 1985

46. Shah, R.K.; London, A.L.: Laminar flow forced convection in ducts. Supplement 1: Advances in heat transfer. (Thomas F. Irvin jr.; James P. Hartnett, Eds.). New York: Academic Press 1978

Allgemeine Literatur zu Kapitel 9

Becker, E.: Gasdynamik. Stuttgart: Teubner 1965

Oertel, H.jr.: Aerothermodynamik. Berlin: Springer 1994

Oertel, H.jr.; Laurien, E.: Numerische Strömungsmechanik. 4. Aufl. Wiesbaden: Vieweg+Teubner 2011

Oswatitsch, K.: Grundlagen der Gasdynamik. Wien: Springer 1976

Oswatitsch, K.: Spezialgebiete der Gasdynamik. Wien: Springer 1977

Zierep, J.: Theoretische Gasdynamik. 4. Aufl. Karlsruhe: Braun 1991

Zierep, J.; Bühler, K.: Strömungsmechanik. Berlin: Springer 1991

Spezielle Literatur zu Kapitel 9

1. Rankine, W.J.: On the thermodynamic theory of waves of finite longitudinal disturbance. Phil. Trans. Roy. Soc. London 160 (1870) 277–288
2. Hugoniot, H.: Mémoire sur la propagation du mouvement dans les corps et spécialement dans les gases parfaits. J. Ecole polytech., Cahier 57 (1887) 1–97; Cahier 58 (1889) 1–125
3. Eichelberg, G.: Zustandsänderungen idealer Gase mit endlicher Geschwindigkeit. Forsch. Ing.-Wes. 5 (1934) 127–129
4. Kármán, Th. v.: The problem of resistance in compressible fluids. Volta Kongr. (1936), 222–283
5. Lord Rayleigh, J.W.S.: Aerial plane waves of finite amplitude. Proc. Roy. Soc. London A 84 (1911) 247–284
6. Zierep, J.; Bühler K.: Grundzüge der Strömungslehre. Grundlagen, Statik und Dynamik der Fluide. 8. Aufl. Wiesbaden: Vieweg+Teubner 2010
7. Oswatitsch, K.: Der Druckwiderstand bei Geschossen mit Rückstoßantrieb bei hohen Überschallgeschwindigkeiten. Forsch. Entw. d. Heereswaffenamtes 1005 (1944); NACA TM 1140 (engl.)
8. Busemann, A.: Vorträge aus dem Gebiet der Aerodynamik (Aachen 1929). (Hrsg.: Gilles, A.; Hopf, L.; v. Kármán, Th.) Berlin: Springer 1930, S. 162
9. Weise, A.: Die Herzkurvenmethode zur Behandlung von Verdichtungsstößen. Festschrift Lilienthalges. zum 70. Geburtstag von L. Prandtl (1945)
10. Richter, H.: Die Stabilität des Verdichtungsstoßes in einer konkaven Ecke. ZAMM 28 (1948) 341–345
11. Oswatitsch, K.: Der Luftwiderstand als Integral des Entropiestromes. Nachr. Ges. Wiss. Göttingen, math.-phys. Kl., 1 (1945) 88–90
12. Oswatitsch, K.: Physikalische Grundlagen der Strömungslehre. In: Handbuch d. Physik, Bd. VIII/1. Berlin: Springer 1959, S. 1–124
13. Zierep, J.: Theorie und Experiment bei schallnahen Strömungen. In: Übersichtsbeiträge zur Gasdynamik (Hrsg. E. Leiter; J. Zierep). Wien: Springer 1971, hbS. 117–162
14. Ackeret, J.: Luftkräfte an Flügeln, die mit größerer als Schallgeschwindigkeit bewegt werden. Z. Flugtechn. Motorluftsch. 16 (1925) 72–74
15. Busemann, A.: Aerodynamischer Auftrieb bei Überschallgeschwindigkeit. Volta Kongr. (1936), 329–332
16. Prandtl, L.: Neue Untersuchungen über strömende Bewegung der Gase und Dämpfe. Phys. Z. 8 (1907) 23–30
17. Meyer, Th.: Über zweidimensionale Bewegungsvorgänge in einem Gas, das mit Überschallgeschwindigkeit strömt. Diss. Göttingen 1908; VDI-Forsch.-Heft 62 (1908)
18. Zierep, J.: Ähnlichkeitsgesetze und Modellregeln der Strömungslehre. 3. Aufl. Karlsruhe: Braun 1991, S. 76
19. v. Kármán, Th.: The similarity law of transonic flow. J. Math. Phys. 26 (1947) 182–190
20. Zierep, J.: Der Kopfwellenabstand bei einem spitzen, schlanken Körper in schallnaher Überschallanströmung. Acta Mechanica 5 (1968) 204–208
21. Oswatitsch, K.; Rothstein, W.: Das Strömungsfeld in einer Laval-Düse. Jb. dtsch. Luftfahrtforschung I (1942), S. 91–102
22. [Zierep, Gasdynamik]
23. Guderley, K.G.: The flow over a flat plate with a small angle of attack. J. Aeronaut. Sci. 21 (1954) 261–274
24. Guderley, K.G.: Yoshihara, H.: The flow over a wedge profile at Mach number 1. J. Aerosp. Sci. 17 (1950) 723–735
25. Woerner, M.; Oertel, H.jr.: Numerical calculation of supersonic nozzle flow. In: Applied Fluid Mechanics (Festschrift zum 60. Geburtstag von Herbert Oertel). Karlsruhe: Universität Karlsruhe 1978, S. 173–183

Allgemeine Literatur zu Kapitel 10

Becker, E.: Technische Thermodynamik. Stuttgart: Teubner 1985

Küchemann, D.: The aerodynamic design of aircraft. Oxford: Pergamon 1978

Oertel, H.jr. (Hrsg.): Prandtl-Führer durch die Strömungslehre. 12. Aufl. Wiesbaden: Vieweg+ Teubner 2009

Schlichting, H.; Gersten, K.: Grenzschichttheorie. 10. Aufl. Berlin: Springer 2006

Walz, A.: Strömungs- und Temperaturgrenzschichten. Karlsruhe: Braun 1966

Zierep, J.: Strömungen mit Energiezufuhr. 2. Aufl. Karlsruhe: Braun 1991

Zierep, J.; Bühler, K.: Strömungsmechanik. Berlin: Springer 1991

Spezielle Literatur zu Kapitel 10

1. Koppe, M.: Der Reibungseinfluss auf stationäre Rohrströmungen bei hohen Geschwindigkeiten. Ber. Kaiser-Wilhelm-Inst. für Strömungsforschung (1944)
2. Oswatitsch, K.: Grundlagen der Gasdynamik. Wien: Springer 1976, S. 107–112
3. Frössel, W.: Strömungen in glatten geraden Rohren mit Über- und Unterschallgeschwindigkeit. Forsch. Ingenieurwes. 7 (1936) 75–84
4. Leiter, E.: Strömungsmechanik, Band I. Braunschweig: Vieweg 1978, S. 78–86
5. [Becker, Thermodynamik]
6. Naumann, A.: Luftwiderstand von Kugeln bei hohen Unterschallgeschwindigkeiten. Allg. Wärmetechnik 4 (1953) 217–221
7. Oswatitsch, K.: Ähnlichkeitsgesetze für Hyperschallströmungen. ZAMP 2 (1951) 249–264
8. Albring, W.: Angewandte Strömungslehre. 4. Aufl. Dresden: Steinkopff 1970
9. von Kármán, Th.; Tsien, H.S.: Boundary layer in compressible fluids. J. Aerosp. Sci. 5 (1938) 227–232
10. Zierep, J.: Theoretische Gasdynamik. 4. Aufl. Karlsruhe: Braun 1991
11. Hantzsche, W.; Wendt, H.: Zum Kompressibilitätseinfluss bei der laminaren Grenzschicht der ebenen Platte. Jb. dtsch. Luftfahrtforschung I (1940), S. 517–521
12. Tsien, H.S.: Similarity laws of hypersonic flows. J. Math. Phys. 25 (1946) 247–251
13. Hayes, W.D.; Probstein, R.F.: Hypersonic flow theory. New York: Academic Press 1959, S. 362
14. Zierep, J.: Ähnlichkeitsgesetze und Modellregeln der Strömungslehre. 3. Aufl. Karlsruhe: Braun 1991
15. Lawaczeck, O.: Der Europäische Transsonische Windkanal (ETW). Phys. Bl. 41 (1985) 100–102
16. Eberle, A.: A new flux extrapolation scheme solving the Euler equations for arbitrary 3-D geometry and speed. Firmenbericht MBB/LKE 122/S/PUB/140 (Ottobrunn 1984)
17. Rotta, J.: Turbulente Strömungen. Stuttgart: Teubner 1972
18. Walz, A.: Strömungs- und Temperaturgrenzschichten. Karlsruhe: Braun 1966
19. Bohning, R.; Zierep, J.: Der senkrechte Verdichtungsstoß an der gekrümmten Wand unter Berücksichtigung der Reibung. ZAMP 27 (1976) 225–240
20. Jameson, A.: Acceleration of transonic potential flow calculations on arbitrary meshes by the multiple grid method. AIAA, 4th Computational Fluid Dynamics Conference, Williamsburg, Va. AIAA Paper 79–1458 (July 1979)
21. Lock, R.C.: Prediction of the drag of wings of subsonic speeds by viscous/inviscid interaction techniques. In: AGARD Report 723 (1985)
22. Dohrmann, U.; Schnerr, G.: Persönl. Mittteilung 1991
23. Rizzi, A.; Viviand, H. (Eds.): Numerical methods for the computation of inviscid transonic flows with shock waves. (Notes on numerical fluid mechanics, Vol. 3). Braunschweig: Vieweg 1981
24. Jameson, A.; Yoon, S.: Multigrid solution of the Euler equations using implicit schemes. AIAA J. 24 (1986) 1737–1743
25. Schnerr, G.; Dohrmann, U.: Lift and drag in nonadiabatic transonic flows. 22nd Fluid Dynamics, Plasma Dynamics and Lasers Conference, Honolulu, Hawai, June 24–26, 1991. AIAA Paper 91–1716
26. AGARD Report 211 (1985): Test cases for inviscid flow field methods
27. Dargel, G.; Thiede, P.: Viscous transonic airfoil flow simulation by an efficient viscous-inviscous interaction method. (25th Aerospace Sciences Meeting: Viscous Transonic Airfoil Workshop. Reno, Nev., 1987) AIAA Paper 87–0412, 1–10
28. Fung, K. Y.; Sobieczky, H.; Seebass, A.R.: Shock-free wing design. AIAA J. 18 (1980) 1153–1158
29. Sobieczky, H.: Verfahren für die Entwurfsaerodynamik moderner Transportflugzeuge. DFVLR Forschungsber. 85–05 (1985)